高等职业教育土建专业系列教材
江西省普通高等学校第五届优秀教材评选获奖教材

# 建筑结构

（第三版）

主　编　鲁　维　吴　俊
副主编　余克俭　孙旭琴
参　编　汪雄进　瞿飞虎
　　　　曾宪伟
主　审　李汉华

南京大学出版社

图书在版编目(CIP)数据

建筑结构 / 鲁维，吴俊主编. — 3版. — 南京 ：南京大学出版社，2019.1(2021.12 重印)

ISBN 978-7-305-21438-7

Ⅰ. ①建… Ⅱ. ①鲁… ②吴… Ⅲ. ①建筑结构 Ⅳ. ①TU3

中国版本图书馆 CIP 数据核字(2019)第 011156 号

出版发行 南京大学出版社
社　　址 南京市汉口路 22 号　　邮　　编 210093
出 版 人 金鑫荣

书　　名 建筑结构(第 3 版)
主　　编 鲁 维 吴 俊
责任编辑 朱彦霖　　编辑热线 025-83592655

照　　排 南京开卷文化传媒有限公司
印　　刷 南京人民印刷厂有限责任公司
开　　本 787×1092 1/16 印张 26.75 字数 648 千
版　　次 2019 年 1 月第 3 版　2021 年 12 月第 3 次印刷
ISBN 978-7-305-21438-7
定　　价 59.80 元

网　　址:http://www.njupco.com
官方微博:http://weibo.com/njupco
官方微信:njutumu
销售咨询:(025)83594756

# 前　言

本书为2009江西省高等学校教学改革研究省级立项课题"'建筑结构'课程'理实一体化'教材建设研究"成果，江西省普通高等学校第五届优秀教材评选获奖教材，根据高职高专建筑工程技术、工程监理等专业建筑结构课程的教学要求编写。

本书根据《混凝土结构设计规范》(GB 50010—2010)、《建筑抗震设计规范》(GB 50011—2010)、《砌体结构设计规范》(GB 50003—2011)、《钢结构设计标准》(GB 50017—2017)、《建筑结构制图标准》(GB/T 50105—2010)、《高层建筑混凝土结构技术规程》(JGJ 3—2010)等编写。

本书依照二级建造师、施工员等岗位群的国家职业资格知识标准和技能要求，以工作过程为导向，实施模块项目教学法的教学思路进行编写，提炼并确定职业岗位群所要求的"必需、够用"的理论知识，并将这些知识点与职业技能点、实训等在教材与教学安排中有机结合，以满足建筑工程技术等专业高职毕业生具备在建筑结构方面的职业知识与职业技能。融"教""学""做"为一体，打造理论与实践一体化教学课堂情景，教学内容按职业能力培养的需要划分为六个典型模块，按理实学时数细化为65个单项课题(原则上以每2节课为一个项目)和3个综合实训课题，教学内容围绕课题组织。基本内容有：建筑结构基本理论、混凝土结构、砌体结构、钢结构、结构施工图识读(以平法施工图为主，涵盖了G101系列图集)、课程设计(给出了钢筋混凝土楼盖设计、结构施工图翻样和建筑结构实体检测三个选项)。

本书由江西建设职业技术学院鲁维、江西环境工程职业学院吴俊担任主编；江西建设职业技术学院余克俭、孙旭琴任副主编；江西建设职业技术学院汪雄进、江西省建工集团有限责任公司建筑设计研究院总工程师曾宪伟、江西省建工集团有限责任公司路桥工程公司副总经理瞿飞虎参编。江西建设职业技术学院李汉华任主审；全书由鲁维统稿审定。

限于编者水平有限，书中难免存在不足之处，恳请读者批评指正。

**编　者**

**2019年1月**

# 目　录

# 模块一
# 建筑结构基本理论

■ **模块概述** 叙述了建筑结构的概念、类型及发展简况;本课程的学习方法;钢筋和混凝土材料的力学性能;建筑结构设计的基本原则;地震相关基础知识。

■ **学习目标** 通过本模块学习,掌握钢筋和混凝土材料的力学性能指标、荷载值的计算;了解建筑结构的基本概念,结构的功能及其极限状态的概念,建筑结构抗震基本知识;熟悉建筑结构的课程标准。

## 项目1 认知建筑结构、编制学习方案

■ **学习目标** 掌握建筑结构的概念,了解建筑结构的发展和建筑结构设计相关规范。

■ **能力目标** 以建筑结构课程标准为准则,认真编制学习方案。

■ **知识点**

### 一、建筑结构的基本概念

建筑物中由若干构件连接而成,能承受各种作用的平面或空间受力体系称为建筑结构。在房屋建筑中,组成结构的构件有梁、板、柱、墙、基础等。

结构上的作用是能使结构或构件产生效应(内力、变形、裂缝等)的各种原因的总称。作用可分为直接作用和间接作用两类。直接作用是指施加在结构上的各种荷载,如结构自重、楼面和屋面活荷载、风荷载等;间接作用是指在结构中引起外加变形和约束变形的原因,如地基变形、混凝土收缩、温度变化和地震等。

建筑结构按所用材料分类,可分为混凝土结构、砌体结构、钢结构和木结构等。

(一) 混凝土结构

以混凝土为主制成的结构称为混凝土结构,包括素混凝土结构、钢筋混凝土结构和预应力混凝土结构等。由无筋或不配置受力钢筋的混凝土制成的结构称为素混凝土结构;由配置受力的普通钢筋、钢筋网或钢筋骨架的混凝土制成的结构称为钢筋混凝土结构;在结构或构件中配置了预应力钢筋并施加预应力的结构是预应力混凝土结构。在多数情况下,混凝土结构是由钢筋和混凝土组成的钢筋混凝土结构。钢筋混凝土结构应用范围十分广泛,如房屋建筑工程、桥梁工程、特种结构与高耸结构、水利及其他工程等。

钢筋和混凝土的物理力学性能有着较大的差异。钢筋的抗拉强度和抗压强度都很高,而混凝土的抗压强度高,抗拉强度却非常低。钢筋和混凝土有效结合在一起形成钢筋混凝土,充分发挥各自的性能优势。如图1-1所示两根简支梁,图(a)为素混凝土梁,

图(b)为在下部受拉区配置适量钢筋的钢筋混凝土梁。试验表明,两者的承载能力和破坏性质有很大的差别。素混凝土梁的跨中截面受拉区边缘拉应力达到混凝土的抗拉强度时,会出现裂缝,导致梁脆性断裂破坏,而此时梁上部受压区混凝土的压应力远小于混凝土的抗压强度,混凝土的抗压性能未被充分利用。钢筋混凝土梁则不同,当其受拉区出现裂缝后仍不会断裂,受拉区拉力转向由钢筋承担,直至钢筋拉应力达到屈服强度,裂缝进一步向上延伸,最后因受压区边缘混凝土应变达到其极限压应变而被压碎,梁随即破坏,此时钢筋充分发挥其抗拉性能和混凝土发挥其抗压性能,两种材料的强度均得到充分利用。

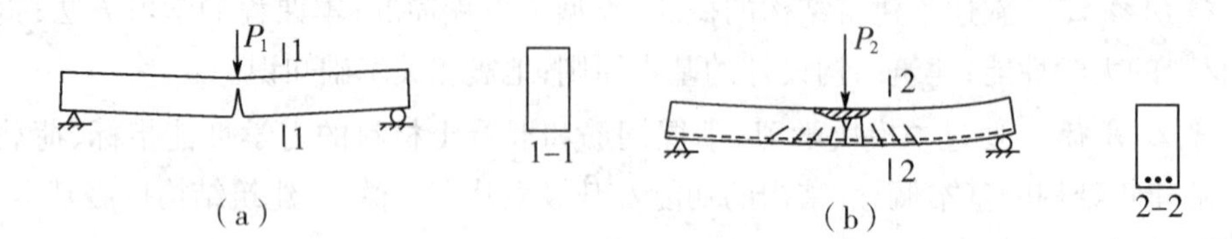


**图1-1　素混凝土梁与钢筋混凝土梁的受力情况**

(a)素混凝土梁的破坏;(b)钢筋混凝土梁的破坏

钢筋和混凝土这两种力学性能不同的材料能有效结合在一起,共同工作的原因是:

(1) 钢筋和混凝土的接触面上存在良好的粘结力,使构件受力后,两者能共同变形;

(2) 钢筋与混凝土的温度线膨胀系数基本相同,当温度变化时,不会因温度变化而导致两者之间的粘结力减小;

(3) 钢筋的混凝土保护层可以防止钢筋锈蚀,保证了结构的耐久性要求。

钢筋混凝土结构除了能充分利用钢筋和混凝土材料的性能外,还具有以下优点:

(1) 强度高:与砌体、木结构相比,其强度高;

(2) 耐久性好:钢筋受到混凝土的保护而不易生锈,并且混凝土的强度随着时间的增长还会有所增长,能减少维护费用;

(3) 耐火性好:钢筋在混凝土保护层的保护下,在发生火灾后的一定时间内,不致很快达到软化温度而导致结构破坏;

(4) 可模性好:根据使用需要,可制成各种形状的结构和结构构件,给选择合理的结构形式提供了有利条件;

(5) 可就地取材:钢筋混凝土除钢筋和水泥外,所需的大量砂石材料可就地取材,便于组织运输;

(6) 抗震性能好:现浇式或装配整体式的钢筋混凝土结构因为整体性好,具有一定的延性,在地震烈度较高的地区,常采用钢筋混凝土建造层数较多的建筑以及烟囱、水塔等。

钢筋混凝土结构也存在一些缺点,主要是结构自重大、抗裂性较差、一旦损坏修复比较困难、施工受季节环境影响较大等,这也就使钢筋混凝土结构的应用范围受到某些限制。随着科学技术的发展,高强度钢筋、高强度高性能混凝土、高性能外加剂和混合材料的研制使用,以及采用轻质混凝土可以减轻结构自重,采用预应力混凝土可以提高结构或构件的抗裂性能,采用植筋等技术可以较好地对发生局部损坏的混凝土结构或构件进行修复等,这些都在一定程度上克服了钢筋混凝土结构的缺点。

（二）砌体结构

砌体结构是指用普通黏土砖、承重黏土空心砖（简称空心砖）、硅酸盐砖、混凝土中小型砌块、粉煤灰中小型砌块、或料石和毛石等块材通过砂浆砌筑而成的结构。

砌体结构有就地取材、造价低廉、耐火性能好以及容易砌筑等优点。在工业与民用建筑中，砌体往往被用于框架结构中的填充墙及砌筑围护墙和砖混结构；在特种结构中，如桥梁、隧道工程、烟囱、水塔、小型水池和重力式挡土墙等也有应用。

砌体结构除具有上述一些优点外，也存在着自重大、强度低、抗震性能差等缺点。

（三）钢结构

钢结构是用钢材制成的结构。

钢结构有承载能力高、自重轻、抗震性能好以及施工速度快等优点。目前，钢结构多用于工业与民用建筑的屋盖结构、高层建筑、重工业厂房及大跨度结构中。

钢结构也存在一些缺点，如需要大量钢材、造价高、耐久性和耐火性均较差。

## 二、建筑结构发展简介

建筑在我国有着悠久的历史。

大量的考古发掘资料表明，我国在新石器时代末期（约 6000—4500 年前）就已有地面木架建筑和木骨泥墙建筑。至西周时期（公元前 1134—公元前 771 年）已有烧制的瓦，在战国时期（公元前 403—公元前 221 年）便有了烧制的砖。

人类自巢居、穴居进化到室居以后，最早发现的建筑材料就是块材，如石块、土块等。如古希腊建于公元前 356 年的阿提密斯庙、帕提农神庙以及古埃及金字塔等；我国的万里长城、赵州桥及许许多多宏伟的宫殿和寺院、宝塔等，都充分显示了块材在人类建筑史上有着广泛的应用。

混凝土结构最早应用于欧洲。1824 年，英国泥瓦工约瑟夫·阿斯普丁发明了波特兰水泥，混凝土便开始在英国等地使用。但由于混凝土抗拉强度低，应用受到限制。而随后出现了钢筋混凝土结构，其混凝土受压、钢筋受拉，充分发挥两种材料各自的优点。从 20 世纪初以来，钢筋混凝土结构广泛应用于建筑工程各个领域。由于钢筋混凝土结构有抗裂性能差、刚度低的缺点，30 年代出现了预应力混凝土结构，使混凝土的应用范围更为广泛。混凝土的出现给建筑带来新的、经济和美观的建筑结构形式，这不能不说是建筑工程发展的一次飞跃。

随着我国改革开放，建筑结构的发展十分迅速，建筑材料、工程设计、科学理论研究，都获得了长足发展。如上海浦东的金茂大厦（如图 1－2）建成于 1998 年，88 层，420 m 高，为钢和混凝土混合结构。上海环球金融中心（如图 1－2）建成于 2008 年，101 层，492 m 高。香港特别行政区的中环大厦建成于 1992 年，73 层，301 m 高，为钢筋混凝土结构。台湾地区的国际金融中心大厦建成于 2005 年，101 层，508 m 高，为钢和混凝土混合结构。

**图 1－2　上海环球金融中心（右边为金茂大厦）**

## 三、建筑结构课程内容及学习方法

（一）建筑结构基本理论

本模块内容包括建筑结构的概念及发展简况，钢筋和混凝土材料的力学性能，建筑结构设计的基本原则及地震相关基础知识等。

（二）混凝土结构

本模块内容主要包括钢筋混凝土梁板柱等基本构件的受力性能，设计计算方法及一般构造要求等。

（三）砌体结构

本模块内容叙述砌体结构材料的力学性能，砌体结构构件的设计计算方法及一般构造要求等。

（四）钢结构

本模块内容叙述钢结构材料性能和选用，钢结构的连接计算及相关一般构造要求。

（五）建筑结构施工图识读

本模块主要叙述结构施工图的基本内容、图示特点和识读的一般方法。结合《混凝土结构施工图平面整体表示方法制图规则和构造详图》G101系列图集，叙述混凝土结构施工图平面整体表示方法识读。

（六）课程设计

本模块给出了单向板肋梁楼盖设计、结构施工图翻样和建筑结构实体检测三个选项。

（七）学习方法

(1) 要理论联系实际。

本课程是以实验为基础的，如钢筋混凝土材料的力学性能和构件的计算方法都是建立在试验研究基础上的，许多计算公式都是在大量试验资料的基础上用统计分析方法得出的半理论半经验公式。这些公式的推导并不像数学或力学公式那样严谨，但却能较好地反映钢筋混凝土的真实受力情况。除课堂学习外，还需要加强课程作业、课程设计和毕业设计等实践性教学环节的学习，同时应针对性地到施工现场参观，以增加感性认识，积累工程经验，加深对理论知识的理解，并在学习中逐步熟悉和正确运用我国颁布的一些设计规范和设计规程。

我国现行的建筑结构设计标准和规范有：《建筑结构可靠性设计统一标准》(GB50068－2018)、《建筑结构荷载规范》(GB50009－2012)、《混凝土结构设计规范》(GB50010－2010)、《砌体结构设计规范》(GB50003－2011)、《建筑抗震设计规范》(GB50011－2010)、《钢结构设计标准》(GB50017－2017)、《建筑结构制图标准》(GB/T50105－2010)和《高层建筑混凝土结构技术规程》(JGJ3－2010)。

由于科学技术水平和生产实践经验是不断发展的，设计规范也必然需要不断修订和补充。因此，要用发展的观点来看待设计规范，在学习和掌握钢筋混凝土结构理论和设计方法的同时，要善于观察和分析，结合工程的实际不断地进行探索和创新。

(2) 注意和其他课程的联系。

在建筑结构的学习过程中，经常会用到高等数学、建筑力学和建筑材料等先修课程的知识，因此，在学习中应根据需要对相关课程进行必要的复习，并注意和施工技术等课程的联系。

（3）突出重点，并注意难点的学习。

（4）多做练习。

（5）要加强识图能力的培养。

结构施工图是建筑工程技术、工程监理等专业学生的基本能力，学习时应理解和熟悉有关构造要求。

学完本课程后，应能进行一般工业与民用房屋结构构件的选型与计算及绘制施工图；同时能够处理和解决与施工和工程质量有关的结构问题。

**■ 实训练习**

**任务一　认知混凝土结构、砌体结构和钢结构**

（1）目的：通过模型、图片或现场教学的实训学习，掌握各种结构的组成构件。

（2）能力目标：认知混凝土结构、砌体结构和钢结构模型（图片或校园内实际房屋），能准确描述出梁、板、柱、基础、墙、屋架、网架、焊缝等构件。

（3）实物：模型、图片、校园内实际房屋。

**任务二　了解建筑结构发展**

（1）目的：通过网络搜索相关建筑结构发展概况，了解目前国内外建筑结构发展状况。

（2）能力目标：利用网络资源为学习提供资料。

**任务三　编制学习方案**

（1）目的：通过熟悉建筑结构的课程标准，规划学习建筑结构课程的学习方案。

（2）能力目标：形成严肃认真的学习态度，养成严谨工作作风。

## 项目2　钢筋的选用及强度指标的查用

**■ 学习目标**　掌握各种钢筋的物理及力学特点，了解钢筋的级别、品种。

**■ 能力目标**　学会钢筋的选用及钢筋强度指标的查用。

**■ 知识点**

### 一、钢筋的形式和品种

钢筋的主要成分是铁元素，此外还含有少量的碳、锰、硅、磷、硫等元素，其力学性能与含碳量有关：含碳量高，强度高，质地硬，但塑性降低。混凝土结构中使用的钢材，根据含碳量的多少，通常可分为低碳钢、中碳钢和高碳钢。目前常用的碳素钢主要是低碳钢。锰、硅元素可提高钢材强度，并能保持一定塑性；磷、硫是有害元素，其含量多了会使钢材的塑性变差，容易脆断，且影响焊接质量。在碳素钢的基础上，再加入少量的合金元素，如锰、硅、钒、钛等即制成低合金钢。低合金钢能显著改善钢筋的综合性能，如可以提高钢筋的强度、改善其塑性和可焊性。

钢筋按外形的不同分为光面钢筋和变形钢筋，变形钢筋如月牙纹钢筋、螺纹钢筋、人字纹钢筋等，如图 1－3 所示。

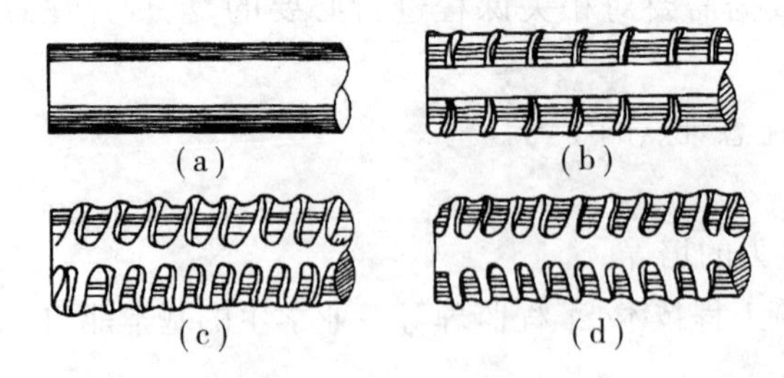


**图 1－3　钢筋的形式**

(a)光面钢筋;(b)月牙纹钢筋;(c)螺纹钢筋;(d)人字纹钢筋

钢筋按加工方法的不同分为热轧钢筋、冷拉钢筋、冷拔钢筋、冷轧钢筋和热处理钢筋等。

热轧钢筋按其强度标准值的不同，分为 HPB300、HRB335、HRB400（HRBF400、RRB400）、HRB500（HRBF500）四个级别。HPB300 是光圆钢筋，HRB335（HRBF335）、HRB400（HRBF400、RRB400）和 HRB500（HRBF500）是带肋的。钢筋级别越高，其强度也越高，但塑性越差。

冷拉或冷拔是提高热轧钢筋强度的冷加工方法。近年来，由于我国强度高、性能好的预应力钢筋（钢丝、钢绞线）已可充分供应，故冷加工钢筋不再列入《混凝土结构设计规范》（GB50010－2010）。

冷轧钢筋是在常温下，将光圆的普通低碳钢筋或低合金钢筋经过轧制，使其直径减小，且表面带肋的钢筋。冷轧钢筋强度较高，且表面带肋，所以可用来取代小直径的 Q235 光圆钢筋或冷拔低碳钢丝。

热处理钢筋是将某些特定钢号的热轧钢筋再通过加热、淬火和回火等调质工艺处理得到的。

钢丝分碳素钢丝、消除应力钢丝和刻痕钢丝三种。钢绞线则是由几根高强钢丝用绞盘绞成一股而成。

## 二、钢筋的力学性能

钢筋混凝土结构所用的钢筋，根据在拉伸试验中所得的应力-应变曲线关系特点不同，可分为有明显屈服点的（热轧钢筋、冷拉钢筋）和没有明显屈服点的（钢丝、热处理钢筋）两大类。

### (一) 有明显屈服点的钢筋

图 1－4 是有明显屈服点的钢筋（又被称为软钢）拉伸应力-应变曲线。从图中可以看

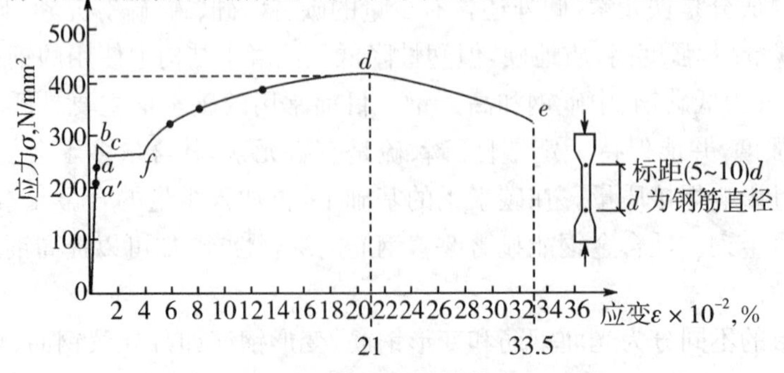


**图 1－4　有明显屈服点钢筋 $\sigma$－$\varepsilon$ 曲线**

出，当应力达到 $a'$ 点之前，材料处于弹性阶段，应力与应变成正比，其比值为钢筋的弹性模量 $E_s$。$a'$ 对应的应力称为比例极限。在应力达到 $a$ 点之前卸荷，应变基本上仍能完全恢复，$a$ 点对应的应力称为弹性极限。$a$ 点以后，钢筋应变较应力增长快，钢筋开始表现出塑性性质。到达 $b$ 点后钢筋开始塑性流动，$b$ 点对应的应力称为屈服上限。超过 $b$ 点后，钢筋应力将下降到屈服下限 $c$ 点，这时应力基本不增加而应变急剧增长。曲线延伸至 $f$ 点，$c$、$f$ 两点之间的水平段则称为钢筋的流幅或屈服台阶。有明显屈服点的热轧钢筋屈服强度是按屈服下限确定的。$f$ 点以后，钢筋又恢复部分弹性，应力又继续增长，说明钢筋的抗拉能力又有所提高。直到最高点 $d$，$d$ 点对应的应力称为极限抗拉强度，$fd$ 段称为强化阶段。$d$ 点以后，钢筋在某个薄弱部位应变急剧增长，截面突然显著缩小，产生局部颈缩现象，应力随之下降，达到 $e$ 点试件被拉断。断裂后的残余应变称为伸长率，用 $\delta$ 表示。

有明显屈服点的钢筋，在构件设计中以屈服强度作为钢筋强度设计取值的依据。钢筋的极限抗拉强度反映了钢筋的强度储备。

钢筋的塑性变形性能以伸长率和冷弯性能来确定。钢筋的伸长率越大，其塑性性能就越好，破坏前的预兆越明显。冷弯是将钢筋在规定的弯心直径 $D$ 和弯曲角度 $\alpha$ 下弯曲后（见图 1－5），钢筋无裂纹或断裂现象。

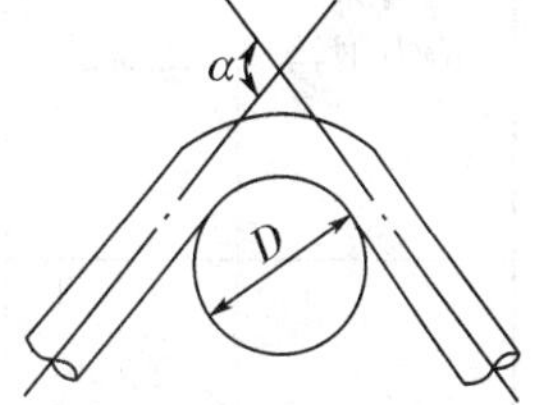

**图 1－5　钢筋的冷弯**

钢筋在高应力作用下，其应变随时间增长而继续增加的现象称为徐变。钢筋受力后，其长度若保持不变，但应力随时间增长而降低的现象称为松弛。

钢筋的疲劳破坏是指钢筋在承受重复、周期性的动荷载作用下，经过一定次数后，从塑性破坏的性质转变成脆性突然断裂的现象。钢筋在疲劳破坏时的强度低于钢筋在静荷载下的极限强度。

强度级别不同的有明显屈服点的钢筋，其应力—应变曲线也有所不同。随着级别的提高，钢筋的强度增加，但伸长率降低。

钢筋受压时，在屈服阶段之前其压应力与压应变的变化曲线与钢筋受拉时基本相同。

有明显屈服点的钢筋，其屈服强度、极限强度、伸长率和冷弯性能是进行质量检验的主要指标。

各种钢筋的强度标准值、设计值及弹性模量见表 1－1、表 1－2 和表 1－3。

**表 1－1　普通钢筋强度标准值、设计值（$N/mm^2$）及弹性模量（$\times 10^5 N/mm^2$）**

| 牌号 | 符号 | 公称直径 $d$（mm） | 屈服强度标准值 $f_{yk}$ | 极限强度标准值 $f_{stk}$ | 抗拉强度设计值 $f_y$ | 抗压强度设计值 $f'_y$ | 弹性模量 $E_s$ |
|---|---|---|---|---|---|---|---|
| HPB300 | Φ | 6～14 | 300 | 420 | 270 | 270 | 2.10 |
| HRB335 | Φ | 6～14 | 335 | 455 | 300 | 300 | 2.00 |
| HRB400<br>HRBF400<br>RRB400 | Φ<br>$Φ^F$<br>$Φ^R$ | 6～50 | 400 | 540 | 360 | 360 | 2.00 |
| HRB500<br>HRBF500 | Φ<br>$Φ^F$ | 6～50 | 500 | 630 | 435 | 435 | 2.00 |

注：对轴心受压构件，当采用 HRB500、HRBF500 钢筋时，钢筋的抗压强度设计值 $f'_y$ 应取 400 $N/mm^2$。

**表 1－2　预应力筋强度标准值($N/mm^2$)**

| 种　类 | | 符　号 | 公称直径 $d$(mm) | 屈服强度标准值 $f_{pyk}$ | 极限强度标准值 $f_{ptk}$ |
|---|---|---|---|---|---|
| 中强度预应力钢丝 | 光面<br>螺旋肋 | $\phi^{PM}$<br>$\phi^{HM}$ | 5、7、9 | 620 | 800 |
| | | | | 780 | 970 |
| | | | | 980 | 1270 |
| 预应力螺纹钢筋 | 螺纹 | $\phi^{T}$ | 18、25、32、40、50 | 785 | 980 |
| | | | | 930 | 1080 |
| | | | | 1080 | 1230 |
| 消除应力钢丝 | 光面<br>螺旋肋 | $\phi^{P}$<br>$\phi^{H}$ | 5 | — | 1570 |
| | | | | — | 1860 |
| | | | 7 | — | 1570 |
| | | | 9 | — | 1470 |
| | | | | — | 1570 |
| 钢绞线 | 1×3<br>（三股） | $\phi^{S}$ | 8.6、10.8、12.9 | — | 1570 |
| | | | | — | 1860 |
| | | | | — | 1960 |
| | 1×7<br>（七股） | | 9.5、12.7、<br>15.2、17.8 | — | 1720 |
| | | | | — | 1860 |
| | | | | — | 1960 |
| | | | 21.6 | — | 1860 |

**表 1－3　预应力钢筋强度设计值($N/mm^2$)**

| 种　类 | 极限强度标准值 $f_{ptk}$ | 抗拉强度设计值 $f_{py}$ | 抗压强度设计值 $f'_{py}$ |
|---|---|---|---|
| 中强度预应力钢丝 | 800 | 510 | 410 |
| | 970 | 650 | |
| | 1270 | 810 | |
| 消除应力钢丝 | 1470 | 1040 | 410 |
| | 1570 | 1110 | |
| | 1860 | 1320 | |
| 钢 绞 线 | 1570 | 1110 | 390 |
| | 1720 | 1220 | |
| | 1860 | 1320 | |
| | 1960 | 1390 | |
| 预应力螺纹钢筋 | 980 | 650 | 410 |
| | 1080 | 770 | |
| | 1230 | 900 | |

（二）无明显屈服点钢筋

图1-6是没有明显屈服点的钢筋（又被称为硬钢）拉伸应力-应变曲线。从图中可以看出，这类钢筋没有明显的屈服点，但可以根据屈服点的特征，在塑性变形明显增长处找到一个假想的屈服点，以此作为这类钢筋可以利用的应力上限，一般取相应于残余应变为0.2%时的应力 $\sigma_{0.2}$ 作为假想屈服点，也称之为"条件屈服强度"。为与钢筋的国家标准相一致，《混凝土结构设计规范》中规定在构件承载力设计时，取极限抗拉强度 $\sigma_b$ 的85%作为条件屈服强度。

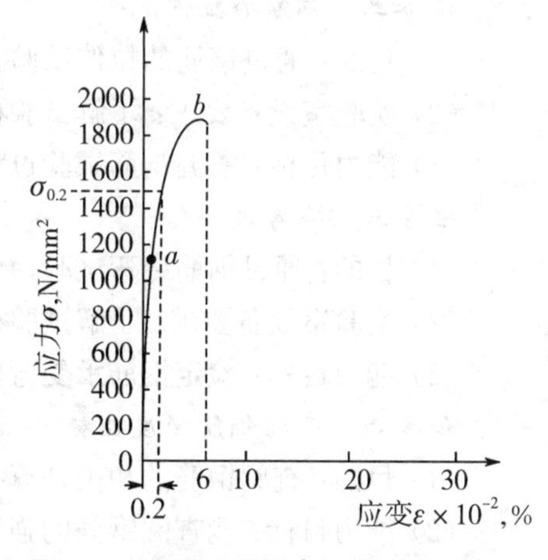


**图1-6　无明显屈服点钢筋 $\sigma$-$\varepsilon$ 曲线**

对于无明显屈服点的钢筋，其极限抗拉强度、伸长率和冷弯性能是进行质量检验的主要指标。

## 三、钢筋混凝土结构及预应力混凝土结构对钢筋性能的要求

钢筋混凝土结构及预应力混凝土结构对钢筋性能的要求主要有以下几个方面：

(1) 较高的强度和适宜的屈强比。采用强度较高的钢筋，构件的配筋量减少，不仅节约钢材，也有利于提高经济效益。屈强比是指屈服强度与极限强度之比，该值可以反映结构的可靠程度。《混凝土结构设计规范》规定了钢筋的选用要求：① 纵向受力普通钢筋宜采用HRB400、HRB500、HRBF400、HRBF500钢筋，也可采用HPB300、HRB335、HRBF335、RRB400钢筋；② 纵向受力普通钢筋可采用HRB400、HRB500、HRBF400、HRBF500、HRB335、RRB400、HPB300钢筋；梁、柱和斜撑构件的纵向受力普通钢筋宜采用HRB400、HRB500、HRBF400、HRBF500钢筋；③ 箍筋宜采用HRB400、HRBF400、HRB335、HPB300、HRB500、HRBF500钢筋；④ 预应力钢筋宜采用预应力钢丝、钢绞线和预应力螺纹钢筋。实际工程中，现浇楼板的钢筋和梁柱的箍筋多采用HPB300级钢筋；梁柱的受力筋多采用HRB335、HRB400和RRB400级钢筋；尺寸较大的构件有时也采用HRB335级钢筋作箍筋。

(2) 塑性性能好。钢筋应具有足够大的塑性变形能力，以保证构件破坏前有较明显的预兆，也利于提高结构构件的延性，增强结构的抗震性能。

(3) 与混凝土之间良好的粘结力。钢筋和混凝土能有效地共同工作的基础就是二者之间足够的粘结力。钢筋表面的形状对粘结力有重要影响。

(4) 良好的可焊性。为保证钢筋焊接后接头的受力性能良好，要求钢筋具有良好的可焊性能，即钢筋焊接后不产生裂纹或过大变形。

(5) 在寒冷地区还应考虑对钢筋低温性能的要求。

## ■ 实训练习

### 任务一　认知钢筋种类、规格

(1) 目的：通过实物钢筋展示，认知钢筋的种类、规格。

(2) 能力目标：能认知实物钢筋种类、规格。

(3) 实物：HPB300级、HRB335级、HRB400级钢筋。

(4) 工具：直尺、卡尺、证明文件、中文标志、检验报告。

**任务二　钢筋的拉伸试验**

(1) 目的：通过钢筋的拉伸试验，掌握钢筋的受力过程及特点。

(2) 实验室设备要求：了解试验机、钢筋试件。

(3) 能力目标：掌握钢筋试验过程，能应用钢筋试验数据写出钢筋实验报告。

**任务三　冷弯试验**

(1) 目的：通过钢筋冷弯试验，掌握钢筋承受弯曲作用的受力特点。

(2) 实验室设备要求：了解试验机、钢筋试件。

(3) 能力目标：检定钢筋承受弯曲作用的弯曲变形性能。

**任务四　查阅钢筋强度指标**

(1) 目的：查阅钢筋的相关计算指标。

(2) 能力目标：能查阅钢筋的强度标准值、设计值及弹性模量。

(3) 工具：《混凝土结构设计规范》或教材中附表。

**任务五　钢筋的牌号和符号的运用**

(1) 目的：通过施工图的识读，掌握钢筋的牌号和符号对应。

(2) 能力目标：能读懂施工图中钢筋符号所对应的牌号。

(3) 实物：施工图。

# 项目3　混凝土的选用及强度指标的查用

■ **学习目标**　掌握混凝土立方体抗压强度、轴心抗压强度和轴心抗拉强度，了解混凝土的变形性能及钢筋与混凝土之间的粘结作用。

■ **能力目标**　学会混凝土强度指标的查用。

■ **知识点**

## 一、混凝土强度

混凝土是由水泥、砂、石和水按一定的比例拌和在一起，经凝固硬化形成的人工石材。混凝土的强度不仅与组成材料的品种、质量和比例有关，还与制作方法、养护条件、龄期以及测定强度时的试件形状、尺寸、受力情况和试验方法有关。混凝土的基本强度指标有立方体抗压强度、轴心抗压强度和轴心抗拉强度三种。

### (一) 立方体抗压强度

混凝土立方体抗压强度是混凝土强度指标中最主要和最基本的指标。

规范规定，按照标准方法制作养护(温度 20±3℃，相对湿度不小于 90%)的边长为 150 mm的立方体试件，在 28 d 龄期用标准试验方法测得的具有 95%保证率的抗压强度，称为立方体抗压强度($f_{cu}$)，单位为"$N/mm^2$"。

根据混凝土立方体抗压强度标准值($f_{cu,k}$)的数值，我国《混凝土结构设计规范》规定，混凝土强度等级划分为 14 个：C15、C20、C25、C30、C35、C40、C45、C50、C55、C60、C65、C70、C75 和 C80。符号 C 表示混凝土，符号 C 后面的数字表示立方体抗压强度标准值。

《混凝土结构设计规范》规定，素混凝土结构的混凝土强度等级不应低于 C15；钢筋混凝土结构的混凝土强度等级不应低于 C20；采用强度等级 400 MPa 及以上的钢筋时，混凝土强度等级不应低于 C25。预应力混凝土结构的混凝土强度等级不宜低于 C40，且不应低于 C30。

试件在试验机上受压时，纵向缩短，而横向将扩展。由于试件的上下表面和试验机垫板之间的摩擦力影响，在试件上下端就如各加了一个套箍，阻碍试件的横向变形，而试件中间部分因套箍的影响减小，随着荷载的增加，试件中间部分的混凝土首先发生剥落。试件呈二个对顶的角锥形破坏面，见图 1－7(a)。试验表明，混凝土的立方体抗压强度与试验方法有关。如果在试件的上下表面加润滑剂后再做试验，不仅测得的混凝土抗压强度低，而且破坏形态也不相同。试件沿着与作用力的平行方向产生几条裂缝而破坏，见图 1－7(b)。试验还表明，试件的尺寸不同，测得的混凝土抗压强度也不同。在实际工程中，常采用边长为 100 mm 和 200 mm 的非标准立方体试件。立方体尺寸越小，测得混凝土抗压强度越高。所以，必须将非标准立方体试件抗压强度实测平均值乘以换算系数，转换成标准立方体试件的抗压强度平均值。当混凝土强度等级小于或等于 C50 时，边长为 100 mm 的非标准立方体试件取 0.95，边长为 200 mm 的非标准立方体试件取 1.05。

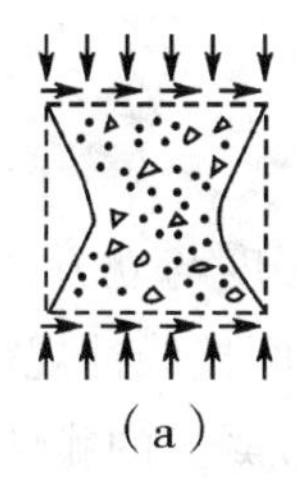
(a)

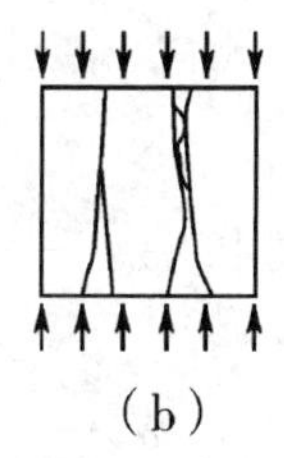
(b)

**图 1－7　混凝土立方体试块的破坏特征**

(a)不涂润滑剂；(b)涂润滑剂

在实际工程中，混凝土构件的形状、尺寸与立方体试件大不相同，混凝土的工作条件与前述立方体试件试验时的工作条件也不相同，因此，立方体抗压强度不能直接用于结构设计。

(二) 轴心抗压强度

实际工程中，构件受压是呈棱柱体形状，所以采用混凝土棱柱体试件测得的抗压强度，即混凝土的轴心抗压强度($f_c$)比立方体试件能更好地反映混凝土的实际抗压能力。

按“试验方法”的规定，以 150 mm×150 mm×300 mm 的棱柱体试件试验测得的具有 95%保证率的抗压强度为混凝土轴心抗压强度标准值($f_{ck}$)。

图 1－8 是我国所做的混凝土棱柱体与立方体抗压强度对比试验的结果。由图可知，平均值 $f_c^0$ 和 $f_{cu}^0$ 的关系大致成一条直线。考虑到实际构件与试件之间工作条件的差异，《混凝

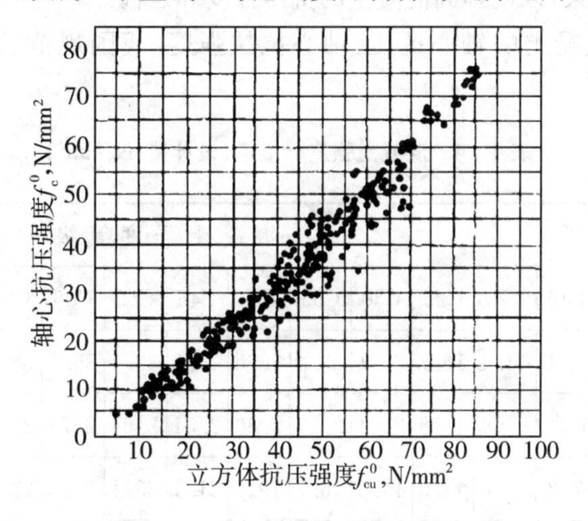


**图 1－8　混凝土轴心抗压强度与立方体抗压强度关系**

土结构设计规范》的轴心抗压强度标准值 $f_{ck}$ 与立方体抗压强度标准值 $f_{cu,k}$ 的关系按下式确定：

$$f_{ck} = 0.88\,\alpha_{c1}\alpha_{c2}\,f_{cu,k} \tag{1-1}$$

式中 $\alpha_{c1}$——棱柱体强度与立方体强度之比，对 C50 及以下取 $\alpha_{c1}=0.76$，对 C80 取 $\alpha_{c1}=0.82$，中间按线性规律变化；

$\alpha_{c2}$——高强度混凝土的脆性折减系数，对 C40 取 $\alpha_{c2}=1.0$，对 C80 取 $\alpha_{c2}=0.87$，中间按线性规律变化。

由此可得，只要确定混凝土的强度等级，即可推算混凝土轴心抗压强度。所以在工程中一般不进行轴心抗压强度的检测试验。

（三）轴心抗拉强度

混凝土抗拉强度很低，在混凝土结构的承载力计算中通常不考虑混凝土承受拉力。在计算钢筋混凝土和预应力混凝土构件的抗裂和裂缝宽度时，应采用轴心抗拉强度。

混凝土轴心抗拉强度可以采用直接轴心受拉的试验方法来测定，也可用弯折试验、劈裂试验等间接测试方法测定。

试验表明，混凝土的轴心抗拉强度只有立方体抗压强度的 1/17～1/8。《混凝土结构设计规范》的轴心抗拉强度标准值 $f_{tk}$ 与立方体抗压强度标准值 $f_{cu,k}$ 的关系按下式确定：

$$f_{tk} = 0.88 \times 0.395 f_{cu,k}^{0.55}(1-1.645\delta)^{0.45} \times \alpha_{c2} \tag{1-2}$$

式中 $\delta$——变异系数。

（四）侧向应力对混凝土轴心抗压强度影响

侧向压应力的存在会使轴心抗压强度提高。其原因是侧向压应力约束了混凝土的横向变化，延迟了混凝土内部裂缝的产生和发展。在实际工程中，常采用配置密排侧向箍筋、螺旋箍筋等提供侧向约束，以便提高混凝土的抗压强度和延性。

各个强度等级混凝土的轴心抗压、轴心抗拉强度，我国规范已给出具体的数值（见表1-4）。

**表 1-4 混凝土强度标准值、设计值（N/mm²）**

| 设计指标 | | 混凝土强度等级 | | | | | | | | | | | | | |
|---|---|---|---|---|---|---|---|---|---|---|---|---|---|---|---|
| | | C15 | C20 | C25 | C30 | C35 | C40 | C45 | C50 | C55 | C60 | C65 | C70 | C75 | C80 |
| 强度标准值 | $f_{ck}$ | 10.0 | 13.4 | 16.7 | 20.1 | 23.4 | 26.8 | 29.6 | 32.4 | 35.5 | 38.5 | 41.5 | 44.5 | 47.4 | 50.2 |
| | $f_{tk}$ | 1.27 | 1.54 | 1.78 | 2.01 | 2.20 | 2.39 | 2.51 | 2.64 | 2.74 | 2.85 | 2.93 | 2.99 | 3.05 | 3.11 |
| 强度设计值 | $f_c$ | 7.2 | 9.6 | 11.9 | 14.3 | 16.7 | 19.1 | 21.1 | 23.1 | 25.3 | 27.5 | 29.7 | 31.8 | 33.8 | 35.9 |
| | $f_t$ | 0.91 | 1.1 | 1.27 | 1.43 | 1.57 | 1.71 | 1.80 | 1.89 | 1.96 | 2.04 | 2.09 | 2.14 | 2.18 | 2.22 |

## 二、混凝土的变形

混凝土的变形可以分为两类：一类是荷载作用下的受力变形，如一次短期荷载下的变形、多次重复荷载下的变形和长期荷载下的变形（徐变）；另一类是体积变形，包括收缩、膨胀和温度变形。

（一）混凝土在一次短期荷载作用下的变形

用混凝土标准棱柱体或圆柱体试件，作一次短期加载单轴受压试验，所测得的应力-应变曲线，如图 1－9 所示；不同强度等级混凝土的应力-应变曲线如图 1－10 所示。

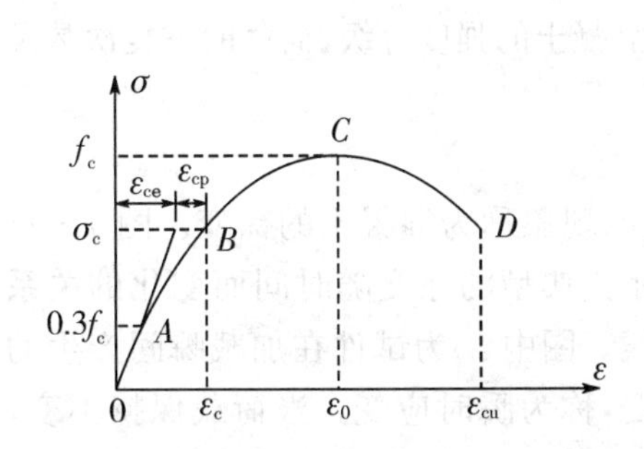


**图 1－9　混凝土受压典型应力-应变曲线**

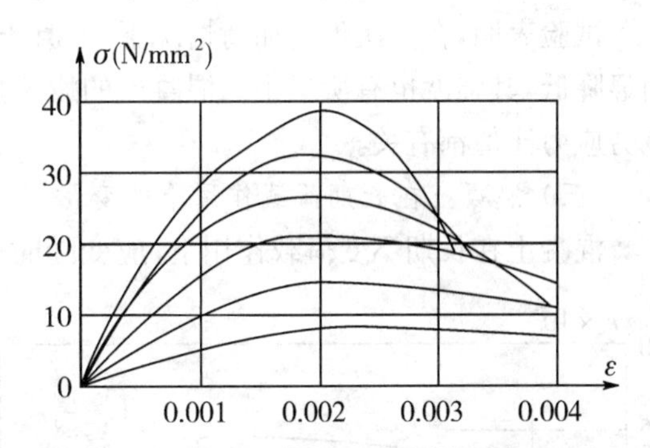


**图 1－10　不同强度等级混凝土的应力-应变曲线**

图 1－9 所示的应力-应变曲线包括上升段和下降段两部分。在上升段中，当压应力小于 $0.3f_c$ 时的 $OA$ 段，应力与应变关系基本为直线，混凝土呈弹性变化。随着压应力的增加，应力-应变曲线逐渐偏离直线，表现出越来越明显的塑性性质。随着压应力继续增大，相应的应变迅速增加，当压应力达到最大值，即顶点 $C$ 对应的应力为轴心抗压强度 $f_c$，试件表面出现明显的纵向裂缝而开始破坏，此时所对应的应变为 $\varepsilon_0$。在下降段，随着应变的增大，应力反而减少，当达到极限压应变 $\varepsilon_{cu}$ 时，混凝土破坏。

由图 1－10 可知：随混凝土强度等级的提高，与 $f_c$ 相对应的应变 $\varepsilon_0$ 有所提高，而极限压应变 $\varepsilon_{cu}$ 却明显减少，这表明高强度混凝土的延性较差。工程设计中，为简化起见，统一取 $\varepsilon_0=0.002$，$\varepsilon_{cu}=0.0033$。

混凝土受拉时的应力-应变曲线的形状与受压时相似。对应于抗拉强度 $f_t$ 的应变 $\varepsilon_{ct}$ 可取 0.0015。

混凝土受压时，横向拉应变与纵向压缩应变的比值称为横向变形系数，当材料处于弹性阶段时称为泊松比，用符号 $\nu_c$ 表示。《混凝土结构设计规范》规定，混凝土的泊松比 $\nu_c=0.2$。

混凝土的应力 $\sigma$ 与其弹性应变 $\varepsilon_{ce}$ 之比称为混凝土的弹性模量 $E_c$。《混凝土结构设计规范》采用以下公式计算混凝土的弹性模量（也可查表 1－5）。

$$E_c=\frac{10^5}{2.2+\dfrac{34.7}{f_{cu,k}}}(\mathrm{N/mm^2}) \tag{1-3}$$

表 1 - 5　混凝土的弹性模量($\times 10^4$ N/mm²)

| 混凝土强度等级 | C15 | C20 | C25 | C30 | C35 | C40 | C45 | C50 | C55 | C60 | C65 | C70 | C75 | C80 |
|---|---|---|---|---|---|---|---|---|---|---|---|---|---|---|
| $E_c$ | 2.20 | 2.55 | 2.80 | 3.00 | 3.15 | 3.25 | 3.35 | 3.45 | 3.55 | 3.60 | 3.65 | 3.70 | 3.75 | 3.80 |

混凝土的应力 $\sigma$ 与其弹塑性总应变 $\varepsilon_c$ 之比称为混凝土的变形模量 $E'_c$,该值小于混凝土的弹性模量。

(二) 混凝土在多次重复荷载作用下的变形

试验表明,在多次重复加荷情况下,混凝土将产生“疲劳”现象,此时的混凝土变形模量明显降低,其强度也有所减小。混凝土的疲劳强度与混凝土的强度等级、荷载的重复次数及疲劳应力比值都有关。

(三) 混凝土在长期荷载作用下的变形

混凝土在长期不变荷载作用下,应变随时间增长的现象称为混凝土的徐变。图 1 - 11 所示为典型的徐变随时间而变化的关系曲线。图中 $\varepsilon_{ce}$ 为试件在加载瞬间产生的应变,称为瞬时应变。当荷载保持不变,试件随加载时间的增长而继续产生的应变称为徐变应变 $\varepsilon_{cr}$。由图中可以看出,最初 6 个月内可完成徐变 70%～80%,第 1 年内可完成 90% 左右,1 年以后趋于稳定,3 年以后基本终止。如果将荷载在作用一定时间后全部卸载,如图中虚线所示,则混凝土会产生瞬时恢复应变 $\varepsilon'_{ce}$,其数值比加载时的瞬时应变略小。另外还有一部分应变在以后一段时间内逐渐恢复,称为弹性后效,最后余下的绝大部分应变为不可恢复的残余应变。

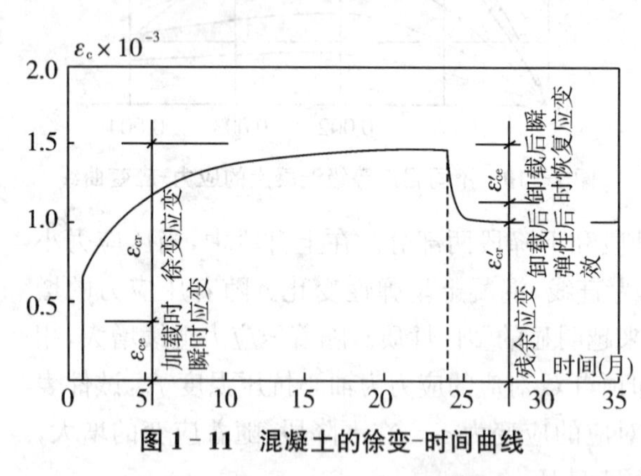


图 1 - 11　混凝土的徐变-时间曲线

引起混凝土徐变的原因主要是混凝土中水泥凝胶体的黏性流动和内部微裂缝的发展。影响混凝土徐变的因素有:

(1) 水灰比和水泥的用量:水泥越多,水灰比越大,徐变越大;

(2) 骨料级配与刚度:增加混凝土骨料含量,徐变减小;

(3) 养护条件:养护条件好,徐变小;

(4) 混凝土的密实性:混凝土密实性好,徐变小;

(5) 构件加载前混凝土强度高,徐变小;

(6) 构件截面的应力越大,徐变越大;

(7) 构件加荷时的龄期:龄期短,徐变大。

徐变使混凝土结构的变形增长,在预应力混凝土构件中引起较大的预应力损失,引起构件的截面应力重分布等。所以在设计、施工和使用时,应采取有效措施,以减少混凝土的徐变。

(四) 混凝土收缩和温度变形

混凝土在空气结硬过程中体积缩小的现象称为收缩。图 1 - 12 为混凝土自由收缩的试验结果。由图中可以看出，混凝土的收缩值随时间而增长，采用蒸汽养护时的收缩值要小于常温养护下的收缩值。

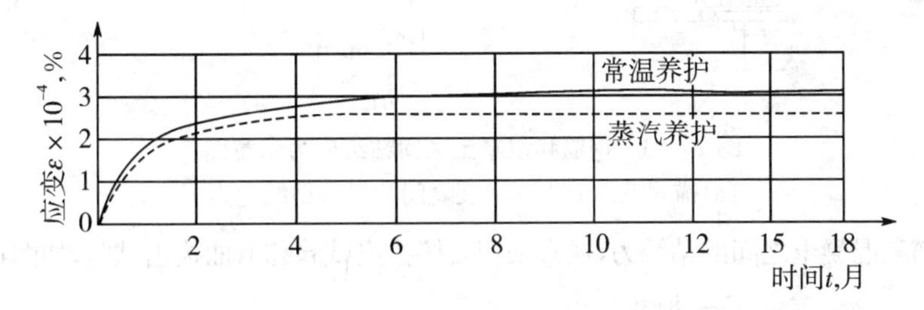


**图 1-12　混凝土随时间的收缩**

影响混凝土收缩的因素有：

(1) 水泥的用量：水泥越多，水灰比越大，收缩也越大；

(2) 水泥的品种：水泥强度等级越高制成的混凝土收缩越大；

(3) 骨料的性质：骨料的弹性模量大，收缩小；

(4) 养护条件：在结硬过程中周围温、湿度大，收缩小；

(5) 混凝土制作方法：混凝土振捣密实，收缩小；

(6) 使用环境：使用环境湿度大，收缩小；

(7) 构件的体积与表面积比值：比值大，收缩小。

当混凝土的收缩受到结构内部钢筋或外部(如支座)的约束而不能自由发展时，会在混凝土中产生拉应力，导致混凝土构件开裂。在预应力混凝土构件中，收缩还会引起预应力损失。因此，在实际工程中，为减小混凝土的收缩变形，可采取相应措施，如减少水泥用量、减小水灰比、增加混凝土的密实度、加强对混凝土的早期养护、设置施工缝等。

混凝土在温度变化时的热胀冷缩变形称为混凝土的温度变形。混凝土的温度线膨胀系数约为 $1\times10^{-5}$，与钢筋的温度线膨胀系数($1.2\times10^{-5}$)相接近，所以当温度变化时两种材料可以共同变形。温度变形对大体积混凝土结构极为不利。当温度变形受到约束时，将产生温度应力，形成混凝土结构的裂缝。因此，为减小温度变形带来的不利影响，可采取一定措施，如在结构的适当部位设置伸缩缝。

## 三、钢筋与混凝土之间的粘结

钢筋混凝土构件在外力作用下，沿钢筋和混凝土的接触面产生的剪应力，称为粘结应力。试验表明，粘结应力的产生原因主要有：

(1) 混凝土中水泥颗粒水化作用形成了凝胶体，对钢筋表面产生的胶结力；

(2) 混凝土收缩，将钢筋裹紧而产生的摩擦力；

(3) 钢筋表面凹凸不平与混凝土之间产生的机械咬合力。

图 1-13 为钢筋和其周围混凝土之间产生的粘结应力示意图。图 1-13(a)中局部粘结应力若丧失，则会使构件的刚度降低、裂缝开展；图 1-13(b)中裂缝间的局部粘结应力是在相邻两个开裂截面之间产生的，此时粘结应力可使相邻两个裂缝之间混凝土参与受拉。

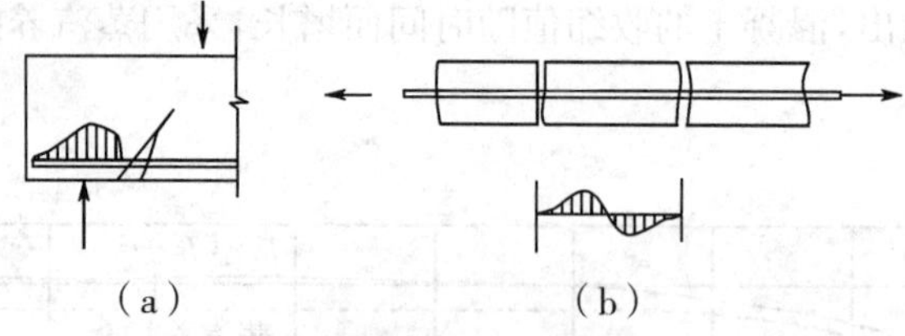

图 1－13　钢筋和混凝土之间粘结应力示意图

(a)锚固粘结应力；(b)裂缝间的局部粘结应力

研究钢筋和混凝土之间的粘结力，通常采用直接拔出试验和弯曲拔出试验，如图1－14所示。

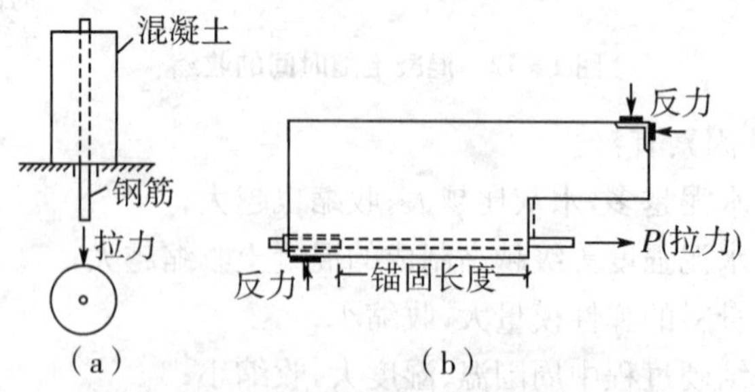


图 1－14　测定粘结强度的两种拔出试验

(a)直接拔出试验；(b)弯曲拔出试验

影响钢筋和混凝土粘结强度的主要因素有混凝土强度、保护层厚度及钢筋净间距、横向配筋及侧向压应力、浇筑混凝土时钢筋的位置等。

《混凝土结构设计规范》采用构造措施保证钢筋与混凝土的粘结力。构造措施规定了钢筋的最小搭接长度和锚固长度，钢筋的最小间距和混凝土保护层的最小厚度，钢筋在搭接接头范围内箍筋应加密，受力的光面钢筋端部要做弯钩(见图 1－15)等。

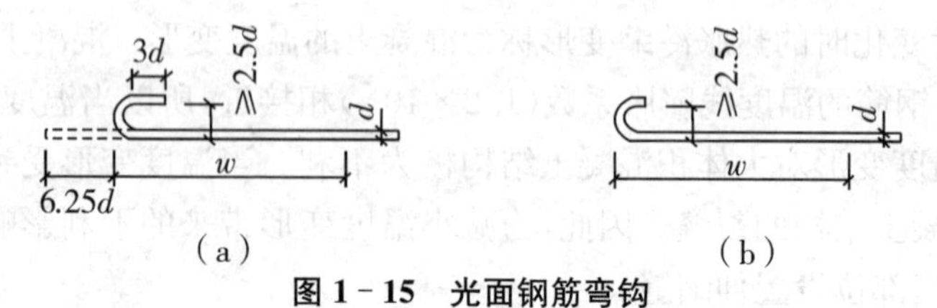


图 1－15　光面钢筋弯钩

(a)手工弯标准钩；(b)机器弯标准钩

当计算中充分利用钢筋的抗拉强度时，受拉钢筋的锚固长度应按下列公式计算：

$$l_a = \zeta_a l_{ab} \tag{1-4a}$$

$$l_{ab} = \alpha \frac{f_y}{f_t} d \tag{1-4b}$$

式中　$l_a$——受拉钢筋的锚固长度，mm；

$l_{ab}$——受拉钢筋的基本锚固长度，mm；

$f_y$——钢筋抗拉强度设计值，$N/mm^2$；

$f_t$——混凝土轴心抗拉强度设计值，当混凝土强度等级高于 C60 时，按 C60 级取值，$N/mm^2$；

$\zeta_a$——锚固长度修正系数，当带肋钢筋的公称直径大于 25 mm 时取 1.10，环氧树脂涂层带肋钢筋取 1.25，施工过程中易受扰动的钢筋取 1.10；

$d$——钢筋的公称直径,mm;

$\alpha$——钢筋的外形系数,按表 1-6 取用。

**表 1-6　锚固钢筋的外形系数 $\alpha$**

| 钢筋类型 | 光圆钢筋 | 带肋钢筋 | 螺旋肋钢丝 | 三股钢绞线 | 七股钢绞线 |
|---|---|---|---|---|---|
| $\alpha$ | 0.16 | 0.14 | 0.13 | 0.16 | 0.17 |

修正后的受拉钢筋锚固长度不应小于按公式(1-4a)计算锚固长度的 0.6 倍,且不应小于 200 mm。当计算中充分利用纵向钢筋的抗压强度时,其锚固长度不应小于受拉锚固长度的 0.7 倍。

■ **实训练习**

**任务一　混凝土立方体抗压强度试验**

(1) 目的:通过混凝土试块的抗压强度试验掌握混凝土的立方体抗压强度。

(2) 实验室设备要求:了解试验机、混凝土试块。

(3) 能力目标:掌握混凝土试块抗压强度试验过程,能应用混凝土试块抗压强度试验数据写出混凝土试块实验报告。

(4) 试验步骤提示:

① 了解主要试验设备及试件:压力机、混凝土试块;

② 立方体抗压强度的测定;

③ 立方体抗压强度的评定;

④ 非标准立方体试件抗压强度的换算。

**任务二　查阅混凝土强度指标**

(1) 目的:查阅混凝土的相关计算指标。

(2) 能力目标:能查阅混凝土的强度标准值、设计值及弹性模量。

(3) 工具:《混凝土结构设计规范》或教材中附表。

**任务三　受拉钢筋锚固长度计算**

(1) 目的:通过受拉钢筋锚固长度计算,掌握锚固长度与哪些因素有关,以便今后能熟练查找 $l_a$。

(2) 能力目标:能运用公式计算锚固长度并掌握与其有关的各因素。

(3) 工具:教材中的公式及所附钢筋外形系数表。

## 项目 4　建筑结构设计基本原则描述

■ **学习目标**　掌握荷载和材料各代表值,掌握结构的功能及极限状态的含义。

■ **能力目标**　学会荷载和材料代表值的取用,理解建筑结构设计基本原则。

■ **知识点**

### 一、结构上的作用、结构抗力

(一) 结构上的作用

结构上的作用是指施加在结构上的集中力或分布力(直接作用,也称为荷载)和引起结构外加变形或约束变形的原因(间接作用)。

1. 荷载的分类

结构上的作用,按其随时间变异分类,可分为以下三类:

(1) 永久荷载(恒荷载) 在设计基准期内其值不随时间变化,或其变化与平均值相比可以忽略不计的荷载。如结构自重、土压力、预加应力等。

(2) 可变荷载(活荷载) 在设计基准期内其值随时间变化,且其变化与平均值相比不可忽略的荷载。如楼面活荷载、风荷载、雪荷载、吊车荷载等。

(3) 偶然荷载 在设计基准期内不一定出现,而一旦出现其量值很大,且持续时间很短的荷载。如地震、爆炸、撞击等。

2. 荷载的代表值

在结构设计中采用的荷载值称为荷载代表值。荷载代表值包括标准值、组合值、频遇值和准永久值。

(1) 标准值

荷载的标准值是指结构在其使用期间内,在正常情况下可能出现的最大荷载值。荷载标准值是结构设计时采用的荷载基本代表值。

永久荷载的标准值是根据结构的设计尺寸和材料,或结构构件的单位自重计算而得。常用材料和构件重量见表 1-7。

**表 1-7 常用材料和构件的自重**

| 序号 | 名 称 | 单 位 | 自 重 | 备 注 |
|---|---|---|---|---|
| 1 | 素混凝土 | $kN/m^3$ | 22~24 | 振捣或不振捣 |
| 2 | 钢筋混凝土 | $kN/m^3$ | 24~25 | |
| 3 | 水泥砂浆 | $kN/m^3$ | 20 | |
| 4 | 石灰砂浆、混合砂浆 | $kN/m^3$ | 17 | |
| 5 | 普通砖 | $kN/m^3$ | 18 | |
| 6 | 普通砖(机器制) | $kN/m^3$ | 19 | |
| 7 | 浆砌普通砖砌体 | $kN/m^3$ | 18 | |
| 8 | 浆砌机砖砌体 | $kN/m^3$ | 19 | |
| 9 | 钢 | $kN/m^3$ | 78.5 | |
| 10 | 水磨石地面 | $kN/m^2$ | 0.65 | 10 mm 面层,20 mm 水泥砂浆打底 |
| 11 | 硬木地板 | $kN/m^2$ | 0.2 | 厚 25 mm,不包括格栅自重 |
| 12 | 木框玻璃窗 | $kN/m^2$ | 0.2~0.3 | |
| 13 | 钢框玻璃窗、钢铁门 | $kN/m^2$ | 0.4~0.45 | |
| 14 | 木门 | $kN/m^2$ | 0.1~0.2 | |
| 15 | 贴瓷砖墙面 | $kN/m^2$ | 0.5 | 包括水泥砂浆打底,共厚 25 mm |
| 16 | 水泥粉刷墙面 | $kN/m^2$ | 0.36 | 20 mm 厚,水泥粗砂 |
| 17 | 石灰粉刷墙面 | $kN/m^2$ | 0.34 | 20 mm 厚 |

可变荷载的标准值统一由设计基准期最大荷载概率分布的某一分位值确定。民用建筑楼面均布活荷载标准值和屋面活荷载标准值见表1-8和表1-9。

**表1-8　民用建筑楼面均布活荷载**

| 项次 | 类　　别 | 标准值（$kN/m^2$） | 组合值系数（$\psi_c$） | 频遇值系数（$\psi_f$） | 准永久值系数（$\psi_q$） |
|---|---|---|---|---|---|
| 1 | （1）住宅、宿舍、旅馆、办公楼、医院病房、托儿所、幼儿园<br>（2）实验室、阅览室、会议室、医院门诊室 | 2.0 | 0.7 | 0.5<br>0.6 | 0.4<br>0.5 |
| 2 | 教室、食堂、餐厅、一般资料档案室 | 2.5 | 0.7 | 0.6 | 0.5 |
| 3 | （1）礼堂、剧场、影院、有固定座位的看台<br>（2）公共洗衣房 | 3.0<br>3.0 | 0.7<br>0.7 | 0.5<br>0.6 | 0.3<br>0.5 |
| 4 | （1）商店、展览厅、车站、港口、机场大厅及其旅客等候室<br>（2）无固定座位的看台 | 3.5<br>3.5 | 0.7<br>0.7 | 0.6<br>0.5 | 0.5<br>0.3 |
| 5 | （1）健身房、演出舞台<br>（2）舞厅、运动场 | 4.0<br>4.0 | 0.7<br>0.7 | 0.6<br>0.6 | 0.5<br>0.3 |
| 6 | （1）书库、档案库、储藏室<br>（2）密集柜书库 | 5.0<br>12.0 | 0.9 | 0.9 | 0.8 |
| 7 | 通风机房、电梯机房 | 7.0 | 0.9 | 0.9 | 0.8 |
| 8 | 汽车通道及停车库<br>（1）单向板楼盖（板跨不小于2 m）<br>客车<br>消防车<br>（2）双向板楼盖和无梁楼盖（柱网尺寸不小于6 m×6 m）<br>客车<br>消防车 | 4.0<br>35.0<br>2.5<br>20.0 | 0.7<br>0.7<br>0.7<br>0.7 | 0.7<br>0.5<br>0.7<br>0.5 | 0.6<br>0.0<br>0.6<br>0.0 |
| 9 | 厨房：<br>（1）一般的<br>（2）餐厅的 | 2.0<br>4.0 | 0.7<br>0.7 | 0.6<br>0.7 | 0.5<br>0.7 |
| 10 | 浴室、卫生间、盥洗室 | 2.5 | 0.7 | 0.6 | 0.5 |
| 11 | 走廊、门厅、楼梯：<br>（1）宿舍、旅馆、医院病房、托儿所、幼儿园、住宅走廊（门厅）及多层住宅楼梯<br>（2）办公楼、餐厅、医院门诊部<br>（3）教学楼及其他可能出现人员密集情况的走廊（门厅）、其他楼梯 | 2.0<br>2.5<br>3.5 | 0.7<br>0.7<br>0.7 | 0.5<br>0.6<br>0.5 | 0.4<br>0.5<br>0.3 |

续 表

| 项次 | 类　别 | 标准值（$kN/m^2$） | 组合值系数（$\psi_c$） | 频遇值系数（$\psi_f$） | 准永久值系数（$\psi_q$） |
|---|---|---|---|---|---|
| 12 | 阳台：<br>（1）一般情况<br>（2）当人群有可能密集时 | 2.5<br>3.5 | 0.7 | 0.6 | 0.5 |

注：1. 本表所列各项活荷载适用于一般使用条件，当使用荷载大时，应按实际情况采用；
2. 本表各项荷载不包括隔墙自重和二次装修荷载。

**表1-9　屋面均布活荷载**

| 项次 | 类　别 | 标　准　值（$kN/m^2$） | 组合值系数（$\psi_c$） | 频遇值系数（$\psi_f$） | 准永久值系数（$\psi_q$） |
|---|---|---|---|---|---|
| 1 | 不上人的屋面 | 0.5 | 0.7 | 0.5 | 0 |
| 2 | 上人的屋面 | 2.0 | 0.7 | 0.5 | 0.4 |
| 3 | 屋顶花园 | 3.0 | 0.7 | 0.6 | 0.5 |

注：1. 不上人的屋面，当施工荷载较大时，应按实际情况采用；
2. 上人的屋面，当兼作其他用途时，应按相应楼面活荷载采用；
3. 对于因屋面排水不畅、堵塞等引起的积水荷载，应采取构造措施加以防止；必要时，应按积水的可能深度确定屋面活荷载；
4. 屋顶花园活荷载不包括花圃土石等材料自重。

（2）荷载准永久值

荷载准永久值是可变荷载在正常使用极限状态按长期效应组合设计时采用的荷载代表值。荷载准永久值由可变荷载标准值乘以准永久值系数所得。

（3）组合值

当考虑两种或两种以上的可变荷载同时作用时，由于它们同时达到其标准值的可能性极小，因此，可以将可变荷载的标准值乘以荷载组合系数得到荷载组合值。

（4）频遇值

可变荷载的频遇值系数是根据在设计基准期间可变荷载超越的总时间或超越的次数来确定的。荷载的频遇值系数乘以可变荷载标准值的乘积称为荷载频遇值。

（二）结构抗力

结构或结构构件承受内力作用效应的能力（如构件的承载能力、刚度等）称为结构抗力。结构抗力与构件截面形状、尺寸和材料等级有关。

材料强度标准值是结构设计时采用的材料强度基本代表值。材料强度标准值一般取符合质量要求的具有不小于95%保证率的材料强度下分位值。

## 二、建筑结构的功能要求

设计的结构和结构构件在规定的设计使用年限内，在正常维护条件下，应能满足其预定的功能要求：

（1）安全性：结构在正常的设计、施工和使用条件下，应能承受可能出现的各种作用。在偶然荷载作用下，结构应能保持必要的整体稳定性。

（2）适用性：建筑结构在正常使用时应有良好的工作性能，其变形、裂缝或振动等均不超过规定的限值。

（3）耐久性：建筑结构在正常使用、维护下应有足够的耐久性能。如不发生钢筋锈蚀和混凝土风化等影响结构使用寿命的现象。

安全性、适用性和耐久性总称为结构的可靠性。结构可靠性为结构在规定的时间内（即设计时所假定的基准使用期），在规定的条件下（结构正常的设计、施工、使用和维护条件），完成预定功能（如强度、刚度、稳定性、抗裂性、耐久性等）的能力。结构可靠性的概率度量称为结构可靠度。

我国《建筑结构可靠性设计统一标准》(GB50068－2018)将我国房屋设计的基准期规定为 50 年。需说明的是，当建筑结构的使用年限到达或超过设计基准使用期后，并不意味该结构立即报废不能再行使用，而是指它的可靠性水平已经明显降低。

考虑建筑的重要性不同，还规定了设计使用年限：标志性建筑和特别重要的建筑结构 100 年，普通房屋和构筑物 50 年，易于替换的结构构件 25 年，临时性结构 5 年。

建筑物的重要程度是根据其用途决定的。我国根据建筑结构破坏可能产生的各种后果（是否危及人的生命、造成怎样的经济损失、产生如何的社会或环境影响等）的严重性，对不同的建筑结构安全等级划分为三级（见表 1－10）。

**表 1－10　建筑结构的安全等级**

| 安全等级 | 破坏后果 |
| --- | --- |
| 一　级 | 很严重：对人的生命、经济、社会或环境影响很大 |
| 二　级 | 严重：对人的生命、经济、社会或环境影响较大 |
| 三　级 | 不严重：对人的生命、经济、社会或环境影响较小 |

## 三、极限状态

结构或构件超过某一特定状态就不能满足设计规定的某一功能要求，此特定状态称为该功能的极限状态。

（一）承载能力极限状态

当结构或结构构件达到最大承载力、出现疲劳破坏、发生不适于继续承载的变形或因结构局部破坏而引发的连续倒塌时，称该结构或结构构件达到了承载能力极限状态。当结构或结构构件出现了下列状态之一时，即认为超过了承载能力极限状态。

（1）结构构件或其连接因超过材料强度而破坏，或因过度变形而不适于继续承载；

（2）整个结构或结构的一部分作为刚体失去平衡；

（3）结构转变为机动体系；

（4）结构或构件丧失稳定；

（5）结构因局部破坏而发生连续倒塌；

(6) 地基丧失承载力而破坏;

(7) 结构或结构构件的疲劳破坏。

(二) 正常使用极限状态

当结构或结构构件达到正常使用或耐久性能的某项规定限值时,称该结构或结构构件达到了正常使用极限状态。当出现下列状态之一时,即认为结构或结构构件超过了正常使用极限状态。

(1) 影响正常使用或外观的变形;

(2) 影响正常使用的局部损坏;

(3) 影响正常使用的振动;

(4) 影响正常使用的其他特定状态。

(三) 耐久性极限状态

结构耐久性是指在服役环境作用和正常使用维护条件下,结构抵御结构性能劣化(或退化)的能力。当结构或结构构件出现下列状态之一时,应认定为超过了耐久性极限状态。

(1) 影响承载能力和正常使用的材料性能劣化;

(2) 影响耐久性能的裂缝、变形、缺口、外观、材料削弱等;

(3) 影响耐久性能的其他特定状态。

结构设计时应对结构的不同极限状态分别进行计算或验算;当某一极限状态的计算或验算起控制作用时,可仅对该极限状态进行计算或验算。

■ **实训练习**

**任务一　计算某材料自重标准值**

(1) 目的:通过查阅材料单位体积的自重,掌握永久荷载代表值计算。

(2) 能力目标:学会永久荷载标准值计算。

(3) 工具:《建筑结构荷载规范》或教材中附表。

**任务二　计算某类别楼面(屋面)活荷载标准值、组合值、频遇值、准永久值**

(1) 目的:通过查阅民用建筑楼(屋)面活荷载表,掌握活荷载代表值计算。

(2) 能力目标:学会活荷载值计算。

(3) 工具:《建筑结构荷载规范》或教材中附表。

**任务三　描述建筑结构设计基本原则**

(1) 目的:通过描述梁(板、柱)的设计过程,理解建筑结构设计基本原则。

(2) 提示:

① 荷载计算;

② 内力计算;

③ 截面及配筋设计(承载能力极限状态计算);

④ 变形和裂缝验算(正常使用极限状态计算)。

## 项目5　荷载效应设计值、标准值、组合值计算

■ **学习目标**　掌握结构构件承载能力极限状态和正常使用极限状态的设计表达式及表达式中各符号含义,了解耐久性设计、防连续倒塌设计和既有结构的设计。

**■能力目标**　学会荷载效应设计值、标准值、组合值计算。

**■知识点**

## 一、按承载能力极限状态计算

混凝土结构的承载能力极限状态计算应包括下列内容：

(1) 结构构件应进行承载力(包括失稳)计算；

(2) 直接承受重复荷载的构件应进行疲劳验算；

(3) 有抗震设防要求时，应进行抗震承载力计算；

(4) 必要时还应进行结构的倾覆、滑移、漂浮验算；

(5) 对于可能遭受偶然作用，且倒塌可能引起严重后果的重要结构，宜进行防连续倒塌设计。

结构或结构构件的破坏或过度变形的承载能力极限状态设计，应符合下式规定：

$$\gamma_0 S_d \leqslant R_d \tag{1-5}$$

式中　$r_0$——结构重要性系数，对持久设计状况和短暂设计状况安全等级为一级、二级、三级的结构构件，可分别取 1.1、1.0、0.9，对偶然设计状况和地震设计状况时取 1.0；

$S_d$——作用组合的效应设计值；

$R_d$——结构或结构构件的抗力设计值。

对持久设计状况和短暂设计状况，应采用作用的基本组合，其效应设计值按下式中最不利值确定：

$$S_d = S\Big(\sum_{i\geqslant 1}\gamma_{Gi} G_{iK} + \gamma_{Q1}\gamma_{L1}Q_{1K} + \sum_{j>1}\gamma_{Qj}\psi_{cj}\gamma_{Lj}Q_{jK}\Big) \tag{1-6}$$

式中　$S(\cdot)$——作用组合的效应函数；

$G_{iK}$——第 $i$ 个永久作用的标准值；

$Q_{1K}$——第 1 个可变作用的标准值；

$Q_{jK}$——第 $j$ 个可变作用的标准值；

$\gamma_{Gi}$——第 $i$ 个永久作用的分项系数，当作用效应对承载力不利时取 1.3；当作用效应对承载力有利时不应大于 1.0；

$\gamma_{Q1}$、$\gamma_{Qj}$——第 1 个和第 $j$ 个可变作用的分项系数，当作用效应对承载力不利时取 1.5；当作用效应对承载力有利时取 0；

$\gamma_{L1}$、$\gamma_{Lj}$——第 1 个和第 $j$ 个考虑结构设计使用年限的荷载调整系数，结构的设计使用年限为 50 年取 1.0；结构的设计使用年限为 100 年取 1.1；

$\psi_{cj}$——第 $j$ 个可变作用的组合值系数，按现行有关标准的规定采用。

对偶然设计状况，应采用作用的偶然组合，其效应设计值按下式确定：

$$S_d = S\Big(\sum_{i\geqslant 1}G_{iK} + A_d + (\psi_{f1}\ \text{或}\ \psi_{q1})Q_{1K} + \sum_{j>1}\psi_{qi}Q_{jK}\Big) \tag{1-7}$$

式中　$A_d$——偶然作用的设计值；

$\psi_{f1}$——第1个可变作用的频遇值系数，按有关标准的规定采用；

$\psi_{q1}$、$\psi_{qj}$——第1个和第$j$个可变作用的准永值系数，按有关标准的规定采用。

**例1-1**　某实验室钢筋混凝土简支梁，安全等级为二级，计算跨度$l_0=6$ m，承受均布活荷载标准值为7 kN/m，永久荷载标准值为10 kN/m(含自重)，试计算按承载能力极限状态设计时梁跨中截面弯矩设计值。

**解：**永久荷载分项系数$\gamma_G=1.3$，梁上只有一个活荷载，故活载分项系数$\gamma_{Q1}=1.5$，组合系数(查表1-8)为$\psi_{ci}=0.7$，

$$M=\gamma_G M_{GK}+\gamma_{Q1}M_{Q1K}=1.3\times\frac{1}{8}g_k l_0^2+1.5\times\frac{1}{8}q_k l_0^2$$

$$=1.3\times\frac{1}{8}\times10\times6^2+1.5\times\frac{1}{8}\times7\times6^2=105.8(\text{kN}\cdot\text{m})$$

## 二、按正常使用极限状态验算

混凝土结构构件应根据其使用功能及外观要求，按下列规定进行正常使用极限状态验算：

(1) 对需要控制变形的构件，应进行变形验算；

(2) 对不允许出现裂缝的构件，应进行混凝土拉应力验算；

(3) 对允许出现裂缝的构件，应进行受力裂缝宽度验算；

(4) 对舒适度有要求的楼盖结构，应进行竖向自振频率验算。

结构或结构构件按正常使用极限状态设计时，应符合下式规定：

$$S_d\leqslant C \tag{1-8}$$

式中　$S_d$——作用组合的效应设计值；

$C$——设计对变形、裂缝等规定的相应限值。

按正常使用极限状态设计时，宜根据不同情况采用作用的标准组合、频遇组合或准永久组合。

标准组合如下：

$$S_d=S\Big(\sum_{i\geqslant1}G_{iK}+Q_{1K}+\sum_{j>1}\psi_{cj}Q_{jK}\Big) \tag{1-9}$$

频遇组合如下：

$$S_d=S\Big(\sum_{i\geqslant1}G_{iK}+\psi_{f1}Q_{1K}+\sum_{j>1}\psi_{qj}Q_{jK}\Big) \tag{1-10}$$

准永久组合如下：

$$S_d=S\Big(\sum_{i\geqslant1}G_{iK}+\sum_{j\geqslant1}\psi_{qj}Q_{jK}\Big) \tag{1-11}$$

**例1-2**　条件同例1-1，试计算按正常使用极限状态验算时梁跨中截面荷载效应的标准组合和准永久组合弯矩值。

**解**：(1) 荷载效应的标准组合弯矩 $M_K$。

$$M_K=M_{GK}+M_{Q1K}=\frac{1}{8}g_kl_0^2+\frac{1}{8}q_kl_0^2=\frac{1}{8}(10+7)\times6^2=76.5\ \text{kN}\cdot\text{m}$$

(2) 荷载效应的准永久组合弯矩 $M_q$。

查表 1-8,实验室的活荷载准永久值系数 $\psi_q=0.5$,则

$$M_q=M_{GK}+\psi_qM_{QK}=\frac{1}{8}g_kl_0^2+0.5\times\frac{1}{8}q_kl_0^2$$

$$=\frac{1}{8}(10+0.5\times7)\times6^2=60.8\ \text{kN}\cdot\text{m}$$

(二) 变形和裂缝的验算

1. 变形验算

钢筋混凝土受弯构件的挠度应满足

$$f\leqslant[f] \tag{1-12}$$

式中　$f$——钢筋混凝土受弯构件按荷载的准永久组合,预应力混凝土受弯构件按荷载效应的标准组合并考虑荷载长期作用影响计算的挠度值;

$[f]$——钢筋混凝土受弯构件的挠度限值,见表 1-11。

**表 1-11　受弯构件的挠度限值**

| 构件类型 | | 挠度限值 |
|---|---|---|
| 吊车梁 | 手动吊车 | $l_0/500$ |
| | 电动吊车 | $l_0/600$ |
| 屋盖、楼盖及楼梯构件 | 当 $l_0<7$ m 时 | $l_0/200(l_0/250)$ |
| | 当 7 m$\leqslant l_0\leqslant$9 m 时 | $l_0/250(l_0/300)$ |
| | 当 $l_0>9$ m 时 | $l_0/300(l_0/400)$ |

注:1. 表中 $l_0$ 为构件的计算跨度;计算悬臂构件的挠度限值时,其计算跨度 $l_0$ 按实际悬臂长度的 2 倍取用;

2. 表中括号内的数值适用于使用上对挠度有较高要求的构件;

3. 如果构件制作时预先起拱,且使用上也允许,则在验算挠度时,可将计算所得的挠度值减去起拱值;对预应力混凝土构件,尚可减去预加力所产生的反拱值;

4. 构件制作时的起拱值和预加力所产生的反拱值,不宜超过构件在相应荷载组合作用下的计算挠度值。

2. 裂缝验算

根据正常使用阶段对结构构件裂缝控制的不同要求,结构构件正截面的受力裂缝控制等级分为三级:一级为正常使用阶段严格要求不出现受力裂缝的构件;二级为正常使用阶段一般要求不出现受力裂缝的构件;三级为正常使用阶段允许出现受力裂缝的构件,但需控制裂缝宽度。结构构件的裂缝控制等级及最大裂缝宽度的限值 $\omega_{\lim}$ 见表 1-12。

**表 1－12　结构构件的裂缝控制等级及最大裂缝宽度的限值(mm)**

<table>
<tr><th rowspan="2">环境类别</th><th colspan="2">钢筋混凝土结构</th><th colspan="2">预应力混凝土结构</th></tr>
<tr><th>裂缝控制等级</th><th>$\omega_{lim}$</th><th>裂缝控制等级</th><th>$\omega_{lim}$</th></tr>
<tr><td>一</td><td rowspan="4">三级</td><td>0.30(0.40)</td><td rowspan="2">三级</td><td>0.20</td></tr>
<tr><td>二 a</td><td rowspan="3">0.20</td><td>0.10</td></tr>
<tr><td>二 b</td><td>二级</td><td>—</td></tr>
<tr><td>三 a、三 b</td><td>一级</td><td>—</td></tr>
</table>

注：1. 对处于年平均相对湿度小于 60％地区一类环境下的受弯构件，其最大裂缝宽度限值可采用括号内的数值；

2. 在一类环境下，对钢筋混凝土屋架、托架及需作疲劳验算的吊车梁，其最大裂缝宽度限值应取为 0.20 mm；对钢筋混凝土屋面梁和托梁，其最大裂缝宽度限值应取为 0.30 mm；

3. 在一类环境下，对预应力混凝土屋架、托架及双向板体系，应按二级裂缝控制等级进行验算；对一类环境下的预应力混凝土屋面梁、托梁、单向板，应按表中二 a 级环境的要求进行验算；在一类和二类 a 类环境下需作疲劳验算的预应力混凝土吊车梁，应按裂缝控制等级不低于二级的构件进行验算。

## 三、耐久性设计

混凝土结构的耐久性设计包括以下内容：

(1) 确定结构所处的环境类别；

(2) 提出对混凝土材料的耐久性基本要求；

(3) 确定构件中钢筋的混凝土保护层厚度；

(4) 不同环境条件下的耐久性技术措施；

(5) 提出结构使用阶段的检测与维护要求。

混凝土结构的耐久性应根据表 1－13 的环境类别和设计使用年限进行设计。

**表 1－13　混凝土结构的环境类别**

| 环境类别 | 条　　件 |
|---|---|
| 一 | 室内干燥环境；无侵蚀性静水浸没环境 |
| 二 *a* | 室内潮湿环境；非严寒和非寒冷地区的露天环境；非严寒和非寒冷地区与无侵蚀性的水或土壤直接接触的环境；严寒和寒冷地区的冰冻线以下与无侵蚀性的水或土壤直接接触的环境 |
| 二 *b* | 干湿交替环境；水位频繁变动环境；严寒和寒冷地区的露天环境；严寒和寒冷地区冰冻线以上与无侵蚀性的水或土壤直接接触的环境 |
| 三 *a* | 严寒和寒冷地区冬季水位变动区环境；受除冰盐影响环境；海风环境 |
| 三 *b* | 盐渍土环境；受除冰盐作用环境；海岸环境 |
| 四 | 海水环境 |
| 五 | 受人为或自然的侵蚀性物质影响的环境。 |

设计使用年限为 50 年的混凝土结构，其混凝土材料宜符合表 1－14 的规定。

**表 1－14　结构混凝土材料的耐久性基本要求**

| 环 境 等 级 | 最大水胶比 | 最低强度等级 | 最大氯离子含量（%） | 最大碱含量（$kg/m^3$） |
|---|---|---|---|---|
| 一 | 0.60 | C20 | 0.30 | 不限制 |
| 二 $a$ | 0.55 | C25 | 0.20 | 3.0 |
| 二 $b$ | 0.50(0.55) | C30(C25) | 0.15 | |
| 三 $a$ | 0.45(0.50) | C35(C30) | 0.15 | |
| 三 $b$ | 0.40 | C40 | 0.10 | |

注：1. 氯离子含量系指其占胶凝材料总量的百分比；
2. 预应力构件混凝土中的最大氯离子含量为 0.06%；其最低混凝土强度等级宜按表中的规定提高两个等级；
3. 素混凝土构件的水胶比及最低强度等级的要求可适当放松；
4. 有可靠工程经验时，二类环境中的最低混凝土强度等级可降低一个等级；
5. 处于严寒和寒冷地区二 $b$、三 $a$ 类环境中的混凝土应使用引气剂，并可采用括号中的有关参数；
6. 当使用非碱活性骨料时，对混凝土中的碱含量可不作限制。

混凝土结构及构件尚应采取相应耐久性技术措施，如预应力混凝土结构中的预应力筋应根据具体情况采取表面防护、孔道灌浆、加大混凝土保护层厚度等措施；有抗渗要求的混凝土结构，混凝土的抗渗等级应符合有关标准的要求等。

混凝土结构在设计使用年限内还应遵守下列规定：

(1) 建立定期检测、维修制度；

(2) 设计中可更换的混凝土构件应按规定更换；

(3) 构件表面的防护层，应按规定维护或更换；

(4) 结构出现可见的耐久性缺陷时，应及时进行处理。

## 四、防连续倒塌设计

房屋结构在遭受偶然作用时如发生连续倒塌，将造成人员伤亡和财产损失，是对安全的最大威胁。采取针对性的措施加强结构的整体稳固性，可以提高结构的抗灾性能，减少结构连续倒塌的可能性。如提供结构整体稳定性的有效方法有：设置竖直方向和水平方向通长的纵向钢筋并采取有效的连接、锚固措施；加强楼梯、避难室、底层边墙、角柱等重要构件；在关键传力部位设置缓冲装置或泄能通道；布置分割缝以控制房屋连续倒塌的范围等。

## 五、既有结构的设计

既有结构延长使用年限、改变用途、改建、扩建或需要进行加固、修复等，均应对其进行评定、验算或重新设计。既有结构设计前，应根据现行国家标准《建筑结构检测技术标准》等进行检测，根据现行国家标准《工程结构可靠性设计统一标准》、《工业建筑可靠性鉴定标准》、《民用建筑可靠性鉴定标准》等的要求，对其安全性、适用性、耐久性及抗灾害能力进行评定，从而确定设计方案。

■ **实训练习**

**任务一　计算某构件在不同荷载作用下的各种组合值**

(1) 目的：通过标准值求解各种组合值，掌握荷载在不同计算(验算)条件下的组合值求解。

(2) 能力目标：学会设计值、标准组合、准永久组合的计算。

(3) 工具：《建筑结构荷载规范》或教材中附表。

**任务二　混凝土结构环境类别的判定**

(1) 目的：通过实际工程所处环境进行环境类别判定，以确定混凝土保护层厚度的选取。

(2) 能力目标：学会混凝土结构环境类别的判定。

(3) 工具：《混凝土结构设计规范》或教材中附表。

# 项目 6　建筑抗震设计基本知识

■ **学习目标**　掌握地震震级、地震烈度等相关术语；掌握建筑抗震设防依据和目标、抗震设计的基本要求；了解地震的类型及其震害。

■ **能力目标**　能理解抗震基本概念。

■ **知识点**

## 一、地震基本知识

### (一) 地震的概念及种类

地震俗称地动，是由于某种原因引起的地面强烈运动，是一种具有突发性的自然现象。地震按其发生的原因，主要有火山地震、陷落地震、人工诱发地震以及构造地震。

火山地震是由于火山爆发引起的地面运动；陷落地震是由于溶洞或采空区等塌陷引起的地面振动；人工诱发地震是由于水库蓄水、注液、地下抽液、采矿、核爆炸等人类活动引起的地面振动；构造地震是由于地壳构造运动推挤岩层，使岩层的薄弱部位发生断裂、错动而引起的地面运动。构造地震破坏性大、发生频率高、影响范围广。在建筑抗震设计中，仅考虑在构造地震作用下的结构设防问题。

如图 1-16 所示，地壳深处发生岩层断裂、错动的部位称为震源；震源正上方的地面位置称为震中；地震发生时运动最激烈和破坏最严重的地区称为震中区；地面某处至震中的距离称为震中距；将地面上破坏程度相似的点连成的曲线称为等震线；震源至震中的垂直距离称为震源深度。一般将震源深度小于 60 km 的地震称为浅源地震；震源深度 60～300 km 的称为中源地震；震源深度大于 300 km 称为深源地震。我国发生的绝大部分地震属于浅源地震。

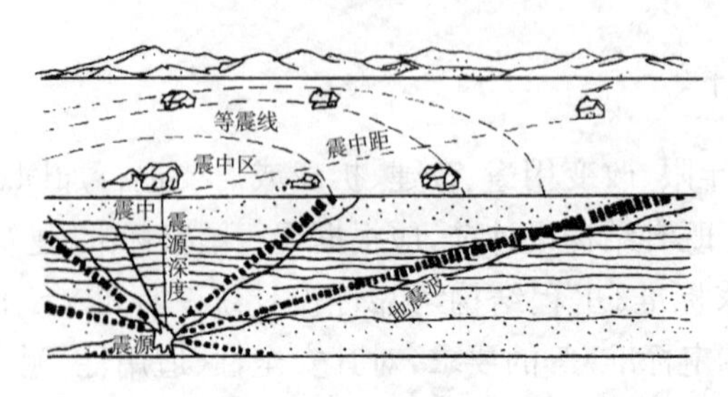


**图 1-16　地震术语示意图**

地震引起的振动以波的形式由震源向四周传播，这种波称为地震波。地震波按其在地壳传播的位置不同，分为体波和面波。体波是在地球内部由震源向四周传播的波；面波是体波经地层界面多次反射、折射形成的次生波。

（二）震级与烈度

震级是衡量一次地震大小的等级，用符号 $M$ 表示，震级的大小是地震释放能量多少的尺度。一次地震只有一个震级。我国目前采用国际上通用的里氏震级。当震级相差一级，地面振动振幅增加约 10 倍，而能量增加近 32 倍。

一般说来，$M<2$ 的地震，人们感觉不到，称为微震；$M$ 在 2～4 之间的地震称为有感地震；$M>5$ 的地震，对建筑物会引起不同程度的破坏，称为破坏性地震；$M>7$ 的地震称为强烈地震或大地震；$M>8$ 的地震称为特大地震。

地震烈度是指遭受地震影响时某一点震动的强弱程度，用 $I$ 表示。对于一次地震，只有一个震级，而有多个烈度。一般来说，离震中愈远，地震烈度愈小，震中区的地震烈度最大。我国目前使用的是 12 度烈度表(表 1－15)。

**表 1－15　中国地震烈度表**

| 烈度 | 在地面上人的感觉 | 房屋震害现象 | 其他震害现象 |
|---|---|---|---|
| Ⅰ | 无感 | | |
| Ⅱ | 室内个别静止中人有感觉 | | |
| Ⅲ | 室内少数静止中人有感觉 | 门、窗微作响 | 悬挂物微动 |
| Ⅳ | 室内多数人、室外少数人有感觉，少数人梦中惊醒 | 门、窗作响 | 挂物明显摆动、器皿作响 |
| Ⅴ | 室内普遍、室外多数人有感觉，多数人在梦中惊醒 | 门窗、屋顶、屋架颤动作响，灰土掉落，抹灰出现微细裂缝，有檐瓦掉落，个别屋顶烟囱掉砖 | 不稳定器物摇动或翻倒 |
| Ⅵ | 多数人站立不稳，少数人惊逃户外 | 损坏——墙体出现裂缝，檐瓦掉落，少数屋顶烟囱裂缝、掉落 | 河岸和松土出现裂缝，饱和砂层出现喷砂冒水；有的独立砖烟囱裂缝 |
| Ⅶ | 大多数人惊逃户外，骑自行车的人有感觉，行驶中的汽车驾乘人员有感觉 | 轻度破坏——局部破坏，开裂，小修或不需要修理可继续使用 | 河岸出现塌方；饱和砂层常见喷砂冒水，松软土地上地裂缝较多；大多数独立砖烟囱中等破坏 |
| Ⅷ | 多数人摇晃颠簸，行走困难 | 中等破坏——结构破坏，需要修复才能使用 | 干硬土上亦出现裂缝；大多数独立砖烟囱严重破坏；树梢折断；房屋破坏导致人畜伤亡 |
| Ⅸ | 行走的人摔倒 | 严重破坏——结构严重破坏，局部倒塌，修复困难 | 干硬土上许多地方出现裂缝；基岩可能出现裂缝、错动；滑坡塌方常见；许多独立砖烟囱倒塌 |
| Ⅹ | 骑自行车的人会摔倒，处不稳状态的人会摔离原地，有抛起感 | 大多数倒塌 | 山崩和地震断裂出现；基岩上拱桥破坏；大多数独立砖烟囱从根部破坏或倒毁 |

续表

| 烈度 | 在地面上人的感觉 | 房屋震害现象 | 其他震害现象 |
|---|---|---|---|
| Ⅺ |  | 普遍倒塌 | 地震断裂延续很大;大量山崩滑坡 |
| Ⅻ |  |  | 地面剧烈变化,山河改观 |

(三) 地震震害

1. 地震直接灾害

地震造成的直接灾害有建筑物破坏,如结构丧失整体性、承重结构承载力不足而引起的破坏、地基失效等。地震还会引起山崩、滑坡、泥石流、地裂缝、地陷、喷砂、冒水等地表的破坏和海啸。

2. 地震次生灾害

因地震的破坏而引起的一系列其他灾害,包括火灾、水灾和煤气、有毒气体泄漏,细菌、放射物扩散、瘟疫等对生命财产造成的灾害。

## 二、建筑抗震设防

(一) 设防依据

一个地区的基本烈度是指该地区今后一定时间内(一般指50年),在一般场地条件下可能遭遇到超越概率为10%的地震烈度值。

抗震设防烈度是指按国家规定的权限批准作为一个地区抗震设防依据的地震烈度。一般情况下,抗震设防烈度可采用中国地震动参数区划图的基本烈度。《建筑抗震设计规范》给出了全国县级及以上城镇的中心地区的抗震设防烈度、设计基本地震加速度和所属的设计地震分组。《建筑抗震设计规范》规定:抗震设防烈度为6度及以上地区的建筑,必须进行抗震设计。

(二) 抗震设防目标

《建筑抗震设计规范》提出以"三水准"来表达抗震设防目标,即"小震不坏,中震可修,大震不倒"。

第一水准(小震不坏):当遭受低于本地区抗震设防烈度的多遇地震(小震)影响时,主体结构不受损坏或不需修理仍能继续使用;

第二水准(中震可修):当遭受相当于本地区抗震设防烈度的地震(中震)影响时,建筑可能发生一定的损坏,但经一般修理和不需修理仍能继续使用;

第三水准(大震不倒):当遭受高于本地区抗震设防烈度的罕遇地震(大震)影响时,不致倒塌或发生不危及生命的严重破坏。

(三) 建筑抗震设防分类和设防标准

建筑抗震设防分类,是根据建筑遭遇地震破坏后,可能造成人员伤亡、直接和间接经济损失、社会影响的程度及其在抗震救灾中的作用等因素,对各类建筑所做的抗震设防类别划分。建筑工程分为以下四个抗震设防类别:

(1) 特殊设防类(甲类):指使用上有特殊设施,涉及国家公共安全的重大建筑工程和地震时可能发生严重次生灾害等特别重大灾害后果，需要进行特殊设防的建筑；

(2) 重点设防类(乙类)：指地震时使用功能不能中断或需尽快恢复的生命线相关建筑，以及地震时可能导致大量人员伤亡等重大灾害后果，需要提高设防标准的建筑；

(3) 标准设防类(丙类)：指大量的除甲、乙、丁类以外按标准要求进行设防的建筑；

(4) 适度设防类(丁类)：指使用上人员稀少且震损不致产生次生灾害，允许在一定条件下适度降低要求的建筑。

建筑抗震设防标准，是衡量抗震设防要求高低的尺度，由抗震设防烈度或设计地震动参数及建筑抗震设防类别确定。各抗震设防类别建筑的抗震设防标准，应符合下列要求：

(1) 甲类建筑，应按高于本地区抗震设防烈度提高一度的要求加强其抗震措施；但抗震设防烈度为9度时应按比9度更高的要求采取抗震措施。同时，应按批准的地震安全性评价的结果且高于本地区抗震设防烈度的要求确定其地震作用；

(2) 乙类建筑，应按高于本地区抗震设防烈度一度的要求加强其抗震措施；但抗震设防烈度为9度时应按比9度更高的要求采取抗震措施；地基基础的抗震措施，应符合有关规定。同时，应按本地区抗震设防烈度确定其地震作用；

(3) 丙类建筑，应按本地区抗震设防烈度确定其抗震措施和地震作用，达到在遭遇高于当地抗震设防烈度的预估罕遇地震影响时不致倒塌或发生危及生命安全的严重破坏的抗震设防目标；

(4) 丁类建筑，允许比本地区抗震设防烈度的要求适当降低其抗震措施，但抗震设防烈度为6度时不应降低。一般情况下，仍应按本地区抗震设防烈度确定其地震作用。

## 三、场地

场地是指工程群体所在地，其范围相当于厂区、居民小区和自然村或不小于1.0 $km^2$的平面面积。建筑场地的类别划分，应以土层等效剪切波速和场地覆盖层厚度为准。

场地土是指场地范围内深度在20 m左右的地基土，其类型根据剪切波速划分。对丁类建筑及丙类建筑中层数不超过10层且高度不超过24 m的多层建筑，当无实测剪切波速时，可根据岩土名称和性状，按表1-16划分土的类型，再按经验在表1-16的剪切波速范围内估算各土层的剪切波速。

**表1-16　土的类型划分和剪切波速范围**

| 土的类型 | 岩土名称和性状 | 土层剪切波速范围(m/s) |
|---|---|---|
| 岩　石 | 坚硬、较硬且完整的岩石 | $v_s>800$ |
| 坚硬土或软质岩石 | 破碎和较破碎的岩石或软和较软的岩石，密实的碎石土 | $800\geqslant v_s>500$ |
| 中硬土 | 中密、稍密的碎石土，密实、中密的砾、粗、中砂，$f_{ak}>150$的黏性土和粉土，坚硬黄土 | $500\geqslant v_s>250$ |
| 中软土 | 稍密的砾、粗、中砂，除松散外的细、粉砂，$f_{ak}\leqslant150$的黏性土和粉土，$f_{ak}>130$的填土，可塑新黄土 | $250\geqslant v_s>150$ |
| 软弱土 | 淤泥和淤泥质土，松散的砂，新近沉积的黏性土和粉土，$f_{ak}\leqslant130$的填土，流塑黄土 | $v_s\leqslant150$ |

建筑场地覆盖层厚度，一般指地面至剪切波速大于 500 m/s 且其下卧各层岩土的剪切波速均不小于 500 m/s 的土层顶面的距离。建筑的场地类别，应根据土层等效剪切波速和场地覆盖层厚度按表 1－17 划分。

**表 1－17　建筑场地类别的划分**

| 岩石的剪切波速或土的等效剪切波速(m/s) | 场地类别 | | | | |
|---|---|---|---|---|---|
| | $\mathrm{I}_0$ | $\mathrm{I}_1$ | Ⅱ | Ⅲ | Ⅳ |
| $v_s>800$ | 0 | | | | |
| $800\geqslant v_s>500$ | | 0 | | | |
| $500\geqslant v_{se}>250$ | | <5 | ≥5 | | |
| $250\geqslant v_{se}>150$ | | <3 | 3～50 | >50 | |
| $v_{se}\leqslant 150$ | | <3 | 3～15 | 15～80 | >80 |

注：表中 $v_s$ 系岩石的剪切波速。

## 四、抗震概念设计的基本要求

由于地震是随机的，具有不确定性和复杂性，单靠“数值设计”很难有效地控制结构的抗震性能。而概念设计是指根据地震灾害和工程经验等所形成的基本设计原则和设计思想，进行建筑和结构总体布置并确定细部构造的过程。结构的抗震性能取决于良好的“概念设计”。

（一）场地和地基

选择建筑场地时，应按表 1－18 划分对建筑抗震有利、一般、不利和危险的地段。

**表 1－18　有利、一般、不利和危险地段的划分**

| 地段类别 | 地质、地形、地貌 |
|---|---|
| 有利地段 | 稳定基岩，坚硬土，开阔、平坦、密实、均匀的中硬土等 |
| 一般地段 | 不属于有利、不利和危险的地段 |
| 不利地段 | 软弱土、液化土，条状突出的山嘴，高耸孤立的山丘，陡坡，陡坎，河岸和边坡的边缘，平面分布上成因、岩性、状态明显不均匀的土层(含故河道、疏松的断层破碎带、暗埋的塘浜沟谷和半填半挖地基)，高含水量的可塑黄土，地表存在结构性裂缝等 |
| 危险地段 | 地震时可能发生滑坡、崩塌、地陷、地裂、泥石流等及发震断裂带上可能发生地表位错的部位 |

选择建筑场地时，应根据工程需要和地震活动情况、工程地质和地震地质的有关资料，对抗震有利、一般、不利和危险地段做出综合评价。对不利地段，应提出避开要求；当无法避开时应采取有效的措施。对危险地段，严禁建造甲、乙类的建筑，不应建造丙类的建筑。

建筑场地为Ⅰ类时，对甲、乙类的建筑应允许仍按本地区抗震设防烈度的要求采取抗震构造措施；对丙类的建筑应允许按本地区抗震设防烈度降低一度的要求采取抗震构造措施，但抗震设防烈度为 6 度时仍应按本地区抗震设防烈度的要求采取抗震构造措施。

建筑场地为Ⅲ、Ⅳ类时，对设计基本地震加速度为 0.15$g$ 和 0.30$g$ 的地区，宜分别按抗震设防烈度 8 度(0.20$g$)和 9 度(0.40$g$)时各抗震设防类别建筑的要求采取抗震构造措施。

地基和基础设计的要求是：① 同一结构单元的基础不宜设置在性质截然不同的地基上；② 同一结构单元不宜部分采用天然地基部分采用桩基；当采用不同基础类型或基础埋深显著不同时，应根据地震时两部分地基基础的沉降差异，在基础、上部结构的相关部位采取相应措施；③ 地基为软弱黏性土、液化土、新近填土或严重不均匀土时，应根据地震时地基不均匀沉降和其他不利影响，采取相应的措施。

（二）建筑和结构的规则性

建筑设计应根据抗震概念设计的要求明确建筑形体的规则性。不规则的建筑应按规定采取加强措施；特别不规则的建筑应进行专门研究和论证，采取特别的加强措施；严重不规则的建筑不应采用。

建筑设计应重视其平面、立面和竖向剖面的规则性对抗震性能及经济合理性的影响，宜择优选用规则的形体，其抗侧力构件的平面布置宜规则对称、侧向刚度沿竖向宜均匀变化、竖向抗侧力构件的截面尺寸和材料强度宜自下而上逐渐减小、避免侧向刚度和承载力突变。

当存在表 1 - 19 所列举的平面不规则类型或表 1 - 20 所列举竖向不规则类型时，应进行地震作用计算和内力调整，并应对薄弱部位采取有效的抗震构造措施，如按实际需要在适当部位设置防震缝，形成若干较规则的抗侧力结构单元等。

**表 1 - 19　平面不规则的主要类型**

| 不规则类型 | 定义和参考指标 |
|---|---|
| 扭转不规则 | 在规定的水平力作用下，楼层的最大弹性水平位移或(层间位移)，大于该楼层两端弹性水平位移(或层间位移)平均值 1.2 倍 |
| 凹凸不规则 | 平面凹进的尺寸，大于相应投影方向总尺寸的 30% |
| 楼板局部不连续 | 楼板的尺寸和平面刚度急剧变化，例如，有效楼板宽度小于该层楼板典型宽度的 50%，或开洞面积大于该层楼面面积的 30%，或较大的楼层错层 |

**表 1 - 20　竖向不规则的主要类型**

| 不规则类型 | 定义和参考指标 |
|---|---|
| 侧向刚度不规则 | 该层的侧向刚度小于相邻上一层的 70%，或小于其上相邻三个楼层侧向刚度平均值的 80%；除顶层或出屋面小建筑外，局部收进的水平向尺寸大于相邻下一层的 25% |
| 竖向抗侧力构件不连续 | 竖向抗侧力构件(柱、抗震墙、抗震支撑)的内力由水平转换构件(梁、桁架等)向下传递 |
| 楼层承载力突变 | 抗侧力结构的层间受剪承载力小于相邻上一楼层的 80% |

（三）结构体系

结构体系应根据建筑的抗震设防类别、抗震设防烈度、建筑高度、场地条件、地基、结构材料和施工等因素，经技术、经济和使用条件综合比较确定。

抗震结构构件应符合下列要求：

(1) 砌体结构应按规定设置钢筋混凝土圈梁和构造柱、芯柱，或采用约束砌体、配筋砌体等；

(2) 混凝土结构构件应控制截面尺寸和受力钢筋、箍筋的设置，防止剪切破坏先于弯曲破坏、混凝土的压溃先于钢筋的屈服、钢筋的锚固粘结破坏先于钢筋破坏；

(3) 预应力混凝土的构件，应配有足够的非预应力钢筋；

(4) 钢结构构件的尺寸应合理控制，避免局部失稳或整个构件失稳；

(5) 多、高层的混凝土楼、屋盖宜优先采用现浇混凝土板。

抗震结构各构件之间的连接应符合下列要求：

(1) 构件节点的破坏，不应先于其连接的构件；

(2) 预埋件的锚固破坏，不应先于连接件；

(3) 装配式结构构件的连接，应能保证结构的整体性；

(4) 预应力混凝土构件的预应力钢筋，宜在节点核心区以外锚固。

(四) 非结构构件

附着于楼、屋面结构上的非结构构件，以及楼梯间的非承重墙体，应与主体结构有可靠的连接或锚固，避免地震时倒塌伤人或砸坏重要设备。

框架结构的围护墙和隔墙，应估计其设置对结构抗震的不利影响，避免不合理设置而导致主体结构的破坏。

幕墙、装饰贴面与主体结构应有可靠连接，避免地震时脱落伤人。

安装在建筑上的附属机械、电气设备系统的支座和连接，应符合地震时使用功能的要求，且不应导致相关部件的损坏。

(五) 结构材料与施工

抗震结构材料性能应符合下列要求：

(1) 烧结普通砖和多孔砖的强度等级不应低于 MU10，其砌筑砂浆强度等级不应低于 M5；混凝土小型空心砌块的强度等级不应低于 MU7.5，其砌筑砂浆强度等级不应低于 Mb7.5；

(2) 混凝土的强度等级，抗震等级为一级的框架梁、柱、节点核芯区，不应低于 C30；构造柱、芯柱、圈梁及其他各类构件不应低于 C20；

(3) 抗震等级为一、二、三级的框架和斜撑构件(含梯段)，其纵向受力钢筋采用普通钢筋时，钢筋的抗拉强度实测值与屈服强度实测值的比值不应小于 1.25；钢筋的屈服强度实测值与屈服强度标准值的比值不应大于 1.3，且钢筋在最大拉力下的总伸长率实测值不应小于 9%；

(4) 普通钢筋宜选用 HRB400 级的热轧钢筋和 HRB335 级热轧钢筋；箍筋宜选用 HRB335 级的热轧钢筋，也可选用 HPB300 级热轧钢筋；

(5)钢结构的钢材宜采用 Q235 等级 $B$、$C$、$D$ 的碳素结构钢及 Q345 等级 $B$、$C$、$D$、$E$ 的低合金高强度结构钢。

抗震结构施工应符合下列要求：

(1) 在施工中，当需要以强度等级较高的钢筋替代原设计中的纵向受力钢筋时，应按照钢筋受拉承载力设计值相等的原则换算，并应满足最小配筋率要求；

(2) 钢筋混凝土构造柱和底部框架-抗震墙房屋中的砌体抗震墙，其施工应先砌墙后浇构造柱和框架梁柱。

■ **实训练习**

**任务一　描述 5.12 汶川大地震**

(1) 目的：通过用专业术语对 5.12 汶川大地震进行描述，掌握地震基本知识。

(2) 能力目标：建立建筑抗震设防意识。

**任务二　了解地震相关信息**

(1) 目的：通过查阅历次地震资料，掌握地震自救互救知识与我国防震减灾政策。

(2) 能力目标：利用网络资源为学习提供资料。

## 复习思考题

1. 什么是建筑结构？
2. 按照所用材料的不同，建筑结构分为哪几类？
3. 什么是混凝土结构？混凝土结构有哪些优缺点？
4. 钢筋和混凝土结构这两种力学性能不同的材料为什么能有效结合在一起共同工作？
5. 学习混凝土结构课程时应注意哪些问题？
6. 简述钢筋的分类。
7. 对于有屈服点的钢筋为什么取其屈服强度作为强度限值？
8. 混凝土的基本强度指标有哪几种？
9. 什么是混凝土的收缩和徐变？对钢筋混凝土构件有何影响？如何减少收缩和徐变？
10. 钢筋与混凝土之间的粘结力是如何产生的？影响粘结强度的主要因素有哪些？
11. 混凝土构件可采取哪些构造措施保证钢筋与混凝土的粘结作用？
12. 什么是建筑结构上的作用？作用与荷载是什么关系？
13. 荷载如何分类？
14. 什么是荷载的标准值？什么是荷载的设计值？两者的关系如何？
15. 建筑结构的功能要求有哪些？
16. 什么是结构的极限状态？结构的极限状态有哪两类？
17. 建筑结构的安全等级是怎样划分的？
18. 永久荷载、可变荷载的荷载分项系数分别为多少？
19. 什么是地震震级、地震烈度？
20. 《建筑抗震设计规范》提出的“三水准”设防要求是什么？
21. 什么是抗震概念设计？其基本要求有哪些？
22. 抗震设计时如何选择建筑场地？

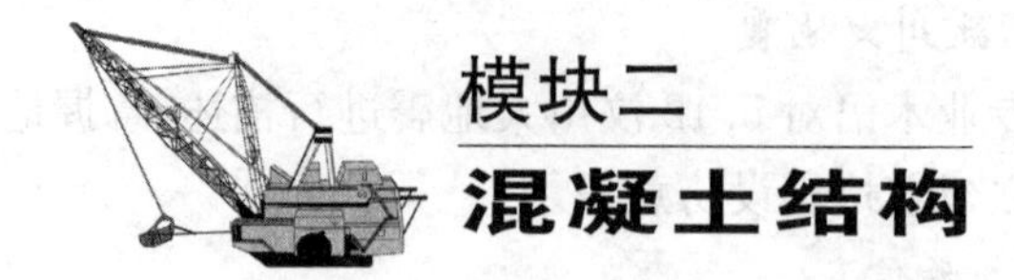

# 模块二 混凝土结构

■ **模块概述** 叙述了混凝土结构中的梁、板、柱等构件的设计计算方法及构造要求；多高层结构体系；框架结构的节点构造要求及多高层房屋抗震措施。

■ **学习目标** 通过本模块学习，掌握钢筋混凝土受弯构件、受扭构件、梁板结构、受压构件的基本计算理论；掌握多层框架结构节点构造要求及抗震措施；了解受拉、预应力构件及单层厂房排架结构的基本计算理论。

## 单元1 梁板

■ **单元概述** 叙述了梁、板的构造要求；受弯构件正截面和斜截面破坏特征；受弯构件正截面和斜截面承载力计算、变形验算和裂缝宽度验算；受扭构件破坏特征、承载力计算及构造要求；单向板肋形楼盖设计；双向板肋形楼盖及楼梯、雨篷构造要求。

■ **学习目标** 通过本单元学习，掌握梁板的构造要求、受弯构件正截面和斜截面破坏特征及承载力计算、单向板肋形楼盖设计；了解受弯构件变形和裂缝宽度验算、受扭构件承载力计算、双向板肋形楼盖设计。

### 项目1.1 梁、板内各类钢筋的描述

■ **学习目标** 掌握梁、板截面配筋的基本构造要求及钢筋的弯钩、锚固与连接构造要求。

■ **能力目标** 学会描述梁板内各类钢筋种类、作用和相关构造要求。

■ **知识点**

#### 一、梁、板截面形式

在房屋建筑中，受弯构件是应用最为广泛的一类构件，如建筑物中的梁、板。梁的截面形式有矩形、T形、工字形、L形、倒T形以及花篮形等(图2.1－1)；板的截面形式，常见的有矩形、槽形和空心形等(图2.1－2)。梁和板的区别在于：梁的截面高度一般大于其宽度，

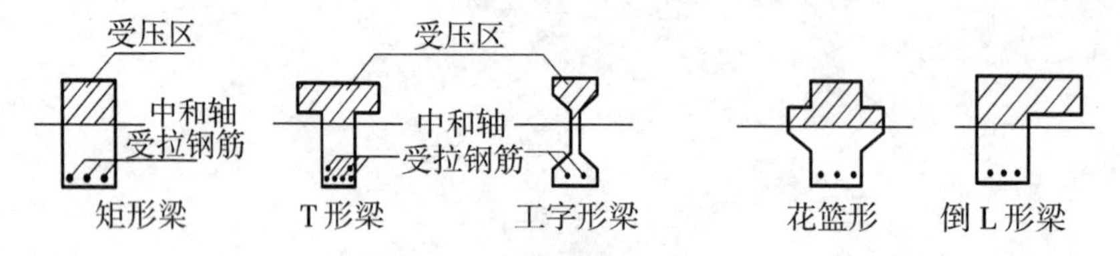


图2.1－1 梁的截面形式

而板的截面高度则小于其宽度。仅在截面受拉区配置受力钢筋的受弯构件称为单筋受弯构件，同时在截面受拉区和受压区均配置受力钢筋的受弯构件称为双筋受弯构件。

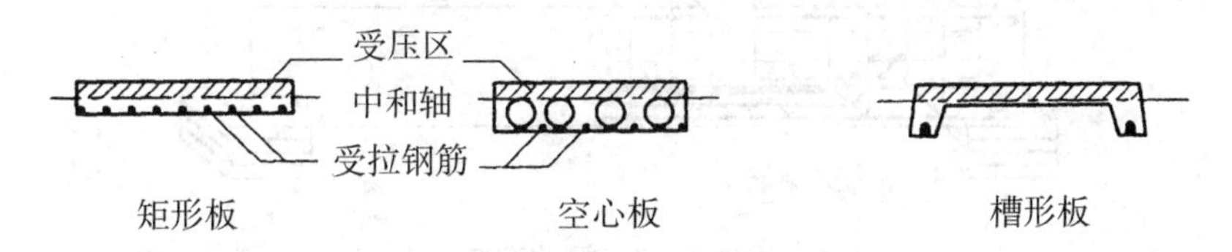


**图 2.1－2　板的截面形式**

在外力作用下，受弯构件将承受弯矩 $M$ 和剪力 $V$ 的作用。试验表明，钢筋混凝土受弯构件可能沿弯矩最大的截面发生破坏，也可能沿剪力最大或弯矩和剪力都较大的截面发生破坏。因此，在进行受弯构件设计时，需进行正截面（$M$ 作用）和斜截面（$M$、$V$ 共同作用）两种承载力计算。

## 二、梁、板的一般构造

### （一）梁的截面与配筋

#### 1. 梁的截面

梁的截面尺寸要满足承载力、刚度和抗裂度（或裂缝宽度）三方面的要求。根据经验，从刚度条件出发，简支梁、连续梁和悬臂梁的截面高度可按表 2.1－1 采用。

**表 2.1－1　梁的最小截面高度**

| 项　次 | 构件种类 | | 简　支 | 两端连续 | 悬　臂 |
|---|---|---|---|---|---|
| 1 | 整体肋形梁 | 次　梁 | $l_0/16$ | $l_0/18$ | $l_0/8$ |
| | | 主　梁 | $l_0/12$ | $l_0/14$ | $l_0/6$ |
| 2 | 独　立　梁 | | $l_0/12$ | $l_0/14$ | $l_0/6$ |

梁的宽度 $b$ 一般根据梁的高度 $h$ 来确定。对于矩形截面梁，取 $b=(1/2\sim1/3.5)h$；对于 T 形截面梁，$b=(1/2.5\sim1/4.0)h$。但有时为满足房屋净高要求，降低房屋总造价，可适当增大梁宽。

为方便施工，并有利于模板的定型化，梁的截面尺寸应按统一规格采用，一般可取：

梁高 $h$=150、180、200、240、250 mm，大于 250 mm 时则按 50 mm 进级；

梁宽 $b$=120、150、180、200、220、250 mm，大于 250 mm 时则按 50 mm 进级。

#### 2. 支承长度

当梁的支座为砖墙或砖柱时，可视为铰支座。梁伸入砖墙、柱的支承长度 $a$ 应满足梁下砌体的局部承压强度，且当梁高 $h\leqslant500$ mm 时，$a\geqslant180$ mm；$h>500$ mm 时，$a\geqslant240$ mm。

当梁支承在钢筋混凝土梁（柱）上时，其支承长度 $a\geqslant180$ mm。

#### 3. 梁的配筋

梁内通常配置下列几种钢筋（图 2.1－3）：

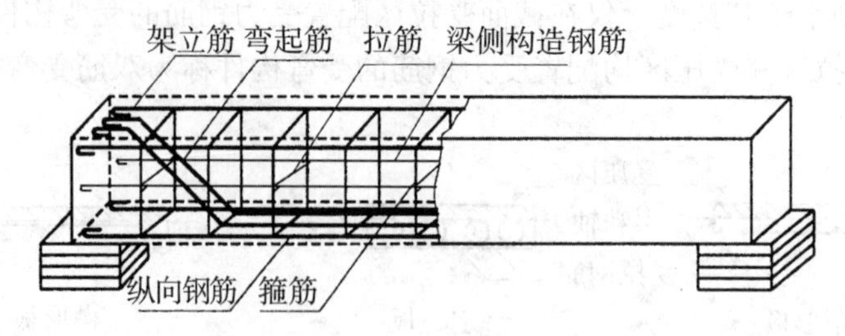


图 2.1－3　梁的配筋

(1) 纵向受力钢筋。

纵向受力钢筋的作用主要是用来承受由弯矩在梁内产生的拉力，所以这种钢筋要放在梁的受拉一侧。它的直径通常采用 12～25 mm。当 $h \geqslant 300$ mm 时，其直径不应小于 10 mm；当 $h < 300$ mm 时，其直径不小于 8 mm。为便于浇筑混凝土并保证混凝土与钢筋之间具有足够的粘结力，钢筋要留有一定的净距，以确保钢筋的锚固。规范规定：梁内下部纵向受力钢筋的净距不得小于 25 mm 和钢筋的直径 $d$；上部纵向受力钢筋净距不得小于30 mm，且不得小于钢筋直径的 1.5$d$(图 2.1－7)。在梁的配筋密集区域宜采用并筋的配筋形式。

伸入梁的支座范围内纵向受力钢筋的数量不应少于 2 根。

(2) 箍筋。

箍筋的主要作用是用来承受由剪力和弯矩在梁内引起的主拉应力。同时，箍筋通过绑扎或焊接把其他钢筋联系在一起，形成一个空间的钢筋骨架。

箍筋宜采用 HRB400、HRBF400、HPB300、HRB500、HRBF500 钢筋，也可采用 HRB335、HRBF335 钢筋，箍筋应根据计算确定。如按计算不需设置箍筋时，对截面高度大于 300 mm 的梁，仍应按构造要求沿梁全长设置箍筋；对于截面高度为 150～300 mm 的梁，可仅在构件端部各 $l_0/4$ 跨度范围内设置箍筋($l_0$为跨度)。但当在构件中部 $l_0/2$ 跨度范围内有集中荷载时，则应沿梁全长设置箍筋；对截面高度为 150 mm 以下的梁，可不设置箍筋。

当梁中配有计算需要的纵向受压钢筋时，箍筋应做成封闭式(图 2.1－4d)，且弯钩直线段长度不应小于 5$d$($d$ 为箍筋直径)；箍筋的间距不应大于 15$d$，且不应大于 400 mm。当一层内的纵向受压钢筋多于 5 根且直径大于 18 mm 时，箍筋间距不应大于 10$d$。当梁的宽度大于 400 mm 且一层内的纵向受压钢筋多于 3 根时，或当梁的宽度不大于 400 mm 但一层内的纵向受压钢筋多于 4 根时，应设置复合箍筋。

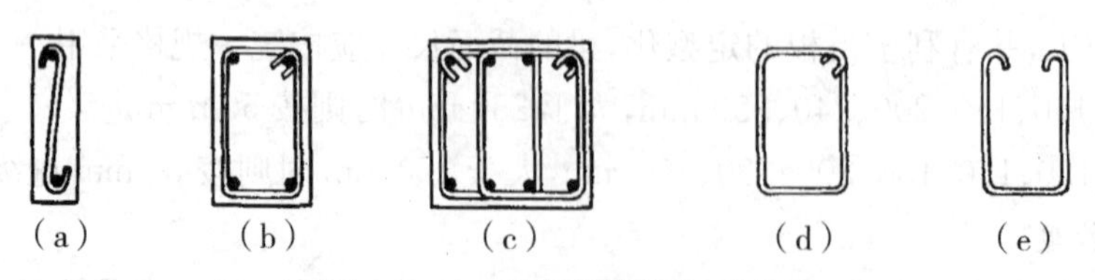


图 2.1－4　箍筋的肢数和形式

(a)单肢；(b)双肢；(c)四肢(复合)；(d)封闭；(e)开口

箍筋的最小直径与梁的截面高度有关。对于截面高度大于 800 mm 的梁，其箍筋直径不宜小于 8 mm；对于截面高度为 800 mm 及以下的梁，其箍筋直径不宜小于 6 mm；梁中配有计算的受压钢筋时，箍筋直径尚不应小于 $d/4$($d$ 为受压钢筋的最大直径)。

为了保证纵向受力钢筋能可靠地工作，箍筋的肢数一般按以下规定采用：当梁的宽度 $b<150$ mm 时，采用单肢(图 2.1-4a)；当梁的宽度 150 mm$\leqslant b<400$ mm 时，采用双肢(图 2.1-4b)；当梁的宽度 $b\geqslant 400$ mm 时，或在一层内纵向受拉钢筋多于 5 根，或纵向受压钢筋多于 4 根时，采用四肢(图 2.1-4c)。

(3) 弯起钢筋。

这种钢筋是由纵向受力钢筋弯起成型的。它的作用除在跨中承受正弯矩产生的拉力外，在靠近支座的弯起段则用来承受弯矩和剪力共同产生的主拉应力。弯起钢筋的弯起角度：当梁高 $h\leqslant 800$ mm 时，采用 45°；当梁高 $h>800$ mm 时，采用 60°。

(4) 架立钢筋。

为了固定箍筋的正确位置和形成钢筋骨架，在梁的受压区外缘两侧，要求布置平行于纵向受力钢筋的架立钢筋(如在受压区配置纵向受压钢筋时，则可不再配置架立钢筋)。此外，架立钢筋还可承受因温度变化和混凝土收缩而产生的应力，防止发生裂缝。

当梁端按简支计算而实际受到部分约束时，应在支座区上部设置纵向构造钢筋。其截面面积不应小于梁跨中下部纵向受力钢筋计算所需截面面积的 1/4，且不应少于两根。该纵向构造钢筋自支座边缘向跨内伸出的长度不应小于 $l_0/5$($l_0$ 为梁的计算跨度)。

架立钢筋的直径与梁长有关。当梁长小于 4 m 时，架立钢筋直径不宜小于 8 mm；跨度等于 4～6 m 时，不宜小于 10 mm；跨度大于 6 m 时，不宜小于 12 mm。

(5) 梁侧构造钢筋(图 2.1-5)。

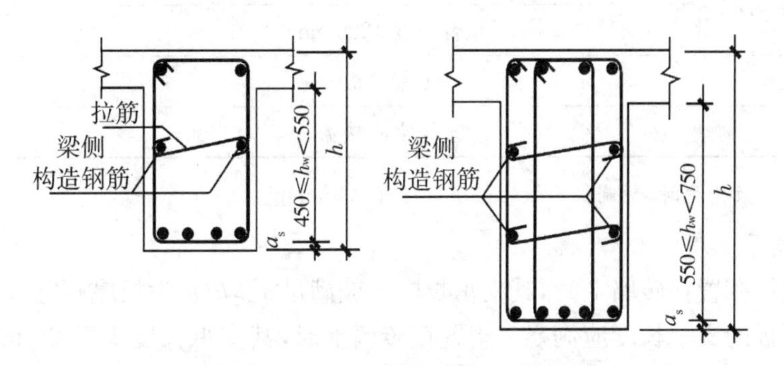


**图 2.1-5　梁侧构造钢筋及拉筋布置**

当梁的腹板高度 $h_w\geqslant 450$ mm 时，在梁的两个侧面沿高度应配置纵向构造钢筋，每侧纵向构造钢筋的截面面积不应小于腹板截面面积的 0.1%，间距不宜大于 200 mm。

梁侧构造钢筋作用：承受因温度变化、混凝土收缩在梁的中间部位引起的拉应力，防止混凝土在梁中间部位产生裂缝。

梁两侧的纵向构造钢筋宜用拉筋联系，拉筋的直径与箍筋直径相同，间距为 300～500 mm，通常取箍筋间距的两倍。

(二) 板的厚度及配筋

1. 板的厚度

现浇板的厚度 $h$ 取 10 mm 为模数，对一般屋盖、楼盖不小于 60 mm。预制板的最小厚度应考虑满足钢筋保护层厚度的要求。板的厚度要满足承载力、刚度和抗裂度(或裂缝宽度)的要求。从刚度条件出发，板的厚度可按表 2.1-2 估算，同时也不应小于表 2.1-3 的要求。

表 2.1－2　板的厚度与计算跨度的最小比值

| 项次 | 板的支承情况 | 板的种类 | | |
|---|---|---|---|---|
| | | 单向板 | 双向板 | 悬臂板 |
| 1 | 简支 | 1/35 | 1/45 | — |
| 2 | 连续 | 1/40 | 1/50 | 1/12 |

表 2.1－3　现浇钢筋混凝土板的最小厚度(mm)

| 板的类别 | | 厚度 |
|---|---|---|
| 单向板 | 屋面板 | 60 |
| | 民用建筑楼板 | 60 |
| | 工业建筑楼板 | 70 |
| | 行车道下的楼板 | 80 |
| 双向板 | | 80 |
| 密肋板 | 面板 | 50 |
| | 肋高 | 250 |
| 悬臂板(固定端) | 板的悬臂长度不大于 500 mm | 60 |
| | 悬臂长度 1200 mm | 100 |
| 无梁楼板 | | 150 |
| 现浇空心楼盖 | | 200 |

注：当采取有效措施时，预制板面板的最小厚度可取 40 mm。

2. 板的支承长度

(1) 现浇板搁置在砖墙上时，其支承长度 $a$ 应满足 $a \geqslant h$($h$ 为板厚)及≥120 mm。

(2) 预制板的支承长度应满足：搁置在砖墙上时，其支承长度 $a \geqslant 100$ mm。搁置在钢筋混凝土屋架或钢筋混凝土梁上时，$a \geqslant 80$ mm。搁置在钢屋架或钢梁上时，$a \geqslant 60$ mm。

(3) 支承长度还应满足板的受力钢筋在支座内的锚固长度。

3. 板的配筋

梁式板抗主拉应力的能力高，通常不会出现斜截面破坏，故梁式板中仅配有两种钢筋：受力钢筋和分布钢筋(或称温度筋)。受力钢筋沿板的跨度方向在受拉区布置，分布钢筋则沿垂直受力钢筋方向布置(图 2.1－6)。

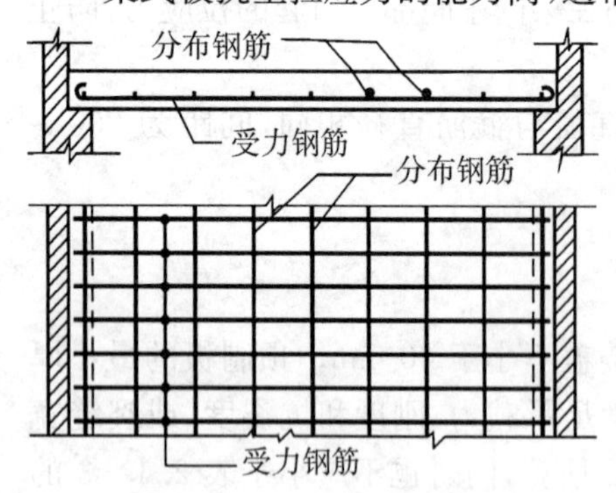

图 2.1－6　梁式板的配筋

梁式板和梁一样，受力钢筋承受弯矩产生的拉力。

板中的受力钢筋直径多采用 8～12 mm。为了使板受力均匀和混凝土浇筑密实，当采用绑扎钢筋作配筋时，其间距 $s$：当板厚 $h \leqslant 150$ mm 时，不宜大于 200 mm；当板厚 $h > 150$ mm 时，不宜大于 1.5$h$，且不宜大于 250 mm；为了保证施工质量，钢筋间距一般不小于 70 mm。

由板中伸入支座的下部钢筋，其间距不应大于 400 mm，其截面面积不应小于跨中受力钢筋截面面积的 1/3。板中弯起钢筋的弯起角度不宜小于 30°。

分布钢筋的作用是：固定受力钢筋、将板上的荷载更有效地传递到受力钢筋上去、防止由于温度或混凝土收缩等原因沿跨度方向引起的裂缝。

梁式板中单位长度上分布钢筋的截面面积，不应小于单位长度上受力钢筋截面面积的 15%，且不宜小于该方向板截面面积的 0.15%，其间距不应大于 250 mm，直径不宜小于 6 mm。板上集中荷载较大时，分布钢筋间距不宜大于 200 mm。在温度、收缩应力较大的现浇区域，钢筋间距不宜大于 200 mm，并在板的表面双向配置防裂构造钢筋。板的上、下表面沿纵、横两个方向的配筋率均不宜小于 0.1%。

（三）梁、板混凝土保护层及截面有效高度

为了防止钢筋锈蚀和保证钢筋与混凝土紧密粘结以及在火灾等情况下使钢筋温度上升缓慢，梁、板都应具有足够的混凝土保护层。设计使用年限为 50 年的混凝土结构，最外层钢筋的保护层厚度应符合表 2.1－4 的规定；设计使用年限为 100 年的混凝土结构，混凝土保护层厚度应按表 2.1－4 规定增加 40%；当采取有效的表面防护措施时，混凝土保护层厚度可适当减小。

**表 2.1－4　混凝土保护层的最小厚度 $c$(mm)**

| 环境等级 | 板、墙、壳 | 梁、柱、杆 |
|---|---|---|
| 一 | 15 | 20 |
| 二 $a$ | 20 | 25 |
| 二 $b$ | 25 | 35 |
| 三 $a$ | 30 | 40 |
| 三 $b$ | 40 | 50 |

注：1. 混凝土强度等级不大于 C25 时，表中保护层厚度数值应增加 5 mm；

2. 钢筋混凝土基础宜设置混凝土垫层，其受力钢筋的混凝土保护层厚度应从垫层顶面算起，且不应小于 40 mm。

在计算梁、板受弯构件承载力时，因为混凝土开裂后拉力完全由钢筋承担，这时梁能发挥作用的截面高度，应为受拉钢筋截面形心至受压边缘的距离，称为截面有效高度 $h_0$（图 2.1－7）。

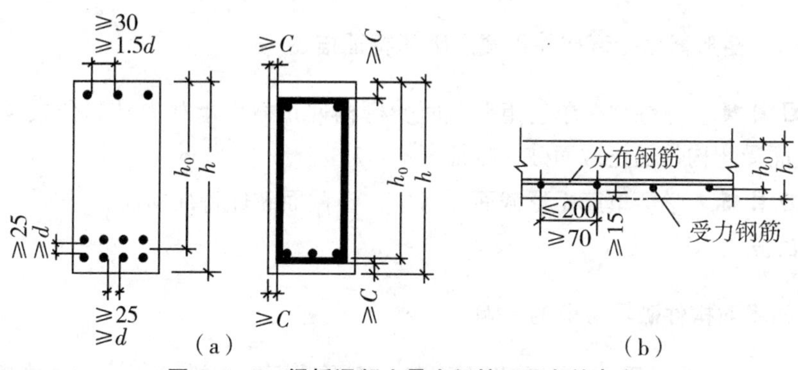


**图 2.1－7　梁板混凝土最小保护层及有效高度**

根据上述钢筋净距和混凝土保护层最小厚度的规定，并考虑到梁、板常用的钢筋直径，室内正常环境梁、板的截面有效高度$h_0$和梁、板的高度$h$有下述关系(图 2.1-7(a)、(b))：

对于梁：$h_0=h-a_s$($a_s$为受拉钢筋合力点至截面受拉边缘的距离。当为一排钢筋时，$a_s=c+d_v+\frac{d}{2}$，其中：$c$为混凝土保护层厚度，$d_v$为箍筋直径，$d$为纵向钢筋直径。一排钢筋取$a_s\approx40$ mm，二排取 60 mm)。

对于板：$h_0=h-a_s$，$a_s\approx20$ mm。

■ **实训练习**

**任务一　认知梁、板截面形式**

(1) 目的：通过图片或实物建筑参观，认知梁、板截面形式。

(2) 能力目标：学会识别梁、板截面形式。

(3) 实物：模型、图片、校园内实际房屋。

(4) 步骤提示：

① 梁、板在建筑中的位置；

② 梁、板的受力；

③ 梁、板的截面形式、尺寸。

**任务二　描述梁内各类钢筋**

(1) 目的：通过图片或已绑扎好的钢筋笼实物，认知梁内各类钢筋。

(2) 能力目标：能描述梁内纵向受力钢筋、弯起钢筋、架立钢筋、箍筋。

(3) 实物：图片或已绑扎好的钢筋笼。

(4) 要点提示：

① 钢筋的位置；

② 钢筋的受力。

**任务三　描述板内各类钢筋**

(1) 目的：认知板内各类钢筋。

(2) 能力目标：能描述板内受力钢筋、分布钢筋。

**任务四　认知梁、板配筋的保护层**

(1) 目的：通过实地测量，认知梁、板配筋的保护层。

(2) 能力目标：能依据环境类别的改变，描述出梁、板配筋的保护层厚度值选取。

(3) 实物：实训基地。

## 项目 1.2　矩形截面受弯构件正截面破坏特征描述

■ **学习目标**　熟练掌握单筋矩形截面受弯构件正截面承载力计算公式及适用条件，理解矩形截面受弯构件的正截面破坏特征。

■ **能力目标**　学会单筋矩形截面受弯构件正截面破坏特征描述。

■ **知识点**

### 一、配筋率对构件破坏特征的影响

图 2.1-8 所示为承受两个对称集中荷载的矩形截面简支梁，其配筋率对构件破坏特征

有较大影响。梁的截面宽度为 $b$，截面高度为 $h$，纵向受力钢筋截面面积为 $A_s$，从受压边缘至纵向受力钢筋截面重心的距离 $h_0$ 为截面的有效高度，截面宽度与截面有效高度的乘积 $bh_0$ 为截面的有效面积。构件的截面配筋率是指纵向受力钢筋截面面积与截面有效面积的百分比，即

$$\rho=\frac{A_S}{bh_0} \tag{2.1-1}$$

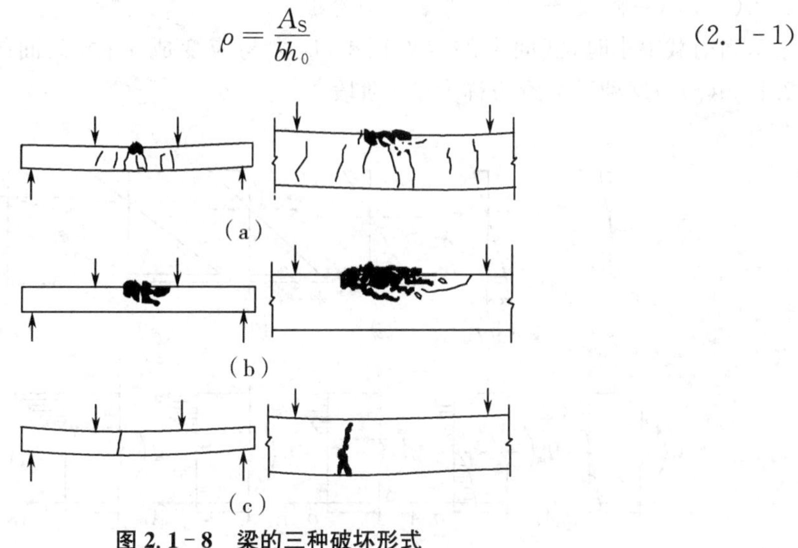

**图 2.1－8　梁的三种破坏形式**

(a)适筋梁；(b)超筋梁；(c)少筋梁

构件的破坏特征取决于配筋率、混凝土的强度等级、截面形式等许多因素，但是以配筋率对构件破坏特征的影响最为明显。试验表明，随着配筋率的改变，构件的破坏特征将发生本质的变化。

(1) 当构件的配筋不是太少但也不是太多时，构件的破坏首先是由于受拉区纵向受力钢筋屈服，然后受压区混凝土被压碎，钢筋和混凝土的强度都能得到充分利用。这种破坏称为拉压破坏。拉压破坏在构件破坏前有明显的塑性变形和裂缝预兆，破坏不是突然发生的，呈塑性性质，也称为适筋破坏(图 2.1－8(a))。

(2) 当构件的配筋太多时，构件的破坏特征也发生质的变化。构件的破坏是由于受压区的混凝土被压碎而引起，受拉区纵向受力钢筋不屈服，这种破坏称为受压破坏。受压破坏在破坏前虽然也有一定的变形和裂缝预兆，但不像拉压破坏那样明显，而且当混凝土压碎时，破坏突然发生，钢筋的强度得不到充分利用，破坏带有脆性性质，也称为超筋破坏(图2.1－8(b))。

(3) 当构件的配筋太少时，构件不但承载能力很低，而且只要其一开裂，裂缝就急速开展，裂缝截面处的拉力全部由钢筋承受，钢筋由于突然增大的应力而屈服，构件亦立即发生破坏(图 2.1－8(c))。为了和受压构件的分类统一起见，我们称这种破坏为瞬拉破坏。瞬拉破坏呈脆性性质，破坏前无明显预兆，破坏是突然发生的，也称为少筋破坏。

综上所述可见，超筋破坏和少筋破坏都具有脆性性质，破坏前无明显预兆，破坏时将造成严重后果，材料的强度得不到充分利用。因此应避免将受弯构件设计成超筋构件和少筋构件。在工程设计中，可通过控制配筋率和相对受压区高度等措施使设计的构件成为适筋构件。

## 二、适筋受弯构件正截面工作阶段

试验表明，对于配筋量适中的受弯构件，从开始加载到正截面完全破坏，截面的受力状态可以分为下面三个阶段：

（一）第一阶段——截面开裂前的阶段

当荷载很小时，截面上的内力很小，应力与应变成正比，截面的应力分布为直线（图2.1-9(a)），这种受力阶段称为第Ⅰ阶段。

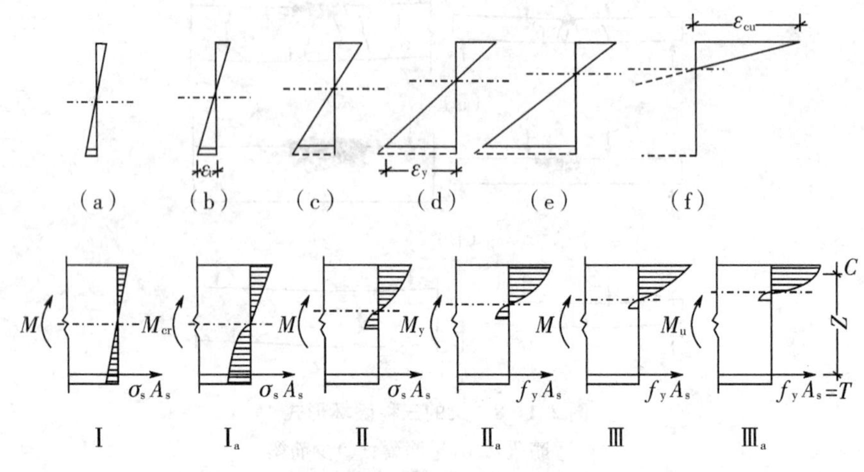


**图 2.1-9 梁在各受力阶段的应力、应变图**

当荷载不断增大时，截面上的内力也不断增大，由于受拉区混凝土出现塑性变形，而使受拉区的应力图形呈曲线。当荷载增大到某一数值时，受拉区边缘的混凝土可达其实际的抗拉强度 $f_t$ 和抗拉极限应变值 $\varepsilon_t$。截面处在开裂前的临界状态（图 2.1-9(b)），这种受力状态称为第 $Ⅰ_a$ 阶段。

（二）第二阶段——从截面开裂到受拉区纵向受力钢筋开始屈服的阶段

截面受力达 $I_a$ 阶段后，荷载只要稍许增加，截面立即开裂，截面上应力发生重分布，裂缝处混凝土不再承受拉应力，钢筋的拉应力突然增大，受压区混凝土出现明显的塑性变形，应力图形呈曲线（图 2.1-9(c)），这种受力阶段称为第Ⅱ阶段。

荷载继续增加，裂缝进一步开展，钢筋和混凝土的应力不断增大。当荷载增加到某一数值时，受拉区纵向受力钢筋开始屈服，钢筋应力达到其屈服强度（图 2.1-9(d)），这种特定的受力状态称为 $Ⅱ_a$ 阶段。

（三）第三阶段——破坏阶段

受拉区纵向受力钢筋屈服后，截面的承载力无明显的增加，但塑性变形急速发展，裂缝迅速开展并向受压区延伸，受压区面积减小，受压区混凝土压应力迅速增大，这是截面受力的第Ⅲ阶段（图 2.1-9(e)）

在荷载几乎保持不变的情况下，裂缝进一步急剧开展，受压区混凝土出现纵向裂缝，混凝土被完全压碎，截面发生破坏（图 2.1-9(f)），这种特定的受力状态称为第 $Ⅲ_a$ 阶段。

试验同时表明，从开始加载到构件破坏的整个受力过程中，变形前的平面在变形后仍保持平面。

进行受弯构件截面受力工作阶段的分析，不但可以使我们详细地了解截面受力的全过程，而且为裂缝、变形以及承载力的计算提供了依据。截面抗裂验算是建立在第Ⅰ$_a$阶段的基础之上，构件使用阶段的变形和裂缝宽度验算是建立在第Ⅱ$_a$阶段的基础之上，而截面的承载力计算则是建立在第Ⅲ$_a$阶段的基础之上的。

## 三、单筋矩形受弯构件正截面承载力计算基本假设

（一）截面应变保持平面

构件正截面弯曲变形后，其截面依然保持平面，截面应变分布服从平截面假定，即截面内任意点的应变与该点到中和轴的距离成正比，钢筋与外围混凝土的应变相同。

国内外大量试验也表明，从加载开始至破坏，若受拉区的应变是采用跨过几条裂缝的长标距量测时，所测得破坏区段的混凝土及钢筋的平均应变，基本上是符合平截面假定的。

（二）不考虑混凝土的抗拉强度，即认为拉力全部由受拉钢筋承担

虽然在中性轴附近尚有部分混凝土承担拉力，但与钢筋承担的拉力或混凝土承担的压力相比，其数值很小，并且合力离中性轴很近，承担的弯矩可以忽略。

（三）混凝土应力-应变关系

不考虑其下降段，并简化如图 2.1－10 的形式。

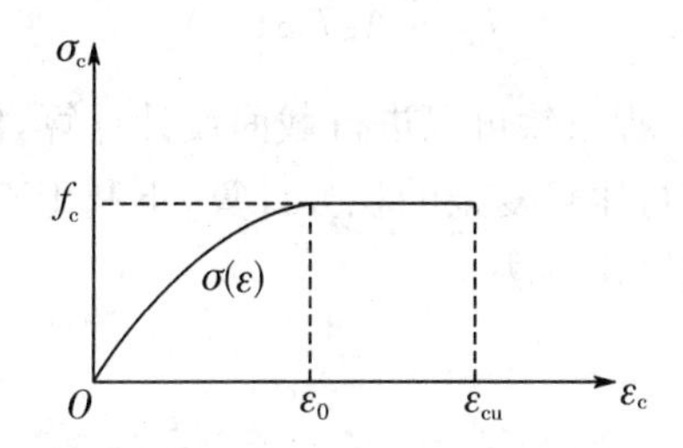


**图 2.1－10　混凝土应力-应变设计曲线**

（四）钢筋应力-应变关系

钢筋应力取钢筋应变与其弹性模量的乘积，但不大于其强度设计值，受拉钢筋的极限拉应变取 0.01，其简化的应力-应变曲线如图 2.1－11 所示。

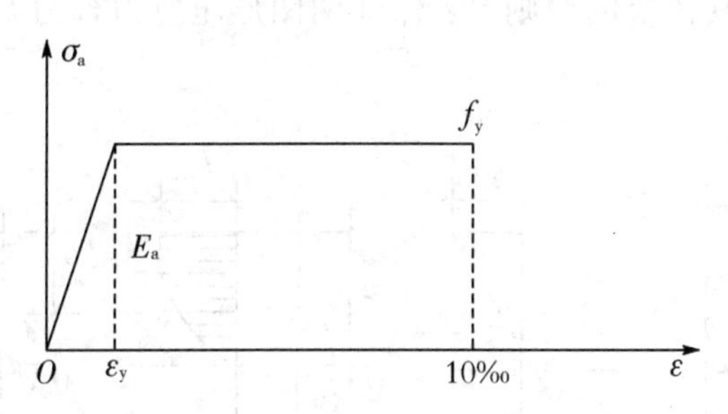


**图 2.1－11　钢筋应力-应变设计曲线**

## 四、受力分析

前述试验研究表明，适筋梁在正截面承载力极限状态，受拉钢筋已经达到屈服强度，压区混凝土达到受压破坏极限。以单筋矩形截面为例，根据上述假设，截面受力状态如图

2.1-12所示。此时，压区边缘混凝土压应变达到极限压应变。对于特定的混凝土强度等级，$\varepsilon_0$与$\varepsilon_{cu}$均可取为定值。因此，根据截面假定与混凝土应力——应变关系，压区混凝土应力分布图形由压区高度唯一确定，压区混凝土合力$C$的值为一积分表达式，压区混凝土合力作用点与受拉钢筋合力作用点之间的距离$z$称为内力臂，也必须表达为积分的形式。

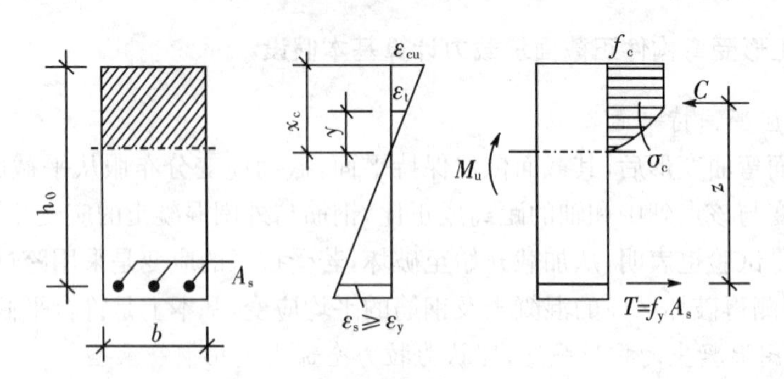


**图 2.1-12　单筋矩形梁应力及应变分布图**

根据轴向力与对受拉钢筋合力作用点的力矩平衡，可以建立两个独立平衡方程

$$T = A_S f_y = C(x_c) \tag{2.1-2}$$

$$M_u = A_S f_y z(x_c) \tag{2.1-3}$$

通过联立求解上述两个方程虽然可以进行截面设计计算，但因混凝土压应力分布为非线性分布，计算过程中需要进行比较复杂的积分计算，不利于工程应用。《混凝土结构设计规范》采用简化压应力分布的简化方法。

## 五、等效矩形应力图形

由于正截面抗弯计算的主要目的仅仅是为了建立$M_u$的计算公式，实际上并不需要完整地给出混凝土的压应力分布，而只要能确定压应力合力$C$的大小及作用位置就可以了。为此，《混凝土结构设计规范》对于非均匀受压构件，如受弯、偏心受压和大偏心受拉等构件的受压区混凝土的应力分布进行简化，即用等效矩形应力图形来代换二次抛物线加矩形的应力图形(图 2.1-13)。其代换的原则是：保证两图形压应力合力$C$的大小和作用点位置不变。

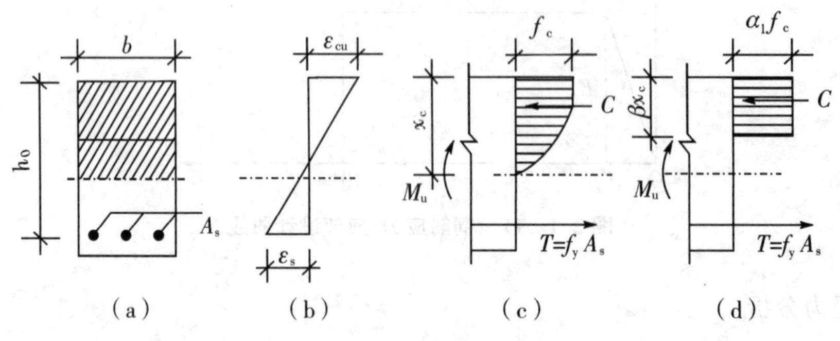


**图 2.1-13　等效应力图**

等效矩形应力图由无量纲参数$\beta_1$及$\alpha_1$所确定，$\beta_1$及$\alpha_1$为等效矩形应力图形的特征值：

$\alpha_1$为矩形应力图的强度与受压区混凝土最大应力 $f_c$的比值；$\beta_1$为矩形应力图的受压区高度与平截面假定的中和轴高度 $x_c$的比值，即 $\beta_1=x/x_c$；$x$ 为等效压区高度值，简称压区高度。

根据试验分析，可以求得$\beta_1$与$\alpha_1$的值，$\beta_1$及$\alpha_1$与混凝土强度等因素有关。对中低强混凝土，当$\varepsilon_0=0.002$，$\varepsilon_{cu}=0.0033$时，$\beta_1=0.824$，$\alpha_1=0.969$，为简化计算取$\beta_1=0.8$，$\alpha_1=1$。对高强混凝土，用随混凝土强度提高而逐渐降低的系数中值来反映高强混凝土的特点。应当指出，将上述简化计算规定用于三角形截面、圆形截面的受压区，会带来一定的误差。

《混凝土结构设计规范》规定：当 $f_{cu,k}<50\ N/mm^2$时，$\beta_1$取 0.8；当 $f_{cu,k}=80\ N/mm^2$时，$\beta_1$取 0.74，其间按直线内插法取用。当 $f_{cu,k}\leqslant 50\ N/mm^2$时，$\alpha_1$取 1.0；当 $f_{cu,k}=80\ N/mm^2$时，$\alpha_1$取 0.94，其间按直线内插法取用。

## 六、界限相对受压区高度与最大配筋率

（一）界限相对受压区高度$\xi_b$

界限相对受压区高度$\xi_b$，是指在适筋梁的界限破坏时，等效压区高度与截面有效高度之比。界限破坏的特征是受拉钢筋屈服的同时，压区混凝土边缘达到极限压应变。

根据平截面假定，正截面破坏时，不同压区高度的应变变化如图 2.1－14 所示，中间斜线表示的为界限破坏的应变。对于确定的混凝土强度等级，$\varepsilon_u$的值为常数，$\beta_1=x/x_c$也为常数。由图中可以看出，破坏时的相对压区高度越大，钢筋拉应变越小。

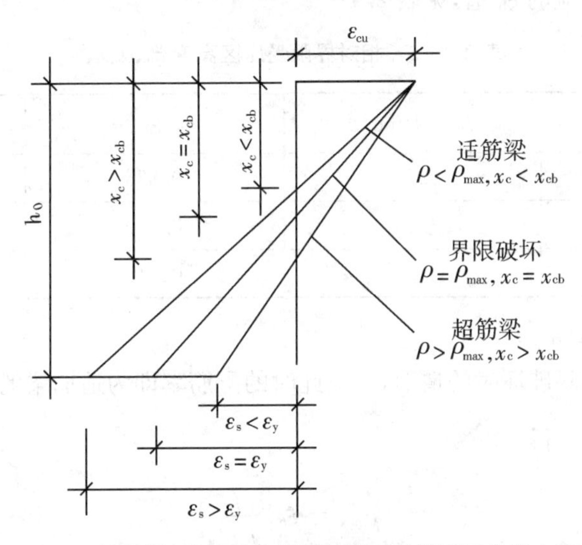


**图 2.1－14　适筋梁、超筋梁在界限破坏时的截面平均应力应变图**

破坏时的相对压区高度

$$\xi=\frac{x}{h_0} \tag{2.1-4}$$

相对界限受压区高度

$$\xi_b=\frac{x_b}{h_0}=\frac{\beta_1 x_{cb}}{h_0} \tag{2.1-5}$$

当$\xi>\xi_b$，破坏时钢筋拉应变$\varepsilon_s<\varepsilon_y$。则受拉钢筋不屈服，表明发生的破坏为超筋梁

破坏。

当 $\xi<\xi_b$，破坏时钢筋拉应变 $\varepsilon_s>\varepsilon_y$，受拉钢筋已经达到屈服，表明发生的破坏为适筋梁破坏或少筋梁破坏。

根据平截面假设，相对界限受压区高度可用简单的几何关系求出

$$\xi_b=\frac{x_b}{h_0}=\frac{\beta_1 x_{cb}}{h_0}=\frac{\beta_1\varepsilon_{cu}}{\varepsilon_{cu}+\varepsilon_y}=\frac{\beta_1\varepsilon_{cu}}{\varepsilon_{cu}+\dfrac{f_y}{E_S}}=\frac{\beta_1}{1+\dfrac{f_y}{\varepsilon_{cu}E_S}} \tag{2.1-6}$$

《混凝土结构设计规范》规定：

对有明显屈服点的钢筋

$$\xi_b=\frac{\beta_1}{1+\dfrac{f_y}{\varepsilon_{cu}E_S}} \tag{2.1-7}$$

对无明显屈服点的钢筋

$$\xi_b=\frac{\beta_1}{1+\dfrac{0.002}{\varepsilon_{cu}}+\dfrac{f_y}{\varepsilon_{cu}E_S}} \tag{2.1-8}$$

截面受拉区内配有不同种类的钢筋时，受弯构件的相对界限受压区高度应分别计算，并取其小值。各钢筋对应的 $\xi_b$ 值，见表 2.1-5。

**表 2.1-5　相对界限受压区高度 $\xi_b$、$\alpha_{s,max}$**

| 钢 筋 品 种 | $f_y/(N/mm^2)$ | $\xi_b$ | $\alpha_{s,max}$ |
|---|---|---|---|
| HPB300 | 270 | 0.576 | 0.410 |
| HRB335 | 300 | 0.550 | 0.400 |
| HRB400 | 360 | 0.518 | 0.384 |

（二）最大配筋率 $\rho_{max}$

当 $\xi=\xi_b$，则是界限破坏时的情形，对应此时的配筋率即为适筋梁的最大配筋率 $\rho_{max}$。

由　$\rho=\xi\dfrac{\alpha_1 f_c}{f_y}$　得

最大配筋率

$$\rho_{max}=\xi_b\frac{\alpha_1 f_c}{f_y} \tag{2.1-9}$$

## 七、适筋梁与少筋梁的界限及最小配筋率 $\rho_{min}$

《混凝土结构设计规范》规定：对受弯梁类构件，受拉钢筋百分率不应小于 $0.45f_t/f_y$，同时不应小于 0.2%；当温度因素对结构构件有较大影响时，受拉钢筋最小配筋百分率应比规定适当增加。

## 八、基本公式与适用条件

（一）计算公式

根据钢筋混凝土结构设计基本原则，对受弯构件正截面受弯承载力，应满足作用在结构

上的荷载在所计算的截面中产生的弯矩设计值 $M$,不超过根据截面的设计尺寸、配筋量和材料的强度设计值计算得到的受弯构件的正截面受弯承载力设计值,即

$$M \leqslant M_u \tag{2.1-10}$$

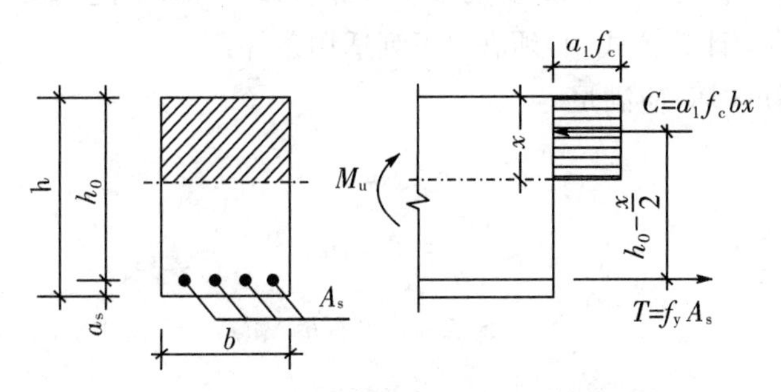


**图 2.1-15　单筋矩形截面梁计算简图**

根据图 2.1-15,取轴向力以及弯矩平衡,即截面上水平方向的内力之和为零,截面上内、外力对受拉钢筋合力点的力矩之和等于零,可写出单筋矩形截面受弯构件正截面受弯承载力计算的基本公式为

$$\alpha_1 f_c bx = f_y A_s \tag{2.1-11}$$

$$M \leqslant M_u = \alpha_1 f_c bx\left(h_0 - \frac{x}{2}\right) \tag{2.1-12}$$

$$\text{或}\quad M \leqslant M_u = f_y A_s\left(h_0 - \frac{x}{2}\right) \tag{2.1-13}$$

式中 $M$——弯矩设计值,kN·m;

$M_u$——正截面极限抵抗弯矩,kN·m;

$f_c$——混凝土轴心抗压强度设计值,N/mm²;

$A_s$——受拉区纵向钢筋的截面面积,mm²;

$f_y$——钢筋的抗拉强度设计值,N/mm²;

$\alpha_1$——矩形应力图的强度与受压区混凝土最大应力 $f_c$ 的比值;混凝土强度≤C50 时,取 1.0;混凝土强度为 C80 时,取 0.94;其间按线性内插法确定;

$b$——截面宽度,mm;

$x$——按等效矩形应力图计算的受压区高度,mm;

$h_0$——截面有效高度,mm。

由(2.1-11)式可得

$$x = \frac{f_y A_s}{\alpha_1 f_c b} \tag{2.1-14}$$

则相对受压区高度即为

$$\xi = \frac{x}{h_0} = \frac{f_y A_S}{\alpha_1 f_c b h_0} = \rho \frac{f_y}{\alpha_1 f_c} \tag{2.1-15}$$

由上式得 $\rho = \xi \alpha_1 \frac{f_c}{f_y}$,当 $\xi = \xi_b$ 即为该截面允许的最大配筋率 $\rho_{max}$。

（二）适用条件

式(2.1-11)、式(2.1-12)和式(2.1-13)仅适用适筋梁，而不适用超筋及少筋梁，因为超筋梁破坏时钢筋的实际拉应力为 $\sigma_s < f_y$，并未达到屈服强度，这时，钢筋应力 $\sigma_s$ 为未知值，放在以上公式中不能按 $f_y$ 考虑；少筋梁一旦开裂，裂缝即延伸至梁顶部，不存在受压区。因此，对于上述适筋梁计算公式，必须满足下列适用条件：

(1) 为防止超筋破坏，应满足

$$\rho \leqslant \rho_{max} \tag{2.1-16}$$

或 $$\xi \leqslant \xi_b \tag{2.1-16a}$$

或 $$x \leqslant x_b = \xi_b h_0 \tag{2.1-16b}$$

或 $$M \leqslant M_{u,max} = \alpha_1 f_c b h_0^2 \xi_b (1 - 0.5\xi_b) \tag{2.1-16c}$$

$$= \alpha_{s,max} \alpha_1 f_c b h_0^2 \tag{2.1-16d}$$

以上四式是同一含义，为了便于应用，写成四种形式。

(2) 为防止少筋破坏，应满足

$$\rho = \frac{A_s}{bh} \geqslant \rho_{min} \tag{2.1-17}$$

或 $$A_s \geqslant \rho_{min} bh \tag{2.1-17a}$$

当温度因素对结构构件有较大影响时，受拉钢筋最小配筋百分率应比规定适当增加。

（三）截面构造要求

构件截面配筋除进行承载力计算外，还要考虑构造要求。这部分内容也是结构设计中的一个重要组成部分。通过结构计算一般仅能初步决定主要部位的截面尺寸及钢筋数量，对于不易详细计算的因素就要通过构造措施来弥补。

## ■ 实训练习

**任务一　受弯构件破坏特征试验**

(1) 目的：通过受弯构件破坏特征试验，掌握钢筋混凝土梁受弯破坏的全过程。

(2) 能力目标：了解钢筋混凝土梁正截面受弯试验的试验方法和操作程序，加深对钢筋混凝土梁正截面受力特点、变形性能和裂缝开展规律的理解，了解正常使用极限状态和承载能力极限状态下梁的受弯性能。

(3) 实物：钢筋混凝土梁。

(4) 工具：静态电阻应变仪、力传感器、百分表或电子百分表、手持式引伸仪、高压油泵全套设备、千斤顶、工字钢分配梁（自重 0.1 kN/根）、裂缝观察镜和裂缝宽度量测卡或裂缝观测仪。

**任务二　受弯构件适筋梁正截面受力分析及基本公式推导**

(1) 目的：通过受弯构件适筋梁正截面的受力分析并进行公式推导，掌握受弯构件适筋梁正截面承载力计算中的基本假设、公式适用条件等。

(2) 能力目标：学会导出受弯构件适筋梁正截面承载力计算公式。

### 项目 1.3　单筋构件(梁)设计、复核

■ **学习目标**　掌握单筋矩形截面(梁)正截面承载力计算方法。

■ **能力目标**　学会单筋矩形截面(梁)正截面承载力设计和复核。

■ **知识点**

设计受弯构件时,一般仅需对控制截面进行受弯承载力计算。所谓控制截面,在等截面构件中一般是指弯矩设计值最大的截面;在变截面构件中则是指截面尺寸相对较小,而弯矩相对较大的截面。

基本公式的应用有两种情况:截面设计和截面复核。

#### 一、截面设计

已知弯矩设计值 $M$、构件的截面尺寸 $b\times h$ 及钢筋设计强度($f_y$)、混凝土强度等级($f_c$),求受拉钢筋用量($A_s$)。

截面尺寸的确定,一般按构件的高跨比来估算,如简支梁的高度 $h=\left(\frac{1}{10}\sim\frac{1}{12}\right)l$,$b=\left(\frac{1}{2}\sim\frac{1}{3}\right)h$。

当材料与截面尺寸确定后,基本公式中有两个未知量 $x$ 和 $A_s$,通过解方程即可求得所需钢筋面积 $A_s$。

**解法一:** 直接利用公式——解一元二次方程

利用公式(2.1-12),得

$$x=h_0-\sqrt{h_0^2-\frac{2M}{\alpha_1 f_c b}} \tag{2.1-18}$$

验算适用条件 1:

若 $x\leqslant\xi_b h_0$,则由公式(2.1-11)求得纵向受拉钢筋的面积:

$$A_s=\frac{\alpha_1 f_c bx}{f_y} \tag{2.1-19}$$

若 $x>\xi_b h_0$,则属于超筋梁,说明截面尺寸过小,应加大截面尺寸重新设计或改用双筋截面。

验算适用条件 2:

应满足 $A_s\geqslant\rho_{min}bh$,其中 $A_s$ 应为实配钢筋截面面积。

若 $A_s<\rho_{min}bh$,说明截面尺寸过大,应适当减小截面尺寸。当截面尺寸不能减小时,则应按最小配筋率配筋,取 $A_s=\rho_{min}bh$。

**解法二:** 利用表格计算

为简化计算,可根据基本公式编制计算表格。

将基本公式(2.1-11)、式(2.1-12)式改写为

$$\alpha_1 f_c bx=f_y A_S=\alpha_1 f_c b h_0\xi \tag{2.1-20}$$

$$M \leqslant M_u = \alpha_1 f_c bx\left(h_0 - \frac{x}{2}\right) = \alpha_1 f_c bh_0^2 \xi(1 - 0.5\xi) \quad (2.1-21)$$

设

$$\alpha_s = \xi(1 - 0.5\xi) \quad (2.1-22)$$

$$\gamma_s = (1 - 0.5\xi) \quad (2.1-23)$$

可得

$$M_u = \alpha_s \alpha_1 f_c bh_0^2 \quad (2.1-24)$$

对混凝土压力合力作用点取力矩平衡，可得

$$M_u = f_y A_s\left(h_0 - \frac{x}{2}\right) = f_y A_s h_0 (1 - 0.5\xi) = \gamma_s f_y A_s h_0 \quad (2.1-25)$$

系数 $\alpha_s$、$\gamma_s$ 仅与相对受压区高度 $\xi$ 有关，可以预先算出，列成表格以便应用，见附录一。系数 $\gamma_s$ 代表力臂 $z$ 与 $h_0$ 的比值，称内力臂系数；系数 $\alpha_s$ 称截面抵抗矩系数。

在具体计算中，若查表不便时，亦可直接用下式计算。

$$\xi = 1 - \sqrt{1 - 2\alpha_s} \quad (2.1-26)$$

$$\gamma_s = \frac{1 + \sqrt{1 - 2\alpha_s}}{2} \quad (2.1-27)$$

查表计算时，首先由式(2.1-24)得：

$$\alpha_s = \frac{M}{\alpha_1 f_c bh_0^2} \quad (2.1-28)$$

查附录一可得 $\xi$ 或 $\gamma_s$，也可利用公式(2.1-26)、(2.1-27)计算出 $\xi$ 或 $\gamma_s$。

由公式(2.1-20)、(2.1-25)求钢筋面积。

$$A_s = \xi bh_0 \frac{\alpha_1 f_c}{f_y} \quad (2.1-29)$$

或 $$A_s = \frac{M}{f_y \gamma_s h_0} \quad (2.1-30)$$

求得 $A_s$ 后，就可确定钢筋的根数和直径。

### 二、截面复核

在实际工程中，经常遇到已经建成的或已完成设计的结构构件，其截面尺寸、配筋量和材料等均已知，要求计算截面的受弯承载力或复核截面承受某个弯矩值是否安全。此类问题的根本是求截面极限承载力 $M_u$ 值。在基本公式中，有两个未知量 $x$ 和 $M_u$，通过解方程即可求得所需截面极限承载力 $M_u$ 值。

**例 2.1-1** 如图 2.1-16 所示的钢筋混凝土简支梁，结构的安全等级为二级，承受的恒荷载标准值 $g_k = 6$ kN/m，活荷载标准值 $q_k = 16$ kN/m，混凝土强度为 C30，HRB400 级钢筋，梁的截面尺寸 $b \times h = 250$ mm×500 mm，计算梁的纵向受拉钢筋 $A_s$。

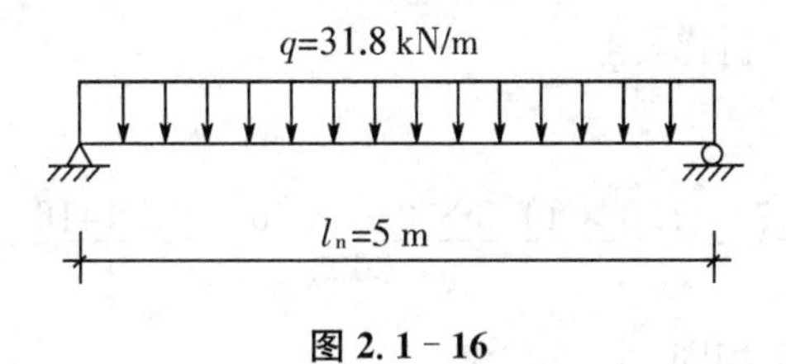


图 2.1－16

**解**：查表得：C30 混凝土，$f_c=14.3\ N/mm^2$，$f_t=1.43\ N/mm^2$，$\alpha_1=1.0$；HRB400 级钢筋，$f_y=360\ N/mm^2$；$\xi_b=0.518$；$\rho_{min}=0.2\%$；$\gamma_0=1.0$。

荷载的分项系数：恒荷载 $\gamma_G=1.3$，活荷载 $\gamma_Q=1.5$。梁承受的均布荷载设计值

$$q=1.3\times6+1.5\times16=31.8\ kN/m$$

截面的弯矩值

$$M=\frac{1}{8}ql^2=\frac{1}{8}\times31.8\times5^2=99.4\ kN\cdot m$$

设纵向受拉钢筋按一排放置，则梁的有效高度

$$h_0=h-a_s=500-40=460\ mm$$

由(2.1－18)式得

$$x=h_0-\sqrt{h_0^2-\frac{2M}{\alpha_1 f_c b}}=460-\sqrt{460^2-\frac{2\times99.4\times10^6}{14.3\times250}}=65.04\ mm$$

$$<x_b=\xi_b h_0=0.518\times460=238\ mm$$

由(2.1－19)式，得受拉钢筋的截面面积为

$$A_s=\frac{\alpha_1 f_c bx}{f_y}=\frac{1.0\times14.3\times250\times65.04}{360}=646\ mm^2$$

选配钢筋：选用 2 Ф 18＋1 Ф 16，实际钢筋截面面积 $A_s=710\ mm^2$

$$\rho=\frac{A_S}{bh}=\frac{710}{250\times500}=0.568\%>\rho_{min}=0.2\%\text{和}\ 0.45\frac{f_t}{f_y}=0.45\frac{1.43}{300}=0.214\%$$

满足要求

一排钢筋所需的最小宽度为

$b_{min}\approx4\times25+2\times18+1\times16=152\ mm<b=250\ mm$，与原假设相符，不必重算。

配筋如图 2.1－17 所示。

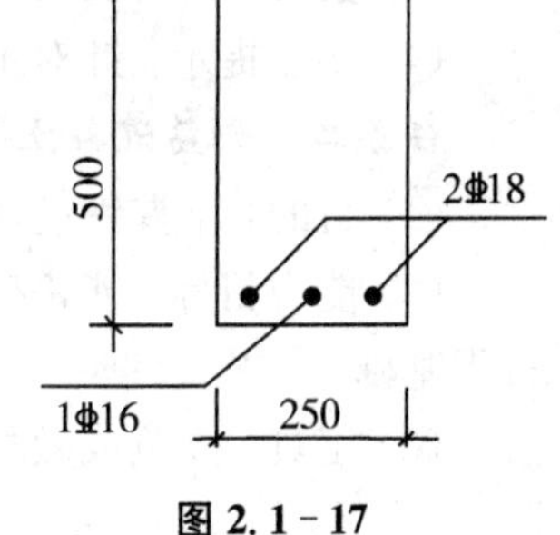


图 2.1－17

**例 2.1－2**　已知条件同例 2.1－1，用查表法求解。

**解**：参数查表与内力计算同例 2.1－1。

由(2.1－28)式

$$\alpha_s=\frac{\gamma_0 M}{\alpha_1 f_c b h_0^2}=\frac{1.0\times99400000}{1.0\times14.3\times250\times460^2}=0.1314$$

由附录一查得　$\xi=0.1416<\xi_b$

由(2.1-29)式得

$$A_S=\frac{\alpha_1 f_c b h_0 \xi}{f_y}=\frac{1.0\times 14.3\times 250\times 460\times 0.1416}{360}=647(\text{mm}^2)$$

计算结果与例 2.1-1 相同。

**例 2.1-3**　已知梁的截面尺寸为 200 mm×500 mm，受拉钢筋 4Φ16，$A_s=804\ \text{mm}^2$，混凝土强度等级为 C30，钢筋采用 HRB335 级，承受弯矩设计值为 $M=89$ kN·m，试验算此梁是否安全。

**解：** 查表得：C30 混凝土，$f_c=14.3\ \text{N/mm}^2$；$f_t=1.43\ \text{N/mm}^2$，$\alpha_1=1.0$，HRB335 级钢筋，$f_y=300\ \text{N/mm}^2$，$\xi_b=0.550$，$\rho_{min}=0.20\%$。

计算 $h_0$：

纵向受拉钢筋按一排放置，则梁的有效高度

$$h_0=500-40=460(\text{mm})$$

$$\rho=\frac{A_s}{bh}=\frac{804}{200\times 500}=0.804\%>\rho_{min}=0.45\frac{f_t}{f_y}=0.45\frac{1.43}{300}=0.214\%\text{，且}>0.20\%$$

由(2.1-15)式得

$$\xi=\frac{f_y A_S}{\alpha_1 f_c b h_0}=\frac{804\times 300}{1.0\times 14.3\times 200\times 460}=0.183<\xi_b$$

由附录一查得：$\alpha_s=0.166$

由(2.1-24)式得

$$M_u=\alpha_s\alpha_1 f_c b h_0^2=0.166\times 1.0\times 14.3\times 200\times 460^2=100459216(\text{N}\cdot\text{mm})$$

$$\approx 100\ \text{kN}\cdot\text{m}>M(\text{安全})$$

■ **实训练习**

**任务一　确认钢筋混凝土梁的控制截面**

(1) 目的：通过受力分析，选取钢筋混凝土梁正截面承载力计算的控制截面。

(2) 能力目标：能正确选择钢筋混凝土梁正截面计算控制截面(如弯矩最大截面位置)。

(3) 实例：钢筋混凝土简支梁、外伸梁、连续梁。

(4) 要点提示：针对不同的梁，应该如何确定控制截面位置。

**任务二　钢筋混凝土梁钢筋截面选用**

(1) 目的：掌握钢筋混凝土梁受拉钢筋布置、选择。

(2) 能力目标：能正确选用钢筋混凝土梁钢筋，为后续课程(建筑施工技术)钢筋代换打下基础。

(3) 工具：规范或教材中附录表。

## 项目 1.4　单筋构件(板)设计、复核

■ **学习目标**　掌握单筋矩形截面(板)正截面承载力计算方法。

■ **能力目标** 学会单筋矩形截面(板)正截面承载力设计和复核。

■ **知识点**

与梁一样，板也属于受弯构件，需进行截面设计和截面复核

## 一、截面设计

板的截面尺寸也按构件的高跨比来估算。简支板的厚度 $h>\frac{l}{35}$。

当材料与截面尺寸确定后，基本公式中有两个未知量 $x$ 和 $A_s$，通过解方程即可求得所需钢筋面积 $A_s$。

**例 2.1-4** 某教学楼的内廊为简支在砖墙上的现浇钢筋混凝土平板(图 2.1-18(a))，计算跨度 $l_0=2.38$ m，板上作用的均布活荷载标准值为 $g_k=2$ kN/m，水磨石地面及细石混凝土垫层共 30 mm 厚(重力密度为 22 kN/m³)，板底粉刷白灰砂浆 12 mm 厚(重力密度为 17 kN/m³)，混凝土强度等级选用 C20，纵向受拉钢筋采用 HPB300 级钢筋。试确定板厚度和受拉钢筋截面面积。

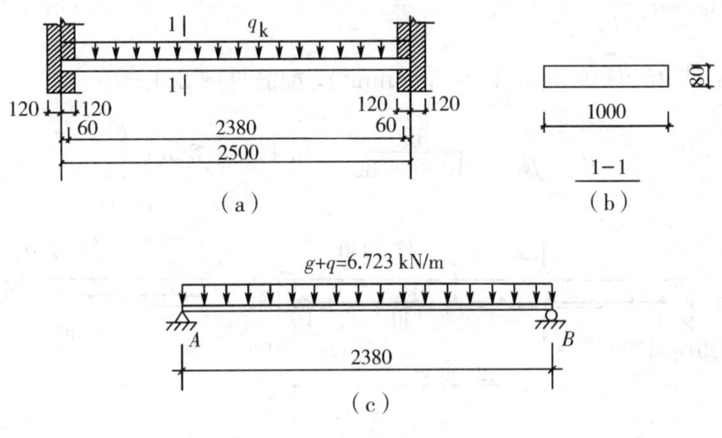


**图 2.1-18 例 2.1-4 图**

**解：** 取 1 m 宽板带计算，即 $b=1000$ mm。取板厚 $h=80$ mm(图 2.1-18(b))。混凝土强度 C20 板的保护层厚 20 mm，取 $a_s=20+d/2\approx25$ mm，则 $h_0=80-25=55$(mm)。

荷载设计值：

恒载标准值：水磨石地面 $0.03\times22=0.66$(kN/m)

钢筋混凝土板自重(重力密度为 25 kN/m³)：$0.08\times25=2$(kN/m)

白灰砂浆粉刷：$0.012\times17=0.204$(kN/m)

$$g_k=0.66+2.0+0.204=2.864(\text{kN/m})$$

活荷载标准值：$q_k=2.0$ kN/m

荷载设计值：$g=1.3\times2.864=3.723$(kN/m)

$$q=1.5\times2.0=3.0(\text{kN/m})$$

计算简图如图 2.1-18(c)。

弯矩设计值 $M=\frac{1}{8}(q+g)l^2=\frac{1}{8}(3.0+3.723)\times 2.38^2=4.76(\text{kN}\cdot\text{m})$

查表得：C20 混凝土，$f_c=9.6\ \text{N/mm}^2$，$f_t=1.1\ \text{N/mm}^2$；$\alpha_1=1.0$

HPB300 级钢筋，$f_y=270\ \text{N/mm}^2$，$\xi_b=0.576$，

$$\rho_{\min}=0.45\frac{f_t}{f_y}=0.45\frac{1.1}{270}=0.183\%;0.2\%$$

构件的安全等级为二级，$\gamma_0=1.0$

由(3.22)式得

$$\alpha_s=\frac{\gamma_0 M}{\alpha_1 f_c b h_0^2}=\frac{1.0\times 4760000}{1.0\times 9.6\times 1000\times 55^2}=0.164$$

由附录一查得：$\xi=0.18<\xi_b$

由(2.1-20)式得

$$A_S=\frac{\alpha_1 f_c b h_0 \xi}{f_y}=\frac{1.0\times 9.6\times 1000\times 55\times 0.18}{270}=352(\text{mm}^2)$$

选配钢筋：选 $\phi 8$@140 mm($A_s=359\ \text{mm}^2$)，配筋见图 2.1-19。

$$\rho=\frac{A_s}{bh}=\frac{359}{1000\times 80}=0.449\%>\rho_{\min}$$

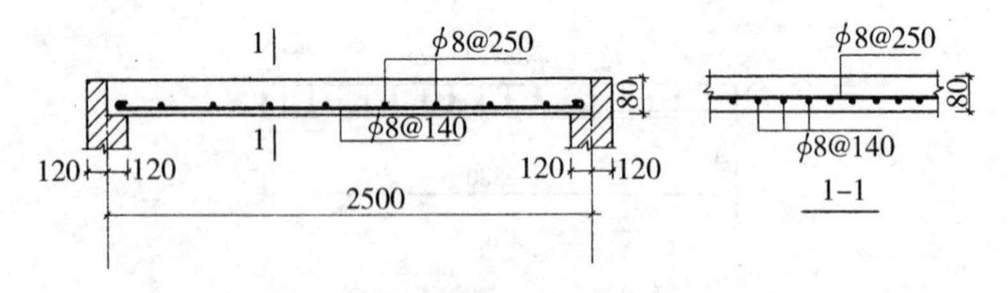


**图 2.1-19**

分布筋：$0.15\%\times 80\times 1000=120$

$15\%\times 359=53.85$

选配分布筋：$\phi 8$@250($A_s=201\ \text{mm}^2$)

## 二、经济配筋率

工程实践表明，当 $\rho$ 在适当的比例时，梁、板的综合经济指标较好，故梁、板的经济配筋率：实心板 $\rho=(0.3\sim 0.8)\%$、矩形梁 $\rho=(0.6\sim 1.5)\%$、T 形梁 $\rho=(0.9\sim 1.8)\%$。

## 三、影响受弯构件正截面承载能力的因素

(1) 截面尺寸($b$、$h$)—— 加大截面 $h$ 比加大 $b$ 更有效；

(2) 材料强度($f_c$、$f_y$)——提高 $f_y$，$M_u$ 的值增加很明显；

(3) 受拉钢筋数量 $A_s$——增加 $A_s$ 的效果和提高 $f_y$ 类似。

因此，提高受弯构件的正截面承载能力，应优先考虑的措施是加大截面的高度，其次是

提高受拉钢筋的强度等级或加大钢筋的数量(加大截面宽度或提高混凝土强度等级则效果不明显,一般不予采用)。

**■ 实训练习**

**任务一　布置例 2.1-4 中板的钢筋**

(1) 目的:掌握钢筋混凝土板的钢筋布置要求。

(2) 能力目标:学会钢筋混凝土板的钢筋位置布置及间距设置。

(3) 要点提示:钢筋混凝土板中受力钢筋与分布钢筋上下位置关系要理解。

**任务二　确定钢筋混凝土板板厚**

(1) 目的:通过给定条件的钢筋混凝土板板厚确定,掌握钢筋混凝土板厚确定所依据的条件要求。

(2) 能力目标:学会选定钢筋混凝土板板厚。

(3) 要点提示:钢筋混凝土板板厚要依据支承情况、板的种类和跨度等条件确定。

## 项目 1.5　双筋构件受力状态描述

**■ 学习目标**　了解双筋截面受弯构件的基本概念和应用范围。

**■ 能力目标**　学会双筋截面受弯构件正截面承载力计算公式推导。

**■ 知识点**

### 一、概述

单筋矩形截面受弯构件所能承担的最大弯矩设计值为 $M_u=\alpha_1 f_c b h_0^2 \xi_b(1-0.5\xi_b)$。因此,当截面承受的弯矩较大,而截面尺寸受到使用条件的限制不允许继续加大、混凝土强度等级也不宜提高时,则应采用双筋截面,即在受压区配置钢筋以协助混凝土承担压力,使破坏时受拉钢筋应力达到屈服强度而受压混凝土尚不致过早被压碎。

此外,在某些构件的截面中,不同的荷载作用情况下可能产生异号弯矩,如在风力或地震力作用下的框架横梁。为了承受正负弯矩分别作用时截面出现的拉力,需在梁截面的顶部及底部均配置受力钢筋,则截面便成为双筋截面。

在一般情况下采用受压钢筋来承受截面的部分压力是不经济的,应避免采用,但双筋梁可以提高截面的延性及减小使用阶段的变形。

### 二、受压钢筋的应力

双筋截面受弯构件的受力特点和破坏特征基本上与单筋截面相似。试验研究表明,只要满足 $\xi \leqslant \xi_b$ 时,双筋截面的破坏仍为受拉钢筋首先到达屈服,然后经历一般变形过程之后,受压区混凝土压碎,具有适筋梁的塑性破坏特征。因此,在建立截面受弯承载力的计算公式时,受压区混凝土仍可采用等效矩形应力图形。而受压钢筋的抗压强度设计值 $f'_y$ 尚待确定。试验表明,当梁内适当地布置封闭箍筋(图 2.1-20),使它能够约束纵向受压钢筋的纵向压屈时,由于混凝土的塑性变形的发展,破坏时受压钢筋应力是能够达到屈服的。但是当箍筋的间距过大或刚度不足(如采用开口钢箍),受压钢筋会过早向外侧凸出,这时受压钢筋的应力达不到屈服,而引起混凝土保护层剥落,使受压区混凝土过早破坏。

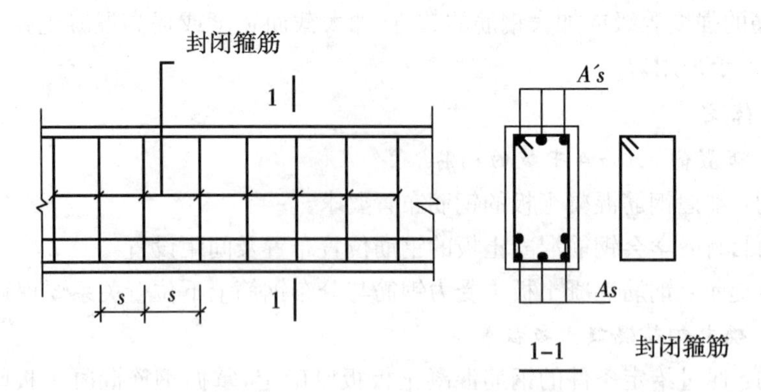


图 2.1－20　双筋矩形截面梁

《混凝土结构设计规范》要求，当梁中配有计算需要的受压钢筋时，箍筋应为封闭式，其间距 $s$ 不应大于 $15d$（$d$ 为纵向受压钢筋中的最小直径），同时在任何情况下均不应大于 400 mm。箍筋的直径不应小于 $d/4$（$d$ 为纵向受压钢筋的最大直径）。当一层内的纵向受压钢筋多于 3 根时，或当梁的宽度不大于 400 mm 但一层内的纵向受压钢筋多于 4 根时，应设置复合箍筋；当一层内的纵向受压钢筋多于 5 根且直径大于 18 mm 时，箍筋间距不应大于$10d$。

双筋梁破坏时，受压钢筋的应力取决于它的应变 $\varepsilon'_s$，如图2.1－21所示。

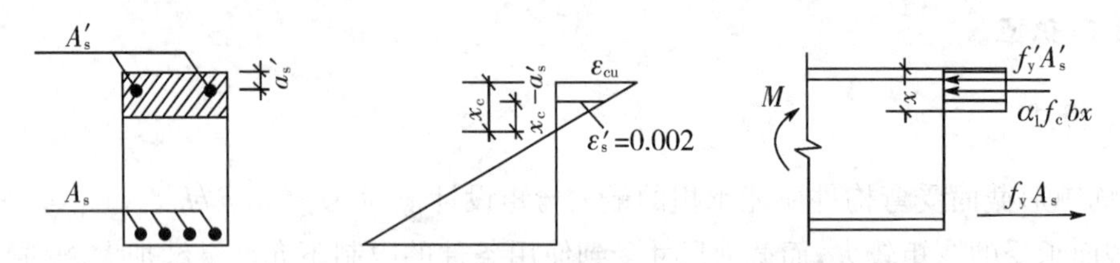


图 2.1－21　双筋矩形中受压钢筋的应变和应力

如受压钢筋的位置过低，截面破坏时受压钢筋就可能达不到屈服。若取 $\varepsilon'_{cu}=0.0033$，$\beta_1=0.8$，并令 $x=2a'_s$，则受压钢筋应变为 $\varepsilon'_s=0.0033\left(1-\frac{0.8a'_s}{2a'_s}\right)=0.00198\approx0.002$，相应的受压钢筋应力为 $\sigma'_s=E'_s\varepsilon'_s=(1.95\sim2.1)\times10^5\times0.002=390\sim420(\mathrm{N/mm^2})$。

对于 HPB300 级、HRB335 级、HRB400 级及 RRB400 级钢筋，应变为 0.002 时的应力均可达到强度设计值 $f'_y$。《混凝土结构设计规范》规定，在计算中考虑受压钢筋并取 $\sigma'_s=f'_y$时，必须满足

$$x\geqslant 2a'_s \tag{2.1-31}$$

如不满足上式，说明截面破坏时受压钢筋应变不能达到 0.002，认为受压钢筋不屈服。

## 三、基本计算公式与适用条件

### （一）基本公式

双筋矩形截面受弯构件的截面应力如图 2.1－22(a)所示，同样取轴向力以及弯矩平衡，可写出双筋矩形截面受弯构件正截面受弯承载力计算的基本公式为

$$\alpha_1 f_c bx+f'_y A'_s=f_y A_S \tag{2.1-32}$$

$$M \leqslant M_u = \alpha_1 f_c bx\left(h_0 - \frac{x}{2}\right) + f'_y A'_s (h_0 - a'_s) \tag{2.1-33}$$

式中 $f'_y$——钢筋的抗压强度设计值，N/mm²；

$A'_S$——受压钢筋的截面面积，mm²；

$a'_s$——受压钢筋的合力作用点到截面受压边缘的距离，mm。

其他符号同单筋矩形截面。

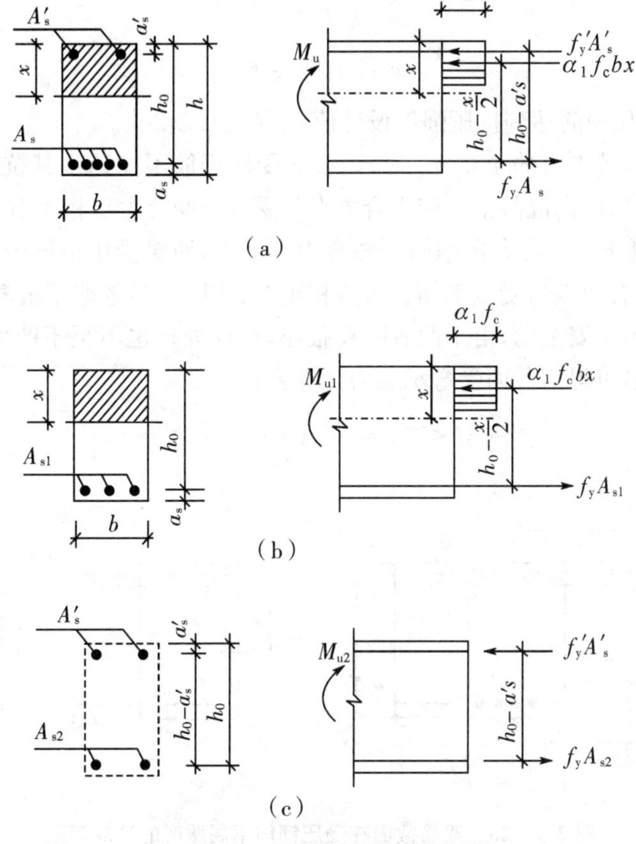


**图 2.1-22 双筋矩形截面计算简图**

双筋矩形截面所承担的弯矩设计值 $M_u$ 可分成两部分来考虑。第一部分是由受压区混凝土和与其相应的一部分受拉钢筋 $A_{s1}$ 所形成的承载力设计值 $M_{u1}$（图 2.1-22(b)），相当于单筋矩形截面的受弯承载力；第二部分是由受压钢筋 $A'_S$ 和与其相应的另一部分受拉钢筋 $A_{s2}$ 所形成的承载力设计值 $M_{u2}$（图 2.1-22(c)）。

由图 2.1-22(b)

$$\alpha_1 f_c bx = f_y A_{s1} \tag{2.1-34}$$

$$M_{u1} = \alpha_1 f_c bx\left(h_0 - \frac{x}{2}\right) \tag{2.1-35}$$

由图 2.1-22(c)

$$f'_y A'_s = f_y A_{s2} \tag{2.1-36}$$

$$M_{u2}=f'_yA'_s(h_0-a'_s) \tag{2.1-37}$$

叠加得

$$M_u=M_{u1}+M_{u2} \tag{2.1-38}$$

$$A_s=A_{s1}+A_{s2} \tag{2.1-39}$$

(二) 适用条件

(1) 为防止出现超筋破坏,应满足

$$\xi\leqslant\xi_b \tag{2.1-40}$$

$$x\leqslant x_b=\xi_bh_0 \tag{2.1-41}$$

(2) 为保证受压钢筋达到抗压强度设计值,应满足 $x\geqslant2a'_s$。

在实际设计中,若求得的 $x<2a'_s$ 时,则表明受压钢筋不能达到其抗压强度设计值,规范规定取 $x=2a'_s$,即假设混凝土压应力合力点与受压钢筋合力点相重合(图 2.1-23)。由于 $x<2a'_s$ 时,混凝土压力合力在钢筋压力合力点上方,而对受压钢筋合力点取矩,是近似认为混凝土压应力合力点与受压钢筋合力点相重合,实际上是忽略了混凝土压力对受压钢筋合力点取矩,是偏于安全的,由于两者距离很小,这样处理也不至于产生较大偏差。对受压钢筋合力点取矩,可得正截面受弯承载力计算公式

$$M\leqslant M=f_yA_s(h_0-a'_s) \tag{2.1-42}$$

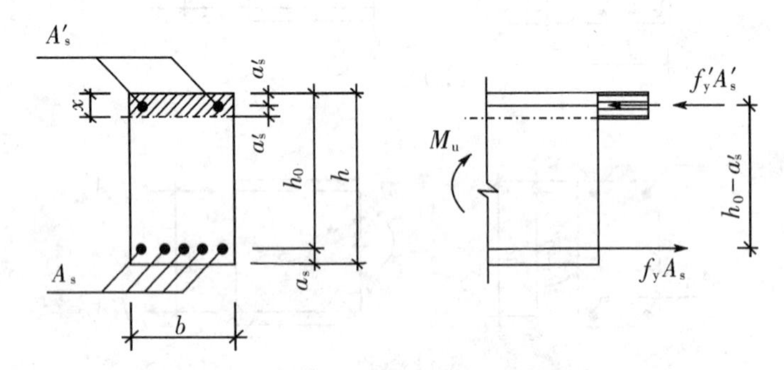


**图 2.1-23 双筋截面在受压钢筋不屈服时的计算简图**

双筋截面中的受拉钢筋常常配置较多,一般均能满足最小配筋率的要求,故不必进行验算。

### 四、基本公式的应用

(一) 截面设计

在双筋截面配筋计算中,可能遇到下列两种情况。

情况 1:已知材料强度等级、截面尺寸及弯矩设计值 $M$,求受拉及受压钢筋面积 $A_s$ 及 $A'_S$。

在基本计算公式中,有 $A_s$、$A'_S$ 及 $x$ 三个未知数,尚需增加一个条件才能求解。在实际计算中,为使截面总的钢筋截面面积($A_s+A'_S$)为最少,应考虑充分利用混凝土的强度。

此时,可直接将 $\xi=\xi_b$ 代入(2.1-33)式,解得

$$A'_s = \frac{M - a_1 f_c bx\left(h_0 - \frac{x}{2}\right)}{f_y(h_0 - a'_s)}$$

由(2.1-32)式可得

$$A_s = \frac{a_1 f_c bx + f'_y A'_s}{f_y}$$

情况2：已知材料强度等级、截面尺寸、弯矩设计值$M$及受压钢筋面积$A'_S$，求受拉钢筋的面积$A_s$。

在此类情况中，受压钢筋面积通常是由异号弯矩或构造上的需要而设置的。在这种情况下，应考虑充分利用受压钢筋的强度，以使总用钢量为最小。设受压钢筋应力达到$f_y$，基本公式只剩下$A_s$及$x$两个未知数，可解方程求得。也可根据公式分解，用查表法求得，步骤如下：

(1) 查表，计算各类参数；

(2) 用(2.1-37)式求得：$M_{u2} = f'_y A'_s(h_0 - a'_s)$；

(3) $M_{u1} = M - M_{u2}$；

(4) $\alpha_s = \frac{M_{u1}}{\alpha_1 f_c bh_0^2}$；

(5) 查表得$\xi$；

(6) 若求得$2a'_s \leqslant x = \xi h_0 \leqslant \xi_b h_0$，则$A_s = \frac{a_1 f_c bx + f'_y A'_s}{f_y}$。

若出现$x < 2a'_s$的情况，则$A_s$可用(2.1-42)式直接求得；若求得的$x > \xi_b h_0$，说明给定的$A'_S$太少，不符合公式的要求，这时应按$A'_S$为未知值，按情况1步骤进行计算$A_s$及$A'_S$。

(二) 截面复核

已知截面尺寸$b$、$h$，材料强度等级和钢筋用量$A_s$及$A'_S$，要求复核截面的受弯承载力。

此时，有两个未知量，$x$和$M_u$，由(2.1-32)式求$x$，若$2a'_s \leqslant x \leqslant \xi_b h_0$，则可代入(2.1-33)式，求得$M_u$；若$x < 2\alpha'_s$，则利用(2.1-42)式求得$M_u$；若$x > \xi_b h_0$，说明截面已属超筋，破坏始自受压区，计算时可取$x = \xi_b h_0$。

■ **实训练习**

**任务一　认知钢筋混凝土双筋梁**

(1) 目的：通过参观工地施工现场或校内实训基地，辨别架立(构造)钢筋与受压钢筋。

(2) 能力目标：学会区分梁中架立(构造)钢筋与受压钢筋。

(3) 实物：校内实训基地中各类梁。

**任务二　钢筋混凝土受弯构件双筋梁正截面受力分析及基本公式推导**

(1) 目的：通过钢筋混凝土受弯构件双筋梁正截面的受力分析并进行公式推导，掌握双筋梁基本公式及适用条件等。

(2) 能力目标：学会受弯构件双筋梁正截面承载力公式应用。

## 项目1.6　T形截面承载力计算

■ **学习目标**　掌握单筋T形梁正截面承载力计算方法及适用条件。

■ **能力目标** 能进行单筋T形梁正截面承载力设计和复核。

■ **知识点**

## 一、概述

矩形截面受弯构件在破坏时，受拉区混凝土早已开裂，在裂缝截面处，受拉区的混凝土不再承担拉力，对截面的抗弯承载力已不起作用。因此可将受拉区混凝土挖去一部分，将受拉钢筋集中布置在肋内，且钢筋截面重心高度不变，形成如图2.1－24所示的T形截面，它和原来的矩形截面所能承受的弯矩是相同的。这样可节省混凝土，减轻构件自重。

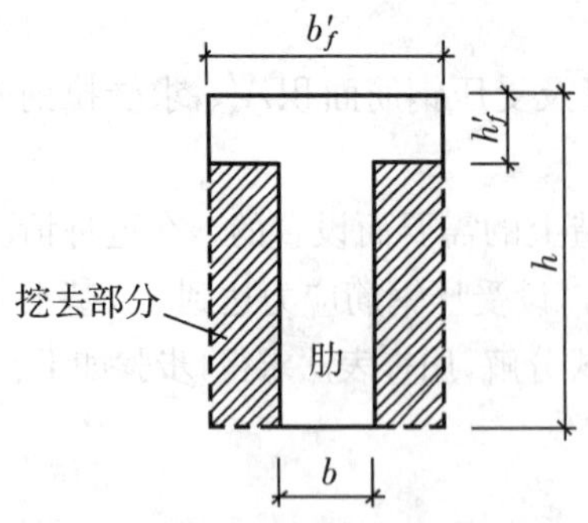


**图2.1－24 T形梁的截面尺寸**

T形截面伸出部分称为翼缘，中间部分称为肋或梁腹。肋的宽度为$b$，位于截面受压区的翼缘宽度为$b'_f$，厚度为$h'_f$，截面总高为$h$(图2.1－24)。I形截面位于受拉区的翼缘不参与受力，因此也按T形截面计算。

T形截面受弯构件在实际结构中应用极为广泛，对于预制构件有T形吊车梁、I形檩条等(图2.1－25)。其他如I形吊车梁、槽形板、空心板等截面均可换算成T形截面计算(图2.1－25(b))。现浇肋梁楼盖中楼板与梁整浇在一起，形成整体式T形梁(图2.1－25(c))，其跨中截面承受正弯矩，挑出的翼缘位于受压区，与肋的受压区混凝土共同受力，受压区为T形(图2.1－25(c)中1－1截面)，故应按T形截面计算。但其支座处承受负弯矩，梁顶面受拉，翼缘位于受拉区，翼缘混凝土开裂后退出工作不参与受力(图2.1－25(c)中2－2截面)，因此应按宽度为$b$的矩形截面计算。

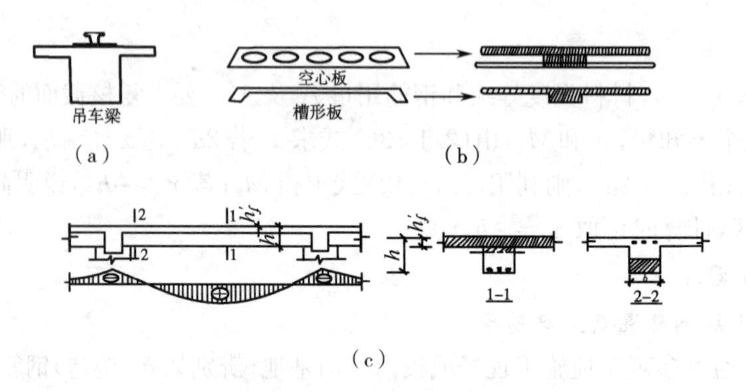


**图2.1－25 T形截面构件**

通过试验和理论分析得知，T形梁受弯后，翼缘中的纵向压应力分布是不均匀的，靠近梁肋处翼缘中压应力较高，而离肋部越远翼缘中压应力越小(图2.1－26(a))。故在设计中

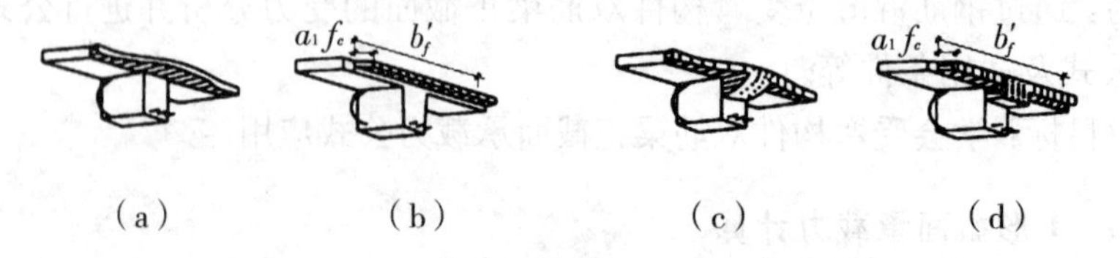


**图2.1－26 T形截面翼缘的应力分布和计算宽度**

把与肋共同工作的翼缘宽度限制在一定范围内，称为翼缘的计算宽度 $b'_f$。在 $b'_f$ 宽度范围内翼缘全部参与工作，并假定其压应力是均匀分布的（图 2.1－26(b)、(d)），而在这范围以外部分，则不考虑它参与受力。

试验表明，$b'_f$ 与梁的跨度、翼缘厚度 $h'_f$、受力情况（单独梁、肋形梁、支座约束条件等）有关。《混凝土结构设计规范》规定，T 形及倒 L 形截面受弯构件翼缘计算宽度 $b'_f$ 按表2.1－6 计算（见图 2.1－27），计算时取表中三项的最小值。

**表 2.1－6　T 形、倒 L 形截面受弯构件翼缘计算宽度 $b'_f$**

| 情况 | | T 形、I 形截面 | | 倒 L 形截面 |
|---|---|---|---|---|
| | | 肋形梁（板） | 独立梁 | 肋形梁（板） |
| 1 | 按计算跨度 $l_o$ 考虑 | $l_o/3$ | $l_o/3$ | $l_o/6$ |
| 2 | 按梁（肋）净距 $s_n$ 考虑 | $b+s_n$ | — | $b+s_n/2$ |
| 3 | 按翼缘高度 $h'_f$ 考虑 | $b+12h'_f$ | $b$ | $b+5h'_f$ |

注：1. 表中 $b$ 为梁的腹板厚度；

2. 肋形梁在梁跨内设有间距小于纵肋间距的横肋时，可不考虑表中情况 3 的规定；

3. 加腋的 T 形、I 形和倒 L 形截面，当受压区加腋的高度 $h_h$ 不小于 $h'_f$ 且加腋的长度 $b_h$ 不大于 $3h_h$ 时，其翼缘计算宽度可按表中情况 3 的规定分别增加 $2b_h$（T 形、I 形截面）和 $b_h$（倒 L 形截面）；

4. 独立梁受压区的翼缘板在荷载作用下经验算沿纵肋方向可能产生裂缝时，其计算宽度应取腹板宽度 $b$。

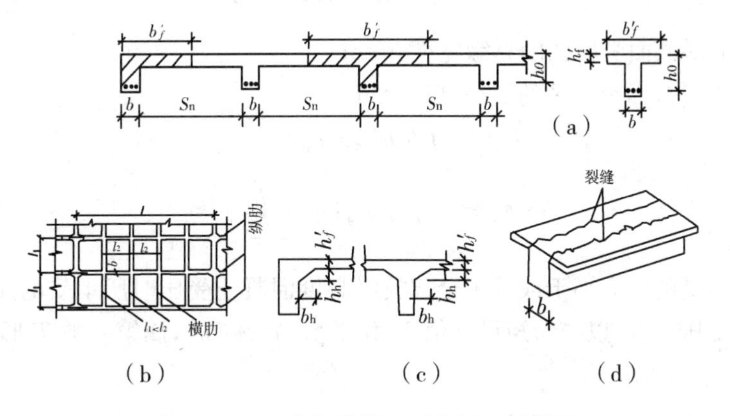


**图 2.1－27　有加腋的 T 形和倒 L 形截面**

## 二、基本公式与适用条件

按照构件破坏时，中和轴位置的不同，T 形截面可分为两类：

第一类 T 形截面：中和轴在翼缘内，即 $x \leqslant h'_f$（图 2.1－28(a)）

第二类 T 形截面：中和轴在梁肋内，即 $x > h'_f$（图 2.1－28(b)）

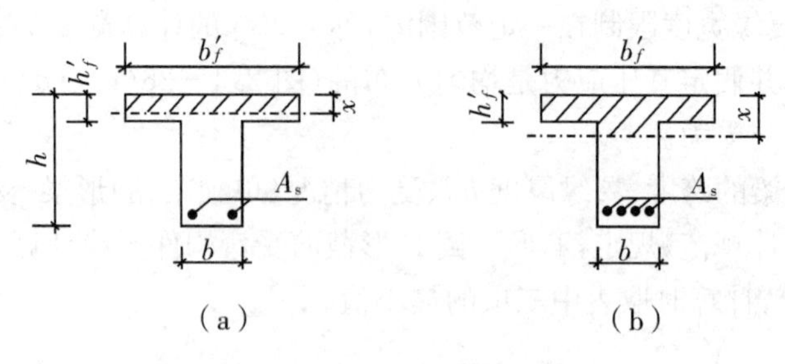


图 2.1-28　两类 T 形截面

（一）两类 T 形梁的判别

当中和轴恰好位于翼缘下边缘时，即 $x=h'_f$，这种情况就是两类 $T$ 形梁的界限情况(图 2.1-29)，由平衡条件得：

$$\alpha_1 f_c b'_f h'_f = f_y A_s \qquad (2.1-43)$$

$$M_u = \alpha_1 f_c b'_f h'_f \left(h_0 - \frac{h'_f}{2}\right) \qquad (2.1-44)$$

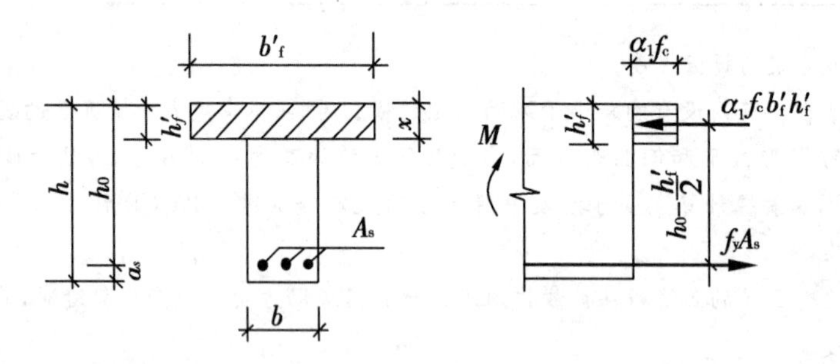


图 2.1-29　两类 T 形截面的界限

式中　$b'_f$——$T$ 形截面受压区的翼缘宽度，mm；

$h'_f$——$T$ 形截面受压区的翼缘高度，mm。

若

$$\alpha_1 f_c b'_f h'_f \geqslant f_y A_s \qquad (2.1-45)$$

或

$$M \leqslant \alpha_1 f_c b'_f h'_f \left(h_0 - \frac{h'_f}{2}\right) \qquad (2.1-46)$$

即钢筋所承受的拉力小于或等于全部翼缘高度混凝土受压时所承受的压力，不需要全部翼缘混凝土受压，就足以与弯矩设计值 $M$ 相平衡，故 $x \leqslant h'_f$，属第一类 $T$ 形截面。

反之，若

$$\alpha_1 f_c b'_f h'_f < f_y A_s \qquad (2.1-47)$$

或

$$M > \alpha_1 f_c b'_f h'_f \left(h_0 - \frac{h'_f}{2}\right) \qquad (2.1-48)$$

说明仅仅翼缘高度内的混凝土受压尚不足以与钢筋负担的拉力或弯矩设计值 $M$ 相平衡，中和轴将下移，即 $x > h'_f$，属第二类 T 形截面。

式(2.1-45)及式(2.1-47)适用于复核截面时的判别(此时 $A_s$ 已知)，而式(2.1-45)及式(2.1-46)适用于截面设计的判别(此时 $M$ 已知)。

（二）第一类 $T$ 形截面的基本计算公式及适用条件

1. 基本计算公式

第一类T形截面，中和轴在翼缘内，受压区高度 $x<h'_f$，此时，截面虽为T形，但受压区面积仍是宽为 $b'_f$ 的矩形，而受拉区形状与截面受弯承载力无关。此时可按宽度为 $b'_f$ 的矩形截面进行受弯承载力的计算，计算时只需将单筋矩形截面公式中的梁宽 $b$ 代换为翼缘宽度 $b'_f$ 即可。

由图 2.1-30 的截面平衡条件可得

$$\alpha_1 f_c b'_f x = f_y A_s \tag{2.1-49}$$

$$M \leqslant M_u = \alpha_1 f_c b'_f x\left(h_0 - \frac{x}{2}\right) \tag{2.1-50}$$

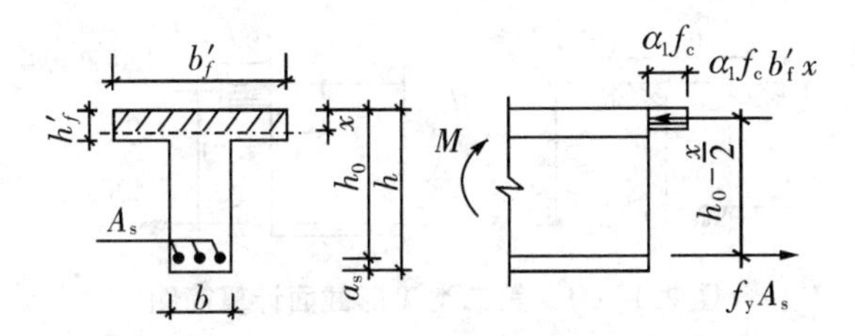


**图 2.1-30　第一类 T 形截面计算简图**

2. 适用条件

(1) 防止超筋梁破坏

$$x \leqslant x_b = \xi_b h_0 \tag{2.1-51}$$

对于第一类T形截面($x\leqslant h'_f$)，由于一般T形截面的 $\frac{h'_f}{h_0}$ 较小，因而 $\xi_b$ 值也小，所以一般均能满足这个条件。

(2) 防止少筋梁破坏

$$\rho \geqslant \rho_{min}$$

必须注意，此情况下的 $\rho$ 是对于梁肋部计算的，即 $\rho=\frac{A_s}{bh_0}$，而不是用 $\rho=\frac{A_s}{b'_f h_0}$ 计算。

（三）第二类T形截面的基本计算公式及适用条件

1. 基本计算公式

第二类T形截面，其中和轴在梁肋内，受压区高度 $x>h'_f$，此时，受压区为T形，截面为真正T形截面。由图(2.1-31(a))的截面平衡条件可得

$$\alpha_1 f_c bx + \alpha_1 f_c (b'_f - b) = f_y A_s \tag{2.1-52}$$

$$M \leqslant M_u = \alpha_1 f_c bx\left(h_0 - \frac{x}{2}\right) + \alpha_1 f_c (b'_f - b) h'_f \left(h_0 - \frac{h'_f}{2}\right) \tag{2.1-53}$$

由(图 2.1-31(b)) 可得

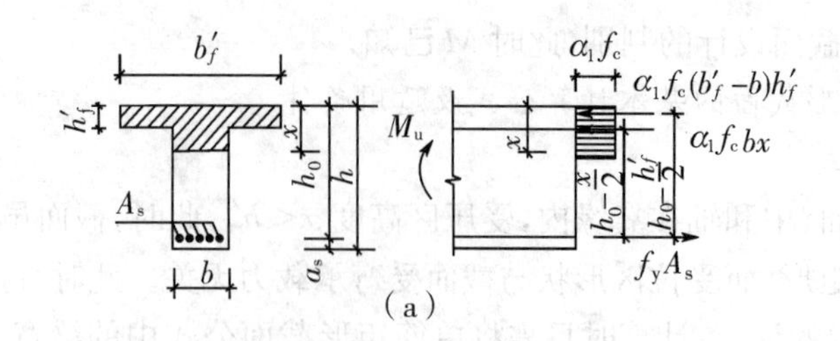

（a）

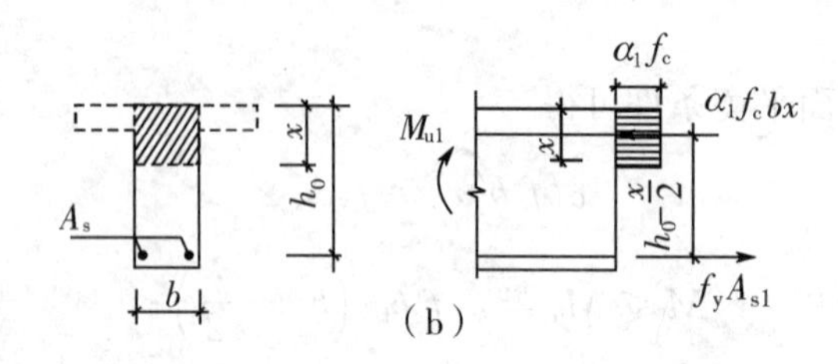

（b）

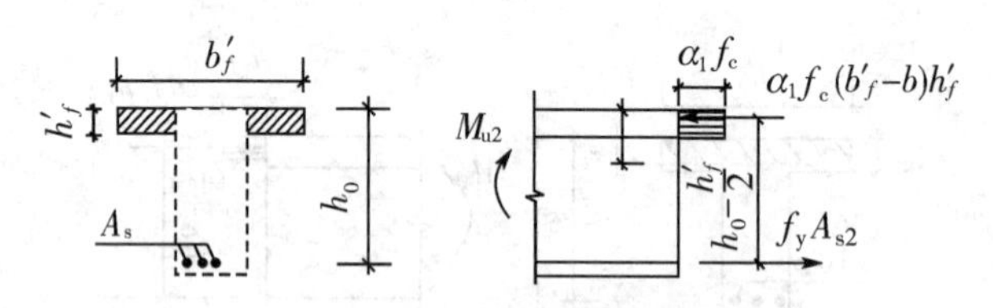


**图 2.1－31　第二类 T 形截面计算简图**

$$\alpha_1 f_c b x = f_y A_{s1} \tag{2.1-54}$$

$$M_{u1} = \alpha_1 f_c bx\left(h_0 - \frac{x}{2}\right) \tag{2.1-55}$$

由（图 2.1－31(c)）可得

$$\alpha_1 f_c (b'_f - b)h'_f = f_y A_{s2} \tag{2.1-56}$$

$$M_{u2} = \alpha_1 f_c (b'_f - b)h'_f\left(h_0 - \frac{h'_f}{2}\right) \tag{2.1-57}$$

叠加得

$$M_u = M_{u1} + M_{u2} \tag{2.1-58}$$

$$A_s = A_{s1} + A_{s2} \tag{2.1-59}$$

2. 适用条件

避免超筋梁

$$x \leqslant x_b = \xi_b h_0 \tag{2.1-60}$$

第二类 T 形截面的配筋率一般较大，均能满足 $\rho > \rho_{min}$，可不必验算。

## 三、基本公式的应用

### （一）截面设计

已知材料强度等级、截面尺寸及弯矩设计值 $M$，求受拉钢筋面积 $A_s$。计算时应先判断截面类型，对不同类型进行不同的计算。

第一类 T 型满足下列判别条件

$$M \leqslant \alpha_1 f_c b'_f h'_f \left(h_0 - \frac{h'_f}{2}\right)$$

则其计算方法与 $b'_f \times h$ 的单筋矩形截面梁完全相同，不同的是应注意最小配筋率验算时截面宽度的取值。

第二类 T 型满足下列判别条件

$$M > \alpha_1 f_c b'_f h'_f \left(h_0 - \frac{h'_f}{2}\right)$$

在基本计算公式中，有 $A_s$ 及 $x$ 两个未知数，可用方程组直接求解。也可用简化计算方法，计算过程如下：

(1) 查表，计算各类参数；

(2) 用(2.1－57)式求得 $M_{u2} = \alpha_1 f_c (b'_f - b) h'_f \left(h_0 - \frac{h'_f}{2}\right)$；

(3) $M_{u1} = M_u - M_{u2}$；

(4) $\alpha_s = \frac{M_{u1}}{\alpha_1 f_c b h_0^2}$；

(5) 查表得 $\xi$；

(6) 若求得 $x \leqslant x_b = \xi_b h_0$ 则

$$A_s = \frac{\alpha_1 f_c b x + \alpha_1 f_c (b'_f - b) h'_f}{f_y}$$

若 $x > x_b$，则应加大截面，或提高混凝土强度等级，或采用双筋梁。

（二）截面复核

已知材料强度等级、截面尺寸及受拉钢筋面积 $A_s$，求承担弯矩设计值 $M_u$。截面复核也应先判断截面类型。

第一类 T 型满足下列判别条件

$$\alpha_1 f_c b'_f h'_f \geqslant f_y A_s$$

则其计算方法与 $b'_f \times h$ 的单筋矩形截面梁完全相同。

第二类 T 型满足下列判别条件

$$\alpha_1 f_c b'_f h'_f < f_y A_s$$

在基本计算公式中，有 $M_u$ 及 $x$ 两个未知数，可用方程组直接求解。也可用简化计算方法，计算过程如下：

(1) 查表，计算各类参数；

(2) 由(2.1－52)式求得 $x$；

(3) 若 $x \leqslant \xi_b h_0$；

(4) 代入(2.1－53)式求得 $M_u$。

**例 2.1－5**　已知一肋梁楼盖的次梁，跨度为 6 m，间距为 2.4 m，截面尺寸如图 2.1－32 所示。跨中最大正弯矩设计值 $M$=90.55 kN·m，混凝土强度等级为 C30，钢筋为 HRB400

级，试计算次梁纵向受拉钢筋面积 $A_s$。

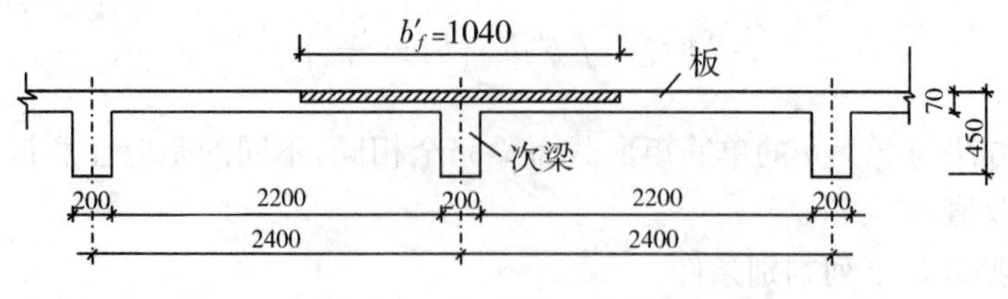


**图 2.1－32 例 2.1－5 图**

**解：**查表得：C30 混凝土，$f_c = 14.3\ \text{N/mm}^2$，$f_t = 1.43\ \text{N/mm}^2$，$\alpha_1 = 1.0$；

HRB400 级钢筋，$f_y = 360\ \text{N/mm}^2$；$\xi = 0.518$；$\rho_{min} = 0.2\%$；$\gamma_0 = 1.0$。

确定翼缘计算宽度 $b'_f$：

由表 2.1－6 可得：

按梁跨度考虑 $b'_f = \dfrac{l}{3} = \dfrac{6000}{3} = 2000(\text{mm})$

按梁净距 $S_n$ 考虑 $b'_f = b + S_n = 200 + 2200 = 2400(\text{mm})$

按翼缘高度考虑 $b'_f = b + 12h'_f = 200 + 12 \times 70 = 1040(\text{mm})$

翼缘计算宽度 $b'_f$ 取三者中的较小值，即 $b'_f = 1040(\text{mm})$

判别 T 形截面类型

$$h_0 = h - 40 = 450 - 40 = 410(\text{mm})$$

$$\alpha_1 f_c b'_f h'_f\left(h_0 - \frac{h'_f}{2}\right) = 1 \times 14.3 \times 1040 \times 70 \times \left(410 - \frac{70}{2}\right) = 390390000(\text{N}\cdot\text{mm}) =$$

$390.4\ \text{kN}\cdot\text{m} > M$ 属于第一类 $T$ 形截面。

求 $A_s$

$$\alpha_s = \frac{M}{\alpha_1 f_c b'_f h_0^2} = \frac{90550000}{1.0 \times 14.3 \times 1040 \times 410^2} = 0.0362$$

由附录一查得 $\xi = 0.0369 < \xi_b$

由公式得

$$A_s = \frac{\alpha_1 f_c b'_f h_0 \xi}{f_y} = \frac{1.0 \times 14.3 \times 1040 \times 410 \times 0.0369}{360} = 625(\text{mm}^2)$$

选用 3 ⌀ 18，实际钢筋截面面积 $A_s = 763\ \text{mm}^2$

$$\rho = \frac{A_s}{bh} = 0.848\% > \rho_{min} = 0.45\frac{f_t}{f_y} = 0.45\frac{1.43}{360} = 0.178\% \text{（且} > 0.2\%\text{）}$$

## ■ 实训练习

### 任务一 认知钢筋混凝土 T 形梁

（1）目的：通过参观 T 形梁，掌握 T 形梁在工程中应用的实际意义及截面尺寸构成。

（2）能力目标：能确定 T 形、倒 L 形截面受弯构件翼缘计算宽度 $b'_f$。

（3）实物：校内教学楼、办公楼楼盖。

**任务二　T形梁正截面受力分析及基本公式推导**

(1) 目的：通过两类T形梁正截面的受力分析并进行公式推导，掌握两类T形梁基本计算公式及适用条件等。

(2) 能力目标：学会两类T形梁在不同条件下的判别。

## 项目1.7　斜截面破坏形态描述

■ **学习目标**　掌握受弯构件斜截面承载力计算公式及其适用条件，理解受弯构件斜截面破坏特征。

■ **能力目标**　学会受弯构件斜截面受剪承载力破坏特征描述。

■ **知识点**

### 一、概述

在实际工程中，大多数钢筋混凝土受弯构件除了承受弯矩外，还同时承受剪力。试验研究和工程实践都表明，在钢筋混凝土受弯构件中某些区段常常产生斜裂缝，并可能沿斜截面(斜裂缝)发生破坏。斜截面破坏往往带有脆性破坏的性质，缺乏明显的预兆，因此在实际工程中应当避免，所以在设计时必须进行斜截面承载力的计算。

为了防止受弯构件发生斜截面破坏，首先应保证梁的斜截面受剪承载力满足要求，即应使构件有一个合理的截面尺寸，并配置必要的箍筋，同时箍筋也与梁底纵筋和架立钢筋绑扎或焊接在一起，形成钢筋骨架，使各种钢筋得以在施工时维持在正确的位置上。当构件承受的剪力较大时，还可设置斜钢筋，斜钢筋一般利用梁内的纵筋弯起而形成，称为弯起钢筋。箍筋和弯起钢筋(或斜筋)又统称为腹筋(图2.1-3)。

### 二、无腹筋梁斜截面的受力特点和破坏形态

(一) 无腹筋梁应力状态

为了理解钢筋混凝土梁斜裂缝出现的原因和斜裂缝的形态，需先分析不配置腹筋梁斜裂缝出现前的应力状态。图2.1-33为一矩形截面钢筋混凝土简支梁在两个对称集中荷载作用下的弯矩图和剪力图，图中$CD$段为纯弯段，$AC$、$DB$段为剪弯段(同时作用有剪力和弯

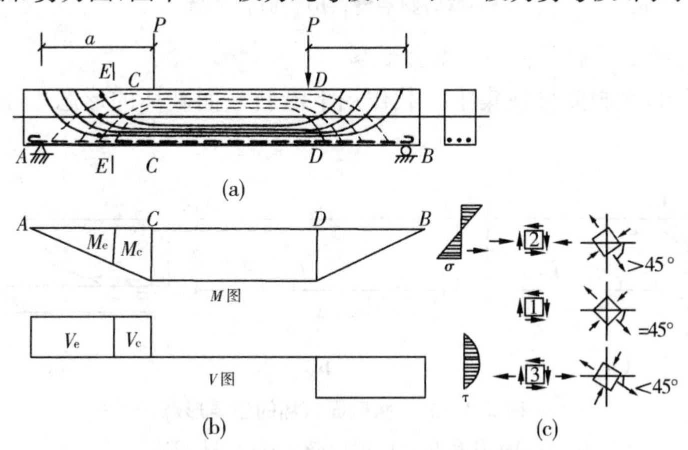


**图2.1-33　斜裂缝出现前的应力状态**

(a)主应力迹线；(b)内力图；(c)应力状态

矩)。在荷载较小、梁内尚未出现裂缝之前,梁处于整体工作阶段,此时可将钢筋混凝土梁视为匀质弹性体,按一般材料力学公式来分析它的应力,并画出梁的主应力轨迹线(图 2.1-33(a))。图中实线代表主拉应力,虚线代表主压应力。

主拉应力
$$\sigma_{tp}=\frac{\sigma}{2}+\sqrt{\frac{\sigma^2}{4}+\tau^2} \tag{2.1-61}$$

主压应力
$$\sigma_{cp}=\frac{\sigma}{2}-\sqrt{\frac{\sigma^2}{4}+\tau^2} \tag{2.1-62}$$

主应力的作用方向与梁轴线夹角 $\alpha$,按下式确定:

$$\tan 2\alpha=-\frac{2\tau}{\sigma} \tag{2.1-63}$$

随着荷载的增加,梁内各点的主应力也增加,当主拉应力和主压应力的组合超过混凝土在拉压应力状态下的强度时,将出现斜裂缝。试验研究表明,在集中荷载作用下,无腹筋简支梁的斜裂缝出现过程有两种典型情况。一种是在梁底首先因弯矩的作用而出现垂直裂缝,随着荷载的增加,初始垂直裂缝逐渐向上发展,并随着主拉应力方向的改变而发生倾斜,向集中荷载作用点延伸,裂缝下宽上细,称为弯剪斜裂缝(图 2.1-34(a))。另一种是首先在梁中和轴附近出现大致与中和轴成 45°倾角的斜裂缝,随着荷载的增加,裂缝沿主压应力迹线方向分别向支座和集中荷载作用点延伸,裂缝中间宽两头细,呈枣核形,称为腹剪斜裂缝(图 2.1-34(b))。

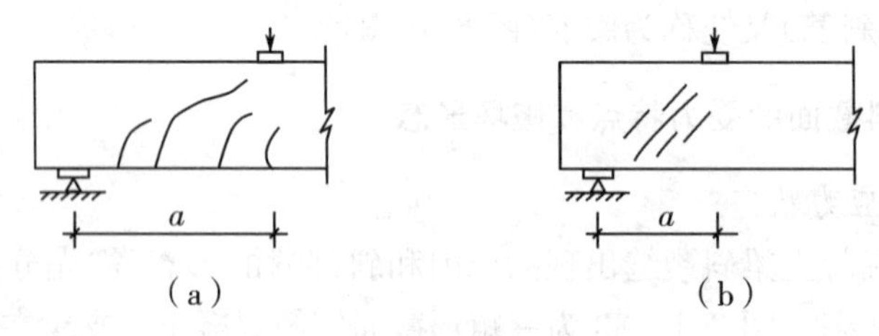


**图 2.1-34 弯剪斜裂缝和腹剪斜裂缝**

(a)弯剪斜裂缝;(b)腹剪斜裂缝

(二)无腹筋梁沿斜截面破坏的主要形态

试验研究指出,无腹筋梁在集中荷载作用下沿斜截面破坏的形态主要有以下三种(图 2.1-35)

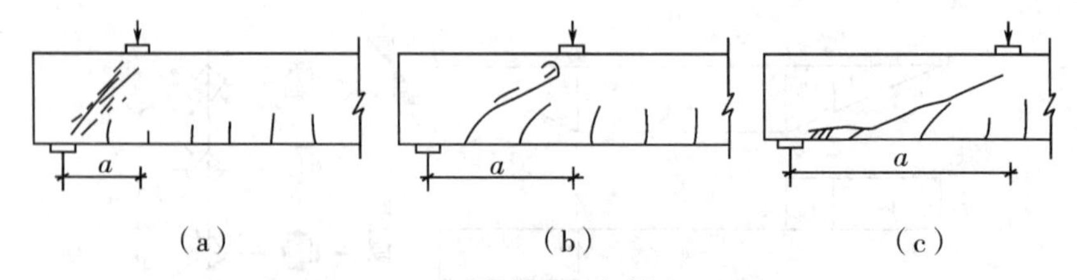


**图 2.1-35 斜截面破坏的主要形态**

(a)斜压破坏;(b)剪压破坏;(c)斜拉破坏

1. 斜压破坏

当集中荷载距支座较近，即 $\frac{a}{h_0}<l$ 时，破坏前梁腹部将首先出现一系列大体上相互平行的腹剪斜裂缝向支座和集中荷载作用处发展，这些斜裂缝将梁腹分割成若干倾斜的受压杆件，最后由于混凝土斜向压酥而破坏。这种破坏称为斜压破坏(图 2.1－35(a))。

2. 剪压破坏

当 $1<\frac{a}{h_0}<3$ 时，梁承受荷载后，先在剪跨段内出现弯剪斜裂缝，当荷载继续增加到某一数值时，在数条弯剪斜裂缝中出现一条延伸较长、相对开展较宽的主要斜裂缝，称为临界斜裂缝。随着荷载的继续增加，临界斜裂缝不断向加载点延伸，使混凝土受压区高度不断减小，最后剪压区混凝土在剪应力和压应力的共同作用下达到复合应力状态下的极限强度而破坏。这种破坏称为剪压破坏(图 2.1－35(b))。

3. 斜拉破坏

当 $\frac{a}{h_0}>3$ 时，斜裂缝一出现便很快发展，形成临界斜裂缝，并迅速向加载点延伸使混凝土截面裂通，梁被斜向拉断成为两部分而破坏。破坏时，沿纵向钢筋往往产生水平撕裂裂缝，这种破坏称为斜拉破坏(图 2.1－35(c))。

无腹筋梁除了上述三种主要的破坏形态外，在不同的条件下，还可能出现其他的破坏形态，如局部挤压破坏、纵筋的锚固破坏等。

### 三、有腹筋梁斜截面的破坏形态

为了提高钢筋混凝土梁的受剪承载力，防止梁沿斜截面发生脆性破坏，在实际工程结构中，一般在梁内都配有腹筋(箍筋和弯起钢筋)。腹筋虽然不能防止斜裂缝的出现，但却能限制斜裂缝的开展和延伸。因此，腹筋的数量对梁斜截面的破坏形态和受剪承载力有很大影响。

如果箍筋配置的数量过多(箍筋直径较大、间距较小)，则在箍筋尚未屈服时，斜裂缝间的混凝土即因主压应力过大而发生斜压破坏。此时梁的受剪承载力取决于构件的截面尺寸和混凝土强度。

如果箍筋配置的数量适当，则在斜裂缝出现以后，原来由混凝土承受的拉力转由与斜裂缝相交的箍筋来承受，在箍筋尚未屈服时，由于箍筋限制了斜裂缝的开展和延伸，荷载尚能有较大增长。当箍筋屈服后，由于箍筋应力基本不变而应变迅速增加，箍筋不再能有效地抑制斜裂缝的开展和延伸，最后斜裂缝上端剪压区的混凝土在剪压复合应力作用下达到极限强度，发生剪压破坏。

如果箍筋配置的数量过少(箍筋直径较小、间距较大)，则斜裂缝一出现，原来由混凝土承受的拉力转由箍筋承受，箍筋很快达到屈服强度，变形迅速增加，不能抑制斜裂缝的发展。此时，梁的受力性能和破坏形态与无腹筋梁相似，当剪跨比较大时，也将发生斜拉破坏。

### 四、影响斜截面受剪承载力的主要因素

受弯构件斜截面受剪承载力的影响因素很多，主要有以下几方面：

(一) 剪跨比

剪跨比是一个无量纲的计算参数，反映了截面承受的弯矩和剪力的相对大小，按下式确定

$$\lambda=\frac{M}{Vh_0} \tag{2.1-64}$$

式中 $\lambda$——剪跨比；

$M$、$V$——分别为梁计算截面所承受的弯矩和剪力；

$h_0$——截面的有效高度。

经试验研究表明，随着剪跨比 $\lambda$ 的增大，破坏形态发生显著变化，梁的受剪承载力明显降低。小剪跨比($\lambda<1$)时，大多发生斜压破坏，受剪承载力很高；中等剪跨比($1<\lambda<3$)时，大多发生剪压破坏，受剪承载力次之；大剪跨比($\lambda>3$)时，大多发生斜拉破坏，受剪承载力很低。当剪跨比 $\lambda>3$ 以后，剪跨比对受剪承载力无显著的影响。

对有腹筋梁，在低配箍时剪跨比的影响较大，在中等配箍时剪跨比的影响次之，在高配箍时剪跨比的影响则较小。

（二）混凝土强度

斜截面破坏是因混凝土达到极限强度而发生的，故混凝土强度对梁受剪承载力的影响很大。经试验研究和理论分析表明，在斜裂缝出现后，斜裂缝间的混凝土在剪应力和压应力的作用下处于拉压应力状态，是在拉应力和压应力的共同作用下破坏的。梁的受剪承载力随混凝土抗拉强度的提高而提高，大致成线性关系。当 $\lambda=1.0$ 时为斜压破坏，受剪承载力取决于混凝土的抗压强度，即直线的斜率较大；$\lambda=3.0$ 时为斜拉破坏，受剪承载力取决于混凝土的抗拉强度，而抗拉强度的增加较抗压强度来得缓慢，故混凝土的影响就小，则直线的斜率较小；$1.0<\lambda<3.0$ 时为剪压破坏，其混凝土的影响介于上述两者之间。

（三）配箍率和箍筋强度

有腹筋梁出现斜裂缝以后，箍筋不仅可以直接承受部分剪力，还能抑制斜裂缝的开展和延伸，提高剪压区混凝土的抗剪能力和纵筋的销栓作用，间接地提高梁的受剪承载力。试验研究表明，当配箍量适当时，梁的受剪承载力随配箍量的增大和箍筋强度的提高而有较大幅度的提高。

配箍量一般用配箍率 $\rho_{sv}$ 表示，即

$$\rho_{sv}=\frac{nA_{sv1}}{bs} \tag{2.1-65}$$

式中 $\rho_{sv}$——配箍率；

$n$——同一截面内箍筋的肢数；

$A_{sv1}$——单肢箍筋的截面面积，$mm^2$；

$b$——截面宽度，mm；

$s$——箍筋间距。

（四）纵向钢筋的配筋率

纵向钢筋能抑制斜裂缝的扩展，使斜裂缝上端剪压区的面积较大，从而能承受较大的剪力，同时纵筋本身也能通过销栓作用承受一定的剪力。因而纵向钢筋的配筋量增大时，梁的受剪承载力也会有一定的提高，但目前我国规范中的抗剪计算公式并未考虑这一影响。

（五）斜截面上的骨料咬合力

斜裂缝处的骨料咬合力对无腹筋梁的斜截面受剪影响较大。

（六）截面尺寸和形状

(1) 截面尺寸的影响。

截面尺寸对无腹筋梁的斜截面受剪有较大影响，而对于有腹筋梁的影响则较小。

(2) 截面形状的影响。

这主要是指 $T$ 形梁，其翼缘大小对受剪承载力有影响。适当增加翼缘宽度，可提高受剪承载力 25%，但翼缘过大，增大作用就趋于平缓。另外，梁宽增厚也可提高受剪承载力。

## 五、受弯构件斜截面承载力计算公式

（一）基本假设

由于影响斜截面受剪承载力的因素较多，尽管国内外学者已进行了大量的试验和研究，但迄今为止，钢筋混凝土梁受剪机理和计算的理论还未完全建立起来。因此，目前各国《混凝土规范》采用的受剪承载力公式仍为半经验、半理论的公式。我国《混凝土结构设计规范》所建议使用的计算公式也是采用理论分析和实践经验相结合的方法，通过试验数据的统计分析得出的。对试验现象的观察和试验数据的分析表明，决定抗剪的各项因素，相互关联、影响，而非简单的叠加关系。

对于钢筋混凝土受弯构件斜截面破坏的三种形态中，有一些可以通过一定的构造措施来避免。如规定箍筋的最小数量，就可以防止斜拉破坏的发生；不使梁的截面过小，就可以防止斜压破坏的发生。对于常见的剪压破坏，因为梁的受剪承载力变化幅度较大，设计时则必须进行计算。我国《混凝土结构设计规范》的基本公式就是根据这种破坏形态的受力特征而建立的。所采用的是理论与试验相结合的方法，其中主要考虑的平衡条件 $\Sigma y=0$，同时引入一些参数。其基本假设为：

(1) 梁发生剪压破坏时，斜截面所承受剪力由三部分组成，见图 2.1－36，即

$$V_u = V_c + V_{sv} + V_{sb} \tag{2.1-66}$$

式中　$V_c$——斜裂缝上端或压区混凝土承担的剪力，kN；

$V_{sv}$——穿过斜裂缝的箍筋承担的剪力，kN；

$V_{sb}$——穿过斜裂缝的弯起钢筋承担的剪力，kN。

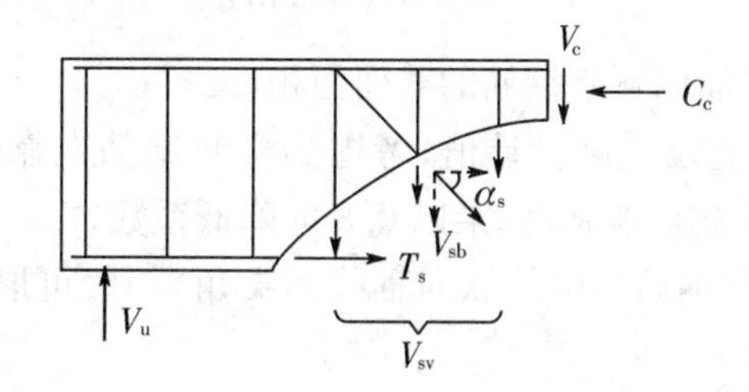


**图 2.1－36　斜裂缝脱离体受力图**

当不配置弯起钢筋时，则有

$$V_u = V_c + V_{sv} = V_{cs} \tag{2.1-67}$$

式中　$V_{cs}$——构件斜截面上混凝土和箍筋共同承担的剪力，kN。

(2) 梁剪压破坏时，与斜裂缝相交的箍筋和弯起钢筋的拉应力都达到其屈服强度，但考

虑拉力不均匀，特别是靠近剪压区的箍筋有可能达不到屈服强度。

(3) 在有腹筋梁中，不考虑斜截面上的骨料咬合力和纵筋销栓力的作用。

(4) 截面尺寸的影响主要对无腹筋梁受弯构件，故仅在不配箍筋和弯起钢筋的厚板计算时才考虑。

(5) 剪跨比是影响斜截面受剪承载力最主要的因素之一，但为了计算公式应用简便，仅在计算以集中荷载为主的梁时才考虑 $\lambda$ 的影响。

（二）计算公式

(1) 对矩形、T 形和 I 形截面的一般受弯构件，当仅配有箍筋时，其斜截面的受剪承载力应按下列公式计算

$$V \leqslant V_{cs} = \alpha_{cv} f_t b h_0 + f_{yv} \frac{A_{sv}}{s} h_0 \tag{2.1-68}$$

式中 $V$——构件斜截面上的最大剪力设计值，kN；

$V_{cs}$——构件斜截面上混凝土和箍筋的受剪承载力设计值，kN；

$\alpha_{cv}$——截面混凝土受剪承载力系数，对于一般受弯构件取 0.7；对集中荷载作用下(包括作用有多种荷载，其中集中荷载对支座截面或节点边缘所产生的剪力值占总剪力的 75% 以上的情况)的独立梁，$\alpha_{cv}$ 取 $\frac{1.75}{\lambda+1}$，$\lambda$ 为计算截面的剪跨比，可取 $\lambda$ 等于 $a/h_0$。当 $\lambda$ 小于 1.5 时，取 1.5；当 $\lambda$ 大于 3 时，取 3，$a$ 取集中荷载作用点至支座截面或节点边缘的距离；

$A_{sv}$——配置在同一截面内箍筋各肢的全部截面面积，$A_{sv}=nA_{sv1}$；其中 $n$ 为在同一个截面内箍筋的肢数，$A_{sv1}$ 为单肢箍筋的截面面积；

$s$——沿构件长度方向上箍筋的间距；

$f_{yv}$——箍筋抗拉强度设计值，$N/mm^2$。

(2) 配有箍筋和弯起钢筋的梁

当梁配有箍筋和弯起钢筋时，弯起钢筋所能承担的剪力为弯起钢筋的总拉力在垂直于梁轴方向的分力(图 2.1-36)，按下式确定

$$V_{sb} = 0.8 f_y A_{sb} \sin \alpha_s \tag{2.1-69}$$

式中 $A_{sb}$——同一弯起平面内弯起钢筋的截面面积，$mm^2$；

$f_y$——弯起钢筋的抗拉强度设计值，考虑到弯起钢筋在靠近斜裂缝顶部的剪压区时，可能达不到屈服强度，乘以 0.8 的降低系数；

$\alpha_s$——斜截面上弯起钢筋与构件纵向轴线的夹角，一般可取 $\alpha_s=45°$；当梁截面较高时可取 $\alpha_s=60°$。

因此，对矩形、$T$ 形和 I 形截面的一般受弯构件，当配有箍筋和弯起钢筋时，其斜截面的受剪承载力应按下列公式计算

$$V \leqslant V_{cs} + V_{sb} = \alpha_{cv} f_t b h_0 + f_{yv} \frac{A_{sv}}{s} h_0 + 0.8 f_y A_{sb} \sin \alpha_s \tag{2.1-70}$$

式中 $V$——配置弯起钢筋处截面剪力设计值，当计算第一排(对支座而言)弯起钢筋时，取用支座边缘处的剪力值；当计算以后的每一排弯起钢筋时，取用前一排(对支

座而言)弯起钢筋弯起点处的剪力值。

(三) 公式的适用范围

1. 上限值——最小截面尺寸和最大配箍率

由式(2.1-68)、式(2.1-70)可以看出,对于有腹筋梁,其斜截面的剪力由混凝土、箍筋(有时包括弯起钢筋)共同承担。但是,当梁的截面尺寸确定之后,斜截面受剪承载力并不能随着腹筋配置数量的增加而无限制地提高。当腹筋的数量超过一定值后,梁的受剪承载力几乎不再增加,腹筋的应力达不到屈服强度而发生斜压破坏。此时梁的受剪承载力取决于混凝土的抗压强度和梁的截面尺寸。为了防止这种情况发生,《混凝土结构设计规范》规定,矩形、$T$形和$I$形截面的受弯构件,其受剪截面应符合下列条件:

当$\frac{h_w}{b}\leqslant 4$时　　$$V\leqslant 0.25\beta_c f_c b h_0 \quad (2.1-71)$$

当$\frac{h_w}{b}\geqslant 6$时　　$$V\leqslant 0.2\beta_c f_c b h_0 \quad (2.1-72)$$

当$4<\frac{h_w}{b}<6$时,按线性内插法取用。

式中　$V$——构件斜截面上的最大剪力设计值,kN;

$\beta_c$——混凝土强度影响系数,当混凝土强度等级不超过C50时,取$\beta_c=1.0$;当混凝土强度等级为C80时,取$\beta_c=0.8$,其间按线性内插法取用;

$b$——矩形截面的宽度、T形截面或I形截面的腹板宽度,mm;

$h_w$——截面的腹板高度,矩形截面取有效高度$h_0$,T形截面取有效高度减去翼缘高度,I形截面取腹板净高,mm。

以上各式表示了梁在相应情况下斜截面受剪承载力的上限值,相当于限制了梁所必须具有的最小截面尺寸,在只配有箍筋的情况下也限制了最大配箍率。如果上述条件不能满足,则应加大梁截面尺寸或提高混凝土的强度等级。

2. 下限值——最小配箍率和箍筋的构造规定

钢筋混凝土梁出现斜裂缝后,斜裂缝处原来由混凝土承受的拉力全部转由箍筋承担,使箍筋的拉应力突然增大。如果配置的箍筋过少,则斜裂缝一出现,箍筋的应力很快达到其屈服强度(甚至被拉断),不能有效地限制斜裂缝的发展而导致发生斜拉破坏。为了防止这种情况发生,《混凝土结构设计规范》规定了最小配箍率

当$V\geqslant 0.7f_t b h_0$时　　$$\rho_{sv}=\frac{A_{sv}}{bs}\geqslant\rho_{sv,min}=0.24\frac{f_t}{f_{yv}} \quad (2.1-73)$$

在满足了最小配箍率的要求后,如果箍筋选得较粗而配置较稀,则可能因箍筋间距过大在两根箍筋之间出现不与箍筋相交的斜裂缝,使箍筋无法发挥作用。为此,《混凝土结构设计规范》还规定了箍筋的最大间距$s_{max}$(见表2.1-7),箍筋和弯起钢筋的间距均不应超过$s_{max}$(图2.1-43)。此外,为了使钢筋骨架具有一定的刚性,便于制作安装,箍筋的直径也不应太小。对截面高度大于800 mm的梁,其箍筋直径不宜小于8 mm;对截面高度为800 mm及以下的梁,其箍筋直径不宜小于6 mm;当梁中配有计算需要的纵向受压钢筋时,箍筋的直径尚不小于$0.25d$($d$为纵向受压钢筋的最大直径)。

表 2.1-7　梁中箍筋的最大间距(mm)

| 梁高 $h$ | $V>0.7f_tbh_0+0.05N_{p0}$ 时 | $V\leqslant0.7f_tbh_0+0.05N_{p0}$ 时 |
|---|---|---|
| $150<h\leqslant300$ | 150 | 200 |
| $300<h\leqslant500$ | 200 | 300 |
| $500<h\leqslant800$ | 250 | 350 |
| $h>800$ | 300 | 400 |

(四) 厚板的计算公式

对不配置箍筋和弯起钢筋的一般板类受弯构件,其斜截面受剪承载力应符合下列规定:

$$V\leqslant 0.7\beta_h f_t b h_0 \tag{2.1-74}$$

$$\beta_h=\left(\frac{800}{h_0}\right)^{\frac{1}{4}} \tag{2.1-75}$$

式中　$V$——构件斜截面上的最大剪力设计值,kN;

$\beta_h$——截面高度影响系数,当 $h_0<800$ mm 时,取 $h_0=800$ mm;当 $h_0>2000$ mm 时,取 $h_0=2000$ mm;

$f_t$——混凝土轴心抗拉强度设计值,N/mm$^2$。

■ **实训练习**

**任务一　认知钢筋混凝土梁中承受剪力的钢筋类型**

(1) 目的:通过参观现场或校内实训基地,对照图 2.1-36,进一步了解钢筋混凝土梁中混凝土、箍筋和弯起钢筋承担剪力的作用。

(2) 能力目标:能理解箍筋、弯起钢筋等抗剪作用。

(3) 实物:校内实训基地中各类梁。

**任务二　有腹筋梁斜截面的破坏形态描述**

(1) 目的:通过有腹筋梁斜截面的破坏形态描述,掌握影响斜截面受剪承载力的主要因素。

(2) 能力目标:能理解斜截面受剪承载力基本计算公式组成部分含义。

## 项目 1.8　斜截面设计

■ **学习目标**　掌握斜截面受剪承载力计算方法。

■ **能力目标**　学会斜截面设计。

■ **知识点**

在实际工程中受弯构件斜截面承载力的计算通常有两类问题,即截面设计和截面校核。

### 一、计算截面位置

在计算斜截面的受剪承载力时,其剪力设计值的计算截面应按下列规定采用(图 2.1-37):

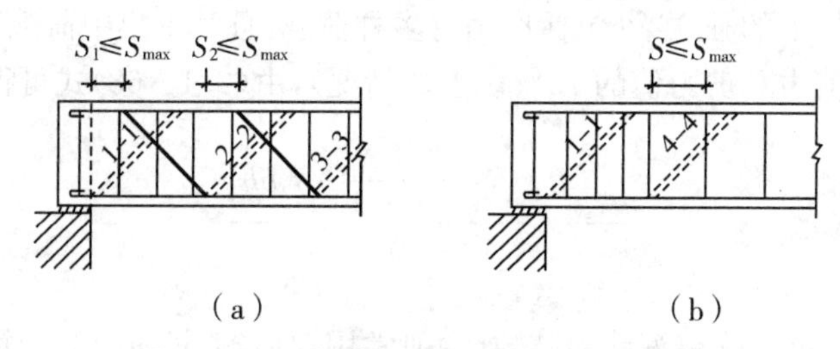


**图 2.1-37　斜截面受剪承载力的计算位置**

(a)配箍筋和弯起钢筋的梁；(b)只配箍筋的梁

(1) 支座边缘处的截面 1-1；

(2) 受拉区弯起钢筋弯起点处的截面 2-2 和截面 3-3；

(3) 箍筋截面面积或间距改变处的截面 4-4；

(4) 腹板宽度改变处的截面。

上述截面都是斜截面承载力比较薄弱的地方，所以都应该进行计算，并应取这些斜截面范围内的最大剪力，即斜截面起始端的剪力作为剪力设计值。

## 二、截面设计

当已知剪力设计值 $V$、材料强度和截面尺寸，要求确定箍筋和弯起钢筋的数量，其计算步骤可归纳如下：

(1) 验算梁截面尺寸是否满足要求。

梁的截面以及纵向钢筋通常已由正截面承载力计算初步选定，在进行受剪承载力计算时，首先应按式(2.1-71)或式(2.1-72)复核梁截面尺寸，当不满足要求时，应加大截面尺寸或提高混凝土强度等级。

(2) 判断是否需要按计算配置腹筋。

若梁承受的剪力设计值较小，截面尺寸较大，或混凝土强度等级较高，而满足下列条件时：

矩形、$T$ 形和 $I$ 形截面梁

$$V \leqslant 0.7 f_t b h_0 \tag{2.1-76}$$

对集中荷载作用下的独立梁

$$V \leqslant \frac{1.75}{\lambda + 1.0} f_t b h_0 \tag{2.1-77}$$

则可不进行斜截面受剪承载力计算，而按构造规定选配箍筋。否则，应按计算配置腹筋。

(3) 计算箍筋。

当剪力完全由混凝土和箍筋承担时，箍筋按下列公式计算：

对于矩形、T 形或 I 形截面的一般受弯构件，由(2.1-68)式可得

$$\frac{nA_{sv1}}{s} \geqslant \frac{V - 0.7 f_t b h_0}{f_{yv} h_0} \tag{2.1-78}$$

对集中荷载作用下的独立梁(包括作用有多种荷载,且其中集中荷载对支座截面或节点边缘所产生的剪力值占总剪力值的75%以上的情况),由(2.1-68)式可得

$$\frac{nA_{sv1}}{s} \geqslant \frac{V - \dfrac{1.75}{\lambda + 1.0} f_t b h_0}{f_{yv} h_0} \tag{2.1-79}$$

计算出$\dfrac{nA_{sv1}}{s}$后,可先确定箍筋的肢数(一般常用双肢箍,即 $n=2$)和箍筋间距 $s$,然后便可确定箍筋的截面面积 $A_{sv1}$ 和箍筋的直径。也可先确定单肢箍筋的截面面积 $A_{sv1}$ 和肢数 $n$,然后求出箍筋的间距。注意选用的箍筋直径和间距应满足构造规定。

(4) 计算弯起钢筋。

当需要配置弯起钢筋与混凝土和箍筋共同承受剪力时,一般可先选定箍筋的直径和间距,并按(2.1-68)式计算出 $V_{cs}$,再由(2.1-70)式计算弯起钢筋的截面面积,即

$$A_{sb} \geqslant \frac{V - V_{cs}}{0.8 f_y \sin\alpha_s} \tag{2.1-80}$$

也可以先选定弯起钢筋的截面面积 $A_{sb}$,由(2.1-69)式求出 $V_{cs}$,再按(2.1-68)式只配箍筋的方法计算箍筋。

**三、截面校核**

当已知材料强度、截面尺寸、配箍数量以及弯起钢筋的截面面积,要求校核斜截面所能承受的剪力 $V$ 时,只要将各已知数据代入(2.1-68)式、(2.1-70)式即可求得解答。但应注意按式(2.1-71)或式(2.1-72)及式(2.1-73)复核梁截面尺寸以及配箍率,并检验已配的箍筋直径和间距是否满足构造规定。

**例 2.1-6** 一钢筋混凝土简支梁(图 2.1-38),两端支撑在 240 mm 厚的砖墙上,梁净跨 $l_n=3.56$ m,梁截面尺寸 $b\times h=200$ mm×500 mm,配有 3 Ф 25 纵筋,承受永久均布荷载标准值 $g_k=25$ kN/m,可变均布荷载标准值 $q_k=50$ kN/m,采用 C30 混凝土,箍筋采用 HPB300 级,纵筋采用 HRB400 级,试进行斜截面受剪承载力的计算。

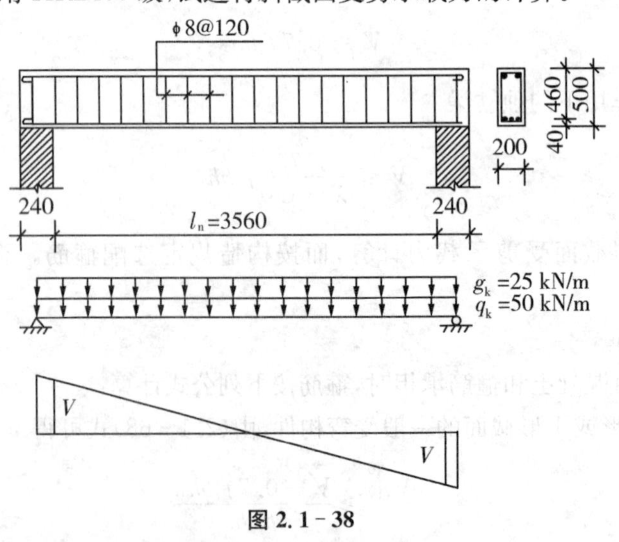


**图 2.1-38**

**解**：(1) 已知条件：

净跨 $l_n$=3.56 m,$b$=200 mm,$h_0=h-40=500-40=460$(mm)；

C30 级混凝土：$f_c$=14.3 N/mm$^2$,$f_t$=1.43 N/mm$^2$；

HPB300 级钢筋 $f_{yv}$=270 N/mm$^2$,HRB400 级钢筋 $f_y$=360 N/mm$^2$。

(2) 计算剪力设计值：

最危险的截面在支座边缘处,以该处的剪力控制设计,剪力设计值为

$$V=\frac{1}{2}(\gamma_G g_k+\gamma_Q q_k)l_n=\frac{1}{2}(1.3\times25+1.5\times50)\times3.56=191.4(\text{kN})$$

(3) 验算梁截面尺寸

$$h_w=h_0=460\ \text{mm},\frac{h_w}{b}=\frac{460}{200}<4$$

$$0.25f_c bh_0=0.25\times14.3\times200\times460=328900(\text{N})=328.9\ \text{kN}>V=191.4\ \text{kN}$$

截面尺寸满足要求。

(4) 判别是否需要按计算配置腹筋

$$0.7f_t bh_0=0.7\times1.43\times200\times460=92092(\text{N})=92.092\ \text{kN}<V$$

需要按计算配置腹筋。

(5) 第一种方法——只配箍筋不配弯起钢筋

$$\frac{nA_{sv1}}{s}\geqslant\frac{V-0.7f_t bh_0}{f_{yv}h_0}=\frac{191.4\times10^3-0.7\times1.43\times200\times460}{270\times460}$$

$$=0.7996(\text{mm}^2/\text{mm})$$

选 $\phi$8 双肢箍,$A_{sv1}$=50.3 mm$^2$,$n$=2,代入上式得

$s\leqslant126$ mm,取 $s=120$ mm。

配箍率 $\rho_{sv}=\dfrac{A_{sv}}{bs}=\dfrac{2\times50.3}{200\times120}=0.419\%\geqslant\rho_{sv,min}=0.24\dfrac{f_t}{f_{yv}}=0.163\%$

所选箍筋直径和间距均符合构造规定。

(6) 第二种方法——既配箍筋又配弯起钢筋

一般可先确定箍筋,箍筋的数量可参考以往的设计经验和构造规定来选定,本例选用 $\phi$8@200,弯起钢筋利用梁底 HRB400 级纵筋弯起,弯起角 $\alpha_s=45°$,$f_y$=360 N/mm$^2$。由(2.1-80)式可得

$$A_{sb}\geqslant\frac{V-V_{cs}}{0.8f_y\sin\alpha_s}=\frac{191.4\times10^3-0.7\times1.43\times200\times460-270\times\dfrac{2\times50.3}{200}\times460}{0.8\times360\times\sin45°}$$

$$=181(\text{mm}^2)$$

实际弯起 1 ⌀25,$A_{sb}$=490.9 mm$^2$,满足要求。

上面的计算考虑的是从支座边 $A$ 处向上发展的斜截面 $AI$(图 2.1-39)。为了保证沿梁各斜截面的安全,对纵筋弯起点 $C$ 处的斜截面 $CJ$ 也应该验算。根据图 2.1-39,弯起钢筋的上弯点到支座边缘的距离应符合 $s_1\leqslant s_{max}$。本例取 $s$=50 mm,由 $\alpha_s=45°$可求出弯起钢

筋的下弯点到支座边缘的距离为 480 mm，因此 $C$ 处的剪力设计值为

$$V_1=\frac{1}{2}\times(1.3\times25+1.5\times50)\times(3.56-2\times0.48)=139.75(\text{kN})$$

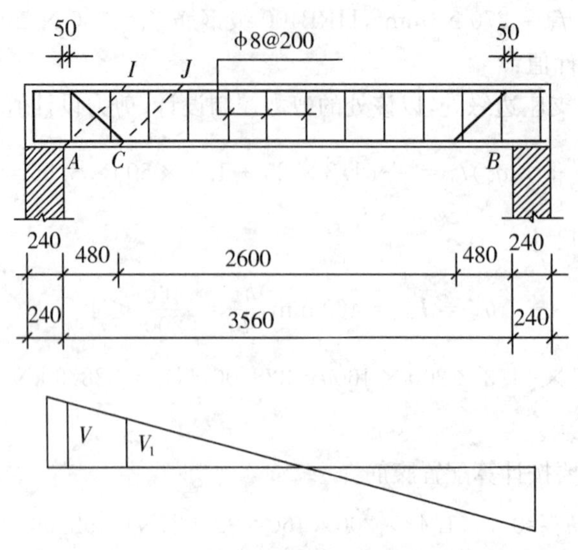


图 2.1-39　既配箍筋又配弯起钢筋

$CJ$ 截面只配箍筋而未配弯起钢筋，其受剪承载力为

$$V_{cs}=0.7f_tbh_0+f_{yv}\frac{A_{sv}}{s}h_0=0.7\times1.43\times200\times460+270\times\frac{2\times50.3}{200}\times460$$
$$=154564(\text{N})=154.564\ \text{kN}>V_1=139.75\ \text{kN}$$

$CJ$ 斜截面受剪承载力满足要求，既配箍筋又配弯起钢筋的情况见图 2.1-39。

■ **实训练习**

**任务一　钢筋混凝土梁中箍筋布置**

(1) 目的：通过参观现场或校内实训基地，了解钢筋混凝土梁斜截面计算位置。

(2) 能力目标：能确定箍筋直径、间距及弯起点位置。

(3) 实物：校内实训基地中各类梁。

**任务二　钢筋混凝土梁中箍筋选用**

(1) 目的：通过将例 2.1-6 中“选 $\phi8$ 双肢箍”改为“选 $\phi10$ 双肢箍”，掌握箍筋选用的计算与构造要求。

(2) 能力目标：学会箍筋选配。

## 项目 1.9　钢筋构造要求补充

■ **学习目标**　掌握受弯构件钢筋弯起、切断及锚固要求。

■ **能力目标**　理解钢筋混凝土受弯构件的构造措施。

■ **知识点**

钢筋混凝土梁内纵向受力钢筋是根据控制截面的最大弯矩设计值计算的。若把跨中控制截面承受正弯矩的全部钢筋伸入支座，或把支座控制截面承受负弯矩的全部钢筋伸入跨

中，或纵筋沿梁通长布置，构造虽然简单，但钢筋强度没有得到充分利用，是不够经济的。在实际工程中，一部分纵筋有时要弯起，有时要截断，这就有可能影响梁的承载力，特别是影响斜截面的受弯承载力。因此，需要掌握如何根据正截面和斜截面的受弯承载力来确定纵筋的弯起点和截断的位置。此外，还需要在构造上采取措施，保证钢筋在支座处的有效锚固。

## 一、材料抵抗弯矩图

材料抵抗弯矩图是按照梁实配的纵向钢筋的数量计算并画出的各截面所能抵抗的弯矩图。

图 2.1－40 表示一伸臂梁，跨中 $AB$ 段承受正弯矩，需配 3⏀18 纵筋，布置在截面下边；$B$ 支座承受负弯矩，需配 3⏀14＋1⏀18 纵筋，布置在截面上边。如果抵抗正负弯矩的纵筋延伸至梁全长，则材料抵抗弯矩图如图 2.1－40 所示。

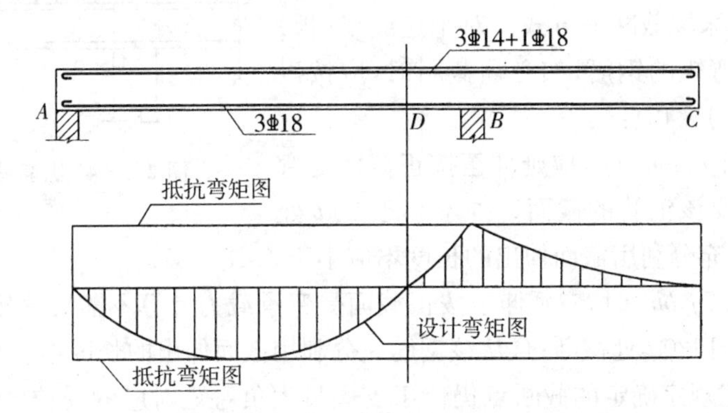


**图 2.1－40　伸臂梁的设计弯矩图和材料抵抗弯矩图**

从图 2.1－40 可以看出，纵筋沿梁通长布置有时是不经济的，因为沿梁多数截面的纵筋没有被充分利用，有的则根本不需要。因此，从正截面的受弯承载力来看，把纵筋在不需要的地方弯起或截断是较为经济合理的。

图 2.1－41 是图 2.1－40 伸臂梁的又一种配筋方案的材料抵抗弯矩图。跨中 $O$ 点处截

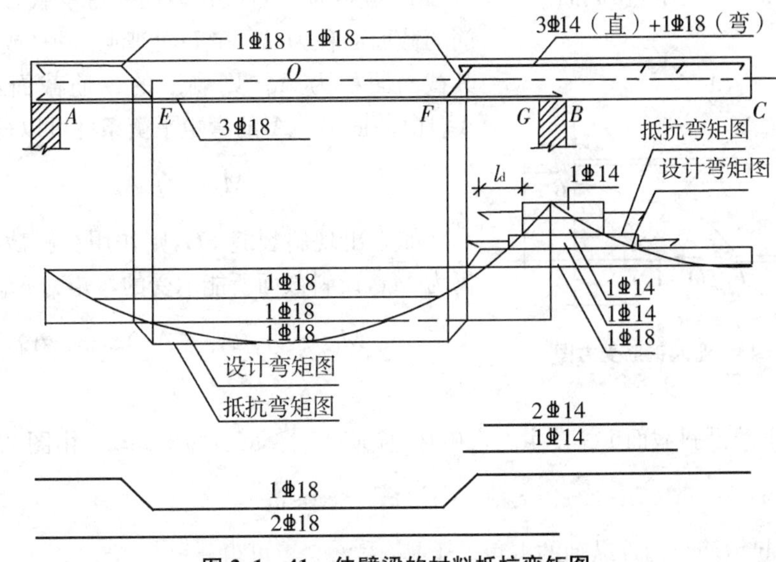


**图 2.1－41　伸臂梁的材料抵抗弯矩图**

面下边配有 3 Φ 18，由于钢筋直径相同，抵抗弯矩图的三条水平线可按三等份来画。梁底纵筋弯起 1 Φ 18，支座 $B$ 处截面上边另配 3 Φ 14，共有 3 Φ 14+1 Φ 18，抵抗弯矩图的几条水平线是按每根纵筋截面面积的比例来画的。如果将纵筋在不需要处切断 1 Φ 18 和 1 Φ 14，则相应的材料抵抗弯矩图画成踏步状，同时切断的纵筋须延长一段锚固长度后再切断。

## 二、纵向受力钢筋实际截断点的确定

一般情况下，纵向受力钢筋不宜在受拉区截断，因为截断处受力钢筋面积突然减小，容易引起混凝土拉应力突然增大，导致在纵筋截断处过早出现斜裂缝。因此，对于梁底承受正弯矩的钢筋，通常是将计算上不需要的钢筋弯起作为抗剪钢筋或承受支座负弯矩的钢筋，而不采取截断的方式。对于连续梁（板）支座承受支座负弯矩的钢筋，如必须截断时，应按以下规定进行（图 2.1－42）：

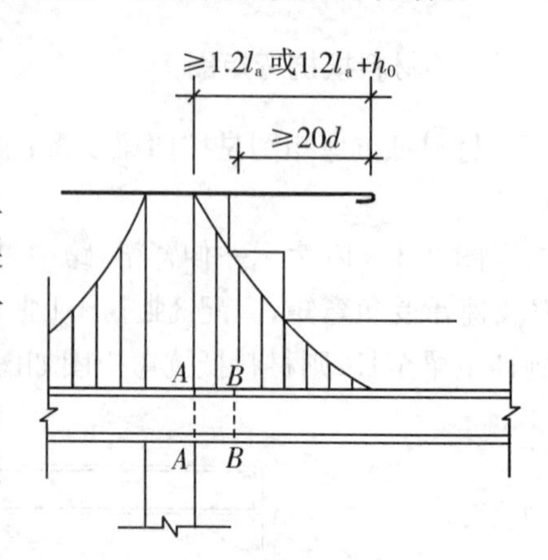


**图 2.1－42 纵筋截断的规定**

（1）当 $V<0.7f_tbh_0$ 时，应延伸至按正截面受弯承载力计算不需要该钢筋的截面以外不小于 $20d$ 处截断，且从该钢筋充分利用截面伸出的长度不应小于 $1.2l_a$。

（2）当 $V\geqslant0.7f_tbh_0$ 时，应延伸至按正截面受弯承载力计算不需要该钢筋的截面以外不小于 $h_0$ 且不小于 $20d$ 处截断；且从该钢筋充分利用截面伸出的长度不应小于 $1.2l_a+h_0$。

（3）若按上述规定确定的截断点仍位于支座最大负弯矩对应的受拉区内，则应延伸至不需要该钢筋的截面以外不小于 $1.3h_0$ 且不小于 $20d$，且从该钢筋充分利用截面伸出的长度不应小于 $1.2l_a+1.7h_0$。

上述规定中 $l_a$ 为受拉钢筋的锚固长度。

## 三、弯起钢筋实际起弯点的确定

如图 2.1－43 所示，在截面 $A-A'$ 承受的弯矩为 $M_A$，按正截面受弯承载力计算需要纵筋的截面面积为 $A_s$，在 $D$ 处弯起一根（或一排）纵筋，其截面面积为 $A_{sb}$，则剩下的纵筋截面面积为 $A_s-A_{sb}$，由截面 $A—A'$ 的弯矩平衡条件可以得到

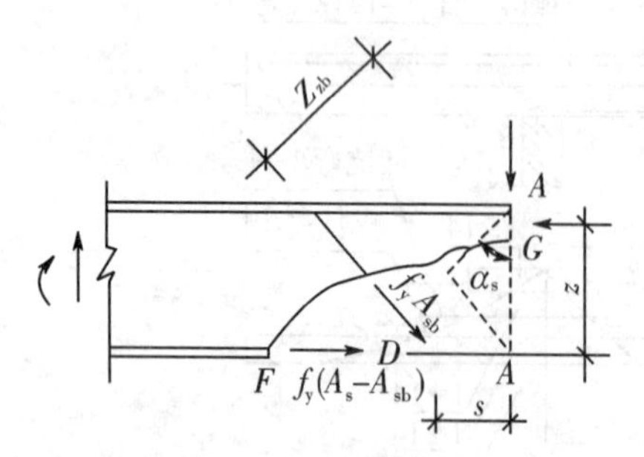


**图 2.1－43 弯起钢筋受力图**

$$M_A=f_yA_sz \tag{2.1-81}$$

如果出现斜裂缝 $FG$，则作用在斜截面上的弯矩仍为 $M_A$，设斜截面所能承受的弯矩为 $M_{uA}$，则

$$M_{uA}=f_y(A_s-A_{sb})z+f_yA_{sb}z_{zb} \tag{2.1-82}$$

为保证不致沿斜截面 $FG$ 发生斜弯破坏，应使 $M_{uA}\geqslant M_A$，即 $z_{zb}\geqslant z$。由图 2.1－43 可得

$$z_{zb}=s_1\sin\alpha_s+z\cos\alpha_s \tag{2.1-83}$$

式中 $\alpha_s$ 为弯起钢筋与构件纵轴的夹角。于是，由 $z_{zb}\geqslant z$ 可得

$$s_1 \geqslant \frac{1-\cos\alpha_s}{\sin\alpha_s} z \qquad (2.1-84)$$

近似取内力臂 $z \approx 0.9h_0$，当 $\alpha_s = 45^\circ$ 时，$s_1 \geqslant 0.37h_0$；当 $\alpha_s = 60^\circ$ 时，$s_1 \geqslant 0.52h_0$。为计算方便，《混凝土结构设计规范》取 $s_1 \geqslant \frac{h_0}{2}$。

纵筋弯起点的位置要考虑以下几方面因素：

(1) 保证正截面的受弯承载力

纵筋弯起后，剩下的纵筋数量减少，正截面的受弯承载力要降低。为保证正截面的受弯承载力满足要求，必须使材料抵抗弯矩图包在设计弯矩图的外面。

(2) 保证斜截面的受剪承载力

在设计中如果要利用弯起的纵筋抵抗斜截面的剪力，则纵筋的弯起位置还要满足图2.1-43的要求，即从支座边缘到第一排（相对支座而言）弯起钢筋上弯点的距离，以及前一排弯起钢筋的下弯点到次一排弯起钢筋上弯点的距离不得大于箍筋的最大间距 $s_{max}$，以防止出现不与弯起钢筋相交的斜裂缝。

(3) 为了保证斜截面的受弯承载力，纵筋弯起点的位置还应满足图 2.1-44 的要求，即弯起点应在按正截面受弯承载力计算该钢筋强度被充分利用的截面（称充分利用点）以外，其距离 $s_1$ 应大于或等于$\frac{h_0}{2}$。

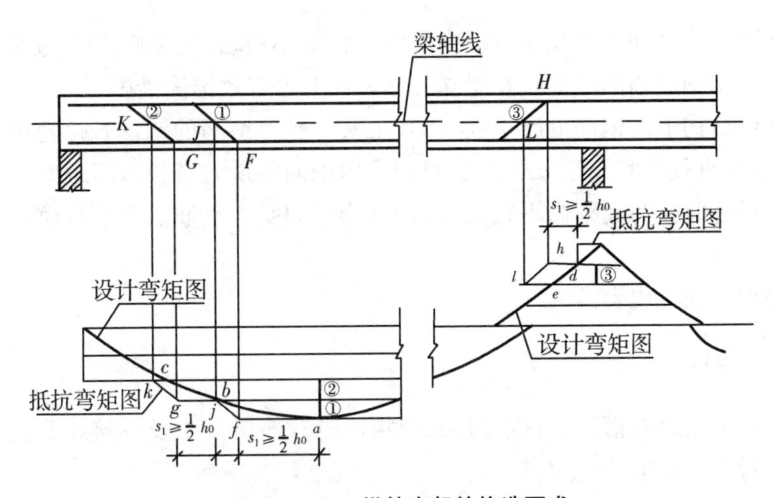


**图 2.1-44　纵筋弯起的构造要求**

在图 2.1-44 中，① 号筋的充分利用点在 $a$，不需要点在 $b$，应使 $af$ 的水平距离 $s_1 \geqslant \frac{h_0}{2}$。同时 $j$ 点不能落在 $b$ 点的右边。② 号筋的充分利用点在 $b$，不需要点在 $c$，应使 $bg$ 的水平距离 $s_1 \geqslant \frac{h_0}{2}$，同时 $k$ 点不能落在 $c$ 点的右边。③ 号筋的充分利用点在 $d$，不需要点在 $e$，应使 $dh$ 的水平距离 $s_1 \geqslant \frac{h_0}{2}$，同时 $j$ 点不能落在 $e$ 点的右边。

在钢筋混凝土悬臂梁中，应有不少于两根上部钢筋伸至悬臂梁外端，并向下弯折不小于 $12d$；其余钢筋不应在梁的上部截断，而应按规定的弯起点位置向下弯折，并按规定在梁的下边锚固。

## 四、纵向钢筋在支座处的锚固

### （一）简支支座

伸入支座的纵向钢筋也应有足够的锚固长度，以防止斜裂缝形成后纵向钢筋被拔出。简支梁和连续梁简支端的下部纵向受力钢筋伸入梁支座范围内的锚固长度 $l_{as}$（图 2.1－45），应符合下列条件：当 $V<0.7f_tbh_0$时，不小于 5 $d$；当 $V\geqslant0.7f_tbh_0$时，对带肋钢筋不小于 12 $d$，对光圆钢筋不小于 15 $d$，$d$ 为钢筋的最大直径。

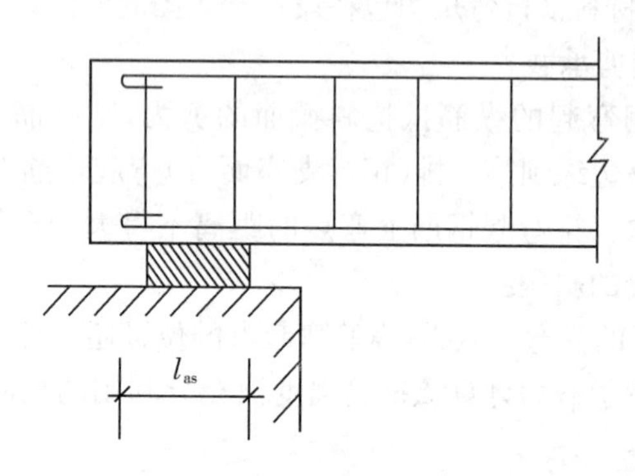


**图 2.1－45　简支端支座钢筋的锚固**

如果纵向受力钢筋伸入梁支座范围内的锚固长度不符合上述规定时，应采取在钢筋上加焊锚固钢板或将钢筋锚固端焊接在梁端的预埋件上等有效锚固措施。

支承在砌体结构上的钢筋混凝土独立梁，在纵向受力钢筋的锚固长度范围内应配置不少于两个箍筋，其直径不宜小于 $d/4$（$d$ 为纵向受力钢筋的最大直径），间距不宜大于 $10d$，当采取机械锚固措施时箍筋间距尚不宜大于 $5d$（$d$ 为纵向受力钢筋的最小直径）。

### （二）框架梁支座

详见本模块单元 3 内容。

## 五、钢筋的连接

钢筋连接可采用绑扎搭接、机械连接或焊接。机械连接接头及焊接接头的类型及质量应符合国家现行有关标准的规定。

混凝土结构中受力钢筋的连接接头宜设置在受力较小处。在同一根受力钢筋上宜少设接头。在结构的重要构件和关键传力部位，纵向受力钢筋不宜设置连接接头。

轴心受拉及小偏心受拉杆件的纵向受力钢筋不得采用绑扎搭接。其他构件中的钢筋采用绑扎搭接时，受拉钢筋直径不宜大于 25 mm，受压钢筋直径不宜大于 28 mm。

同一构件中相邻纵向受力钢筋的绑扎搭接接头宜互相错开。

钢筋绑扎搭接接头连接区段的长度为 1.3 倍搭接长度。凡搭接接头中点位于该连接区段长度内的搭接接头均属于同一连接区段（图 2.1－46）。同一连接区段内纵向受力钢筋搭接接头面积百分率为该区段内有搭接接头的纵向受力钢筋与全部纵向受力钢筋截面面积的比值。当直径不同的钢筋搭接时，接直径较小的钢筋计算。

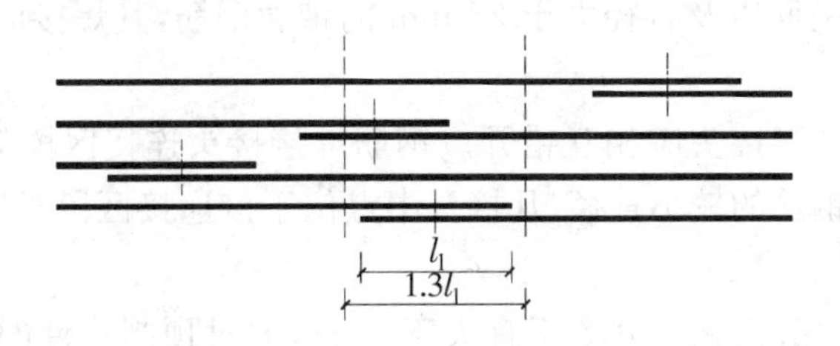


**图 2.1-46　同一连接区段内纵向受拉钢筋的绑扎搭接接头**

注：图中所示同一连接区段内的搭接接头钢筋为两根，当钢筋直径相同时，钢筋搭接接头面积百分率为 50%。

位于同一连接区段内的受拉钢筋搭接接头面积百分率：对梁类、板类及墙类构件，不宜大于 25%；对柱类构件，不宜大于 50%。当工程中确有必要增大受拉钢筋搭接接头面积百分率时，对梁类构件，不宜大于 50%；对板、墙、柱及预制构件的拼接处，可根据实际情况放宽。并筋采用绑扎搭接连接时，应按每根单筋错开搭接的方式连接。接头面积百分率应按同一连接区段内所有的单根钢筋计算。并筋中钢筋的搭接长度应按单筋分别计算。

纵向受拉钢筋绑扎搭接接头的搭接长度，应根据位于同一连接区段内的钢筋搭接接头面积百分率按下列公式计算，且不应小于 300 mm。

$$l_1 = \zeta_1 l_a \tag{2.1-85}$$

式中　$l_1$——纵向受拉钢筋的搭接长度；

$\zeta_1$——纵向受拉钢筋搭接长度的修正系数，按表 2.1-8 取用。当纵向搭接钢筋接头面积百分率为表的中间值时，修正系数可按内插取值。

**表 2.1-8　纵向受拉钢筋搭接长度修正系数**

| 纵向搭接钢筋接头面积百分率(%) | 25 | 50 | 100 |
|---|---|---|---|
| $\zeta_1$ | 1.2 | 1.4 | 1.6 |

构件中的纵向受压钢筋当采用搭接连接时，其受压搭接长度不应小于纵向受拉钢筋搭接长度 $l_1$ 的 0.7 倍，且不应小于 200 mm。

在梁、柱类构件的纵向受力钢筋搭接长度范围内的构造钢筋应符合相应钢筋的锚固要求。当受压钢筋直径大于 25 mm 时，尚应在搭接接头两个端面外 100 mm 的范围内各设置两道箍筋。

纵向受力钢筋的机械连接接头宜相互错开。钢筋机械连接区段的长度为 $35d$，$d$ 为连接钢筋的较小直径。凡接头中点位于该连接区段长度内的机械连接接头均属于同一连接区段。

位于同一连接区段内的纵向受拉钢筋接头面积百分率不宜大于 50%；但对板、墙、柱及预制构件的拼接处，可根据实际情况放宽。纵向受压钢筋的接头百分率可不受限制。

机械连接套筒的保护层厚度宜满足有关钢筋最小保护层厚度的规定。机械连接套筒的横向净间距不宜小于 25 mm，套筒处箍筋的间距仍应满足构造要求。

直接承受动力荷载结构构件中的机械连接接头，除应满足设计要求的抗疲劳性能外，位于同一连接区段内的纵向受力钢筋接头面积百分率不应大于 50%。

细晶粒热轧带肋钢筋以及直径大于 28 mm 的带肋钢筋，其焊接应经试验确定；余热处理钢筋不宜焊接。

纵向受力钢筋的焊接接头应相互错开。钢筋焊接接头连接区段的长度为 $35d$ 且不小于 500 mm，$d$ 为连接钢筋的较小直径，凡接头中点位于该连接区段长度内的焊接接头均属于同一连接区段。

纵向受拉钢筋的接头面积百分率不宜大于 50%，但对预制构件的拼接处，可根据实际情况放宽。纵向受压钢筋的接头百分率可不受限制。

需进行疲劳验算的构件，其纵向受拉钢筋不得采用绑扎搭接接头，也不宜采用焊接接头，除端部锚固外不得在钢筋上焊有附件。

## 六、弯起钢筋的构造要求

### 1. 弯起钢筋的间距

当设置抗剪弯起钢筋时，前一排(相对支座而言)弯起钢筋的下弯点到次一排弯起钢筋上弯点的距离不得大于表 2.1-7 规定的箍筋最大间距 $s_{max}$。

### 2. 弯起钢筋的锚固长度

弯起钢筋的弯终点应有平行梁轴线方向的锚固长度，其长度在受拉区不应小于 $20d$，在受压区不应小于 $10d$，光面弯起钢筋末端应设弯钩(图 2.1-47)。

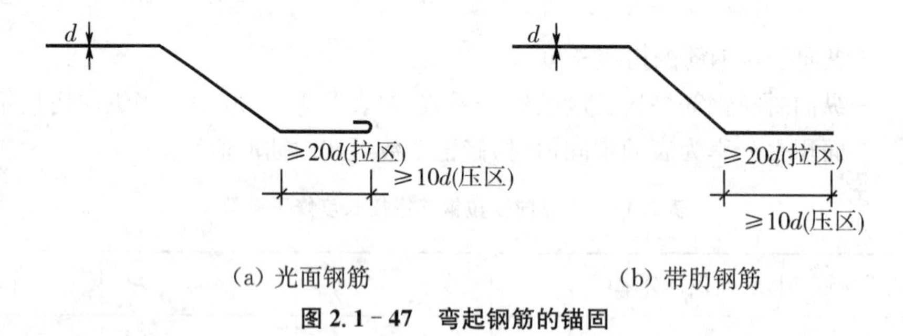


(a) 光面钢筋　　(b) 带肋钢筋

**图 2.1-47　弯起钢筋的锚固**

### 3. 弯起钢筋的弯起角度

梁中弯起钢筋的弯起角度一般可取 45°，当梁截面高度大于 800 mm 时，也可为 60°。梁底层钢筋中的角部钢筋不应弯起。

### 4. 受剪弯起钢筋的形式

当为了满足材料抵抗弯矩图的需要，不能弯起纵向受拉钢筋时，可设置单独的受剪弯起钢筋。单独的受剪弯起钢筋应采用"鸭筋"，而不应采用"浮筋"，否则一旦弯起钢筋滑动将使斜裂缝开展过大(图 2.1-48)。

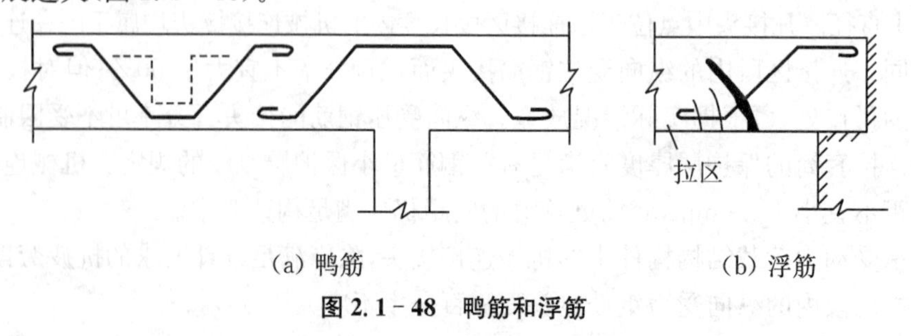


(a) 鸭筋　　(b) 浮筋

**图 2.1-48　鸭筋和浮筋**

## 七、箍筋的构造要求

1. 箍筋的形式与肢数

箍筋在梁内除承受剪力外，还起着固定纵筋位置，使梁内钢筋形成骨架的作用。箍筋有开口式和封闭式两种(图 2.1－4)，通常采用封闭式箍筋。对现浇 T 形截面梁，由于在翼缘顶部通常另有横向钢筋，也可采用开口式箍筋。箍筋端部弯钩通常用 135°，不宜采用 90°弯钩。箍筋的肢数分单肢、双肢及复合箍(多肢箍)。梁内配有受压钢筋时，应使受压钢筋至少每隔一根处于箍筋的转角处。

2. 箍筋的直径和间距

箍筋的直径和间距除了应按计算确定并符合最小直径和间距 $s<s_{max}$ 的规定外，当梁中配有按计算需要的纵向受压钢筋时，箍筋应做成封闭式，此时箍筋的间距不应大于 $15d$($d$ 为纵向受压钢筋的最小直径)，同时不应大于 400 mm；当一层内的纵向受压钢筋多于 5 根且直径大于 18 mm 时，箍筋间距不应大于 $10d$。

3. 箍筋的布置

按计算不需要配箍筋的梁，当截面高度大于 300 mm 时，应沿梁全长设置箍筋；当截面高度为 150～300 mm 时，可仅在构件端部各 1/4 跨度范围内设置箍筋；但当构件中部 1/2 跨度范围内有集中荷载作用时，则应沿梁全长设置箍筋；当截面高度小于 150 mm 时，可不设箍筋。

在受力钢筋搭接长度范围内应配置箍筋，箍筋直径不应小于搭接钢筋直径的 0.25 倍；当为受拉搭接时箍筋间距不应大于搭接钢筋较小直径的 5 倍，且不应大于 100 mm；当为受压搭接时箍筋间距不应大于搭接钢筋较小直径的 10 倍，且不应大于 200 mm；当受压钢筋直径大于 25 mm 时，应在搭接接头两个端面外 100 mm 范围内各设置两个箍筋。

### ■ 实训练习

**任务一　纵向钢筋在支座处锚固长度计算**

(1) 目的：通过给定条件下的纵向钢筋在支座处锚固长度的计算，理解混凝土结构设计中构造要求的重要性。

(2) 能力目标：会计算不同条件下(支座、钢筋种类、不同直径等)的锚固长度。

(3) 要点提示：考虑简支支座和框架支座的锚固长度不同要求。

**任务二　认知钢筋连接形式**

(1) 目的：通过实训基地参观，掌握钢筋连接的各种形式及相应构造要求。

(2) 能力目标：能识别各类钢筋连接形式、能描述出连接的相关构造要求。

(3) 要点提示：钢筋连接头的设置位置、各种连接的适用性、连接接头面积百分率要求等。

## 项目 1.10　裂缝和变形验算

**■ 学习目标**　掌握提高构件抗弯刚度的措施，了解钢筋混凝土受弯构件变形及裂缝验算的方法。

**■ 能力目标**　能理解提高构件抗弯刚度的措施和减小裂缝宽度的措施。

## ■知识点

### 一、受弯构件裂缝宽度的计算

（一）裂缝的发生及其分布

在钢筋混凝土受弯构件的纯弯区段内，在裂缝出现前，混凝土纵向纤维的拉应变和钢筋的拉应变大致是均匀分布的。随荷载增加，受拉区边缘混凝土的变形将达到极限拉应变 $\varepsilon_{cr}$，并产生第一批裂缝。

如图 2.1-49，在裂缝截面 $A$ 处原来处于拉伸状态的混凝土将向两侧自由回缩，应变突然减小为零，而裂缝附近的混凝土，由于和钢筋之间有粘结作用，其回缩将受到钢筋的约束，只能产生部分回缩，其拉应变将减小为 $\varepsilon_{ct}$。距裂缝越远的截面回缩量越小，在离开裂缝截面 $A$ 某一距离 $l_{cr,min}$ 的截面 $B$ 处，混凝土不再回缩，其拉应变将保持为截面 $A$ 开裂前的大小 $\varepsilon_{cr}$。因此，从截面 $A$ 到截面 $B$，混凝土受拉边缘的拉应变是逐渐增大的。另一方面，裂缝截面处拉力全部由钢筋承担，其拉应变将增大。随着离开裂缝截面距离的增大，钢筋的拉应变将过渡到开裂前的大小。在荷载不增加的情况下，在开裂截面 $A$ 附近 $l_{cr,min}$ 范围内，由于混凝土的拉应变小于极限拉应变 $\varepsilon_{cr}$，不会再产生新的裂缝。如果在距开裂截面 $A$ 为 $l$ 处的 $D$ 截面有另一条裂缝，当 $l<2l_{cr,min}$ 时，$A$、$D$ 两截面之间将不会再出现新的裂缝。

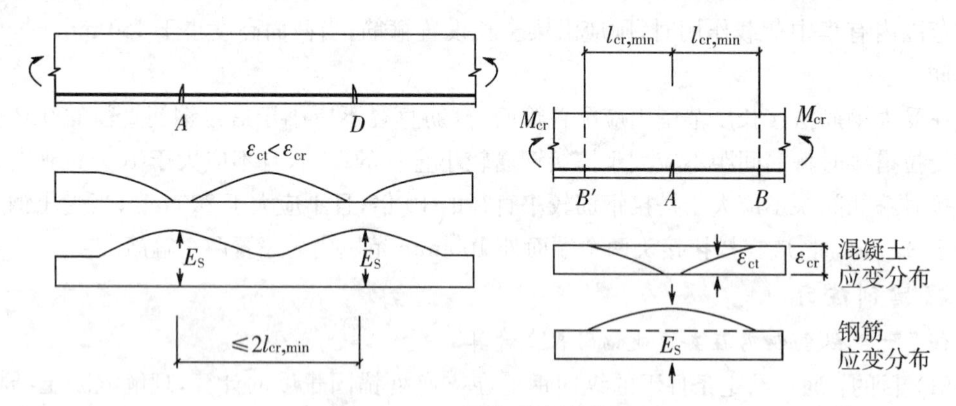


图 2.1-49　梁中裂缝的发展

（二）裂缝平均间距

试验表明，产生裂缝截面的位置及裂缝间距的大小都是随机的，但对于配置一定数量钢筋的受弯构件，当荷载增加到一定程度后，其平均裂缝间距主要与以下几个方面的因素有关：

(1) 混凝土受拉区面积相对大小。受拉混凝土面积越大，则混凝土开裂后回缩力就越大，于是就需要一个较长的距离以积累更大的粘结力来阻止混凝土的回缩。因此，裂缝间距也就越大。

(2) 混凝土保护层厚度的大小。试验分析表明，混凝土与钢筋之间的粘结对开裂后混凝土回缩的约束作用，随混凝土质点离开钢筋表面距离的增大而减小。因此，随混凝土保护层厚度的增大，外表混凝土所受约束作用就越小，也就需要较长的距离以积累更大的粘结力来阻止混凝土的回缩，因此裂缝间距也较大。

(3) 钢筋与混凝土之间的粘结作用。钢筋与混凝土之间的粘结作用大，就能在比较短的距离内约束混凝土的回缩，裂缝间距就小。钢筋与混凝土之间粘结作用的大小，与钢筋表面特征和钢筋单位长度表面积大小有关。

根据对试验资料的分析，规范给出了平均裂缝间距的计算公式

$$l_{cr}=1.9c_s+0.08\frac{d_{eq}}{\rho_{te}} \tag{2.1-86}$$

$$\rho_{te}=\frac{A_s}{A_{te}} \tag{2.1-87}$$

$$d_{eq}=\frac{\sum n_i}{\sum n_i}\frac{d_i^2}{\nu_i d_{ii}} \tag{2.1-88}$$

式中　$c_s$——最外层纵向受拉钢筋外边缘至受拉区底边的距离(mm)：当 $c_s<20$ mm 时，取 $c_s=20$ mm；当 $c_s>65$ mm 时，取 $c_s=65$ mm；

$\rho_{te}$——按有效受拉混凝土截面面积(受拉区高度近似取为$\frac{h}{2}$)计算的纵向受拉钢筋配筋率。在最大裂缝宽度计算中，当 $\rho_{te}<0.01$ 时，取 $\rho_{te}=0.01$；

$A_s$——受拉区纵向钢筋截面面积，$mm^2$；

$A_{te}$——有效受拉混凝土截面面积：对受弯构件取 $A_{te}=0.5bh+(b_f-b)h_f$；此处，$b_f$、$h_f$为受拉翼缘的宽度、高度；

$d_{eq}$——受拉区纵向钢筋的等效直径，mm；

$d_i$——受拉区第 $i$ 种纵向钢筋的公称直径，mm；

$n_i$——受拉区第 $i$ 种纵向钢筋的根数；

$\nu_i$——受拉区第 $i$ 种纵向钢筋的相对粘结特性系数，按表 2.1-9 取用。

**表 2.1-9　钢筋的相对粘结特性系数**

| 钢筋类别 | 非预应力钢筋 | | 先张法预应力钢筋 | | | 后张法预应力钢筋 | | |
|---|---|---|---|---|---|---|---|---|
| | 光面钢筋 | 带肋钢筋 | 带肋钢筋 | 螺旋肋钢丝 | 刻痕钢丝、钢绞线 | 带肋钢筋 | 钢绞线 | 光面钢丝 |
| $\nu_i$ | 0.7 | 1.0 | 1.0 | 0.8 | 0.6 | 0.8 | 0.5 | 0.4 |

注：对环氧树脂涂层带肋钢筋，其相对粘结特性系数应按表中系数的 80%取用。

(三) 平均裂缝宽度

裂缝的开展是由于混凝土回缩造成的，平均裂缝宽度就是在平均裂缝间距内钢筋的伸长量与相同水平处的受拉混凝土的伸长量之差。如图 2.1-50 所示。

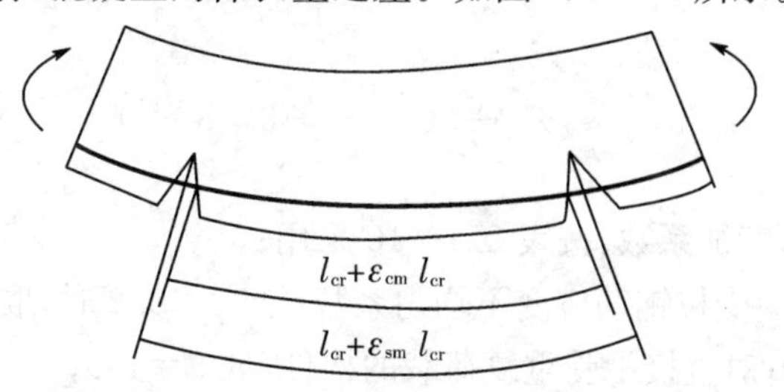


**图 2.1-50　裂缝处混凝土与钢筋的伸长量**

$$\omega_{cr}=\varepsilon_{sm}l_{cr}-\varepsilon_{cm}l_{cr}=\varepsilon_{sm}l_{cr}\left(1-\frac{\varepsilon_{cm}}{\varepsilon_{sm}}\right) \tag{2.1-89}$$

式中 $\varepsilon_{sm}$——纵向受拉钢筋的平均拉应变；

$\varepsilon_{cm}$——与纵向受拉钢筋相同水平处表面混凝土的平均拉应变。

规范根据试验统计资料，取$\left(1-\frac{\varepsilon_{cm}}{\varepsilon_{sm}}\right)=0.85$。

由图2.1-51可见，裂缝截面处受拉钢筋应变(或应力)最大，由于受拉区混凝土参加工作，裂缝间受拉钢筋应变(或应力)将减小。因此，受拉钢筋的平均应变可由裂缝截面处钢筋应变乘以裂缝间纵向受拉钢筋应变不均匀系数 $\psi$ 求得。$\psi$ 也可称为考虑裂缝间受拉混凝土工作影响系数。由此可得

$$\varepsilon_{sm}=\psi\varepsilon_s=\psi\frac{\sigma_s}{E_s} \tag{2.1-90}$$

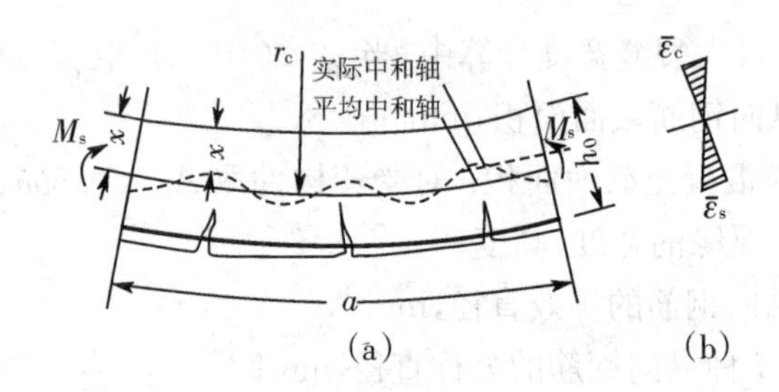


**图2.1-51 梁出现裂缝后的变形及平均应变**

式中 $\psi$——裂缝间纵向受拉钢筋应变不均匀系数，可按下列公式计算：

$$\psi=1.1-\frac{0.65f_{tk}}{\rho_{te}\sigma_s} \tag{2.1-91}$$

$\sigma_s$——按荷载准永久组合计算的钢筋混凝土构件纵向受拉钢筋的应力，对受弯构件可按下列公式计算：

$$\sigma_{sq}=\frac{M_q}{0.87h_0A_s} \tag{2.1-92}$$

式中 $M_q$——按荷载准永久组合计算的弯矩值。

(四) 最大裂缝宽度

按荷载标准组合或准永久组合并考虑长期作用影响的最大裂缝宽度可按下列公式计算：

$$\omega_{max}=\alpha_{cr}\psi\frac{\sigma_s}{E_s}(1.9c_s+0.08\frac{d_{eq}}{\rho_{te}}) \tag{2.1-93}$$

式中 $\alpha_{cr}$——构件受力特征系数，按表2.1-10采用；

$\psi$——裂缝间纵向受拉钢筋应变不均匀系数：当 $\psi<0.2$ 时，取 $\psi=0.2$；当 $\psi>1.0$ 时，取 $\psi=1.0$；对直接承受重复荷载的构件，取 $\psi=1.0$；

**表 2.1－10　构件受力特征系数**

| 类　型 | $\alpha_{cr}$ | |
|---|---|---|
| | 钢筋混凝土构件 | 预应力混凝土构件 |
| 受弯、偏心受压 | 1.9 | 1.5 |
| 偏心受拉 | 2.4 | — |

（五）减小裂缝宽度最简便有效的措施

(1) 选用变形钢筋；

(2) 选用直径较细的钢筋，以增大钢筋与混凝土的接触面积，提高钢筋与混凝土的粘结强度，减小裂缝间距；

(3) 改变截面形状和尺寸、提高混凝土的强度等级——效果甚微，一般不宜采用。

在钢筋代换问题中，除必须满足承载力要求外，还需注意钢筋强度和直径对构件裂缝宽度的影响——若用强度高的钢筋代换强度低的钢筋（因钢筋强度提高其数量必定减少，从而导致钢筋应力增加），或是用直径粗的钢筋代换直径细的钢筋，都会使构件的裂缝宽度增大。

## 二、受弯构件变形验算

（一）试验研究分析

根据材料力学变形计算公式，钢筋混凝土受弯构件的挠度可按下式计算

$$f = \beta_f \frac{M_q l_0^2}{B} \tag{2.1-94}$$

式中　$\beta_f$—挠度系数，与荷载种类和支承条件有关。如承受均布荷载的单跨简支梁，计算跨中挠度时，取 $\beta_f = 5/48$；

$M_q$——按荷载准永久组合计算的弯矩，kN·m；

$B$——受弯构件的刚度，N·$mm^2$；

$l_0$——计算跨度，m。

从公式(2.1－94)可知，挠度与刚度成反比。因此，挠度的计算实质上就是构件刚度 $B$ 的计算。对于弹性材料的受弯构件，$B=EI_0$；对于钢筋混凝土受弯构件，在使用阶段是带裂缝工作的，其刚度沿构件纵轴的分布是不均匀的，在裂缝处截面刚度较小，未开裂处截面刚度较大。各截面刚度的不同变化给挠度计算带来了复杂性，但由于构件的挠度是反映沿构件跨度方向变形的一个综合效应，因此，可以通过沿构件轴长的平均曲率和平均刚度来表示构件的曲率和截面刚度。

试验结果表明，在使用荷载作用下，钢筋混凝土受弯构件截面应变分布有如下特点：

(1) 受拉钢筋和受压混凝土的应变沿梁长分布是不均匀的；

(2) 各截面混凝土受压区高度是变化的，截面中性轴位置呈波浪形分布；

(3) 平均应变沿截面高度基本是呈直线分布，即符合平截面假定。

（二）在荷载标准组合作用下短期刚度的计算

在材料力学中，截面刚度 $EI$ 与截面内力($M$)及变形(曲率 $1/\rho$)有如下关系：

$$\frac{1}{\rho}=\frac{M}{EI} \tag{2.1-95}$$

对钢筋混凝土受弯构件，上式可通过建立下面三个关系式，并引入适当的参数来建立，最后将 $EI$ 用短期刚度 $B_s$ 转换即可。

(1) 几何关系——根据平截面假定得到的应变与曲率关系：

$$\frac{1}{\rho}=\frac{\varepsilon}{y} \tag{2.1-96}$$

(2) 物理关系——根据虎克定律给出的应力、应变关系：

$$\varepsilon=\frac{\sigma}{E} \tag{2.1-97}$$

(3) 平衡关系——根据应力与内力关系：

$$\sigma=\frac{My}{I} \tag{2.1-98}$$

根据这三个关系式，并考虑钢筋混凝土的受力变形特点，最后得出钢筋混凝土受弯构件短期刚度 $B_s$ 的计算公式为：

$$B_s=\frac{E_sA_sh_0^2}{1.15\psi+0.2+\dfrac{6\alpha_E\rho}{1+3.5\gamma_f'}} \tag{2.1-99}$$

(三) 长期刚度计算

在长期荷载作用下，由于混凝土的收缩、受压区混凝土的徐变、受拉区混凝土的应力松弛及受拉混凝土与受拉钢筋间的粘结滑移徐变等因素，将使构件的变形随时间的增长而增大，亦即截面抗弯刚度随时间增长而降低。

(1) 采用荷载标准组合值时

$$B=\frac{M_k}{M_q(\theta-1)+M_k}B_s \tag{2.1-100}$$

(2) 采用荷载准永久组合值时

$$B=\frac{B_s}{\theta} \tag{2.1-101}$$

式中 $\rho$——纵向受拉钢筋配筋率，对受弯构件 $\rho=\frac{A_s}{bh_0}$；

$\rho'$——纵向受压钢筋配筋率，对受弯构件 $\rho'=\frac{A_s'}{bh_0}$；

$\theta$——考虑荷载长期作用对挠度增大的影响系数，当 $\rho'=0$ 时，取 $\theta=2.0$；当 $\rho'=\rho$ 时，取 $\theta=1.6$；当 $\rho'$ 为中间数值时，$\theta$ 按线性内插法取用，即 $\theta=2-0.4\frac{\rho'}{\rho}$。

(四) 钢筋混凝土梁挠度的计算

在钢筋混凝土构件中，由于裂缝的出现，使构件沿轴长方向的刚度分布发生变化。而弯矩大小分布的变化又导致各个裂缝截面的刚度也各不相同。弯矩大的截面刚度小，而弯矩小的截面刚度相对较大。为简化计算，规范规定，在等截面构件中，在挠度计算时可假定各同号区段内的刚度相等，并取用该区段内最大弯矩处的刚度——最小刚度来计算构件的挠度，这一计算原则称为最小刚度原则。

受弯构件截面刚度确定以后，构件的挠度就可以按材料力学中的公式进行计算了。

（五）提高构件抗弯刚度最有效的措施

减小挠度实质就是提高构件的抗弯刚度，提高构件抗弯刚度最有效的措施有：

(1) 增大梁的截面高度；

(2) 增加钢筋的截面面积；

(3) 提高混凝土强度等级、选用合理的截面形状——效果不显著。

■ **实训练习**

**任务一　描述减小裂缝宽度最简便有效的措施**

(1) 目的：通过描述减小裂缝宽度最简便有效的措施，掌握影响裂缝宽度的因素。

(2) 能力目标：理解减小裂缝宽度最简便有效措施的做法。

**任务二　分析减小钢筋混凝土梁挠度的方法**

(1) 目的：通过观察学院建筑物，理解钢筋混凝土梁跨度与截面高度的关系。

(2) 能力目标：学会分析减小挠度的方法。

(3) 实物：学院建筑物中梁。

(4) 要点提示：减小挠度其实质就是提高构件的抗弯刚度，即主要是增大梁的截面高度。

### 项目 1.11　弯剪扭构件承载力计算公式描述

■ **学习目标**　掌握受扭构件受力特点，了解弯剪扭构件承载力计算方法。

■ **能力目标**　能进行弯剪扭构件承载力计算公式的应用。

■ **知识点**

#### 一、概述

在钢筋混凝土结构中，凡是构件截面中受有扭矩作用的构件，称为受扭构件。但仅受扭矩作用的纯扭构件很少见，一般都是同时承受扭矩、弯矩和剪力。工程中常遇到的受扭构件有挑檐梁、吊车梁和框架边梁等，如图 2.1－52 所示。

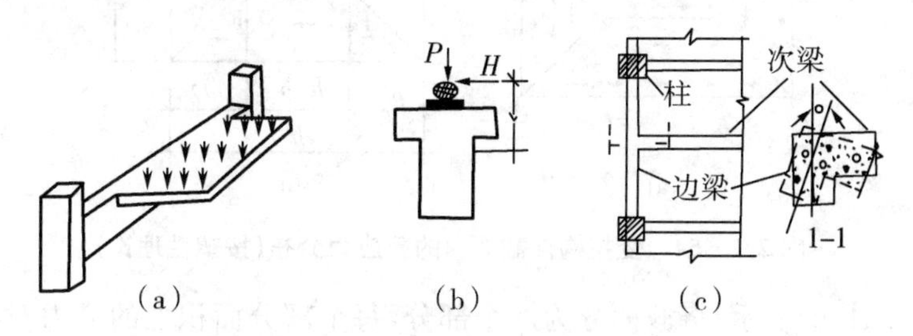


**图 2.1－52　工程中常见的受扭构件**

(a) 挑檐梁；(b) 吊车梁；(c) 现浇框架的边梁

## 二、纯扭构件承载力计算

### (一) 纯扭构件的开裂扭矩

钢筋混凝土受扭构件在开裂前应变很小,因此构件中钢筋的应力也很小,钢筋对构件开裂扭矩的影响不大。所以在研究构件开裂扭矩时,可忽略钢筋的作用。

#### 1. 弹性计算理论

由材料力学可知,弹性材料矩形截面在扭矩作用下,截面上将产生剪应力,其分布规律如图 2.1-53 所示。最大剪应力发生在截面长边的中点,其主拉应力和主压应力轨迹线呈 45°正交螺旋线,且在数值上等于剪扭应力 $\tau_{max}$,即

$$\sigma_{pt} = \tau_{max} \tag{2.1-102}$$

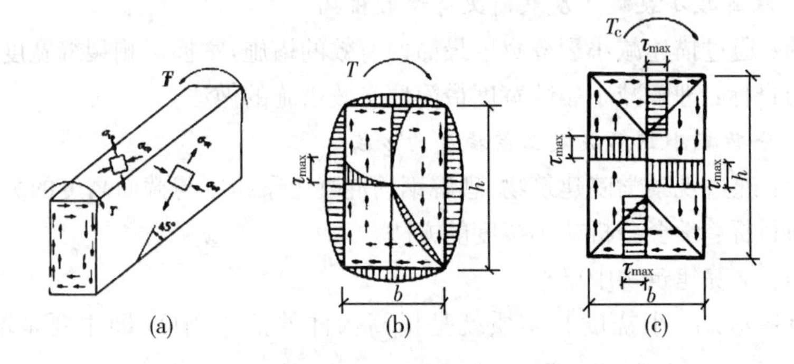


**图 2.1-53　受扭构件截面中的剪应力分布(按弹性理论)**

弹性计算理论认为,在主拉应力达到混凝土抗拉强度时,即 $\sigma_{pt}=\tau_{max}=f_t$,构件将沿垂直于主拉应力的方向开裂,此时构件所受的扭矩即为开裂扭矩 $T_{cr}$。

试验表明,按弹性计算理论确定的开裂扭矩远低于试验实测值。

#### 2. 塑性计算理论

对塑性材料来说,当截面上某一点的应力达到屈服强度时,只表明该点材料屈服,进入塑性状态,而整个构件仍能继续承担荷载,直到整个截面上各点应力全部达到材料的屈服强度时,构件才达到极限承载力。此时截面的剪应力分布如图 2.1-54 所示。

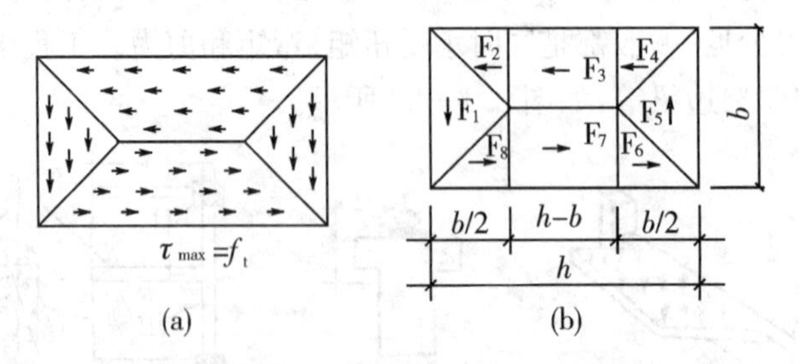


**图 2.1-54　受扭构件截面中的剪应力分布(按塑性理论)**

如图 2.1-54(b)所示,将截面分为八个部分,每个部分面积上的合力对截面转动中心取矩,可得开裂扭矩为

$$T_{cr}=\sum T_i$$

$$=2\times\frac{1}{2}\times b\times\frac{b}{2}\times f_t\times\frac{1}{2}\left(h-\frac{b}{3}\right)+4\times\frac{1}{2}\times\frac{b}{2}\times\frac{b}{2}\times f_t\times\frac{2}{3}\times\frac{b}{2}$$

$$+2\times\frac{1}{2}b\times(h-b)f_t\frac{1}{2}\times\frac{b}{2}$$

$$=\frac{b^2}{6}(3h-b)f_t \tag{2.1-103}$$

令

$$W_t=\frac{b^2}{6}(3h-b) \tag{2.1-104}$$

则

$$T_{cr}=W_tf_t \tag{2.1-105}$$

由于混凝土不是理想的塑性材料，按上式算得的受扭承载力高于实测值。因此，素混凝土纯扭构件的承载力应介于以上两种计算理论的计算结果之间。

（二）纯扭构件的破坏特征

1. 受扭钢筋的形式

扭矩在构件中引起的主拉应力轨迹线是一组与构件纵轴呈45°角的螺旋线。因此，最合理的抗扭钢筋应是沿45°方向布置的螺旋钢筋，但这会给施工造成许多不便。所以，在实际工程中都采用横向箍筋和纵向钢筋形成的钢筋骨架来承担扭矩。

2. 构件破坏特征

(1) 少筋破坏。

当配筋过少或配筋间距过大时，构件随扭矩增大，首先在长边中点附近最薄弱处产生一条与纵轴成45°左右的斜裂缝，随后向相邻两个面沿45°螺旋方向延伸。由于配筋数量过少，与斜裂缝相交的钢筋不足以承担因混凝土开裂而转移给钢筋的拉力，钢筋立即达到屈服强度。最后形成三面开裂、一面受压的空间扭曲面，构件随即破坏。破坏过程急速且突然，属脆性破坏，破坏扭矩基本上等于开裂扭矩，这种破坏形态称为少筋破坏。为防止少筋破坏发生，规范规定了受扭箍筋和受扭纵筋的最小配筋率和箍筋最大间距等构造要求。

(2) 适筋破坏。

当配筋适量时，在扭矩作用下，构件开裂后并不立即破坏。随着扭矩增大，将出现许多45°斜裂缝。与斜裂缝相交的箍筋和纵筋先后达到屈服，裂缝进一步开展，最后受压面上的混凝土被压碎，构件随之破坏。破坏过程表现出一定的塑性特征，这种破坏形态称为适筋破坏。钢筋混凝土受扭构件承载力计算就是以这种破坏形态为依据。

(3) 超筋破坏。

当配筋量过大时，在扭矩作用下，构件产生很多斜裂缝。随着扭矩增大，在箍筋和纵筋还没达到屈服时，构件就因受压一侧混凝土被压碎而破坏。破坏具有脆性特征，这种破坏称为超筋破坏。当箍筋和纵筋配筋强度相差较大时，破坏时可能出现纵筋屈服箍筋不屈服或箍筋屈服而纵筋不屈服的现象，这种破坏形态称为部分超筋破坏。

（三）纯扭构件承载力的计算

如前所述，钢筋混凝土纯扭构件承载力计算是以适筋破坏为依据的，《混凝土结构设计规范》根据大量的试验研究，给出纯扭构件承载力计算公式

$$T \leqslant T_u = 0.35 f_t W_t + 1.2\sqrt{\zeta}\frac{f_{yv}A_{st1}}{s}A_{cor} \tag{2.1-106}$$

$$\zeta = \frac{f_y A_{stl} s}{f_{yv} A_{st1} u_{cor}} \tag{2.1-107}$$

式中 $T$——扭矩设计值,kN·m；

$T_u$——构件受扭承载力设计值,kN·m；

$W_t$——截面抗扭塑性抵抗矩；

$A_{cor}$——截面核心部分的面积,$A_{cor}=b_{cor}\times h_{cor}$；

$b_{cor}$——截面核心部分的短边尺寸,按箍筋内表面计算；

$h_{cor}$——截面核心部分的长边尺寸,按箍筋内表面计算；

$u_{cor}$——截面核心部分的周长,其取值为 $2(b_{cor}+h_{cor})$；

$A_{st1}$——受扭计算中,沿截面周边所配置箍筋的单肢截面面积,$mm^2$；

$A_{stl}$——受扭计算中取对称布置的全部纵向钢筋截面面积,$mm^2$；

$s$——沿构件长度方向的箍筋间距；

$f_{yv}$——箍筋的抗拉强度设计值,$N/mm^2$；

$f_y$——纵向钢筋抗拉强度设计值,$N/mm^2$；

$f_t$——混凝土抗拉强度设计值,$N/mm^2$；

$\zeta$——受扭构件纵向钢筋与箍筋配筋强度的比值,并应符合下列条件 $0.6\leqslant\zeta\leqslant1.7$,当 $\zeta>1.7$ 时,取 $\zeta=1.7$。

试验表明,当 $0.6\leqslant\zeta\leqslant1.7$ 时,可避免部分超筋破坏；当 $\zeta=1.2$ 左右时,纵筋和箍筋基本上能同时达到屈服。

### 三、矩形截面剪扭构件承载力计算

(一) 剪扭构件承载力的表达形式

在进行钢筋混凝土剪扭构件承载力计算时,为了与受弯构件斜截面承载力计算和纯扭构件受扭承载力计算公式相协调,其受剪承载力和受扭承载力计算公式也采用两项和的表达形式。即

$$V \leqslant V_u = V_c + V_s \tag{2.1-108}$$

$$T \leqslant T_u = T_c + T_s \tag{2.1-109}$$

式中 $V$、$T$——剪扭构件的剪力设计值和扭矩设计值；

$V_u$、$T_u$——剪扭构件的受剪承载力设计值和受扭承载力设计值；

$V_c$、$T_c$——剪扭构件混凝土的受剪承载力设计值和受扭承载力设计值；

$V_s$、$T_s$——剪扭构件钢筋的受剪承载力设计值和受扭承载力设计值。

(二) 受剪、受扭承载力的相关关系

剪扭构件的试验表明,构件的抗扭能力随着同时作用的剪力增大而降低,同样,构件的抗剪能力也随着同时作用的扭矩增加而降低。降低系数 $\beta_t$ 可用以下公式计算

$$\beta_t = \frac{1.5}{1+0.5\dfrac{VW_t}{Tbh_0}} \tag{2.1-110}$$

对于集中荷载作用下的剪扭构件(包括作用有多种荷载,且其中集中荷载对支座截面或节点边缘所产生的剪力值占该截面总剪力值的75%以上的情况),$V_{C0}=\frac{1.75}{\lambda+1}f_{t}bh_{0}$,公式2.1-110应该写为

$$\beta_{t}=\frac{1.5}{1+0.2(\lambda+1)\frac{VW_{t}}{Tbh_{0}}} \tag{2.1-111}$$

$\beta_{t}$——剪扭构件混凝土受扭承载力降低系数:当$\beta_{t}<0.5$时,取$\beta_{t}=0.5$;当$\beta_{t}>1.0$时,取$\beta_{t}=1.0$。

(三) 剪扭构件承载力计算公式

根据以上分析,剪扭构件承载力应按下列公式计算。

(1) 一般剪扭构件

$$V\leqslant V_{u}=0.7(1.5-\beta_{t})f_{t}bh_{0}+f_{yv}\frac{nA_{sv1}}{s}h_{0} \tag{2.1-112}$$

$$T\leqslant T_{u}=0.35\beta_{t}f_{t}W_{t}+1.2\sqrt{\zeta}f_{yv}\frac{A_{st1}}{s}A_{cor} \tag{2.1-113}$$

式中

$$\beta_{t}=\frac{1.5}{1+0.5\frac{VW_{t}}{Tbh_{0}}}(0.5\leqslant\beta_{t}\leqslant1.0) \tag{2.1-114}$$

(2) 集中荷载作用下的独立剪扭构件

$$V\leqslant V_{u}=\frac{1.75}{\lambda+1}(1.5-\beta_{t})f_{t}bh_{0}+f_{yv}\frac{nA_{sv1}}{s}h_{0} \tag{2.1-115}$$

$$T\leqslant T_{u}=0.35\beta_{t}f_{t}W_{t}+1.2\sqrt{\zeta}f_{yv}\frac{A_{st1}}{s}A_{cor} \tag{2.1-116}$$

式中

$$\beta_{t}=\frac{1.5}{1+0.2(\lambda+1)\frac{VW_{t}}{Tbh_{0}}}(0.5\leqslant\beta_{t}\leqslant1.0) \tag{2.1-117}$$

## ■实训练习

**任务一　钢筋混凝土梁中受扭钢筋设置**

(1) 目的:通过利用脆性材料(如粉笔)、塑性材料(如铁丝)扭转,观察破坏截面,理解钢筋混凝土梁中受扭箍筋、受扭纵筋布置的要求。

(2) 能力目标:认知受扭箍筋、受扭纵筋作用。

(3) 实物:脆性材料(如粉笔)、塑性材料(如铁丝)。

**任务二　描述剪扭构件承载力计算公式**

(1) 目的:通过描述剪扭构件承载力计算公式演变来源,掌握其应用。

(2) 能力目标:学会剪扭构件承载力计算公式应用。

## 项目 1.12　受扭构件构造要求

■ **学习目标**　掌握受扭构件的配筋特点及配筋构造要求。

■ **能力目标**　能运用叠加法进行弯剪扭构件的计算。

■ **知识点**

### 一、矩形截面弯扭和弯剪扭构件承载力计算

（一）计算原理

在实际工程中，钢筋混凝土受扭构件大多都是同时受有弯矩、剪力和扭矩共同作用的弯剪扭构件。为简化计算，规范规定，钢筋混凝土弯剪扭构件可按“叠加法”进行计算。即其纵向钢筋截面面积由受弯承载力和受扭承载力所需的纵向钢筋截面面积相叠加，其箍筋截面面积由受剪承载力和受扭承载力所需的箍筋截面面积相叠加。

（二）计算步骤

(1) 初步确定构件截面尺寸和材料强度。

(2) 验算构件截面尺寸：为防止剪扭构件发生混凝土先被压坏的超筋破坏，必须规定截面的限制条件。规范规定，对于 $h_w/b \leqslant 6$ 的矩形截面应符合下列条件：

$$当\frac{h_w}{b} \leqslant 4 时，\frac{V}{bh_0} + \frac{T}{0.8W_t} \leqslant 0.25\beta_c f_c \tag{2.1-118}$$

$$当\frac{h_w}{b} = 6 时，\frac{V}{bh_0} + \frac{T}{0.8W_t} \leqslant 0.2\beta_c f_c \tag{2.1-119}$$

当 $4 < \frac{h_w}{b} < 6$ 时，按线性内插法确定。

(3) 确定计算方法：当构件内某种内力较小，截面尺寸相对较大时，可不考虑该项内力。因此，规范规定：

① 当 $V_{c0} \leqslant 0.35 f_t bh_0$ 或 $V_{c0} \leqslant \frac{0.875}{\lambda+1} f_t bh_0$ 时，可仅按受弯构件的正截面受弯承载力和纯扭构件的受扭承载力分别进行计算。

② 当 $T_{c0} \leqslant 0.175 f_t W_t$ 时，可仅按受弯构件的正截面受弯承载力和斜截面受剪承载力分别进行计算。

③ 当 $\frac{V}{bh_0} + \frac{T}{W_t} \leqslant 0.7 f_t$ 时，可不进行构件剪扭承载力计算，仅需按构造要求配置纵向钢筋和箍筋。

(4) 确定箍筋数量：

① 按式(2.1-110)或式(2.1-111)计算系数 $\beta_t$；

② 按式(2.1-112)或式(2.1-115)计算受剪箍筋的数量 $\frac{A_{sv1}}{s}$；

③ 按式(2.1-113)或式(2.1-116)计算受扭箍筋的数量 $\frac{A_{st1}}{s}$；

④ 计算箍筋总数量。

$$\frac{A_{\mathrm{svt1}}}{s}=\frac{A_{\mathrm{sv1}}}{s_{\mathrm{v}}}+\frac{A_{\mathrm{st1}}}{s_{\mathrm{t}}} \tag{2.1-120}$$

⑤ 验算箍筋最小配箍率。

$$\rho_{\mathrm{svt}}=\frac{nA_{\mathrm{svt1}}}{bs}\geqslant\rho_{\mathrm{svt,min}}=0.28\frac{f_{\mathrm{t}}}{f_{\mathrm{yv}}} \tag{2.1-121}$$

(5) 计算受扭纵筋数量：将已求得的单侧箍筋数量代入式(2.1-107)可得

$$A_{\mathrm{st1}}=\frac{\zeta f_{\mathrm{yv}}A_{\mathrm{st1}}\mu_{\mathrm{cor}}}{f_{\mathrm{y}}s} \tag{2.1-122}$$

梁内受扭纵向钢筋的配筋率应符合下列规定：

$$\rho_{tl}=\frac{A_{\mathrm{st1}}}{bh}\geqslant 0.6\sqrt{\frac{T}{Vb}}\frac{f_{\mathrm{t}}}{f_{\mathrm{y}}} \tag{2.1-123}$$

当$\frac{T}{Vb}>2.0$时，取$\frac{T}{Vb}=2.0$。

(6) 按受弯构件正截面承载力计算受弯纵筋数量。

(7) 将受扭纵筋截面面积与受弯纵筋截面面积叠加，即为构件截面所需总的纵筋数量。

在弯剪扭构件中，配置在截面弯曲受拉边的纵向受力钢筋，其截面面积不应小于按受弯构件受拉钢筋最小配筋率算出的钢筋截面面积与按式(2.1-122)计算并分配到弯曲受拉边得钢筋截面面积之和。

## 二、受扭构件构造要求

在钢筋混凝土弯剪扭构件中，箍筋除应满足最小直径和最大间距要求外，受扭所需箍筋应做成封闭式，且应沿截面周边布置；当采用复合箍筋时，位于截面内部的箍筋不应计入受扭所需的箍筋面积；受扭所需箍筋的末端应做成135°弯钩，弯钩端头平直段长度不应小于10 $d$($d$为箍筋直径)。

沿截面周边布置的受扭纵向钢筋的间距不应大于200 mm和梁截面短边长度；除应在梁截面四角设置受扭纵向钢筋外，其余受扭纵向钢筋宜沿截面周边均匀对称布置。受扭纵向钢筋应按受拉钢筋锚固在支座内。

### ■ 实训练习

**任务一　钢筋混凝土梁中受扭钢筋类型**

(1) 目的：通过参观现场或校内实训基地，掌握钢筋混凝土梁中受扭箍筋、受扭纵筋布置构造要求。

(2) 能力目标：加深理解受扭箍筋、受扭纵筋作用。

**任务二　描述弯剪扭构件承载力计算公式**

(1) 目的：通过描述弯剪扭构件承载力计算公式，掌握叠加法计算弯剪扭构件的要领。

(2) 能力目标：学会弯剪扭构件承载力计算公式应用。

## 项目 1.13 结构平面布置

■ **学习目标** 掌握楼盖的结构布置原则，了解楼盖的分类与结构形式。

■ **能力目标** 能进行肋梁楼盖的结构平面布置。

■ **知识点**

### 一、概述

混凝土梁板结构如楼盖、屋盖、阳台、雨篷、楼梯等，在建筑中应用十分广泛。按施工方法，可分为现浇式、装配式和装配整体式。现浇楼盖的刚度大，整体性好，抗震抗冲击性能好，对不规则平面的适应性强，开洞方便。缺点是模板消耗量大，施工工期长。我国《钢筋混凝土高层建筑结构设计与施工规程》规定，在高层建筑中，楼板宜现浇；对抗震设防的建筑，当高度>50 m 时，楼盖应采用现浇；当高度≤50 m 时，在顶层、刚性过渡层和平面复杂或开洞过多的楼层，也应采用现浇楼盖。

在建筑结构中，混凝土楼盖的造价约占土建总造价的 20%～30%；在钢筋混凝土高层建筑中，混凝土楼盖的自重约占总自重的 50%～60%，因此降低楼盖的造价和自重对整个建筑物来讲是至关重要的。减小混凝土楼盖的结构设计高度，可降低建筑层高，对建筑工程具有很大的经济意义。混凝土楼盖设计对于建筑隔声、隔热和美观等建筑效果有直接影响，对保证建筑物的承载力、刚度、耐久性，以及提高抗风、抗震性能等也有重要的作用。

整体式肋形楼盖由板、次梁、主梁组成，三者整体相连。肋形楼盖的板一般四边都有支承，板上的荷载通过双向受弯传到支座上。当板的长边比其短边长得多时，板上的荷载主要是沿短边方向传递到支承构件上，而沿长边方向传递的荷载很少，可以略去不计。对于主要沿短跨受弯的板，受力钢筋将沿短边方向布置，在垂直于短边方向只布置按构造要求设置的构造钢筋，称为单向板，也叫梁式板。当 $l_2/l_1 \leqslant 2$ 时，板在两个方向的弯曲均不可忽略，板双向受弯，板上的荷载沿两个方向传到梁上，这种板叫双向板；当长边 $l_2$ 与短边 $l_1$ 之比 $2 < l_2/l_1 < 3$时，宜按双向板计算，当按沿短边方向受力的单向板计算时，应沿长边方向布置足够数量的构造钢筋；当长边 $l_2$ 与短边 $l_1$ 之比 $l_2/l_1 \geqslant 3$ 时，沿 $l_2$ 传递的荷载很小，因此按单向板计算。

单向板肋形楼盖构造简单、施工方便，是整体式楼盖结构中最常用的形式。由于板、次梁和主梁为整体浇筑，所以一般是多跨连续的超静定结构，这是整体式单向板肋形楼盖的主要特点。

柱网和梁格的合理布置对楼盖的适用、经济以及设计和施工都有重要的意义。梁格应尽可能布置得统一、规整，减少梁、板跨度的变化。梁、板截面尺寸要尽量统一，以简化设计、方便施工。

单向板肋梁楼盖的设计步骤为：(1) 结构平面布置，确定板厚和主、次梁的截面尺寸；(2) 确定板和主、次梁的计算简图；(3) 荷载及内力计算；(4) 截面承载力计算，配筋及构造，对跨度大或荷载大及情况特殊的梁、板还需进行变形和裂缝的验算；(5) 绘制施工图。

### 二、结构平面布置

在肋形楼盖中，结构布置包括柱网、承重墙、梁格和板的布置，其要点如下：

(1) 承重墙、柱网和梁格布置应满足建筑使用要求，柱网尺寸宜尽可能大，内柱尽可能少设。值得注意的是，对于建筑使用要求，不仅要着眼于近期的情况，还应考虑长期发展和变化的可能性。

(2) 使结构布置得尽可能合理、经济，体现在以下几方面：

① 由于墙柱间距和柱网尺寸决定着主梁和次梁的跨度，因此，它们的间距不宜过大。根据设计经验，主梁的跨度一般为 5～8 m，次梁为 4～6 m。

② 梁格布置力求规整，梁系尽可能连续贯通，板厚和梁的截面尺寸尽可能统一。在较大孔洞的四周、非轻质隔墙下和较重的设备下应设置梁，避免楼板直接承受集中荷载。

③ 由于板的混凝土用量占整个楼盖的 50%～70%，因此，应使板厚尽可能接近构造要求的最小板厚：工业楼面为 80 mm，民用楼面为 70 mm，屋面为 60 mm。此外，按刚度要求，板厚还应不小于其跨长的 1/40。板的跨长即次梁的间距一般为 1.7～2.7 m，常用跨长为 2 m左右。

④ 为增强房屋横向刚度，主梁一般沿房屋横向布置(图 2.1－55)，并与柱构成平面内框架或平面框架，这样可使整个结构具有较大的侧向刚度。各榀内框架、框架与纵向次梁或连系梁形成空间结构，因此房屋整体刚度较好。此外，由于主梁与外墙面垂直，窗扇高度可较大，对室内采光有利，但室内净空一般有所减少。对于地基较差的狭长房屋，也可沿纵向布置主梁。对于有中间走廊的房屋，常可利用内纵墙承重。

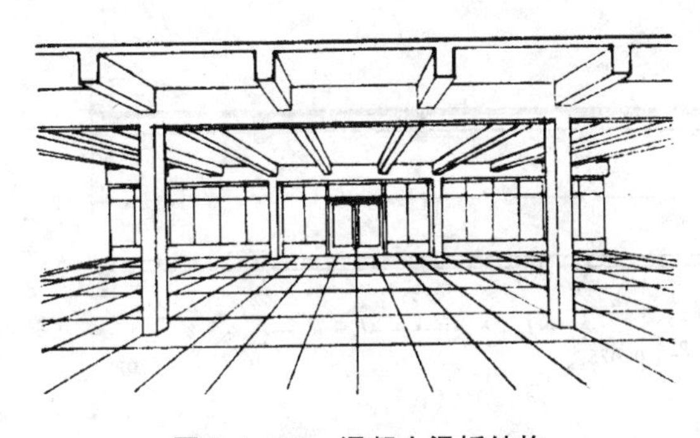

**图 2.1－55　混凝土梁板结构**

在混合结构中，对于横向布置的结构方案，主梁只能布置在钢筋混凝土柱和带壁柱的窗间墙上。次梁也应避免布置在门窗洞口上，否则，应增设钢筋混凝土过梁。

## 三、计算简图

结构布置确定后，即可对梁板编号。荷载、几何尺寸和支承情况相同的构件可编相同的号。然后对不同编号的构件(梁、板)进行结构内力计算。

楼盖结构构件(梁、板)的内力计算方法有两种：一种是假定钢筋混凝土梁板为匀质弹性体，按结构力学的方法计算，简称为弹性理论计算方法；另一种是考虑钢筋混凝土塑性性质的塑性理论计算方法，对连续梁、板通常称之为考虑塑性内力重分布的计算方法。后者不适用于下列情况：① 直接承受动态荷载作用的结构；② 要求不出现裂缝的结构构件，如《混凝土结构设计规范》规定的裂缝控制等级为一级或二级的结构。此外，对于负温条件下工作的结构也不应考虑塑性内力重分布。

在内力分析之前，应按照尽可能符合结构实际受力情况和简化计算的原则，确定结构构件的计算简图。其内容包括确定支承条件，计算跨度和跨数，荷载分布及其大小。

（一）支承条件

图 2.1－56(a)所示的混合结构，楼盖四周为砖墙承重，梁（板）的支承条件比较明确，可按铰支（或简支）考虑。但是，对于与柱现浇整体的肋形楼盖，梁（板）的支承条件与梁柱之间的相对刚度有关，情况比较复杂。因此，应按下述原则确定计算简图，以减少因简图引起内力计算的误差。

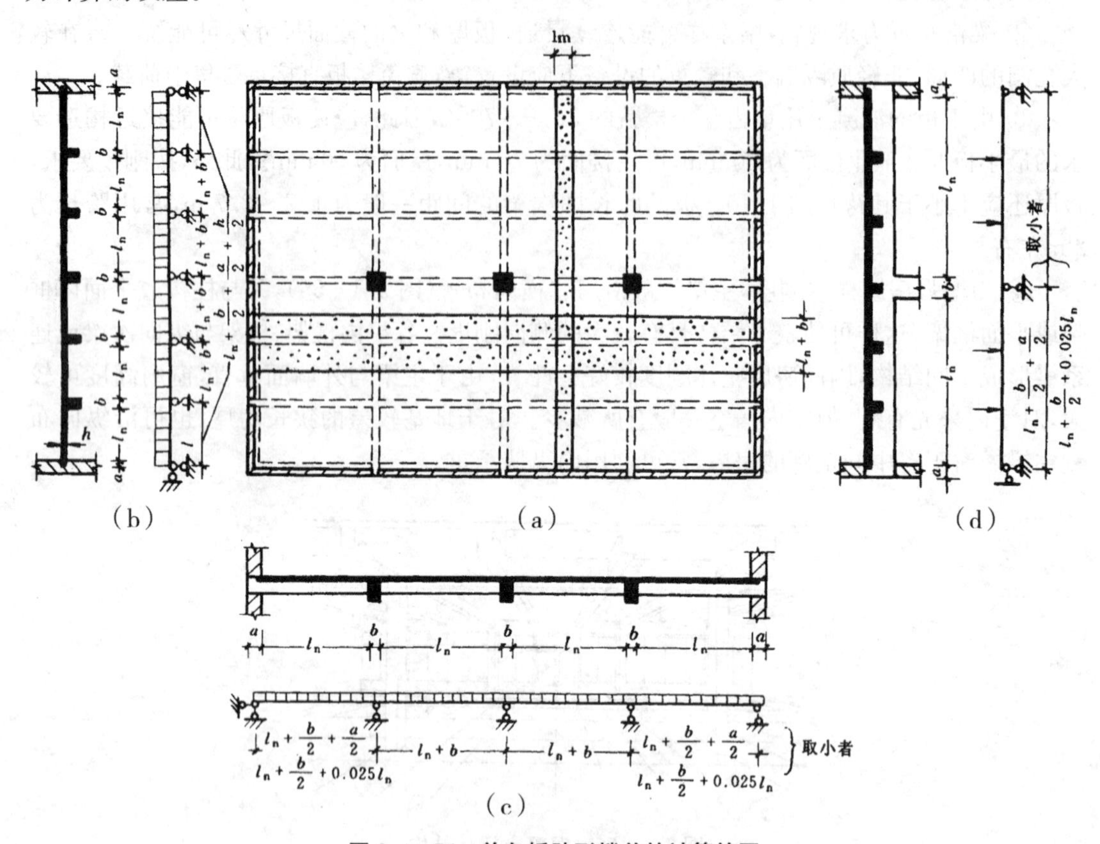


**图 2.1－56　单向板肋形楼盖的计算简图**

(a) 楼盖结构平面；(b) 板计算简图；(c) 次梁计算简图；(d) 主梁计算简图

对于支承在钢筋混凝土柱上的主梁，其支承条件应根据梁柱抗弯刚度比而定。计算表明，如果主梁与柱的线刚度比大于 3，可将主梁视为铰支于柱上的连续梁计算（图 2.1－56(c)）。否则，应按弹性嵌固于柱上的框架梁计算。

对于支承在次梁上的板（或支承于主梁上的次梁），可忽略次梁（或主梁）的弯曲变形（挠度），且不考虑支承处节点的刚性和支承宽度，将其支座视为不动铰支座，按连续板（或梁）计算（图 2.1－56(b)、(c)）。由此引起的误差将在计算荷载和内力时加以调整。

（二）计算跨度和跨数

梁、板的计算跨度 $l_0$ 是指在计算内力时所采用的跨长，也就是简图中支座反力之间的距离，其值与支承长度 $a$ 和构件的抗弯刚度有关。连续梁、板按弹性理论和按塑性理论计算时的计算跨度按图 2.1－56 计算。在实际工程中，为计算方便，按弹性理论计算单跨或多跨连续梁板，可近似取构件支承中心线间的距离作为计算跨长。

对于 5 跨和 5 跨以内的连续梁（板），跨数按实际考虑。对于 5 跨以上的连续梁（板），当跨度相差不超过10%，且各跨截面尺寸及荷载相同时，可近似按5跨等跨连续梁(板)计算。按实际跨数的简图和按5跨考虑的计算简图分别见图2.1-57(a)、(b)。实际结构1、2、3跨的内力按5跨连续梁(板)计算的采用，其余各中间跨(图2.1-57(a)中的第4跨)的内力均按5跨连续梁(板)第3跨采用。

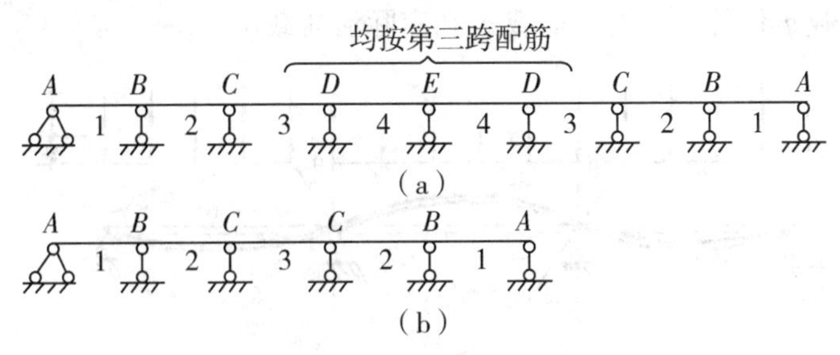


**图2.1-57　连续梁板计算简图**

(a) 实际跨数的简图；(b) 5跨连续梁(板)简图

(三) 荷载计算

作用在楼盖上的荷载有恒荷载和活荷载两种。恒荷载包括结构自重、各构造层重、永久性设备重等。活荷载为使用时的人群、堆料及一般设备重，对于屋盖还有雪荷载。上述荷载通常按均布荷载考虑。楼盖的恒荷载标准值按结构实际构造情况通过计算确定，楼盖的活荷载标准值的取值详见《建筑结构荷载规范》。

对于板，常取宽为1 m的板带(图2.1-56(a))进行计算。这样，单位面积(1 $m^2$)上的荷载也就是计算板带跨度方向单位长度(1 m)上的荷载。次梁除自重(包括其上粉刷)外，还承受板传来的均布荷载(图2.1-56(b))；主梁除自重(包括其上粉刷)外，还承受次梁传来的集中力(图2.1-56(c))。为简化计算，可将主梁自重也折算成集中荷载。当计算板传给次梁、次梁传给主梁以及主梁传给墙、柱的荷载时，一般可忽略结构的连续性，按简支梁计算。

结构自重按截面尺寸和钢筋混凝土重度进行计算。对于板，其厚度一般在结构布置时已初定。对于次梁和主梁的截面尺寸，可根据楼面荷载的大小，参考下列数据初估：

次梁截面高度　$h=l_0/18\sim l_0/12$；

主梁截面高度　$h=l_0/14\sim l_0/8$。

式中 $l_0$ 为次梁或主梁的计算跨度，可取 $l_0=l_c$(为支座中心线间距离)。

次梁与主梁的截面宽度均为其高度 $h$ 的1/2～1/3。

若初估尺寸与实际采用的相差太大且偏不安全时，应按实际尺寸重算。

(四) 折算荷载

上述将与板(或梁)整体联结的支承视为铰支承的假定，对于等跨连续板(或梁)当活荷载沿各跨均为满布时，是可行的。因为此时板或梁在中间支座发生的转角很小，按铰支简图计算的与实际情况相差甚微。但是，当活荷载隔跨布置时，情况则不相同。现以支承在次梁上的连续板为例来说明。如图2.1-58(a)所示的连续板，当按铰支简图计算时，板铰支座的转角 $\theta$ 值较大。实际上，由于板与次梁整体浇筑在一起，当板受荷弯曲在支座发生转动时，将带动次梁一道转动。同时，次梁具有一定的抗扭刚度，且两端又受主梁约束，将阻止板自由转动，最终只能发生两者变形协调的约束转角 $\theta$(图2.1-58(b))，其值小于前述自由转

角 $\theta$，此时板的跨中弯矩有所降低，支座负弯矩相应地有所增加，但不会超过两相邻跨满布活荷载时的支座负弯矩。类似的情况也发生在次梁与主梁及主梁与柱之间。这种由于支承构件的抗扭刚度，使被支承构件跨中弯矩相对于按铰支计算有所减小的有利影响，在设计中一般用增大恒荷载和减小活荷载的办法来考虑(图 2.1-58(c))。即用调整后的折算恒荷载 $g'$ 和折算活荷载 $q'$ 代替实际的恒荷载 $g$ 和实际活荷载 $q$。

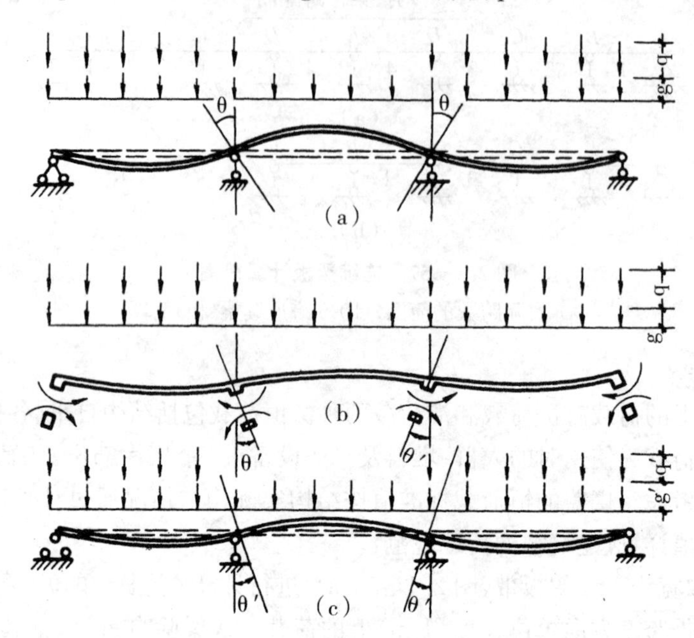

**图 2.1-58　连续梁板的折算荷载**

(a) 实际荷载作用下理想铰支时的变形；(b) 实际荷载作用下非理想铰支时的变形；
(c) 折算荷载作用下理想铰支时的变形

对于板：
$$g' = g + \frac{q}{2}, q' = \frac{q}{2} \tag{2.1-124}$$

对于次梁：
$$g' = g + \frac{q}{4}, q' = \frac{3}{4}q \tag{2.1-125}$$

从式(2.1-124)和式(2.1-125)可知，考虑折算荷载后，在计算跨中最大正弯矩时，本跨的折算荷载与实际荷载相同($g'+q'=g+q$)，而邻跨折算荷载($g'=g+q/2$ 或 $g+q/4$)大于实际荷载($g$)。这意味着本跨正弯矩减小，与考虑次梁或主梁抗扭刚度的计算，其效果是类似的。

对于主梁，这种影响很小，一般不予考虑。此外，当板、梁搁置在砖墙或钢梁上时，不得作此调整，应按实际荷载进行计算。

## ■ 实训练习

### 任务一　楼盖的结构布置

(1) 目的：了解学院教学楼中楼盖结构布置形式。

(2) 能力目标：辨别教学楼中楼盖结构布置、传力途径。

(3) 实物：学院教学楼楼面。

**任务二　楼盖的单、双向板辨别**

(1) 目的：认知教学楼中教室、门厅等位置的板。

(2) 能力目标：辨别教学楼中楼板哪些属于单向板，哪些属于双向板。

(3) 实物：学院教学楼楼面。

## 项目 1.14　钢筋混凝土连续梁内力计算方法描述

■ **学习目标**　掌握弹性理论计算法中的荷载最不利组合、表格法计算内力；掌握连续梁、板按塑性理论计算内力的方法；理解荷载计算、支座简化、跨数与计算跨度；理解弯矩包络图、塑性铰概念。

■ **能力目标**　学会弹性和塑性理论计算法计算多跨连续构件内力。

■ **知识点**

钢筋混凝土单向板肋形楼盖的板、次梁和主梁都可视为多跨连续梁，因此，钢筋混凝土连续梁的内力计算就是单向板肋形楼盖设计中的一个主要内容。钢筋混凝土连续梁的内力计算有两种方法，即弹性理论方法和塑性内力重分布方法。

### 一、钢筋混凝土连续梁内力按弹性理论计算

钢筋混凝土单向板肋形楼盖中的板、次梁和主梁，其内力按弹性理论计算，即按结构力学的方法分析内力。为简化起见，对于常用荷载作用下的等截面等跨度连续梁，可利用附录四计算内力。对于跨度相差在10%以内的不等跨连续梁，其内力也可近似按该附录表进行计算。

连续梁承受的荷载包括恒荷载和活荷载两部分。因此，在内力计算时需要考虑荷载的最不利组合和内力包络图。

(一) 荷载的最不利组合

对于单跨梁，当梁上同时布满永久荷载和可变荷载时，会产生最大内力。但对多跨连续梁，除永久荷载必然满布于结构上外，可变荷载往往不是在满布于梁上时出现最大内力，因此需要研究可变荷载作用的位置对连续梁内力的影响。

现以图 2.1－59 所示的五跨连续梁为例，说明荷载的最不利组合。由图中可以看出，当

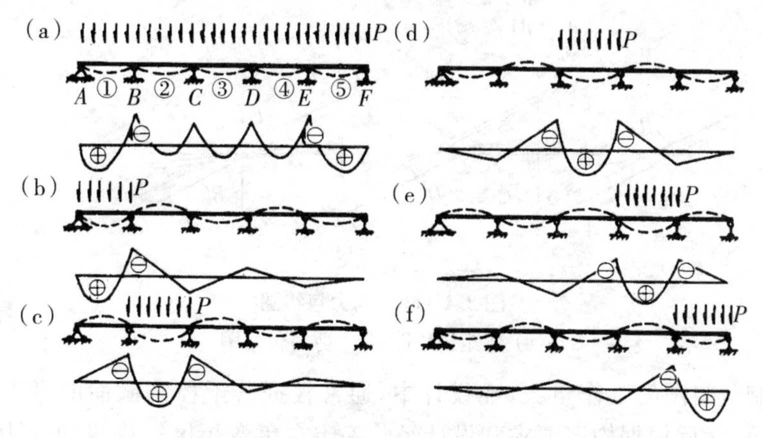


**图 2.1－59　五跨连续梁在各种荷载作用下的弯矩图**

可变荷载分别作用于第 1、3、5 跨上时，在第 1、3、5 跨均产生正弯矩；而当可变荷载作用在第 2、4 跨上时，将使第 1、3、5 跨产生负弯矩。因此，如求第 1、3、5 跨的最大正弯矩就应把可变活载只布置在第 1、3、5 跨上。又如当可变荷载分别作用在第 1、2、4 跨上时，在支座 $B$ 上均产生负弯矩，所以如求支座 $B$ 的最大负弯矩就应把可变荷载只布置在第 1、2、4 跨上。同理，也可确定其他各跨跨中和支座截面上的最大正、负弯矩，以及各支座截面最大剪力所对应的荷载不利组合的位置。

由此可得出连续梁最不利荷载组合的规律：

(1) 如求某跨跨中截面最大正弯矩时，除应在该跨布置可变荷载外，还应在其左、右每隔一跨布置可变荷载；

(2) 如求某支座截面最大负弯矩时，除应在该支座左右两跨布置可变荷载外，还应每隔一跨布置可变荷载；

(3) 如求某支座截面最大剪力(包括左、右截面)时，其可变荷载的布置与求该支座最大负弯矩的布置相同。

梁上恒荷载布置应符合实际情况。

(二) 内力包络图

以恒荷载作用下各截面的内力为基础，分别叠加对各截面为最不利活荷载布置时的内力，可得各截面可能出现的最不利内力。设计中，不必对构件的每个截面进行计算，只需对若干控制截面(跨中、支座)进行设计。因此，通常将恒荷载的内力图分别与对各控制截面为最不利活荷载布置下的内力图叠加，即得到各控制截面最不利荷载组合下的内力图。将它们绘在同一图上，称为内力叠合图。而一组曲线的最外轮廓线就代表了任何截面在任何可变荷载分布情况下可能出现的最大内力。这个最外轮廓线所围成的内力图(用粗线示出)就叫内力包络图(弯矩包络图和剪力包络图)，如图 2.1－60 所示。

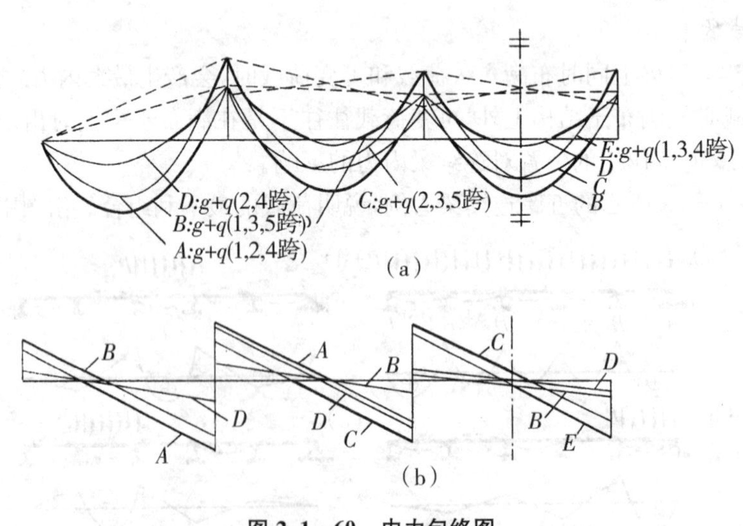


**图 2.1－60　内力包络图**

(a) 弯矩包络图；(b) 剪力包络图

由于绘制包络图的工作量大，在设计中，通常根据若干控制截面的最不利内力进行截面配筋计算，然后根据构造要求和设计经验确定在负弯矩区间内纵向受力钢筋的截断位置。

（三）支座弯矩及剪力的修正

在按弹性理论计算连续梁的内力时，其计算跨度通常取支承中心线间的距离。若梁、板与支座并非整体连结，或支承宽度很小，计算简图与实际情况基本上相符。然而，支承总有一定的宽度，且梁板又与支承整体连结，致使支承宽度内梁、板的工作高度加大，危险截面由支座中心转移到边缘。因此，在设计整体肋形楼盖时，应考虑支承宽度的影响，支座计算内力应按支座边缘处取用（图 2.1－61）。为简化计算，可按下列近似公式求得该弯矩。

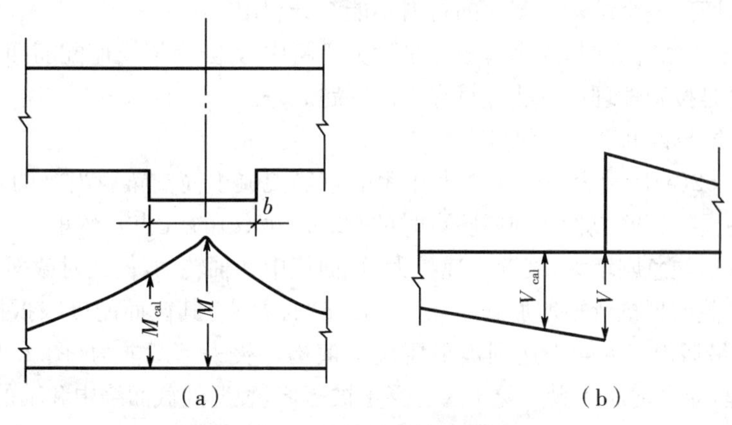


**图 2.1－61　支座边缘的弯矩和剪力**

(a) 弯矩图；(b) 剪力图

支座边缘截面的弯矩设计值 $M_b$：

$$M_b = M - V_0 \frac{b}{2} \tag{2.1-126}$$

式中　$M_b$——支座中心处的弯矩设计值，kN・m；

$V_0$——按简支梁计算的支座中心处的剪力设计值，取绝对值，kN；

$b$——支座宽度。

支座边缘截面的剪力设计值为 $V_b$，则

均布荷载

$$V_b = V - (g + q) \frac{b}{2} \tag{2.1-127}$$

集中荷载

$$V_b = V \tag{2.1-128}$$

式中　$V$——支座中心处的剪力设计值，kN。

## 二、按塑性内力重分布方法计算

钢筋混凝土是两种材料组成的非匀质弹塑性体，在构件的截面设计中已充分考虑了其塑性性能。但上述按弹性理论的计算方法则忽视了钢筋混凝土的非弹性性质，假定结构为理想的匀质弹性体，这种假定只在构件处于低应力状态时才较为符合。当截面应力增加后仍按弹性理论分析内力，就不能反映结构的实际情况，亦即按破坏阶段的构件截面计算方法

与按弹性理论计算的结构内力是互不协调的，材料强度未能得到充分发挥，这是按弹性理论方法计算存在的一个主要问题。

此外，按弹性理论方法计算连续梁、板内力时，如前所述，是按可变荷载的各种最不利布置时的内力包络图来配筋的，但各跨中和各支座截面的最大内力实际上并不能同时出现，即当某跨中或某支座截面内力达最大值时，其他截面并未达到最大值。而且由于超静定结构具有多余约束，当某一截面应力达到破坏阶段时，也不等于整个结构的破坏。由此可知，按弹性理论方法计算，整个结构各截面的材料不能充分利用。

按弹性理论方法计算时，支座弯矩总是远大于跨中弯矩，所以支座配筋拥挤、构造复杂、施工不便，这也是按弹性理论方法计算存在的问题之一。

（一）塑性铰和内力重分布的概念

如图 2.1－62(a)所示为一受集中力作用的钢筋混凝土简支梁。当梁的工作进入破坏阶段，首先跨中受拉钢筋应力达到屈服点时(图 2.1－62(c)的 $A$ 点)，弯矩为 $M_y$。随后如荷载稍有增加，变形便急剧增大，裂缝迅速扩大，截面绕中和轴转动，但此时截面所承受的弯矩则维持不变，使截面抵抗弯矩增加到图 2.1－62(c)的 $B$ 点，其截面的极限抵抗弯矩 $M_u$，相应曲率为 $\varphi_u$。最后由于混凝土达到极限压应变值构件丧失承载能力(图 2.1－62(c)的 $C$ 点)。这一过程，即自钢筋屈服至受压区混凝土被压坏，裂缝处截面绕中和轴的转动，就好像梁中出现了一个铰，但这个铰与普通理想的铰不同，它在一定范围内沿一定方向可以转动的同时，又承受一个不变的弯矩，这个铰称为“塑性铰”，相应的弯矩称为“塑性铰弯矩”。塑性铰出现后，简支梁即形成三铰在一直线上的破坏机构，这标志着构件进入破坏状态(图 2.1－63)。

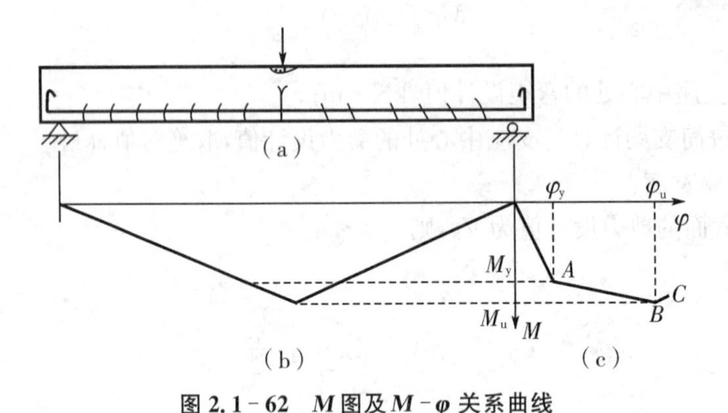


**图 2.1－62　$M$ 图及 $M-\varphi$ 关系曲线**

(a) 跨中出现塑性铰的简支梁；(b) $M$ 图；(c) $M-\varphi$ 关系曲线

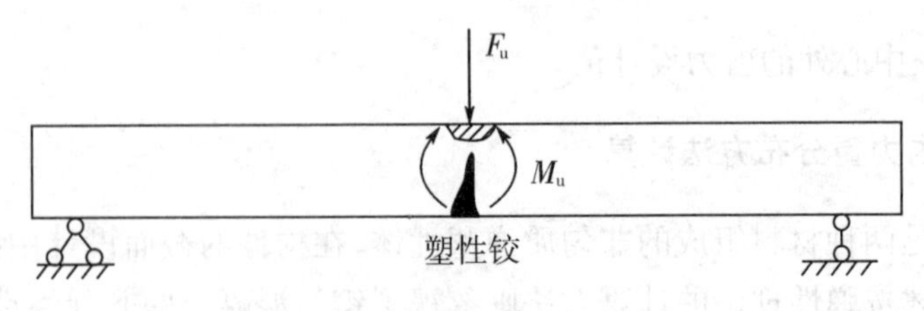


**图 2.1－63　简支梁的破坏机理**

简支梁当某个截面出现塑性铰后，即成为几何可变体系，将失去承载能力。但多跨连续的钢筋混凝土梁是超静定结构，存在着多余联系，因此在某个截面出现塑性铰后，只是减少一个多余联系，还不足以使构件变成可变体系，还能继续承担后续的荷载，但这时梁的工作简图已有所改变，内力不再按原来的规律分布，塑性变形带来内力的重分布。

图 2.1－64 为两跨连续梁，承受均布荷载 $q$，如按弹性理论计算，其支座最大弯矩为 $M_B$，跨中最大弯矩为 $M_1$。因支座弯矩较大，为不使支座钢筋配得过多，设计时可人为地将支座截面的钢筋配得少一些，即按 $M'_B$配筋（$M'_B<M_B$），而适当加大跨中截面配筋。这样，当荷载加到使支座弯矩达到 $M'_B$时，支座截面便形成了塑性铰，之后，荷载继续增加，但中间支座因已形成塑性铰，只能转动，而所承受的弯矩 $M'_B$保持不变，两边跨的弯矩则将随荷载的增加而增大，当全部荷载 $q$ 作用时，跨中最大弯矩达到 $M'_1$（$M'_1>M$），这就形成了支座截面的内力向跨中截面的转移，结构内力经历了重新分布的过程，这个过程称为内力的重分布。利用塑性内力重分布，可调整连续梁的支座弯矩和跨中弯矩，取得经济的配筋。

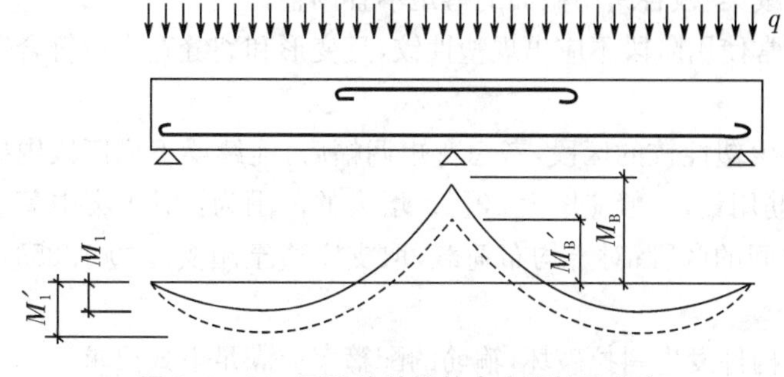


**图 2.1－64　两跨连续梁的内力塑性重分布**

应当指出，如按弯矩包络图配筋，支座的最大负弯矩与跨中的最大正弯矩并不是在同一荷载作用下产生的，所以当向下调整支座负弯矩时，在这一组荷载作用下增大后的跨中正弯矩，实际上还不大于包络图上外包线的弯矩，因此跨中截面并不会因此而增加钢筋。这样，即在不增加跨中截面配筋的情况下，减少了支座截面的配筋，从而节省了材料，有利于构件的施工，也更符合构件的实际工作情况。

根据上述分析，可得出如下结论：

(1) 钢筋混凝土超静定结构的破坏标志，不是某个截面的“屈服”，而是整个结构开始变为几何可变体系。

(2) 钢筋混凝土超静定结构变为可变体系时，结构各截面的内力分布与塑性铰出现以前的弹性阶段的内力分布规律不同。塑性铰出现后，随着荷载的增加，结构内力将重新分布，这种现象称为塑性内力重分布。

(3) 超静定结构内力的重分布，在一定范围内可以人为地加以控制，例如改变中间支座的配筋，弯矩图就会随之变化。

（二）按塑性内力重分布方法设计的基本原则

塑性内力重分布计算法就是在弹性理论计算法的基础上，将支座弯矩加以调整。由于钢筋混凝土塑性铰存在一定的转动极限，所以内力的重分布也存在一定的幅度。从经济角度看，支座负弯矩降低得多一些比较理想，但如降低过多，将会使支座过早出现塑性铰和内力重分布过程过长，造成裂缝开展过宽、变形过大，以致影响使用。因此，弯矩的调整以及配筋等应保证结构的实际承载能力不小于其计算值，同时还应照顾到结构的刚度和裂缝的开

展能满足使用要求。截面的弯矩调整幅度用弯矩调幅系数$\beta$来表示,即

$$\beta = 1 - \frac{M_{调}}{M_{弹}} \tag{2.1-129}$$

式中 $M_{调}$——调整后的弯矩设计值;

$M_{弹}$——按弹性方法算得的弯矩设计值。

采用弯矩调幅法考虑结构内力重分布的设计方法主要原则如下:

(1) 钢筋宜采用 HRB335 级和 HRB400 级热轧带肋钢筋,也可采用 HPB300 级热轧光面钢筋,混凝土强度等级宜在 C20~C45 范围内选用;

(2) 截面的弯矩调幅系数$\beta$不宜超过 0.25,不等跨连续梁、板不宜超过 0.2;

(3) 弯矩调幅后的截面相对受压区高度应满足 $0.1 \leqslant \xi \leqslant 0.35$;

(4) 不等跨连续梁、板各跨中截面的弯矩不宜调整;

(5) 结构在正常使用阶段不应出现塑性铰,且变形和裂缝宽度应符合《混凝土结构设计规范》的规定;

(6) 在可能产生塑性铰的区段,考虑弯矩调幅后,连续梁下列区段内按《混凝土结构设计规范》算得的箍筋用量,一般应增大 20%。增大的范围为:对于集中荷载,取支座边至最近一个集中荷载之间的区段;对于均布荷载,取支座边至距支座边 $1.05h_0$ 的区段($h_0$ 为截面的有效高度);

(7) 为了防止构件发生斜拉破坏,箍筋的配箍率应满足下式要求

$$\rho_{sv} \geqslant 0.03 \frac{f_c}{f_{yv}}; \tag{2.1-130}$$

(8) 连续梁、板弯矩经调整后,仍应满足静力平衡条件。梁、板的任意一跨调整后的两支座弯矩的平均值与跨中弯矩之和应略大于该跨按简支梁计算的弯矩值,且不小于按弹性方法求得的考虑荷载最不利布置的跨中最大弯矩。

(三) 内力计算公式

按上述原则,根据理论推导,对均布荷载作用下等跨连续板、梁考虑塑性内力重分布的弯矩和剪力值,可按下列公式计算(参照图 2.1-65):

控制截面的弯矩 $$M = \alpha(g+q)l_0^2 \tag{2.1-131}$$

控制截面的剪力 $$V = \beta(g+q)l_n \tag{2.1-132}$$

式中 $\alpha$——弯矩系数,按表 2.1-11 采用;

$\beta$——剪力系数,按表 2.1-12 采用;

$g$、$q$——作用于板、梁上的均布永久荷载和均布可变荷载;

$l_n$——净跨;

$l_0$——计算跨度。

表 2.1-11　弯矩系数

| 截　面 | 边 跨 中 | 第一内支座 | 中 跨 中 | 中间支座 |
| --- | --- | --- | --- | --- |
| $\alpha$ 值 | $\frac{1}{11}$ | $-\frac{1}{11}$ | $\frac{1}{16}$ | $-\frac{1}{14}$ |

表 2.1-12　剪力系数

| 截　面 | 边支座 | 第一内支座左边 | 第一内支座右边 | 中间支座 |
| --- | --- | --- | --- | --- |
| $\beta$ 值 | 0.45 | 0.60 | 0.55 | 0.55 |

对于板：当支座为次梁时，取净跨；当端支座简支在砖墙上时，端跨取净跨加 1/2 板厚或 1/2 支承长度，两者取较小值。对于次梁：当支座为主梁时，取净跨；当端支座简支在砖墙上时，端跨取净跨加 1/2 支承长度或 1.025 净跨，两者取较小值。

承受均布荷载、跨度差小于 10%的不等跨连续板和次梁，也可按上述公式计算其内力；但计算支座负弯矩时，计算跨度应取相邻两跨的较大值。

(四) 塑性内力重分布计算方法的应用范围

采用塑性内力重分布的计算方法虽然可以节约钢材，但其变形及裂缝宽度均较大，所以对于下列结构不能采用这种方法，而应按弹性理论方法计算其内力：

(1) 在使用阶段不允许出现裂缝，或对裂缝开展有较高要求的结构；

(2) 重要部位的结构和可靠度要求较高的结构；

(3) 直接承受动力荷载和疲劳荷载作用的结构；

(4) 处于侵蚀性环境中的结构。

对于一般工业与民用房屋的整体式楼盖中的板和次梁，通常均可采用塑性内力重分布方法计算内力，不会影响正常使用。主梁因属重要构件，截面高度较大，配筋率也较高，一般仍用弹性理论方法计算。

## ■ 实训练习

**任务一　用弹性理论计算法计算多跨等跨连续梁内力**

(1) 目的：给定 2～5 跨等跨连续梁相应条件(荷载、跨度等)，通过查阅表格求解内力值，掌握弹性理论计算内力方法。

(2) 能力目标：学会查阅表格，并运用其解决相关问题。

**任务二　荷载位置的不利布置**

(1) 目的：掌握活荷载的最不利位置组合原则。

(2) 能力目标：能够对多跨连续梁上的荷载进行不利布置。

(3) 要点提示。

① 求某跨中最大弯矩值——本跨布、隔跨布；

② 求某支座最大弯矩值——左右布、隔跨布。

## 项目 1.15　板的构造要求

■ **学习目标**　掌握单向板配筋计算要点及构造要求。

■ **能力目标**　学会单向板钢筋布置。

■ **知识点**

### 一、板的计算特点

(1) 单向板的板厚,对于简支板和连续板,一般取 $l_0/35 \sim l_0/40$(对于悬臂板取 $l_0/10 \sim l_0/12$),此处 $l_0$ 为板的计算跨度。板的支承长度要求不小于板厚,同时也不得小于 120 mm。

(2) 板的计算步骤:沿板的长边方向切取 1 m 宽板带作为计算单元(图 2.1-56),根据板的厚度及用途确定自重及板上活荷载,进行荷载计算,按塑性内力重分布方法计算内力,选配钢筋。

(3) 对于四周与梁整体相连的板,由于在荷载作用下板跨中下部及支座上部将出现裂缝,使板的实际轴线呈拱形(图 2.1-65),因支座不能自由移动,则使板在竖向荷载作用下产生横向推力,此推力将使板的内力有所降低。因此,对于中间跨的跨中截面及中间支座(第一内支座除外)可按计算所得弯矩减少 20%。

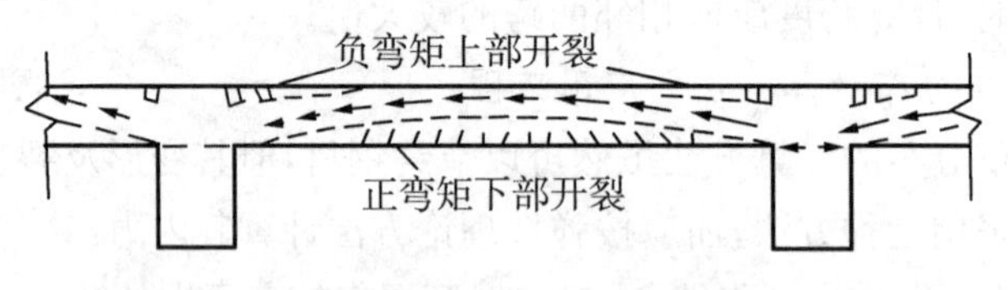


**图 2.1-65　单向板的拱作用**

(4) 板一般均能满足斜截面抗剪要求,设计时可不进行抗剪验算。

(5) 选配钢筋时,应使相邻跨和支座钢筋的直径及间距相互协调。

### 二、板的构造

(一) 板的分离式配筋方式

分离式配筋如图 2.1-66 所示,即在跨中和支座全部采用直筋,各自单独选配。分离式配筋板顶钢筋末端应加直角弯钩直抵模板,板底末端应加半圆弯钩,仅伸入中间支座者则可不加弯钩。分离式配筋构造简单、施工方便,但其锚固较差,整体性不如弯起式配筋,且其耗钢量也较多,一般当板厚小于 120 mm,且不承受动力荷载时可采用此种配筋方式。

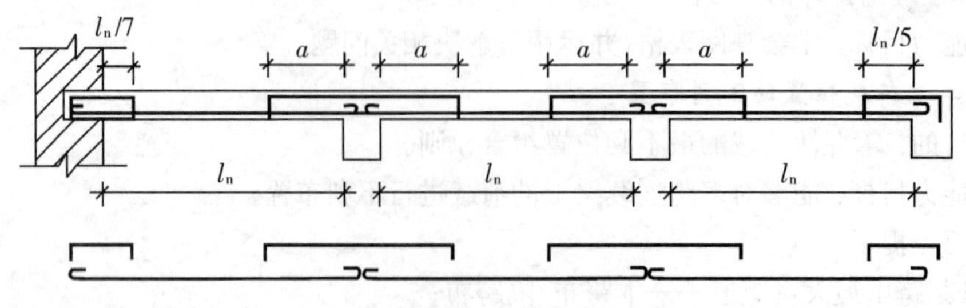


**图 2.1-66　连续单向板的分离式配筋方式**

（二）构造钢筋

(1) 分布钢筋：单向板中单位长度上的分布钢筋，其截面面积不应小于单位长度上受力钢筋截面面积的15%，且不宜小于该方向板截面面积的0.15%；其间距不应大于250 mm，直径不小于6 mm。对于集中力荷载较大的情况，分布钢筋的截面面积应适当增加，其间距不应大于200 mm；在温度、收缩应力较大的现浇板区域内，钢筋间距宜取为150～200 mm，并应在板的未配筋表面布置温度收缩钢筋。板的上、下表面沿纵、横两个方向的配筋率均不宜小于0.1%。

板的分布钢筋应配置在受力钢筋的所有弯折处并沿受力钢筋直线段均匀布置，但在梁的范围内不必布置，如图2.1-67所示。

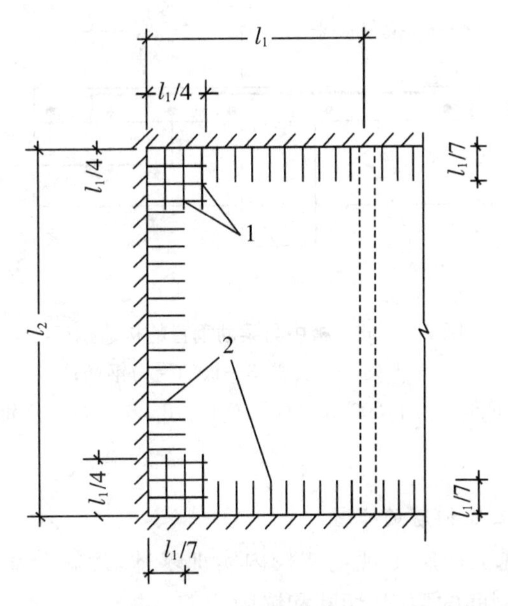


**图2.1-67　板嵌固在承重墙内时板的上部构造钢筋**

1—双向 $\phi$8@200；2—构造钢筋 $\phi$8@200

(2) 板面附加钢筋：对与支承结构整体现浇或嵌入在承重砌体墙内的现浇混凝土板，由于支座处受砖墙的约束将产生负弯矩，因此在平行墙面方向会产生裂缝，在板角部分也会产生斜向裂缝。为防止上述裂缝，应在支承周边配置上部构造钢筋，其直径不宜小于8 mm，间距不大于200 mm，并应符合下列规定：

① 现浇楼盖周边与混凝土梁或混凝土墙整体浇筑的板，应在板的上部设置垂直于板边的构造钢筋，其截面面积不宜小于板跨中相应方向纵向钢筋截面面积的三分之一；该钢筋自梁边或墙边伸入板内的长度，在单向板中不宜小于受力方向板计算跨度的五分之一，在双向板中不宜小于板短跨方向计算跨度四分之一；在板角处该钢筋应沿两个垂直方向布置或按放射状布置；当柱角或墙的阳角突出到板内且尺寸较大时，亦应沿柱边或墙阳角边布置构造钢筋，该构造钢筋伸入板内的长度应从柱边或墙边算起。上述上部构造钢筋应按受拉锚固在梁内、墙内或柱内。

② 嵌固在砌体墙内的现浇混凝土板，板面附加钢筋的钢筋间距不应大于200 mm，直径不应小于8 mm（包括弯起钢筋在内），其伸出墙边的长度不应小于 $l_1/7$（$l_1$ 为单向板的跨度

或双向板的短边跨度)；对两边均嵌固在墙内的板角部分，应双向配置上部构造钢筋，其伸出墙边的长度不应小于 $l_1/4$；沿受力方向配置的上部构造钢筋(包括弯起钢筋)的截面面积不宜小于跨中受力钢筋截面面积的 1/3～1/2；沿非受力方向配置的上部构造钢筋，可根据实践经验适当减少(图 2.1－67)。

(3) 与梁肋垂直的构造钢筋。

当现浇板的受力钢筋与梁的肋部平行时，应沿梁肋方向配置间距不大于 200 mm 且与梁肋相垂直的构造钢筋，其直径不应小于 8 mm，且单位长度内的总截面面积不应小于板中单位长度内受力钢筋截面面积的 1/3，伸入板中的长度从肋边算起每边不应小于板计算跨度的 1/4(图 2.1－68)。

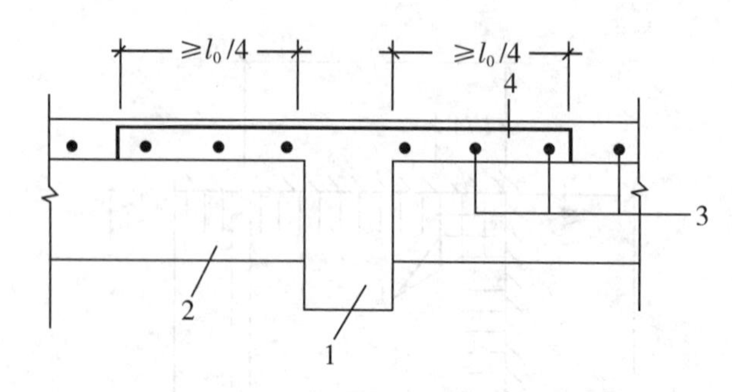


**图 2.1－68　板中与梁肋垂直的构造钢筋**

1—主梁；2—次梁；3—板的受力钢筋；
4—间距不大于 200 mm、直径不小于 8 mm 板的构造钢筋

■ **实训练习**

**任务一　钢筋混凝土板钢筋的布置**

(1) 目的：通过参观工地施工现场或校内实训基地，理解分离式、弯起式钢筋布置方式；理解受力钢筋、分布钢筋的弯起、切断和锚固。

(2) 能力目标：能进行钢筋混凝土板钢筋的布置。

**任务二　试算钢筋混凝土板内钢筋直线长度**

(1) 目的：通过施工图中板内钢筋直线长度的试算，进一步掌握钢筋混凝土板的构造要求。

(2) 能力目标：能正确指出板内钢筋锚固、切断位置。

(3) 实物：教材中附图。

## 项目 1.16　次梁、主梁的构造要求

■ **学习目标**　掌握次梁和主梁配筋计算要点及构造要求。

■ **能力目标**　学会次梁和主梁钢筋布置。

■ **知识点**

### 一、次梁的计算与构造

(一) 次梁的计算特点

(1) 次梁的计算步骤为：选择截面尺寸；荷载计算；内力计算；按正截面承载力条件计

算配筋；按斜截面承载力条件计算箍筋及弯起钢筋；确定构造钢筋。

(2) 次梁的截面高度一般为其跨度的 1/20～1/15，宽度为梁高的 1/3～1/2。当连续次梁的高度为其跨度的 1/20 及以上时，可不必验算其挠度。

(3) 次梁的荷载包括梁的自重及由板传来的荷载。计算由板传来的荷载时，假定次梁两侧板跨上的荷载各有 1/2 传给次梁(见图 2.1－56)。

(4) 由于次梁与板整浇在一起，故在配筋计算中，对跨中按 $T$ 形截面考虑，对支座则按矩形截面考虑。

(二) 次梁的构造

1. 次梁的一般构造要求

次梁的一般构造要求，如受力钢筋的直径、间距、根数、排数、保护层、箍筋、架立筋等均与本模块前面所述受弯构件的构造要求相同。其配筋方式分设弯起钢筋和不设弯起钢筋两种。为了设计与施工方便，目前常用分离式，但当跨度较大时或楼面有较大动荷载时，应设置弯起钢筋。

2. 次梁纵向钢筋的弯起与截断的位置

次梁跨中及支座截面的配筋数量，应分别根据其最大弯矩确定。当次梁的跨度相等或相差不超过 20%，且可变荷载与永久荷载之比 $q/g<3$ 时，梁中纵向钢筋的弯起和截断不必按弯矩包络图确定，可参照图 2.1－69 布置钢筋。

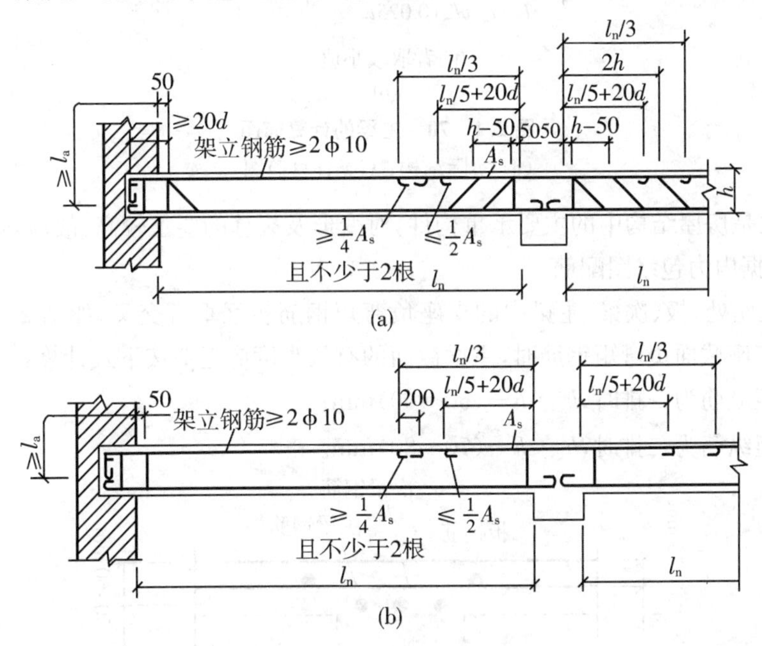


**图 2.1－69 次梁配筋示意图**

(a) 设弯起钢筋；(b) 不设弯起钢筋

如图 2.1－69 所示，当次梁需设置抗剪斜钢筋时，可将跨中 $+M$ 部分钢筋弯起，但靠近支座的第一根弯起钢筋弯起后，因其尚不能充分发挥作用，所以不得作为支座负弯矩钢筋用。弯起后的钢筋如不能满足负弯矩的需要，可于支座上部另加直钢筋，一般不少于二根，且置于箍筋上部转角处用以代替架立钢筋。此直钢筋与架立钢筋的搭接长度一般为150～200 mm。

3. 次梁的纵向受力钢筋伸入中间支座(主梁)的锚固长度

次梁上部纵向钢筋应贯穿其中间支座,下部纵向钢筋应伸入中间支座(一般指主梁)。次梁下部纵向钢筋伸入中间支座的锚固长度应按规定取用。

## 二、主梁的计算与构造

(一) 主梁的计算特点

(1) 主梁的计算步骤与次梁相同。主梁的截面高度一般取其跨度的 1/15～1/10,梁宽取梁高的 1/3～1/2。

(2) 主梁主要承受由次梁传来的集中荷载。为简化计算,主梁的自重可折算为集中荷载,并假定与次梁的荷载共同作用在次梁处,如图 2.1-70。

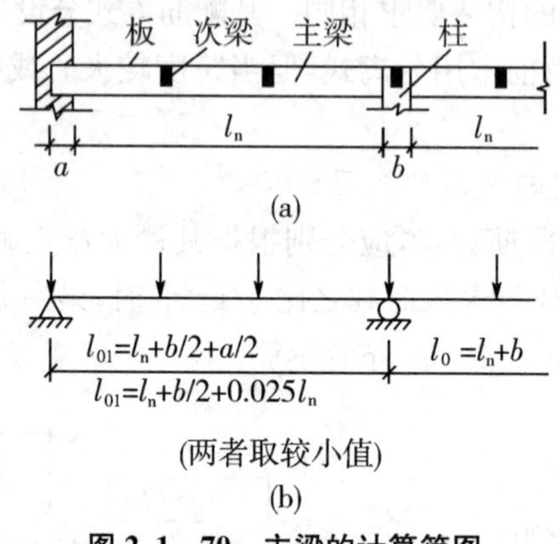


**图 2.1-70 主梁的计算简图**

(a) 实际结构;(b) 计算简图

(3) 主梁是房屋结构中的主要承重构件,对变形及裂缝的要求较高,故应按弹性理论方法计算,并根据内力包络图配筋。

(4) 在支座处,板、次梁、主梁中的支座负弯矩钢筋相互垂直交叉,如图 2.1-71 所示。当计算主梁支座截面负弯矩钢筋时,主梁截面的有效高度应近似按下式计算:

当负弯矩纵筋为一排时,$h_0=h-(50\sim60)$mm;

当负弯矩纵筋为二排时,$h_0=h-(70\sim80)$mm。

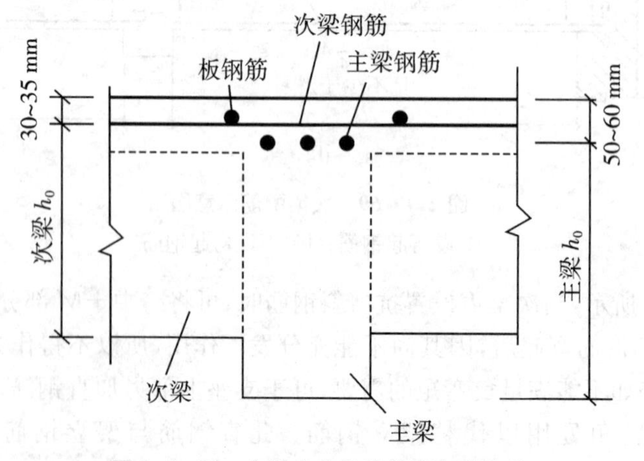


**图 2.1-71 主梁支座处的截面有效高度**

(5) 按弹性理论方法计算主梁内力时，其跨度取支承中心线间距离，因而最大负弯矩发生在支座中心(即柱中心处)，但这并非危险截面。如图2.1－72所示，实际危险截面应为支座(柱)边缘，故计算弯矩应按支座边部处取用，此弯矩可近似按下式计算：

$$M_{b}=M-V_{b}\frac{b}{2} \tag{2.1-133}$$

式中　$M$——支座中心处弯矩；

$V_{b}$——按简支梁计算的支座剪力；

$b$——支座(柱)的宽度。

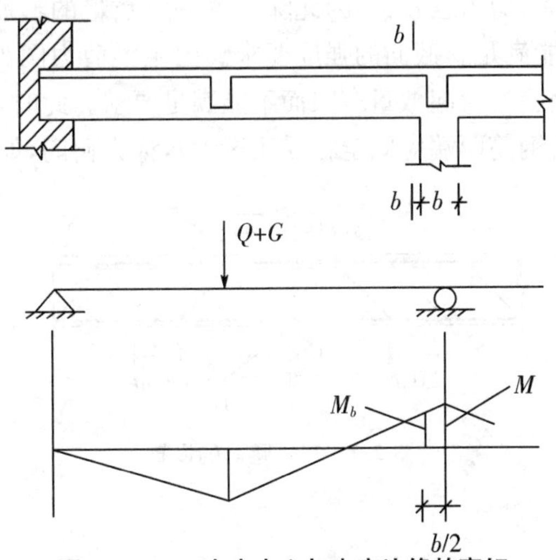


**图2.1－72　支座中心与支座边缘的弯矩**

(二) 主梁的构造要求

1. 主梁的一般构造要求

主梁的一般构造要求与次梁相同。但主梁纵向受力钢筋的弯起和截断点的位置，应通过在弯矩包络图上画抵抗弯矩图来确定，不宜按构造确定，并应同时满足斜截面承载力的要求。

2. 附加横向钢筋

次梁与主梁的相交处，次梁的集中荷载有可能使主梁的下部开裂，因此，在主梁与次梁的交接处应设置附加横向钢筋，以承担次梁的集中荷载，防止局部破坏。附加横向钢筋有附加箍筋及附加吊筋两种，如图2.1－73所示。规范规定，位于梁下部或在梁截面高度范围内的集中荷载，应全部由附加横向钢筋(吊筋、箍筋)承担。附加横向钢筋应布置在长度为$s$ ($s=2h_{1}+3b$)的范围内(图2.1－73)。附加横向钢筋应优先采用箍筋。

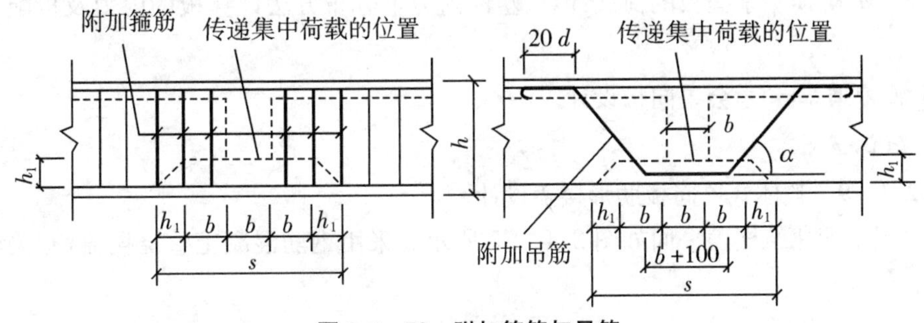


**图2.1－73　附加箍筋与吊筋**

附加横向钢筋所需的总截面面积应符合下列规定：

$$A_{sv} \geqslant \frac{F}{f_{yv}\sin\alpha} \tag{2.1-134}$$

式中 $A_{sv}$——承受集中荷载所需的附加横向钢筋总截面面积，$mm^2$；

$F$——作用在梁的下部或梁截面高度范围内的集中荷载设计值，kN；

$\alpha$——附加横向钢筋与梁轴线间的夹角。

3. 鸭筋的设置

主梁承受的荷载较大，剪力也较大，因此除配置一定数量的箍筋外，往往需要同时由弯起钢筋共同承担剪力才能满足斜截面的强度要求。因主梁剪力图为矩形，最大剪力值的区段较长，常因跨中受力钢筋的弯起数量有限而不能满足要求。此时，即应按需要补充设置附加的斜钢筋（此附加的斜钢筋两端应固定在受压区内），称为鸭筋，如图 2.1－74 所示。

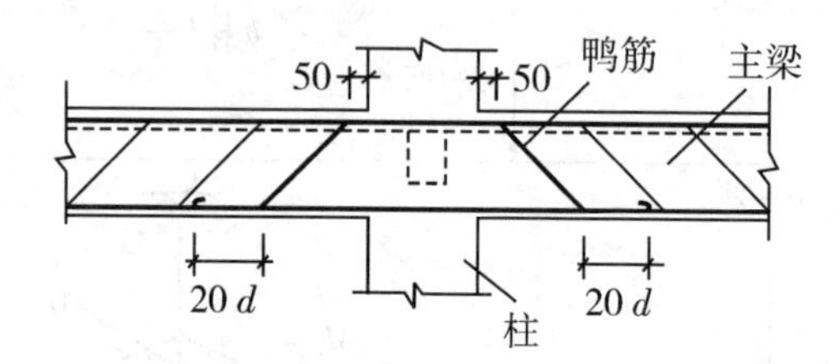


**图 2.1－74 鸭筋的设置**

■ **实训练习**

**任务一 钢筋混凝土梁钢筋的布置**

（1）目的：通过参观工地施工现场或校内实训基地，理解主梁、次梁钢筋布置方式；理解钢筋的弯起、切断和锚固。

（2）能力目标：能进行钢筋混凝土梁内钢筋的布置。

**任务二 试算钢筋混凝土梁内钢筋直线长度**

（1）目的：通过施工图中梁内钢筋直线长度的试算，进一步掌握钢筋混凝土梁的构造要求。

（2）能力目标：能正确指出梁内钢筋锚固、切断位置。

（3）实物：教材中附图。

## 项目 1.17 单向板肋形楼盖设计(板)

■ **学习目标** 掌握板的荷载计算、塑性内力重分布方法计算板的内力及板配筋计算和构造。

■ **能力目标** 学会单向板设计。

■ **知识点**

**例 2.1－9** 整体式单向板肋形楼盖设计。

某多层工业建筑楼盖平面如图 2.1－75 所示。采用钢筋混凝土整浇楼盖，有关设计资料如下：

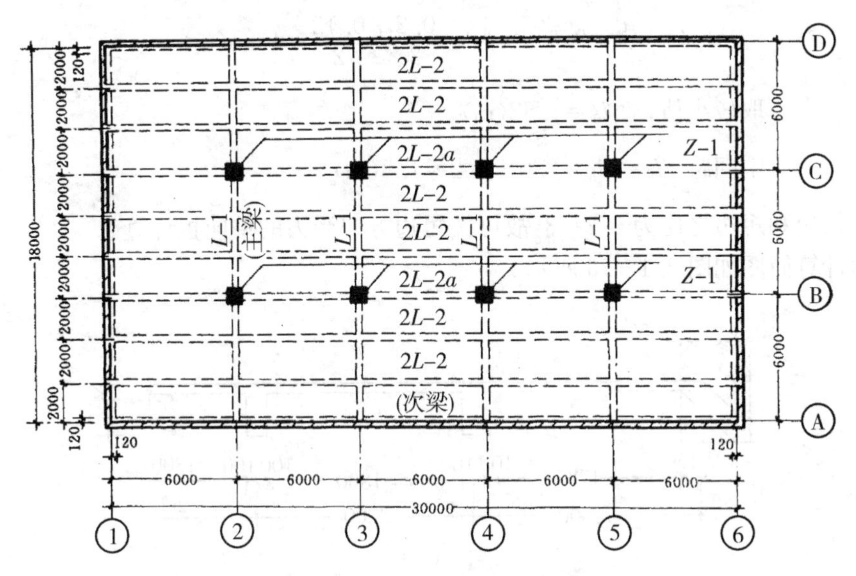


**图 2.1－75　楼盖结构平面布置图**

（一）设计资料

(1) 楼面作法：水磨石面层(20 mm 厚水泥砂浆，10 mm 面层)；钢筋混凝土现浇板；梁、板底为混合砂浆抹灰 15 mm 厚。

(2) 楼面活荷载标准值 9 kN/m$^2$。

(3) 材料：混凝土 C30($f_c$＝14.3 N/mm$^2$，$f_t$＝1.43 N/mm$^2$)；梁内受力主筋采用 HRB400 钢筋($f_y$＝360 N/mm$^2$)，其余用 HPB300 钢筋($f_y$＝270 N/mm$^2$)。

(4) 楼面结构平面布置如图 2.1－75 所示。

(5) 板厚采用 80 mm；次梁 200 mm×450 mm；主梁为 250 mm×650 mm。柱的截面为 350 mm×350 mm。板伸入墙内 120 mm；次梁及主梁伸入墙内 240 mm。

（二）设计要求

(1) 板、次梁内力按塑性内力重分布计算；

(2) 主梁内力按弹性理论计算；

(3) 绘出楼面结构平面布置及板、次梁和主梁的配筋施工图。

**解**　一、板的设计(按塑性内力重分布方法计算)

1. 荷载设计值

板自重　　$1.3\times0.08\times25=2.6(\text{kN/m}^2)$

楼面面层　　$1.3\times0.65=0.85(\text{kN/m}^2)$

板底抹灰　　$1.3\times0.015\times17=0.33(\text{kN/m}^2)$

恒载　　$g=3.78(\text{kN/m}^2)$

活载　　$q=1.5\times9.0=13.5(\text{kN/m}^2)$

总荷载：$g+q=17.28(\text{kN/m}^2)$

2. 计算简图

计算跨度　边跨：$l_n+\dfrac{h}{2}=2.0-0.12-\dfrac{0.2}{2}+\dfrac{0.08}{2}=1.82(\text{m})$

$$l_n+\frac{a}{2}=2.0-0.12-\frac{0.2}{2}+\frac{0.12}{2}=1.84(\text{m})$$

取较小值，故 $l_0=1.82(\text{m})$

中间跨：$l_0= l_n=2.0-0.2=1.8(\text{m})$

由于长边和短边之比为 6/2=3，故可按短边方向受力的单向板计算。板的计算简图如图 2.1－76 所示。

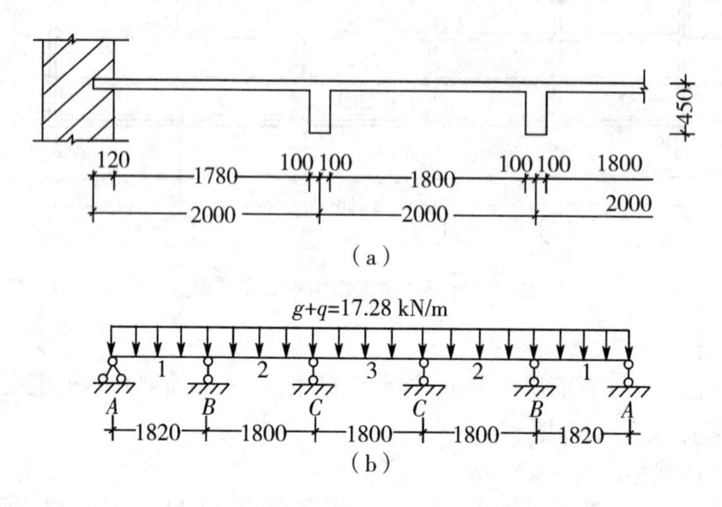


**图 2.1－76　例 2.1－9 板的计算简图**

(a) 实际结构；(b) 计算简图

3. 弯矩计算(取 1 m 宽为计算单元)

边跨和中间跨计算跨度相差不超过 10%，故可按等跨连续板计算内力。

$$M_1=\frac{1}{11}(g+q)l_0^2=\frac{1}{11}\times 17.28\times 1.82^2=5.20(\text{kN}\cdot\text{m})$$

$$M_B=-\frac{1}{11}(g+q)l_0^2=-\frac{1}{11}\times 17.28\times 1.82^2=-5.20(\text{kN}\cdot\text{m})$$

$$M_2=\frac{1}{16}(g+q)l_0^2=\frac{1}{16}\times 17.28\times 1.8^2=3.50(\text{kN}\cdot\text{m})$$

$$M_C=-\frac{1}{14}(g+q)l_0^2=-\frac{1}{14}\times 17.28\times 1.8^2=-4.00(\text{kN}\cdot\text{m})$$

4. 配筋计算

板的有效高度 $h_0=h-20=80-20=60(\text{mm})$

各截面配筋计算过程见表 2.1－13。

表 2.1－13　板的配筋计算

| 截面 | 1 | | B | | 2 | | C | |
|---|---|---|---|---|---|---|---|---|
| 在平面图中的位置 | ①～②<br>⑤～⑥ | ②～⑤ | ①～②<br>⑤～⑥ | ②～⑤ | ①～②<br>⑤～⑥ | ②～⑤ | ①～②<br>⑤～⑥ | ②～⑤ |
| $M$(kN·m) | 5.20 | 5.20 | －5.20 | －5.20 | 3.50 | 3.50×0.8＝2.80 | －4.00 | －4.00×0.8＝－3.20 |
| $\alpha_s=\frac{\gamma_0 M}{\alpha_1 f_c b h_0^2}$ | 0.101 | 0.101 | 0.101 | 0.101 | 0.068 | 0.054 | 0.078 | 0.062 |
| 查表 | 0.107 | 0.107 | 0.107 | 0.107 | 0.071 | 0.056 | 0.081 | 0.064 |
| $A_S=\frac{\alpha_1 f_c b h_0 \xi}{f_y}$ | 340 | 340 | 340 | 340 | 226 | 178 | 257 | 203 |
| 选用钢筋 | $\phi$8@140 | $\phi$8@140 | $\phi$8@140 | $\phi$8@140 | $\phi$8@200 | $\phi$8@200 | $\phi$8@200 | $\phi$8@200 |
| 实用钢筋(mm²) | 359 | 359 | 359 | 359 | 251 | 251 | 251 | 251 |

上表中 2～5 轴线间板带的中间跨和中间支座，考虑板的内拱作用，故弯矩降低 20%，实际板带中间各跨跨中配筋与第二跨跨中配筋相同。板的配筋图见图 2.1－77。

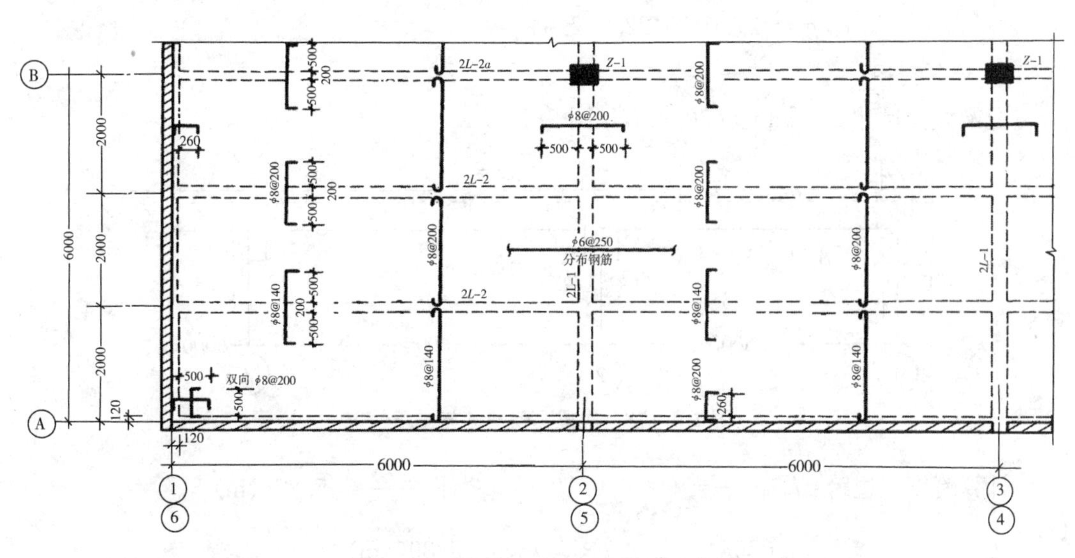


图 2.1－77　例 2.1－9 板的配筋图(分离式配筋)($h$＝80 mm)

## ■ 实训练习

### 任务一　钢筋混凝土板的钢筋弯起式布置

(1) 目的：将图 2.1－77 中钢筋混凝土板钢筋按弯起式布置，掌握弯起式钢筋布置构造。

(2) 能力目标：能将钢筋混凝土板钢筋按弯起式布置。

### 任务二　描述单向板肋形楼盖设计(板)的设计步骤

(1) 目的：通过单向板肋形楼盖设计(板)的设计步骤描述，掌握其设计要点。

(2) 能力目标：能进行单向板肋形楼盖设计(板)设计。

### 项目 1.18 单向板肋形楼盖设计(次梁)

■ **学习目标** 掌握次梁的荷载计算、塑性内力重分布方法计算次梁的内力及次梁配筋计算和构造。

■ **能力目标** 学会次梁设计。

■ **知识点**

**例 2.1－9** 整体式单向板肋形楼盖设计。

**解** 二、次梁的设计(按塑性内力重分布计算)

1. 荷载设计值

板传来恒载 $3.78 \times 2 = 7.56(\text{kN/m})$

次梁的自重 $1.3 \times 0.2 \times (0.45 - 0.08) \times 25 = 2.41(\text{kN/m})$

次梁的抹灰 $1.3 \times 0.015 \times (0.45 - 0.08) \times 17 \times 2 = 0.25(\text{kN/m})$

恒载 $g = 10.22(\text{kN/m})$

活载 $q = 1.5 \times 9.0 \times 2 = 27.0(\text{kN/m})$

总荷载： $g + q = 37.22(\text{kN/m})$

$q/g = 27.0/10.22 = 2.64$

2. 计算简图

主梁截面尺寸 250 mm×650 mm，见图 2.1－78。

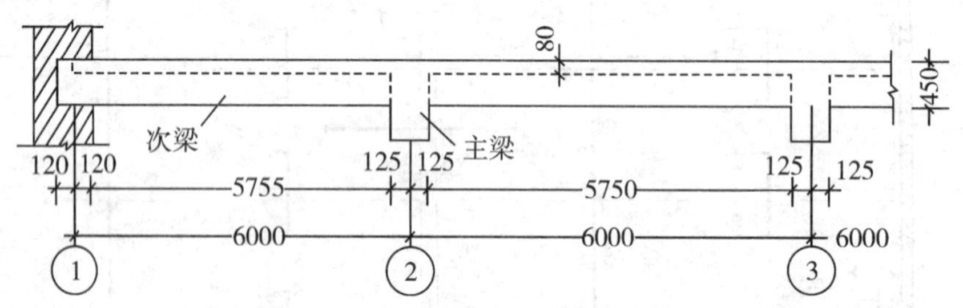


**图 2.1－78 次梁几何尺寸与支承情况**

计算跨度 边跨：$l_n + \frac{a}{2} = 6.0 - 0.12 - \frac{0.25}{2} + \frac{0.24}{2} = 5.875(\text{m})$

$1.025 l_n = 1.025 \times 5.755 = 5.890(\text{m})$

取较小值，故 $l_0 = 5.875\ \text{m}$

中间跨：$l_0 = l_n = 6.0 - 0.25 = 5.75(\text{m})$

故次梁的计算简图如图 2.1－79 所示。

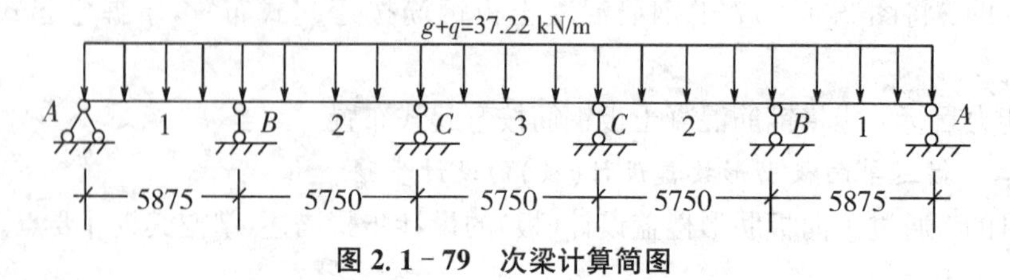


**图 2.1－79 次梁计算简图**

3. 内力计算

弯矩计算　$M_1=\frac{1}{11}(g+q)l_0^2=\frac{1}{11}\times 37.22\times 5.875^2=116.8(\text{kN}\cdot\text{m})$

$$M_B=-\frac{1}{11}(g+q)l_0^2=-\frac{1}{11}\times 37.22\times\left(\frac{5.875+5.75}{2}\right)^2=-114.3(\text{kN}\cdot\text{m})$$

$$M_2=\frac{1}{16}(g+q)l_0^2=\frac{1}{16}\times 37.22\times 5.75^2=76.9(\text{kN}\cdot\text{m})$$

$$M_C=-\frac{1}{14}(g+q)l_0^2=-\frac{1}{14}\times 37.22\times 5.75^2=-87.9(\text{kN}\cdot\text{m})$$

剪力计算　$V_A=0.45(g+q)l_n=0.45\times 37.22\times 5.755=96.4(\text{kN})$

$$V_{B左}=0.6(g+q)l_n=0.6\times 37.22\times 5.755=128.5(\text{kN})$$

$$V_{B右}=V_C=0.55(g+q)l_n=0.55\times 37.22\times 5.75=117.7(\text{kN})$$

4. 配筋计算

次梁跨中截面按 $T$ 形截面进行承载力计算，翼缘宽度按下面计算：

按梁跨度考虑　　$b_f'=\frac{l_0}{3}=\frac{5.75}{3}=1.92\ (\text{m})$

按梁净距 $S_n$ 考虑　　$b_f'=b+S_n=0.2+1.8=2.0\ (\text{m})$

按翼缘高度考虑　　$b_f'=b+12h_f'=0.2+12\times 0.08=1.16\ (\text{m})$

翼缘计算宽度 $b_f'$ 取三者中的较小值，即　$b_f'=1.16\ (\text{m})$

判别 $T$ 形截面类型

$\alpha_1 f_c b_f' h_f'\left(h_0-\frac{h_f'}{2}\right)=1\times 14.3\times 1160\times 80\times\left(410-\frac{80}{2}\right)=491004800\ (\text{N}\cdot\text{mm})=491.0\ \text{kN}\cdot\text{m}>M=103.0\ \text{kN}\cdot\text{m}$　属于第一类 T 形截面。

支座截面按矩形截面计算，支座与跨中截面均按一排钢筋考虑，故均取 $h_0=450-40=410$ mm。

次梁正截面承载力计算见表 2.1-14，次梁斜截面承载力计算见表 2.1-15。次梁配筋见图 2.1-80。

**表 2.1-14　次梁正截面承载力计算**

| 截　面 | 1 | $B$ | 2 | $C$ |
|---|---|---|---|---|
| $M(\text{kN}\cdot\text{m})$ | 116.8 | −114.3 | 76.9 | −87.9 |
| $\alpha_s=\frac{\gamma_0 M}{\alpha_1 f_c b h_0^2}$ | $\frac{116800000}{14.3\times1160\times410^2}$ $=0.042$ | $\frac{114300000}{14.3\times200\times410^2}$ $=0.238$ | $\frac{76900000}{14.3\times1160\times410^2}$ $=0.028$ | $\frac{87900000}{14.3\times200\times410^2}$ $=0.183$ |
| 查表 | 0.043 | $0.275<\xi=0.35$ | 0.028 | 0.204 |
| $A_S=\frac{\alpha_1 f_c b h_0 \xi}{f_y}$ | 812 | 896 | 529 | 664 |
| 选用钢筋 | 2Φ18+2Φ16 | 2Φ18+2Φ16 | 3Φ16 | 2Φ18+1Φ16 |
| 实用钢筋($\text{mm}^2$) | 911 | 911 | 603 | 710.1 |

表 2.1-15　次梁斜截面承载力计算

| 截　面 | $A$ | $B_{左}$ | $B_{右}$ | $C$ |
|---|---|---|---|---|
| $V$(kN) | 96.4 | 128.5 | 117.7 | 117.7 |
| $0.25f_cbh_0$(N) | $0.25\times14.3\times200\times410=293150>V=96400$ | $293150>V$ | $293150>V$ | $293150>V$ |
| $0.7\beta_hf_tbh_0$(N) | $0.7\times1.0\times1.43\times200\times410=82082<V=96400$ | $82082<V$ | $82082<V$ | $82082<V$ |
| 箍筋肢数、直径 | 双肢 $\phi8$ | 双肢 $\phi8$ | 双肢 $\phi8$ | 双肢 $\phi8$ |
| $A_{sv}=nA_{sv1}$(mm$^2$) | 100.6 | 100.6 | 100.6 | 100.6 |
| $s=\dfrac{f_{yv}A_{sv}h_0}{V-0.7f_tbh_0}$ | 778 | 240 | 313 | 313 |
| 实配箍筋间距/mm | 200 | 200 | 200 | 200 |

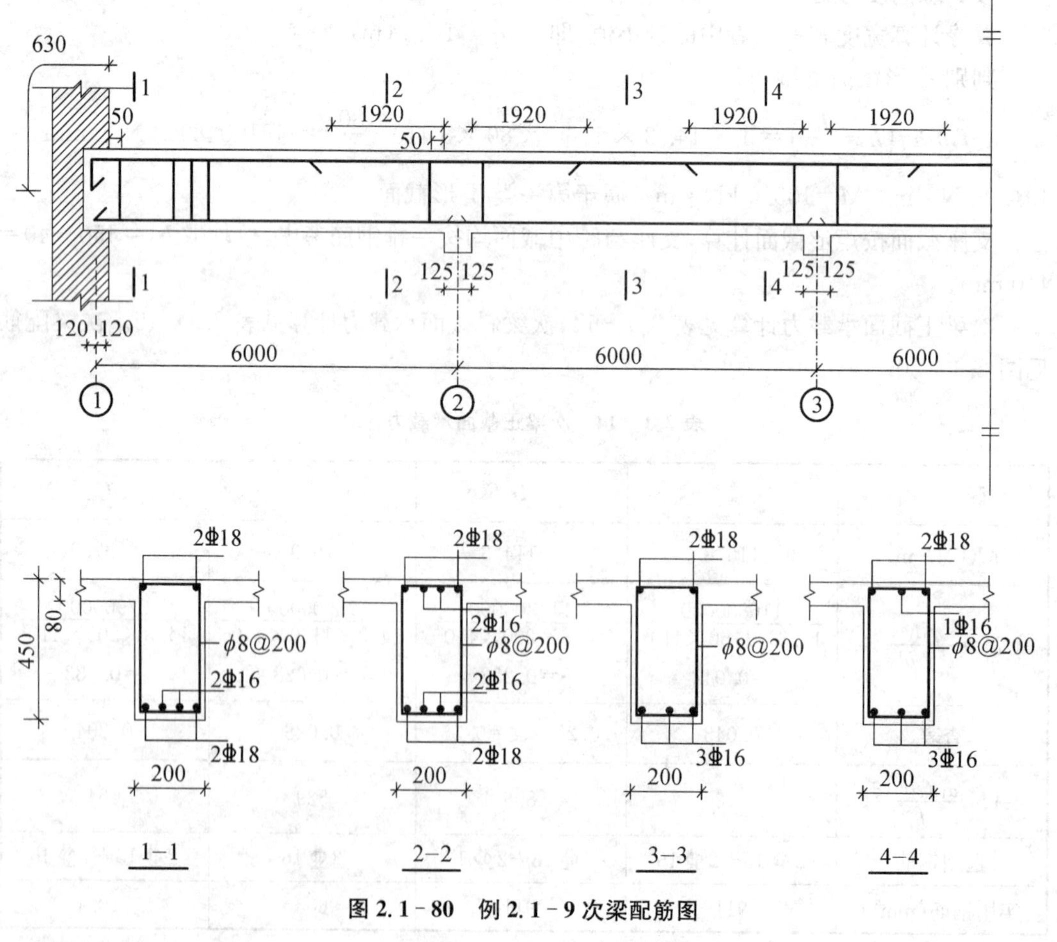


图 2.1-80　例 2.1-9 次梁配筋图

## ■ 实训练习

**任务一　钢筋混凝土次梁的钢筋布置**

(1) 目的：参观工地，观看次梁钢筋绑扎，理解上、下排钢筋间距，保护层要求及钢筋代换，加深理解钢筋混凝土次梁计算与布置。

(2) 能力目标：能进行钢筋混凝土次梁钢筋布置。

**任务二　描述单向板肋形楼盖设计(次梁)的设计步骤**

(1) 目的：通过单向板肋形楼盖设计(次梁)的设计步骤描述，掌握其设计要点。

(2) 能力目标：能进行单向板肋形楼盖设计(次梁)设计。

## 项目 1.19　单向板肋形楼盖设计(主梁)

**■ 学习目标**　掌握主梁的荷载计算、弹性理论方法计算主梁的内力及主梁配筋计算和构造。

**■ 能力目标**　学会主梁设计。

**■ 知识点**

**例 2.1-9**　整体式单向板肋形楼盖设计。

**解**　三、主梁的截面和配筋计算(按弹性理论计算)

1. 荷载设计值

次梁传来恒载　$10.22\times 6=61.32(\text{kN})$

主梁的自重　$1.3\times 0.25\times(0.65-0.08)\times 2\times 25=9.26(\text{kN})$

梁侧的抹灰　$1.3\times 2\times(0.65-0.08)\times 2\times 0.015\times 17=0.76(\text{kN})$

恒载　$G=71.34\ \text{kN}$

活载　$Q=27.0\times 6=162.0(\text{kN})$

总荷载　$G+Q=233.34\ \text{kN}$

2. 计算简图

由于主梁线刚度较钢筋混凝土柱线刚度大得多，故主梁中间支座按铰支承考虑。主梁端部搁置在砖壁柱上，其支承长度为 370 mm，如图 2.1-81。

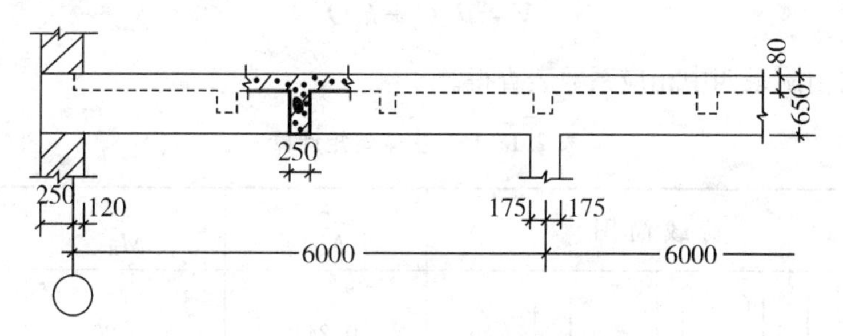


**图 2.1-81　主梁几何尺寸与支承情况**

计算跨度　边跨 $l_0=l_n+\frac{a}{2}+\frac{b}{2}=6.0-0.12-\frac{0.35}{2}+\frac{0.37}{2}+\frac{0.35}{2}=6.065(\text{m})$

$$l_0=1.025l_n+\frac{b}{2}=1.025\left(6-0.12-\frac{0.35}{2}\right)+\frac{0.35}{2}=6.02(\text{m})$$

取较小值，故 $l_0=6.02\ \text{m}$

中间跨 $l_0=6.0\ \mathrm{m}$

故主梁的计算简图如图 2.1 - 82 所示。

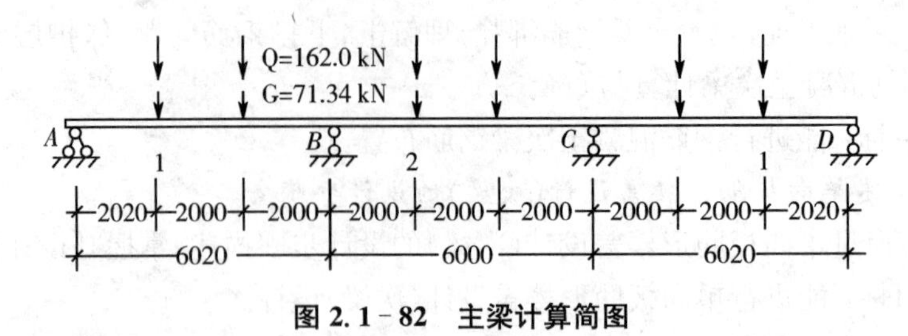


**图 2.1 - 82　主梁计算简图**

因跨度相差小于 10%，计算时可采用等跨连续梁弯矩及剪力系数。

3. 弯矩、剪力计算及其包络图

(1) 弯矩计算

$$M=k_1Gl_0+k_2Ql_0$$

式中　$k_1$、$k_2$——可由附录四中相应系数表查得；

$l_0$——计算跨度，对 $B$ 支座，计算跨度可用相应两跨的平均值。

边跨　　$Gl_0=71.34\times6.02=429.5(\mathrm{kN\cdot m})$

$$Ql_0=162.0\times6.02=975.2(\mathrm{kN\cdot m})$$

中间跨　　$Gl_0=71.34\times6.0=428.0(\mathrm{kN\cdot m})$

$$Ql_0=162.0\times6.0=972.0(\mathrm{kN\cdot m})$$

$B$ 支座　　$Gl_0=71.34\times\dfrac{6.02+6.0}{2}=428.8(\mathrm{kN\cdot m})$

$$Ql_0=162.0\times\frac{6.02+6.0}{2}=973.6(\mathrm{kN\cdot m})$$

(2) 剪力计算

$$V=k_3G+k_4Q$$

式中　$k_3$、$k_4$ 可由附录四中相应系数表查得。

**表 2.1 - 16　主梁弯矩计算**

| 项　次 | 荷 载 简 图 | $\dfrac{k}{M_1}$ | $\dfrac{k}{M_B}$ | $\dfrac{k}{M_2}$ |
|---|---|---|---|---|
| 1 | G；A 1 B 2 C 1 D | $\dfrac{0.244}{104.80}$ | $\dfrac{-0.267}{-114.49}$ | $\dfrac{0.067}{28.68}$ |
| 2 | Q | $\dfrac{0.289}{281.83}$ | $\dfrac{-0.133}{-129.49}$ | $\dfrac{-0.133}{-129.28}$ |

续表

| 项　次 | 荷载简图 | $\frac{k}{M_1}$ | $\frac{k}{M_B}$ | $\frac{k}{M_2}$ |
|---|---|---|---|---|
| 3 | 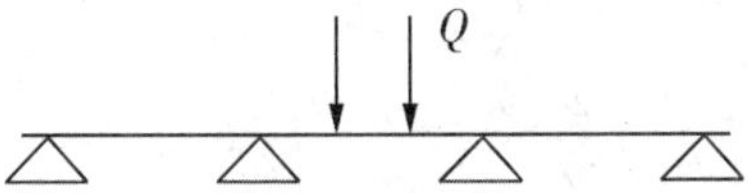 Q | $\frac{-0.0443}{-43.20}$ | $\frac{-0.133}{-129.49}$ | $\frac{0.200}{194.40}$ |
| 4 | 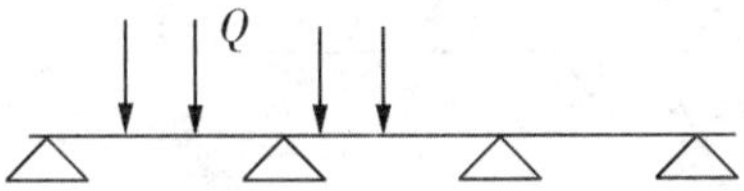 Q | $\frac{0.229}{223.32}$ | $\frac{-0.311}{-302.79}$ | $\frac{0.17}{165.24}$ |
| 组合项 | 1+2 | 386.63 | −243.98 | −100.60 |
| | 1+3 | 61.60 | −243.98 | 223.08 |
| | 1+4 | 328.12 | −417.28 | 193.92 |

**表 2.1－17　主梁剪力计算**

| 项　次 | 荷载简图 | $\frac{k}{V_A}$ | $\frac{k}{V_B(左)}$ | $\frac{k}{V_B(右)}$ |
|---|---|---|---|---|
| 1 | 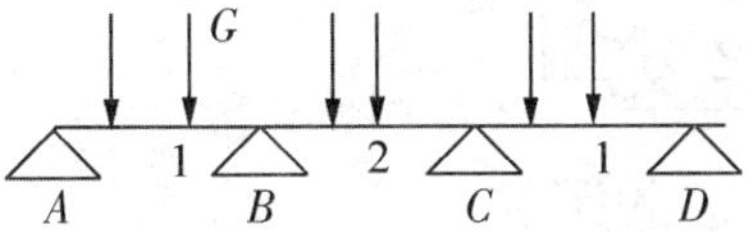 G　1　2　1　A　B　C　D | $\frac{0.733}{52.29}$ | $\frac{-1.267}{-90.39}$ | $\frac{1.00}{71.34}$ |
| 2 | 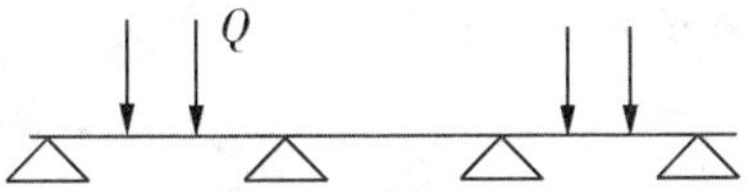 Q | $\frac{0.866}{140.29}$ | $\frac{-1.134}{-183.71}$ | $\frac{0}{0}$ |
| 3 | 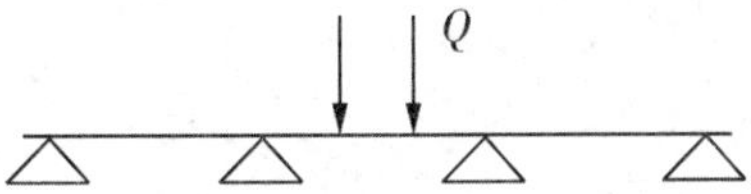 Q | $\frac{-0.133}{-21.55}$ | $\frac{-0.133}{-21.55}$ | $\frac{+1.000}{+162.0}$ |
| 4 | 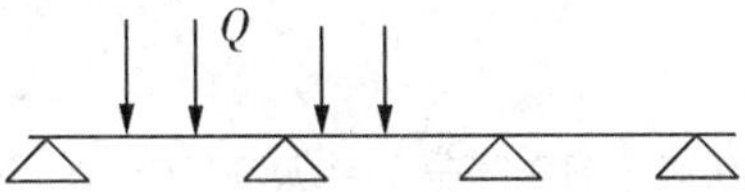 Q | $\frac{0.689}{111.62}$ | $\frac{-1.311}{-212.38}$ | $\frac{1.222}{197.96}$ |
| 组合项 | 1+2 | 192.58 | −274.1 | 71.34 |
| | 1+3 | 30.74 | −111.94 | 233.34 |
| | 1+4 | 163.91 | −302.77 | 269.3 |

图 2.1-83 为将各弯矩图及剪力图分别叠画在一起得到的弯矩包络图和剪力包络图。

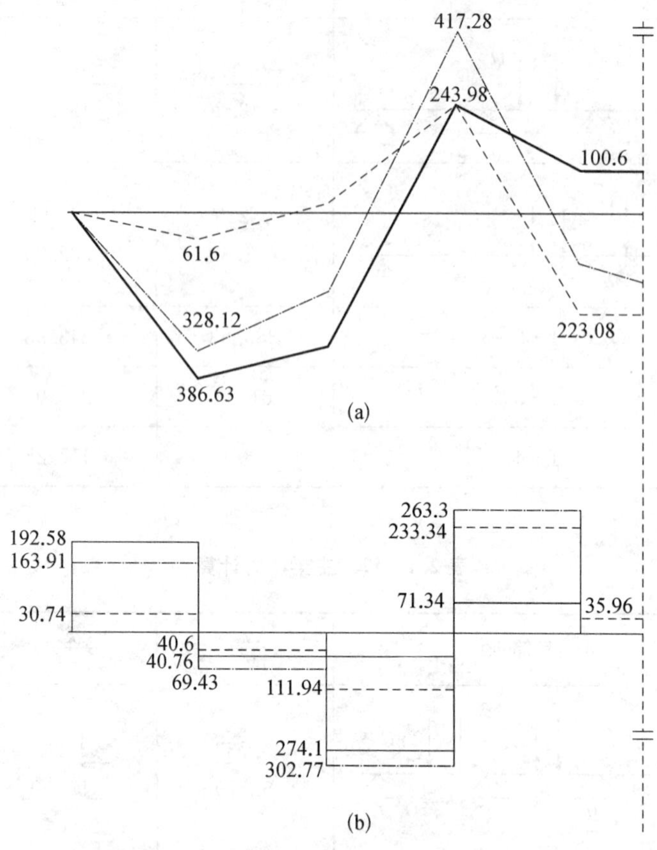


**图 2.1-83　主梁弯矩包络图与剪力包络图**

(a) 弯矩包络图;(b) 剪力包络图

4. 配筋计算

主梁跨中截面按 $T$ 形截面进行承载力计算,翼缘宽度按下面计算:

按梁跨度考虑　　　$b'_f = \frac{l_0}{3} = \frac{6}{3} = 2(\text{m})$

按梁净距 $S_n$ 考虑　　$b'_f = b + S_n = 6(\text{m})$

按翼缘高度考虑　　$b'_f = 0.25 + 12 \times 0.08 = 1.21(\text{m})$

翼缘计算宽度 $b'_f$ 取三者中的较小值,即　$b'_f = 1210\ \text{mm}$

判别 T 形截面类型

$\alpha_1 f_c b'_f h'_f \left(h_0 - \frac{h'_f}{2}\right) = 1 \times 14.3 \times 1210 \times 80 \times \left(610 - \frac{80}{2}\right) = 789016800(\text{N} \cdot \text{mm}) = 789\ \text{kN} \cdot \text{m} > M_{1\max} = 386.63\ \text{kN} \cdot \text{m}$ 属于第一类 $T$ 形截面。

支座截面按矩形截面计算,支座与跨中截面均按双排钢筋考虑,故均取 $h_0 = 650 - 70 = 580(\text{mm})$。$V_0 = G + Q = 71.34 + 162.0 = 233.34(\text{kN})$。主梁中间支座宽 $b_0 = 350\ \text{mm}$。

主梁正截面承载力计算见表 2.1-18,主梁斜截面承载力计算见表 2.1-19。主梁配筋见图 2.1-84。

**表 2.1-18 主梁正截面承载力计算**

| 截 面 | 边跨中 | 中间支座 | 中间跨中 |
|---|---|---|---|
| $M$(kN·m) | 386.63 | −417.28 | 223.08 |
| $V_0 b_0/2$ | | 52.98 | |
| $M- V_0 b_0/2$ | | −364.30 | |
| $\alpha_s=\frac{\gamma_0 M}{\alpha_1 f_c b h_0^2}$ | $\frac{386630000}{14.3\times1210\times610^2}$ $=0.060$ | $\frac{364300000}{14.3\times250\times580^2}$ $=0.303$ | $\frac{223080000}{14.3\times1210\times610^2}$ $=0.035$ |
| 查表 | 0.062 | $0.372<\xi_b=0.55$ | 0.035 |
| $A_S=\frac{\alpha_1 f_c b h_0 \xi}{f_y}$ | 1818 | 2143 | 1026 |
| 选用钢筋 | 5Φ22 | 4Φ22+2Φ20 | 3Φ22 |
| 实用钢筋(mm²) | 1900 | 2148 | 1140 |

**表 2.1-19 主梁斜截面承载力计算**

| 截 面 | $A$ | $B$(左) | $B$(右) |
|---|---|---|---|
| $V$(kN) | 192.58 | 302.77 | 269.3 |
| $0.25 f_c b h_0$(N) | $0.25\times14.3\times250\times610=$ $533750>V=192580$ | $0.25\times14.3\times250\times580$ $=518375>V=302770$ | $533750>V=269300$ |
| $0.7\beta_h f_t b h_0$(N) | $0.7\times1.0\times1.43\times250\times$ $610=152652<V=192580$ | $0.7\times1.0\times1.43\times250\times$ $580=145145<V=302770$ | $145145<V=269300$ |
| 箍筋肢数、直径 | 双肢 $\phi8$ | 双肢 $\phi8$ | 双肢 $\phi8$ |
| $A_{sv}=nA_{sv1}$(mm²) | 100.6 | 100.6 | 100.6 |
| $s=\frac{f_{yv} A_{sv} h_0}{V-0.7 f_t b h_0}$ | $\frac{270\times100.6\times610}{192580-152652}=415$ | $\frac{270\times100.6\times580}{302770-145145}=100$ | 127 |
| 实配箍筋间距(mm) | 100 | 100 | 100 |

5. 主梁附加箍筋的计算

由次梁传给主梁的集中荷载为：

$$F=G+Q=71.34+162.0=233.34(\mathrm{kN})$$

用 $\phi10$ 双肢箍，$n=2$，

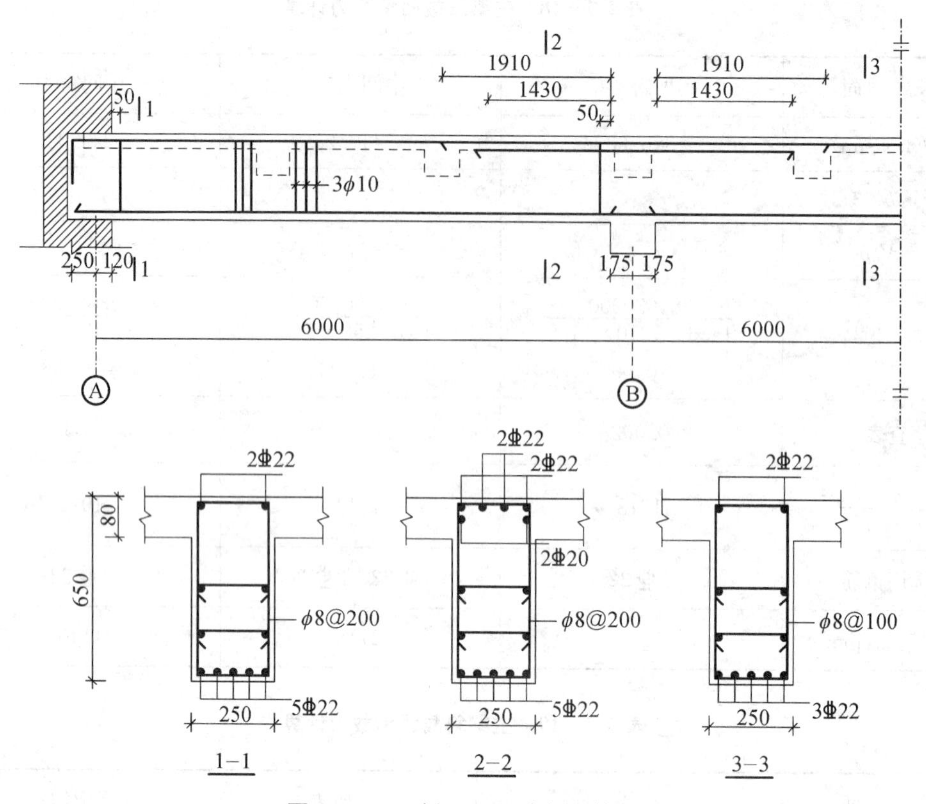


**图 2.1-84　例 2.1-9 主梁配筋图**

$$A_{sv} \geqslant \frac{F}{f_{yv}\sin\alpha} = \frac{233340}{270 \times \sin 90^{\circ}} = 864(\text{mm}^2)$$

采用在次梁每一侧各加密 3 道 $\phi$10 双肢箍筋，间距 50 mm。

6. 施工图

■ **实训练习**

**任务一　钢筋混凝土主梁的钢筋布置**

(1) 目的：参观工地，观看主梁钢筋绑扎，理解板、次梁、主梁在交汇点各钢筋排布，主梁的附加钢筋(附加箍筋、吊筋)设置，纵筋弯起及切断，加深理解钢筋混凝土主梁计算与布置要求。

(2) 能力目标：能进行钢筋混凝土主梁钢筋布置。

**任务二　描述单向板肋形楼盖设计(主梁)的设计步骤**

(1) 目的：通过单向板肋形楼盖设计(主梁)的设计步骤描述，掌握其设计要点。

(2) 能力目标：能进行单向板肋形楼盖设计(主梁)设计。

## 项目 1.20　整体式双向板肋形楼盖设计

■ **学习目标**　掌握双向板截面配筋计算和构造要求，了解双向板的受力特点、双向板内力计算方法。

■ **能力目标**　学会双向板钢筋布置。

## ■知识点

### 一、双向板的受力特点

板内力分布主要取决于支承及嵌固条件(如单边嵌固、两对边简支、周边简支或嵌固)、几何特征(如板的边长比及板厚)以及荷载形式(如集中力、分布力)等因素。单边嵌固的悬臂板和两对边支承的板,只在一个方向发生弯曲并产生内力,故称为单向板。对于周边支承的板(墙或梁支承,包括两邻边及三边支承板)将沿两个方向发生弯曲并产生内力,故称为双向板。但是,后者当边长比相差较大时,板面荷载大部分沿短向传递,主要在短跨方向发生弯曲,而另一方向的弯曲则很小,故常忽略不计。且长边 $l_2$ 与短边 $l_1$ 之比 $l_2/l_1<2$ 时,则板沿 $l_2$ 及 $l_1$ 两个方向的弯曲均不可忽略,两个方向的荷载及弯矩与板的边长比有关。试验表明,双向板因 $l_2>l_1$,故 $l_1$ 板带的曲率要比 $l_2$ 板带的曲率大,相应地 $l_1$ 板带所受弯矩也就大,即由短跨方向板带所承担的荷载较多。双向板的工作特点是两个方向同时受力,所以两个方向均需配置受力钢筋。

双向板比单向板受力好,板的刚度好,双向板的跨度可达 5 m,而单向板的常用跨度一般在 2 m 以内,双向板的板厚也较同跨度单向板薄。例如对多跨连续板,单向板最小厚度为跨度的 1/40,而双向板为跨度的 1/50。

根据试验研究,双向板的受力特点可归纳如下:

(1) 四边简支的方形板和矩形板,在均布荷载作用下,在裂缝出现之前,板基本处于弹性工作阶段。图 2.1－85 为双向板破坏时板底及板面裂缝。如图 2.1－85(a),加荷后第一批裂缝出现在板底中部,然后逐渐沿 45°向板四角扩展,当钢筋应力达屈服点后,裂缝显著增大。板即将破坏时,板面四角产生环状裂缝,如图 2.1－85(b)所示,这种裂缝的出现促使板底裂缝进一步开展,最后板告破坏。

**图 2.1－85　简支双向板破坏时的裂缝分布**

(a) 方形板;(b) 矩形板

(2) 双向板在荷载作用下,四角有翘曲的趋势。所以,板传给支承梁的压力,沿板长方向不是均匀的,在板的中部较大,两端较小。

(3) 双向板的受力钢筋不采用垂直于板底裂缝的方向,而仍采用平行于四边的方向。因平行于四边的配筋其裂缝荷载(即板底出现第一批裂缝时的荷载)较大,而破坏时极限荷载又与对角线方向配筋相差不大,且施工方便,所以双向板采用平行于四边的配筋方式。

(4) 细而密的配筋较粗而疏的有利,强度等级高的混凝土较等级低的有利。

### 二、双向板内力计算方法

双向板内力计算方法有两种,即弹性理论和塑性理论。

#### (一) 单跨双向板按弹性理论的计算

单跨双向板按其四边支承情况的不同,目前一般采用根据楼盖中常会遇到的六种情况按弹性薄板理论编制的弯矩系数表(附录五)进行计算。

即

$$m = 表中系数 \times ql^2 \tag{2.1-135}$$

式中 $m$——跨中或支座单位板宽内的弯矩;

$q$——均布荷载,$kN/m^2$;

$l$——板的较小跨度,m。

附录五给出了图 2.1-86 所示六种边界条件的单跨板在均布荷载作用下的挠度系数、支座弯矩系数以及当泊松比 $\nu=0$ 时的跨中弯矩系数。钢筋混凝土结构 $\nu=0.2$,故对跨中弯矩应按下式计算:

$$m_x^{(\nu)} = m_x + \nu m_y \tag{2.1-136}$$

$$m_y^{(\nu)} = m_y + \nu m_x \tag{2.1-137}$$

式中 $m_x$、$m_y$——按附录五查得的板跨中弯矩系数计算得到的跨中弯矩值。

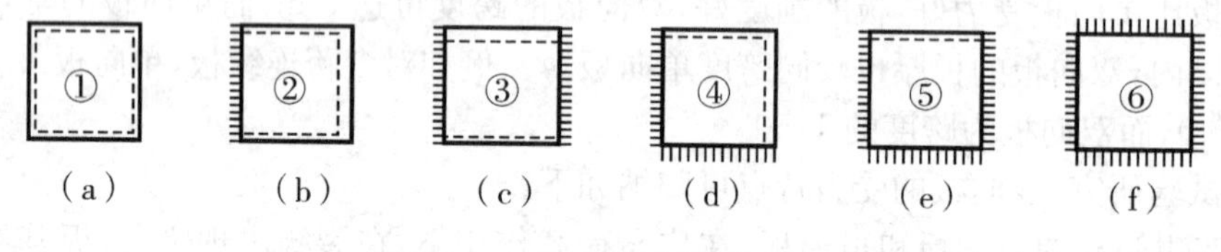


图 2.1-86 双向板的六种四边支承情况

双向板承受的荷载将朝最近的支承梁传递。因此,支承梁承受的荷载可用从板角作45°分角线的方法确定。如为正方形板,则四条分角线将相交于一点,双向板支承梁的荷载均为三角形荷载。如为矩形板,四条分角线分别交于两点,该两点的连线平行于长边方向(图 2.1-87)。这样,将板上荷载分成四部分并换算成均布荷载,如短边支承梁承受三角形荷载换算成均布荷载,如图 2.1-88(a)所示,长边支承梁承受梯形荷载换算成均布荷载,如图2.1-88(b)所示。

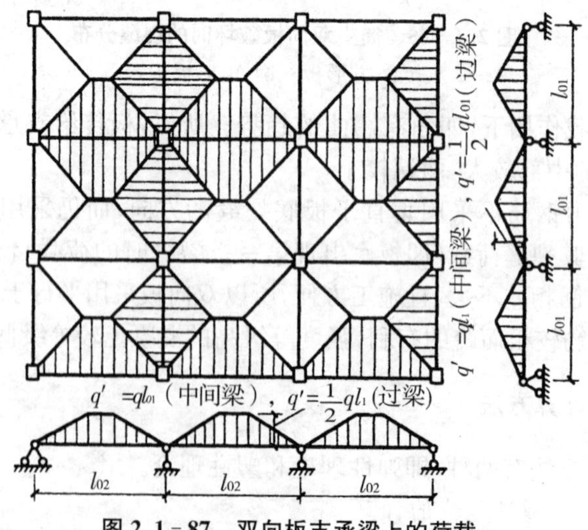


图 2.1-87 双向板支承梁上的荷载

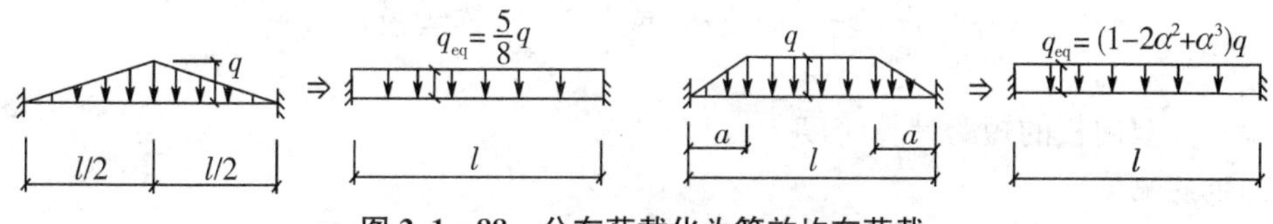


**图 2.1-88　分布荷载化为等效均布荷载**

(a) 三角形分布荷载；(b) 梯形分布荷载($\alpha=\frac{a}{l}$)

(二) 按塑性理论的计算

在考虑内力塑性重分布时，可在弹性理论求得的支座弯矩的基础上，对支座弯矩进行调幅，再按实际荷载分布计算梁的跨中弯矩。

## 三、双向板截面配筋计算和构造要求

(一) 截面设计

1. 截面的弯矩设计值

对于周边与梁整体连接的双向板，除角区格外，可考虑周边支承梁对板的有利影响，即周边支承梁对板形成的拱作用，将截面的计算弯矩乘以下列折减系数予以考虑：

(1) 对于连续板的中间区格，其跨中截面及中间支座截面折减系数为 0.8；

(2) 对于边区格跨中截面及第一内支座截面，

当 $l_b/l_0<1.5$ 时，折减系数为 0.8；

当 $1.5\leqslant l_b/l_0<2$ 时，折减系数为 0.9。

其中　$l_0$——垂直于楼板边缘方向的计算跨度；

　　　$l_b$——平行于楼板边缘方向的计算跨度。

(3) 楼板的角区格不应折减。

2. 截面有效高度 $h_0$

由于板内上、下钢筋都是纵横叠置的，同一截面处通常有四层。故计算时在两个方向应分别采用各自的截面有效高度 $h_{01}$ 和 $h_{02}$。考虑到短跨方向的弯矩比长跨方向大，故应将短跨方向的钢筋放在板的外侧。通常，$h_{01}$ 和 $h_{02}$ 的取值为：

短跨 $l_{01}$ 方向：$h_{01}=h-20$ mm；

长跨 $l_{02}$ 方向：$h_{02}=h-30$ mm。

其中　$h$——板厚，mm。

3. 配筋计算

由单位宽度的截面弯矩设计值 $m$，按下式计算受拉钢筋截面积

$$A_s=\frac{m}{\gamma_s h_0 f_y} \tag{2.1-138}$$

式中　$\gamma_s$——内力臂系数，近似取 0.9～0.95。

(二) 双向板的构造

1. 板厚

双向板的厚度通常在 80～160 mm 范围内，任何情况下不得小于 80 mm。由于双向板的挠度一般不另作验算，故为使其有足够的刚度，板厚应符合下述要求：

$$\frac{h}{l} \geqslant \frac{1}{45}(\text{简支板})\text{或}\frac{h}{l} \geqslant \frac{1}{50}(\text{连续板})$$

式中　$l$——双向板的短跨计算跨度。

2. 钢筋配置

双向板的配筋方式有分离式和连续式两种。

按弹性理论，板的跨中弯矩不仅沿板长变化，且沿板宽向两边逐渐减小；而板底钢筋却是按最大跨中正弯矩求得的，故应向两边逐渐减少。考虑到施工方便，其减少方法为：将板在 $l_1$ 及 $l_2$ 方向各分为三个板带(图 2.1－89)，两边板带的宽度为板短向跨度 $l_1$ 的 1/4，其余为中间板带。在中间板带均匀配置按最大正弯矩求得的板底钢筋，边板带内则减少一半，但每米宽度内不得少于三根。对于支座边界板面负钢筋，为了承受四角扭矩，按最大支座负弯矩求得的钢筋沿全支座均匀分布，并不在边板带内减少。

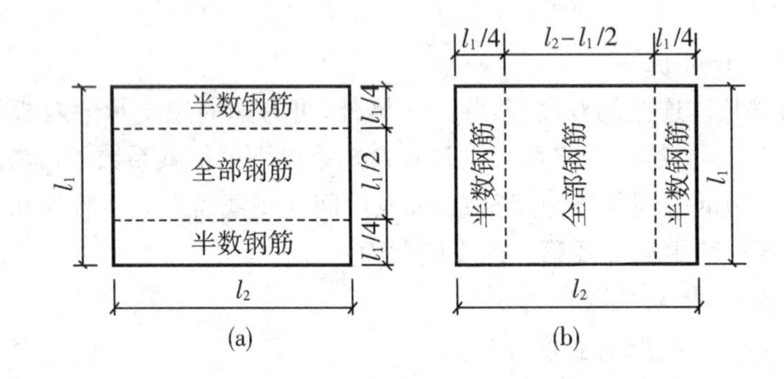


**图 2.1－89　双向板配筋示意图**

(a) 平行于 $l_2$ 的钢筋 $A_{s2}$；(b) 平行于 $l_1$ 的钢筋 $A_{s1}$

受力筋的直径、间距和弯起点、切断点的位置，以及沿墙边、墙角处的构造钢筋，均与单向板楼盖的有关规定相同。

■ **实训练习**

**任务一　钢筋混凝土双向板钢筋的布置**

(1) 目的：参观工地，观看梁板结构，辨别单向板、双向板，加深理解钢筋混凝土双向板钢筋的布置。

(2) 能力目标：能进行钢筋混凝土双向板钢筋布置。

**任务二　描述钢筋混凝土双向板荷载传递方式、大小**

(1) 目的：通过给定的两跨连续双向板进行双向板荷载传递计算，掌握双向板荷载传递方式、大小及等效为均布荷载的计算方法。

(2) 能力目标：能进行钢筋混凝土双向板荷载传递计算。

## 项目 1.21　楼梯与雨篷

■ **学习目标**　了解各种楼梯形式、构造；了解雨篷构造。

■ **能力目标**　学会识读楼梯、雨篷施工图。

■ **知识点**

除前述各种类型的楼盖(或屋盖)外,房屋建筑中的楼梯、雨篷、阳台、挑梁等也属梁板结构。这些结构构件由于工作条件的不同,外形比较特殊。如楼梯包含有斜向搁置的受弯构件;雨篷、阳台、挑梁包含悬挑的受弯构件。因而在外形、计算及构造上均各具特点。本节着重介绍楼梯、雨篷计算与构造。

## 一、楼梯

楼梯是多层及高层房屋建筑的重要组成部分。因承重及防火要求,一般采用钢筋混凝土楼梯。这种楼梯按施工方法的不同可分为现浇式和装配式;按结构受力状态可分为梁式、板式、剪刀式和螺旋式(图 2.1－90(a)、(b)、(c)、(d))。前两种属平面受力体系,后两种则为空间受力体系。本节主要介绍常见的板式和梁式楼梯。

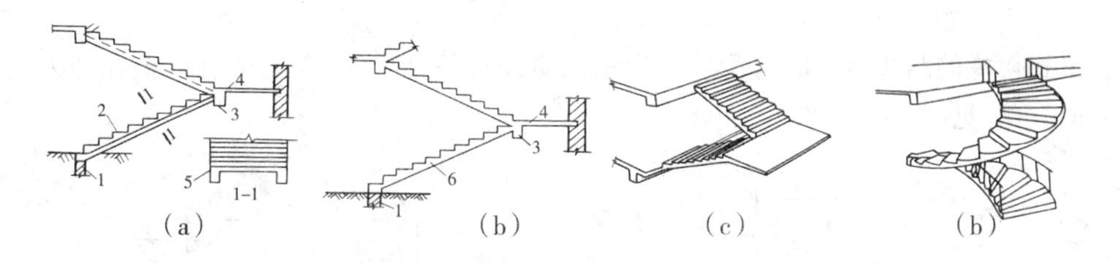


**图 2.1－90　各种形式楼梯的示意图**

(a) 梁式楼梯;(b) 板式楼梯;(c) 剪刀式楼梯;(d) 螺旋楼梯

1—地垅墙;2—踏步板;3—平台梁;4—平台板;5—斜梁;6—梯段板

现浇楼梯由梯段和平台两部分组成,其平面布置和踏步尺寸等由建筑设计确定。通常现浇楼梯的梯段可以是一块斜放的板,板端支承在平台梁上,最下梯段的一端可支承在地垅墙上(图 2.1－90(b)),这种形式的楼梯称为板式楼梯。梯段上的荷载可直接传给平台梁或地垅墙。这种楼梯下表面平整,因而施工支模较方便、外观也较轻巧,但斜板较厚(约为跨度的 1/25～1/35),适用于梯段水平投影在 3 m 以内的楼梯。当梯段较长时,为节约材料,可在斜板两侧或中间设置斜梁,这种楼梯称为梁式楼梯(图 2.1－90(a))。作用于楼梯上的荷载先由踏步板传给斜梁,再由斜梁传给平台梁或地垅墙。这种楼梯施工支模较复杂,并显得较笨重,由于上述两种楼梯的组成和传力路线不同,其计算方法也有各自的特点。

### (一) 板式楼梯

板式楼梯包括斜板、平台板和平台梁。

斜板的配筋构造如图 2.1－91 所示。为考虑支座连接处的整体性,防止开裂,斜板上部应配置适量钢筋,一般为 $\phi8@200$,其距支座的距离为 $l_n/4$($l_n$为水平净跨度)。图 2.1－91(a)为弯起式配筋。跨中钢筋应在距支座边缘 $l_n/4$ 处弯起,同时,自平台伸入支座的上部钢筋应至 $l_n/4$ 处。图 2.1－91(b)为分离式配筋。踏步板中分布钢筋应在受力钢筋的内侧,一般应在每踏步下设置一根 $\phi8$ 钢筋。

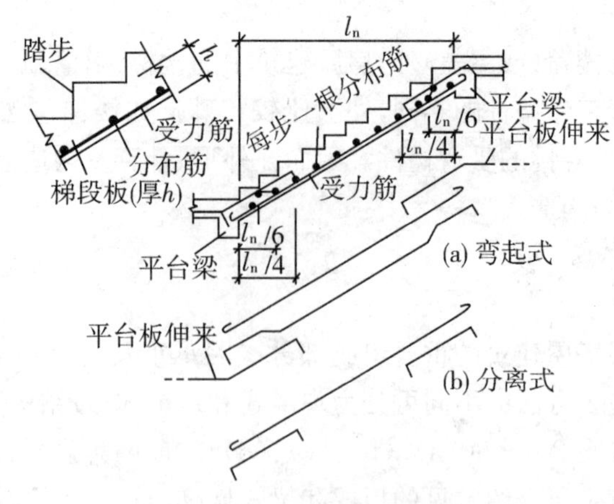


图 2.1-91　板式楼梯的配筋

（二）梁式楼梯

梁式楼梯的踏步板同时应配置负弯矩钢筋，即每两根受力钢筋中有一根在伸入支座后再弯向上部，见图 2.1-92。

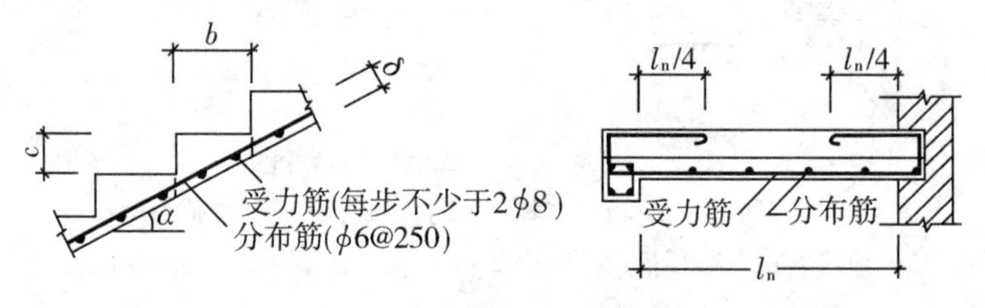


图 2.1-92　梁式楼梯的踏步板

## 二、雨篷

雨篷的种类按施工方法，分为现浇雨篷和预制雨篷；按支承条件分为板式雨篷和梁式雨篷；按材料分为钢筋混凝土雨篷和钢结构雨篷。钢筋混凝土雨篷，当外挑长度不大于 3 m 时，一般可不设外柱而做成悬挑结构。其中，当外挑长度大于 1.5 m 时，宜设计成含有悬臂梁的梁板式雨篷；当外挑长度不大于 1.5 m 时可设计成结构最为简单的悬臂板式雨篷。如图 2.1-93 所示，现浇钢筋混凝土板式雨篷由雨篷板和雨篷梁组成。雨篷板简化为悬挑构件，为受弯构件；雨篷梁简化为简支梁，为弯剪扭构件。

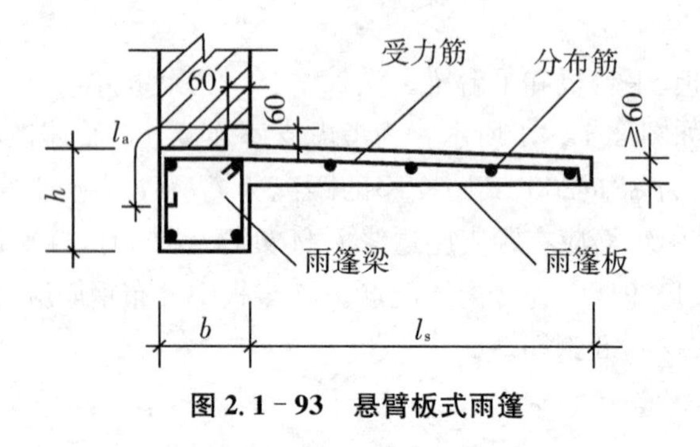


图 2.1-93　悬臂板式雨篷

悬臂板式雨篷可能发生的破坏有三种：雨篷板根部断裂、雨篷梁弯剪扭破坏和雨篷整体倾覆(图 2.1－94)。为防止以上破坏,应对悬臂板式雨篷进行三方面的计算：雨篷板的承载力计算、雨篷梁的承载力计算和雨篷抗倾覆验算。此外,悬臂板式雨篷还应满足以下构造要求：板的根部厚度不少于 $l_s/12$ 和 80 mm,端部厚度不小于 60 mm;板的受力筋必须置于板上部,伸入支座长度 $l_a$;梁的箍筋必须良好搭接。

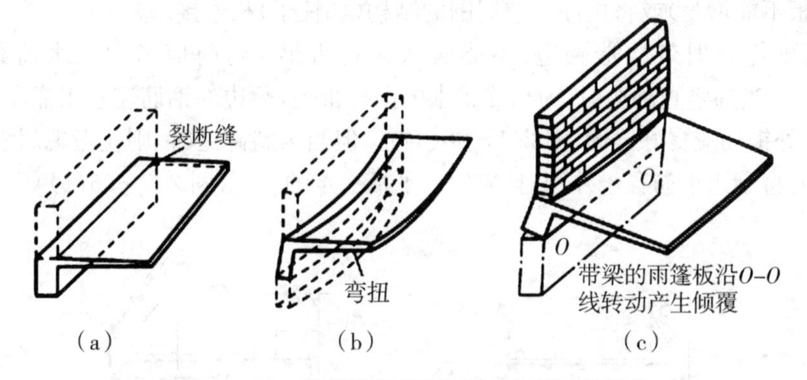


**图 2.1－94　悬臂板式雨篷可能发生的破坏形式**

(a) 沿雨篷板根部断裂;(b) 雨篷梁受弯剪扭破坏;(c) 雨篷倾覆

为保证雨篷的整体稳定,需按下列公式对雨篷进行抗倾覆验算。

$$M_r \geqslant M_{OV} \tag{2.1-139}$$

式中　$M_r$——雨篷的抗倾覆力矩设计值;

$M_{OV}$——雨篷的倾覆力矩设计值。

计算 $M_r$时,应考虑可能出现的最小力矩,即只能考虑恒载的作用(如雨篷梁自重、梁上砌体重及压在雨篷梁上的梁板自重)且应考虑恒载有变小的可能。$M_r$按下列公式计算：

$$M_r \geqslant 0.8G_{rk}(l_2 - x_0) \tag{2.1-140}$$

式中　$G_{rk}$———抗倾覆恒载的标准值,按图 2.1－95(a)计算,图中 $l_3 = l_n/2$;

$l_2$——$G_{rk}$作用点到墙外边缘的距离,m;

$x_0$——倾覆点 $O$ 到墙外边缘的距离, $x_0 = 0.13\ l_1$,$l_1$ 为墙厚度。

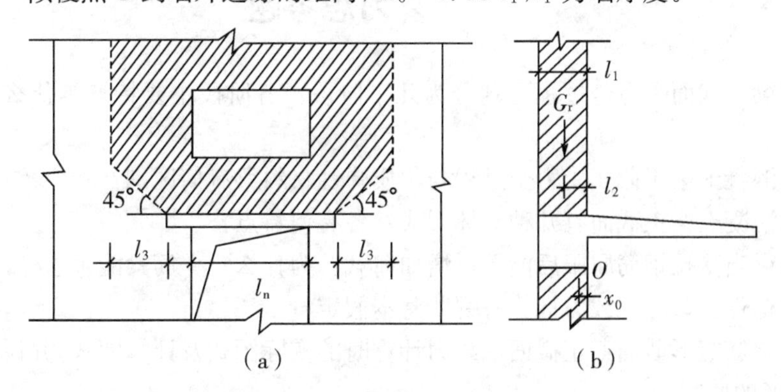


**图 2.1－95　雨篷的抗倾覆计算**

(a) 雨篷的抗倾覆荷载;(b) 倾覆点 $O$ 和抗倾覆荷载 $G$

计算 $M_{OV}$ 时，应考虑可能出现的最大力矩，即应考虑作用于雨篷板上的全部恒载及活载对 $x_0$ 处的力矩。且应考虑恒载和活载均有变大的可能，用恒载系数 1.2，活载系数 1.4。

在进行雨篷抗倾覆验算时，应将施工或检修集中活荷载（$Q_k$＝1 kN）置于悬臂板端，且沿板宽每隔 2.5～3 m 考虑一个集中活荷载。

当雨篷抗倾覆验算不满足要求时，应采取保证稳定的措施。如增加雨篷梁在砌体内的长度（雨篷板不能增长）或将雨篷梁与周围的结构（如柱子）相连接。

悬臂板雨篷有时带构造翻边，不能误认为是边梁。这时应考虑积水荷载（至少取 1.5 kN/m$^2$）。当为竖直翻边时，为承受积水的向外推力，翻边的钢筋应置于靠积水的内侧，且在内折角处钢筋应良好锚固（图 2.1－96(a)）。但当为斜翻边时，则应考虑斜翻边重量所产生的力矩，将翻边钢筋置于外侧，且应弯入平板一定的长度（图 2.1－96(b)）。

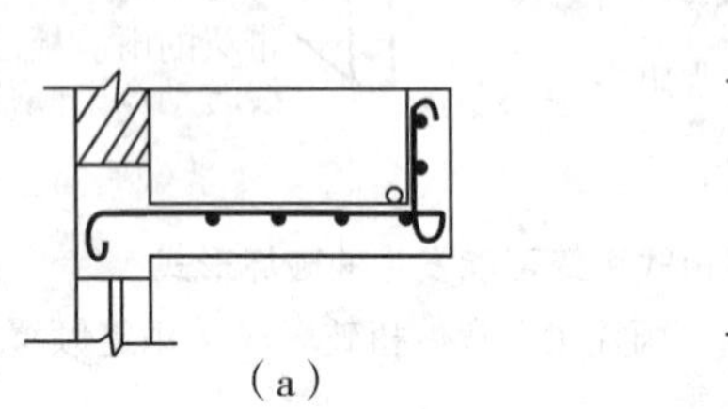


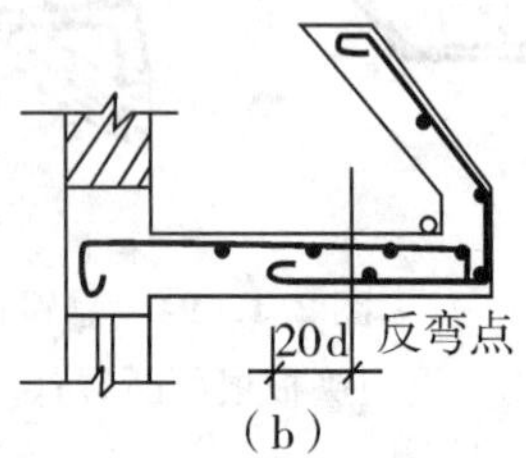


**图 2.1－96　带构造翻边的悬臂板式雨篷的配筋**

(a) 直翻边；(b) 斜翻边

### 实训练习

**任务一　钢筋混凝土楼梯**

(1) 目的：参观学院建筑（工地），认知各建筑物采用何种楼梯及工地楼梯钢筋的布置。

(2) 能力目标：能识懂钢筋混凝土楼梯钢筋的布置。

**任务二　钢筋混凝土雨篷配筋**

(1) 目的：参观学院实训基地（工地），理解雨篷配筋布置。

(2) 能力目标：能识懂钢筋混凝土雨篷钢筋的布置。

## 复习思考题

1. 适筋梁正截面受力全过程可划分为几个阶段？各阶段主要特点是什么？与计算有何联系？

2. 钢筋混凝土梁正截面受力全过程与匀质弹性材料梁有何区别？

3. 钢筋混凝土梁正截面有几种破坏形式？各有何特点？

4. 适筋梁当受拉钢筋屈服后能否再增加荷载？为什么？少筋梁能否这样，为什么？

5. 受弯构件正截面承载力计算有哪些基本假定？

6. 画出单筋矩形截面梁正截面承载力计算时的实际图式及计算图式，并说明确定等效矩形应力图形的原则。

7. 什么是钢筋混凝土梁正截面相对界限受压区高度 $\xi_b$？写出有明显流幅钢筋的相对界限受压区高度比 $\xi_b$ 的计算公式。

8. 影响钢筋混凝土受弯承载力的最主要因素是什么？当截面尺寸一定，改变混凝土或钢筋强度等级时对受弯承载力影响的有效程度怎样？

9. 钢筋混凝土受弯构件正截面受弯承载力计算中的 $\alpha_s$、$\gamma_s$、$\xi$ 的物理意义是什么？又怎样确定最小及最大配筋率？

10. 在什么情况下采用双筋梁？为什么双筋梁一定要采用封闭式箍筋？

11. 计算双筋梁正截面受弯承载力时的适用条件是什么？试说明原因。

12. 在双筋梁正截面受弯承载力计算中，当 $A'_s$ 已知时，应如何计算 $A_s$？在计算时 $A_s$ 如发现 $x>\xi_b h_0$，说明什么问题？应如何处置？如果 $x<2\alpha_s$，应如何处置，为什么？

13. 两类 T 形截面梁如何判别？为什么说第一类 T 型梁可按 $b_f{}'\times h$ 的矩形截面计算？

14. 钢筋混凝土受弯构件在荷载作用下为什么会出现斜裂缝？如何防止斜截面破坏？

15. 无腹筋梁斜裂缝出现后应力状态发生了哪些变化？为什么会发生这些变化？

16. 无腹筋梁斜截面破坏的主要形态有哪几种类型？各在什么条件下发生？

17. 腹筋对提高受剪承载力的作用有哪些？

18. 影响钢筋混凝土梁斜截面受剪承载力的主要因素有哪些？各有什么样的影响？

19. 剪跨比的定义是什么？为什么说剪跨比是影响无腹筋梁受剪承载力最主要的因素之一？

20. 为什么要规定梁的截面尺寸限制条件？

21. 什么是最小配箍率？当满足最小配箍率的要求后，是否就能保证不发生斜拉破坏？

22. 什么是材料的抵抗弯矩图？纵向受力钢筋弯起和截断时如何保证梁的正截面受弯承载力和斜截面受弯承载力？

23. 为什么说纵向受力钢筋不宜在受拉区截断？

24. 若构件的最大裂缝宽度不能满足要求时，可采用哪些措施？哪些最有效？

25. 如何减小构件的挠度？

26. 如何防止钢筋混凝土受扭构件的少筋破坏、完全超筋破坏、部分超筋破坏和适筋破坏？

27. 试述矩形截面弯剪扭构件的截面设计步骤。

28. 受扭构件的箍筋和受扭纵筋各有哪些构造要求？

29. 钢筋混凝土梁板结构设计的一般步骤是怎样的？

30. 钢筋混凝土楼盖结构有哪几种类型？说明它们各自的受力特点和适用范围。

31. 现浇单向板肋形楼盖结构布置可从哪几方面来体现结构的合理性？

32. 现浇单向板肋形楼盖中的板、次梁和主梁，当其内力按弹性理论计算时，如何确定其计算简图？当按塑性理论计算时，其计算简图又如何确定？如何绘制主梁的弯矩包络图？

33. 什么叫“塑性铰”？混凝土结构中的“塑性铰”与结构力学中的“理想铰”有何不同？

34. 什么叫“内力重分布”？“塑性铰”与“内力重分布”有何关系？

35. 什么叫“弯矩调幅”？考虑塑性内力重分布计算钢筋混凝土连续梁的内力时，为什么要控制“弯矩调幅”？

36. 考虑塑性内力重分布计算钢筋混凝土连续梁时，为什么要限制截面受压区高度？

37. 什么叫“单向板”、“双向板”？肋形楼盖中的区格板，实际上是属于哪一类受力特征的板？

38. 试绘出周边简支矩形板裂缝出现和开展的过程及破坏时板底裂缝分布示意图。

39. 利用单区格双向板弹性弯矩系数计算多区格双向板跨中最大弯矩和支座最小负弯矩时，采用了一些什么假定？

40. 现浇单向板肋形楼盖板、次梁和主梁的配筋计算和构造有哪些要点？

41. 现浇普通楼梯有哪两种？各有何优缺点？工程中常用哪种？

42. 悬臂板式雨篷可能发生哪几种破坏？应进行哪些计算？应满足哪些构造要求？

## 训 练 题

1. 已知梁的截面尺寸 $b=250$ mm，$h=500$ mm，承受弯矩设计值 $M=90$ kN·m，采用混凝土强度等级为 C30 和 HRB400 级钢筋，求所需纵向钢筋的截面面积。

2. 某现浇简支平板，计算跨度 $l=2.4$ m，板上为 30 mm 水泥砂浆面层，板底为 12 mm 纸筋灰粉刷，承受标准均布活荷载 0.5 kN/m$^2$，采用混凝土强度等级为 C25，HPB300 级钢筋，试设计板（确定板厚与配筋）。

3. 已知某梁 $b=200$ mm，$h=450$ mm，混凝土强度等级为 C30，配有受拉钢筋 3 Φ 22＋2 Φ 25，承受弯矩设计值 $M=170$ kN·m，试验算该截面是否安全。

4. 已知一倒 $T$ 形截面梁，$b\times h=200$ mm×400 mm；$h_f'=150$ mm，$b_f'=300$ mm，采用 C30 混凝土，配置纵向受拉钢筋 4 Φ 20，受压钢筋 2 Φ 20，求该梁能承受的最大设计弯矩。

5. 已知一钢筋混凝土矩形截面简支梁，$b\times h=200$ mm×500 mm，采用 C30 混凝土，钢筋选用 HRB400 级钢筋，取 $\alpha_s=60$ mm，$\alpha_s'=40$ mm，若梁的设计弯矩为 196 kN·m，求受拉及受压钢筋面积 $A_s$ 及 $A_s'$。

6. 一矩形截面简支梁，计算跨度 $l_0=5.7$ m，$b=200$ mm，$h=500$ mm，混凝土强度等级 C25，配有受压钢筋 2 Φ 18，受拉钢筋 3 Φ 22＋2 Φ 18。求该梁所能承受的均布活荷载标准值（该梁为二级建筑的办公楼楼面梁，钢筋混凝土重度为 25 kN/m$^3$，恒载分项系数为 1.3，活荷载分项系数 1.5）。

7. 整浇肋梁楼盖的 T 形截面次梁，跨度 6 m，梁间距 2.4 m，现浇板厚 80 mm，混凝土强度等级为 C30，HRB400 级钢筋，跨中截面承受弯矩设计值 $M=270$ kN·m。试确定该梁跨中截面尺寸及受拉钢筋截面面积 $A_s$，并选配钢筋。

8. 一钢筋混凝土矩形截面简支梁，净跨 $l_n=6.70$ m，截面尺寸 $b\times h=220$ mm×600 mm，采用 C35 混凝土，纵筋采用 HRB400 级，箍筋采用 HPB300 级，承受均布荷载设计值 134 kN/m（包括梁自重），(1) 确定纵向受力钢筋；(2) 如果只配箍筋不配弯起钢筋，试确定钢筋的直径和间距；(3) 如果既配箍筋又配弯起钢筋，试确定箍筋和弯起钢筋。

9. 一 $T$ 形截面简支梁 $b=200$ mm，$h=600$ mm，$b_f'=600$ mm，$h_f'=80$ mm，净跨 $l_n=6.76$ m，采用 C30 混凝土，并已沿梁全长配 HRB400 级 $\phi$8@200 箍筋，试按受剪承载力确定该梁所能承受的均布荷载设计值。

# 单元2　柱、预应力构件

■ **单元概述**　叙述了钢筋混凝土轴心受压构件、偏心受压构件、排架柱的设计方法；钢筋混凝土轴心受拉构件、偏心受拉构件设计方法；预应力混凝土构件的构造要求。

■ **学习目标**　通过本单元学习，掌握偏心受压构件正截面承载力计算、牛腿构造、预应力损失；了解排架内力组合、预应力混凝土构件的构造要求。

## 项目2.1　受压构件构造要求、轴心受压构件计算

■ **学习目标**　掌握钢筋混凝土受压构件基本构造要求及轴心受压构件的设计方法；了解钢筋混凝土受压构件的材料选用、截面尺寸的确定；理解构件内所配钢筋的作用。

■ **能力目标**　能正确地进行轴心受压构件的截面设计和安全性的判断，正确地选配和布置钢筋。

■ **知识点**

### 一、概述

建筑结构中，柱主要支撑水平结构，构成空间体系，传递纵向压力。以承受轴向压力为主的构件称受压构件。在工业与民用建筑中，钢筋混凝土受压构件的应用十分广泛，如单层厂房柱、多层和高层建筑中的框架柱、基础等。按照轴向力作用在截面上的位置不同，受压构件可分为：轴心受压构件和偏心受压构件。当轴向压力作用在构件截面的形心上时，构件为轴心受压构件；若轴向压力作用点偏离了构件截面的形心，或轴向压力作用点虽然在构件截面的形心上而同时伴有弯矩作用，此构件为偏心受压构件。根据轴向力作用点偏离形心的方向不同，偏心受压构件又分为单向偏心受压构件和双向偏心受压构件。在实际工程中，真正的轴心受压构件几乎是不存在的，由于混凝土材料的不均匀性、施工的误差等原因，往往存在弯矩作用，为了计算方便，只要弯矩很小，可近似简化为轴心受压构件进行计算。否则，应按偏心受压构件计算。

### 二、受压构件的构造要求

（一）截面形式和尺寸

为了施工方便，钢筋混凝土轴心受压构件常采用正方形或矩形，有特殊要求时，亦可采用圆形、多边形或工形截面；从受力合理的角度考虑，轴心受压构件一般采用方形；偏心受压构件一般采用矩形，为了节约混凝土及减轻柱的自重，装配式受压构件常采用工形截面。

钢筋混凝土受压构件截面尺寸除应满足强度、刚度和稳定性要求外，还应考虑使用、施工方便和经济等方面的要求，一般不小于250 mm×250 mm。为避免长细比过大、构件承载力降低过多，常取$l_0/b\leqslant30$、$l_0/h\leqslant25$（$l_0/d\leqslant25$），此处$l_0$为柱的计算长度，$b$、$h$（$d$）分别为柱的短边、长边（圆形柱直径）。此外，考虑模板的规格，截面尺寸应符合相应的模数，在800 mm以下者，宜取50 mm的倍数；在800 mm以上者，宜取100 mm的倍数。对于工形截面，为防止翼缘过早出现裂缝和避免浇筑困难，翼缘厚度不宜小于120 mm，腹板厚度不宜

小于 100 mm。

(二) 材料强度等级的选择

(1) 混凝土强度等级。

受压构件的承载力主要取决于混凝土的强度，从经济的角度考虑，应采用较高强度的混凝土，但又必须保证构件满足延性的要求。混凝土强度等级不宜低于 C20；采用 400 MPa 级钢筋时，混凝土强度等级不低于 C25。

(2) 钢筋强度等级。

受压构件中钢筋与混凝土共同受压时，混凝土被压坏时钢筋所受的最大压应力不超过 400 N/mm$^2$，为充分利用钢筋的抗压强度，受压构件中纵向受力钢筋应采用 HRB400 级、HRB500 级、HRBF400 级、HRBF500 级钢筋。箍筋宜采用 HRB400 级、HRBF400 级、HPB300 级、HRB500 级、HRBF500 级钢筋，也可采用 HRB335 级、HRBF335 级钢筋。

(三) 纵向受力钢筋的构造要求

(1) 配筋率。

受压构件中的纵向受力钢筋主要帮助混凝土承受压力和弯矩，提高构件的延性以及抵抗偶然荷载下的拉应力等作用，故配筋率不能太小。全部纵向钢筋配筋率应满足以下要求：当采用强度等级为 500 MPa 的钢筋时，配筋率不应小于 0.5%；当采用强度等级为 400 MPa 的钢筋时，配筋率不应小于 0.55%；当采用强度等级为 300 MPa、335 MPa 的钢筋时，配筋率不应小于 0.6%；一侧纵向钢筋的配筋率不应小于 0.2%；同时，从经济和施工方面考虑，全部纵向钢筋的配筋率不宜大于 5%；一般配筋率控制在 0.5%～2%之间为宜。

(2) 纵向受力钢筋的直径。

钢筋过细容易受压屈曲，为能形成刚劲的骨架，钢筋直径不宜过细；直径过粗，给施工带来不便，故纵向受力钢筋的直径一般为 12～32 mm。

(3) 纵向受力钢筋的布置和间距。

为使构件能更好的抵抗荷载产生的拉力，纵筋应尽可能的沿构件边缘(满足保护层厚度要求)布置。轴心受压构件的纵向受力钢筋应沿截面的四周均匀布置，根数不宜少于 4 根，见图 2.2-1(a)。偏心受压构件的纵向受力钢筋应沿与弯矩方向垂直的两条边布置，当截面高度 $h\geqslant 600$ mm 时，在侧面应设置直径为 10～16 mm 的纵向构造钢筋，并相应地设置复合箍筋或拉筋，见图 2.2-1(b)。为保证构件混凝土的浇筑质量，柱内纵筋的净距不应小于 50 mm，对水平浇筑的预制柱，纵筋间距可按梁的规定采用。为保证纵向受力钢筋能在截面内正常发挥作用，纵向受力钢筋中距不宜大于 300 mm；圆形截面构件的纵向钢筋应沿周边

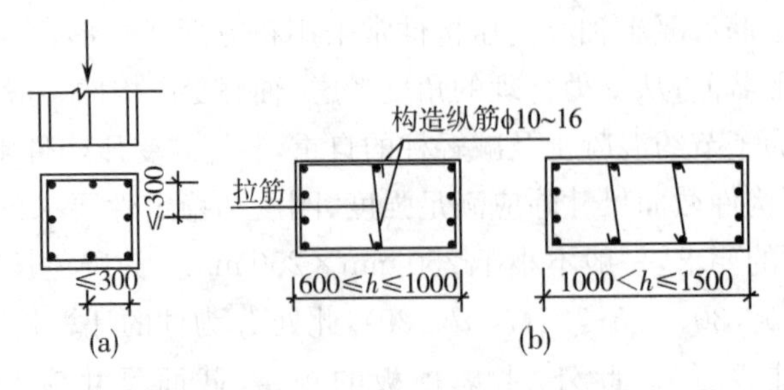


**图 2.2-1 受压构件纵向钢筋的设置**

(a) 轴心受压构件；(b) 偏心受压构件

均匀布置，根数不宜少于 8 根，不应少于 6 根。

（四）箍筋的构造要求

（1）箍筋的作用。

受压构件中的箍筋主要是约束受压纵筋（防止纵筋压屈）、承受剪力、与纵筋形成骨架。密排箍筋还对核心混凝土有约束作用，间接提高构件的承载力和延性。

（2）箍筋的直径和间距。

受压构件中的箍筋直径不应小于纵向钢筋的最大直径 $d_0$ 的 1/4，且不应小于 6 mm；间距不应大于 400 mm 及构件截面的短边尺寸，且不应大于纵向受力钢筋的最小直径 $d_1$ 的 15 倍。当纵向受力钢筋配筋率大于 3％时，箍筋直径不应小于 8 mm，间距不应大于纵向受力钢筋的最小直径 $d_1$ 的 10 倍，且不应大于 200 mm，箍筋末端应做成 135°弯钩，且弯钩末端平直段长度不应小于箍筋直径的 10 倍。圆形截面构件常配置螺旋箍筋或焊接圆环，环箍的间距不应大于 80 mm 及 0.2 $d_{cor}$（$d_{cor}$为环箍的内空直径），且不宜小于 40 mm，环箍直径要求同普通箍筋。

（3）箍筋的形式。

受压构件中的周边箍筋应做成封闭式；对圆形柱的箍筋，末端应做成 135°弯钩，且弯钩末端平直段长度不应小于箍筋直径的 10 倍，箍筋应在相邻两纵筋间搭接且钩住相邻两纵筋。

为使纵向受力钢筋得到有效的约束，当柱截面短边尺寸＞400 mm 且各边纵筋多于 3 根时，或当截面短边尺寸≤400 mm，但纵筋多于 4 根时，应设置复合箍筋，（见图 2.2－2）。

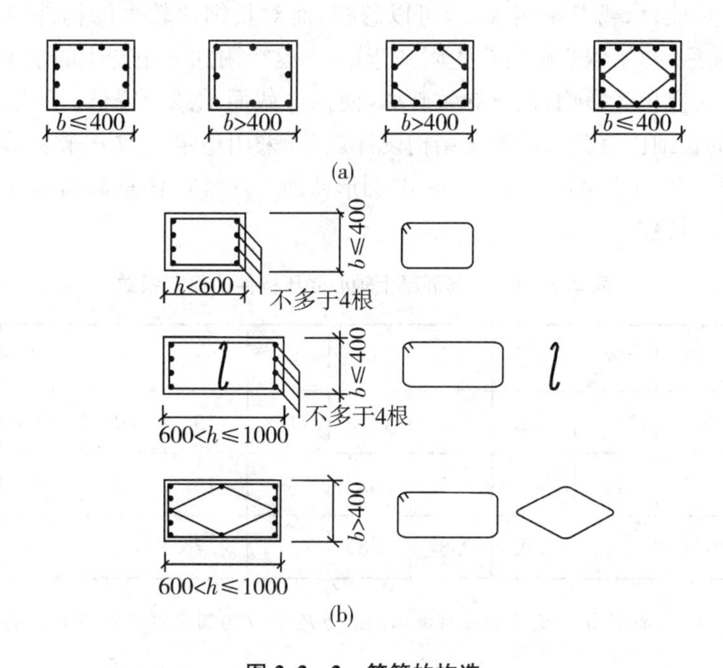


**图 2.2－2　箍筋的构造**

（a）轴心受压柱；（b）偏心受压柱

对于截面形状复杂的柱，不可采用具有内折角的箍筋，避免产生向外的拉力，致使折角处的混凝土破损，见图 2.2－3。

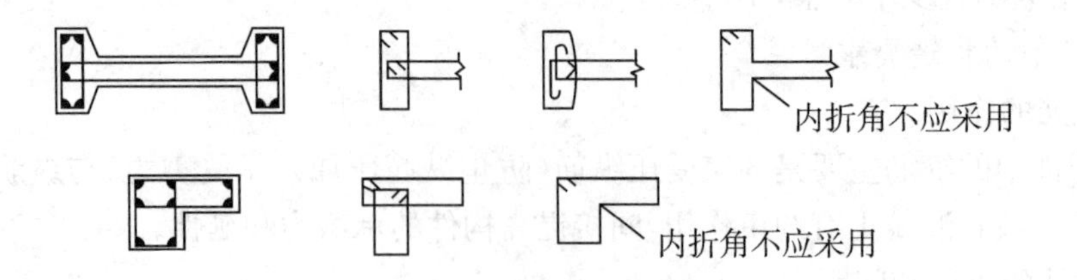


图 2.2-3　复杂截面的箍筋形式

## 三、轴心受压构件的计算

(一) 轴心受压构件的破坏形态

轴心受压构件在荷载作用下，当轴向力较小时，构件的压缩变形主要为弹性变形，截面应变分布是均匀的；当轴向力较大时，构件截面的应力和应变迅速增加，最后导致构件破坏。引起构件破坏的原因有两类：一是材料破坏，构件破坏时，钢筋应力先达到屈服强度，后混凝土达到极限压应变，此情况一般发生在长细比较小的构件；二是失稳破坏，构件破坏时，钢筋应力未达到屈服强度，混凝土也未达到极限压应变，材料强度未能充分发挥，此情况一般发生在长细比较大的构件。

(二) 稳定系数

实际工程中真正轴心受压的构件几乎不存在，由于各种因素造成的初始偏心距对长细比较小的构件(短柱)承载力影响很小，可以忽视，而对长细比较大的构件(长柱)则不容忽视。构件在受荷后，初始偏心距将产生附加弯矩，而这个附加弯矩产生的水平挠度又加大了原来的偏心距，这样相互影响，最终导致破坏，使构件截面承载力降低。所以轴心受压构件承载力与构件的长细比有关，《混凝土结构设计规范》采用稳定系数 $\varphi$ 来表示构件承载力降低的程度，见表 2.2-1。矩形截面 $l_0/b \leqslant 8$、圆形截面 $l_0/b \leqslant 7$、任意截面 $l_0/i \leqslant 28$ 的构件均称为短柱，其他为长柱。

表 2.2-1　钢筋混凝土轴心受压构件的稳定系数

| $l_0/b$ | ≤8 | 10 | 12 | 14 | 16 | 18 | 20 | 22 | 24 | 26 | 28 | 30 |
|---|---|---|---|---|---|---|---|---|---|---|---|---|
| $l_0/d$ | ≤7 | 8.5 | 10.5 | 12 | 14 | 15.5 | 17 | 19 | 21 | 22.5 | 24 | 26 |
| $l_0/i$ | ≤28 | 35 | 42 | 48 | 55 | 62 | 69 | 76 | 83 | 90 | 97 | 104 |
| $\varphi$ | 1.00 | 0.98 | 0.95 | 0.92 | 0.87 | 0.81 | 0.75 | 0.70 | 0.65 | 0.60 | 0.56 | 0.52 |

注：表中 $l_0$ 为构件的计算长度；$b$ 为矩形截面的短边尺寸；$d$ 为圆形截面的直径；$i$ 为截面的最小回转半径。

《混凝土结构设计规范》规定了框架结构各层柱、刚性屋盖排架柱、露天吊车柱等的计算长度 $l_0$，框架结构各层柱的计算长度，如表 2.2-2。

**表 2.2-2　框架结构各层柱的计算长度 $l_0$**

| 楼盖类型 | 柱的类别 | $l_0$ |
|---|---|---|
| 现浇楼盖 | 底层柱 | $1.0H$ |
| | 其余各层柱 | $1.25H$ |
| 装配式楼盖 | 底层柱 | $1.25H$ |
| | 其余各层柱 | $1.5H$ |

注：表中 $H$ 对底层柱为从基础顶面到一层楼盖顶面的高度；对其余各层柱为上、下两层楼盖顶面之间的高度。

（三）轴心受压构件正截面受压承载力计算

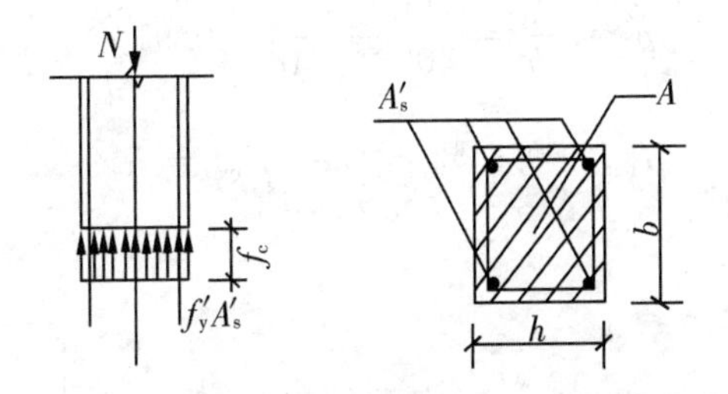


**图 2.2-4　轴心受压构件截面承载力计算图**

如图 2.2-4 所示，轴心受压构件正截面承载力按下式计算

$$N \leqslant 0.9\varphi(f_c A + f_y{}' A_s{}') \tag{2.2-1}$$

式中　$N$——轴向压力设计值，kN；

0.9——可靠度调整系数；

$\varphi$——钢筋混凝土构件的稳定系数，按表 2.2-1 采用；

$f_c$——混凝土轴心抗压强度设计值，如截面长边尺寸或直径小于 300 mm 时，应乘以系数 0.8，质量确有保证时，可不受限制；

$A$——构件截面面积，$mm^2$；当纵向钢筋配筋率大于 3%时，$A$ 改用$(A-A_s')$；

$A_s'$——截面全部纵向钢筋的截面面积，$mm^2$。

**例 2.2-1**　某多层现浇钢筋混凝土框架结构，安全等级为二级，首层中柱所受轴向力设计值 $N=2100$ kN，从基础顶面到一层楼盖顶面的高度 $H=4.5$ m，混凝土强度等级为 C25，纵向受力钢筋采用 HRB400 级，箍筋采用 HPB300 级，试设计该柱截面尺寸，并按构造要求选配纵筋和箍筋。

**解：**

(1) 材料强度：混凝土强度等级为 C25；$f_c=11.9$ N/$mm^2$，HRB400 级钢筋 $f_y'=$ 360 N/ $mm^2$。

(2) 确定截面尺寸及稳定系数 $\varphi$。

该柱为轴心受压构件，所以采用方形截面形式，拟定截面尺寸 $b\times h=400$ mm×

400 mm。

确定稳定系数 $\varphi$：

根据表 2.2－2 确定　计算长度 $l_0=1.0H=1.0\times4500=4500(\mathrm{mm})$

$$\frac{l_0}{b}=\frac{4500}{400}=11.25$$

查表，由插入法得　$\varphi=0.96$。

(3) 计算纵向钢筋截面面积 $A_s'$。

由式(2.2－1)，得

$$A_s'=\frac{\dfrac{N}{0.9\varphi}-f\mathrm{c}A}{f_y'}=\frac{\dfrac{2100\times10^3}{0.9\times0.96}-11.9\times400\times400}{360}=1462.65(\mathrm{mm}^2)$$

$$\rho'=\frac{A_s'}{bh}=\frac{1462.65}{400\times400}=0.91\%$$

$$\rho'_{\min}=0.5\%<\rho'<\rho'_{\max}=5\%$$

满足要求。

(4) 选配钢筋

纵筋选用 4 ⏀22($A_s'=1520\ \mathrm{mm}^2$)。实配的 $\rho'=\dfrac{A_s'}{bh}=\dfrac{1520}{400\times400}=0.95\%$，大于最小配筋率，满足要求；

箍筋根据构造要求，选 $\phi8$ @300，配筋如图 2.2－5 所示。

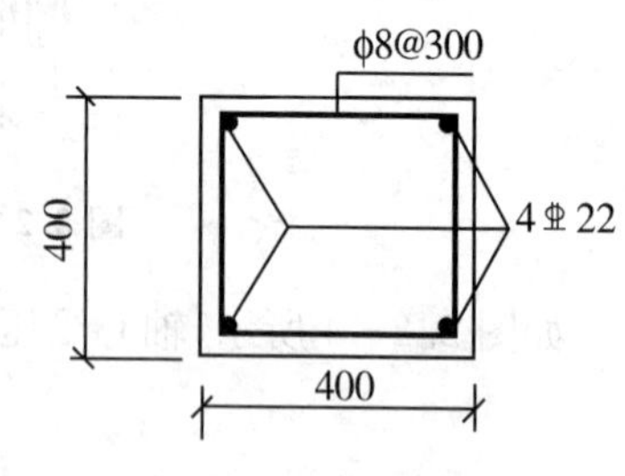


图 2.2－5　截面配筋图

## ■ 实训练习

### 任务一　了解轴心受压构件的破坏过程

(1) 目的：认知轴心受压构件的破坏形态。

(2) 能力目标：能区分材料破坏和失稳破坏。

(3) 实施过程：轴心受压构件的破坏试验。

### 任务二　受压构件截面设计

(1) 目的：确定钢筋用量、选配纵向受力钢筋、箍筋。

(2) 能力目标：能正确地选配纵向受力钢筋、正确地配置箍筋。

(3) 任务实施内容：已知构件所受荷载，确定构件的材料、截面尺寸、钢筋用量。

### 任务三　观看已成形的柱钢筋骨架

(1) 目的：认知受压构件内的各种钢筋，熟悉构造要求。

(2) 能力目标：能正确确定受压构件设计时所选配钢筋的位置，正确布置钢筋。

(3) 地点：实训基地。

(4) 实物：已绑扎好的轴心受压柱钢筋骨架。

## 项目 2.2　偏心受压构件破坏特征描述

■ **学习目标**　掌握大、小偏心受压构件破坏特征和界限判别。

■ **能力目标**　能正确判断受压构件破坏类型。

■ **知识点**

建筑结构中，处于偏心受压状态的构件很多，如框架边柱、排架结构中的排架柱等。构件承受的轴向压力作用点偏离了构件截面的形心，或同时承受轴向压力和弯矩作用(等效于偏心距 $e_0=M/N$ 的偏心轴向压力的作用)(图 2.2－6)，以上构件都称为偏心受压构件。构件纵向钢筋的配筋率不同，偏心距不同，破坏时的特征就不同。按其破坏特征，偏心受压构件分为大偏心受压构件(受拉破坏)和小偏心受压构件(受压破坏)两类。

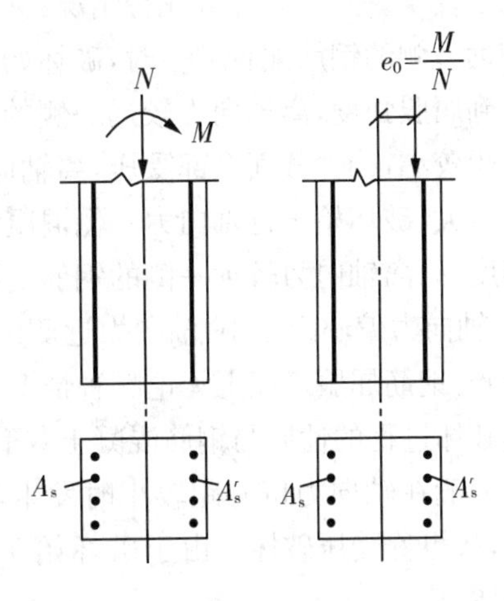


图 2.2－6　偏心受压构件

### 一、大偏心受压破坏(受拉破坏)

这种破坏一般在轴向力偏心距较大，且受拉钢筋配置得不太多的情况下发生，截面一侧受压，另一侧受拉。破坏特征是：受拉区钢筋应力达到屈服强度，最后受压区边缘混凝土达到极限压应变值 $\varepsilon_{cu}=0.0033$，出现裂缝，混凝土被压碎而构件破坏。其破坏过程的性质与钢筋混凝土双筋截面适筋梁破坏相似，如图 2.2－7 所示。由于这种破坏一般在轴向力偏心距较大时发生，故称为大偏心受压破坏，同时由于破坏始于受拉区钢筋屈服，故也称受拉破坏。由于破坏始于钢筋屈服，构件破坏时有明显的变形，属于延性破坏。

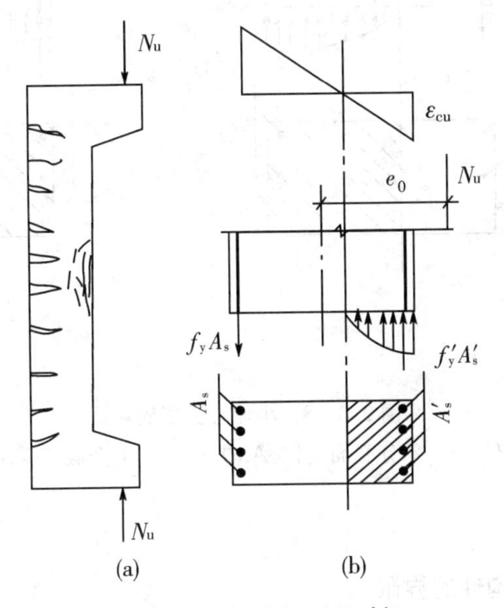


图 2.2－7　大偏心受压破坏

(a) 试件；(b) 截面应力和应变

## 二、小偏心受压破坏(受压破坏)

这种破坏一般在轴向力偏心距较小,或轴向力偏心距较大,却配置了较多受拉钢筋的情况下发生。此类破坏分几种情况:1)轴向力偏心距较小,构件截面大部分受压,离轴向力较远一侧的钢筋配置较多时,破坏始于受压区边缘混凝土达到极限压应变值,受压钢筋应力达到屈服强度,离轴向力较远一侧的钢筋受拉,其应力一般都达不到屈服强度;2)轴向力偏心距较小,构件截面全部受压,离轴向力较远一侧的钢筋应力小,离轴向力较近一侧的钢筋应力大,破坏始于近轴向力一侧混凝土达到极限压应变值,近轴向力一侧钢筋应力达到屈服强度,而离轴向力较远一侧的钢筋受压,其应力可能达不到屈服强度,也可能达到屈服强度;3)轴向力偏心距较小,轴向力近侧的钢筋多于远侧钢筋时,破坏始于轴向力远侧混凝土被压碎,钢筋屈服。以上无论哪种情况,其破坏特征均始于混凝土被压碎,而不是钢筋被拉坏,其破坏过程的性质与钢筋混凝土双筋截面超筋梁破坏相似,如图 2.2-8 所示。由于这种破坏一般在轴向力偏心距较小时发生,故称为小偏心受压破坏,同时由于破坏始于混凝土压碎,故也称受压破坏。由于破坏始于混凝土压碎,构件破坏时没有明显的变形,属于脆性破坏。

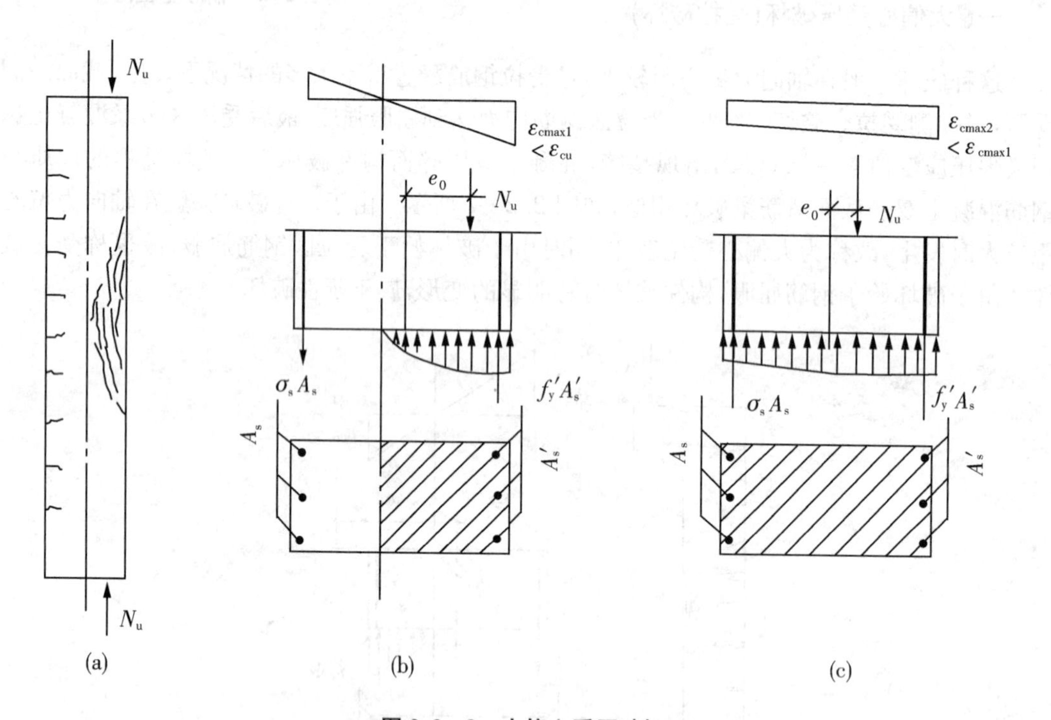


**图 2.2-8 小偏心受压破坏**

(a) 试件;(b) 部分截面受拉,$A_s$ 未屈服;(c) 全截面受压破坏

## 三、大、小偏心受压构件的界限

从上述两类破坏特征中可见,它们之间存在着一种特殊的破坏状态,即构件破坏时,受拉钢筋应力达到屈服强度,受压区混凝土正好也达到极限压应变,这种破坏状态称为界限破

坏，是大、小偏心受压破坏的分界。这与钢筋混凝土适筋梁与超筋梁的界限一致，界限破坏的相对受压区高度 $\xi_b$ 与受弯构件相同。故当 $\xi \leqslant \xi_b$ 时，为大偏心受压破坏形态；当 $\xi > \xi_b$ 时，为小偏心受压破坏形态。

■ **实训练习**

**任务一　观看偏心受压构件的破坏试验**

(1) 目的：认知大、小偏心受压破坏特征。

(2) 能力目标：能正确区分大、小偏心受压破坏。

**任务二　描述偏心受压构件的破坏特征**

(1) 目的：通过描述偏心受压构件的破坏特征，进一步掌握大、小偏心受压构件破坏的不同点。

(2) 能力目标：能正确描述偏心受压构件的破坏特征。

## 项目 2.3　偏心受压构件设计概述

■ **学习目标**　理解附加偏心距 $e_a$、偏心轴向力在杆件中的二阶弯矩效应。

■ **能力目标**　能正确确定附加偏心距 $e_a$ 值、正确考虑偏心轴向力在杆件中的二阶弯矩效应对构件承载力的影响。

■ **知识点**

### 一、概述

《混凝土结构设计规范》对偏心受压构件正截面承载力计算作了如下规定：

(1) 与受弯构件正截面承载力计算的基本假定相同，仍把受压区混凝土的曲线压应力图形用等效矩形应力图形来替代；

(2) 偏心受压构件正截面承载力计算时，应计入轴向压力在偏心方向的附加偏心距 $e_a$；

(3) 偏心受压构件正截面承载力计算时，若构件长细比较大且轴压比偏大时，应考虑轴向力在挠曲杆件中产生的二阶效应的弯矩不利影响。

### 二、附加偏心距 $e_a$

当构件在弯矩 $M$ 和轴向力 $N$ 的作用下，所产生的偏心距 $e_0=\dfrac{M}{N}$，称为理论偏心距。由于工程中实际存在荷载作用位置的不定性、混凝土质量的不均匀性及施工偏差等因素，都可能产生偏心距，称为附加偏心距。规范规定，在偏心受压构件的正截面承载力计算中的初始偏心距 $e_i$，应计入轴向压力在偏心方向存在的附加偏心距 $e_a$，其值应取 20 mm 和偏心方向截面最大尺寸的 1/30 两者中的较大值。即：

$$e_i = e_0 + e_a \tag{2.2-2}$$

$$e_0 = \frac{M}{N} \tag{2.2-3}$$

$$e_a = h/30 \geqslant 20\ \text{mm} \tag{2.2-4}$$

式中 $e_0$——轴向力对截面重心的偏心距，mm；

$e_a$——附加偏心距，mm；

$e_i$——初始偏心距，mm；

$M$——控制截面的弯矩设计值，kN·m；

$N$——控制截面的轴向压力设计值，kN。

### 三、偏心轴向力在杆件中的二阶弯矩效应

钢筋混凝土偏心受压构件在偏心轴向力作用下，存在纵向弯曲现象(也称二阶弯矩效应)，影响构件承载力。构件长细比越大，纵向弯曲现象越明显，有可能导致偏心受压长柱产生失稳破坏。《混凝土结构设计规范》对长细比较大的偏心受压构件承载力计算时，考虑二阶弯矩的影响。除排架结构柱外，偏心受压构件考虑轴向力在挠曲杆件中产生的二阶效应后控制截面的弯矩设计值为：

$$M = C_m \eta_{ns} M_2 \tag{2.2-5}$$

$$C_m = 0.7 + 0.3\frac{M_1}{M_2} \tag{2.2-6}$$

$$\eta_{ns} = 1 + \frac{1}{1300(M_2/N + e_a)/h_0}\left(\frac{l_0}{h}\right)^2 \zeta_c \tag{2.2-7}$$

$$\zeta_c = \frac{0.5 f_c A}{N} \tag{2.2-8}$$

式中 $M_1$、$M_2$——分别为已考虑侧移影响的偏心受压构件两端截面按结构弹性分析确定的对同一主轴的组合弯矩设计值，绝对值较大端为 $M_2$，绝对值较小端为 $M_1$，kN·m；

$C_m$——构件端截面偏心距调节系数；当小于 0.7 时，取 0.7；

$\eta_{ns}$——偏心距增大系数；

$N$——与弯矩设计值 $M_2$ 相应的轴向压力设计值；

$l_0$——构件的计算长度；

$h$——截面高度：对环形截面，取外直径；对圆形截面，取直径 $d$；

$h_0$——截面有效高度；

$\zeta_c$——偏心受压构件的截面曲率修正系数，当 $\zeta_c > 1.0$ 时，取 $\zeta_c = 1.0$；

$A$——构件的截面面积，$mm^2$；

$e_a$——附加偏心距，mm。

当构件杆端弯矩比 $\frac{M_1}{M_2}$ 不大于 0.9 且轴压比不大于 0.9 时，若长细比 $l_0/i \leqslant 34 - 12(M_1/M_2)$ 时，可不考虑二阶效应的影响。当 $C_m \eta_{ns}$ 小于 1.0 时取 1.0。

### 四、偏心受压构件的配筋方式

偏心受压构件截面的配筋方式有两种：一种是截面两侧配置数量、级别完全相同的钢

筋，称对称配筋；另一种是截面两侧配置数量、级别不完全相同的钢筋，称非对称配筋。由于对称配筋构件，可抵抗因竖向荷载的位置或水平荷载方向发生变化所产生的弯矩影响，设计、施工比较简单，因此在实际工程中，通常采用对称配筋构件。

■ **实训练习**

**任务一　描述附加偏心距、二阶弯矩效应对构件承载力的影响**

(1) 目的：通过描述附加偏心距、二阶弯矩效应对构件承载力的影响，掌握偏心受压构件计算的相关要求。

(2) 能力目标：能确定附加偏心距、偏心距增大系数取值。

**任务二　描述偏心受压构件的配筋方式**

(1) 目的：通过描述偏心受压构件的配筋方式描述，了解工程中常用对称配筋的原因。

(2) 能力目标：能准确配置不同配筋方式下的钢筋。

## 项目 2.4　偏心受压构件设计

■ **学习目标**　掌握偏心受压构件正截面承载力计算方法，了解偏心受压构件斜截面承载力计算方法。

■ **能力目标**　能对大偏心受压构件进行设计计算及钢筋配置。

■ **知识点**

### 一、偏心受压构件正截面承载力计算

(一) 大偏心受压

大偏心受压构件破坏时，构件中的受拉钢筋、受压钢筋应力都达到屈服强度，混凝土压应力达到 $\alpha_1 f_c$，计算图形如图 2.2-9 所示，根据截面的静力平衡条件，可以得到正截面承载力计算的基本公式：

$$N \leqslant \alpha_1 f_c bx + f_y' A_s' - f_y A_s \quad (2.2-9)$$

$$Ne \leqslant \alpha_1 f_c bx \left(h_0 - \frac{x}{2}\right) + f_y' A_s' (h_0 - a_s') \quad (2.2-10)$$

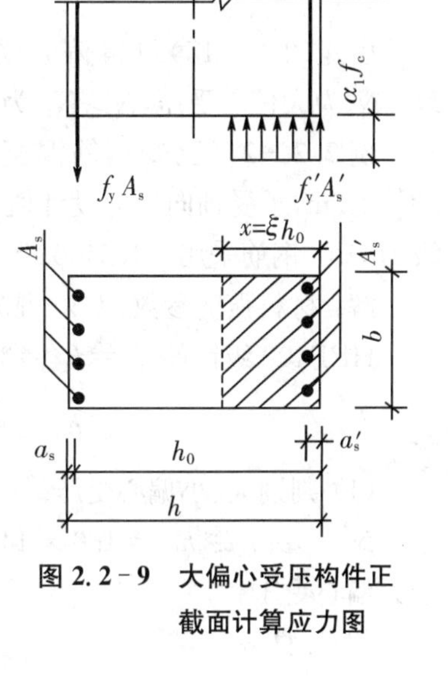


**图 2.2-9　大偏心受压构件正截面计算应力图**

式中　$N$——轴向压力设计值，kN；

$e$——轴向力作用点至受拉钢筋 $A_s$ 合力点之间的距离，mm；

$$e = e_i + \frac{h}{2} - a_s \quad (2.2-11)$$

$$e_i = e_0 + e_a \quad (2.2-12)$$

$$e_0 = \frac{M}{N} \quad (2.2-13)$$

$e_0$——轴向力对截面重心的偏心距，mm；

$M$——控制截面的弯矩设计值，当需要考虑二阶效应时，$M$按公式(2.2-5)计算，kN·m；

$x$——受压区计算高度，mm。

式(2.2-9)、(2.2-10)求得的$x$须满足下列适用条件：

(1) $x \leqslant \xi_b h$(保证受拉钢筋屈服)，若$x > \xi_b h$，则构件发生小偏心破坏；

(2) $x \geqslant 2a'_s$(保证受压钢筋屈服)。若$x < 2a'_s$，受压钢筋不屈服，正截面承载力按下式计算：

$$Ne' \leqslant f_y A_s (h_0 - a'_s) \tag{2.2-14}$$

$$e' = e_i - \frac{h}{2} + a'_s \tag{2.2-15}$$

在实际工程中，通常采用对称配筋。即$f_y = f_y'$、$A_s = A'_s$，则由式(2.2-9)得：

$$N \leqslant \alpha_1 f_c bx \tag{2.2-16}$$

$$x = \frac{N}{\alpha_1 f_c b} \tag{2.2-17}$$

将(2.2-16)代入(2.2-10)中可得：

$$A_s = A'_s = \frac{Ne - \alpha_1 f_c bx\left(h_0 - \dfrac{x}{2}\right)}{f_y'(h_0 - a_s')} \tag{2.2-18}$$

若$x < 2a_s'$，取$x = 2a_s'$，代入(2.2-13)中可得：

$$A_s = A_s' = \frac{N\left(e_i - \dfrac{h}{2} + a_s'\right)}{f_y(h_0 - a_s')} \tag{2.2-19}$$

由式(2.2-15)可得偏心受压构件发生界限破坏时的轴向力为$N_b = \alpha_1 f_c b\xi_b h_0$，即$N \leqslant N_b$为大偏心受压，$N > N_b$为小偏心受压。

**例 2.2-2** 已知钢筋混凝土柱的截面尺寸$b \times h = 400\ \text{mm} \times 600\ \text{mm}$。计算长度$l_0 = 5.2\ \text{m}$，承受轴向压力设计值$N = 900\ \text{kN}$，弯矩设计值$M = 300\ \text{kN·m}$。混凝土强度等级为C30，钢筋采用HRB400级，$a_s = a'_s = 40\ \text{mm}$，采用对称配筋，试确定纵向钢筋截面面积。

**解**：材料强度参数：C30混凝土强度等级 $f_c = 14.3\ \text{N/mm}^2$；

HRB400级钢筋 $f_y = f_y' = 360\ \text{N/mm}^2$ $\alpha_1 = 1.0$ $\xi_b = 0.518$

$$h_0 = h - a_s = 600 - 40 = 560(\text{mm})$$

(1) 判别大、小偏心受压。

$N_b = \alpha_1 f_c b\xi_b h_0 = 1.0 \times 14.3 \times 400 \times 0.518 \times 560 = 1659.3(\text{kN}) > N = 900\ \text{kN}$ 属于大偏心受压。

(2)计算$e_0$。

$$C_m = 0.7 + 0.3\frac{M_1}{M_2} = 1.0$$

$$\zeta_c = \frac{0.5 f_c A}{N} = \frac{0.5 \times 14.3 \times 400 \times 600}{900 \times 10^3} = 1.91 > 1.0$$

$$e_a = 20\ \text{mm}; \frac{h}{30} = \frac{1}{30} \times 600 = 20(\text{mm})$$

$$\frac{l_0}{h} = \frac{5200}{600} = 8.67$$

$$\eta_{ns} = 1 + \frac{1}{1300(M_2/N + e_a)/h_0}\left(\frac{l_0}{h}\right)^2 \zeta_c$$

$$= 1 + \frac{1}{1300(300 \times 10^3/900 + 20)/560} \times 8.67^2 \times 1.0 = 1.092$$

$$M = C_m \eta_{ns} M_2 = 1.0 \times 1.092 \times 300 = 327.52(\text{kN}\cdot\text{m})$$

$$e_0 = \frac{M}{N} = \frac{327.52 \times 10^3}{900} = 364(\text{mm})$$

则 $e_i = e_0 + e_a = 364 + 20 = 384(\text{mm})$

(3) 求 $A_s$。

$$e = e_i + \frac{h}{2} - a_s = 384 + \frac{600}{2} - 40 = 644(\text{mm})$$

由式(2.2-16),得:

$$x = \frac{N}{\alpha_1 f_c b} = \frac{900000}{1.0 \times 14.3 \times 400} = 157.34(\text{mm})$$

$$2a_s' = 80\ \text{mm} < x = 157.34\ \text{mm} < \xi_b h_0 = 0.518 \times 560 = 290(\text{mm})$$

由式(2.2-17),得:

$$A_s = A_s' = \frac{Ne - \alpha_1 f_c bx\left(h_0 - \frac{x}{2}\right)}{f_y'(h_0 - a_s')}$$

$$= \frac{900000 \times 644 - 1.0 \times 14.3 \times 400 \times 157.34\left(560 - \frac{157.34}{2}\right)}{360 \times (560 - 40)}$$

$$= 782(\text{mm}^2) > 0.2\% bh = 480\ \text{mm}^2$$

选配 3Φ20($A_s' = A_s = 942\ \text{mm}^2$),配筋如图 2.2-10 所示。

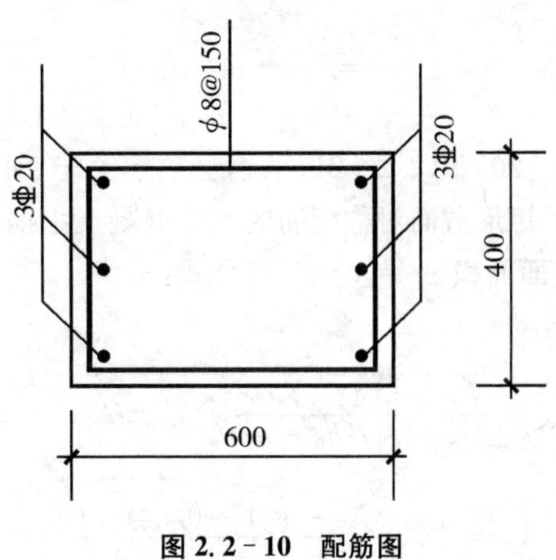


图 2.2-10　配筋图

（二）小偏心受压构件

小偏心受压构件破坏时，近轴向力一侧钢筋受压，应力达到屈服强度，混凝土压应力达到 $\alpha_1 f_c$，远轴向力一侧钢筋受压或受拉，应力未达到屈服强度，即 $f_y' \leqslant \sigma_s \leqslant f_y$，方向假定为受拉方向，计算图形如图 2.2－11 所示。

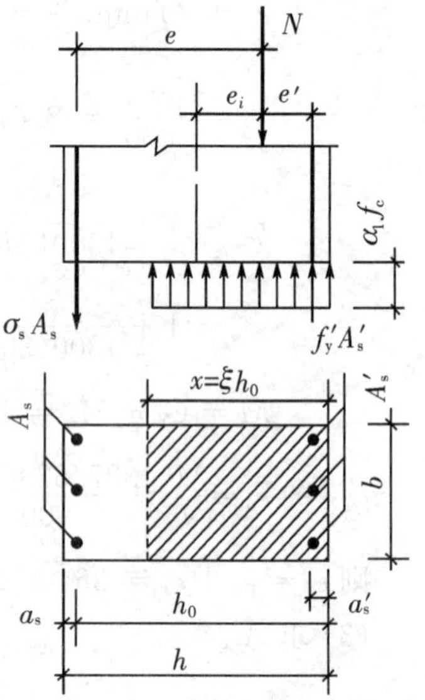

根据截面的平衡条件，可以得到正截面承载力计算的基本公式：

$$N \leqslant \alpha_1 f_c bx + f'_y A'_s - \sigma_s A_s \quad (2.2-20)$$

$$Ne \leqslant \alpha_1 f_c bx\left(h_0 - \frac{x}{2}\right) + f'_y A'_s (h_0 - a'_s) \quad (2.2-21)$$

或 $$Ne' = \alpha_1 f_c bx\left(\frac{x}{2} - a'_s\right) - \sigma_s A_s (h_0 - a'_s) \quad (2.2-22)$$

图 2.2－11　小偏心受压构件正截面计算应力图

式中　$x$——受压区计算高度，当 $x>h$，取 $x=h$；

$\sigma_s$——远离轴向力钢筋 $A_s$ 的应力值，$N/mm^2$，为简化计算，规范规定近似取

$$\sigma_s = \frac{\xi - \beta_1}{\xi_b - \beta_1} f_y \quad (2.2-23)$$

混凝土 $\beta_1 = 0.8$，当 $\sigma_s$ 计算值为正值时，则表明钢筋为拉应力；为负值时，则表明钢筋为压应力。

$\xi$——相对受压区计算高度，取 $x/h_0$；

$\xi_b$——相对界限受压区计算高度；

$e$——轴向力作用点至受拉钢筋合力点之间的距离，mm；

$$e = e_i + \frac{h}{2} - a_s \quad (2.2-24)$$

$e'$——轴向力作用点至受压钢筋合力点之间的距离，mm。

$$e' = \frac{h}{2} - e_i - a'_s \quad (2.2-25)$$

由上述基本公式(2.2－20)和(2.2－21)求 $\xi$，必须解关于 $\xi$ 的三次方程，计算复杂，《混凝土结构设计规范》给出了矩形截面对称配筋的钢筋混凝土小偏心受压构件近似计算相对受压区高度 $\xi$、纵向钢筋截面面积 $A_s = A'_s$ 的计算公式：

$$\xi = \frac{N - \xi_b \alpha_1 f_c b h_0}{\dfrac{Ne - 0.43\alpha_1 f_c b h_0^2}{(\beta_1 - \xi_b)(h_0 - a'_s)} + \alpha_1 f_c b h_0} + \xi_b \quad (2.2-26)$$

$$A_s = A'_s = \frac{Ne - \xi(1 - 0.5\xi)\alpha_1 f_c b h_0^2}{f'_y (h_0 - a'_s)} \quad (2.2-27)$$

一般情况下，小偏心受压构件除进行弯矩作用平面内的承载力计算外，还需按轴压构件进行垂直于弯矩作用平面外的承载力计算，计算时应按 $l_0/b$ 确定稳定系数 $\varphi$。

## 二、偏心受压构件斜截面受剪承载力计算

钢筋混凝土结构偏心受压构件，往往承受轴力、弯矩和剪力的作用。因此，在进行设计时，应进行正截面承载力和斜截面承载力计算，但对剪力值相对较小的构件，按构造要求配置的箍筋数量足以满足斜截面受剪的要求，可不进行斜截面承载力的验算。

试验表明，轴向压力 $N\leqslant 0.3f_cA$ 时，对构件受剪承载力起有利作用。主要是因为轴向力阻滞斜裂缝的出现和开展，增加了构件混凝土剪压区高度，从而提高了剪压区混凝土的抗剪能力。轴向压力 $N>0.3f_cA$ 时，构件受剪承载力的提高并不明显，$N>0.5f_cA$ 时构件受剪承载力反而呈下降趋势。可见，轴向压力 $N$ 对构件受剪承载力的有利作用是有限度的。《混凝土结构设计规范》规定，矩形、$T$ 形和工形截面的钢筋混凝土偏心受压构件的受剪截面尺寸应符合的条件与受弯构件的规定相同，并给出了矩形、$T$ 形和工形截面的钢筋混凝土偏心受压构件的斜截面受剪承载力计算公式：

$$V\leqslant \frac{1.75}{\lambda+1.0}f_tbh_0+f_{yv}\frac{A_{sv}}{s}h_0+0.07N \qquad (2.2-28)$$

式中　$V$——构件控制截面的剪力设计值，kN；

$\lambda$——偏心受压构件计算截面的剪跨比；

$N$——与剪力设计值 $V$ 相应的轴向压力设计值，kN。

■ **实训练习**

**任务一　大偏心受压构件截面设计**

(1) 目的：确定大偏心受压构件钢筋用量、选配纵向受力钢筋、选配箍筋。

(2) 能力目标：能正确地进行大偏心受压构件的计算，选配纵向受力钢筋和箍筋。

(3) 任务实施内容：已知构件所受荷载，试确定构件所用材料强度等级、截面尺寸、钢筋用量及选配钢筋。

**任务二　观看已成形的柱钢筋骨架**

(1) 目的：认识构件内的各种钢筋，熟悉构造要求。

(2) 能力目标：能正确确定设计时所选配钢筋的位置，正确布置钢筋。

(3) 地点：实训基地。

(4) 实物：已绑扎好的偏心受压柱的钢筋骨架。

## 项目 2.5　排架

■ **学习目标**　掌握排架结构计算简图的确定、排架柱控制截面的确定；了解柱网布置原则，理解排架结构的荷载及内力组合。

■ **能力目标**　能进行柱网布置，能确定排架结构的计算简图，能进行排架柱控制截面的确定，知道排架结构的荷载及内力组合内容。

## ■知识点

### 一、概述

排架结构是我国混凝土单层厂房中采用最普遍的一种结构类型，有屋架(或屋面梁)、柱和基础组成。柱与屋架(或屋面梁)铰接、与基础刚接。根据生产工艺和使用要求不同，排架结构可设计成等高或不等高、单跨或多跨和锯齿形等多种形式。横向平面排架和纵向平面排架构成单层厂房的空间结构体系，横向平面排架由横梁(屋架或屋面梁)和横向柱列(包括基础)组成，是厂房的基本承重结构；纵向平面排架由纵向柱列(包括基础)、连系梁、吊车梁和柱间支撑组成，主要保证厂房的纵向稳定和刚度，并承受纵向风荷载和吊车纵向水平荷载作用。

### 二、柱网布置

柱网是厂房承重柱或承重墙的纵、横定位轴线在平面上排列所形成的网格。柱网布置就是确定纵向定位轴线之间(跨度)和横向定位轴线之间(柱距)的尺寸，即确定柱的平面位置，也是确定屋面板、屋架和吊车梁等构件跨度的依据。

柱网的布置原则：符合生产和使用要求，建筑平面和结构方案经济合理，在厂房结构形式和施工方法上具有先进性和合理性，符合《厂房建筑模数协调标准》的有关规定，适应生产发展和技术革新的要求。

厂房跨度不大于 18 m 时，应采用扩大模数 30 M 数列；在 18 m 以上时，应采用扩大模数 60 M 数列；厂房柱距应采用扩大模数 60 M 数列，一般采用 6 m 柱距较经济。

### 三、排架计算要点

单层厂房排架结构可简化为平面结构计算，即跨度方向按横向平面排架计算；纵向方向按纵向平面排架计算，并近似认为各个排架之间，各自单独工作，互不影响。由于纵向平面排架的柱较多，抗侧刚度较大，每根柱承受的水平力不大，一般不必计算，故排架计算通常指横向平面排架计算。

(一) 计算单元

排架的间距一般是相等的，计算时取任意相邻排架中线之间的区段，作为计算单元。如图 2.2-12(a)所示。

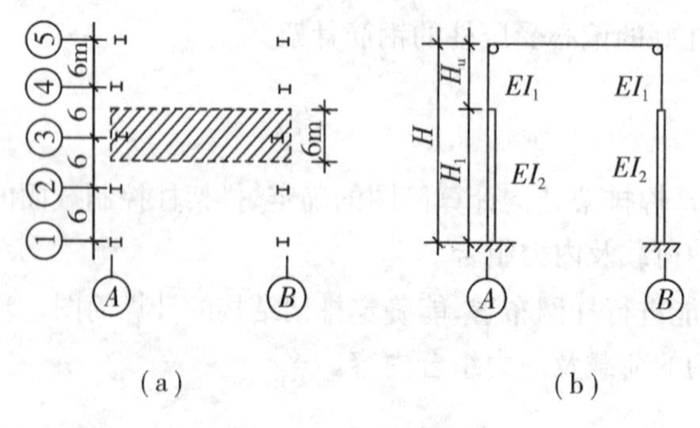


图 2.2-12　计算简图

（二）基本假定

为了简化计算，根据构造特点和实践经验，平面排架可作如下假定：

(1) 横梁(屋面梁或屋架)铰接在柱上，柱下端固接于基础顶面；

(2) 横梁(屋面梁或屋架)为刚性杆件(轴向变形可忽略不计)。

（三）计算简图

根据上述假定，排架结构的计算简图如图 2.2-12(b)所示，横梁和柱以截面的形心轴线表示，单层厂房结构一般设有单层吊车，柱为一阶变截面柱。故计算简图中柱的轴线分别取上、下柱的截面形心线，牛腿顶面以上为上柱，其高度 $H_U$ 为柱顶标高与牛腿标高之差；柱的总高度 $H$ 为柱顶标高与基础顶面标高之差。

## 四、排架柱的控制截面确定

在确定排架上各种荷载的大小、方向、作用点后，即可利用结构力学的方法计算出排架内力。

排架柱的控制截面是指对柱和基础设计起控制作用的截面。在单阶排架柱中，上柱柱底Ⅰ-Ⅰ截面内力最大，而整个上柱配筋相同，因此Ⅰ-Ⅰ截面作为上柱的控制截面；下柱牛腿顶面Ⅱ-Ⅱ截面，在吊车竖向荷载作用下弯矩最大；柱底Ⅲ-Ⅲ截面在风荷载和吊车水平荷载作用下弯矩最大、轴力最大，其内力值也是柱下基础的设计依据。而下柱配筋相同，故取Ⅱ-Ⅱ、Ⅲ-Ⅲ截面作为下柱的控制截面，如图 2.2-13 所示。

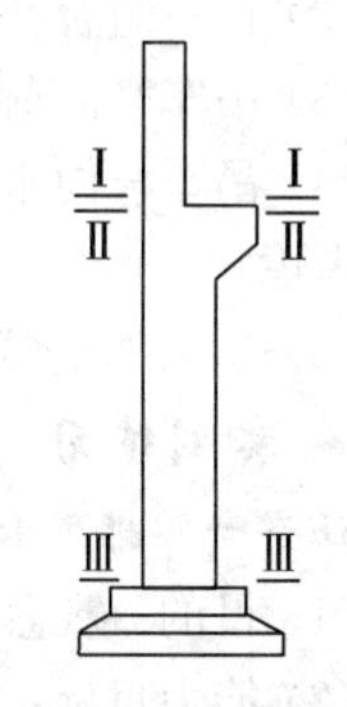


**图 2.2-13　单阶排架柱的控制截面**

## 五、排架荷载组合

在求出各种荷载单独作用时各柱的内力后，必须求出柱控制截面的最不利内力，作为柱和基础的设计依据，即进行内力组合。

作用在排架上的各种荷载，除构件的自重长久作用外，均为可变荷载。可变荷载对结构的影响有大有小，也不一定同时出现，同时达到最大值的可能性较小。为求得控制截面上的最不利内力，必须考虑荷载组合。《荷载规范》规定：对一般排架、框架结构，可采取简化规则，在由可变荷载效应控制的组合和由永久荷载效应控制的组合中取最不利值确定。因此，对不考虑地震作用的排架结构，求每一个控制截面上的最不利内力时，须进行以下七种荷载组合：

(1) 恒载＋0.9×(屋面活载＋风荷载＋吊车荷载)；

(2) 恒载＋0.9×(屋面活载＋风荷载)；

(3) 恒载＋0.9×(屋面活载＋吊车荷载)；

(4) 恒载＋0.9×(风荷载＋吊车荷载)；

(5) 恒载＋屋面活载；

(6) 恒载＋风荷载；

(7) 恒载＋吊车荷载。

## 六、排架内力组合

各种荷载作用在排架柱上，每一个控制截面产生轴力、弯矩、剪力三种内力。对于同一截面，这三种内力如何搭配，其截面承载力才会出现最不利。由偏心受压构件承载力计算可知，偏心受压构件纵向受力钢筋量主要取决于轴力和弯矩。排架柱是偏心受压构件，因此，一般应考虑以下四种内力组合：

(1) $+M_{max}$及相应的 $N$ 和 $V$；

(2) $-M_{max}$及相应的 $N$ 和 $V$；

(3) $N_{max}$及相应的 $M$ 和 $V$；

(4) $N_{min}$及相应的 $M$ 和 $V$。

在进行内力组合时，应注意以下几点：

(1) 恒载所产生的内力都必须参与组合；

(2) 任一组合都是以第一内力为目标，应保证目标实现；

(3) 吊车竖向荷载 $D_{max}$、$D_{min}$同时出现，作用在不同的柱上，故组合时只考虑其中一种；

(4) 吊车横向水平荷载 $T_{max}$与吊车竖向荷载 $D_{max}$同时出现作用相同柱上，故组合时须同时考虑；

(5) 当以 $N_{max}$或 $N_{min}$为组合目标时，应使相应的 $M$ 尽可能大。

■ **实训练习**

**任务一　排架柱网布置**

(1) 目的：熟悉柱网布置原则。

(2) 能力目标：能正确进行柱网布置。

**任务二　排架计算简图的确定**

(1) 目的：熟悉排架计算简图确定方法。

(2) 能力目标：能正确确定排架计算简图。

**任务三　排架柱的控制截面确定**

(1) 目的：熟悉排架柱的控制截面确定要求。

(2) 能力目标：能正确确定排架柱的控制截面。

**任务四　描述荷载组合种类**

(1) 目的：理解荷载组合的不定性。

(2) 能力目标：能确定荷载组合种类。

## 项目 2.6　牛腿的构造

■ **学习目标**　掌握牛腿的构造要求。

■ **能力目标**　能正确确定牛腿的截面尺寸、配置构造钢筋。

■ **知识点**

牛腿是工业厂房中，从柱的侧面伸出的、为支承吊车梁或其他构件的短构件。根据竖向荷载作用点到牛腿根部的水平距离 $a$ 与牛腿有效高度 $h_0$ 的比值(即牛腿的剪跨比)的大小，牛腿分为长牛腿($a>h_0$)和短牛腿($a\leqslant h_0$)。长牛腿的受力特点与悬臂构件相似，故长牛腿的设计、构造要求可按悬臂梁的要求，本项目仅介绍短牛腿的构造要求。

### 一、短牛腿的截面尺寸要求

牛腿的几何尺寸包括牛腿的宽度，牛腿的顶面长度，牛腿外边缘高度和牛腿的总高度。

牛腿通常与柱同宽，牛腿顶面长度一般根据支承构件的位置、宽度及构件边缘距牛腿边缘的距离 $c_1$($c_1$=70～100 mm)确定，牛腿的外边缘高度 $h_1$ 不应小于 $h$ / 3($h$ 为牛腿总高度)，且不应小于 200 mm。牛腿总高度 $h$ 应满足牛腿的裂缝控制要求，设计时，一般根据底部倾角 $\alpha$=45°及上述构造要求，初步确定牛腿总高度 $h$，再由裂缝控制要求确定，即按下式进行验算：

$$F_{VK} \leqslant \beta\left(1-0.5\frac{F_{hK}}{F_{VK}}\right)\frac{f_{tK}bh_0}{0.5+\frac{a}{h_0}} \tag{2.2-29}$$

式中　$F_{vk}$——作用于牛腿顶部按荷载效应标准组合计算的竖向力值，kN；

$F_{hk}$——作用于牛腿顶部按荷载效应标准组合计算的水平拉力值，kN；

$f_{tK}$——混凝土抗拉强度标准值，N/mm²；

$\beta$——裂缝控制系数：对支承吊车梁的牛腿，取 0.65；对其他牛腿，取 0.80；

$a$——竖向力的作用点至下柱边缘的水平距离，此时应考虑安装偏差 20 mm；当考虑 20 mm 安装偏差后的竖向力作用点仍位于下柱截面以内时，取 $a$=0；

$b$——牛腿宽度；

$h_0$——牛腿与下柱交接处的垂直截面有效高度：$h_0=h-a_s$。

此外，竖向荷载作用在牛腿顶面，如受压面积过小，则会引起牛腿局部受压破坏。为防止牛腿顶面发生局部受压破坏，应满足下式要求：

$$F_{VK} \leqslant 0.75 f_c A \tag{2.2-30}$$

式中　$f_c$——混凝土的抗压强度设计值，N/mm²；

$A$——竖向荷载作用在牛腿顶面的面积，mm²。

如不满足上式要求，则应采取加大受压面积，提高混凝土的强度等级等有效措施。

## 二、牛腿的配筋要求

牛腿中一般配置三种钢筋：纵向受拉钢筋、箍筋、弯起钢筋。

《混凝土结构设计规范》规定，牛腿中由承受竖向力所需的受拉钢筋截面面积和承受水平拉力所需的钢筋截面面积所组成的纵向受力钢筋总截面面积 $A_S$，应符合下列规定：

$$A_S \geqslant \frac{F_V a}{0.85 f_y h_0} + 1.2\frac{F_h}{f_y} \tag{2.2-31}$$

式中　$F_v$——作用在牛腿顶部的竖向力设计值，kN；

$F_h$——作用在牛腿顶部的水平拉力设计值，kN；

$f_y$——纵向受拉钢筋抗拉强度设计值，N/mm²；

$a$——竖向力 $F_v$ 作用点至下柱边缘的水平距离，当 $a<0.3h_0$ 时，取 $a=0.3h_0$。

沿牛腿顶部配置的纵向受力钢筋，宜采用 HRB400 级或 HRB500 级热轧带肋钢筋。全部纵向受力钢筋宜沿牛腿外边缘向下伸入下柱内 150 mm 后截断，伸入上柱的锚固长度符合框架梁上部钢筋在框架中间层端节点的锚固规定（图 2.2-14）。承受竖向力所需的纵向受力钢筋的配筋率不应小于 0.20%及 $0.45f_t/f_y$，也不宜大于 0.60%，钢筋数量不宜少于 4 根，钢筋直径不宜小于 12 mm。纵向受拉钢筋不得兼作弯起钢筋。

牛腿应设置水平箍筋，箍筋直径宜为 6 mm ～12 mm，间距宜为 100～150 mm；且在上部 $2h_0/3$ 范围内的箍筋总截面面积不宜小于承受竖向力的受拉钢筋截面面积的二分之一。

当牛腿的剪跨比不小于 0.3 时，宜设置弯起钢筋。弯起钢筋宜采用 HRB400 级或 HRB500 级热轧带肋钢筋，并宜使其与集中荷载作用点到牛腿斜边下端点连线的交点位于牛腿上部 $l/6$ 至 $l/2$ 之间的范围内，$l$ 为该连线的长度(图 2.2－14)。其截面面积不宜小于承受竖向力的受拉钢筋截面面积的二分之一，且不宜少于 2 根，直径不宜小于 12 mm。

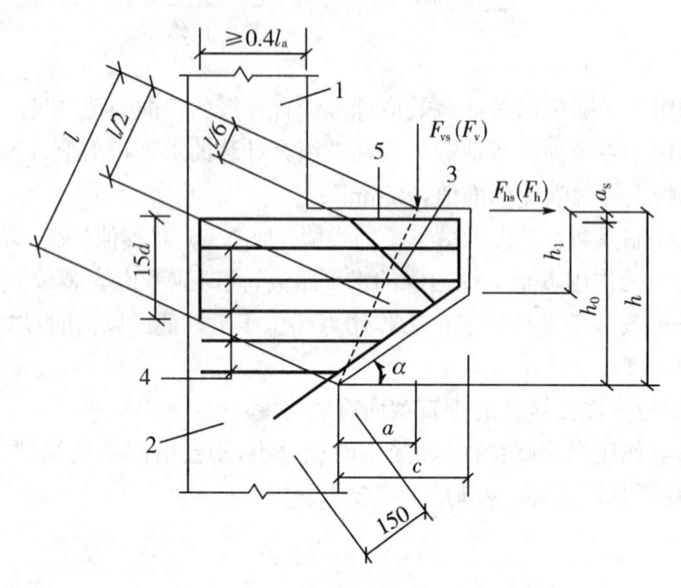


**图 2.2－14　牛腿的外形及钢筋配置**

1 —上柱；2 —下柱；3 —弯起钢筋；4 —水平箍筋；5—纵向受力钢筋

■ **实训练习**

**任务　牛腿的截面尺寸及构造钢筋的认知**

(1) 目的：熟悉牛腿的截面尺寸及构造钢筋要求。

(2) 能力目标：能正确确定牛腿的截面尺寸，正确配置牛腿的构造钢筋。

## 项目 2.7　受拉构件承载力计算

■ **学习目标**　掌握受拉构件概念、分类界限，了解受拉构件受力特点和设计方法。

■ **能力目标**　能正确区分轴心受拉、大小偏心受拉构件，能对受拉构件进行设计。

■ **知识点**

### 一、概述

以承受轴向拉力为主的构件称受拉构件，在工业与民用建筑中，钢筋混凝土桁架或拱拉杆、受内压力作用的环形截面管壁及圆形贮液池的筒壁、受地震作用的框架边柱，以及双肢柱的受拉肢等都属于受拉构件。按照轴向拉力作用在截面上的位置不同，受拉构件可分为：轴心受拉构件和偏心受拉构件。当轴向拉力作用在构件截面的形心上时，构件为轴心受拉构件；若轴向拉力作用点偏离了构件截面的形心，或轴向拉力作用点虽然在构件截面的形心上而同时伴有弯矩作用，此构件为偏心受拉构件。

钢筋混凝土受拉构件往往承受轴力、弯矩和剪力的作用，因此，在进行设计时，应进行正截面承载力和斜截面承载力计算，且由于混凝土的抗拉强度很低，在轴向拉力作用下，构件很容易产生裂缝，因此还必须进行抗裂度和裂缝宽度的验算。本项目仅简单介绍受拉构件正截面和斜截面承载力的计算。

## 二、轴心受拉构件正截面承载力计算

钢筋混凝土轴心受拉构件，由于混凝土的抗拉强度很低，在轴向拉力作用下，混凝土开裂退出工作，所有的拉力由钢筋承担，钢筋应力达屈服强度时，构件破坏。故钢筋混凝土轴心受拉构件正截面承载力计算公式为：

$$N \leqslant N_u = f_y A_s \tag{2.2-32}$$

式中　$N$——轴向拉力的设计值，kN；

$N_u$——轴心受拉构件正截面承载力设计值，kN；

$f_y$——钢筋抗拉强度设计值，$N/mm^2$；

$A_s$——全部受拉钢筋的截面面积，$mm^2$。

## 三、偏心受拉构件正截面承载力计算

偏心受拉构件，按轴向拉力作用点的位置不同，分为大偏心受拉构件和小偏心受拉构件两类。当轴向拉力作用在截面两侧钢筋合力点之间时，为小偏心受拉构件；当轴向拉力不作用在截面两侧钢筋合力点之间时，为大偏心受拉构件。

（一）小偏心受拉构件正截面承载力计算

小偏心受拉构件，由于轴向拉力作用在截面两侧钢筋合力点之间，构件整个截面处于受拉状态。混凝土开裂，拉力由钢筋承担，构件破坏时，截面整个裂通，钢筋应力达屈服强度，计算应力图如图 2.2-15 所示。

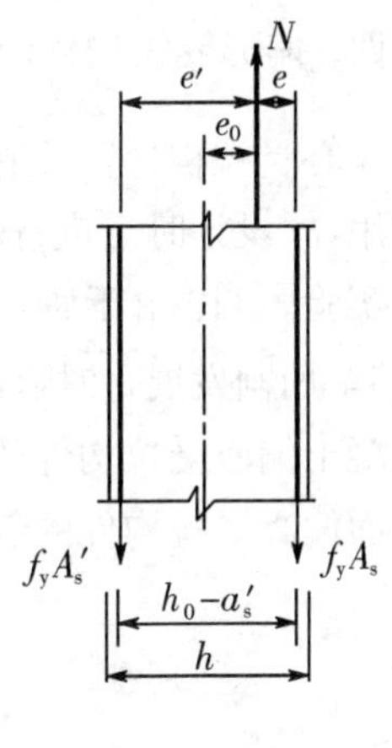


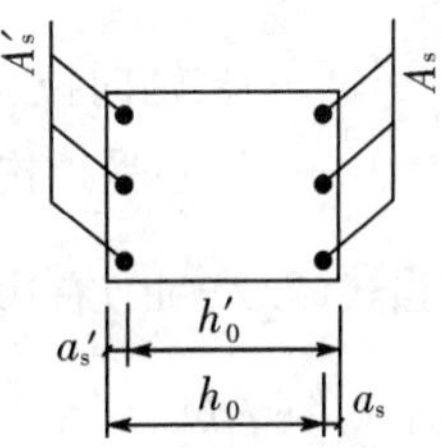


图 2.2-15　小偏心受拉计算应力图

根据截面平衡条件，小偏心受拉构件正截面承载力计算公式为：

$$Ne = f_y A'_s (h_0 - a'_s) \tag{2.2-33}$$

$$Ne' = f_y A_s (h'_0 - a_s) \tag{2.2-34}$$

$$e = \frac{h}{2} - e_0 - a_s \tag{2.2-35}$$

$$e' = \frac{h}{2} + e_0 - a'_s \tag{2.2-36}$$

若构件采用对称配筋时，则每侧钢筋可按式(2.2-34)计算。

（二）大偏心受拉构件正截面承载力计算

大偏心受拉构件，轴向拉力作用在截面两侧钢筋合力点之外。近轴向拉力 $N$ 一侧的钢筋 $A_s$ 受拉，远轴向拉力 $N$ 一侧的钢筋 $A'_s$ 受压，混凝土开裂后不会形成贯通整个截面的裂缝，仍存在受压区。当采用不对称配筋，构件破坏时，两侧钢筋均能屈服，混凝土达极限压应变。计算简图如图 2.2-16 所示。

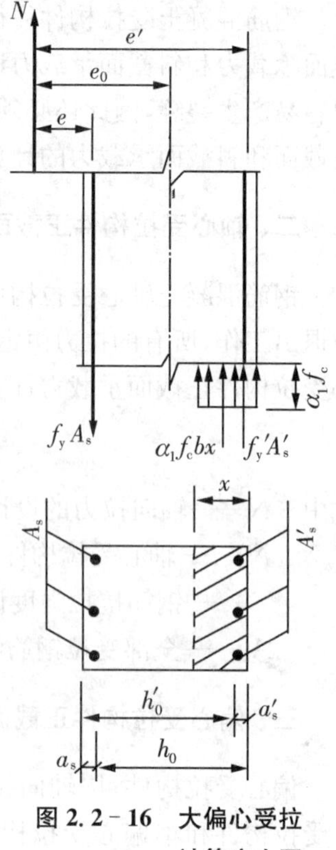

图 2.2-16　大偏心受拉计算应力图

根据截面平衡条件，大偏心受拉构件正截面承载力计算公式为：

$$N = f_y A_s - f_y' A_s' - \alpha_1 f_c bx \qquad (2.2-37)$$

$$Ne = \alpha_1 f_c bx\left(h_0 - \frac{x}{2}\right) + f_y' A_s'(h_0 - a_s') \qquad (2.2-38)$$

$$e = e_0 - \left(\frac{h}{2} - a_s\right) \qquad (2.2-39)$$

公式适用的条件：$2a_s' \leqslant x \leqslant x_b = \xi_b h_0$，当 $x < 2a_s'$ 则按式(2.2-34)计算。若构件采用对称配筋时，则每侧钢筋可按式(2.2-34)计算。

## 四、偏心受拉构件斜截面承载力计算

偏心受拉构件往往在承受轴向拉力的同时，还承受剪力的作用，故设计时需进行斜截面受剪承载力计算。

实验表明：由于轴向拉力的存在，使构件斜裂缝提前出现，甚至加剧发展，使构件受剪承载力明显降低。《混凝土结构设计规范》规定矩形截面的钢筋混凝土偏心受拉构件的受剪截面尺寸应符合的条件与受弯构件的规定相同，且规定了矩形截面偏心受拉构件的斜截面受剪承载力计算公式为：

$$V \leqslant \frac{1.75}{\lambda + 1.0} f_t bh_0 + f_{yv}\frac{A_{sv}}{s}h_0 - 0.2N \qquad (2.2-40)$$

式中　$V$——与轴向拉力设计值 $N$ 相应的剪力设计值，kN；

$\lambda$——偏心受拉构件计算截面的剪跨比，与偏心受压构件取值方法相同。

当式(2.2-40)右边的计算值小于 $f_{yv}\frac{A_{sv}}{s}h_0$ 时，应取等于 $f_{yv}\frac{A_{sv}}{s}h_0$，且 $f_{yv}\frac{A_{sv}}{s}h_0$ 的值不得小于 $0.36 f_t bh_0$。

■ **实训练习**

**任务　受拉构件的设计**

(1) 目的：熟悉受拉构件的设计方法。

(2) 能力目标：能正确进行受拉构件的设计计算。

## 项目 2.8　预应力混凝土构件

■ **学习目标**　理解预应力混凝土的基本原理、预加应力的方法及材料要求，了解预应力混凝土的特点。

■ **能力目标**　能对预应力混凝土构件选材，能正确确定预加应力的方法。

■ **知识点**

## 一、预应力混凝土的基本概念

### （一）预应力混凝土的基本原理

由于混凝土在出现裂缝时的极限拉应变值很小，仅为 $0.1\times10^{-3}\sim0.15\times10^{-3}$，所以普通混凝土构件在使用荷载作用下，通常是带裂缝工作的。如构件混凝土不开裂，受拉钢筋的应力仅达到 20～30 N/mm²；如构件混凝土的裂缝达最大容许宽度 0.2～0.3 mm 时，钢筋的应力也不过达到 150～250 N/mm²。由此可见，在普通钢筋混凝土中采用高强度钢筋是不能充分发挥其作用的，而提高混凝土强度等级对提高构件的抗裂性和控制裂缝宽度的作用也不大。因此，普通钢筋混凝土构件的使用范围受到很多限制。

为推迟混凝土裂缝的出现和开展、充分发挥高强度钢筋的作用，可以在构件受荷载作用以前，预先对受拉区的混凝土施加压力，使它产生预压应力来减小或抵消荷载所引起的混凝土拉应力。这种在构件受荷载以前预先对受拉区混凝土施加压应力的构件，就称为预应力混凝土构件。

现以图 2.2－17 所示预应力混凝土简支梁为例，进一步说明预应力混凝土的基本原理。

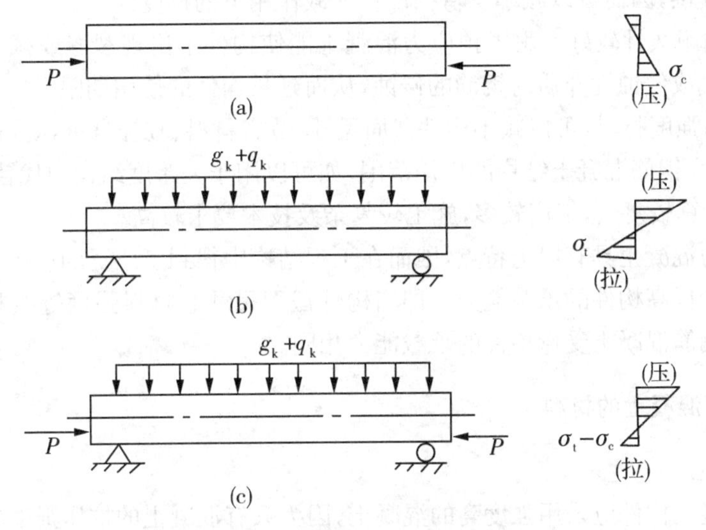


**图 2.2－17　预应力混凝土构件受力分析**

图 2.2－17(a)：在构件承受荷载以前，预先在梁的受拉区施加偏心压力 $P$，使梁的下边缘混凝土产生预压应力 $\sigma_c$，梁的上边缘产生预拉应力。

图 2.2－17(b)：在荷载 $g_k+q_k$ 作用下，梁跨中截面下边缘产生拉应力 $\sigma_t$，梁的上边缘产生压应力。

图 2.2－17(c)：在预应力 $P$ 和荷载 $g_k+q_k$ 共同作用下，梁的应力分布为以上两种情况的叠加，梁的下边缘拉应力大大减小，若小于混凝土的抗拉强度，则梁不会开裂；若超过混凝土的抗拉强度，构件开裂，但裂缝宽度较普通混凝土构件小得多。由此可见，预应力混凝土构件可延缓混凝土构件的开裂，提高构件的抗裂度和刚度，从而可减小构件截面尺寸，采用高强度材料，提高构件的耐久性。近年来，随着预应力技术的发展，预应力混凝土构件得到

广泛应用。

（二）预应力混凝土的分类

(1) 根据截面裂缝控制程度不同，预应力混凝土构件分为全预应力混凝土和部分预应力混凝土两类。在使用荷载作用下，严格要求不出现裂缝的构件，不允许截面上混凝土出现拉应力，此类构件称为全预应力混凝土构件；允许出现裂缝，但最大裂缝宽度不超过允许值的构件，则称为部分预应力混凝土。

(2) 按照粘结方式，预应力混凝土构件还可分为有粘结预应力混凝土和无粘结预应力混凝土。有粘结预应力混凝土构件是指后张法构件在预留孔道内穿预应力筋，后进行灌浆的构件。无粘结预应力混凝土构件是指配置无粘结预应力钢筋的后张法预应力混凝土构件，无粘结预应力钢筋是将预应力钢筋的外表面涂以沥青、油脂或其他润滑防锈材料，并用塑料套管或以纸带、塑料带包裹。无粘结预应力钢筋在施工时，像普通钢筋一样，可直接按配置的位置放入模板中，并浇灌混凝土，不需要预留孔道，也不必灌浆，施工简便、快速，造价较低，目前已在建筑工程中广泛应用。

（三）预应力混凝土的特点

与钢筋混凝土相比，预应力混凝土具有以下特点：

(1) 构件的抗裂度和刚度较大。由于预压应力存在，能延迟裂缝的出现和开展，并且受弯构件要产生反拱，因而可以减小受弯构件在荷载作用下的挠度。

(2) 构件的耐久性较好。由于预应力混凝土能使构件不出现裂缝或减小裂缝宽度，因而可以减少大气或侵蚀性介质对钢筋的侵蚀，从而延长构件的使用期限。

(3) 采用高强度材料，可以减小构件截面尺寸、节省材料、减轻自重，既可以达到经济的目的，又可以扩大钢筋混凝土结构的使用范围，如可以用于大跨度结构中代替某些钢结构。

(4) 设计计算较复杂，工序较多，施工较复杂及技术要求较高。

由于预应力混凝土具有以上特点，因而在工程结构中得到了广泛的应用。需要指出，预应力混凝土不能提高构件的承载能力。即当构件截面尺寸和材料强度等级相同时，预应力混凝土与普通钢筋混凝土受弯构件的承载能力相同。

## 二、预应力混凝土的材料

（一）混凝土

预应力混凝土构件应采用强度高的混凝土，因为只有混凝土的抗压强度较高，通过预压才有可能使构件获得较高的抗裂性能。混凝土还应具有较高的弹性模量、较小的徐变和收缩变形，以减少因收缩、徐变引起的预应力损失。从施工工艺上还要求混凝土快硬、早强，以利加快施工进度。

规范规定，预应力混凝土结构的混凝土强度等级不宜低于 C40，且不应低于 C30。

（二）预应力钢筋

预应力钢筋首先应具有很高的强度，才能在钢筋中建立起较高的张拉应力。混凝土预压应力的大小，取决于预应力钢筋张拉应力的大小；其次，预应力钢筋必须具有一定的塑性，即要求预应力钢筋在拉断前，具有一定的伸长率，以保证在低温或冲击荷载下能可靠工作；此外，施工工艺要求预应力钢筋还应具有良好的可焊性和墩头等加工性能。对于先张法构件中的预应力钢筋，还要求与混凝土之间有足够的粘结强度。

预应力筋宜采用预应力钢丝、钢绞线和预应力螺纹钢筋。

### 三、施加预应力的方法

施加预应力的方法有很多种，根据张拉钢筋与浇筑混凝土的先后次序，可分为先张法和后张法。

(一) 先张法

先张法是指首先在台座上或钢模内张拉钢筋，然后浇筑混凝土的一种预应力混凝土构件施工方法，其主要工序见图 2.2－18。先将预应力钢筋一端临时锚固在台座上，再将另一端通过张拉夹具和测力器与张拉机械相连进行张拉，当张拉机将预应力筋张拉到规定的应力(控制应力)后，固定钢筋，浇筑构件混凝土，待混凝土达到强度设计值的 75% 以上时，即可切断或放松预应力筋，预应力钢筋回缩挤压混凝土，使构件产生预压应力。可见，先张法预应力混凝土构件中，预应力是靠钢筋与混凝土之间的粘结力来传递的。

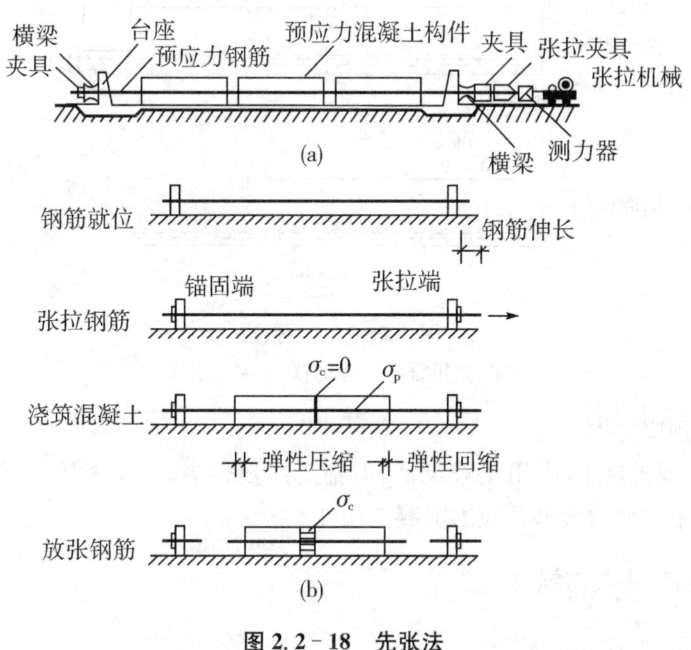


**图 2.2－18　先张法**

(a) 张拉设备示意图；(b) 主要工序

(二) 后张法

后张法是指先浇筑混凝土构件，待混凝土达到一定强度后，再直接在构件上张拉预应力筋的一种施工方法，其主要工序见图 2.2－19。在制作构件时，预先在构件中留出穿预应力筋的孔道，当构件混凝土达到强度设计值的 75% 以上后，即可通过孔道穿预应力筋，并用锚具将预应力钢筋锚固于混凝土构件上，同时用张拉机具张拉预应力筋，使构件混凝土获得预压应力。最后，在预留孔道内灌浆，使预应力钢筋与混凝土形成整体。也可不灌浆，完全通过锚具传递预压力，形成无粘结的预应力构件。可见，后张法预应力混凝土构件中，预应力是靠钢筋端部的锚具来传递的。

(三) 两种施工方法的特点

先张法：生产工序少、工艺简单、施工质量较易保证。构件上不需设永久性锚具。适合

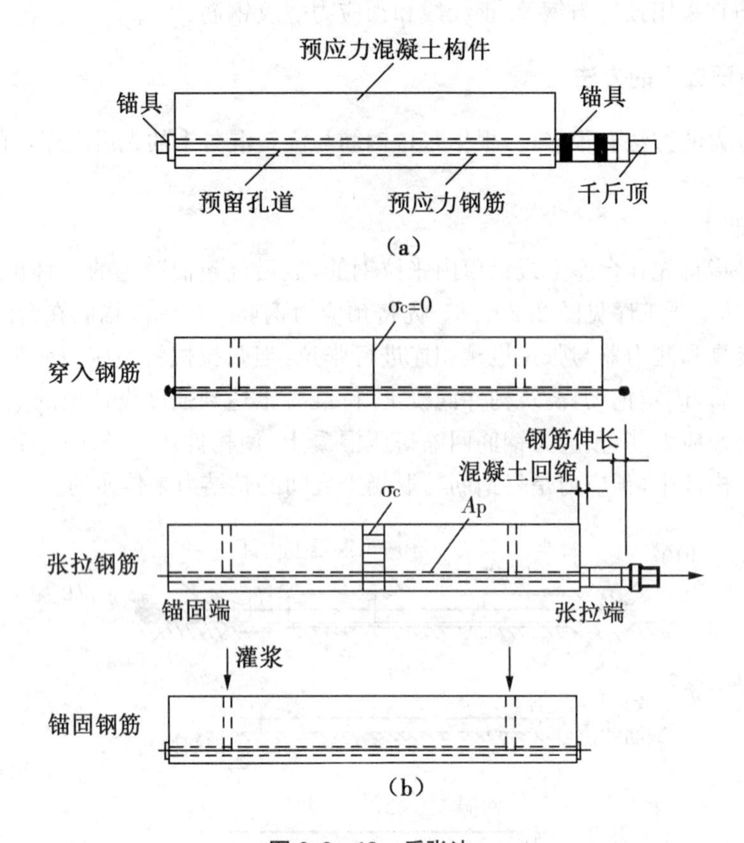


**图 2.2-19 后张法**

(a) 张拉设备示意图；(b) 主要工序

于生产中、小型预应力构件。

后张法：不需要台座，应用比较灵活，但锚具用量较多，且不能重复使用，生产成本较高，适合于运输不方便的大型预应力混凝土构件。

## 四、机具设备、夹具与锚具

### (一) 机具设备

预应力混凝土构件生产过程中，需要使用的机具设备种类很多，主要有张拉设备、预应力筋(丝)镦粗设备、对焊设备、灌浆设备和测力设备，要求工作可靠，控制应力准确，能以稳定的速率加大拉力。常用的张拉设备有油压千斤顶、卷扬机、电动螺杆张拉机等。

### (二) 夹具与锚具

夹具和锚具是在制作预应力构件时锚固预应力钢筋的工具。当预应力构件制成后能够取下重复使用时称为夹具，留在构件上不再取下的称为锚具。

夹具和锚具应保证受力可靠，使锚固的预应力钢筋不会产生滑移，保证预应力的可靠传递，以尽可能减少预应力损失。此外，锚具还应做到构造简单，便于机械加工，使用方便，用料省，价格低。

工程中常用的锚、夹具有：螺丝端杆锚具、镦头锚具、JM12 型、OVM 型、QM 型及 *XM* 型等，如图 2.2-20。

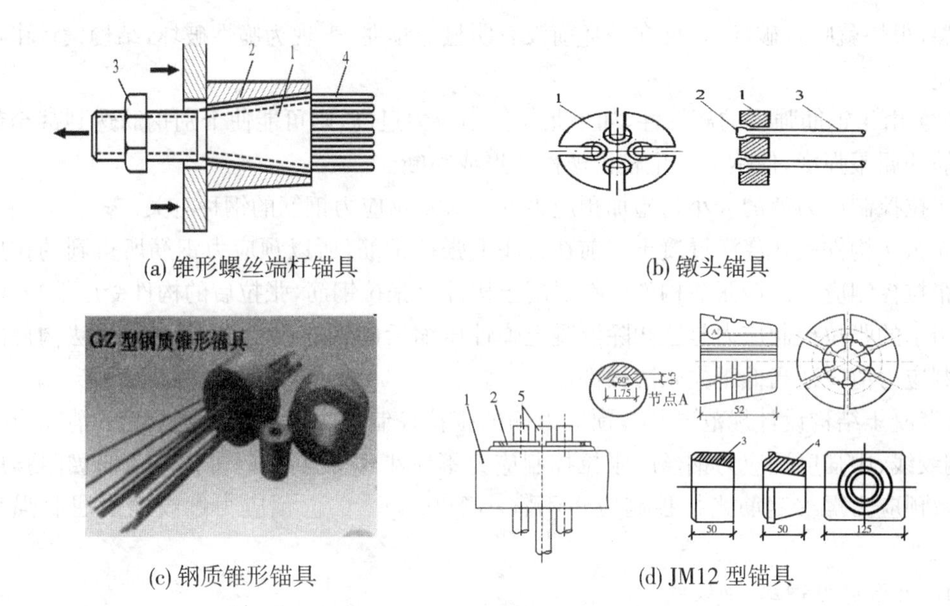


(a) 锥形螺丝端杆锚具　(b) 镦头锚具

(c) 钢质锥形锚具　(d) JM12 型锚具

**图 2.2-20　几种常见的锚夹具**

■ **实训练习**

**任务一　认知预应力钢筋种类、规格，张拉机械及设备，锚具**

(1) 目的：通过实训基地参观，认知预应力钢筋种类、规格，张拉机械及设备，锚具。

(2) 能力目标：能认知预应力钢筋种类、规格，张拉机械及设备，锚具。

(3) 实施地点：实训基地。

**任务二　观看预加应力的施工过程**

(1) 目的：通达施工现场参观，掌握先张法及后张法的主要施工工序。

(2) 能力目标：能区分先张法及后张法的主要工艺要点。

(3) 实施地点：施工现场。

## 项目 2.9　张拉控制应力和预应力损失

■ **学习目标**　理解张拉控制应力的概念及其确定原则；理解预应力损失的概念、种类及减小措施。

■ **能力目标**　能正确确定张拉控制应力；能理解各种预应力损失产生的原因并采取适当的措施减少预应力损失。

■ **知识点**

### 一、张拉控制应力

张拉控制应力是指预应力钢筋在进行张拉时，张拉设备（千斤顶和油泵）上的压力表所指示的总张拉力除以预应力钢筋截面面积而得的应力值，以 $\sigma_{con}$ 表示。

为发挥预应力的优点，张拉控制应力取值可取得高些，以利提高构件的抗裂性能和减小挠度。但是，张拉控制应力取值并非取得越高越好，因为：

(1) 张拉控制应力取值过高，会使构件开裂时的弯矩与极限弯矩越接近，这表明构件一旦开裂，很快就临近破坏，构件在破坏前没有明显的预兆，表现为脆性破坏，结构设计中应予以避免。

(2) 由于钢筋强度的离散性，如果张拉控制应力过高，则可能使个别钢筋达到甚至超过该钢筋的屈服强度，使钢筋产生较大塑性变形或脆断。

张拉控制应力值的大小与施加预应力的方法及预应力钢筋的钢种有关。

先张法构件是在浇灌混凝土之前在台座上张拉钢筋，所以预应力钢筋所得到的拉应力就是张拉控制应力。后张法构件是在混凝土构件上张拉钢筋，张拉后的构件受压缩短，千斤顶所指示的张拉控制应力是已扣除混凝土弹性压缩后的钢筋应力。所以，后张法构件的张拉控制应力值应适当低于先张法构件。

《混凝土结构设计规范》规定，预应力筋的张拉控制应力应符合下列规定：消除应力钢丝、钢绞线、中强度预应力钢丝的张拉控制应力不应小于 $0.4f_{ptk}$（$f_{ptk}$ 预应力筋极限强度标准值）；预应力螺纹钢筋张拉控制应力不宜小于 $0.5f_{ptk}$（$f_{ptk}$ 预应力螺纹钢筋屈服强度标准值）。

1. 消除应力钢丝、钢绞线

$$\sigma_{con} \leqslant 0.75f_{ptk} \tag{2.2-41}$$

2. 中强度预应力钢丝

$$\sigma_{con} \leqslant 0.70f_{ptk} \tag{2.2-42}$$

3. 预应力螺纹钢筋

$$\sigma_{con} \leqslant 0.85f_{pyk} \tag{2.2-43}$$

当符合下列情况之一时，上述张拉控制应力限值可相应提高 $0.05f_{ptk}$ 或 $0.05f_{pyk}$：

(1) 要求提高在施工阶段的抗裂性能而在使用阶段受压区内设置的预应力筋；

(2) 要求部分抵消由于应力松弛、摩擦、钢筋分批张拉以及预应力筋与张拉台座之间的温差等产生的预应力损失。

## 二、预应力损失

由于张拉工艺和材料性能等原因，预应力混凝土构件在施工及使用过程中，预应力钢筋的张拉控制应力值在不断降低，混凝土的预压应力也逐渐下降，即发生了“预应力损失”。

产生预应力损失的因素很多，在预应力混凝土设计中主要考虑以下六项。

1. 张拉端锚具变形和钢筋内缩引起的预应力损失 $\sigma_{l1}$

当预应力直线钢筋张拉到控制应力 $\sigma_{con}$ 后，便锚固在台座或构件上。由于锚具、垫板与构件之间的缝隙被压紧，以及预应力钢筋在锚具内的滑移，使得被拉紧的钢筋内缩而产生预应力损失。

锚具损失只考虑张拉端，因锚固端在张拉过程中被拉紧，所以不考虑锚固端所引起的应力损失。

对于块体拼成的结构，其预应力损失尚应计及块体间填缝的预压变形。当采用混凝土或砂浆为填缝材料时，每条填缝的预压变形值应取 1 mm。

减少 $\sigma_{l1}$ 损失的措施有：

(1) 选择锚具变形小或预应力钢筋内缩小的锚具、夹具，并尽量减少垫板的块数；

（2）增加台座长度。

2. 预应力钢筋的摩擦引起的预应力损失 $\sigma_{l2}$

先张法和后张法构件张拉端锚口摩擦，在转向装置处的摩擦引起的预应力损失按实际情况或厂家提供的数据确定。后张法构件在张拉预应力钢筋时，由于施工的偏差及孔道壁粗糙等原因，预应力钢筋与孔道壁之间产生摩擦力，致使预应力钢筋截面的应力随距张拉端的距离增加而减小。

减少 $\sigma_{l2}$ 损失的措施有：

（1）采用两端张拉；

（2）采用超张拉。超张拉工艺程序为：$0 \rightarrow 1.1\sigma_{con} \xrightarrow{\text{停 2 min}} 0.85\sigma_{con} \xrightarrow{\text{停 2 min}} \sigma_{con}$。

3. 混凝土加热养护时受张拉的预应力钢筋与承受拉力的设备之间温差引起的预应力损失 $\sigma_{l3}$

为了缩短先张法构件的生产周期，浇灌混凝土后常采用蒸汽养护。升温时，钢筋受热膨胀，预应力钢筋中的应力降低，产生预应力损失；降温时，混凝土已结硬，与钢筋之间已建立粘结力，两者一起回缩，钢筋应力不能恢复到原来的张拉应力值。

减少 $\sigma_{l3}$ 损失的措施有：

（1）采用两次升温养护。先在常温下养护，待混凝土强度达到一定值后，再逐渐升温至规定的养护温度，此时预应力钢筋与混凝土粘结在一起，形成整体，能够一起胀缩而不引起应力损失。

（2）采用钢模生产预应力混凝土构件。由于预应力钢筋锚固在钢模上，升温时两者温度相同，所以不产生应力损失。

4. 预应力钢筋应力松弛引起的预应力损失 $\sigma_{l4}$

钢筋在高应力作用下，在长度保持不变的条件下，钢筋的应力随时间增长而降低的现象，称为钢筋应力松弛。

在钢筋应力保持不变的条件下，应变随时间增长而逐渐增大的现象，称为钢筋的徐变。

减少 $\sigma_{l4}$ 损失的措施有：

采用超张拉，先使张拉控制应力达 $1.05 \sim 1.1\sigma_{con}$，持荷 2～5 min，卸载再施加张拉应力至 $\sigma_{con}$。

5. 混凝土的收缩、徐变引起的预应力损失 $\sigma_{l5}$、$\sigma'_{l5}$

混凝土在空气结硬时会发生体积收缩，而在预应力作用下，沿压力方向混凝土产生徐变。收缩和徐变都使构件长度缩短，预应力钢筋也随之回缩，从而造成预应力损失。

减少 $\sigma_{l5}$ 损失的措施有：

（1）采用高标号水泥，以减少水泥用量，降低水灰比，以减少混凝土的收缩、徐变值；

（2）采用级配良好的骨料，加强振捣，提高混凝土的密实度；

（3）加强养护，以防止水分过多散失。

6. 用螺旋式预应力钢筋作配筋的环形构件，当直径 $d \leqslant 3$ m 时，由于混凝土的局部挤压引起的预应力损失 $\sigma_{l6}$

《混凝土结构设计规范》给出了 $\sigma_{l6}$ 的值为：

后张法构件（$d \leqslant 3$ m）　　$\sigma_{l6} = 30\ \text{N/mm}^2$

## 三、各阶段预应力损失值的组合

上述六项预应力损失，有的只发生在先张法构件中，有的只发生在后张法构件中，有的两种构件均有，即使在同一种构件中，它们也是分批产生的。为了便于分析和计算，预应力构件在各阶段的预应力损失值宜按表 2.2-3 的规定进行组合。

**表 2.2-3 各阶段的预应力损失值组合**

| 预应力损失值的组合 | 先张法构件 | 后张法构件 |
|---|---|---|
| 混凝土预压前（第一批）的损失 | $\sigma_{l1}+\sigma_{l2}+\sigma_{l3}+\sigma_{l4}$ | $\sigma_{l1}+\sigma_{l2}$ |
| 混凝土预压后（第二批）的损失 | $\sigma_{l5}$ | $\sigma_{l4}+\sigma_{l5}+\sigma_{l6}$ |

注：先张法构件由于钢筋应力松弛引起的损失值 $\sigma_{l4}$ 在第一批和第二批损失中所占的比例，如需区分，可根据实际情况确定。

当计算求得的预应力总损失值小于下列数值时，应按下列数值取用：

先张法构件：100 N/mm$^2$；

后张法构件：80 N/mm$^2$。

后张法构件的预应力钢筋采用分批张拉时，应考虑后批张拉钢筋所产生的混凝土弹性压缩（或伸长）对先批张拉钢筋的影响，将先批张拉钢筋的张拉控制应力值 $\sigma_{con}$ 增加（或减小）$\alpha_E\sigma_{pci}$（$\sigma_{pci}$ 为后批张拉钢筋在先批张拉钢筋重心处产生的混凝土法向应力）。

■ **实训练习**

**任务　观看预加应力的张拉过程**

(1) 目的：通过观看预加应力的张拉过程，掌握控制应力及预应力损失产生的原因。

(2) 能力目标：认知控制应力、学会分析预应力损失产生的原因及减少各损失的措施。

## 项目 2.10　预应力混凝土构件的构造要求

■ **学习目标**　了解预应力混凝土构件的构造要求。

■ **能力目标**　学会理解预应力混凝土构件的构造要求。

■ **知识点**

### 一、预应力钢筋的构造要求

(1) 先张法预应力筋之间的净间距应根据混凝土浇筑质量、预应力传递性能及钢筋锚固等要求确定。先张法预应力筋之间的净间距不应小于其公称直径或等效直径的 2.5 倍和混凝土粗骨料最大直径的 1.25 倍（当混凝土振捣密实性具有可靠保证时，净间距可放宽至最大粗骨料直径的 1.0 倍），且应符合下列规定：对预应力钢丝，不应小于 15 mm；对三股钢绞线，不应小于 20 mm；对七股钢绞线，不应小于 25 mm。

(2) 后张法预应力混凝土构件中，当采用曲线预应力束时，其曲率半径不宜小于 4 m；对折线配筋的构件，在预应力束弯折处的曲率半径可适当减小。当满足不了上述要求时可在曲线预应力束弯折内侧设置钢筋网片或螺旋筋。

(3) 后张法预应力筋采用预留孔道应符合下列规定：

① 预制构件中预留孔道之间的水平净间距不宜小于 50 mm，且不宜小于粗骨料直径的 1.25 倍；孔道至构件边缘的净间距不宜小于 30 mm，且不宜小于孔道直径的 50%；

② 现浇混凝土梁中预留孔道在竖直方向的净间距不应小于孔道外径，水平方向的净间距不宜小于 1.5 倍孔道外径，且不应小于粗骨料直径的 1.25 倍；从孔道外壁至构件边缘的净间距，梁底不宜小于 50 mm，梁侧不宜小于 40 mm；对裂缝控制等级为三级的梁，梁底、梁侧净间距分别不宜小于 60 mm 和 50 mm；

③ 预留孔道的内径宜比预应力束外径及需穿过孔道的连接器外径大 6～15 mm；且孔道的截面积宜为穿入预应力筋截面积的 3.0～4.0 倍；

④ 当有可靠经验，并能保证混凝土浇筑质量时，预应力筋孔道可水平并列贴紧布置，但并排的数量不应超过 2 束；

⑤ 在现浇混凝土楼板中采用扁形锚固体系时，穿过每个预留孔道的预应力筋数量宜为 3～5 根；在常用荷载情况下，孔道在水平方向的净间距不应超过 8 倍板厚及 1.5 m 中的较大值；

⑥ 板中单根无粘结预应力筋的间距不宜大于板厚的 6 倍，且不宜大于 1 m；带状束的无粘结预应力筋根数不宜多于 5 根，间距不宜大于板厚的 12 倍，且不宜大于 2.4 m；

⑦ 梁中集束布置的无粘结预应力筋，集束的水平净间距不宜小于 50 mm，束至构件边缘的净距不宜小于 40 mm。

## 二、构件端部的构造措施

(1) 先张法预应力混凝土构件端部宜采取下列构造措施：

① 单根配置的预应力筋，其端部宜设置螺旋筋，见图 2.2－21(a)；

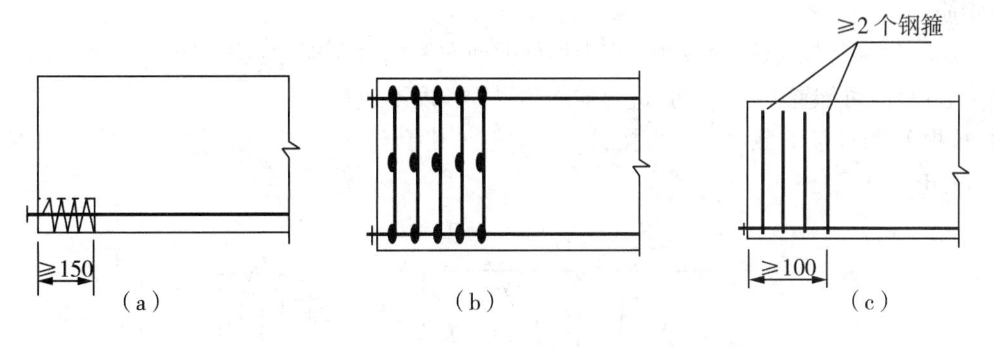


**图 2.2－21　构件端部配筋构造要求**

② 分散布置的多根预应力筋，在构件端部 $10d$（$d$ 为预应力筋的公称直径），且不小于 100 mm 范围内，宜设置 3～5 片与预应力筋垂直的钢筋网片，见图 2.2－21(b)；

③ 采用预应力钢丝配筋的薄板，在板端 100 mm 长度范围内宜适当加密横向钢筋，见图 2.2－21(c)；

④ 槽形板类构件，应在构件端部 100 mm 长度范围内沿构件板面设置附加横向钢筋，其数量不应少于 2 根。

(2) 后张法预应力混凝土构件的端部锚固区，应按下列规定配置间接钢筋：

① 采用普通垫板时，应按混凝土规范的规定进行局部受压承载力计算，并配置间接钢筋，其体积配筋率不应小于0.5%，垫板的刚性扩散角应取45°；

② 局部受压承载力计算时，局部压力设计值对有粘结预应力混凝土构件取1.2倍的张拉控制应力，对无粘结预应力混凝土构件取1.2倍的张拉控制应力和 $f_{ptk}A_p$ 中的较大值；

③ 采用整体铸造垫板时，其局部受压区的设计应符合相关标准的规定；

④ 在局部受压间接钢筋配置区以外，在构件端部长度 $l$ 不小于截面重心线上部或下部预应力筋的合力点至邻近边缘的距离 $e$ 的3倍、但不大于构件端部截面高度 $h$ 的1.2倍，高度为 $2e$ 的附加配筋区范围内，应均匀配置附加防劈裂箍筋或网片(见图2.2-22)，且体积配筋率不应小于0.5%。

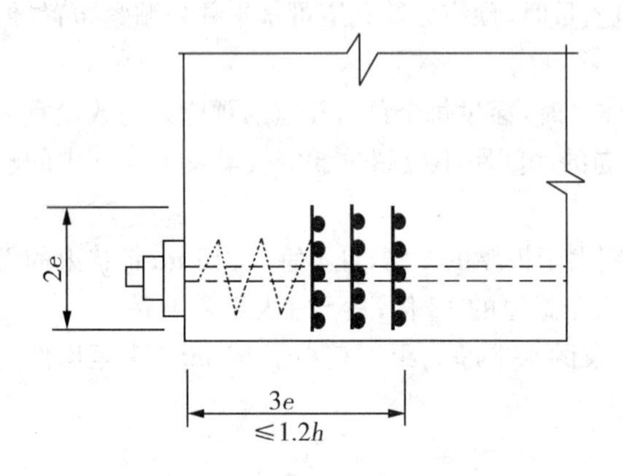


**图2.2-22 端部的间接钢筋**

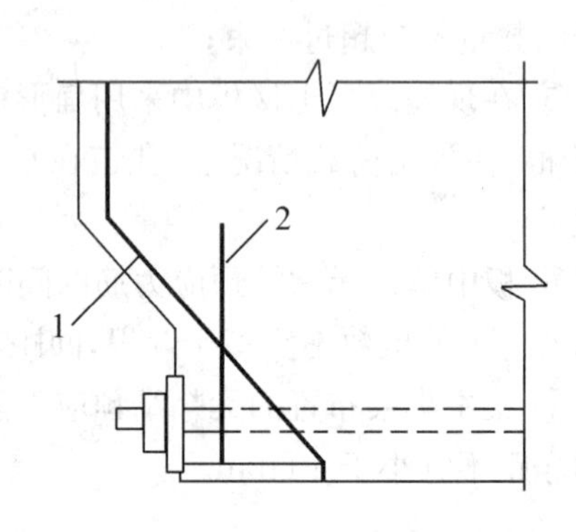


**图2.2-23 端部凹进构造配筋**

1—折线构造钢筋；2—竖向构造钢筋

(3) 当构件在端部有局部凹进时，应增设折线构造钢筋(见图2.2-23)或其他有效的构造钢筋。

(4) 在预应力混凝土结构中，当沿构件凹面布置曲线预应力束时(图2.2-24)，应计算防崩裂设计，可配置U形插筋，U形插筋的锚固长度不应小于 $l_a$，当实际锚固长度 $l_c$ 小于 $l_a$ 时，单根U形插筋的截面面积可按 $A_{sv1}/k$ 取值。其中 $k$ 取 $l_c/15d$ 和 $l_c/200$ 中的较小值，且 $k$ 不大于1.0。

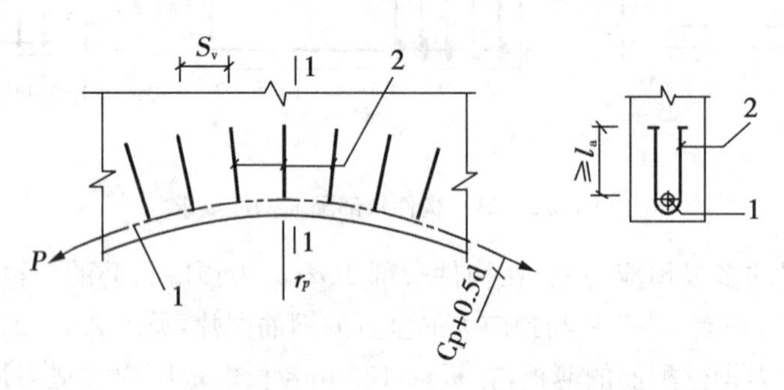


(a) 抗崩裂U形插筋布置　　(b)1-1剖面

**图2.2-24 抗崩裂U形插筋构造示意图**

1—预应力束；2—沿曲线预应力束均匀布置的U形插筋

(5) 预应力钢筋在构件端部全部弯起的受弯构件或直线配筋的先张法构件，当构件端部与下部支承结构焊接时，应考虑混凝土收缩、徐变及温度变化所产生的不利影响，宜在构件端部可能产生裂缝的部位设置纵向构造钢筋。

(6) 在预应力混凝土屋面梁、吊车梁等构件靠近支座的斜向主拉应力较大部位，宜将一部分预应力筋弯起配置。

(7) 预制肋形板，宜设置加强其整体性和横向刚度的横肋。端横肋的受力钢筋应弯入纵肋内。当采用先张长线法生产有端横肋的预应力混凝土肋形板时，应在设计和制作上采取防止放张预应力时端横肋产生裂缝的有效措施。

(8) 构件端部尺寸应考虑锚具的布置、张拉设备的尺寸和局部受压的要求，必要时应适当加大。

(9) 后张预应力混凝土外露金属锚具，应采取可靠的防腐及防火措施，并应符合下列规定：

① 无粘结预应力筋外露锚具应采用注有足量防腐油脂的塑料帽封闭锚具端头，并应采用无收缩砂浆或细石混凝土封闭；

② 对处于二 *b*、三 *a* 、三 *b* 类环境条件下的无粘结预应力锚固系统，应采用全封闭的防腐蚀体系，其封锚端及各连接部位应能承受 10 kPa 的净水压力而不得透水；

③ 采用混凝土封闭时，其强度等级宜与构件混凝土强度等级一致，且不应低于 C30，封锚混凝土与构件混凝土应可靠粘结，且宜配置 1～2 片钢筋网，钢筋网应与构件混凝土拉结；

④ 采用无收缩砂浆或混凝土封闭保护时，其锚具及预应力筋端部的保护层厚度不应小于：一类环境时 20 mm，二 *a*、二 *b* 类环境时 50 mm，三 *a*、三 *b* 类环境时 80 mm。

■ **实训练习**

**任务　认知预应力钢筋的布置、构件端部处理**

(1) 目的：通过参观，掌握预应力钢筋的布置、构件端部处理。

(2) 能力目标：能认知预应力钢筋的布置、构件端部处理。

(3) 实施地点：施工现场。

# 复习思考题

1. 受压构件中配置的纵向钢筋有何作用？纵向钢筋的直径、根数、间距、配筋率有何要求？

2. 在受压构件中配置箍筋的作用是什么？什么情况下需设置复合箍筋？箍筋的直径、间距有何要求？

3. 轴心受压破坏特征是什么？为什么轴心受压长柱的受压承载力低于短柱？承载力计算时如何考虑纵向弯曲的影响？

4. 偏心受压构件正截面的破坏形态有哪几种？破坏特征各是什么？大小偏心受压破坏的界限是什么？

5. 偏心受压构件正截面承载力计算时，为何要引入初始偏心距和偏心距增大系数？

6. 怎样判别大、小偏心受压构件？

7. 偏心受压构件一般采用对称配筋，对称配筋有何优点？对称配筋的偏心受压构件如何判别大、小偏心？

8. 排架计算简图如何确定？其依据的假定条件有哪些？

9. 如何确定排架柱的控制截面？

10. 排架柱在进行内力组合时，应进行哪几种内力组合。

11. 如何判别大、小偏心受拉构件？

12. 何为预应力混凝土？简述预应力混凝土的基本原理和特点。

13. 施加预应力的方法有哪几种？各有何优、缺点？区别何在？

14. 预应力混凝土中，钢筋、混凝土材料有何要求？

15. 预应力混凝土分为哪几类？

16. 什么是张拉控制应力？控制应力与哪些因素有关？

17. 什么是预应力损失？预应力损失分为哪几种？

## 训 练 题

1. 某钢筋混凝土轴心受压构件，截面边长 350 mm×350 mm，计算长度 5.6 m，承受轴向力设计值 $N$=1500 kN，采用 C30 级混凝土、HRB400 级钢筋。试求截面配筋。

2. 某多层钢筋混凝土框架的底层中柱，计算长度 6 m，承受轴向力设计值 $N$=1700 kN，采用 C30 级混凝土，HRB400 级钢筋。试确定构件截面尺寸和纵向钢筋截面面积，并绘出配筋图。

3. 某多层钢筋混凝土框架的底层中柱，计算长度 5.2 m，截面边长 400 mm×400 mm，混凝土强度等级 C25，已配纵向受力钢筋 8 根直径 20 mm，HRB400 级钢筋。试计算截面承载力。

4. 某钢筋混凝土矩形柱，截面尺寸 $b\times h$=400 mm×500 mm，计算长度为 5.2 m，混凝土强度等级为 C25，钢筋为 HRB400 级，承受弯矩设计值 180 kN·m，轴向压力设计值 500 kN。求对称配筋时纵筋截面面积。

5. 某钢筋混凝土矩形柱，截面尺寸 $b\times h$=600 mm×400 mm，计算长度为 5.2 m，混凝土强度等级为 C25，钢筋为 HRB400 级，$A_s=A'_s$=1256 mm，承受轴向压力设计值 600 kN。求该柱能承受的弯矩设计值。

6. 某钢筋混凝土矩形柱，截面尺寸 $b\times h$=500 mm×650 mm，计算长度为 8 m，混凝土强度等级为 C25，钢筋为 HRB400 级，承受弯矩设计值 350 kN·m，轴向压力设计值 2500 kN。求对称配筋时钢筋的截面面积。

7. 某钢筋混凝土矩形柱，截面尺寸 $b\times h$=400 mm×500 mm，计算长度为 6 m，混凝土强度等级为 C30，钢筋为 HRB400 级，$A_s=A'_s$=1256 mm，承受轴向压力设计值 2600 kN。求该柱能承受的弯矩设计值。

# 单元3　框架

■ **单元概述**　叙述了多高层结构的基本体系，框架结构的基本构造及节点构造要求，多层和高层钢筋混凝土房屋抗震设计的一般规定和构造措施。

■ **学习目标**　通过本单元学习，掌握框架结构的基本构造及节点构造要求、多层和高层钢筋混凝土房屋抗震设计的一般规定和构造措施；了解多高层结构的基本体系、多层和高层钢筋混凝土房屋的震害特点。

## 项目3.1　多高层结构体系

■ **学习目标**　掌握多高层结构的基本体系，掌握框架结构的基本构造。

■ **能力目标**　学会识别多高层结构的体系分类，理解框架结构的一般构造要求。

■ **知识点**

### 一、多高层结构的体系分类

我国通常将10层以下的房屋称为多层房屋，10层及10层以上或房屋高度大于28 m的居住建筑和建筑高度超过24 m的公共建筑称为高层建筑。

在结构设计中，当房屋高度不大时，竖向荷载对结构设计起控制作用；随着房屋高度的增加，水平荷载对结构的影响越来越大；当房屋高度更大时，水平荷载对结构设计起绝对控制作用。为有效地提高结构抵抗水平荷载的能力和增加结构的侧向刚度，结构常采用框架结构、剪力墙结构、框架—剪力墙结构和筒体结构。

（一）框架结构

框架结构由梁、柱组成，墙体为填充墙，墙体不承重(图2.3-1)。其特点是柱网布置灵活，便于获得较大的使用空间，延性较好，横向侧移刚度较小。因此适用于需要大空间的、层数不宜太多、房屋的高度不宜太高的建筑，如商场、车站、展览馆、停车库、宾馆的门厅、餐厅等。一般在非地震区用于15层以下的房屋，在地震区常用于10层以下的房屋。

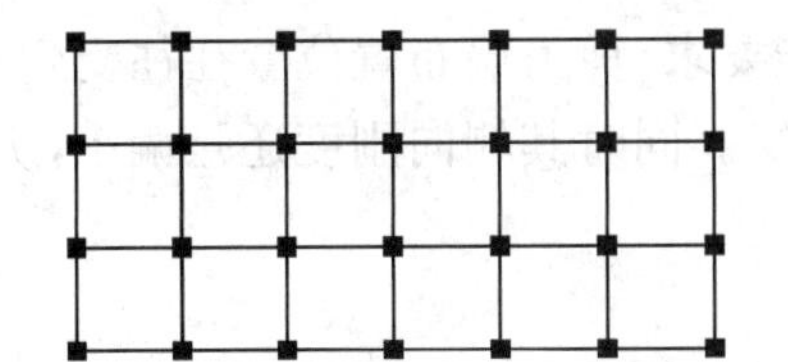
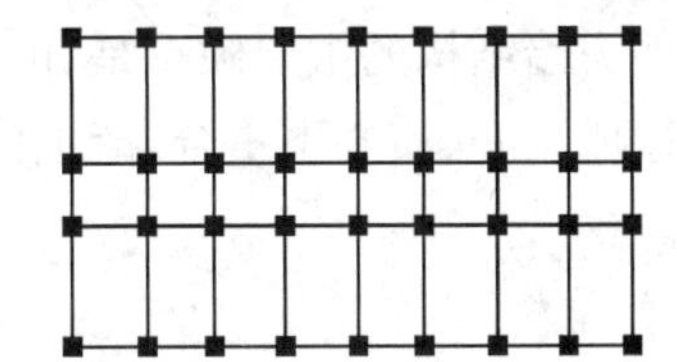

**图2.3-1　框架结构**

（二）剪力墙结构

剪力墙是由钢筋混凝土浇筑的墙体，在高层房屋中其宽度和高度可与整个房屋相同，相对而言，厚度很小。剪力墙承受竖向荷载及水平荷载的能力都较大(图2.3-2)。其特点是整体性好，侧向刚度大，水平力作用下侧移小，并且由于没有梁、柱等外露与凸出，便于房间内部布置。缺点是不能提供大空间房屋，结构延性较差。

剪力墙结构由于承受竖向力、水平力的能力均较大，横向刚度大，因此可以建造比框架

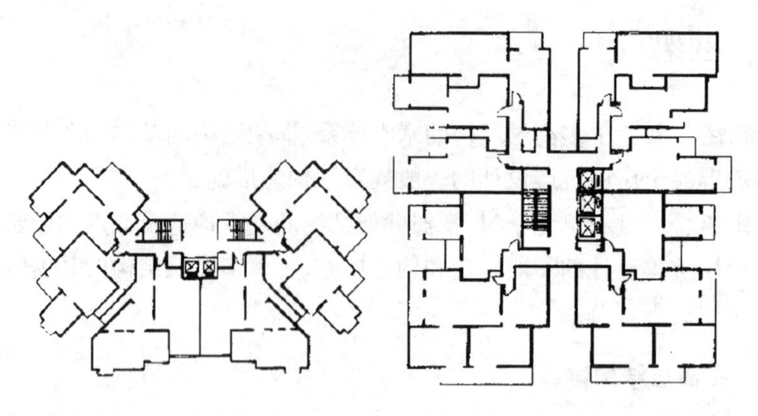

图 2.3-2　剪力墙结构

结构更高、层数更多的建筑，但是房屋只能以小房间为主，如住宅、宾馆、单身宿舍，建筑层数可达 30 层。

（三）框架—剪力墙结构

框架—剪力墙结构是指由若干个框架和局部剪力墙共同组成的多高层结构体系（图 2.3-3）。框架—剪力墙结构体系兼有框架与剪力墙的优点，恰好是对两者取长补短，既能布置大空间房屋，也能布置小空间房屋，布置灵活，又具有较大的侧向刚度，弥补了纯框架结构之不足，所以广泛用于层数较多、房屋总高较高的建筑，适应较多的建筑功能要求。常用于 15～25 层的办公楼、旅馆、公寓。

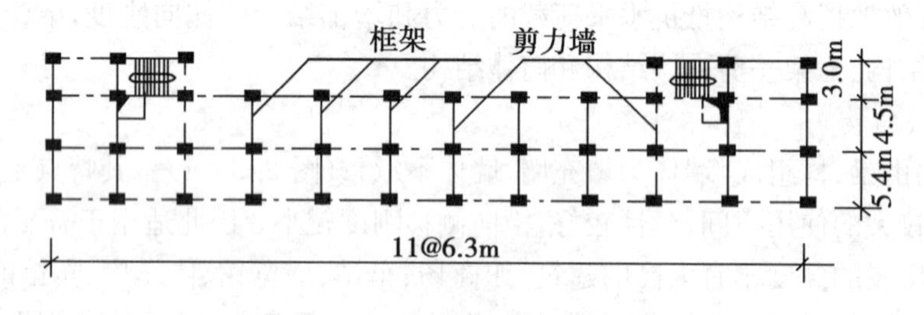


图 2.3-3　框架—剪力墙结构

框架—剪力墙结构的主要缺点是，由于功能要求，剪力墙布置位置往往受到限制，往往不可避免地造成刚心、质心不重合，产生偏心扭矩。同时其侧向刚度还是偏小，房屋建造高度受到限制。

（四）筒体结构

筒体结构是由实心钢筋混凝土墙或密集框架柱（框筒）构成（图 2.3-4）。筒体结构包括框架—核心筒结构与筒中筒结构。

框架—核心筒结构由实体的核心筒和外框架构成。一般将楼电梯间及一些服务用房集中在核心筒内，其他需较大空间的办公用房、商业用房等布置在外框架部分。由于核心筒实际上是两个方向的剪力墙构成封闭的空间结构，所以具有更好的整体性与抗侧刚度。框架—核心筒结构体系适用于高度较高、功能较多的建筑。

筒中筒结构是由实体的内筒与空腹的外筒组成。空腹外筒由密排柱及高度较大的横梁组成。筒中筒结构体系具有更大的整体性与侧向刚度，因此适用于高度很大的建筑。如果

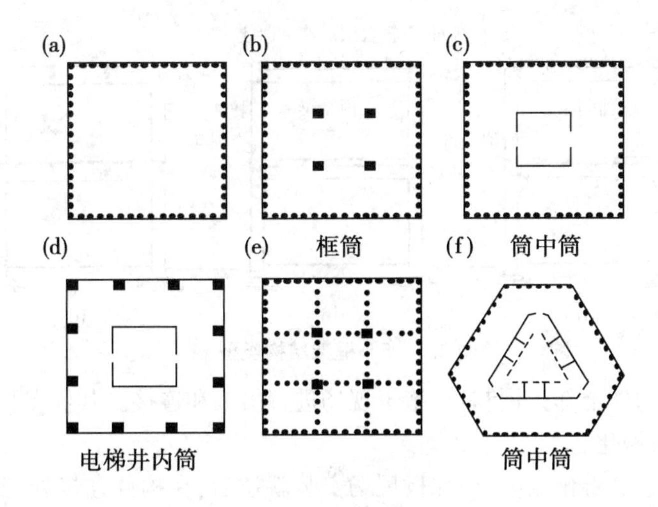


图 2.3-4　筒体结构

将若干筒体组合为成束筒结构体系，则侧向刚度更大，可适用于特别高的超高层建筑。

多高层建筑结构应根据房屋的高度、高宽比、抗震设防类别、抗震设防烈度、场地类别、结构材料和施工技术条件等因素，选用适宜的结构体系。各种体系适用的房屋最大高度一般按《高层建筑混凝土结构技术规程》的 A 级规定取用，详见表 2.3-1。

表 2.3-1　现浇钢筋混凝土高层建筑的最大适用高度(m)

| 结构体系 | | 非抗震设计 | 抗震设防烈度 | | | | |
|---|---|---|---|---|---|---|---|
| | | | 6 度 | 7 度 | 8 度 | | 9 度 |
| | | | | | 0.20 g | 0.30 g | |
| 框架 | | 70 | 60 | 50 | 40 | 35 | 24 |
| 框架—剪力墙 | | 150 | 130 | 120 | 100 | 80 | 50 |
| 剪力墙 | 全部落地剪力墙 | 150 | 140 | 120 | 100 | 80 | 60 |
| | 部分框支剪力墙 | 130 | 120 | 100 | 80 | 50 | 不应采用 |
| 筒　体 | 框架—核心筒 | 160 | 150 | 130 | 100 | 90 | 70 |
| | 筒中筒 | 200 | 180 | 150 | 120 | 100 | 80 |
| 板柱—剪力墙 | | 110 | 80 | 70 | 55 | 40 | 不应采用 |

注：1　表中框架不含异形柱框架结构；
2　部分框支剪力墙结构指地面以上有部分框支剪力墙的剪力墙结构；
3　甲类建筑，6、7、8 度时宜按本地区抗震设防烈度提高一度后符合本表的要求，9 度时应专门研究；
4　框架结构、板柱—剪力墙结构以及 9 度抗震设防的表列其他结构，当房屋高度超过本表数值时，结构设计应有可靠依据，并采取有效的加强措施。

## 二、多层框架的类型及布置

### (一) 框架结构的类型

按施工方法的不同，框架可分为装配式、装配整体式和整体式三种，见图 2.3-5。

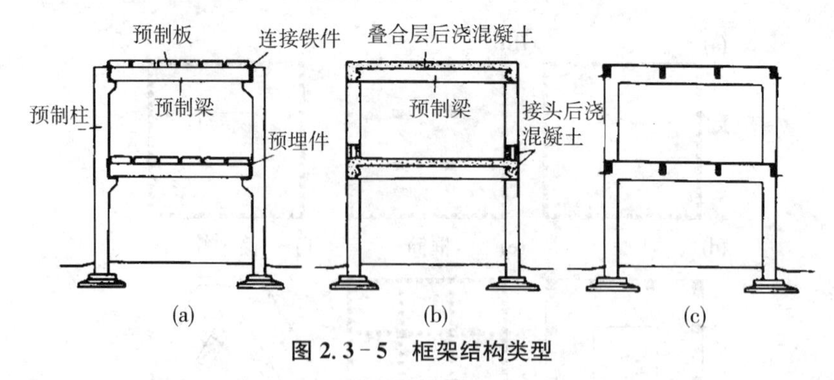


图 2.3-5　框架结构类型

装配式框架的构件全部为预制，在施工现场进行吊装和连接。其优点是节约模板，缩短工期，有利于施工机械化。

装配整体式框架是将预制梁、柱和板现场安装就位后，在构件连接处浇捣混凝土，使之形成整体。其优点是省去了预埋件，减少了用钢量，整体性比装配式提高，但节点施工复杂。

整体式框架也称全现浇框架，其优点是整体性好，建筑布置灵活，有利于抗震，但工程量大，模板耗费多，工期长。

（二）框架结构的布置

框架结构布置应注意以下原则：

(1) 平面布置宜简单、规则和对称；

(2) 建筑平面长宽比不宜过大，$L/B$ 宜小于 6；

(3) 结构的竖向布置要做到刚度均匀而连续，避免刚度突变；

(4) 建筑物的高宽比不宜过大，$H/B$ 不宜大于 5；

(5) 房屋的总长度宜控制在最大伸缩缝间距以内，否则需设伸缩缝或采取其他措施，以防止温度应力对结构造成的危害；

(6) 在地基可能产生不均匀沉降的部位及有抗震设防要求的房屋，应合理设置沉降缝和防震缝。

框架结构是由若干个平面框架通过连系梁连接而形成的空间结构体系。在这个体系中，平面框架是基本的承重结构，按其布置方向的不同，框架体系可以分为下列三种：

(1) 横向框架承重方案。

楼板搁在横向框架梁上，竖向荷载主要由横向框架承担，用纵向连系梁连接各横向框架。如图 2.3-6(a)所示。

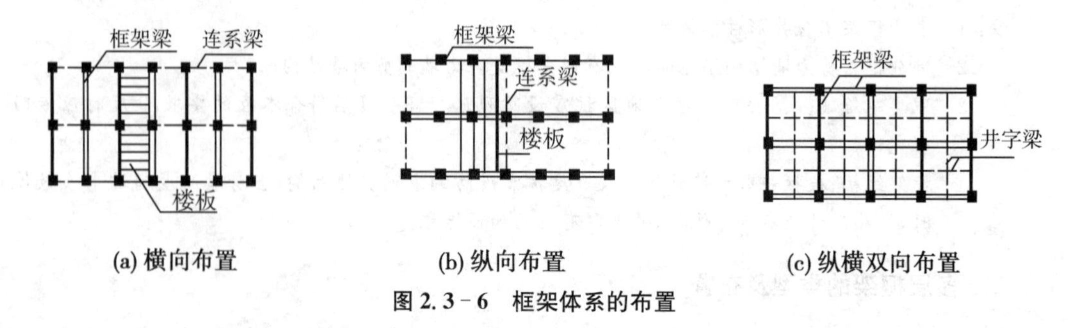


图 2.3-6　框架体系的布置

(2) 纵向框架承重方案。

楼板放在纵向框架梁上，房屋的横向布置连系梁。当为大开间柱网时可考虑采用此方案。如图 2.3－6(b)所示。

(3) 纵横向框架承重方案。

两个方向的梁都要承担楼板传来的竖向荷载，梁的截面均较大，房屋双向刚度均较大。如图 2.3－6(c)所示。

## 三、框架结构的一般构造要求

(一) 梁柱截面形状

承受主要竖向荷载的框架主梁，其截面形式在全现浇的整体式框架中以 T 形为多(图 2.3－7(a))；在装配式框架中可做成矩形、T 形和花篮形等(图 2.3－7(b)～(g))。

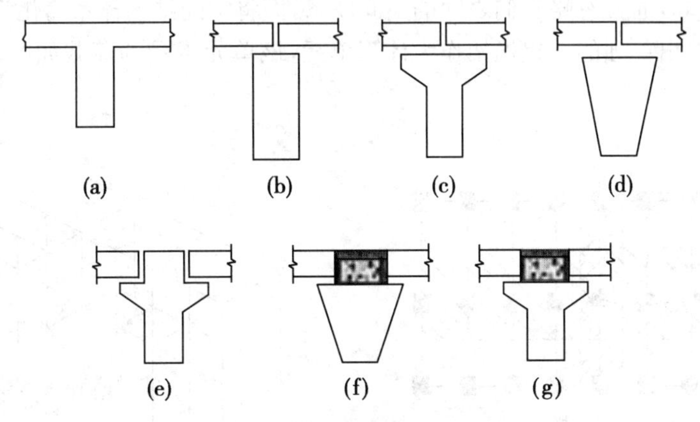


**图 2.3－7　框架横梁截面形式**

不承受主要竖向荷载的连系梁，其截面形式常用 T 形、Γ 形、矩形、⊥形、L 形等。

框架柱的截面形式一般为矩形或正方形。

(二) 截面尺寸

(1) 框架梁。

梁截面尺寸可参考受弯构件来初步确定。梁高 $h_b$ 一般可取(1/10～1/18)$l_b$($l_b$ 为梁的计算跨度)，梁净跨与截面高度之比不宜小于 4。梁的宽度 $b_b=(1/2\sim1/3)h_b$，一般不宜小于 200 mm。

(2) 框架柱。

柱截面的宽度 $b_c$ 和高度 $h_c$，一般取(1/15～1/20)层高。为了提高框架抗水平力的能力，矩形截面的 $h_c/b_c$ 不宜大于 3，柱截面的边长不宜小于 400 mm。在非抗震设计时可根据经验或作用于柱上的轴力设计值 $N$ 考虑弯矩影响后近似按下式确定：

$$A \geqslant (1.2\sim1.4)N/f_c$$

在抗震设计时，柱的截面面积还应满足轴压比($N/f_cA$)限值的要求。当抗震等级分别为一、二、三级时，框架柱的轴压比限值分别为 0.65、0.75 和 0.85。

(三) 材料强度等级

(1) 混凝土强度等级。

非抗震设计时，现浇框架的混凝土强度等级不应低于 C20。抗震设计时，当按一级抗震设计时，现浇框架的混凝土强度等级不宜低于 C30；当按二至四级抗震等级设计时，不应低于 C20。为减小柱子的轴压比和截面、提高承载能力，宜在荷载较大的柱子中采用较高强度的混凝土。

(2) 钢筋级别。

一般情况下,框架梁、柱内纵筋采用 HRB400 级或 HRB335 级,箍筋采用 HRB335 级或 HPB300 级。

(3) 梁柱节点混凝土。

梁的混凝土强度等级宜与柱相同或不低于柱混凝土强度等级 5 MPa 以上,如超过时,梁柱节点区施工时,应做相应处理。

(四) 框架计算模型

框架结构是由横向框架和纵向框架组成的空间结构。

为了简化计算,通常忽略它们之间的空间联系,而将空间结构体系简化为横向和纵向平面框架计算,并取出单独的一榀框架作为计算单元,该单元承受的荷载如图 2.3－8 中阴影部分所示。

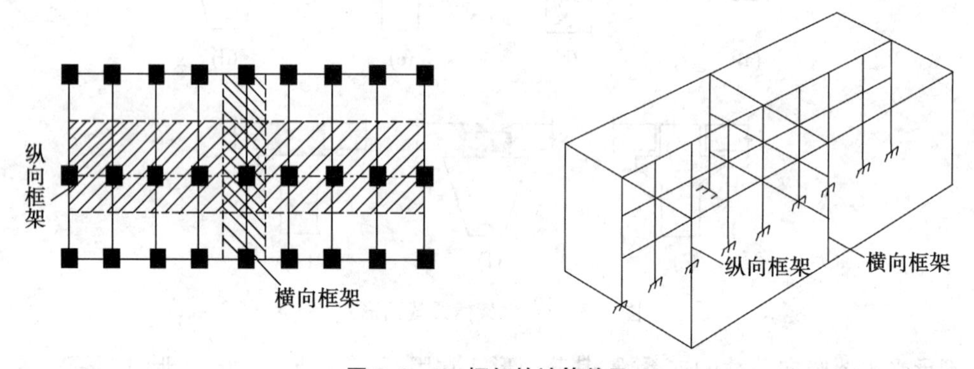


**图 2.3－8　框架的计算单元**

在计算简图中,框架节点多为刚接,柱子下端在基础顶面,也按刚接考虑。杆件用轴线表示,梁柱的连接区用节点表示。等截面轴线取截面形心位置(图 2.3－9(a)),当上下柱截面尺寸不同时,则取上层柱形心线作为柱轴线(图 2.3－9(b))。

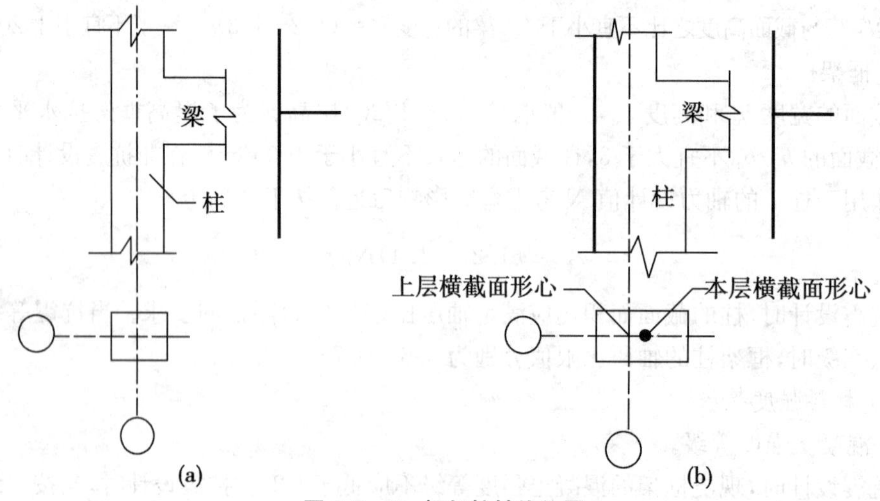


**图 2.3－9　框架柱轴线位置**

（五）框架结构的计算

实际的工程设计中，框架结构的内力常用计算机进行精确分析。常用的手工算法有以下几种：

（1）竖向荷载作用下的近似计算——分层计算法，见图 2.3－10。

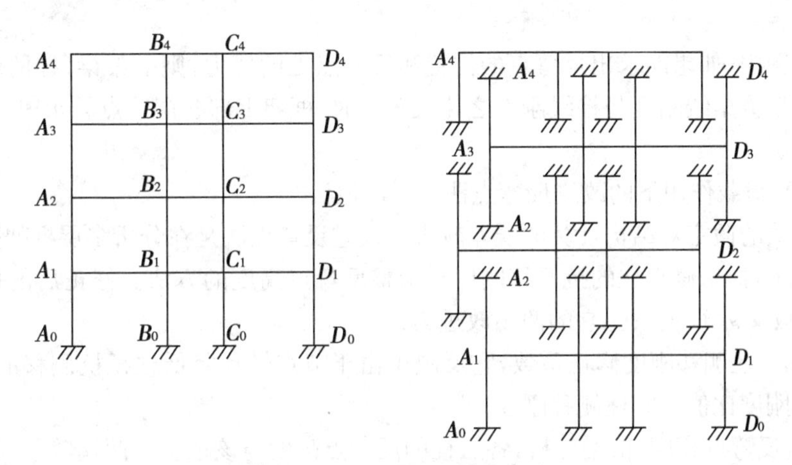


图 2.3－10　分层计算法示意

多层多跨框架结构在竖向荷载作用下，通过精确方法计算的结果表明，框架的侧移是极小的。而且作用在某层横梁上的荷载，对其他层杆件的影响很小，为了简化计算，分层法假定：

① 在竖向荷载作用下，框架的侧移可忽略不计；

② 每层梁上的荷载对其他各层梁的影响可忽略不计。

根据上述假定，计算时可将各层梁及其上、下柱作为独立的计算单元分层进行计算（图 2.3－10）。分层计算所得梁弯矩即为最后弯矩，由于每一层柱属于上、下两层，所以柱的弯矩为上、下两层计算弯矩相叠加，这是一个近似真实受力的内力值。

（2）水平荷载作用下的近似计算——反弯点法。

多层多跨框架所受水平荷载主要是风荷载及水平地震作用。一般可简化为作用在框架节点上的集中荷载，其弯矩图如图 2.3－11(a)所示。它的特点是，各杆的弯矩图都是直线形，每杆都有一个零弯矩点，称为反弯点。框架在水平荷载作用下的变形情况如图 2.3－11(b)所示。

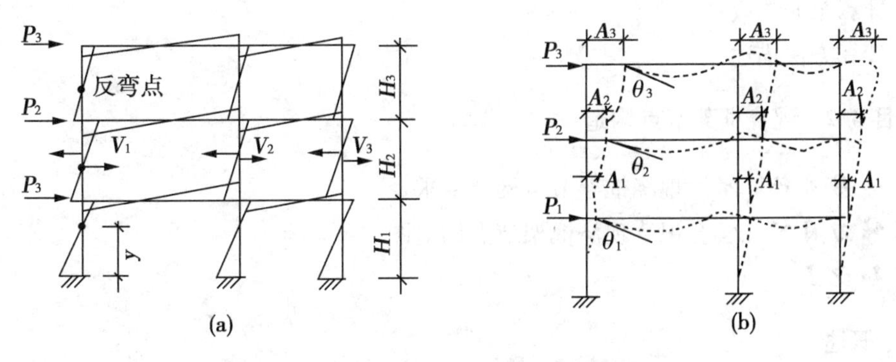


图 2.3－11　水平荷载下的框架弯矩图和变形

为了简化计算，作如下假定：

(1) 在进行各柱间的剪力分配时，假定梁与柱的线刚度之比为无穷大，即各柱上下两端的转角为零；

(2) 在确定各柱的反弯点位置时，假定除底层柱以外的各层柱，受力后上下两端将产生相同的转角。

在弯矩图中，如果能求出反弯点的位置和反弯点处的剪力，则框架梁、柱的内力图即可得到。当框架横梁线刚度与柱线刚度之比大于3时，框架上部各层节点转角很小，可在计算中进行简化。

(3) 水平荷载作用下的改进反弯点法——$D$值法。

反弯点法的假定对结构计算的误差较大。改进反弯点法是在分析多层框架受力和变形特点的基础上，提出修正柱的抗侧移刚度和调整反弯点高度的方法。修正后的抗侧移刚度用$D$表示，故又称$D$值法。它的两项改进为：

① 增加了柱侧移刚度修正系数，它反映了由于节点转动降低柱抵抗侧移的能力，可以根据梁柱线刚度比值计算柱侧移刚度；

② 调整反弯点高度，根据分析，各层柱的反弯点高度与该柱上下两端转角大小有关。

**■ 实训练习**

**任务一　认知框架结构、剪力墙结构、框架—剪力墙结构、筒体结构**

(1) 目的：通过模型、图片或现场教学的实训学习，掌握多高层建筑中各种结构体系的特征。

(2) 能力目标：能准确描述多高层建筑中各种结构体系组成的构件，如：梁、板、柱、剪力墙等。

(3) 实物：模型、图片、校园内及周边实际房屋。

**任务二　进行框架结构模拟设计**

(1) 目的：在给定了总平面图后进行框架结构模拟过程设计，掌握框架设计程序。

(2) 能力目标：能进行框架结构的平面布置、构件选用及材料选择。

(3) 要点提示：

① 结构平面布置；

② 梁柱截面形状、尺寸选取；

③ 材料选用；

④ 计算单元选取；

⑤ 计算方法描述。

## 项目3.2　现浇框架节点构造

**■ 学习目标**　掌握现浇框架节点构造要求。

**■ 能力目标**　学会识读现浇框架节点构造图。

**■ 知识点**

### 一、概述

框架结构梁柱节点的连接直接影响结构安全、经济以及施工是否方便。设计时，梁柱通常采用不同等级的混凝土(柱的混凝土强度等级比梁高),这时要注意节点部位混凝土强度等级与柱相比不能低很多(通常不宜超过 5 MPa),否则节点区应做专门处理。在梁柱节点区应设置水平箍筋,水平箍筋应符合规范的构造规定。非抗震设计时,箍筋间距不宜大于 250 mm;抗震设计时,箍筋设计应符合柱端箍筋加密区的要求。

## 二、梁柱纵筋在节点区的锚固

1. 梁上部纵向钢筋伸入节点的锚固

(1) 当采用直线锚固形式时,锚固长度不应小于 $l_a$,且应伸过柱中心线,伸过的长度不宜小于 $5d$,$d$ 为梁上部纵向钢筋的直径;

(2) 当柱截面尺寸不满足直线锚固要求时,梁上部纵向钢筋可采用钢筋在端部加机械锚头的锚固方式。梁上部纵向钢筋宜伸至柱外侧纵向钢筋内边,包括机械锚头在内的水平投影锚固长度不应小于 $0.4l_{ab}$(图 2.3－12(a));

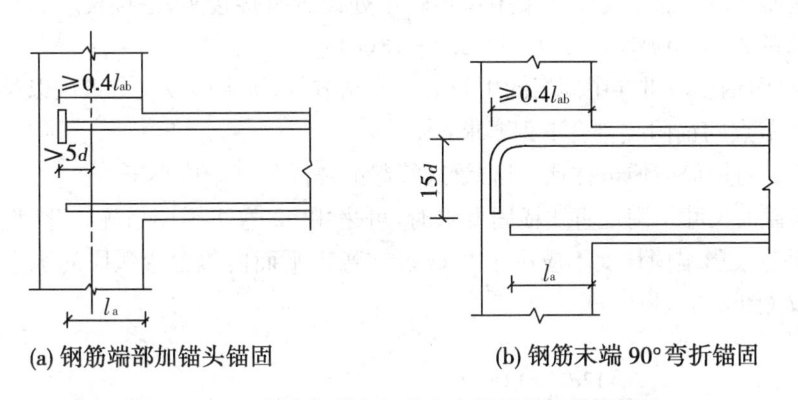


**图 2.3－12　梁上部纵向钢筋在中间层端节点的锚固**

(3) 梁上部纵向钢筋也可采用 90°弯折锚固的方式,此时梁上部纵向钢筋应伸至柱外侧纵向钢筋内边并向节点内弯折,其包含弯弧在内的水平投影长度不应小于 $0.4l_{ab}$,弯折钢筋在弯折平面内包含弯弧段的投影长度不应小于 $15d$ (图 2.3－12(b))。

2. 框架梁下部纵向钢筋伸入端节点的锚固

(1) 当计算中充分利用该钢筋的抗拉强度时,钢筋的锚固方式及长度应与上部钢筋的规定相同;

(2) 当计算中不利用该钢筋的强度或仅利用该钢筋的抗压强度时,伸入节点的锚固长度应分别符合第 3 条的规定。

3. 框架中间层中间节点或连续梁中间支座,梁的上部纵向钢筋应贯穿节点或支座。梁的下部纵向钢筋宜贯穿节点或支座。当必须锚固时,应符合下列锚固要求:

(1) 当计算中不利用该钢筋的强度时,其伸入节点或支座的锚固长度对带肋钢筋不小于 $12d$,对光面钢筋不小于 $15d$, $d$ 为钢筋的最大直径;

(2) 当计算中充分利用钢筋的抗压强度时,钢筋应按受压钢筋锚固在中间节点或中间支座内,其直线锚固长度不应小于 $0.7l_a$;

(3) 当计算中充分利用钢筋的抗拉强度时,钢筋可采用直线方式锚固在节点或支座内,锚固长度不应小于钢筋的受拉锚固长度 $l_a$(图 2.3－13(a));

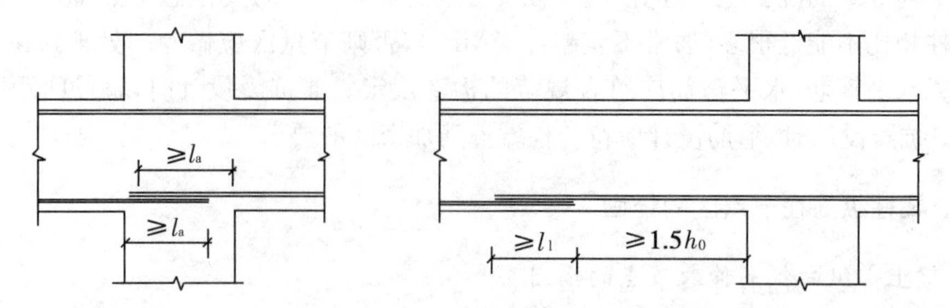


(a) 下部纵向钢筋在节点中直线锚固　　(b) 下部纵向钢筋在节点或支座范围外的搭接

**图 2.3-13　梁下部纵向钢筋在中间节点或中间支座范围的锚固与搭接**

(4) 当柱截面尺寸不足时，宜按规范规定采用钢筋端部加锚头的机械锚固措施，也可采用 90°弯折锚固的方式；

(5) 钢筋可在节点或支座外梁中弯矩较小处设置搭接接头，搭接长度的起始点至节点或支座边缘的距离不应小于 1.5$h_0$(图 2.3-13(b))。

4. 柱纵向钢筋应贯穿中间层的中间节点或端节点，接头应设在节点区以外。柱纵向钢筋在顶层中节点的锚固应符合下列要求：

(1) 柱纵向钢筋应伸至柱顶，且自梁底算起的锚固长度不应小于 $l_a$。

(2) 当截面尺寸不满足直线锚固要求时，可采用 90°弯折锚固措施。此时，包括弯弧在内的钢筋垂直投影锚固长度不应小于 0.5$l_{ab}$，在弯折平面内包含弯弧段的水平投影长度不宜小于 12$d$ (图 2.3-14(a))。

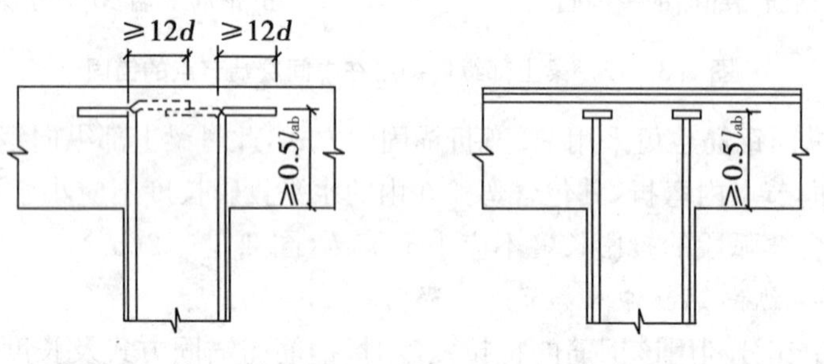


(a) 柱纵向钢筋 90°弯折锚固　　(b) 柱纵向钢筋端头加锚板锚固

**图 2.3-14　顶层节点中柱纵向钢筋在节点内的锚固**

(3) 当截面尺寸不足时，也可采用带锚头的机械锚固措施。此时，包含锚头在内的竖向锚固长度不应小于 0.5$l_{ab}$(图 2.3-14(b))。

(4) 当柱顶有现浇楼板且板厚不小于 100 mm 时，柱纵向钢筋也可向外弯折，弯折后的水平投影长度不宜小于 12$d$。

5. 顶层端节点柱外侧纵向钢筋可弯入梁内作梁上部纵向钢筋；也可将梁上部纵向钢筋与柱外侧纵向钢筋在节点及附近部位搭接，搭接可采用下列方式：

(1) 搭接接头可沿顶层端节点外侧及梁端顶部布置，搭接长度不应小于 1.5$l_{ab}$(图 2.3-15(a))。其中，伸入梁内的柱外侧钢筋截面面积不宜小于其全部面积的 65%；梁宽范围以外的柱外侧钢筋宜沿节点顶部伸至柱内边锚固。当柱外侧纵向钢筋位于柱顶第一层时，钢筋伸至柱内边后宜向下弯折不小于 $8d$ 后截断(图 2.3－15(b)),$d$ 为柱纵向钢筋的直径;当柱外侧纵向钢筋位于柱顶第二层时,可不向下弯折。当现浇板厚度不小于 100 mm 时,梁宽范围以外的柱外侧纵向钢筋也可伸入现浇板内,其长度与伸入梁内的柱纵向钢筋相同。

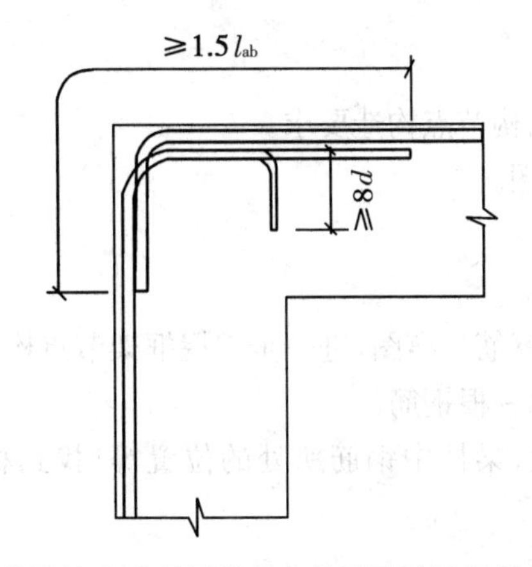


(a) 搭接接头沿顶层端节点外侧及梁端顶部布置

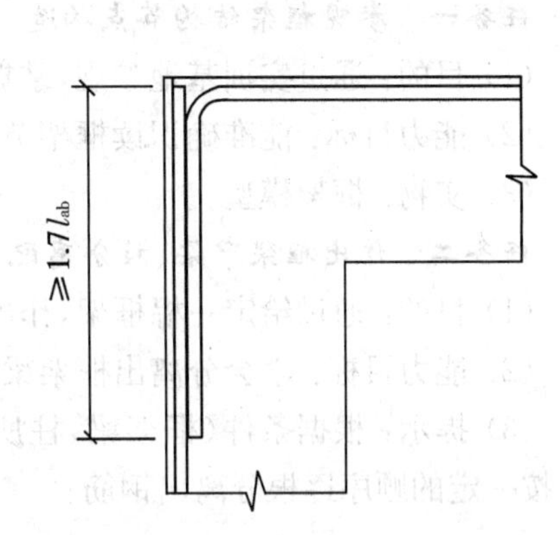


(b) 搭接接头沿节点外侧直线布置

**图 2.3－15　顶层端节点梁、柱纵向钢筋在节点内的锚固与搭接**

(2) 当柱外侧纵向钢筋配筋率大于 1.2%时,伸入梁内的柱纵向钢筋应满足本条(1)的规定且宜分两批截断,截断点之间的距离不宜小于 $20d$,$d$ 为柱外侧纵向钢筋的直径。梁上部纵向钢筋应伸至节点外侧并向下弯至梁下边缘高度位置截断。

(3) 纵向钢筋搭接接头也可沿节点柱顶外侧直线布置(图 2.3－15(b)),此时,搭接长度自柱顶算起不应小于 $1.7l_{ab}$。当梁上部纵向钢筋的配筋率大于 1.2%时,弯入柱外侧的梁上部纵向钢筋应满足本条(1)规定的搭接长度,且宜分两批截断,其截断点之间的距离不宜小于 $20d$,$d$ 为梁上部纵向钢筋的直径。

(4) 当梁的截面高度较大,梁、柱纵向钢筋相对较小,从梁底算起的直线搭接长度未延伸至柱顶即已满足 $1.5l_{ab}$ 的要求时,应将搭接长度延伸至柱顶并满足搭接长度 $1.7l_{ab}$ 的要求;或者从梁底算起的弯折搭接长度未延伸至柱内侧边缘即已满足 $1.5l_{ab}$ 的要求时,其弯折后包括弯弧在内的水平段的长度不应小于 $15d$,$d$ 为柱纵向钢筋的直径。

(5) 柱内侧纵向钢筋的锚固应符合关于顶层中节点的规定。

6. 顶层端节点处梁上部纵向钢筋的截面面积 $A_s$ 应符合下列规定:

$$A_s \leqslant \frac{0.35\beta_c f_c b_b h_0}{f_y}$$

式中　$b_b$——梁腹板宽度;

　　　$h_0$——梁截面有效高度。

梁上部纵向钢筋与柱外侧纵向钢筋在节点角部的弯弧内半径,当钢筋直径不大于 25 mm时,不宜小于 $6d$;大于 25 mm 时,不宜小于 $8d$。钢筋弯弧外的混凝土中应配置防裂、防剥落的构造钢筋。

### 三、箍筋

在框架节点内应设置水平箍筋,箍筋应符合柱中箍筋的构造规定,但间距不宜大于

250 mm。对四边均有梁的中间节点，节点内可只设置沿周边的矩形箍筋。当顶层端节点内有梁上部纵向钢筋和柱外侧纵向钢筋的搭接接头时，节点内水平箍筋应符合相关规定。

■ **实训练习**

**任务一　参观框架结构节点构造**

（1）目的：通过实训基地参观，掌握框架结构节点构造要求。

（2）能力目标：能准确识读框架节点构造图。

（3）实物：框架模型。

**任务二　作出框架中梁、柱分离配筋图**

（1）目的：通过给定一榀框架，作出梁、柱钢筋分离图，进一步掌握框架节点构造。

（2）能力目标：学会分离出框架梁、柱中每一根钢筋。

（3）提示：根据条件（框架梁、柱所处位置、梁柱中钢筋所处的位置等）找到相应构造图，按一定的顺序逐根分离出钢筋。

## 项目 3.3　多层和高层钢筋混凝土房屋抗震措施

■ **学习目标**　掌握多层和高层钢筋混凝土房屋抗震设计的一般规定和构造措施，了解多层和高层钢筋混凝土房屋的震害特点。

■ **能力目标**　能理解多层和高层钢筋混凝土房屋的抗震规定。

■ **知识点**

### 一、主要震害

#### （一）框架梁、柱的震害

框架梁、柱的震害主要发生在梁柱节点区。一般是柱的震害重于梁，柱顶的震害重于柱底，角柱的震害重于内柱，短柱的震害重于一般柱。

（1）柱顶。地震作用后，柱顶周围出现水平裂缝、斜裂缝或交叉裂缝，严重的会造成混凝土压碎崩落、柱内箍筋拉脱、纵筋压屈呈灯笼状、上部梁板倾斜。产生这种现象的主要原因是由于节点处的弯矩、剪力和轴力都比较大，而柱头的箍筋配置不足或锚固不好；

（2）柱底。柱底常见的震害在离地面或楼面 100～400 处有环向水平裂缝。因为在柱底箍筋较密，所以震害比柱顶轻；

（3）施工缝。由于混凝土的结合面处理不好，地震作用后，在柱的施工缝处常有一圈水平缝；

（4）短柱。短柱（柱的净高不大于柱截面长边的 4 倍）的刚度大，能吸收较大的地震能量，在剪力作用下发生剪切破坏，形成交叉裂缝甚至脆断；

（5）角柱。在地震作用下，角柱受扭转剪力最大，同时角柱双向受弯，并且横梁的约束作用又小，所以震害重于内柱；

（6）梁柱节点。在地震的反复作用下，节点核心区混凝土处于剪压复合应力状态。当混凝土强度不足、节点区箍筋不足或节点处钢筋太密而混凝土浇捣不密实，都会出现交叉斜向贯通裂缝甚至挤压破碎。

（二）填充墙的震害

框架结构中，填充墙与框架共同工作。在水平地震作用下，由于填充墙的刚度大，会吸收较大的地震能量，并且填充墙的抗剪强度较低，所以在地震反复作用下会产生斜裂缝或交叉裂缝。震害表明，7 度时填充墙即出现裂缝，在 8 度和 8 度以上填充墙的裂缝明显加重，在 9 度以上填充墙大部分倒塌。

框架的变形为剪切型，其层间位移随楼层增高而减小，所以填充墙在房屋中下部几层震害严重。框架—剪力墙结构的变形接近弯曲型，其层间位移随楼层增高而增大，所以填充墙在房屋中上部几层震害严重。

## 二、抗震设计的一般规定

（一）房屋适用的最大高度

现浇钢筋混凝土房屋的结构类型和最大高度应符合表 2.3－2 的要求。平面和竖向均不规则的结构，适用的最大高度宜适当降低。

**表 2.3－2　现浇钢筋混凝土房屋适用的最大高度(m)**

| 结构类型 | | 烈度 | | | | |
|---|---|---|---|---|---|---|
| | | 6 | 7 | 8(0.2 g) | 8(0.3 g) | 9 |
| 框架 | | 60 | 50 | 40 | 35 | 24 |
| 框架—抗震墙 | | 130 | 120 | 100 | 80 | 50 |
| 抗震墙 | | 140 | 120 | 100 | 80 | 60 |
| 部分框支抗震墙 | | 120 | 100 | 80 | 50 | 不应采用 |
| 筒体 | 框架—核心筒 | 150 | 130 | 100 | 90 | 70 |
| | 筒中筒 | 180 | 150 | 120 | 100 | 80 |
| 板柱—抗震墙 | | 80 | 70 | 55 | 40 | 不应采用 |

注：1. 房屋高度指室外地面到主要屋面板板顶的高度(不包括局部突出屋顶部分)；
2. 框架—核心筒结构指周边稀柱框架与核心筒组成的结构；
3. 部分框支抗震墙结构指首层或底部两层为框支层的结构，不包括仅个别框支墙的情况；
4. 表中框架，不包括异形柱框架；
5. 板柱—抗震墙结构指板柱、框架和抗震墙组成抗侧力体系的结构；
6. 乙类建筑可按本地区抗震设防烈度确定其适用的最大高度；
7. 超过表内高度的房屋，应进行专门研究和论证，采取有效的加强措施。

（二）结构的抗震等级

钢筋混凝土房屋应根据设防类别、烈度、结构类型和房屋高度采用不同的抗震等级，并应符合相应的计算和构造措施要求。丙类建筑的抗震等级应按表 2.3－3 确定(部分)。

表 2.3-3 现浇钢筋混凝土房屋的抗震等级

<table>
<tr><td colspan="3" rowspan="2">结构类型</td><td colspan="12">设防烈度</td></tr>
<tr><td colspan="2">6</td><td colspan="4">7</td><td colspan="4">8</td><td colspan="2">9</td></tr>
<tr><td rowspan="3">框架结构</td><td colspan="2">高度(m)</td><td>≤24</td><td>>24</td><td colspan="2">≤24</td><td colspan="2">>24</td><td colspan="2">≤24</td><td colspan="2">>24</td><td colspan="2">≤24</td></tr>
<tr><td colspan="2">框架</td><td>四</td><td>三</td><td colspan="2">三</td><td colspan="2">二</td><td colspan="2">二</td><td colspan="2">一</td><td colspan="2">一</td></tr>
<tr><td colspan="2">大跨度框架</td><td colspan="2">三</td><td colspan="4">二</td><td colspan="4">一</td><td colspan="2">一</td></tr>
<tr><td rowspan="3">框架-抗震墙结构</td><td colspan="2">高度(m)</td><td>≤60</td><td>>60</td><td>≤24</td><td colspan="2">25～60</td><td>>60</td><td>≤24</td><td colspan="2">25～60</td><td>>60</td><td>≤24</td><td>25～50</td></tr>
<tr><td colspan="2">框架</td><td>四</td><td>三</td><td>四</td><td colspan="2">三</td><td>二</td><td>三</td><td colspan="2">二</td><td>一</td><td>二</td><td>一</td></tr>
<tr><td colspan="2">抗震墙</td><td colspan="2">三</td><td>三</td><td colspan="3">二</td><td>二</td><td colspan="3">一</td><td colspan="2">一</td></tr>
<tr><td rowspan="2">抗震墙结构</td><td colspan="2">高度(m)</td><td>≤80</td><td>>80</td><td>≤24</td><td colspan="2">25～80</td><td>>80</td><td>≤24</td><td colspan="2">25～80</td><td>>80</td><td>≤24</td><td>25～60</td></tr>
<tr><td colspan="2">剪力墙</td><td>四</td><td>三</td><td>四</td><td colspan="2">三</td><td>二</td><td>三</td><td colspan="2">二</td><td>一</td><td>二</td><td>一</td></tr>
<tr><td rowspan="4">部分框支抗震墙结构</td><td colspan="2">高度(m)</td><td>≤80</td><td>>80</td><td>≤24</td><td colspan="2">25～80</td><td>>80</td><td>≤24</td><td colspan="2">25～80</td><td rowspan="4"></td><td colspan="2" rowspan="4"></td></tr>
<tr><td rowspan="2">抗震墙</td><td>一般部位</td><td>四</td><td>三</td><td>四</td><td colspan="2">三</td><td>二</td><td>三</td><td colspan="2">二</td></tr>
<tr><td>加强部位</td><td>三</td><td>二</td><td>三</td><td colspan="2">二</td><td>一</td><td>二</td><td colspan="2">一</td></tr>
<tr><td colspan="2">框支层框架</td><td colspan="2">二</td><td colspan="3">二</td><td>一</td><td colspan="3">一</td></tr>
</table>

（三）防震缝设置

钢筋混凝土房屋需要设置防震缝时，应符合下列规定：

(1) 防震缝宽度应分别符合下列要求：

① 框架结构(包括设置少量抗震墙的框架结构)房屋的防震缝宽度，当高度不超过15 m时不应小于 100 mm；高度超过 15 m 时，6 度、7 度、8 度和 9 度分别每增加高度 5 m、4 m、3 m和 2 m，宜加宽 20 mm；

② 框架-抗震墙结构房屋的防震缝宽度不应小于①项规定数值的 70%，抗震墙结构房屋的防震缝宽度不应小于①项规定数值的 50%；且均不宜小于 100 mm；

③ 防震缝两侧结构类型不同时，宜按需要较宽防震缝的结构类型和较低房屋高度确定缝宽。

(2) 8、9 度框架结构房屋防震缝两侧结构层高相差较大时，防震缝两侧框架柱的箍筋应沿房屋全高加密，并可根据需要在缝两侧沿房屋全高各设置不少于两道垂直于防震缝的抗撞墙(图 2.3-16)。抗撞墙的布置宜避免加大扭转效应，其长度可不大于 1/2 层高，抗震

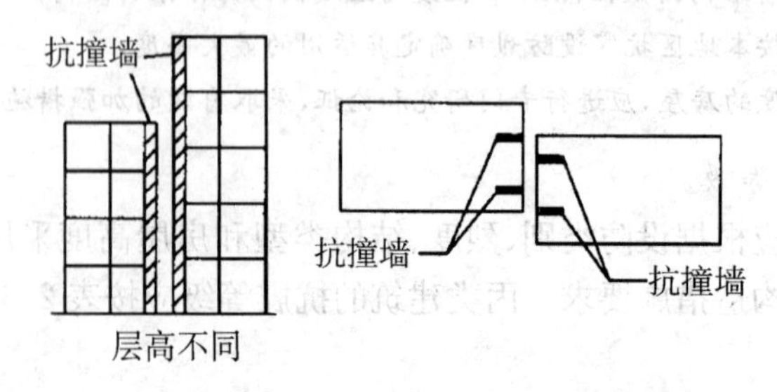


图 2.3-16 抗撞墙示意图

等级可同框架结构；框架构件的内力应按设置和不设置抗撞墙两种计算模型的不利情况取值。

（四）结构布置要求

框架结构和框架-抗震墙结构中，框架和抗震墙均应双向设置，柱中线与抗震墙中线、梁中线与柱中线之间偏心距大于柱宽的1/4时，应计入偏心的影响。

甲、乙类建筑以及高度大于24 m的丙类建筑，不应采用单跨框架结构；高度不大于24 m的丙类建筑不宜采用单跨框架结构。

框架结构应符合下列要求：同一结构单元宜将每层框架设置在同一标高处；框架应设计为延性框架，遵守"强柱弱梁"、"强剪弱弯"、"强节点、强锚固"等设计原则；框架刚度沿高度不宜突变；出屋面小房间不要做成砖混结构，以防鞭鞘效应；楼电梯间不宜设在结构单元的两端及拐角处。

框架-抗震墙结构中的抗震墙设置，宜符合下列要求：抗震墙宜贯通房屋全高；楼梯间宜设置抗震墙，但不宜造成较大的扭转效应；抗震墙的两端（不包括洞口两侧）宜设置端柱或与另一方向的抗震墙相连；房屋较长时，刚度较大的纵向抗震墙不宜设置在房屋的端开间；抗震墙洞口宜上下对齐，洞边距端柱不宜小于300 mm。

## 三、框架的基本抗震构造措施

（一）框架梁的抗震构造措施

梁的截面尺寸，宜符合下列各项要求：截面宽度不宜小于200 mm；截面高宽比不宜大于4；净跨与截面高度之比不宜小于4。

梁的钢筋配置，应符合下列各项要求：梁端计入受压钢筋的混凝土受压区高度和有效高度之比，一级不应大于0.25，二、三级不应大于0.35；梁端截面的底面和顶面纵向钢筋配筋量的比值，除按计算确定外，一级不应小于0.5，二、三级不应小于0.3；梁端箍筋加密区的长度、箍筋最大间距和最小直径应按表2.3-4采用，当梁端纵向受拉钢筋配筋率大于2%时，表中箍筋最小直径数值应增大2 mm。

**表2.3-4　梁端箍筋加密区的长度、箍筋的最大间距和最小直径**

| 抗震等级 | 加密区长度（采用较大值）（mm） | 箍筋最大间距（采用最小值）（mm） | 箍筋最小直径（mm） |
|---|---|---|---|
| 一 | $2h_b$，500 | $h_b/4$，$6d$，100 | 10 |
| 二 | $1.5h_b$，500 | $h_b/4$，$8d$，100 | 8 |
| 三 | $1.5h_b$，500 | $h_b/4$，$8d$，150 | 8 |
| 四 | $1.5h_b$，500 | $h_b/4$，$8d$，150 | 6 |

注：1. $d$为纵向钢筋直径，$h_b$为梁截面高度；

2. 箍筋直径大于12 mm、数量不少于4肢且肢距不大于150 mm时，一、二级的最大间距应允许适当放宽，但不得大于150 mm。

梁的钢筋配置，尚应符合下列规定：

(1) 梁端纵向受拉钢筋的配筋率不宜大于2.5%。沿梁全长顶面、底面的配筋，一、二级不应少于2$\phi$14，且分别不应少于梁顶面、底面两端纵向配筋中较大截面面积的1/4；三、四级不应少于2$\phi$12；

(2) 一、二、三级框架梁内贯通中柱的每根纵向钢筋直径，对框架结构不应大于矩形截面柱在该方向截面尺寸的1/20，或纵向钢筋所在位置圆形截面柱弦长的1/20；对其他结构类型的框架不宜大于矩形截面柱在该方向截面尺寸的1/20，或纵向钢筋所在位置圆形截面柱弦长的1/20；

(3) 梁端加密区的箍筋肢距，一级不宜大于200 mm和20倍箍筋直径的较大值，二、三级不宜大于250 mm和20倍箍筋直径的较大值，四级不宜大于300 mm。

在反复荷载作用下，在纵向钢筋埋入梁柱节点的相当长度范围内，混凝土与钢筋之间的粘结力将发生严重破坏。所以纵向受拉钢筋的抗震锚固长度$l_{aE}$应按下式计算：

$$l_{aE} = \zeta_{aE} l_a$$

式中 $\zeta_{aE}$——纵向受拉钢筋抗震锚固长度修正系数，对一、二级抗震等级取1.15，对三级抗震等级取1.05，对四级抗震等级取1.00；

$l_a$——纵向受拉钢筋的锚固长度。

(二) 框架柱的抗震构造措施

柱的截面尺寸，宜符合下列各项要求：截面的宽度和高度，四级或不超过2层时不宜小于300 mm，一、二、三级且超过2层时不宜小于400 mm；圆柱的直径，四级或不超过2层时不宜小于350 mm，一、二、三级且超过2层时不宜小于450 mm；剪跨比宜大于2；截面长边与短边的边长比不宜大于3。

柱轴压比不宜超过表2.3-5的规定；建造于Ⅳ类场地且较高的高层建筑，柱轴压比限值应适当减小。

**表2.3-5 柱轴压比限值**

| 结构类型 | 抗震等级 | | | |
|---|---|---|---|---|
| | 一 | 二 | 三 | 四 |
| 框架结构 | 0.65 | 0.75 | 0.85 | 0.90 |
| 框架—抗震墙，板柱—抗震墙，框架—核心筒及筒中筒 | 0.75 | 0.85 | 0.90 | 0.95 |
| 部分框支抗震墙 | 0.6 | 0.7 | — | |

柱的钢筋配置，应符合下列各项要求：

(1) 柱纵向受力钢筋的最小总配筋率应按表2.3-6采用，同时每一侧配筋率不应小于0.2%；对建造于Ⅳ类场地且较高的高层建筑，最小总配筋率应增加0.1%；

**表 2.3-6　柱截面纵向钢筋的最小总配筋率(%)**

| 类　别 | 抗　震　等　级 | | | |
|---|---|---|---|---|
| | 一 | 二 | 三 | 四 |
| 中柱和边柱 | 0.9(1.0) | 0.7(0.8) | 0.6(0.7) | 0.5(0.6) |
| 角柱、框支柱 | 1.1 | 0.9 | 0.8 | 0.7 |

注：1. 表中括号内数值用于框架结构柱；

2. 钢筋强度标准值小于 400 MPa 时，表中数值应增加 0.1，钢筋强度标准值为 400 MPa 时，表中数值应增加 0.05；

3. 混凝土强度等级高于 C60 时，上述数值应相应增加 0.1。

(2) 柱箍筋在规定的范围内应加密，加密区的箍筋间距和直径，应符合下列要求：

① 一般情况下，箍筋的最大间距和最小直径，应按表 2.3-7 采用；

**表 2.3-7　柱箍筋加密区的箍筋最大间距和最小直径**

| 抗震等级 | 箍筋最大间距(采用较小值，mm) | 箍筋最小直径(mm) |
|---|---|---|
| 一 | $6d$，100 | 10 |
| 二 | $8d$，100 | 8 |
| 三 | $8d$，150(柱根 100) | 8 |
| 四 | $8d$，150(柱根 100) | 6(柱根 8) |

注：1. $d$ 为柱纵筋最小直径；

2. 柱根指底层柱下端箍筋加密区。

② 一级框架柱的箍筋直径大于 12 mm 且箍筋肢距不大于 150 mm 及二级框架柱的箍筋直径不小于 10 mm 且箍筋肢距不大于 200 mm 时，除底层柱下端外，最大间距应允许采用 150 mm；三级框架柱的截面尺寸不大于 400 mm 时，箍筋最小直径应允许采用 6 mm；四级框架柱剪跨比不大于 2 时，箍筋直径不应小于 8 mm；

③ 框支柱和剪跨比不大于 2 的框架柱，箍筋间距不应大于 100 mm。

柱的纵向钢筋配置，尚应符合下列规定：

(1) 柱的纵向钢筋宜对称配置；

(2) 截面边长大于 400 mm 的柱，纵向钢筋间距不宜大于 200 mm；

(3) 柱总配筋率不应大于 5%；剪跨比不大于 2 的一级框架的柱，每侧纵向钢筋配筋率不宜大于 1.2%；

(4) 边柱、角柱及抗震墙端柱在小偏心受拉时，柱内纵筋总截面面积应比计算值增加 25%；

(5) 柱纵向钢筋的绑扎接头应避开柱端的箍筋加密区。

柱的箍筋配置，尚应符合下列要求：

(1) 柱的箍筋加密范围，应按下列规定采用：柱端，取截面高度(圆柱直径)、柱净高的 1/6 和 500 mm 三者的最大值；底层柱的下端不小于柱净高的 1/3；刚性地面上下各

500 mm；剪跨比不大于 2 的柱、因设置填充墙等形成的柱净高与柱截面高度之比不大于 4 的柱、框支柱、一级和二级框架的角柱，取全高。

(2) 柱箍筋加密区的箍筋肢距，一级不宜大于 200 mm，二、三级不宜大于 250 mm，四级不宜大于 300 mm。至少每隔一根纵向钢筋宜在两个方向有箍筋或拉筋约束；采用拉筋复合箍时，拉筋宜紧靠纵向钢筋并钩住箍筋；

(3) 柱箍筋非加密区的箍筋配置，应符合下列要求：柱箍筋非加密区的体积配箍率不宜小于加密区的 50%；箍筋间距，一、二级框架柱不应大于 10 倍纵向钢筋直径，三、四级框架柱不应大于 15 倍纵向钢筋直径。

(三) 框架节点的抗震构造措施

框架节点核芯区箍筋的最大间距和最小直径宜按柱加密区采用。

## ■ 实训练习

### 任务一　描述多层和高层钢筋混凝土房屋地震震害

(1) 目的：通过多层和高层钢筋混凝土房屋地震震害的描述，以便更好理解多层和高层钢筋混凝土房屋抗震设计规定。

(2) 能力目标：正确理解多层和高层钢筋混凝土房屋地震破坏部位。

### 任务二　多层和高层钢筋混凝土房屋抗震设计

(1) 目的：通过多层和高层钢筋混凝土屋的抗震设计，掌握多层和高层钢筋混凝土房屋抗震构造措施。

(2) 能力目标：学会多层和高层钢筋混凝土的抗震设计。

(3) 提示：

① 房屋的选型与布置；

② 划分结构的抗震等级；

③ 钢筋混凝土框架结构房屋的抗震构造措施。

# 复习思考题

1. 什么是多层与高屋房屋？
2. 多高层钢筋混凝土结构体系有哪几种？各适用于哪些建筑？
3. 框架结构有哪几种类型？
4. 简述框架结构的受力特点。
5. 简述现浇框架结构的节点构造要求。
6. 简述多层和高屋钢筋混凝土房屋地震震害。
7. 简述框架的基本抗震构造措施。

# 模块三
# 砌体结构

■ **模块概述** 叙述了砌体的材料和分类；砌体受压、受拉、受弯、受剪的性能以及影响砌体抗压强度的主要因素；砌体结构承载力计算；砌体与混凝土两种结构材料形成的混合结构墙、柱的设计；砌体房屋的抗震措施。

■ **学习目标** 通过本模块学习，掌握砌体的受压性能、砌体结构受压承载力的计算、墙(柱)高厚比验算，了解砌体的材料和种类、墙体的一般构造要求、墙体开裂的原因及防止措施，了解圈梁、墙梁及挑梁的受力特点，理解多层房屋的墙体计算方法。

## 项目1　砌体材料力学指标查用

■ **学习目标** 掌握砌体的受压性能、影响砌体抗压强度的因素；了解砌体的材料、种类，了解砌体的受拉、受弯、受剪性能和变形及其他性能。

■ **能力目标** 学会砌体强度设计值查用。

■ **知识点**

### 一、砌体材料

(一) 块材

1. 砖

砖的种类主要有烧结普通砖、烧结多孔砖、蒸压灰砂砖、蒸压粉煤灰砖等。

烧结普通砖是以黏土、煤矸石、页岩或粉煤灰为主要原料，经过焙烧而成的实心或孔洞率不大于规定值的砖。烧结普通砖按其主要原料种类可分为烧结黏土砖、烧结煤矸石砖、烧结页岩砖及烧结粉煤灰砖等。烧结普通砖的规格尺寸为 240 mm×115 mm×53 mm。烧结多孔砖是以黏土、页岩、煤矸石为主要原料，经焙烧而成，孔的尺寸小而数量多，主要用于承重部位的砖，简称多孔砖。多孔砖分为 P 型砖与 M 型砖，见图 3-1。多孔砖与实心砖相比，可减轻结构自重、节省砌筑砂浆、减少砌筑工时。

蒸压灰砂砖是以石灰和砂为主要原料，经坯料制备、压制成型、蒸压养护而成的实心砖。蒸压粉煤灰砖是以粉煤灰、石灰为主要原料，掺加适量石膏和集料，经坯料制备、压制成型、高压蒸汽养护而成的实心砖。

块体的强度等级符号以“MU”表示，单位为 MPa(N/mm$^2$)。《砌体结构设计规范》规定，烧结普通砖、烧结多孔砖的强度等级为：MU30、MU25、MU20、MU15 和 MU10；蒸压灰砂砖、蒸压粉煤灰砖的强度等级为：MU25、MU20、MU15 和 MU10。

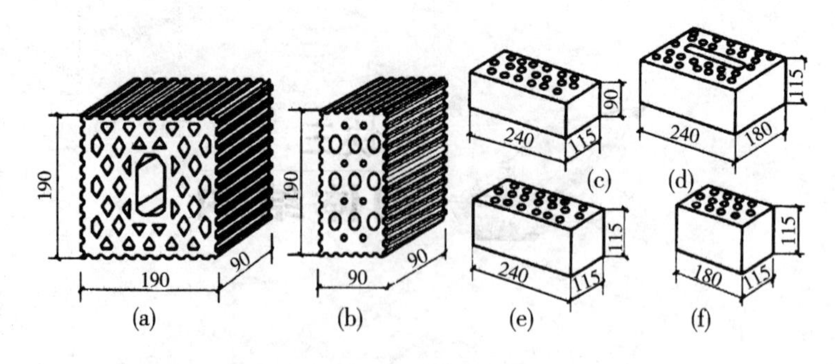


**图 3-1　多孔砖规格**

(a)、(b)为 M 型;(c)、(d)、(e)、(f)为 P 型

砖的强度等级，一般是根据标准试验方法所测的抗压强度确定的。砖的质量除强度等级要求外，还应满足抗冻性、吸水率和外观质量等要求。

2. *砌块*

砌块主要有混凝土空心砌块、加气混凝土砌块、水泥炉渣空心砌块、硅酸盐实心砌块等。砌块按尺寸大小可分为小型、中型和大型三种。小型砌块高度为 180～350 mm，中型砌块高度为 360～900 mm，大型砌块高度大于 900 mm。目前在承重墙体材料中使用最为普遍的是混凝土小型空心砌块，它是由普通混凝土或轻集料混凝土制成，主要规格尺寸为 390 mm×190 mm×190 mm，见图 3-2。

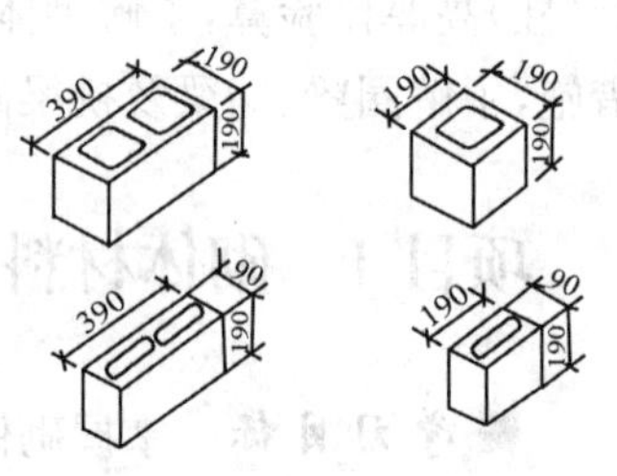


**图 3-2　混凝土小型空心砌块**

砌块的强度等级为 MU20、MU15、MU10、MU7.5 和 MU5。

砌块的强度等级是根据单个砌块的抗压破坏荷载，按毛截面计算的抗压强度确定的。

3. *石材*

天然石材根据其外形和加工程度可分为料石与毛石两种，料石又分为细料石、半细料石、粗料石和毛料石。石材的强度等级分为七级：MU100、MU80、MU60、MU50、MU40、MU30 和 MU20。

石材的强度等级是根据边长为 70 mm 的立方体试块测得的抗压强度确定。

(二) 砂浆

砂浆是由胶凝材料(石灰、水泥)和细骨料(砂)加水搅拌而成的混合材料。

砂浆的作用是将砌体中的块体连成一个整体而共同工作，并因抹平块体表面而促使应力的分布较为均匀;同时因砂浆填满块体缝隙，减少了砌体的透气性，提高了砌体的保温性能与抗冻性能。

砂浆按其成分不同，可分为无塑性掺料的(纯)水泥砂浆、有塑性掺料(石灰浆或粘土浆)的混合砂浆以及不含水泥的石灰砂浆、黏土砂浆和石膏砂浆等非水泥砂浆。水泥砂浆强度高、硬化快、耐久性好，但其流动性和保水性差，常用于地下结构或潮湿环境中的砌体。混合砂浆强度较高，其保水性能和流动性比水泥砂浆好，便于施工，适用于砌筑一般墙、柱砌体。石灰砂浆强度较低、耐久性差，但保水性和流动性好，可用于低层建筑和不受潮的地上砌体。

塑性掺料的使用不仅可增加砂浆的可塑性，提高劳动效率，还可提高砂浆的保水性，保证砌筑质量，同时还可节省水泥。

砂浆的质量在很大程度上决定于其保水性。在砌筑时，砌块将吸收一定的水分，当吸收的水分在一定范围内时，对灰缝内砂浆的强度与密度均具有良好的影响；反之，不仅使砂浆很快干硬而难以抹平，降低砌筑质量，同时砂浆也因不能正常硬化而降低砌体强度。

砂浆的强度等级是以边长为 70.7 mm×70.7 mm×70.7 mm 的立方体标准试块，测得的龄期 28*d* 的抗压强度。砂浆的强度等级符号以“M”表示，单位为 MPa($N/mm^2$)。《砌体结构设计规范》规定，砂浆的强度等级分为 M15、M10、M7.5、M5 和 M2.5 五级。

此外，还有一种由胶结料、细集料、水及根据需要掺入的掺和料及外加剂等组分，按照一定比例，采用机械搅拌后，专门用于砌筑混凝土砌块的砌筑砂浆，简称砌块专用砂浆，其强度等级符号以“Mb”表示。

当验算施工阶段砂浆尚未硬化的新砌砌体强度时，按砂浆强度为零来确定其砌体强度。

（三）砌体材料的选用

砌体结构所用块体材料和砂浆，除考虑承载力要求外，还应根据建筑对耐久性、抗冻性的要求及建筑物全部或个别部位正常使用时的客观环境要求来决定。

五层及五层以上房屋的墙，以及受振动或层高大于 6 m 的墙、柱所用材料的最低强度等级，应符合下列要求：

(1) 砖采用 MU10；

(2) 砌块采用 MU7.5；

(3) 石材采用 MU30；

(4) 砂浆采用 M5。

对安全等级为一级或设计使用年限大于 50 年的房屋，墙、柱所用材料的最低强度等级应至少提高一级。

地面以下或防潮层以下的砌体、潮湿房间的墙，所用材料的最低强度等级应符合表3－1的要求。

**表 3－1　地面以下或防潮层以下的砌体、潮湿房间墙所用材料的最低强度等级**

| 基土的潮湿程度 | 烧结普通砖 | 混凝土普通砖、蒸压普通砖 | 混凝土砌块 | 石　材 | 水泥砂浆 |
|---|---|---|---|---|---|
| 稍潮湿的 | MU15 | MU20 | MU7.5 | MU30 | M5 |
| 很潮湿的 | MU20 | MU20 | MU10 | MU30 | M7.5 |
| 含水饱和的 | MU20 | MU25 | MU15 | MU40 | M10 |

注：1. 在冻胀地区，地面以下或防潮层以下的砌体，不宜采用多孔砖，如采用时，其孔洞应用水泥砂浆灌实。当采用混凝土砌块砌体时，其孔洞应采用强度等级不低于 Cb20 的混凝土灌实；

2. 对安全等级为一级或设计使用年限大于 50 年的房屋，表中材料强度等级应至少提高一级。

## 二、砌体的种类

砌体分为无筋砌体与配筋砌体。

（一）砖砌体

由砖(包括空心砖)和砂浆砌筑而成的整体材料称为砖砌体。在房屋建筑中,砖砌体可用作内外墙、柱、基础等承重结构以及围护墙与隔墙等非承重结构等。

实砌标准墙的厚度为 240(一砖)、370(一砖半)、490(二砖)、620(二砖半)、740(三砖)等。有时为节省材料,有些砖需侧砌而构成 180、300、420 等厚度。

（二）砌块砌体

由砌块和砂浆砌筑而成的整体材料称为砌块砌体。砌块砌体主要用作住宅、办公楼及学校等建筑,以及一般工业建筑的承重墙或围护墙。砌块砌体自重轻、保温隔热性能好,且能使用工业废料制作而成。

（三）石砌体

由天然石材和砂浆(或混凝土)砌筑而成的整体材料称为石砌体。石砌体可分为料石砌体、毛石砌体和毛石混凝土砌体等。石砌体可就地取材,因而在产石的山区应用较为广泛,而且料石砌体不仅可用作建筑房屋,还可用于石拱桥、石坝等构筑物。

（四）配筋砌体

为提高砌体强度和减少其截面尺寸,可采用配筋砌体,即在砌体内配置适量的钢筋。配筋砌体可分为配筋砖砌体和配筋砌块砌体,其中配筋砖砌体又可分为网状配筋砖砌体、组合砖砌体、砖砌体和钢筋混凝土构造柱组合墙。

网状配筋砌体(见图 3－3)又称横向配筋砌体,是在砖柱或砖墙中每隔几皮砖在其水平灰缝中设置直径为 3～4 mm 的方格网式钢筋网片,或直径 6～8 mm 的连弯式钢筋网片。

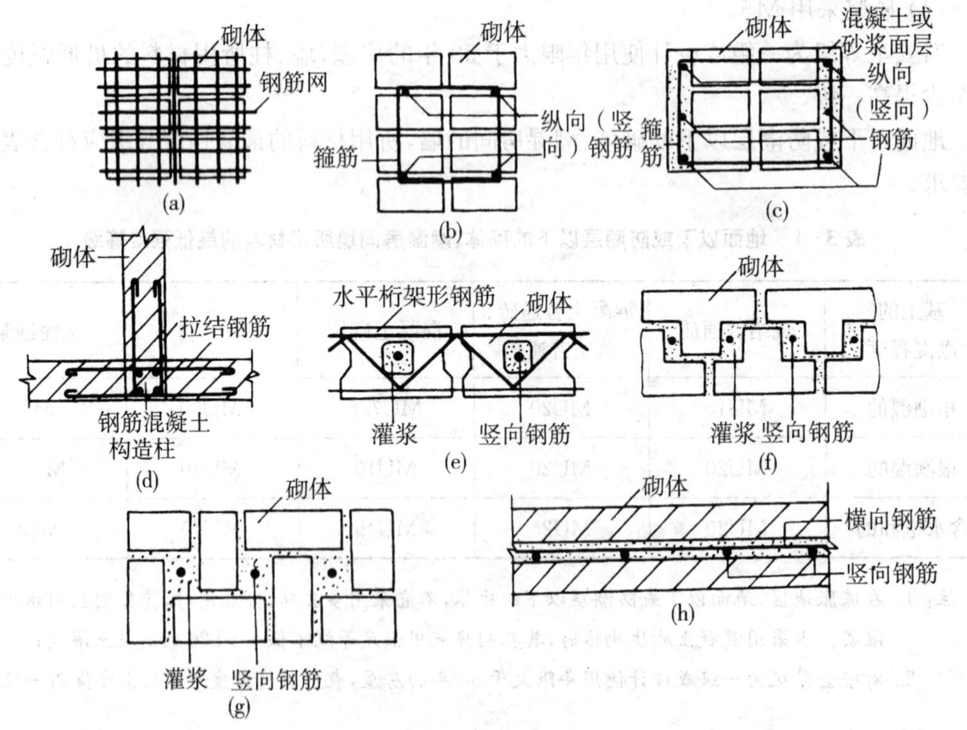


**图 3－3　网状配筋砌体**

砖砌体和钢筋混凝土构造柱组合墙是在砖砌体中每隔一定距离设置钢筋混凝土构造

柱,并在各层楼盖处设置钢筋混凝土圈梁(约束梁)。由于砖砌体墙与钢筋混凝土构造柱和圈梁组成一个整体结构共同受力,对增强房屋的整体性效果明显。

配筋砌块砌体(见图 3-4)是在砌块墙体上下贯通的竖向孔洞中插入竖向钢筋,并用灌孔混凝土灌实,使竖向和水平钢筋与砌体形成一个共同工作的整体,可用于大开间建筑和中高层建筑。

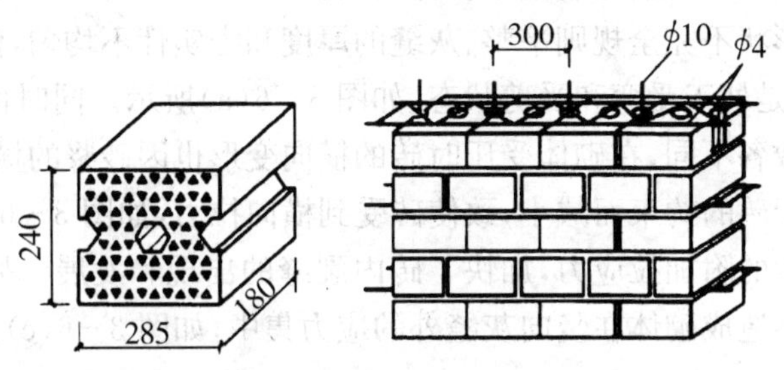


**图 3-4　配筋砌块砌体**

配筋砌体不仅提高了砌体的各种强度和抗震性能,还扩大了砌体结构的使用范围,比如高强混凝土砌块通过配筋与浇注灌孔混凝土,作为承重墙体可砌筑 10～20 层的建筑物,而且相对于钢筋混凝土结构具有不需要支模、不需再作贴面处理及耐火性能更好等优点。

(五) 墙板

目前我国的预制大型墙板有矿渣混凝土墙板、空心混凝土墙板、振动砖墙板及采用滑模工艺生产的整体混凝土墙板等。采用大型墙板的突出优点是大大降低劳动强度,加快施工进度,是一种有发展前途的墙体体系。

## 三、砌体的抗压性能

(一) 砌体的受压破坏特征

试验研究表明,砌体轴心受压从加载到破坏大致经历了三个阶段。

第一阶段:从开始加载至破坏荷载的 50%～70%时,砌体内某些单块砖在拉、弯、剪复合作用下出现第一批裂缝。此阶段裂缝细小,如不再增加荷载,单块砖内的裂缝也不会继续发展,如图 3-5(a)所示。

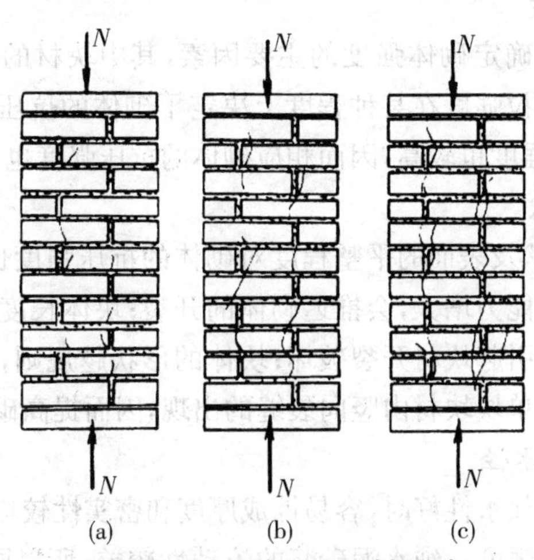


**图 3-5　砌体轴心受压破坏特点**

(a)单块砖内出现裂缝;(b)裂缝扩展;(c)竖向贯通裂缝形成

第二阶段：随着荷载增加，单块砖内的裂缝将不断发展，并沿着竖向灰缝通过若干皮砖连接成连续裂缝。若荷载不再增加，裂缝仍会继续发展，砌体已临近破坏，此时的荷载约为破坏荷载的80%～90%。在工程实践中应视为构件处于危险状态，如图3-5(b)所示。

第三阶段：荷载继续增加，砌体中的裂缝迅速延伸、宽度增大，并连成通缝，连续的竖向贯通裂缝把砌体分割成1/2砖左右的小柱体而失稳破坏，如图3-5(c)所示。

由于砖本身的形状不完全规则平整、灰缝的厚度和密实性不均匀，使得单块砖在砌体内并不是均匀受压，而是处于受弯和受剪状态，如图3-6(a)所示。同时由于砖与砂浆的弹性模量及横向变形系数各不同，在砌体受压时砖的横向变形也因砂浆的横向变形较大而增大，砂浆的横向变形由于砖的约束而减小，致使砖受到横向拉力，如图3-6(b)所示。砖与砂浆交互作用在砖内产生的附加拉应力，加快了砖内裂缝的出现和发展。另外砌体的竖向灰缝不饱满、不密实，将会造成砌体在竖向灰缝外的应力集中，如图3-6(c)。

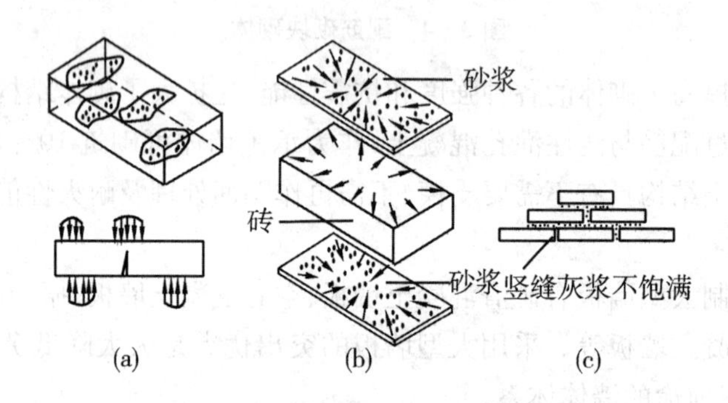


**图3-6　砌体内砖的复杂受力状态**

(a)砖内有弯剪应力；(b)砖内有拉应力；

(c)竖向灰缝处的砖内有应力集中现象

综上可见，单块砖在砌体中处于压、弯、剪及拉的复合应力状态，使得砌体的抗压强度比相应砖的抗压强度要低得多。

（二）影响砌体抗压强度的因素

1. 块材与砂浆的强度

块体与砂浆的强度是确定砌体强度的主要因素，其中块材的强度又是最主要的因素。试验表明，块体的抗弯、抗拉强度在某种程度上决定了砌体的抗压强度。一般来说，强度等级高的块体其抗弯、抗拉强度也较高，因而相应砌体的抗压强度也高。

2. 块体的尺寸与形状

块体的尺寸、几何形状及表面的平整程度对砌体的抗压强度也有较大影响。高度大的块体，其抗弯、抗剪及抗拉能力增大，会推迟砌体的开裂；块体长度较大时，块体在砌体中引起的弯、剪应力也较大，会引起块材开裂破坏；块体的形状越规则，表面越平整，则块体的受弯、受剪作用越小，可推迟单块块材内竖向裂缝的出现，因而提高砌体的抗压强度。

3. 砂浆的流动性、保水性

砂浆的流动性合适与保水性好时，容易铺成厚度和密实性较均匀的灰缝，可减少单块砖内的弯剪应力而提高砌体强度。纯水泥砂浆的流动性较差，所以同一强度等级的混合砂浆砌筑的砌体强度要比相应纯水泥砂浆砌体高。

4. 砌筑质量与灰缝的厚度

砂浆铺砌饱满、均匀，可改善块体在砌体中的受力性能，使之较均匀地受压而提高砌体抗压强度。砂浆厚度对砌体抗压强度也有影响。灰缝厚，容易铺砌均匀，对改善单块砖的受力性能有利，但砂浆横向变形的不利影响也相应增大。实践证明灰缝厚度以 10～12 mm 为宜。

《砌体工程施工及验收规范》规定，砌体水平灰缝的砂浆饱满程度不得低于 80%，砖柱和宽度小于 1 m 的窗间墙竖向灰缝的砂浆饱满程度不得低于 60%。同时砖在砌筑前要提前浇水湿润，以增加砖和砂浆的粘结性能。规范还根据施工现场的质保体系、砂浆和混凝土的强度、砌筑工人技术等级方面的综合水平，将砌体施工质量控制等级划分为 A、B、C 三级，设计时一般按 B 级考虑。

（三）砌体的抗压强度

砌体抗压强度标准值是取其强度概率分布的 0.05 分位值。砌体的抗压强度设计值 $f$ 为砌体抗压强度的标准值 $f_k$ 除以砌体的材料性能分项系数 $\gamma_f$。砌体材料性能分项系数是根据可靠度的分析确定的。一般情况下，按施工控制等级为 B 级考虑时，取 $\gamma_f=1.6$。

龄期为 28 天的以毛截面计算的各类砌体抗压强度设计值见表 3-2～表 3-7。

**表 3-2　烧结普通砖和烧结多孔砖砌体的抗压强度设计值(MPa)**

| 砖强度等级 | 砂浆强度等级 | | | | | 砂浆强度 |
|---|---|---|---|---|---|---|
| | M15 | M10 | M7.5 | M5 | M2.5 | 0 |
| MU30 | 3.94 | 3.27 | 2.93 | 2.59 | 2.26 | 1.15 |
| MU25 | 3.60 | 2.98 | 2.68 | 2.37 | 2.06 | 1.05 |
| MU20 | 3.22 | 2.67 | 2.39 | 2.12 | 1.84 | 0.94 |
| MU15 | 2.79 | 2.31 | 2.07 | 1.83 | 1.60 | 0.82 |
| MU10 | — | 1.89 | 1.69 | 1.50 | 1.30 | 0.67 |

**表 3-3　蒸压灰砂普通砖和蒸压粉煤灰普通砖砌体的抗压强度设计值(MPa)**

| 砖强度等级 | 砂浆强度等级 | | | | 砂浆强度 |
|---|---|---|---|---|---|
| | M15 | M10 | M7.5 | M5 | 0 |
| MU25 | 3.60 | 2.98 | 2.68 | 2.37 | 1.05 |
| MU20 | 3.22 | 2.67 | 2.39 | 2.12 | 0.94 |
| MU15 | 2.79 | 2.31 | 2.07 | 1.83 | 0.82 |

**表 3－4　单排孔混凝土和轻骨料混凝土砌块砌体的抗压强度设计值(MPa)**

| 砌块强度等级 | 砂浆强度等级 | | | | 砂浆强度 |
|---|---|---|---|---|---|
| | Mb15 | Mb10 | Mb7.5 | Mb5 | 0 |
| MU20 | 5.68 | 4.95 | 4.44 | 3.94 | 2.33 |
| MU15 | 4.61 | 4.02 | 3.61 | 3.20 | 1.89 |
| MU10 | — | 2.79 | 2.50 | 2.22 | 1.31 |
| MU7.5 | — | — | 1.93 | 1.71 | 1.01 |
| MU5 | — | — | — | 1.19 | 0.70 |

**表 3－5　轻骨料混凝土砌块砌体的抗压强度设计值(MPa)**

| 砌块强度等级 | 砂浆强度等级 | | | 砂浆强度 |
|---|---|---|---|---|
| | Mb10 | Mb7.5 | Mb5 | 0 |
| MU10 | 3.08 | 2.76 | 2.45 | 1.44 |
| MU7.5 | — | 2.13 | 1.88 | 1.12 |
| MU5 | — | — | 1.31 | 0.78 |

**表 3－6　毛料石砌体的抗压强度设计值(MPa)**

| 毛料石强度等级 | 砂浆强度等级 | | | 砂浆强度 |
|---|---|---|---|---|
| | M7.5 | M5 | M2.5 | 0 |
| MU100 | 5.42 | 4.80 | 4.18 | 2.13 |
| MU80 | 4.85 | 4.29 | 3.73 | 1.91 |
| MU60 | 4.20 | 3.71 | 3.23 | 1.65 |
| MU50 | 3.83 | 3.39 | 2.95 | 1.51 |
| MU40 | 3.43 | 3.04 | 2.64 | 1.35 |
| MU30 | 2.97 | 2.63 | 2.29 | 1.17 |
| MU20 | 2.42 | 2.15 | 1.87 | 0.95 |

注：对表中各类料石砌体，应按表中数值分别乘以系数：细料石砌体为1.5、半细料石砌体为1.3、粗料石砌体为1.2、干砌勾缝石砌体为0.8。

**表 3－7　毛石砌体的抗压强度设计值(MPa)**

| 毛石强度等级 | 砂浆强度等级 | | | 砂浆强度 |
|---|---|---|---|---|
| | M7.5 | M5 | M2.5 | 0 |
| MU100 | 1.27 | 1.12 | 0.98 | 0.34 |
| MU80 | 1.13 | 1.00 | 0.87 | 0.30 |
| MU60 | 0.98 | 0.87 | 0.76 | 0.26 |
| MU50 | 0.90 | 0.80 | 0.69 | 0.23 |
| MU40 | 0.80 | 0.71 | 0.62 | 0.21 |
| MU30 | 0.69 | 0.61 | 0.53 | 0.18 |
| MU20 | 0.56 | 0.51 | 0.44 | 0.15 |

## 四、砌体的抗拉、抗弯与抗剪强度

在实际工程中，砌体主要承受压力，但有时也承受轴心拉力、弯矩和剪力作用。如圆形水池的池壁为砌体结构中常遇到的轴心受拉构件，在静水压力作用下池壁承受环向轴心拉力；挡土墙受到侧向土压力使墙壁承受弯矩作用；拱支座受到剪力作用等。如图 3－7 所示。

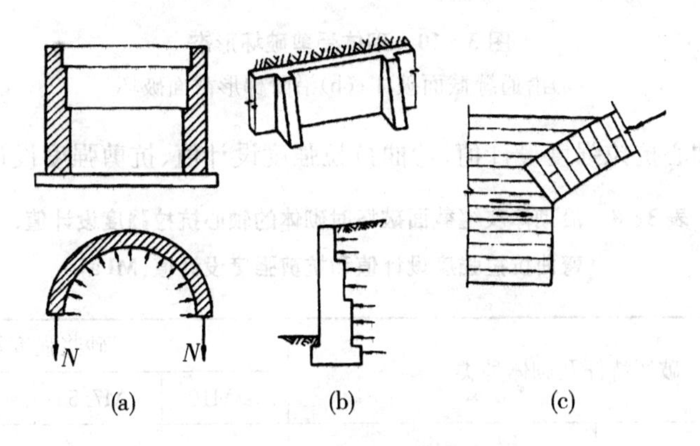


**图 3－7　砌体受力形式**

(a)水池池壁受拉；(b)挡土墙受弯；(c)砖拱下墙体的水平受剪

砌体在轴心拉力作用下，构件一般沿齿缝截面和沿通缝截面破坏。此时砌体的抗拉强度主要取决于块体与砂浆连接面的粘结强度。由于块体与砂浆间的粘结强度取决于砂浆的强度等级，故此时砌体的轴心抗拉强度可由砂浆的强度等级来确定。但是，当块体的强度等级较低，而砂浆的强度等级又较高时，砌体则可能沿块体与竖向灰缝截面破坏，如图 3－8 所示。砌体受弯也有三种破坏可能，如图 3－9 所示。

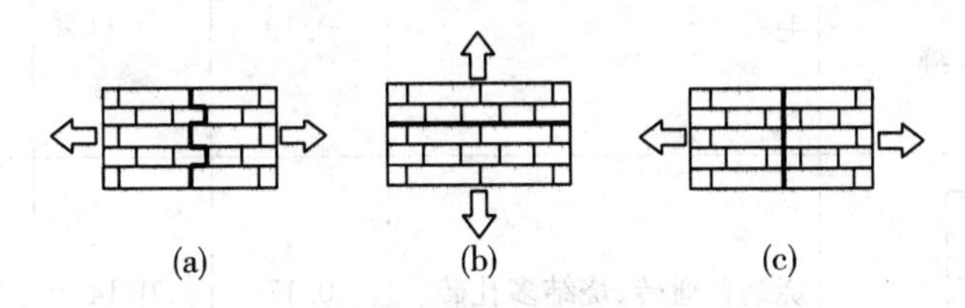


**图 3－8　砌体轴心受拉破坏形态**

(a)沿齿缝截面破坏；(b)沿通缝截面破坏；(c)沿块材和竖向灰缝截面破坏

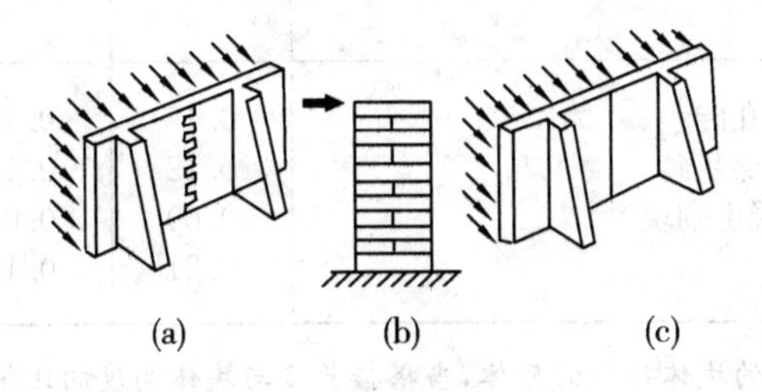


**图 3－9　砌体受弯破坏形态**

(a)沿齿缝破坏；(b)沿通缝破坏；(c)沿竖缝破坏

砌体结构的受剪与受压一样，是砌体结构的另一种重要受力形式。砌体受剪破坏形态见图 3－10。

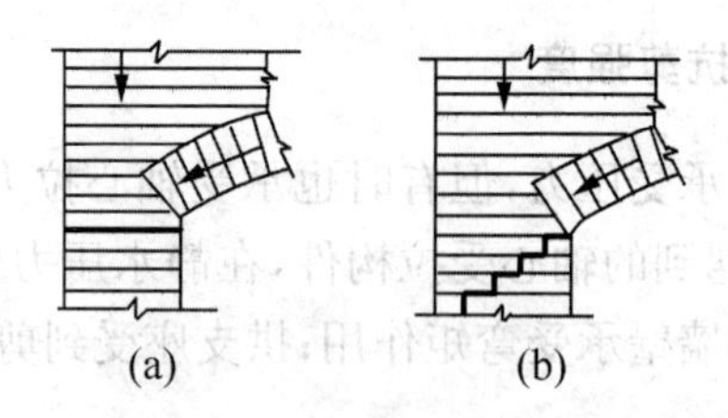

图 3-10　砌体受剪破坏形态

(a)沿通缝截面破坏；(b)沿阶梯形截面破坏

各类砌体的轴心抗拉强度设计值、弯曲抗拉强度设计值、抗剪强度设计值见表 3-8。

**表 3-8　沿砌体灰缝截面破坏时砌体的轴心抗拉强度设计值、弯曲抗拉强度设计值和抗剪强度设计值(MPa)**

| 强度类别 | 破坏特征及砌体种类 | | 砂浆强度等级 | | | |
|---|---|---|---|---|---|---|
| | | | ≥M10 | M7.5 | M5 | M2.5 |
| 轴心抗拉 | 沿齿缝 | 烧结普通砖、烧结多孔砖 | 0.19 | 0.16 | 0.13 | 0.09 |
| | | 蒸压灰砂砖、蒸压粉煤灰砖 | 0.12 | 0.10 | 0.08 | 0.06 |
| | | 混凝土砌块 | 0.09 | 0.08 | 0.07 | |
| | | 毛石 | 0.08 | 0.07 | 0.06 | 0.04 |
| 弯曲抗拉 | 沿齿缝 | 烧结普通砖、烧结多孔砖 | 0.33 | 0.29 | 0.23 | 0.17 |
| | | 蒸压灰砂砖、蒸压粉煤灰砖 | 0.24 | 0.20 | 0.16 | 0.12 |
| | | 混凝土砌块 | 0.11 | 0.09 | 0.08 | |
| | | 毛石 | 0.13 | 0.11 | 0.09 | 0.07 |
| | 沿通缝 | 烧结普通砖、烧结多孔砖 | 0.17 | 0.14 | 0.11 | 0.08 |
| | | 蒸压灰砂砖、蒸压粉煤灰砖 | 0.12 | 0.10 | 0.08 | 0.06 |
| | | 混凝土砌块 | 0.08 | 0.06 | 0.05 | |
| 抗剪 | 烧结普通砖、烧结多孔砖 | | 0.17 | 0.14 | 0.11 | 0.08 |
| | 蒸压灰砂砖、蒸压粉煤灰砖 | | 0.12 | 0.10 | 0.08 | 0.06 |
| | 混凝土和轻骨料混凝土砌块 | | 0.09 | 0.08 | 0.06 | |
| | 毛石 | | 0.21 | 0.19 | 0.16 | 0.11 |

注：1. 对于用形状规则的块体砌筑的砌体，当搭接长度与块体高度的比值小于1时，其轴心抗拉强度设计值 $f_t$ 和弯曲抗拉强度设计值 $f_{tm}$ 应按表中数值乘以搭接长度与块体高度比值后采用；

2. 对孔洞率不大于 35% 的双排孔或多排孔轻骨料混凝土砌块砌体的抗剪强度设计值，可按表中混凝土砌块砌体抗剪强度设计值乘以 1.1；

3. 对蒸压灰砂砖、蒸压粉煤灰砖砌体，当有可靠的试验数据时，表中强度设计值，可作适当调整。

## 五、砌体强度设计值的调整

下列情况的各类砌体，其强度设计值应乘以调整系数 $\gamma_a$：

(1) 对无筋砌体构件，其截面面积小于 0.3 $m^2$时，$\gamma_a=A+0.7$。对配筋砌体构件，其截面面积小于 0.2 $m^2$时，$\gamma_a=A+0.8$；

(2) 当砌体用强度等级小于 M5.0 的水泥砂浆砌筑时，对表 3-2～表 3-7 各表中数值，$\gamma_a$ 为 0.9；对表 3-8 中数值，$\gamma_a$ 为 0.8；

(3) 当验算施工中房屋的构件时，$\gamma_a$ 为 1.1。

## 六、砌体的变形和其他性能

砌体的弹性模量，主要用于计算砌体构件在荷载作用下的变形，是衡量砌体抵抗变形能力的一个物理量，其大小主要通过实测砌体的应力-应变曲线求得。

《砌体结构设计规范》规定的各类砌体弹性模量见表 3-9。

**表 3-9　砌体的弹性模量(MPa)**

| 砌 体 类 别 | 砂 浆 强 度 等 级 | | | |
|---|---|---|---|---|
| | ≥M10 | M7.5 | M5 | M2.5 |
| 烧结普通砖、烧结多孔砖砌体 | $1600f$ | $1600f$ | $1600f$ | $1390f$ |
| 蒸压灰砂砖、蒸压粉煤灰砖砌体 | $1060f$ | $1060f$ | $1060f$ | $960f$ |
| 混凝土砌块砌体 | $1700f$ | $1600f$ | $1500f$ | — |
| 粗料石、毛料石、毛石砌体 | 7300 | 5650 | 4000 | 2250 |
| 细料石、半细料石砌体 | 22000 | 17000 | 12000 | 6750 |

在设计中计算墙体在水平荷载作用下的剪切变形或对墙体进行剪力分配时，需要用到砌体的剪变模量。《砌体结构设计规范》近似取 $G=0.4E$。

砌体浸水时体积膨胀，失水时体积干缩，而且收缩变形较膨胀变形大得多，因此工程对砌体的干缩变形十分重视。

《砌体结构设计规范》规定砌体的线膨胀系数和收缩率可按表 3-10 采用。

**表 3-10　砌体的线膨胀系数和收缩率**

| 砌 体 类 别 | 线膨胀系数($10^{-6}$/℃) | 收缩率(mm/m) |
|---|---|---|
| 烧结粘土砖砌体 | 5 | −0.1 |
| 蒸压灰砂砖、蒸压粉煤灰砖砌体 | 8 | −0.2 |
| 混凝土砌块砌体 | 10 | −0.2 |
| 轻骨料混凝土砌块砌体 | 10 | −0.3 |
| 料石和毛石砌体 | 8 | — |

在砌体结构的抗滑移和抗剪承载力计算中要用到砌体的摩擦系数，其值与摩擦面的材料和潮湿程度有关，具体数值如表 3－11 所示。

**表 3－11 摩擦系数**

| 砌体类别 | 摩擦面情况 | |
|---|---|---|
| | 干燥的 | 潮湿的 |
| 砌体沿砌体或混凝土滑动 | 0.70 | 0.60 |
| 木材沿砌体滑动 | 0.60 | 0.50 |
| 钢沿砌体滑动 | 0.45 | 0.35 |
| 砌体沿砂或卵石滑动 | 0.60 | 0.50 |
| 砌体沿粉土滑动 | 0.55 | 0.40 |
| 砌体沿粘性土滑动 | 0.50 | 0.30 |

## ■ 实训练习

### 任务一 认知各种块材

(1) 目的：认知块材的种类。

(2) 能力目标：能认知实物块材种类、规格。

(3) 实物：烧结普通砖、烧结多孔砖、蒸压灰砂砖、混凝土空心砌块、加气混凝土砌块等。

(4) 工具：直尺、卡尺、证明文件、中文标志、检验报告。

### 任务二 砂浆立方体抗压强度试验

(1) 目的：通过砂浆试块的抗压强度试验，掌握砂浆的立方体抗压强度。

(2) 实验室设备要求：了解试验机、砂浆试块。

(3) 能力目标：掌握砂浆试块抗压强度试验过程，能应用砂浆试块试验数据写出砂浆试块实验报告。

### 任务三 砌体强度设计值查用

(1) 目的：查阅砌体的相关设计值。

(2) 能力目标：能查阅各类砌体的抗压强度设计值、轴心抗拉强度设计值、弯曲抗拉强度设计值和抗剪强度设计值。

(3) 工具：《砌体结构设计规范》或教材中附表。

### 任务四 砌体的受压破坏特征试验

(1) 目的：通过砌体轴心受压破坏的试验录像，掌握砌体轴心受压破坏特点。

(2) 工具：录像。

# 项目 2　无筋砌体受压承载力计算

■ **学习目标**　掌握砌体结构受压承载力的计算。

■ **能力目标**　学会无筋砌体受压承载力计算。

■ **知识点**

## 一、试验研究

试验表明，在轴向压力作用下，砌体截面上的压应力分布是均匀的，其大小即为砌体的轴心抗压强度，如图 3－11(a)所示。当轴向压力偏心距较小时，砌体仍是全截面受压，但压应力分布是不均匀的。破坏将首先发生在压应力较大一侧，且该侧破坏时的压应变和压应力均比轴心受压时大，如图 3－11(b)所示。当轴向压力偏心距较大时，砌体截面应力分布将是一边受压，另一边受拉。此时，如果拉应力未达到砌体沿通缝抗拉强度，砌体受拉边将不会开裂，如图 3－11(c)所示。当偏心距再增大，砌体受拉一侧将出现水平裂缝，受压截面减小，受压区压应力的合力将与所施加的偏心压力保持平衡，如图 3－11(d)所示。

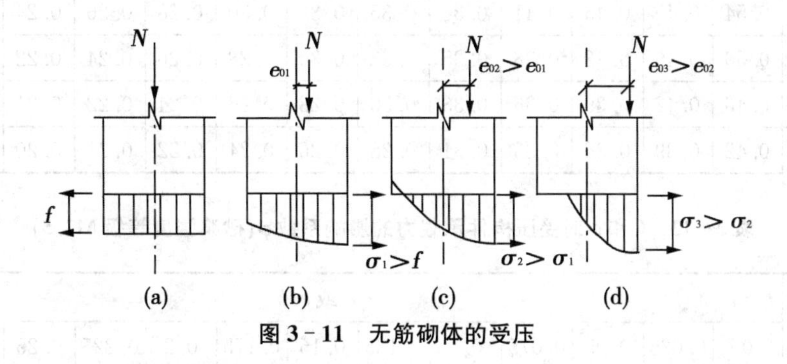


**图 3－11　无筋砌体的受压**

## 二、无筋砌体受压构件承载力计算

对无筋砌体受压构件，其承载力均按下式计算

$$N\leqslant\varphi fA \tag{3-1}$$

式中 $N$——轴向力设计值，kN；

$f$——砌体的抗压强度设计值，$N/mm^2$；

$A$——砌体的毛截面面积，$mm^2$；

$\varphi$——高厚比 $\beta$ 和轴向力的偏心距 $e$ 对受压构件承载力的影响系数，可按表 3－12～3－14 查取；

$e$——轴向力偏心距，按内力设计值计算，即 $e=\dfrac{M}{N}$，mm；

$\beta$——受压砌体高厚比，指砌体的计算高度 $H_0$ 与对应计算高度方向的截面尺寸 $h$ 之比，即 $\beta=\dfrac{H_0}{h}$。当 $\beta\leqslant3$ 时为短柱，即 $\varphi=1.0$；当 $\beta>3$ 时称为长柱，在纵向压力作用下构件将产生弯曲，使构件承载力降低。

**表 3-12 $\beta$和$e$对受压构件承载力的影响系数$\varphi$(砂浆强度等级≥M5)**

| $\beta$ | $e/h$或$e/h_T$ | | | | | | | | | | | | |
|---|---|---|---|---|---|---|---|---|---|---|---|---|---|
| | 0 | 0.025 | 0.05 | 0.075 | 0.1 | 0.125 | 0.15 | 0.175 | 0.2 | 0.225 | 0.25 | 0.275 | 0.3 |
| ≤3 | 1.00 | 0.99 | 0.97 | 0.94 | 0.89 | 0.84 | 0.79 | 0.73 | 0.68 | 0.62 | 0.57 | 0.52 | 0.48 |
| 4 | 0.98 | 0.95 | 0.90 | 0.85 | 0.80 | 0.74 | 0.69 | 0.64 | 0.58 | 0.53 | 0.49 | 0.45 | 0.41 |
| 6 | 0.95 | 0.91 | 0.86 | 0.81 | 0.75 | 0.69 | 0.64 | 0.59 | 0.54 | 0.49 | 0.45 | 0.42 | 0.38 |
| 8 | 0.91 | 0.86 | 0.81 | 0.76 | 0.70 | 0.64 | 0.59 | 0.54 | 0.50 | 0.46 | 0.42 | 0.39 | 0.36 |
| 10 | 0.87 | 0.82 | 0.76 | 0.71 | 0.65 | 0.60 | 0.55 | 0.50 | 0.46 | 0.42 | 0.39 | 0.36 | 0.33 |
| 12 | 0.82 | 0.77 | 0.71 | 0.66 | 0.60 | 0.55 | 0.51 | 0.47 | 0.43 | 0.39 | 0.36 | 0.33 | 0.31 |
| 14 | 0.77 | 0.72 | 0.66 | 0.61 | 0.56 | 0.51 | 0.47 | 0.43 | 0.40 | 0.36 | 0.34 | 0.31 | 0.29 |
| 16 | 0.72 | 0.67 | 0.61 | 0.56 | 0.52 | 0.47 | 0.44 | 0.40 | 0.37 | 0.34 | 0.31 | 0.29 | 0.27 |
| 18 | 0.67 | 0.62 | 0.57 | 0.52 | 0.48 | 0.44 | 0.40 | 0.37 | 0.34 | 0.31 | 0.29 | 0.27 | 0.25 |
| 20 | 0.62 | 0.57 | 0.53 | 0.48 | 0.44 | 0.40 | 0.37 | 0.34 | 0.32 | 0.29 | 0.27 | 0.25 | 0.23 |
| 22 | 0.58 | 0.53 | 0.49 | 0.45 | 0.41 | 0.38 | 0.35 | 0.32 | 0.30 | 0.27 | 0.25 | 0.24 | 0.22 |
| 24 | 0.54 | 0.49 | 0.45 | 0.41 | 0.38 | 0.35 | 0.32 | 0.30 | 0.28 | 0.26 | 0.24 | 0.22 | 0.21 |
| 26 | 0.50 | 0.46 | 0.42 | 0.38 | 0.35 | 0.33 | 0.30 | 0.28 | 0.26 | 0.24 | 0.22 | 0.21 | 0.19 |
| 28 | 0.46 | 0.42 | 0.39 | 0.36 | 0.33 | 0.30 | 0.28 | 0.26 | 0.24 | 0.22 | 0.21 | 0.19 | 0.18 |
| 30 | 0.42 | 0.39 | 0.36 | 0.33 | 0.31 | 0.28 | 0.26 | 0.24 | 0.22 | 0.21 | 0.20 | 0.18 | 0.17 |

**表 3-13 $\beta$和$e$对受压构件承载力的影响系数$\varphi$(砂浆强度等级 M2.5)**

| $\beta$ | $e/h$或$e/h_T$ | | | | | | | | | | | | |
|---|---|---|---|---|---|---|---|---|---|---|---|---|---|
| | 0 | 0.025 | 0.05 | 0.075 | 0.1 | 0.125 | 0.15 | 0.175 | 0.2 | 0.225 | 0.25 | 0.275 | 0.3 |
| ≤3 | 1.00 | 0.99 | 0.97 | 0.94 | 0.89 | 0.84 | 0.79 | 0.73 | 0.68 | 0.62 | 0.57 | 0.52 | 0.48 |
| 4 | 0.97 | 0.94 | 0.89 | 0.84 | 0.78 | 0.73 | 0.67 | 0.62 | 0.57 | 0.52 | 0.48 | 0.44 | 0.40 |
| 6 | 0.93 | 0.89 | 0.84 | 0.78 | 0.73 | 0.67 | 0.62 | 0.57 | 0.52 | 0.48 | 0.44 | 0.40 | 0.37 |
| 8 | 0.89 | 0.84 | 0.78 | 0.72 | 0.67 | 0.62 | 0.57 | 0.52 | 0.48 | 0.44 | 0.40 | 0.37 | 0.34 |
| 10 | 0.83 | 0.78 | 0.72 | 0.67 | 0.61 | 0.56 | 0.52 | 0.47 | 0.43 | 0.40 | 0.37 | 0.34 | 0.31 |
| 12 | 0.78 | 0.72 | 0.67 | 0.61 | 0.56 | 0.52 | 0.47 | 0.43 | 0.40 | 0.37 | 0.34 | 0.31 | 0.29 |
| 14 | 0.72 | 0.66 | 0.61 | 0.56 | 0.51 | 0.47 | 0.43 | 0.40 | 0.36 | 0.34 | 0.31 | 0.29 | 0.27 |
| 16 | 0.66 | 0.61 | 0.56 | 0.51 | 0.47 | 0.43 | 0.40 | 0.36 | 0.34 | 0.31 | 0.29 | 0.26 | 0.25 |
| 18 | 0.61 | 0.56 | 0.51 | 0.47 | 0.43 | 0.40 | 0.36 | 0.33 | 0.31 | 0.29 | 0.26 | 0.24 | 0.23 |
| 20 | 0.56 | 0.51 | 0.47 | 0.43 | 0.39 | 0.36 | 0.33 | 0.31 | 0.28 | 0.26 | 0.24 | 0.23 | 0.21 |
| 22 | 0.51 | 0.47 | 0.43 | 0.39 | 0.36 | 0.33 | 0.31 | 0.28 | 0.26 | 0.24 | 0.23 | 0.21 | 0.20 |
| 24 | 0.46 | 0.43 | 0.39 | 0.36 | 0.33 | 0.31 | 0.28 | 0.26 | 0.24 | 0.23 | 0.21 | 0.20 | 0.18 |
| 26 | 0.42 | 0.39 | 0.36 | 0.33 | 0.31 | 0.28 | 0.26 | 0.24 | 0.22 | 0.21 | 0.20 | 0.18 | 0.17 |
| 28 | 0.39 | 0.36 | 0.33 | 0.30 | 0.28 | 0.26 | 0.24 | 0.22 | 0.21 | 0.20 | 0.18 | 0.17 | 0.16 |
| 30 | 0.36 | 0.33 | 0.30 | 0.28 | 0.26 | 0.24 | 0.22 | 0.21 | 0.20 | 0.18 | 0.17 | 0.16 | 0.15 |

**表 3-14　$\beta$ 和 $e$ 对受压构件承载力的影响系数 $\varphi$(砂浆强度 0)**

| $\beta$ | $e/h$ 或 $e/h_T$ | | | | | | | | | | | | |
|---|---|---|---|---|---|---|---|---|---|---|---|---|---|
| | 0 | 0.025 | 0.05 | 0.075 | 0.1 | 0.125 | 0.15 | 0.175 | 0.2 | 0.225 | 0.25 | 0.275 | 0.3 |
| ≤3 | 1.00 | 0.99 | 0.97 | 0.94 | 0.89 | 0.84 | 0.79 | 0.73 | 0.68 | 0.62 | 0.57 | 0.52 | 0.48 |
| 4 | 0.87 | 0.82 | 0.77 | 0.71 | 0.66 | 0.60 | 0.55 | 0.51 | 0.46 | 0.43 | 0.39 | 0.36 | 0.33 |
| 6 | 0.76 | 0.70 | 0.65 | 0.59 | 0.54 | 0.50 | 0.46 | 0.42 | 0.39 | 0.36 | 0.33 | 0.30 | 0.28 |
| 8 | 0.63 | 0.58 | 0.54 | 0.49 | 0.45 | 0.41 | 0.38 | 0.35 | 0.32 | 0.30 | 0.28 | 0.25 | 0.24 |
| 10 | 0.53 | 0.48 | 0.44 | 0.41 | 0.37 | 0.34 | 0.32 | 0.29 | 0.27 | 0.25 | 0.23 | 0.22 | 0.20 |
| 12 | 0.44 | 0.40 | 0.37 | 0.34 | 0.31 | 0.29 | 0.27 | 0.25 | 0.23 | 0.21 | 0.20 | 0.19 | 0.17 |
| 14 | 0.36 | 0.33 | 0.31 | 0.28 | 0.26 | 0.24 | 0.23 | 0.21 | 0.20 | 0.18 | 0.17 | 0.16 | 0.15 |
| 16 | 0.30 | 0.28 | 0.26 | 0.24 | 0.22 | 0.21 | 0.19 | 0.18 | 0.17 | 0.16 | 0.15 | 0.14 | 0.13 |
| 18 | 0.26 | 0.24 | 0.22 | 0.21 | 0.19 | 0.18 | 0.17 | 0.16 | 0.15 | 0.14 | 0.13 | 0.12 | 0.12 |
| 20 | 0.22 | 0.20 | 0.19 | 0.18 | 0.17 | 0.16 | 0.15 | 0.14 | 0.13 | 0.12 | 0.12 | 0.11 | 0.10 |
| 22 | 0.19 | 0.18 | 0.16 | 0.15 | 0.14 | 0.14 | 0.13 | 0.12 | 0.12 | 0.11 | 0.10 | 0.10 | 0.09 |
| 24 | 0.16 | 0.15 | 0.14 | 0.13 | 0.13 | 0.12 | 0.11 | 0.11 | 0.10 | 0.10 | 0.09 | 0.09 | 0.08 |
| 26 | 0.14 | 0.13 | 0.13 | 0.12 | 0.11 | 0.11 | 0.10 | 0.10 | 0.09 | 0.09 | 0.08 | 0.08 | 0.07 |
| 28 | 0.12 | 0.12 | 0.11 | 0.11 | 0.10 | 0.10 | 0.09 | 0.09 | 0.08 | 0.08 | 0.08 | 0.07 | 0.07 |
| 30 | 0.11 | 0.10 | 0.10 | 0.09 | 0.09 | 0.09 | 0.08 | 0.08 | 0.07 | 0.07 | 0.07 | 0.07 | 0.06 |

《砌体结构设计规范》规定，求 $\varphi$ 时应先对构件的高厚比 $\beta$ 乘以调整系数 $\gamma_\beta$，以考虑砌体类型对受压构件承载力的影响，$\gamma_\beta$ 按表 3-15 查取。

**表 3-15　高厚比修正系数 $\gamma_\beta$**

| 砌体材料类别 | $\gamma_\beta$ |
|---|---|
| 烧结普通砖、烧结多孔砖 | 1.0 |
| 混凝土普通砖、混凝土多孔砖、混凝土及轻骨料混凝土砌块 | 1.1 |
| 蒸压灰砂普通砖、蒸压粉煤灰普通砖、细料石 | 1.2 |
| 粗料石、毛石 | 1.5 |

当轴向力偏心距过大时，构件承载力明显降低，还可能使构件产生水平裂缝。因此，《砌体结构设计规范》规定：偏心距 $e$ 不应超过 0.6y，y 为截面重心到轴向力所在偏心方向截面边缘的距离。当超过时，应采取相应措施以减少偏心。

对矩形截面构件，当轴向力偏心方向的截面边长大于另一方向的边长时，除应按偏心受压计算承载力外，还应对较小边长方向按轴心受压进行验算。

**例 3-1**　某轴心受压柱，截面尺寸为 370 mm×370 mm，采用 MU10 烧结普通砖、M5 混合砂浆砌筑，柱计算高度 $H_0$＝4.8 m，承受轴向压力设计值为 $N$＝123.5 kN，试复核该柱承载力是否满足要求。

**解：** 查表 3-2，$f = 1.50\ \text{MPa}$ ，$\gamma_\beta = 1.0$，

砖柱高厚比　　$\beta = \gamma_\beta \dfrac{H_0}{h} = 1.0 \times \dfrac{4.8}{0.37} = 12.97$

查表 3-12 ，$\dfrac{e}{h}=0$ 项，得 $\varphi=0.795$

柱截面面积　　$A = 0.37 \times 0.37 = 0.137(\text{m}^2) < 0.3\ \text{m}^2$，则

$$\gamma_a = A + 0.7 = 0.137 + 0.7 = 0.837$$

$$\varphi f A = 0.795 \times 0.837 \times 1.50 \times 0.137 \times 10^6 = 136743(\text{N})$$

$$= 136.7\ \text{kN} > N = 123.5\ \text{kN}$$

该柱承载力满足要求。

**例 3-2**　某偏心受压柱，截面尺寸为 490 mm×740 mm，采用 MU10 烧结普通砖及 M5 混合砂浆砌筑，柱计算高度 $H_0 = 5.6\ \text{m}$，该柱底所受轴向力设计值为 $N = 296.7\ \text{kN}$，沿长边方向作用的弯矩设计值 $M = 28.9\ \text{kN}\cdot\text{m}$，试验算该柱底承载力是否满足要求。

**解：**(1) 验算柱长边方向的承载力。

偏心距　$e = \dfrac{M}{N} = \dfrac{28.9 \times 10^6}{296.7 \times 10^3} = 97.4(\text{mm})$

$$y = \frac{h}{2} = \frac{740}{2} = 370(\text{mm})$$

$$0.6y = 0.6 \times 370 = 222(\text{mm}) > e = 97.4\ \text{mm}$$

相对偏心距　$\dfrac{e}{h} = \dfrac{97.4}{740} = 0.132$

高厚比　$\beta = \dfrac{H_0}{h} = \dfrac{5600}{740} = 7.57$

查表 3-12，$\varphi = 0.636$

$$A = 0.49 \times 0.74 = 0.363(\text{m}^2) > 0.3\ \text{m}^2, \gamma_a = 1.0$$

查表 3-2，$f=1.50\ \text{MPa}$，则

$$\varphi f A = 0.636 \times 1.50 \times 0.363 \times 10^6 = 346.3 \times 10^3(\text{N}) = 346.3\ \text{kN} > N$$

$$= 296.7\ \text{kN}$$

满足要求。

(2) 验算柱短边方向的承载力。

由于弯矩作用方向的截面边长 740 mm 大于另一方向的边长 490 mm，故还应对短边进行轴心受压承载力验算。

高厚比　　$\beta=\dfrac{H_0}{h}=\dfrac{5600}{490}=11.43$，$\dfrac{e}{h}=0$

查表 3-12，$\varphi=0.834$

$$\varphi f A = 0.834 \times 1.50 \times 0.363 \times 10^6 = 454.1 \times 10^3(\text{N}) = 454.1\ \text{kN} > N$$

$$= 296.7\ \text{kN}$$

满足要求。

■ **实训练习**

**任务一　将例 3－1 中的混合砂浆改为水泥砂浆，分析不同点**

(1) 目的：通过例题中相关条件的改变，掌握砌体强度设计值调整系数的应用。

(2) 能力目标：学会不同条件下公式的运用。

(3) 工具：《砌体结构设计规范》或本模块项目 1 中第五条。

**任务二　将例 3－2 中沿长边方向作用改为沿短边方向作用，分析不同点**

(1) 目的：通过例题中相关条件的改变，掌握无筋砌体受压承载力计算内容。

(2) 能力目标：学会无筋砌体受压承载力计算。

## 项目 3　砌体局部受压承载力计算

■ **学习目标**　掌握砌体局部受压承载力计算，了解刚性垫块的构造要求。

■ **能力目标**　学会砌体局部受压承载力计算。

■ **知识点**

### 一、局部均匀受压

压力仅作用在砌体局部面积上的受力状态称为砌体局部受压。根据砌体局部受压面积上压应力分布情况，砌体局部受压可分为局部均匀受压和局部非均匀受压，如图 3－12 所示。当荷载均匀地作用在砌体的局部面积上时，称为局部均匀受压。

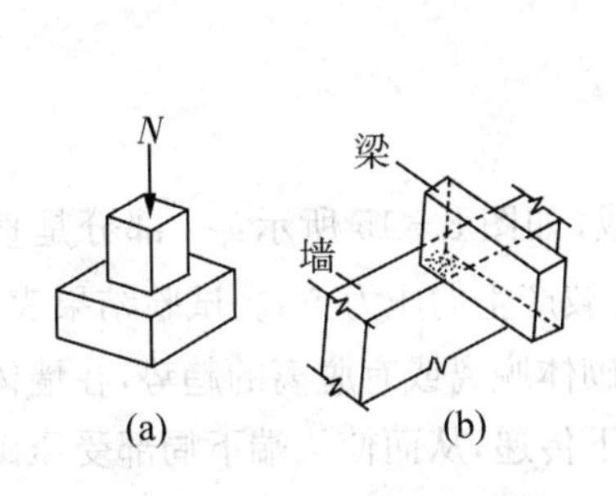


**图 3－12　砌体局部受压**

(a)局部均匀受压；(b)局部非均匀受压

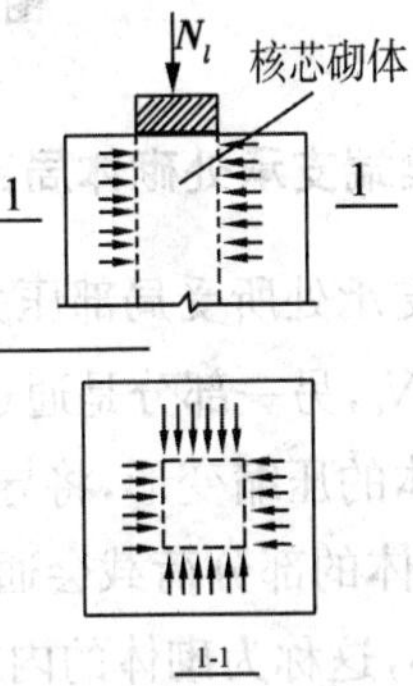

$N_l$　核芯砌体

1　1

1-1

**图 3－13　局部承压的套箍原理**

局部受压面积下的砌体，其横向变形受到周围砌体的侧向约束，使承压面下部的核芯砌体处于三向受压状态，因而大大提高了局部受压面积处砌体的抗压强度，即周围砌体对承压面下的核芯砌体起到了套箍一样的强化作用，如图 3－13 所示。因而，砌体局部抗压强度高于砌体抗压强度。

砌体局部均匀受压承载力按下式计算

$$N_l \leqslant \gamma f A_l \tag{3-2}$$

$$\gamma = 1 + 0.35\sqrt{\frac{A_0}{A_l} - 1} \tag{3-3}$$

式中 $N_l$——局部受压面积上的轴向力设计值,kN;

$f$——砌体的抗压强度设计值,$N/mm^2$;

$A_l$——局部受压面积,$mm^2$;

$\gamma$——砌体局部受压强度提高系数;

$A_0$——影响砌体局部抗压强度的计算面积,按图 3-14 确定,$mm^2$。

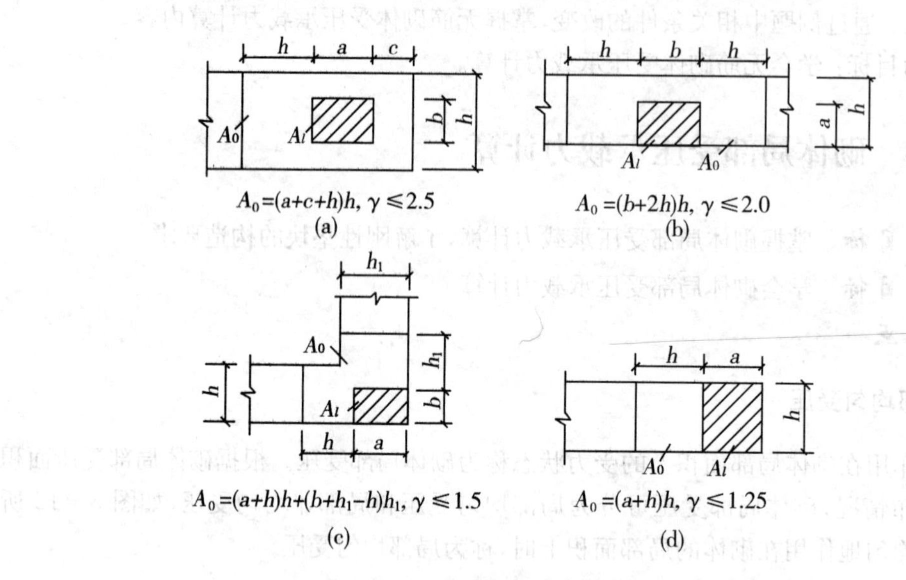


**图 3-14 影响局部抗压强度的计算面积 $A_0$**

## 二、梁端支承处砌体局部受压

梁端支承处所受局部压力一般由两部分组成,如图 3-15 所示:一部分是直接由梁传来的压力 $N_l$,另一部分是通过墙体传来的上部荷载产生的压力 $N_0$。试验结果表明,梁底局部受压砌体的压缩变形,将导致梁端顶部与上部砌体脱离或有脱离的趋势,在墙体内形成内拱,上部砌体的部分荷载会通过梁两侧的砌体向下传递,从而使梁端下局部受压砌体所受压力 $N_0$ 减小,这称为砌体的内拱卸荷作用。《砌体结构设计规范》采用上部荷载的折减系数 $\psi$ 来反映上部砌体内拱卸荷作用。

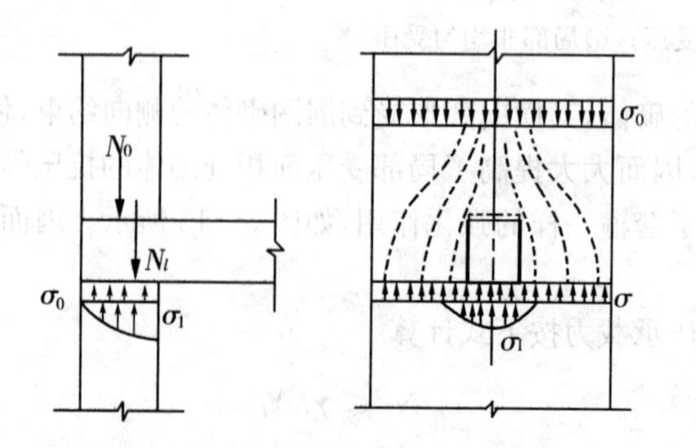


**图 3-15 梁端上部砌体的内拱作用**

试验表明，当梁受荷载作用后，梁发生挠曲，梁端支承处砌体局部压应力分布是不均匀的。同时，由于梁端的转角及支承处砌体的压缩变形，梁端的有效支承长度可能小于实际的支承长度，如图 3 - 16 所示。

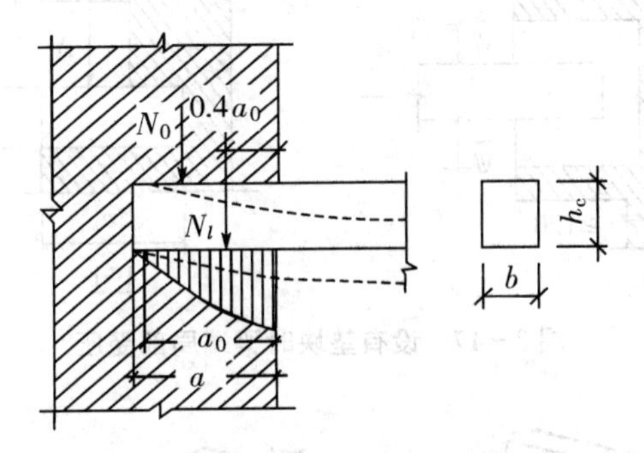


图 3 - 16　梁端支承处砌体的局部受压

梁端支承处砌体局部受压承载力按下列公式计算

$$\psi N_0 + N_l \leqslant \eta\gamma f A_l \tag{3-4}$$

$$\psi = 1.5 - 0.5\frac{A_0}{A_l} \tag{3-5}$$

$$N_0 = \sigma_0 A_l \tag{3-6}$$

$$A_l = a_0 b \tag{3-7}$$

$$a_0 = 10\sqrt{\frac{h_c}{f}} \tag{3-8}$$

式中　$\psi$——上部荷载的折减系数，当$\frac{A_0}{A_l}\geqslant 3$时，取$\psi=0$；

$N_0$——局部受压面积内上部墙体传来的轴向力设计值，N；

$N_l$——梁端局部压力设计值，N；

$\sigma_0$——上部平均压应力设计值，$N/mm^2$；

$\eta$——梁端底面压应力图形的完整系数，可取 0.7，对于过梁和墙梁可取 1.0；

$a_0$——梁端有效支承长度，当 $a_0>a$ 时，取 $a_0=a$，mm；

$a$——梁端实际支承长度，mm；

$b$——梁的截面宽度，mm；

$h_c$——梁的截面高度，mm。

### 三、梁端设有刚性垫块或垫梁时砌体局部受压

当梁端支承处砌体局部受压承载力不满足要求时，常在其下设置刚性垫块或垫梁，以扩大梁端支承面积，增加梁端下砌体的局部受压承载力。

刚性垫块应符合下列规定：刚性垫块的高度 $t_b$不宜小于 180 mm，自梁边算起的垫块挑出长度不应大于垫块高度 $t_b$；在带壁柱墙的壁柱内设有垫块时，如图 3 - 17 所示，其计算面积应取壁柱范围内的面积，而不应计算翼缘部分，同时壁柱上垫块伸入翼墙内的长度不应小

于 120 mm。当现浇垫块与梁端整体浇筑时，垫块可在梁高范围内设置，见图 3-18。

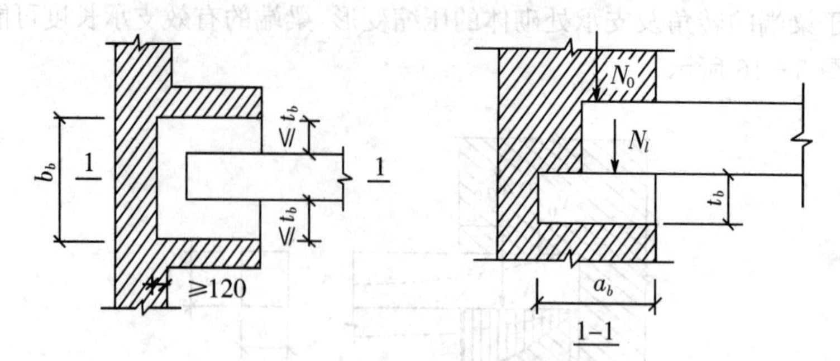


图 3-17　设有垫块时梁端局部受压

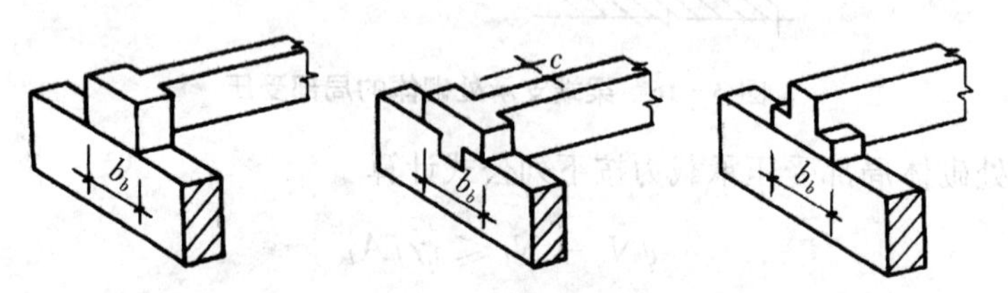


图 3-18　与梁端现浇成整体的垫块

当梁下设有预制刚性垫块时，垫块下砌体的局部受压承载力按下式计算：

$$N_0 + N_l \leqslant \varphi\gamma_1 f A_b \tag{3-9}$$

$$N_0 = \sigma_0 A_b \tag{3-10}$$

$$A_b = a_b b_b \tag{3-11}$$

式中　$N_0$——垫块面积 $A_b$ 范围内上部轴向压力设计值，kN；

$\varphi$——垫块上 $N_0$ 及 $N_l$ 合力对承载力的影响系数，应采用表 3-12～3-14 中当 $\beta \leqslant 3$ 时的值；

$\gamma_1$——垫块外砌体面积的有利影响系数，$\gamma_1$ 取 $0.8\gamma$，但不小于 1.0；$\gamma$ 为砌体局部抗压强度提高系数，按公式(3-3)以 $A_b$ 代替 $A_l$ 计算；

$A_b$——垫块面积，$A_b = a_b \times b_b$，$mm^2$；

$a_b$——垫块伸入墙内的长度，mm；

$b_b$——垫块的宽度，mm。

当梁端设有刚性垫块时，梁端有效支承长度应按下式确定

$$a_0 = \delta_1 \sqrt{\frac{h}{f}} \tag{3-12}$$

式中　$\delta_1$——刚性垫块的影响系数，按表 3-16 采用，垫块上 $N_l$ 作用点位置可取 $0.4a_0$ 处。

**表 3-16　系数 $\delta_1$ 值**

| $\sigma_0/f$ | 0 | 0.2 | 0.4 | 0.6 | 0.8 |
|---|---|---|---|---|---|
| $\delta_1$ | 5.4 | 5.7 | 6.0 | 6.9 | 7.8 |

注：表中其间的数值可采用插入法求得。

当墙内设有圈梁等较长构件，且又直接在梁支承面之下时，则此类较长构件即可视为梁端下的垫梁，梁上荷载将通过垫梁分布到砌体上。《砌体结构设计规范》规定，长度大于 $\pi h_0$ 的垫梁，按下式验算其承载力

$$N_0 + N_l \leqslant 2.4\delta_2 h_0 b_b f \tag{3-13}$$

$$N_0 = \frac{\pi b_b h_0 \sigma_0}{2} \tag{3-14}$$

$$h_0 = 2\sqrt[3]{\frac{E_b I_b}{Eh}} \tag{3-15}$$

式中　$N_0$——垫梁上部轴向力设计值，kN；

$b_b$——垫梁在墙厚方向的宽度，mm；

$\delta_2$——当荷载沿墙厚方向均匀分布时取 $\delta_2=1.0$，不均匀分布时取 $\delta_2=0.8$；

$h_0$——垫梁折算高度，mm；

$E_b$、$I_b$——分别为垫梁的混凝土弹性模量和截面惯性矩，N/mm² 和mm⁴；

$h_b$——垫梁的高度，mm；

$E$——砌体的弹性模量，N/mm²；

$h$——墙厚，mm。

**例 3-3**　如图 3-19 所示的窗间墙，采用 MU10 烧结普通砖及 M7.5 混合砂浆砌筑。梁截面尺寸为 $b\times h=200\ \text{mm}\times500\ \text{mm}$，支承长度 $a=240$ mm。荷载设计值产生的支座反力 $N_l=92.5$ kN，墙体上部荷载 $N_\mu=211.7$ kN，试验算该墙体的梁端局部受压承载力，如不满足要求，试设计一预制刚性垫块。

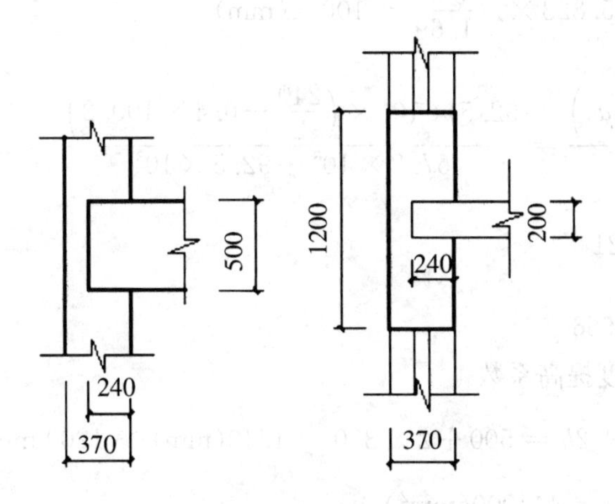


**图 3-19　例 3-3 图**

**解：**查表得　$f=1.69\text{N/mm}^2$

$$a_0 = 10\sqrt{\frac{h_c}{f}} = 10\times\sqrt{\frac{500}{1.69}} = 172.0(\text{mm})$$

$$A_l = a_0 \cdot b = 172.0\times200 = 34400(\text{mm}^2)$$

$$A_0 = h(2h+b) = 370\times(2\times370+200) = 347800(\text{mm}^2)$$

$$\gamma = 1 + 0.35\sqrt{\frac{A_0}{A_l} - 1} = 1 + 0.35 \times \sqrt{\frac{347800}{34400} - 1} = 2.06 > 2.0，取\ \gamma = 2.0$$

$$\sigma_0 = \frac{211.7 \times 10^3}{370 \times 1200} = 0.477(\text{N/mm}^2)$$

$$N_0 = \sigma_0 A_l = 0.477 \times 34400 = 16.4 \times 10^3(\text{N})$$

$$\frac{A_0}{A_l} = \frac{347800}{34400} = 10.11 > 3，故不考虑上部荷载的影响$$

$$\eta\gamma A_l f = 0.7 \times 2.0 \times 34400 \times 1.69 = 81.4 \times 10^3(\text{N}) = 81.4\ \text{kN}$$

$$< \psi N_0 + N_l = N_l = 92.5\ \text{kN}$$

局部受压不满足要求。

梁端下部设置一预制刚性垫块，$a_b = 240$ mm，$b_b = 500$ mm，$t_b = 180$ mm。

$b_b = 500 < 2 \times t_b + b = 2 \times 180 + 200 = 560$，符合刚性垫块要求。

$$A_b = a_b \cdot b_b = 240 \times 500 = 120000(\text{mm}^2)$$

$$N_0 = \sigma_0 A_b = 0.477 \times 120000 = 57.2 \times 10^3(\text{N})$$

$$\frac{\sigma_0}{f} = \frac{0.477}{1.69} = 0.282(\text{N/mm}^2)$$

查表得　$\delta_1 = 5.823$

$$a_0 = \delta_1\sqrt{\frac{h_c}{f}} = 5.823 \times \sqrt{\frac{500}{1.69}} = 100.2(\text{mm})$$

$$e = \frac{N_l\left(\frac{a_b}{2} - 0.4a_0\right)}{N_0 + N_l} = \frac{92.5 \times 10^3 \times \left(\frac{240}{2} - 0.4 \times 100.2\right)}{57.2 \times 10^3 + 92.5 \times 10^3} = 49.4(\text{mm})$$

$$\frac{e}{a_b} = \frac{49.4}{240} = 0.21$$

查表得　$\varphi = 0.656$

计算局部抗压强度提高系数

$$b_b + 2h = 500 + 2 \times 370 = 1240(\text{mm}) > 1200\ \text{mm},$$

故　$A_0 = 1200 \times 370 = 444000(\text{mm}^2)$

$$\gamma = 1 + 0.35\sqrt{\frac{A_0}{A_l} - 1} = 1 + 0.35 \times \sqrt{\frac{444000}{120000} - 1} = 1.575 < 2.0$$

$$\gamma_1 = 0.8\gamma = 0.8 \times 1.575 = 1.26$$

$$\varphi\gamma_1 A_b f = 0.656 \times 1.26 \times 120000 \times 1.69 = 167.6 \times 10^3(\text{N}) = 167.7\ \text{kN}$$

$$> N_0 + N_l = 57.2 + 92.5 = 149.7(\text{kN})$$

满足要求。

■ **实训练习**

**任务　某梁端部放置在墙体上，设计一刚性垫块**

(1) 目的：通过梁端下设置刚性垫块，掌握其原理是扩大梁端支承面积，增加梁端下砌体的局部受压承载力。

(2) 能力目标：学会选用刚性垫块。

## 项目 4　受拉、受弯、受剪承载力计算及配筋砌体

■ **学习目标**　了解砌体受拉、受弯、受剪承载力计算及配筋砌体构造要求。

■ **能力目标**　学会运用公式进行砌体受拉、受弯、受剪承载力计算，读懂配筋砌体构造要求。

■ **知识点**

### 一、轴心受拉

砌体轴心受拉构件的承载力按下式计算：

$$N_t \leqslant f_t A \tag{3-16}$$

式中　$N_t$——轴心拉力设计值，kN；

$f_t$——砌体的轴心抗拉强度设计值，按表 3-8 采用，N/mm²；

$A$——构件截面面积，mm²。

### 二、受弯构件

受弯构件的承载力按下式计算：

$$M \leqslant f_{tm} W \tag{3-17}$$

式中　$M$——弯矩设计值，kN · m；

$f_{tm}$——砌体弯曲抗拉强度设计值，按表 3-8 采用，N/mm²；

$W$——截面抵抗矩，mm³。

受弯构件的受剪承载力按下式计算：

$$V \leqslant f_v b z \tag{3-18}$$

$$z = \frac{I}{S} \tag{3-19}$$

$$z = \frac{2h}{3}\text{(截面为矩形时)} \tag{3-20}$$

式中　$V$——剪力设计值，kN；

$f_v$——砌体的抗剪强度设计值，按表 3-8 采用，N/mm²；

$b$——截面宽度，mm；

$z$——内力臂，mm；

$I$——截面惯性矩，$mm^4$；

$S$——截面面积矩，$mm^2 \cdot mm$；

$h$——截面高度，mm。

## 三、受剪构件

沿通缝或沿阶梯形截面破坏时受剪构件的承载力按下列公式计算

$$V \leqslant (f_v + \alpha\mu\sigma_0)A \tag{3-21}$$

当 $\gamma_G = 1.2$ 时，
$$\mu = 0.26 - 0.082\frac{\sigma_0}{f} \tag{3-22}$$

当 $\gamma_G = 1.35$ 时，
$$\mu = 0.23 - 0.065\frac{\sigma_0}{f} \tag{3-23}$$

式中 $V$——截面剪力设计值，kN；

$f_v$——砌体抗剪强度设计值，对灌孔的混凝土砌块砌体取 $f_{vG}$，$N/mm^2$；

$A$——水平截面面积。当有孔洞时，取净面积，$mm^2$；

$\alpha$——修正系数，当 $\gamma_G = 1.2$ 时，砖砌体取 0.60，混凝土砌块砌体取 0.64；当 $\gamma_G = 1.35$ 时，砖砌体取 0.64，混凝土砌块砌体取 0.66；

$\mu$——剪压复合受力系数，$\alpha$ 与 $\mu$ 的乘积，可查表 3-17；

$\sigma_0$——永久荷载设计值产生的水平截面平均压应力，$N/mm^2$；

$f$——砌体的抗压强度设计值，$N/mm^2$；

$\frac{\sigma_0}{f}$——轴压比，且不大于 0.8。

**表 3-17 当 $\gamma_G = 1.2$ 及 $\gamma_G = 1.35$ 时的 $\alpha\mu$ 值**

| $\gamma_G$ | $\sigma_0/f$ | 0.1 | 0.2 | 0.3 | 0.4 | 0.5 | 0.6 | 0.7 | 0.8 |
|---|---|---|---|---|---|---|---|---|---|
| 1.2 | 砖砌体 | 0.15 | 0.15 | 0.14 | 0.14 | 0.13 | 0.13 | 0.12 | 0.12 |
| | 砌块砌体 | 0.16 | 0.16 | 0.15 | 0.15 | 0.14 | 0.13 | 0.13 | 0.12 |
| 1.35 | 砖砌体 | 0.14 | 0.14 | 0.13 | 0.13 | 0.13 | 0.12 | 0.12 | 0.11 |
| | 砌块砌体 | 0.15 | 0.14 | 0.14 | 0.13 | 0.13 | 0.13 | 0.12 | 0.12 |

## 四、配筋砌体

### （一）网状配筋砖砌体

在水平灰缝内设置一定数量和规格钢筋网的砖砌体称为网状配筋砖砌体。常用的钢筋网有方格钢筋网和连弯钢筋网，见图 3-20。

试验表明，网状配筋砌体内配有横向钢筋，钢筋通过砂浆与砌体结合成为一个整体，约束了砌体的横向变形，阻止了竖向裂缝的发展，推迟了因竖向裂缝贯通而形成的半砖小柱的

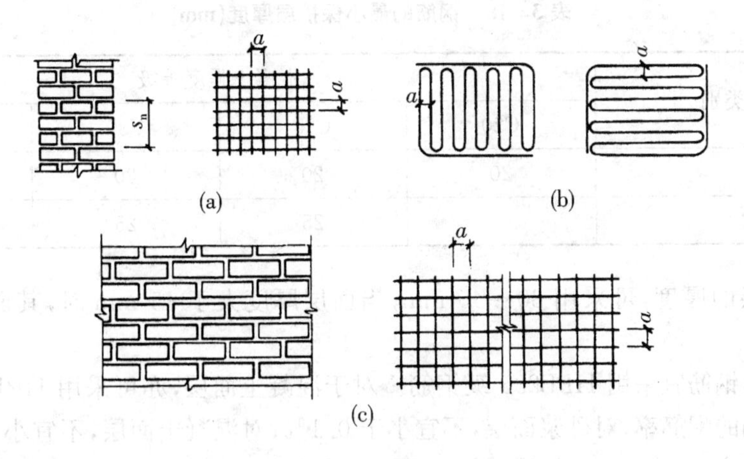


**图 3-20　网状配筋砌体**

(a) 用方格网配筋的砖柱；(b) 连弯钢筋网；(c) 用方格网配筋的砖墙

进程，从而提高了砌体的受压承载力。

网状配筋砖砌体中的体积配筋率，不应小于 0.1%，并不应大于 1%。采用钢筋网时，钢筋的直径宜采用 3～4 mm；当采用连弯钢筋网时，钢筋的直径不应大于 8 mm。钢筋网中钢筋的间距，不应大于 120 mm，并不应小于 30 mm。钢筋网的竖向间距，不应大于五皮砖，并不应大于 400 mm。网状配筋砖砌体所用的砂浆强度等级不应低于 M7.5；钢筋网应设置在砌体的水平灰缝中，灰缝厚度应保证钢筋上下至少各有 2 mm 厚的砂浆层。

（二）组合砖砌体

在砖砌体内配置纵向钢筋，或设置部分钢筋混凝土或钢筋砂浆以共同工作的砖砌体称为组合砖砌体。组合砖砌体能显著提高砌体的抗弯能力和延性，也能提高砌体的抗压能力，见图 3-21。

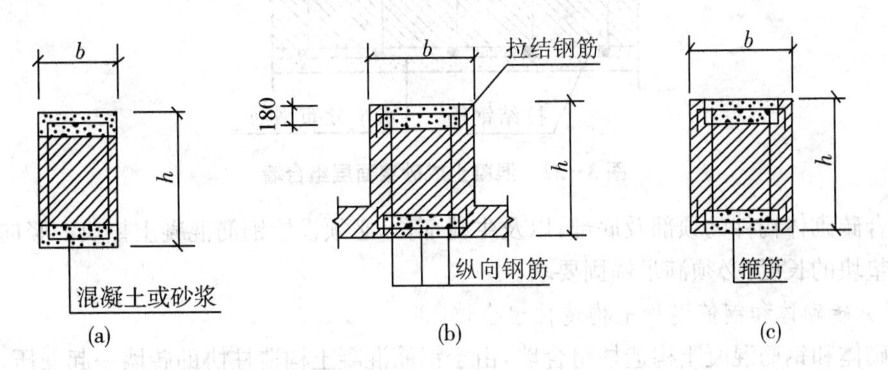


**图 3-21　组合砖砌体截面**

组合砖砌体构件应满足下列构造要求：

面层混凝土强度等级宜采用 C20，面层水泥砂浆强度等级不宜低于 M10，砌筑砂浆的强度等级不宜低于 M7.5。

对于 1 类（正常居住及办公建筑的内部干燥环境）和 2 类（潮湿的室内或室外环境，包括与无侵蚀性土和水接触的环境），其钢筋的最小保护层厚度见表 3-18。

表 3-18　钢筋的最小保护层厚度(mm)

| 环境类别 | 混凝土强度等级 | | | |
|---|---|---|---|---|
| | C20 | C25 | C30 | C35 |
| 1 | 20 | 20 | 20 | 20 |
| 2 | — | 25 | 25 | 25 |

砂浆面层的厚度,可采用 30～45 mm;当面层厚度大于 45 mm 时,其面层宜采用混凝土。

竖向受力钢筋宜采用 HPB235 级钢筋。对于混凝土面层,亦可采用 HRB335 级钢筋。受压钢筋一侧的配筋率,对砂浆面层,不宜小于 0.1%;对混凝土面层,不宜小于 0.2%。受拉钢筋的配筋率,不应小于 0.1%。竖向受力钢筋的直径,不应小于 8 mm,钢筋的净间距,不应小于 30 mm。

箍筋的直径,不宜小于 4 mm 及 0.2 倍的受压钢筋直径,并不宜大于 6 mm。箍筋的间距,不应大于 20 倍受压钢筋的直径及 500 mm,并不应小于 120 mm。

当组合砖砌体构件一侧的竖向受力钢筋多于 4 根时,应设置附加箍筋或拉结钢筋。

对于截面长短边相差较大的构件如墙体等,应采用穿通墙体的拉结钢筋作为箍筋,同时设置水平分布钢筋。水平分布钢筋的竖向间距及拉结钢筋的水平间距,均不应大于 500 mm,如图 3-22 所示。

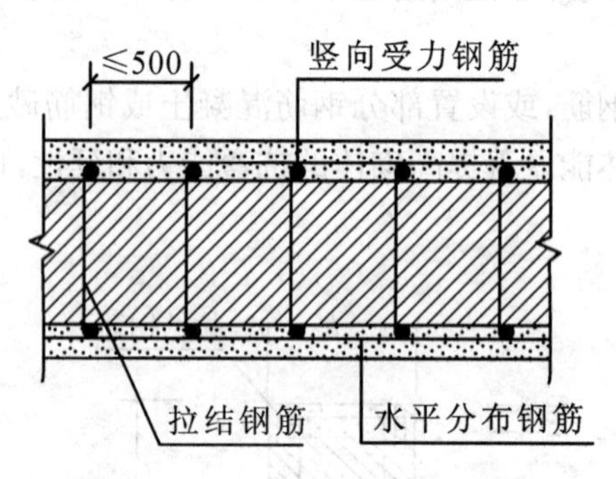


图 3-22　混凝土或砂浆面层组合墙

组合砖砌体构件的顶部及底部,以及牛腿部位,必须设置钢筋混凝土垫块。竖向受力钢筋伸入垫块的长度,必须满足锚固要求。

(三) 砖砌体和钢筋混凝土构造柱组合墙

砖砌体和钢筋混凝土构造柱组合墙,由于钢筋混凝土构造柱协助砖墙一起受压,同时柱与圈梁形成"构造框架",使砌体变形受到约束,从而提高了砌体承载力,如图 3-23 所示。

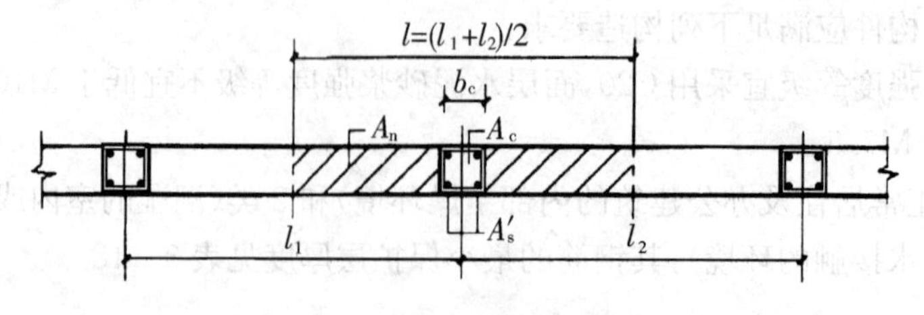


图 3-23　砖砌体和构造柱组合墙

砖砌体和钢筋混凝土构造组合墙的材料和构造应符合下列规定：

(1) 砂浆的强度等级不应低于 M5，构造柱的混凝土强度等级不宜低于 C20。

(2) 柱内竖向受力钢筋的混凝土保护层厚度，应符合表 3-18 的规定。

(3) 构造柱的截面尺寸不宜小于 240 mm×240 mm，其厚度不应小于墙厚，边柱、角柱的截面宽度宜适当加大。柱内竖向受力钢筋，对于中柱，不宜少于 4$\phi$12；对于边柱、角柱，不宜少于 4$\phi$14。构造柱的竖向受力钢筋的直径也不宜大于 16 mm。其箍筋，一般部位宜采用 $\phi$6、间距 200 mm，楼层上下 500 mm 范围内宜采用 $\phi$6、间距 100 mm。构造柱的竖向受力钢筋应在基础梁和楼层圈梁中锚固，并应符合受拉钢筋的锚固要求。

(4) 组合砖墙砌体结构房屋，应在纵横墙交接处、墙端部和较大洞口的洞边设置构造柱，其间距不宜大于 4 m。各层洞口宜设置在相应位置，并宜上下对齐。

(5) 组合砖墙砌体结构房屋应在基础顶面、有组合墙的楼层处设置现浇钢筋混凝土圈梁。圈梁的截面高度不宜小于 240 mm；纵向钢筋不宜小于 4$\phi$12，纵向钢筋应伸入构造柱内，并应符合受拉钢筋的锚固要求；圈梁的箍筋宜采用 $\phi$6、间距 200 mm。

(6) 砖砌体与构造柱的连接处应砌成马牙槎，并应沿墙高每隔 500 mm 设 2$\phi$6 拉结钢筋，且每边伸入墙内不宜小于 600 mm。

(7) 组合砖墙的施工程序应为先砌墙后浇混凝土构造柱。

■ **实训练习**

**任务一　某圆形水池池壁设计**

(1) 目的：通过圆形水池池壁受力分析，掌握砌体除受压以外还存在受拉等受力性能。

(2) 能力目标：学会轴心受拉强度计算。

**任务二　砖砌体和钢筋混凝土构造柱组合墙中构造柱的构造要求描述**

(1) 目的：掌握砖砌体和钢筋混凝土构造柱组合墙的材料和构造要求。

(2) 提示：材料强度要求、截面尺寸要求、保护层厚度要求和施工程序等。

# 项目 5　房屋的结构布置及静力计算方案

■ **学习目标**　掌握混合结构房屋的结构布置方案，理解静力计算方案的概念。

■ **能力目标**　学会判定房屋的静力计算方案。

■ **知识点**

## 一、混合结构房屋的结构布置方案

混合结构房屋通常指主要承重构件由不同的材料组成的房屋，如房屋的楼(屋)盖采用钢筋混凝土结构，墙体及基础采用砖、石砌体材料。

混合结构房屋中的纵、横墙以及楼(屋)盖等主要承重构件相互制约，共同工作，所以房屋结构布置方案的选择，影响到房屋结构的强度、刚度、稳定性。

根据结构的承重体系及竖向荷载的传递路线，混合结构房屋的结构布置方案可分为：横墙承重方案、纵墙承重方案、纵横墙承重方案和内框架承重方案。

### (一) 横墙承重方案

宿舍、住宅等建筑因房屋开间不大，横墙间距较小，可采用将楼(屋)面板直接搁置在横墙上的横墙承重方案，如图 3－24 所示。这类房屋因横墙数量多、间距小，所以房屋的横向空间刚度大，整体性好、结构较简单、施工方便，但墙体材料用量较多。其荷载主要传递路线为：楼（屋）面板→横墙→基础→地基。

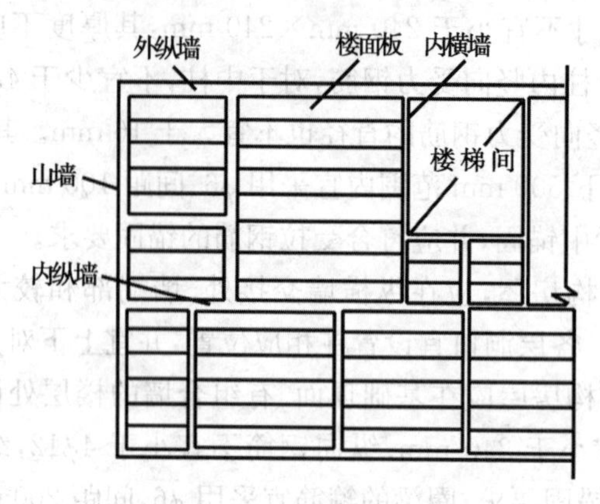


图 3－24　横墙承重方案

（二）纵墙承重方案

单层厂房、仓库、食堂等建筑因要求有较大空间，横墙间距较大，一般采用由纵墙直接承受荷载的纵墙承重方案，如图 3－25 所示。这类房屋中横墙间距不受限制，但因横墙数量少，所以房屋的横向刚度小，整体性差。其主要荷载传递路线为：板→梁（屋架）→纵墙→基础→地基。

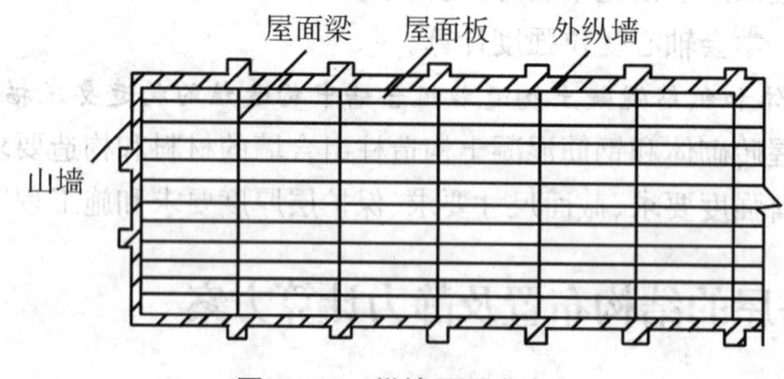


图 3－25　纵墙承重方案

（三）纵横墙承重方案

教学楼、办公楼、医院等建筑因要求房间的大小变化较多，一般采用纵横墙承重方案，如图 3－26 所示。这类房屋既可保证灵活的房间布置，又具有较大的空间刚度和整体性，其荷载主要传递路线为：

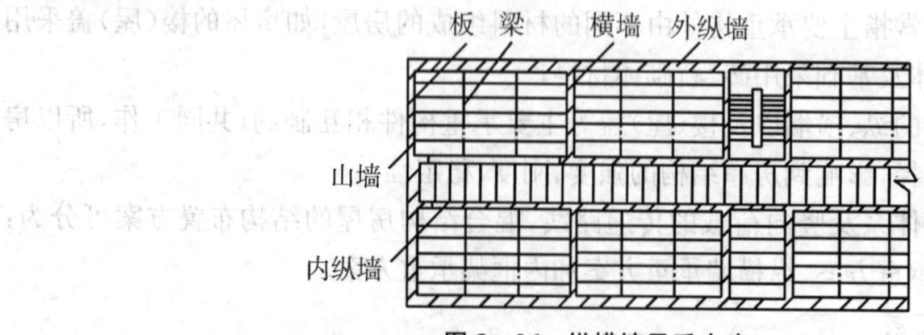


图 3－26　纵横墙承重方案

楼(屋)面板→{梁→纵墙；横墙}→基础→地基

(四) 内框架承重方案

工业厂房的车间、仓库等建筑,可采用外墙与内柱同时承重的内框架承重方案,如图 3-27 所示。这类房屋因外墙和柱为竖向承重构件,所以内墙取消,可有较大的使用空间,但因横墙较少,竖向承重构件材料不同,所以房屋的空间刚度较差,施工较复杂,易引起地基不均匀沉降。

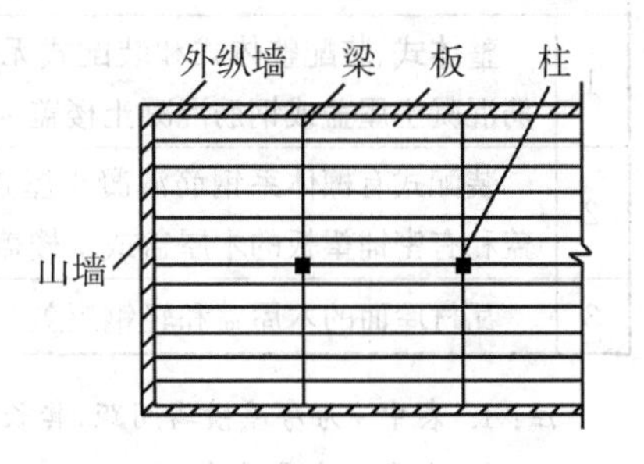

**图 3-27　内框架承重方案**

## 二、混合结构房屋的静力计算方案

混合结构房屋中墙体计算主要包括内力计算和截面承载力计算。进行墙体内力分析,首先要确定其计算简图,因此也就需要确定房屋的静力计算方案。图 3-28 为一混合结构的单层房屋,外纵墙承重,屋盖为装配式钢筋混凝土楼盖,因作用于房屋上的荷载为均匀分布,则可在其中任意取出一个单元,这个单元的受力状态和整个房屋的受力状态一样,所以,可以由这个单元来代表整个房屋,这个单元称为计算单元。

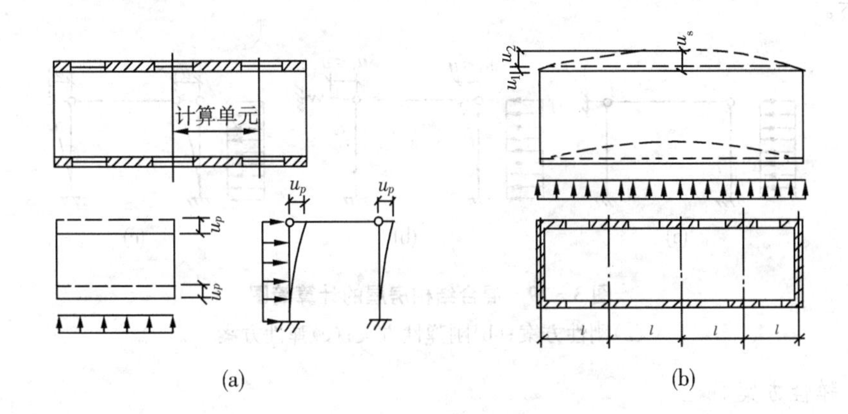

**图 3-28　单层房屋**

(a)两端无山墙单层房屋;(b)两端有山墙单层房屋

如图 3-28(a)所示,两端没有设置山墙,荷载作用下的墙顶位移主要取决于纵墙的刚度,而屋盖结构的刚度只是保证传递水平荷载时两边纵墙位移相同。

如图 3-28(b)所示,两端设有山墙,纵墙顶部的水平位移不仅与纵墙刚度有关,而且与屋盖结构水平刚度、山墙的刚度有很大关系。由于山墙(横墙)的存在,改变了水平荷载的传递路线,使房屋有了空间作用。

试验研究表明,房屋的空间工作性能,主要取决于屋盖水平刚度和横墙间距的大小。《砌体结构设计规范》规定,混合结构房屋的静力计算,按房屋空间刚度(作用)大小,分为刚性方案、刚弹性方案和弹性方案(见表 3-19)。

**表 3-19 房屋的静力计算方案**

| | 屋盖或楼盖类别 | 刚性方案 | 刚弹性方案 | 弹性方案 |
|---|---|---|---|---|
| 1 | 整体式、装配整体式和装配式无檩体系钢筋混凝土屋盖或钢筋混凝土楼盖 | $s<32$ | $32\leqslant s\leqslant 72$ | $s>72$ |
| 2 | 装配式有檩体系钢筋混凝土屋盖、轻钢屋盖和有密铺望板的木屋盖或木楼盖 | $s<20$ | $20\leqslant s\leqslant 48$ | $s>48$ |
| 3 | 瓦材屋面的木屋盖和轻钢屋盖 | $s<16$ | $16\leqslant s\leqslant 36$ | $s>36$ |

注：1. 表中 $s$ 为房屋横墙间距，其长度单位为“m”；

2. 当多层房屋屋盖、楼盖类别不同或横墙间距不同时，可按本表的规定分别确定各层(底层或顶部各层)房屋的静力计算方案；

3. 对无山墙或伸缩缝处无横墙的房屋，应按弹性方案考虑。

(一) 刚性方案

当房屋的横墙间距较小、屋盖与楼盖的水平刚度较大时，房屋的空间刚度很好。在荷载作用下，房屋的水平位移很小，其静力计算简图是将承重墙视为一根竖向构件，屋盖或楼盖视为墙体的不动铰支座，即忽略房屋的水平位移，这类房屋称为刚性方案房屋，如图 3-29(a)所示。

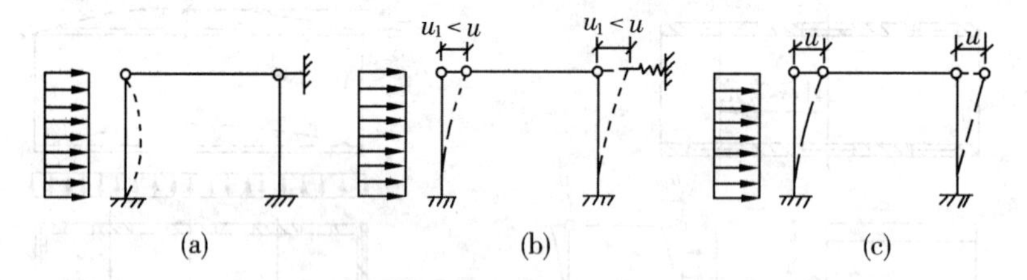


**图 3-29 混合结构房屋的计算简图**

(a)刚性方案；(b)刚弹性方案；(c)弹性方案

(二) 弹性方案

当房屋的横墙间距较大、屋盖与楼盖的水平刚度较小时，房屋的空间刚度很差。在荷载作用下，房屋的水平位移较大，计算时可按不考虑空间作用的平面排架或框架计算，这类房屋称为弹性方案房屋，如图 3-29(c)所示。

(三) 刚弹性方案

当房屋的空间刚度介于“刚性”和“弹性”两种方案之间。在荷载作用下，房屋的水平位移较弹性方案的水平位移小，但又不可忽略不计，计算时按横梁(屋盖或楼盖)具有弹性支承的平面排架或框架计算，这类房屋称为刚弹性方案房屋，如图 3-29(b)所示。

为保证房屋的刚度，《砌体结构设计规范》规定，刚性和刚弹性方案房屋的横墙应符合下列要求：

(1) 横墙中开有洞口时，洞口的水平截面面积不应超过横墙截面面积的 50%；

(2) 横墙的厚度不宜小于 180 mm；

(3) 单层房屋的横墙长度不宜小于其高度，多层房屋的横墙长度不宜小于 $H/2$($H$ 为横墙总高度)。

当横墙不能同时符合上述要求时，应对横墙的刚度进行验算。如其最大水平位移值 $u_{max} \leqslant H/4000$ 时，仍可视作刚性或刚弹性方案房屋的横墙。符合此刚度要求的一段横墙或其他结构构件(如框架等)，也可视作刚性或刚弹性方案房屋的横墙。

■ **实训练习**

**任务一　混合结构房屋结构布置方案划分**

(1) 目的：通过图片或现场实物的认知，掌握混合结构房屋结构布置方案。

(2) 能力目标：能描述混合结构房屋各类结构布置方案中荷载的传递路线。

(3) 实物：图片、校园内实际房屋。

**任务二　静力计算方案划分、判定**

(1) 目的：通过给定相应条件，掌握划分静力计算方案的目的。

(2) 能力目标：学会静力计算方案的划分、判定。

(3) 工具：《砌体结构设计规范》或教材中附表。

# 项目 6　墙、柱高厚比验算

■ **学习目标**　掌握墙、柱高厚比验算的目的和方法。

■ **能力目标**　学会混合结构房屋墙、柱高厚比验算。

■ **知识点**

## 一、墙、柱的允许高厚比

高厚比是指墙、柱的计算高度 $H_0$ 和墙厚(或柱边长)$h$ 的比值。高厚比的验算是保证砌体结构在施工阶段和使用阶段具有必要的刚度和稳定性的一项构造措施。

允许高厚比限值[$\beta$]反映在一定时期内的材料质量和施工的技术水平，其取值是根据我国的实践经验确定的。《砌体结构设计规范》给出了墙、柱允许高厚比[$\beta$]值，见表 3-20。

**表 3-20　墙、柱的允许高厚比[β]值**

| 砂浆强度等级 | 墙 | 柱 | 砂浆强度等级 | 墙 | 柱 |
| --- | --- | --- | --- | --- | --- |
| M2.5 | 22 | 15 | ≥M7.5 | 26 | 17 |
| M5.0 | 24 | 16 | 配筋砌块砌体 | 30 | 21 |

注：1. 毛石墙、柱允许高厚比应按表中数值降低 20%；
2. 组合砖砌体构件的允许高厚比，可按表中数值提高 20%，但不得大于 28；
3. 验算施工阶段砂浆尚未硬化的新砌砌体高厚比时，允许高厚比对墙取 14，对柱取 11。

## 二、墙、柱高厚比验算

(一) 墙、柱的高厚比验算

$$\beta = \frac{H_0}{h} \leqslant \mu_1 \mu_2 [\beta] \tag{3-24}$$

$$\mu_2 = 1 - 0.4\frac{b_s}{s} \tag{3-25}$$

式中 $H_0$——墙、柱计算高度，按表 3 - 21 采用，mm；

$h$——墙厚或矩形柱与 $H_0$ 相对应的边长，mm；

$\mu_1$——自承重墙允许高厚比的修正系数，按下列规定采用：

$h$=240 mm　　　　$\mu_1=1.2$；

$h$=90 mm　　　　$\mu_1=1.5$；

240 mm>$h$>90 mm　　　　$\mu_1$ 可按插入法取值。

$\mu_2$——有门窗洞口墙允许高厚比的修正系数，当计算得 $\mu_2$ 值小于 0.7 时，应采用 0.7；当洞口高度等于或小于墙高的 1/5 时，可取 $\mu_2$ 等于 1.0；

$b_s$——在宽度 $S$ 范围内的门窗洞口总宽度，mm；

$s$——相邻窗间墙或壁柱之间的距离，mm。

上端为自由端墙的允许高厚比，除按上述规定提高外，尚可提高 30%；对厚度小于 90 mm的墙，当双面用不低于 M10 的水泥砂浆抹面，包括抹面层的墙厚不小于 90 mm 时，可按墙厚等于 90 mm 验算高厚比。

当与墙连接的相邻两横墙间的距离 $S\leqslant\mu_1\mu_2[\beta]h$ 时，该墙可不进行高厚比验算。

变截面柱的高厚比可按上、下截面分别验算。对有吊车的房屋，当荷载组合不考虑吊车作用时，变截面柱上段的计算高度可按表 3 - 21 的规定采用；变截面柱下段的计算高度可按下列规定采用：

(1) 当 $H_u/H\leqslant1/3$ 时，取无吊车房屋的 $H_0$；

(2) 当 $1/3<H_u/H<1/2$ 时，取无吊车房屋的 $H_0$ 乘以修正系数 $\mu$；

(3) 当 $H_u/H\geqslant1/2$ 时，取无吊车房屋的 $H_0$。但在确定 $\beta$ 值时，应采用上柱截面。

**表 3 - 21　受压构件的计算高度 $H_0$**

<table>
<tr><th colspan="3" rowspan="2">房 屋 类 别</th><th colspan="2">柱</th><th colspan="3">带壁柱墙或周边拉结的墙</th></tr>
<tr><th>排架方向</th><th>垂直排架方向</th><th>$s>2H$</th><th>$2H\geqslant s>H$</th><th>$s\leqslant H$</th></tr>
<tr><td rowspan="3">有吊车的单层房屋</td><td rowspan="2">变截面柱上段</td><td>弹性方案</td><td>$2.5H_u$</td><td>$1.25H_u$</td><td colspan="3">$2.5H_u$</td></tr>
<tr><td>刚性、刚弹性方案</td><td>$2.0H_u$</td><td>$1.25H_u$</td><td colspan="3">$2.0H_u$</td></tr>
<tr><td colspan="2">变截面柱下段</td><td>$1.0H_l$</td><td>$0.8H_l$</td><td colspan="3">$1.0H_l$</td></tr>
<tr><td rowspan="5">无吊车的单层和多层房屋</td><td rowspan="2">单 跨</td><td>弹性方案</td><td>$1.5H$</td><td>$1.0H$</td><td colspan="3">$1.5H$</td></tr>
<tr><td>刚弹性方案</td><td>$1.2H$</td><td>$1.0H$</td><td colspan="3">$1.2H$</td></tr>
<tr><td rowspan="2">多 跨</td><td>弹性方案</td><td>$1.25H$</td><td>$1.0H$</td><td colspan="3">$1.25H$</td></tr>
<tr><td>刚弹性方案</td><td>$1.10H$</td><td>$1.0H$</td><td colspan="3">$1.1H$</td></tr>
<tr><td colspan="2">刚性方案</td><td>$1.0H$</td><td>$1.0H$</td><td>$1.0H$</td><td>$0.4s+0.2H$</td><td>$0.6s$</td></tr>
</table>

注：1. 表中 $H_u$ 为变截面柱的上段高度；$H_l$ 为变截面柱的下段高度；

2. 对于上端为自由端的构件，$H_0=2H$；

3. 独立砖柱，当无柱间支撑时，柱在垂直排架方向的 $H_0$ 应按表中数值乘以 1.25 后采用；

4. $s$ 为房屋横墙间距；

5. 自承重墙的计算高度应根据周边支承或拉接条件确定。

$$\mu = 1.3 - 0.3\frac{I_u}{I_l} \tag{3-26}$$

式中　$I_u$——变截面柱上段的惯性矩，$mm^4$；

　　$I_l$——变截面柱下段的惯性矩，$mm^4$。

（二）带壁柱墙高厚比验算

（1）整片墙高厚比验算。

$$\beta = \frac{H_0}{h_\tau} \leqslant \mu_1\mu_2[\beta] \tag{3-27}$$

式中　$h_\tau$——带壁柱墙截面的折算厚度，$h_\tau=3.5i$，mm；

　　$i$——带壁柱墙截面的回转半径，$i=\sqrt{\frac{I}{A}}$，mm。

（2）壁柱间墙的高厚比验算。

壁柱间墙的高厚比按公式（3－24）验算，此时 $S$ 取壁柱间距离。

（三）带构造柱墙高厚比验算

（1）整片墙高厚比验算。

$$\beta = \frac{H_0}{h} \leqslant \mu_1\mu_2\mu_c[\beta] \tag{3-28}$$

$$\mu_c = 1 + \gamma\frac{b_c}{l} \tag{3-29}$$

式中　$\mu_c$——带构造柱墙允许高厚比$[\beta]$提高系数；

　　$\gamma$——系数，对细料石、半细料石砌体，$\gamma=0$；对混凝土砌体、粗料石及毛石砌体，$\gamma=1.0$；其他砌体，$\gamma=1.5$；

　　$b_c$——构造柱沿墙长方向的宽度，mm；

　　$l$——构造柱的间距，mm。

当 $b_c/l>0.25$ 时，取 $b_c/l=0.25$；当 $b_c/l<0.05$ 时，取 $b_c/l=0$。

（2）构造柱柱间墙的高厚比验算。

构造柱柱间墙的高厚比按公式（3－24）验算，此时 $S$ 取相邻构造柱间的距离。

设有钢筋混凝土圈梁的带壁柱墙或带构造柱墙，当 $b/s\geqslant1/30$ 时，圈梁可视作壁柱间墙或构造柱间墙的不动铰支点（$b$ 为圈梁宽度）。如不允许增加圈梁宽度，可按墙体平面外等刚度原则增加圈梁高度，以满足壁柱间墙或构造柱间墙不动铰支点的要求。

**例 3－4**　某单层单跨房屋，采用装配式无檩体系钢筋混凝土屋盖，带壁柱砖墙承重。如图 3－30 所示，层高 4.8 m，墙体采用 MU10 烧结普通砖和 M7.5 混合砂浆砌筑。试验算各墙的高厚比。

**解：** 1. 确定静力计算方案

该房屋为装配式无檩体系，$S=24\text{ m}<32\text{ m}$，为刚性方案。

墙的高度　$H=4.8+0.5=5.3\text{ m}$

查表 3－20，得　$[\beta]=26$

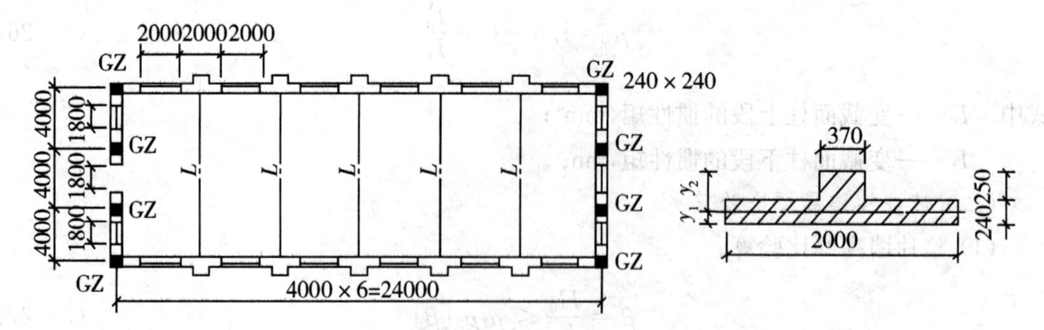


图 3-30　仓库平面图、壁柱墙截面

2. 验算外纵墙高厚比

带壁柱墙截面几何特征计算：

截面面积　$A=2000\times240+370\times250=572500(\text{mm}^2)$

形心位置　$y_1=\dfrac{2000\times240\times120+370\times250\times(240+125)}{572500}=159.6(\text{mm})$

$y_2=240+250-159.6=330.4(\text{mm})$

惯性矩　$I=\dfrac{1}{12}\times2000\times240^3+2000\times240\times(159.6-120)^2+\dfrac{1}{12}\times370\times250^3$

$+370\times250\times(330.4-125)^2=7.44\times10^9(\text{mm}^4)$

回转半径　$i=\sqrt{\dfrac{I}{A}}=\sqrt{\dfrac{7.44\times10^9}{572500}}=114(\text{mm})$

折算厚度　$h_T=3.5i=3.5\times114=399(\text{mm})$

(1) 纵墙整片墙高厚比验算

查表 3-21，$S=24\ \text{m}>2H=2\times5.3=10.6(\text{m})$

$$H_0=1.0H=1.0\times5.3=5.3(\text{m})$$

$$\mu_2=1-0.4\frac{b_s}{S}=1-0.4\times\frac{2}{4}=0.8>0.7$$

$$\beta=\frac{H_0}{h_T}=\frac{5300}{399}=13.28<\mu_2[\beta]=0.8\times26=20.8$$

满足要求。

(2) 壁柱间墙高厚比验算

$$S=4\ \text{m}<H=5.3\ \text{m}$$

$$H_0=0.6s=0.6\times4=2.4(\text{m})$$

$$\beta=\frac{H_0}{h}=\frac{2400}{240}=10<\mu_2[\beta]=0.8\times26=20.8$$

满足要求。

3. 验算山墙高厚比

(1) 整片墙高厚比验算。

山墙设置了钢筋混凝土构造柱

$$\frac{b_c}{l}=\frac{240}{4000}=0.06>0.05$$

$$S=12\text{ m}>2H=2\times5.3=10.6(\text{m})$$

$$H_0=1.0H=1.0\times5.3=5.3(\text{m})$$

$$\mu_2=1-0.4\frac{1.8}{4}=0.82>0.7$$

$$\mu_c=1+\gamma\frac{b_c}{l}=1+1.5\times0.06=1.09$$

$$\beta=\frac{H_0}{h}=\frac{5300}{240}=22.08<\mu_2\mu_c[\beta]=0.82\times1.09\times26=23.24$$

满足要求。

(2) 构造柱间墙高厚比验算。

构造柱间距 $S=4\text{ m}<H=5.3\text{ m}$

$$H_0=0.6s=0.6\times4.0=2.4(\text{m})$$

$$\mu_2=1-0.4\frac{1.8}{4}=0.82>0.7$$

$$\beta=\frac{H_0}{h}=\frac{2400}{240}=10<\mu_2[\beta]=0.82\times26=21.32$$

满足要求。

■ **实训练习**

**任务　描述矩形截面墙柱、带壁柱墙及带构造柱墙高厚比验算要点**

(1) 目的：通过几种情况高厚比验算要点的描述，掌握不同条件下高厚比验算的目的和方法。

(2) 能力目标：学会高厚比验算。

# 项目7　刚性、弹性及刚弹性方案房屋的计算

■ **学习目标**　掌握刚性方案房屋墙、柱的计算理论，了解弹性及刚弹性方案房屋墙、柱的计算理论。

■ **能力目标**　学会刚性方案房屋墙、柱的计算。

■ **知识点**

## 一、刚性方案房屋的计算

### (一) 单层刚性方案房屋承重纵墙的计算

刚性方案的单层房屋，其纵墙顶端的水平位移很小，在静力分析时可以认为为零，计算

时按下列假定进行内力分析：

(1) 墙、柱上端与屋架(屋面梁)铰接,视为不动铰支座；

(2) 墙、柱下端在基础顶面处固接。

根据上述假定,单层刚性方案房屋的承重纵墙可按上端支承在不动铰支座和下端支承在固定支座上的竖向构件计算,如图 3-31(a)所示。

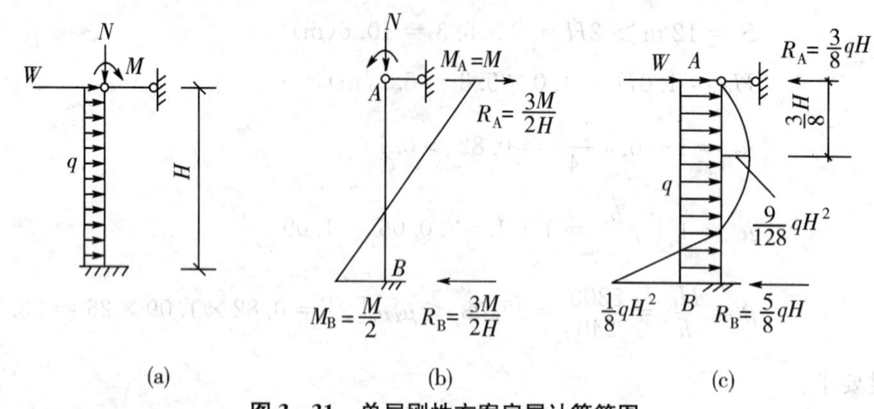


**图 3-31 单层刚性方案房屋计算简图**

作用于纵墙上的荷载及内力计算如下：

1. 屋面荷载

包括屋盖恒载、屋面活荷载或雪荷载。这些荷载通过屋架或屋面梁作用于墙体顶部。由于屋架支承反力在墙顶常为偏心作用,所以墙体顶端的屋面荷载由轴心压力 $N$ 和弯矩 $M$ 组成,其内力如图 3-31(b)所示。

2. 风荷载

包括作用于屋面上和墙面上两部分风荷载。屋面上的风荷载简化为作用于墙、柱顶的集中力 $W$,通过屋盖传给横墙再经基础传至地基；墙面风荷载为均布荷载,按迎风面(压力)、背风面(吸力)分别考虑,其内力如图 3-31(c)所示。

3. 墙体自重

包括砌体、内外粉刷层及门窗重量,作用于墙体的轴线上。当墙、柱为变截面时,上阶柱对下阶柱各截面产生弯矩。在施工阶段其内力应按悬臂构件计算。

单层刚性方案房屋的验算截面一般取内力较大处(柱顶、柱底)或截面较小处(窗口上下部)。

(二) 多层刚性方案房屋承重纵墙的计算

混合结构房屋纵墙设计常取房屋中有代表性的一段作为计算单元。一般情况下,对有门窗洞口的墙体,取洞口间墙体为计算单元,如图 3-32 所示；对无门窗洞口并受均布荷载的墙体,可取 1 m 宽为计算单元。

在竖向荷载作用下,多层房屋的承重墙相当于一竖向连续梁,此连续梁以屋盖、楼盖及基础顶面作为支点。由于楼盖嵌砌在墙体内,致使墙体在楼盖支承处的连续性受到削弱,所以在支承点处所能传递的弯矩很小。为简化计算,可假定墙体在楼盖处为铰接。而在基础顶面处,因竖向力较大,弯矩值较小,按偏心受压和轴心受压考虑相差很小,为简化计算,也假定墙体在基础顶面处为铰接,如图 3-33(a)所示。因此,在竖向荷载作用下,多层刚性方案房屋的墙体在每层高度范围内,均可简化为两端铰接的竖向构件。

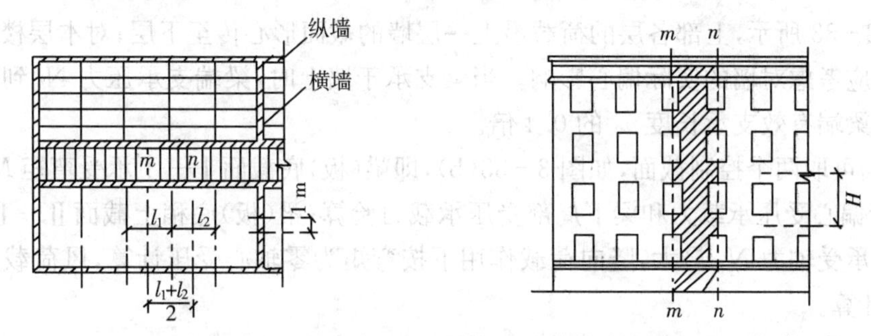


图 3 - 32　多层刚性方案房屋承重纵墙的计算单元

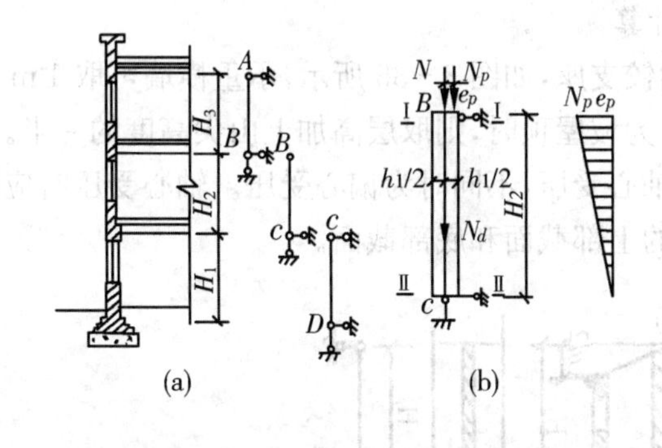


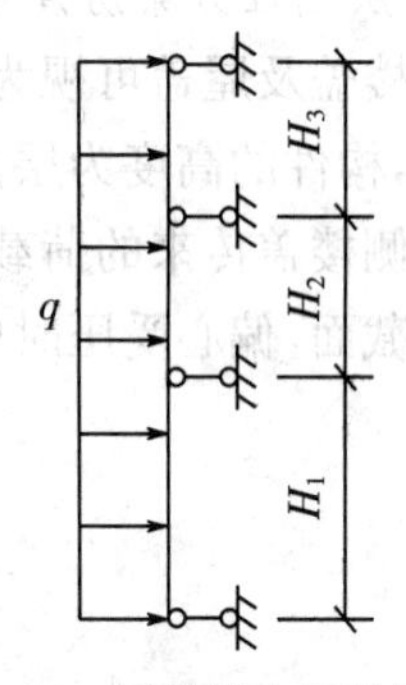


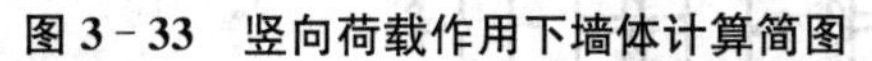

图 3 - 33　竖向荷载作用下墙体计算简图　　　图 3 - 34　风荷载作用计算简图

在风荷载作用下，多层刚性方案房屋的纵墙可视作竖向连续梁，如图 3 - 34 所示，由风荷载引起的弯矩按下式计算：

$$M=\frac{1}{12}\omega H_i^2 \tag{3-30}$$

式中　$\omega$——沿楼层高均布风荷载设计值，kN/m；

$H_i$——层高，m。

根据理论计算，《砌体结构设计规范》规定，当刚性方案多层房屋的外墙符合下列要求时，静力计算可不考虑风荷载的影响：

（1）洞口水平截面面积不超过全截面面积的 2/3；

（2）层高和总高不超过表 3 - 22 的规定；

（3）屋面自重不小于 0.8 kN/m²。

表 3 - 22　外墙不考虑风荷载影响时的最大高度

| 基本风压值(kN/m²) | 层高(m) | 总高(m) |
|---|---|---|
| 0.4 | 4.0 | 28 |
| 0.5 | 4.0 | 24 |
| 0.6 | 4.0 | 18 |
| 0.7 | 3.5 | 18 |

注：对于多层砌块房屋 190 mm 厚的外墙，当层高不大于 2.8 m，总高不大于 19.6 m，基本风压不大于 0.7 kN/m² 时可不考虑风荷载的影响。

如图 3 - 33 所示，上部各层的荷载沿上一层墙的截面形心传至下层；对本层楼盖传来的竖向荷载，应考虑对墙的实际偏心影响。当梁支承于墙上时，梁端支承压力 $N_l$ 到墙内边的距离，应取梁端有效支承长度 $a_0$ 的 0.4 倍。

每层墙可取两个控制截面，如图 3 - 33(b)，即梁(板)底截面Ⅰ—Ⅰ承受弯矩 $M_{\mathrm{I}}$ 和轴力 $N_{\mathrm{I}}$，应进行偏心受压承载力和梁下局部受压承载力验算；梁(板)底稍上截面Ⅱ—Ⅱ(底层取基础顶面)承受轴力 $N_{\mathrm{II}}$ 最大，竖向荷载作用下按弯矩为零轴心受压计算，风荷载作用下按偏心受压计算。

当各层墙体的截面及材料强度等级相同时，只需验算最下一层。

(三) 多层刚性方案房屋承重横墙的计算

房屋的楼盖及屋盖可视为横墙的不动铰支座，如图 3 - 35 所示，承重横墙可取 1 m 宽作为计算单元，构件的高度为层高，但当顶层为坡屋顶时，则取层高加上山尖高度的一半。

横墙两侧楼盖传来的荷载，相同时为轴心受压，不同时为偏心受压。轴心受压时应验算横墙的底部截面，偏心受压时应验算横墙的上部截面和底部截面。

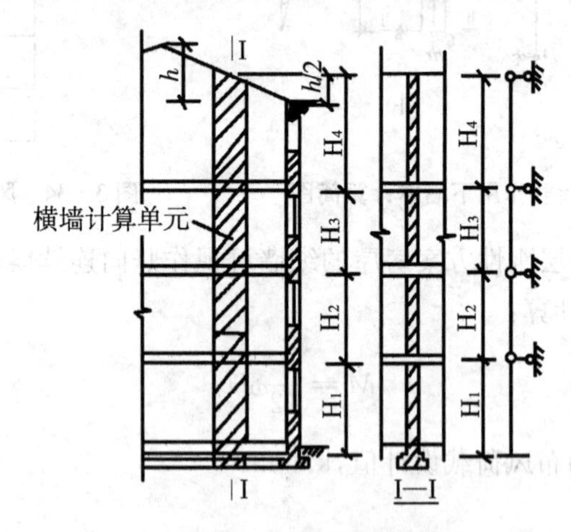


图 3 - 35 横墙计算简图

## 二、弹性方案房屋的计算

弹性方案房屋一般多为单层房屋，如图 3 - 36 所示，计算时可取一个开间为计算单元，

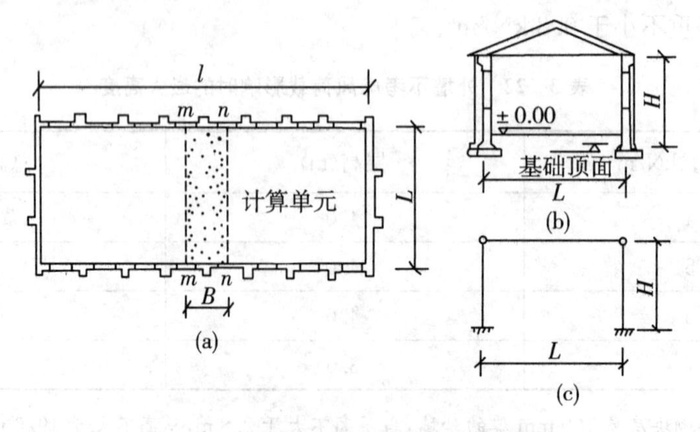


图 3 - 36 弹性方案房屋及其计算简图

并假定屋架(屋面梁)与墙、柱顶端为铰接,下端嵌固基础顶面;同时把屋架(屋面梁)视为刚度无限大的水平系杆,在轴向力作用下不产生拉伸或压缩变形,所以在荷载作用下,排架柱柱顶水平位移相等,如图 3-37 所示。

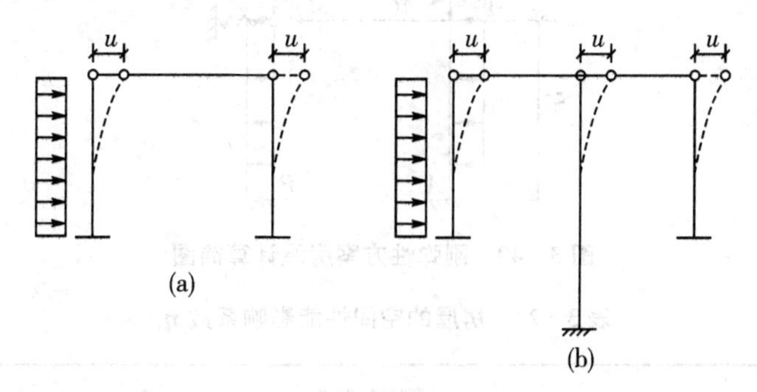


**图 3-37　弹性方案房屋柱顶水平位移**

弹性方案房屋可按有侧移的平面排架进行内力分析,其计算简图如图 3-38 所示,计算步骤如下:

(1) 在排架上端加一假设的不动铰支座,如图 3-39(b)所示,成为无侧移排架,求出支座反力 $R$ 及相应的内力;

(2) 将已求出的反力 $R$ 反向作用于排架顶端,如图 3-39(c)所示,求出其内力图;

(3) 将上述两种结果相加,即得弹性方案计算结果。

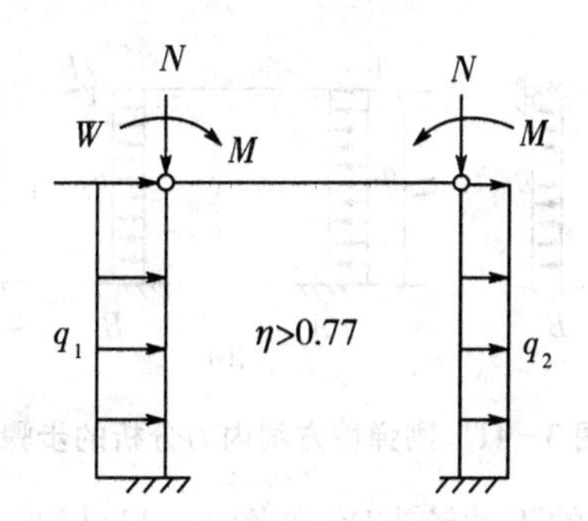


**图 3-38　单层弹性方案房屋计算简图**

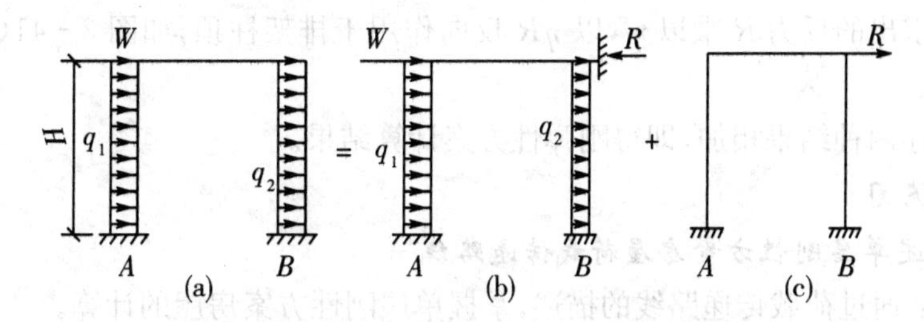


**图 3-39　弹性方案房屋内力分析的步骤**

## 三、刚弹性方案房屋的计算

刚弹性方案房屋墙体的上端在水平力作用下也产生水平位移,但侧移值比弹性方案房屋小,可按考虑空间工作的平面排架计算,其计算简图采用在平面排架(弹性方案)的柱顶加一个弹性支座，如图 3－40 所示，该支座刚度用空间性能影响系数 $\eta_i$（表 3－23）反映。

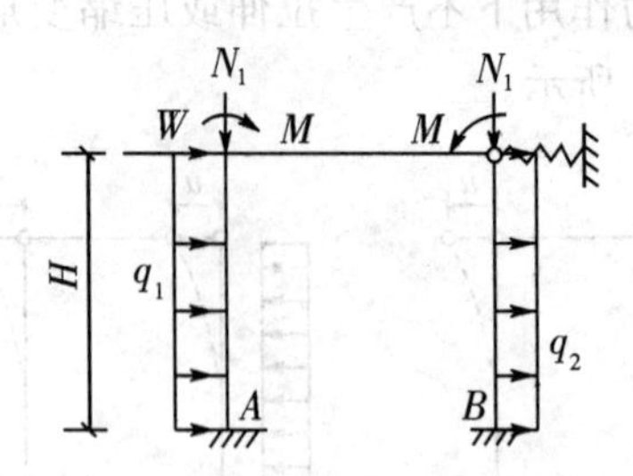


**图 3－40　刚弹性方案房屋计算简图**

**表 3－23　房屋的空间性能影响系数 $\eta_i$**

| 屋盖或楼盖类别 | 横墙间距 s(m) | | | | | | | | | | | | | | |
|---|---|---|---|---|---|---|---|---|---|---|---|---|---|---|---|
| | 16 | 20 | 24 | 28 | 32 | 36 | 40 | 44 | 48 | 52 | 56 | 60 | 64 | 68 | 72 |
| 1 | — | — | — | — | 0.33 | 0.39 | 0.45 | 0.50 | 0.55 | 0.60 | 0.64 | 0.68 | 0.71 | 0.74 | 0.77 |
| 2 | — | 0.35 | 0.45 | 0.54 | 0.61 | 0.68 | 0.73 | 0.78 | 0.82 | — | — | — | — | — | — |
| 3 | 0.37 | 0.49 | 0.60 | 0.68 | 0.75 | 0.81 | — | — | — | — | — | — | — | — | — |

如图 3－41 所示，刚弹性方案房屋内力计算步骤如下：

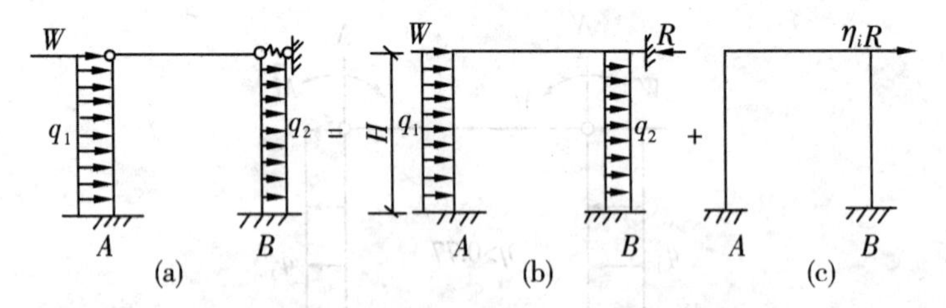


**图 3－41　刚弹性方案内力分析的步骤**

(1) 在排架上端加一假设的不动铰支座，如图 3－41(b)所示，计算出不动铰支座反力及相应的内力；

(2) 将已求出的反力 $R$ 乘以 $\eta_i$，以 $\eta_i R$ 反向作用于排架柱顶，如图 3－41(c)所示，求出其内力图；

(3) 将上述两种结果相加，即得刚弹性方案计算结果。

## ■ 实训练习

**任务　描述单层刚性方案房屋荷载传递路线**

(1) 目的：通过荷载传递路线的描述，掌握单层刚性方案房屋的计算。

(2) 能力目标：学会分析刚性方案、弹性方案屋及刚弹性方案房屋计算的不同点。

# 项目 8　墙体的构造措施

■ **学习目标**　掌握墙体的一般构造要求及防止或减轻墙体开裂的主要措施。

■ **能力目标**　学会分析墙体裂缝原因及相应防止或减轻墙体裂缝的措施。

■ **知识点**

## 一、墙体的一般构造要求

设计砌体结构房屋时，除进行墙、柱的承载力计算和高厚比的验算外，尚应满足下列墙、柱的一般构造要求。

(1) 承重的独立砖柱截面尺寸不应小于 240 mm×370 mm 。

(2) 跨度大于 6 m 的屋架和跨度大于下列数值的梁，应在支承处砌体上设置混凝土或钢筋混凝土垫块；当墙中设有圈梁时，垫块与圈梁宜浇成整体。

① 对砖砌体为 4.8 m；

② 对砌块和料石砌体为 4.2 m；

③ 对毛石砌体为 3.9 m。

(3) 当跨度大于或等于下列数值的梁，其支承处宜加设壁柱或采取其他加强措施。

① 对 240 mm 厚的砖墙为 6 m，对 180 mm 厚的砖墙为 4.8 m；

② 对砌块、料石墙为 4.8 m。

(4) 预制钢筋混凝土板的支承长度，在墙上不宜小于 100 mm；在钢筋混凝土圈梁上不宜小于 80 mm。

(5) 支承在墙、柱上的吊车梁、屋架及跨度≥9 m(支承在砖砌体)或 7.2 m(支承在砌块和料石砌体上)的预制梁端部，应采用锚固件与墙、柱上的垫块锚固。

(6) 填充墙、隔墙应分别采取措施与周边构件可靠连接。

(7) 山墙处的壁柱宜砌至山墙顶部，屋面构件应与山墙可靠拉结。

(8) 砌块砌体应分皮错缝搭砌。上下皮搭砌长度不得小于 90 mm。当搭砌长度不满足上述要求时，应在水平灰缝内设置不少于 2$\phi$4 的焊接钢筋网片(横向钢筋的间距不宜大于 200 mm)。网片每端均应超过该垂直缝，其长度不得小于 300 mm。

(9) 砌体墙与后砌隔墙交接处，应沿墙高每 400 mm 在水平灰缝内设置不少于 2$\phi$4、横筋间距不大于 200 mm 的焊接钢筋网片，如图 3-42 所示。

(10) 混凝土砌块房屋，宜将纵横墙交接处，距墙中心线每边不小于 300 mm 范围内的孔洞，采用不低于 Cb20 的灌孔混凝土灌实，灌实高度为墙身全高。

(11) 混凝土砌块墙体的下列部位，如未设圈梁或混凝土垫块，应采用不低于 Cb20 的灌孔混凝土将孔洞灌实。

① 搁栅、檩条和钢筋混凝土楼板的支承

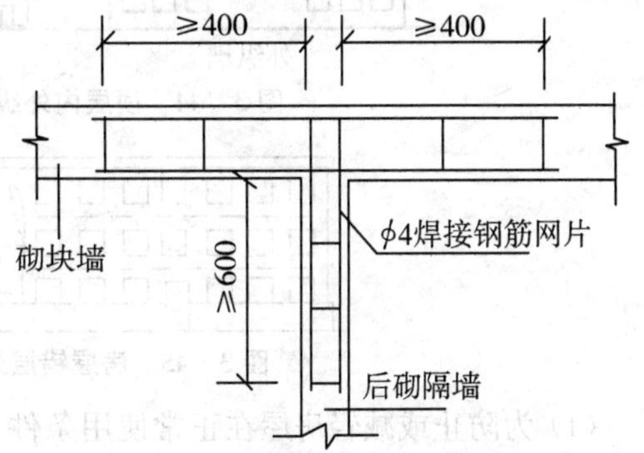


**图 3-42　后砌隔墙与砌块墙的连接**

面下，高度不应小于 200 mm 的砌体；

② 屋架、梁等构件的支承面下，高度不应小于 600 mm，长度不应小于 600 mm 的砌体；

③ 挑梁支承面下，距墙中心线每边不小于 300 mm，高度不应小于 600 mm 的砌体。

(12) 在砌体中留槽洞及埋设管道时，应符合下列规定：

① 不应在截面长边小于 500 mm 承重墙、独立柱内埋设管线；

② 不宜在墙体中穿行暗线或预留、开凿沟槽，无法避免时应采取必要的加强措施或按削弱后的截面验算墙体的承载力。

(13) 墙角转角处和纵横墙交接处应沿竖向每隔 400～500 mm 设拉结钢筋，其数量为每 120 mm 墙厚不少于 1 根直径 6 mm 的钢筋；或采用焊接钢筋网片，埋入长度从墙的转角或交接处算起，对实心砖墙每边不小于 500 mm，对多孔砖和砌块墙不小于 700 mm。

## 二、防止或减轻墙体开裂的主要措施

引起墙体裂缝的原因主要有：外荷载、温度变化和砌体收缩变形、地基不均匀沉降。

### (一) 防止温度变化和砌体收缩引起墙体开裂的主要措施

在砌体房屋中，墙体与钢筋混凝土屋盖等结构的温度线膨胀系数和收缩率不同。当温度变化或材料收缩时，在墙体内将引起应力，当拉应力超过砌体抗拉强度时，墙体就会出现不同形式的裂缝。

温度变化和砌体收缩引起房屋裂缝的主要形态有：平屋顶下边外墙的水平裂缝和包角裂缝(见图 3-43)、顶层内外纵墙和横墙的八字形裂缝(见图 3-44)、房屋错层处墙体的局部垂直裂缝(见图 3-45)。

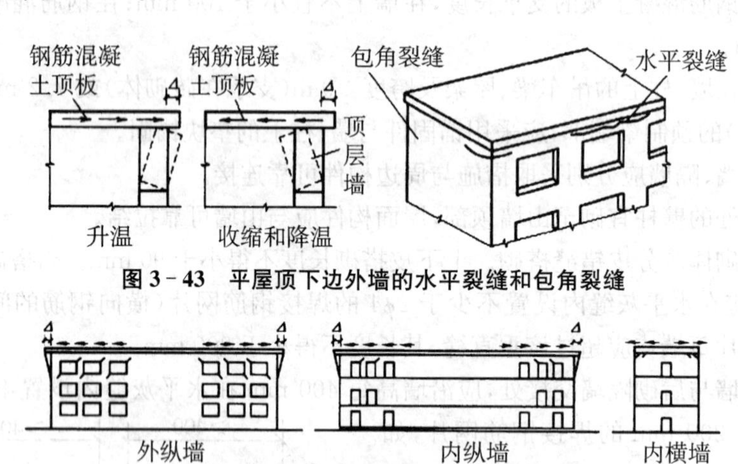


图 3-43 平屋顶下边外墙的水平裂缝和包角裂缝

图 3-44 顶层内外纵墙和横墙的八字形裂缝

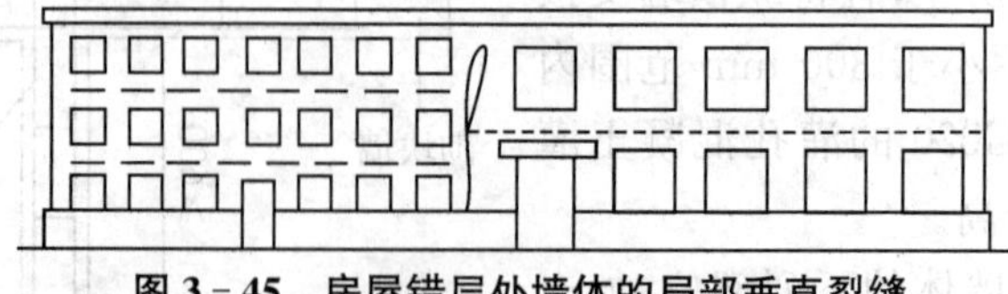

图 3-45 房屋错层处墙体的局部垂直裂缝

(1) 为防止或减轻房屋在正常使用条件下，由温度和砌体干缩变形引起的墙体竖向裂缝，应在墙体中设置伸缩缝。伸缩缝应设在因温度和收缩变形可能引起应力集中、砌体产生裂缝可能性最大的地方。伸缩缝的间距可按表 3－24 采用。

**表 3－24　砌体房屋伸缩缝的最大间距(m)**

| 屋盖或楼盖类别 | | 间　距 |
|---|---|---|
| 整体式或装配整体式钢筋混凝土结构 | 有保温层或隔热层的屋盖、楼盖 | 50 |
| | 无保温层或隔热层的屋盖 | 40 |
| 装配式无檩体系钢筋混凝土结构 | 有保温层或隔热层的屋盖、楼盖 | 60 |
| | 无保温层或隔热层的屋盖 | 50 |
| 装配式有檩体系钢筋混凝土结构 | 有保温层或隔热层的屋盖 | 75 |
| | 无保温层或隔热层的屋盖 | 60 |
| 瓦材屋盖、木屋盖或楼盖、轻钢屋盖 | | 100 |

注：1. 对烧结普通砖、多孔砖、配筋砌块砌体房屋取表中数值；对石砌体、蒸压灰砂砖、蒸压粉煤灰砖和混凝土砌块房屋取表中数值乘以 0.8；当有实践经验并采取有效措施时，可不遵守本表规定；

2. 钢筋混凝土屋面上挂瓦的屋盖应按钢筋混凝土屋盖采用；

3. 按本表设置的墙体伸缩缝，一般不能同时防止由于钢筋混凝土屋盖的温度变形和砌体干缩变形引起的墙体局部裂缝；

4. 层高大于 5 m 的烧结普通砖、多孔砖、配筋砌块砌体结构单层房屋，其伸缩缝间距可按表中数值乘以 1.3；

5. 温差较大且变化频繁地区和严寒地区不采暖的房屋及构筑物墙体的伸缩缝的最大间距，应按表中数值予以适当减少；

6. 墙体的伸缩缝应与结构的其他变形缝相重合，在进行立面处理时，必须保证缝隙的伸缩作用。

(2) 为防止或减轻房屋顶层墙体的裂缝，可根据具体情况采取下列措施：

① 屋面应设置有效的保温、隔热层；

② 屋面保温(隔热)层或屋面刚性面层及砂浆找平层应设置分隔缝，分隔缝间距不宜大于 6 m，并与女儿墙隔开，其缝宽不小于 30 mm；

③ 采用装配式有檩体系钢筋混凝土屋盖和瓦材屋盖；

④ 在钢筋混凝土屋面板与墙体圈梁的接触面处设置水平滑动层，滑动层可采用两层油毡夹滑石粉或橡胶片等；对于长纵墙，可只在其两端的 2～3 个开间内设置，对于横墙可只在其两端各 $l/4$ 范围内设置($l$ 为横墙长度)；

⑤ 顶层屋面板下设置现浇钢筋混凝土圈梁，并沿内外墙拉通，房屋两端圈梁下的墙体内宜适当设置水平钢筋；

⑥ 顶层挑梁末端下墙体灰缝内设置 3 道焊接钢筋网片(纵向钢筋不宜少于 $2\phi4$，横筋间距不宜大于 200 mm)或 $2\phi6$ 钢筋，钢筋网片或钢筋应自挑梁末端伸入两边墙体不小于 1 m(见图 3－46)；

⑦ 顶层墙体有门窗等洞口时，在过梁上的水平灰缝内设置 2～3 道焊接钢筋网片或 $2\phi6$ 钢筋，并应伸入过梁两端墙内不小于 600 mm；

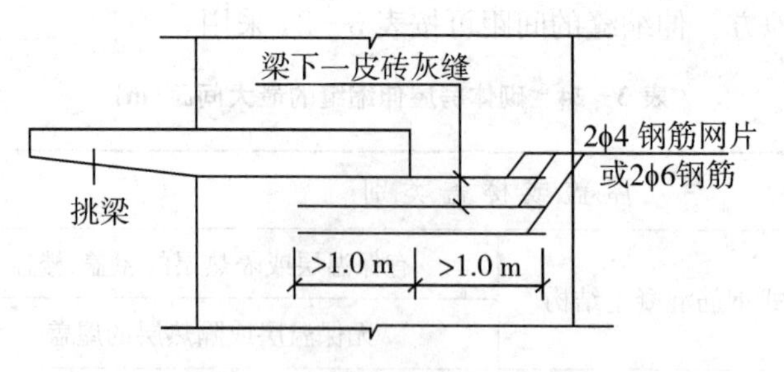


**图 3-46　顶层挑梁下钢筋设置**

⑧ 顶层及女儿墙砂浆强度等级不低于 M5；

⑨ 女儿墙应设置构造柱，构造柱间距不宜大于 4 m，构造柱应伸至女儿墙顶并与现浇钢筋混凝土压顶整浇在一起；

⑩ 房屋顶层端部墙体内适当增设构造柱。

（二）防止地基不均匀沉降引起墙体开裂的主要措施

当砌体结构房屋的基础处于不均匀地基、软土地基或承受不均匀荷载时，房屋将产生不均匀沉降，引起墙体开裂。裂缝形态主要有正八字形裂缝、倒八字形裂缝和斜向裂缝，如图 3-47 所示。

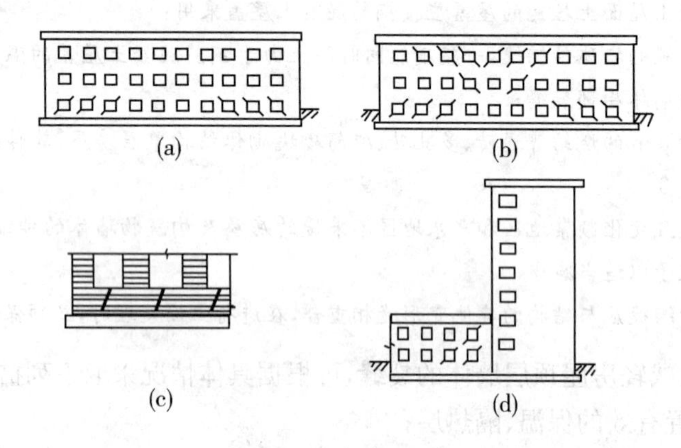


**图 3-47　由地基不均匀沉降引起的裂缝**

(a)正八字裂缝；(b)倒八字裂缝；(c)、(d)斜向裂缝

为防止由于不均匀沉降引起的墙体裂缝可采取下列措施：

（1）设置沉降缝　在建筑平面的转折部位，建筑物高度或荷载有较大差异处，地基土的压缩性有显著差异处，高低层的施工时间不同处设置沉降缝，将房屋分成若干个整体刚度较好的独立结构单元；

（2）增大基础圈梁的刚度；

（3）在底层的窗台下墙体灰缝内设置 3 道焊接钢筋网片或 $2\phi6$ 钢筋，并伸入两边窗间墙内不小于 600 mm；

（4）采用钢筋混凝土窗台板，窗台板嵌入窗间墙内不小于 600 mm。

■ **实训练习**

**任务 搜寻墙体开裂图片,分析墙体开裂原因**

(1) 目的:通过分析墙体开裂原因,掌握防止或减轻墙体裂缝的措施。

(2) 能力目标:学会分析墙体开裂原因。

(3) 实物:图片、校园内实际房屋。

## 项目 9 砌体结构中的圈梁、过梁、墙梁、挑梁

■ **学习目标** 掌握过梁的受力特点,理解圈梁的设置、挑梁的受力特点,了解墙梁的受力性能和破坏形态。

■ **能力目标** 学会计算过梁上的荷载。

■ **知识点**

### 一、圈梁

为增强房屋的整体刚度,防止由于地基的不均匀沉降或较大振动荷载等对房屋引起的不利影响,应在墙体的某些部位设置现浇钢筋混凝土圈梁。

(1) 车间、仓库、食堂等空旷的单层房屋应按下列规定设置圈梁:

① 砖砌体房屋,檐口标高为 5~8 m 时,应在檐口标高处设置圈梁一道,檐口标高大于 8 m时,应增加设置数量;

② 砌块及料石砌体房屋,檐口标高为 4~5 m 时,应在檐口标高处设置圈梁一道,檐口标高大于 5 m 时,应增加设置数量;

③ 对有吊车或较大振动设备的单层工业房屋,除在檐口或窗顶标高处设置现浇钢筋混凝土圈梁外,尚应增加设置数量。

(2) 多层工业与民用建筑应按下列规定设置圈梁:

① 住宅、宿舍、办公楼等多层砌体民用房屋,层数为 3~4 层时,应在檐口标高处设置圈梁一道。当层数超过 4 层时,应在所有纵墙上隔层设置;

② 多层砌体工业房屋,应每层设置现浇钢筋混凝土圈梁;

③ 设置墙梁的多层砌体房屋应在托梁、墙梁顶面和檐口标高处设置现浇钢筋混凝土圈梁,其他楼层处应在所有纵墙上每层设置;

④ 采用现浇钢筋混凝土楼(屋)盖的多层砌体结构房屋,当层数超过 5 层时,除在檐口标高处设置一道圈梁外,可隔层设置圈梁,并与楼(屋)面板一起现浇。未设置圈梁的楼面板嵌入墙内的长度不应小于 120 mm,应沿墙长配置不小于 $2\phi10$ 的纵向钢筋。

(3) 建筑在软弱地基或不均匀地基上的砌体房屋,除按本节规定设置圈梁外,尚应符合国家现行标准《建筑地基基础设计规范》(GB50007)的有关规定。

(4) 圈梁的构造要求。

① 圈梁宜连续地设在同一水平面上,并形成封闭状;当圈梁被门窗洞口截断时,应在洞口上部增设相同截面的附加圈梁。附加圈梁与圈梁的搭接长度不应小于其中到中垂直间距的两倍,且不得小于 1 m,如图 3-48 所示;

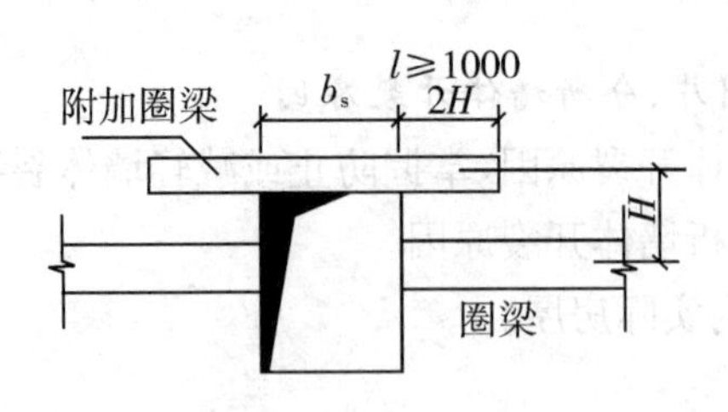


图 3-48　附加圈梁

② 纵横墙交接处的圈梁应有可靠的连接。刚弹性和弹性方案房屋，圈梁应与屋架、大梁等构件可靠连接；

③ 钢筋混凝土圈梁的宽度宜与墙厚相同，当墙厚 $h\geqslant240$ mm 时，其宽度不宜小于 $2h/3$。圈梁高度不应小于 120 mm。纵向钢筋不宜少于 $4\phi10$，绑扎接头的搭接长度按受拉钢筋考虑，箍筋间距不应大于 300 mm；

④ 圈梁兼作过梁时，过梁部分的钢筋应按计算用量另行增配。

## 二、过梁

（一）过梁的分类及应用范围

过梁是门窗洞口上用以承受上部墙体和楼盖重量的构件。常用过梁有钢筋混凝土过梁、钢筋砖过梁、砖砌平拱等，如图 3-49 所示。

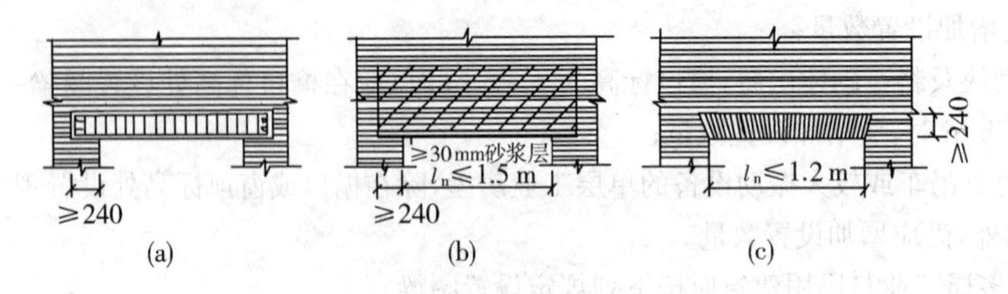


图 3-49　过梁的分类

(a)钢筋混凝土过梁；(b)钢筋砖过梁；(c)砖砌平拱

砖砌过梁的跨度，对钢筋砖过梁不应超过 1.5 m；对砖砌平拱不应超过 1.2 m。砖砌过梁截面计算高度内的砂浆不宜低于 M5。砖砌平拱用竖砖砌筑部分的高度不应小于 240 mm。钢筋砖过梁底面砂浆层处的钢筋，其直径不应小于 5 mm，间距不宜大于 120 mm，钢筋伸入支座砌体内的长度不宜小于 240 mm，砂浆层的厚度不宜小于 30 mm。

对有较大振动荷载或可能产生不均匀沉降的房屋，应采用钢筋混凝土过梁。

（二）过梁上的荷载

过梁上的荷载包括梁、板荷载和墙体荷载。《砌体结构设计规范》规定，过梁的荷载按下列规定采用：

1. 梁、板荷载

对砖和小型砌块砌体，当梁、板下的墙体高度 $h_w<l_n$ 时，（$l_n$ 为过梁的净跨），应计入梁、板传来的荷载；当梁、板下的墙体高度 $h_w\geqslant l_n$ 时，可不考虑梁、板荷载，如图 3-50(a)所示。

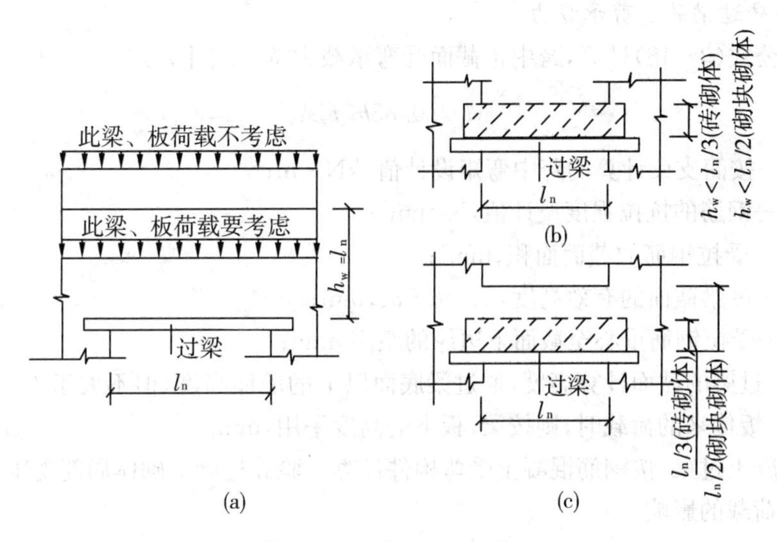


**图 3-50　过梁上的荷载**

(a)梁、板荷载;(b)(c)墙体荷载

2. 墙体荷载

(1) 对砖砌体,当过梁上的墙体高度 $h_w<l_n/3$ 时,应按墙体的均布自重计算;当墙体高度 $h_w\geqslant l_n/3$ 时,应按高度为 $l_n/3$ 墙体的均布自重计算,如图 3-50(b)、(c)所示;

(2) 对混凝土砌块砌体,当过梁上的墙体高度 $h_w<l_n/2$ 时,应按墙体的均布自重采用。当墙体高度 $h_w\geqslant l_n/2$ 时,应按高度为 $l_n/2$ 墙体的均布自重采用,如图 3-50(b)、(c)所示。

(三) 过梁的计算

1. 砖砌过梁的破坏特征

如图 3-51 所示,过梁承受荷载后,上部受压,下部受拉。随荷载的增加,跨中受拉区将出现垂直裂缝,在靠近支座附近处出现阶梯形裂缝,此时过梁的受力状态相当于三铰拱,下部的拉力由支座两端砌体平衡(对砖砌平拱过梁)或由钢筋承受(对钢筋砖过梁)。

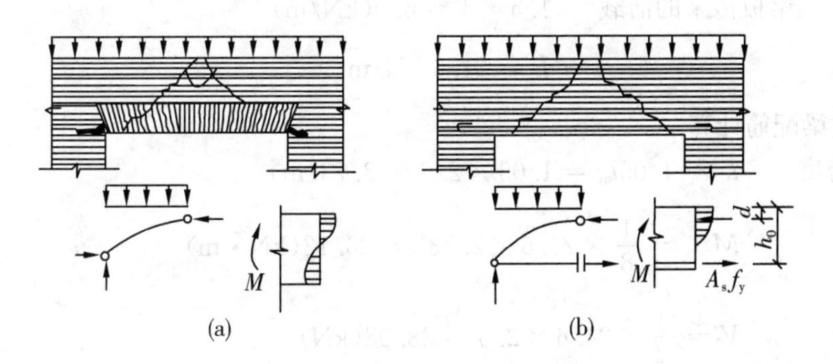


**图 3-51　砖砌过梁的破坏特征**

(a)砖砌平拱;(b)钢筋砖过梁

2. 过梁的承载力计算

砖砌平拱受弯及受剪承载力按公式(3-17)及公式(3-18)并采用沿齿缝截面的弯曲抗拉强度或抗剪强度设计值进行计算。

3. 钢筋砖过梁的受剪承载力

仍可按公式(3－18)计算，跨中正截面受弯承载力按下式计算：

$$M \leqslant 0.85 h_0 f_y A_s \tag{3-31}$$

式中 $M$——按简支梁计算的跨中弯矩设计值，kN·m；

$f_y$——钢筋的抗拉强度设计值，$N/mm^2$；

$A_s$——受拉钢筋的截面面积，$mm^2$；

$h_0$——过梁截面的有效高度，$h_0=h-a_s$，mm；

$a_s$——受拉钢筋重心至截面下边缘的距离，mm；

$h$——过梁的截面计算高度，取过梁底面以上的墙体高度，但不大于 $l_n/3$；当考虑梁、板传来的荷载时，则按梁、板下的高度采用，mm。

钢筋混凝土过梁，按钢筋混凝土受弯构件计算。验算过梁下砌体局部受压承载力时，可不考虑上层荷载的影响。

**例 3－5**　已知某墙窗洞净宽 $l_n=2.6$ m，墙厚 240 mm，双面粉刷，墙体自重为 5.24 $kN/m^2$，在过梁上 1.2 m 处作用楼板传来的荷载标准值 10 kN/m(其中活荷载 4 kN/m)，采用 MU10 烧结普通砖、M7.5 混合砂浆砌筑。试设计一钢筋混凝土过梁。

**解**：(1) 荷载计算

过梁截面采用 $b \times h = 240\ mm \times 240\ mm$。混凝土采用 C25，纵筋用 HRB400 级，过梁支承长度为 240 mm。

过梁上墙体高度 $h_w=1.2\ m > l_n/3 = 2.6/3 = 0.87$ m，故墙体自重按 $l_n/3$ 即 0.87 m 高采用。墙体高 $h_w=1.2\ m < l_n=2.6$ m，应考虑梁、板传来的荷载。

| | | |
|---|---|---|
| 恒载 | 240 mm 厚砖墙 | $1.3 \times 0.87 \times 5.24 = 5.93(kN/m)$ |
| | 过梁自重 | $1.3 \times 0.24 \times 0.24 \times 25 = 1.87\ (kN/m)$ |
| | 梁板传来的恒载 | $1.3 \times 6 = 7.8\ (kN/m)$ |
| 活载 | 梁板传来的活载 | $1.5 \times 4 = 6.0(kN/m)$ |

$$P = 21.6\ kN/m$$

(2) 过梁配筋计算

计算跨度　$l_0 = 1.05 l_n = 1.05 \times 2.6 = 2.73(m)$

$$M_{max} = \frac{1}{8} \times 21.6 \times 2.73^2 = 20.12(kN \cdot m)$$

$$V = \frac{1}{2} \times 21.6 \times 2.6 = 28.08(kN)$$

$$\alpha_s = \frac{M}{\alpha_1 f_c b h_0^2} = \frac{20.12 \times 10^6}{1.0 \times 11.9 \times 240 \times 205^2} = 0.168$$

查表　$\xi = 0.185 < \xi_b = 0.518$

$$A_s = \frac{\alpha_1 f_c b h_0 \xi}{f_y} = \frac{1.0 \times 11.9 \times 240 \times 205 \times 0.185}{360} = 300.9\ (mm^2)$$

选用 2 Φ 14($A_S = 308\ mm^2$)

$$0.7f_tbh_0 = 0.7 \times 1.27 \times 240 \times 205 = 43\,739(N) = 43.7\ kN > 26.0\ kN$$

按构造配箍筋，选用双肢 $\phi 8@200$。

(3) 梁端支承处砌体局部受压承载力验算

$$\psi = 0 (不考虑上层荷载影响)$$

$$f = 1.69\ MPa, \eta = 1.0 \quad \gamma = 1.25, a_0 = 240\ mm,$$

$$A_l = a_0 b = 240 \times 240$$

则　$\psi N_0 + N_l = \frac{1}{2} \times 20.0 \times 2.73 = 27.3(kN)$

$$\eta\gamma f A_l = 1.0 \times 1.25 \times 1.69 \times 240 \times 240 = 121680(N) = 121.7\ kN > 27.3\ kN$$

安全。

**三、墙梁**

由支承墙体的钢筋混凝土托梁和梁上计算高度范围内的砌体墙组成的组合构件，称为墙梁。墙梁按支承条件分类可分为简支墙梁、连续墙梁和框支墙梁，如图 3－52 所示。墙梁按承受荷载分类可分为承重墙梁和自承重墙梁。只承受托梁和它顶面以上墙体自重的墙梁称为非承重墙梁，如单层厂房围护结构墙体下的基础梁；若墙梁还承受由屋盖和楼盖传来的荷载时称为承重墙梁，如底层为大空间的商店、上部为小开间住宅的房屋，需设置承重墙梁。

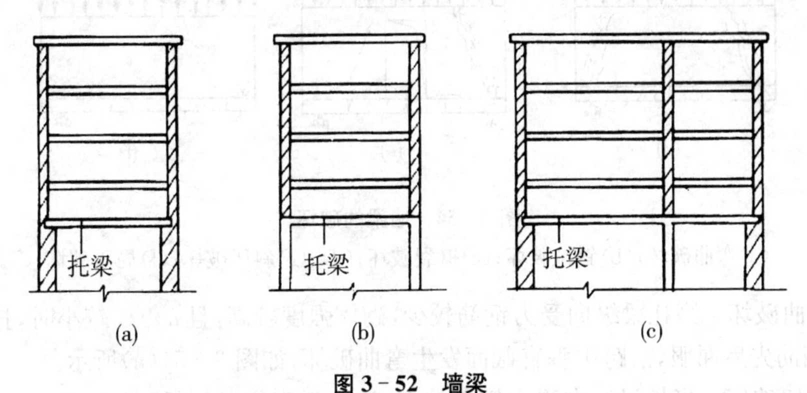


**图 3－52　墙梁**

(a)简支墙梁；(b)框支墙梁；(c)连续墙梁

(一) 墙梁的受力特点

墙梁由墙和托梁组合而成。当托梁及其上墙体达到一定强度后，两者将共同工作形成墙梁组合结构。在裂缝出现前，如同钢筋混凝土和砖砌体两种材料组成的深梁。在均布荷载作用下，其主应力轨迹线如图 3－53 所示。如图 3－53(a)、(b)，当无洞口和洞中位于跨中时，主压应力指向支座，墙梁形成拱作用，此时托梁上、下部钢筋全部受拉，沿跨度方向钢筋应力分布比较均匀，为小偏心受拉状态。如图 3－53(c)，当墙体上有偏洞口时，主压应力迹线除呈拱形指向两端支座外，在大墙肢内还存在一小拱，分别指向洞口边缘和支座，托梁既作为大拱的拉杆承受拉力，又作为小拱一端的弹性支座承受小拱传来的竖向压力，为大偏心受拉状态。

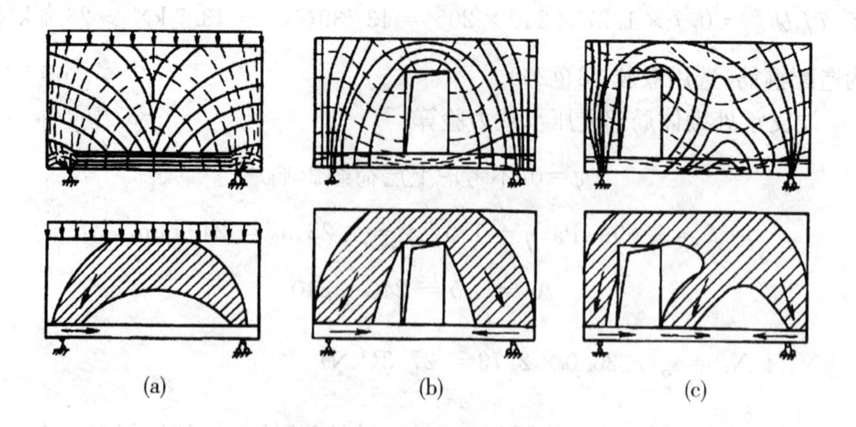


**图 3－53　墙梁的受力**

(a)墙体无洞口时；(b)洞口居中时；(c)洞口偏开时

墙梁的破坏形态有以下几种，如图 3－54 所示：

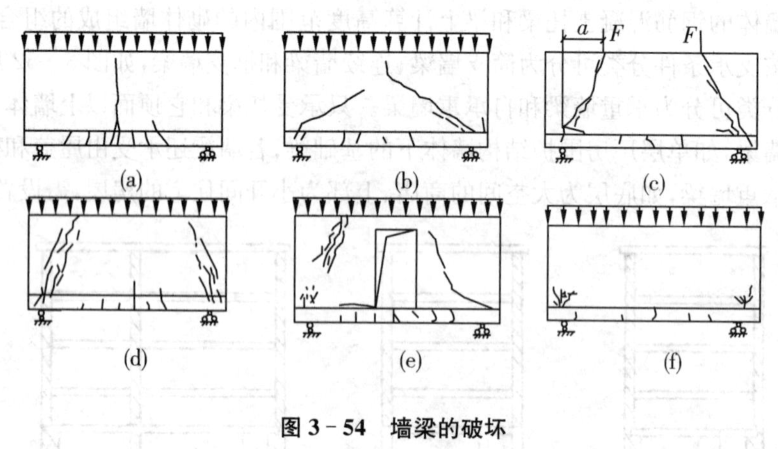


**图 3－54　墙梁的破坏**

(a)弯曲破坏；(b)斜拉破坏；(c)劈裂破坏；(d)、(e)斜压破坏；(f)局压破坏

(1) 弯曲破坏。当托梁纵向受力钢筋较少，砌体强度较高，且 $h_w/l_0$ 较小时，托梁下部和上部受力钢筋先后屈服，沿跨中垂直截面发生弯曲破坏，如图 3－54(a)所示。

(2) 剪切破坏。当托梁纵向受力钢筋较多，砌体强度相对较低，且 $h_w/l_0<0.75\sim0.80$ 时，在支座上方砌体中出现斜裂缝并延伸至托梁而发生剪切破坏。由于影响因素的变化，剪切破坏又可分为：斜拉破坏、斜压破坏、劈裂破坏，如图 3－54(b)、(c)、(d)、(e)所示。

(3) 局压破坏。当托梁较强，砌体相对较弱，且 $h_w/l_0>0.75$ 时，在支座上方砌体中，垂直应力集中，当该处应力超过砌体的局部抗压强度时，将产生局部受压破坏，如图 3－54(f)所示。

(二) 墙梁的构造要求

为了使托梁与墙体具有良好的共同工作性能，进行墙梁设计时，采用烧结普通砖和烧结多孔砖砌体及配筋砌体的墙梁应符合表 3－25 的规定。除此，尚应符合下列构造要求：

**表3-25　墙梁的一般规定(m)**

| 墙梁类别 | 总高度 | 跨　度 | 墙　高<br>$h_w/l_{oi}$ | 托梁高<br>$h_b/l_{oi}$ | 洞　宽<br>$b_h/l_{oi}$ | 洞　高<br>$h_h$ |
|---|---|---|---|---|---|---|
| 承重墙梁 | ≤18 | ≤9 | ≥0.4 | $\geqslant\frac{1}{10}$ | ≤0.3 | $\leqslant 5h_w/6$<br>且 $h_w-h_h\geqslant 0.4$ m |
| 自承重墙梁 | ≤18 | ≤12 | ≥1/3 | $\geqslant\frac{1}{15}$ | ≤0.8 | |

注：1. 采用混凝土小型砌块砌体的墙梁可参照使用；

2. 墙体总高度指托梁顶面到檐口的高度，带阁楼的坡屋面应算到山尖墙1/2高度处；

3. $h_w$ 为墙体计算高度；$h_b$ 为托梁截面高度；$l_{oi}$为墙梁计算跨度；$b_h$ 为洞口宽度；$h_h$ 为洞口高度，对窗洞取洞顶至托梁顶面距离。

1. 材料

托梁的混凝土强度等级不应低于C30，纵向钢筋宜采用HRB335、HRB400或RRB400级钢筋；承重墙梁的块材强度等级不应低于MU10，计算高度范围内墙体的砂浆强度等级不应低于M10。

2. 墙体

(1) 设有承重的简支墙梁房屋，应满足刚性方案房屋的要求；

(2) 墙梁的计算高度范围内的墙体厚度，对砖砌体不应小于240 mm，对混凝土小型砌块不应小于190 mm；

(3) 墙梁洞口上方应设置混凝土过梁，其支承长度不应小于240 mm，洞口范围内不应施加集中荷载；

(4) 承重墙梁的支座处应设置落地翼墙。翼墙厚度，对砖砌体不应小于240 mm，对混凝土砌块砌体不应小于190 mm；翼墙宽度不应小于墙梁墙体厚度的3倍，并应与墙梁墙体同时砌筑。当不能设置翼墙时，应设置落地且上、下贯通的构造柱；

(5) 当墙梁墙体在靠近支座1/3跨度范围内开洞时，支座处应设置落地且上、下贯通的构造柱，并应与每层圈梁连接；

(6) 墙梁计算高度范围内的墙体，每天可砌高度不应超过1.5 m，否则，应加设临时支撑。

3. 托梁

(1) 有墙梁房屋的托梁两边各一个开间及相邻开间处应采用现浇混凝土楼盖，楼板厚度不宜小于120 mm。当楼板厚度大于150 mm时，宜采用双层双向钢筋网；楼板上应少开洞，洞口尺寸大于800 mm时应设洞边梁；

(2) 托梁每跨底部的纵向受力钢筋应通长设置，不得在跨中段弯起或截断。钢筋接长应采用机械连接或焊接；

(3) 墙梁的托梁跨中截面纵向受力钢筋总配筋率不应小于0.6%；

(4) 托梁上部通长布置的纵向钢筋面积与跨中下部纵向钢筋面积之比值不应小于0.4；

(5) 承重墙梁的托梁在砌体墙、柱上的支承长度不应小于350 mm。纵向受力钢筋伸入支座应符合受拉钢筋的锚固要求；

(6) 当托梁高度 $h_b \geqslant 450$ mm 时，应沿梁高设置通长水平腰筋，直径不应小于 12 mm，间距不应大于 200 mm；

(7) 墙梁偏开洞口的宽度及两侧各一个梁高 $h_b$ 范围内直至靠近洞口的支座边的托梁箍筋直径不宜小于 8 mm，间距不应大于 100 mm，如图 3-55 所示。

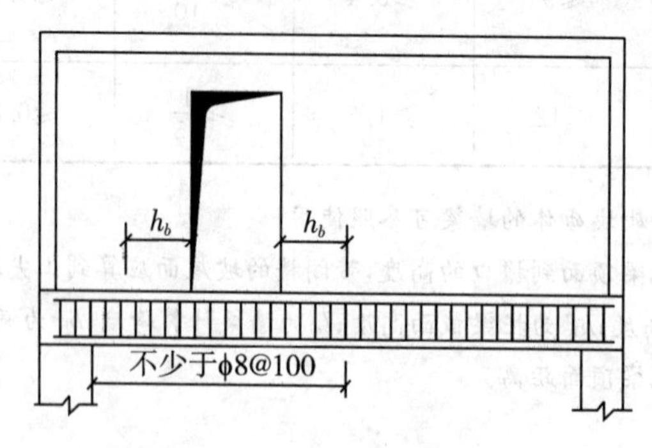


**图 3-55 偏开洞时托梁箍筋加密区**

## 四、挑梁

挑梁是指一端嵌入墙内，一端挑出墙外的钢筋混凝土构件，如挑檐、阳台、雨篷、悬挑楼梯等。

### (一) 挑梁的受力特点

如图 3-56 所示，在荷载作用下，挑梁的上、下界面上存在着压应力；在外荷载 $F$ 作用下，挑梁在 $A$ 处的上、下界面上分别产生拉、压应力。随着荷载增加，在挑梁 $A$ 处的上界面将出现水平裂缝，与上部砌体脱开。继续加载，在挑梁尾部 $B$ 处的下表面，也出现水平裂缝，与下部砌体脱开。挑梁可能发生以下三种破坏形态：

(1) 挑梁倾覆破坏；

(2) 挑梁下砌体局部受压破坏；

(3) 挑梁本身正截面受弯破坏或斜截面受剪破坏。

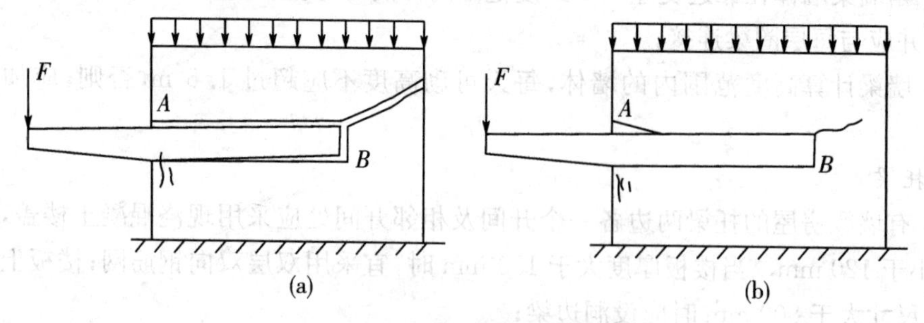


**图 3-56 挑梁破坏形态**

(a)倾覆破坏；(b)局部受压破坏

### (二) 挑梁的计算及构造要求

1. 挑梁抗倾覆验算

砌体墙中钢筋混凝土挑梁的抗倾覆按下式验算：

$$M_{OV} \leqslant M_r \tag{3-32}$$

$$M_r = 0.8G_r(l_2 - x_0) \tag{3-33}$$

式中　$M_{OV}$——挑梁的荷载设计值对计算倾覆点产生的倾覆力矩，kN·m；

$M_r$——挑梁的抗倾覆力矩设计值，kN·m；

$G_r$——挑梁的抗倾覆荷载，为挑梁尾端上部 $45^0$ 扩展角的阴影范围（其水平长度为 $l_3$）内本层的砌体与楼面恒荷载标准值之和（图 3-57），N；

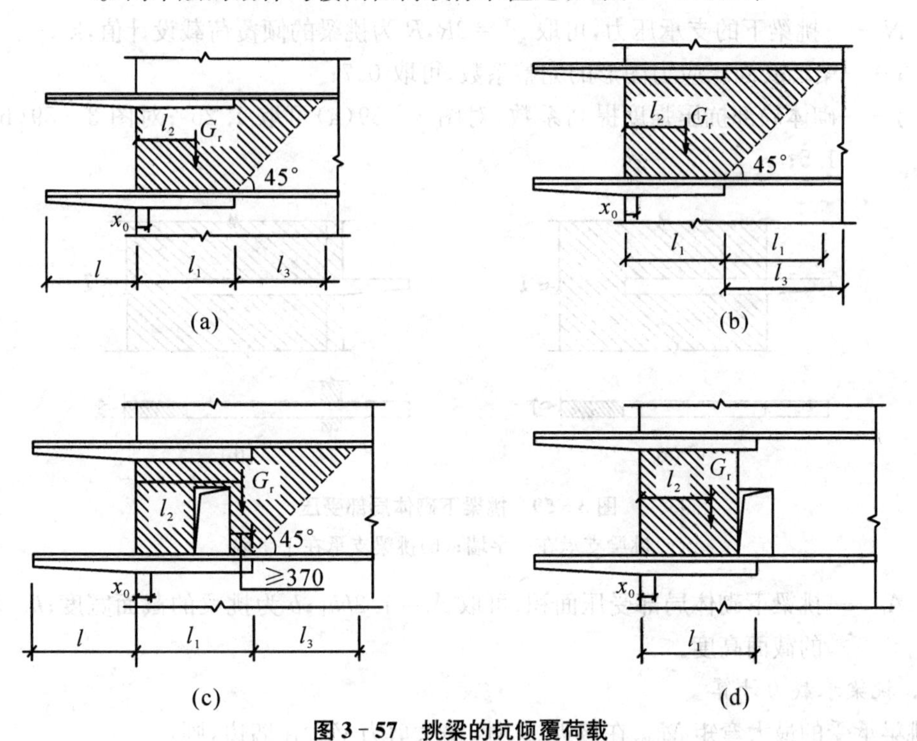


**图 3-57　挑梁的抗倾覆荷载**

(a) $l_3 \leqslant l_1$；(b) $l_3 > l_1$；(c) 洞口在 $l_1$ 之内；(d) 洞口在 $l_1$ 之外

雨篷抗倾覆荷载 $G_r$ 按图 3-58 采用，图中 $G_r$ 距墙外边缘的距离为 $l_2 = l_1/2$，$l_3 = l_n/2$。

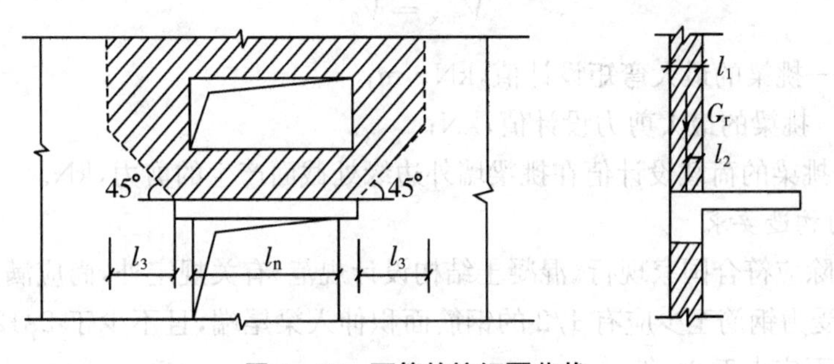


**图 3-58　雨篷的抗倾覆荷载**

$l_2$——$G_r$ 作用点至墙外边缘的距离，mm；

$x_0$——计算倾覆点至墙外边缘的距离，mm。按下列规定采用：

(1) 当 $l_1 \geqslant 2.2h_b$ 时　　$x_0 = 0.3h_b$　　(3-34)

且不大于 $0.13l_1$。

(2) 当 $l_1 < 2.2h_b$ 时 $$x_0 = 0.13l_1 \tag{3-35}$$

式中 $l_1$——挑梁埋入砌体墙中的长度,mm;

$h_b$——挑梁的截面高度,mm。

2. 挑梁下砌体局部受压承载力验算

挑梁下砌体局部受压承载力,可按下式验算:

$$N_l \leqslant \eta\gamma f A_l \tag{3-36}$$

式中 $N_l$——挑梁下的支承压力,可取 $N_l = 2R$,$R$ 为挑梁的倾覆荷载设计值,kN;

$\eta$——梁端底面压应力图形的完整系数,可取 0.7;

$\gamma$——砌体局部抗压强度提高系数,对图 3-59(a)可取 1.25 ;对图 3-59(b)可取 1.5;

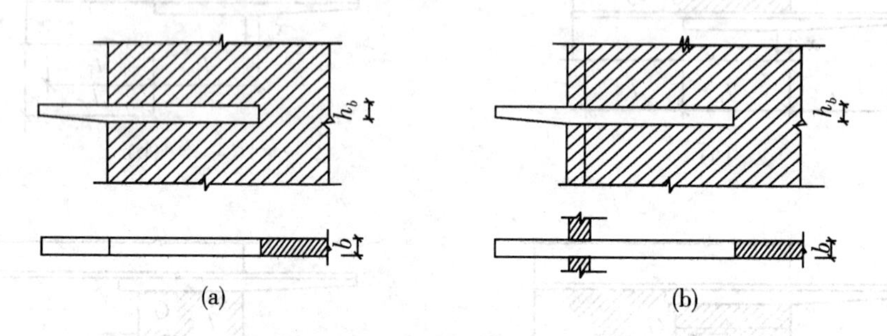


图 3-59 挑梁下砌体局部受压

(a)挑梁支承在一字墙;(b)挑梁支承在丁字墙

$A_l$——挑梁下砌体局部受压面积,可取 $A_l = 1.2bh_b$;$b$ 为挑梁的截面宽度;$h_b$ 为挑梁的截面高度。

3. 挑梁承载力计算

挑梁承受的最大弯矩 $M_{max}$ 在接近 $x_0$ 处,最大剪力 $V_{max}$ 在墙边,则:

$$M_{max} = M_{ov} \tag{3-37}$$

$$V_{max} = V_0 \tag{3-38}$$

式中 $M_{max}$——挑梁的最大弯矩设计值,kN·m;

$V_{max}$——挑梁的最大剪力设计值,kN;

$V_0$——挑梁的荷载设计值在挑梁墙外边缘处截面产生的剪力,kN。

4. 挑梁的构造要求

挑梁设计除应符合国家现行《混凝土结构设计规范》有关规定外,尚应满足下列要求:

(1) 纵向受力钢筋至少应有 1/2 的钢筋面积伸入梁尾端,且不少于 2$\phi$12。其余钢筋伸入支座的长度不应小于 $2l_1/3$;

(2) 挑梁埋入砌体长度 $l_1$ 与挑出长度 $l$ 之比宜大于 1.2,当挑梁上无砌体时,$l_1$ 与 $l$ 之比宜大于 2。

## ■ 实训练习

### 任务一 多层民用建筑圈梁设置

(1) 目的:通过给定的一栋民用建筑拟设置圈梁,掌握圈梁的构造要求。

(2) 能力目标：学会圈梁设置。

**任务二　描述过梁设计过程**

(1) 目的：通过描述过梁的设计过程，掌握过梁的构造要求。

(2) 能力目标：学会过梁设计。

(3) 提示：

① 过梁截面尺寸选择；

② 过梁上荷载计算；

③ 内力值求解及配筋计算；

④ 梁端支承处局部承压验算。

**任务三　挑梁的破坏形态描述**

(1) 目的：通过挑梁的破坏形态描述，掌握悬挑构件的破坏特点及相应构造要求。

(2) 能力目标：建立悬挑构件的设计、施工重要意识。

# 项目 10　多层砌体房屋和底部框架砌体房屋抗震措施

■ **学习目标**　掌握砌体房屋抗震设计的一般规定和构造措施，了解砌体房屋的震害特点。

■ **能力目标**　能理解多层砌体房屋的抗震规定。

■ **知识点**

## 一、主要震害

在强烈地震作用下，多层砌体房屋的破坏部位主要在墙身、附属结构处和构件间的连接处。

墙体破坏，主要是由于墙体的抗剪承载力不足，在地震作用下墙体出现斜裂缝、交叉裂缝和水平裂缝等。这种裂缝底层墙体较严重，在纵墙中的窗间墙和窗顶、窗底部位墙体中易产生交叉裂缝(见图 3－60)，外纵墙窗口上、下截面处及大房间外纵墙产生水平裂缝(见图3－61)。

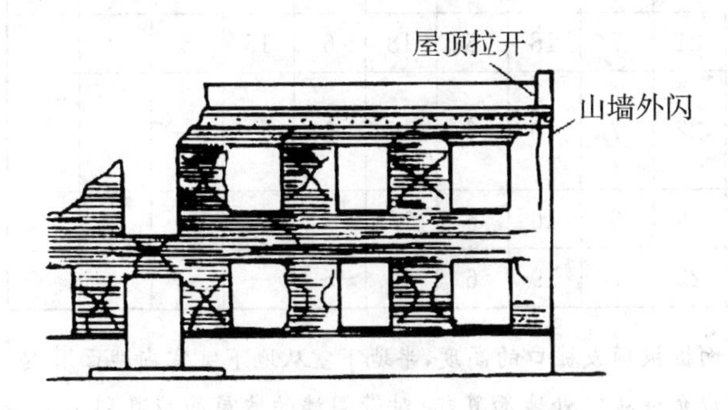


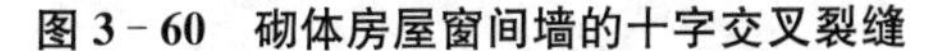

图 3－60　砌体房屋窗间墙的十字交叉裂缝

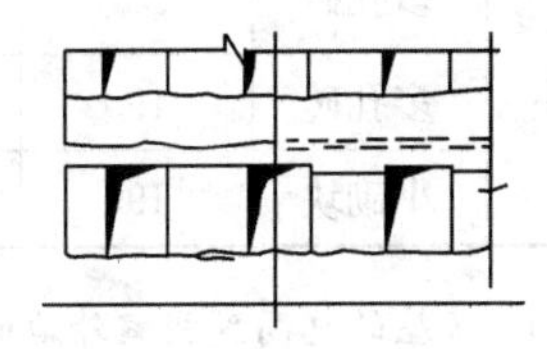

图 3－61　砌体房屋纵向墙体上的水平裂缝

房屋四角处由于地震作用时的扭转影响，受力复杂且约束作用较弱，而本身刚度又较大，地震时墙角部位墙面上将出现纵横两个方向上的 V 形斜裂缝。

纵横墙连接处受到两个方向地震作用，受力复杂，易出现竖向裂缝、纵墙外闪，严重者可能造成整片纵墙脱离横墙而倒塌。

楼梯间由于开间较小，墙体水平抗剪刚度大，而承担的水平地震作用较大，易造成震害。尤其是顶层自由高度较大，而竖向压应力又较小，墙体更易产生斜裂缝或交叉裂缝，所以上层楼梯间墙震害比下层严重。对于布置在房屋端部和转角处的楼梯间，由于扭转作用，楼梯间墙的破坏更为严重，甚至发生倒塌。

突出屋面的附属构件，如女儿墙、烟囱、出屋面电梯间、水箱间等，地震时由于“鞭端效应”的影响，地震反应强烈往往最先产生破坏。

底部框架砌体房屋在地震中的破坏相当严重。从近十几年的强震震害表明，这类房屋的震害特点是：震害多数发生在底层，表现为“上轻下重”，房屋倒塌原因主要发生在底层；底层的震害规律是：墙比柱严重，柱比梁严重；房屋上部几层的破坏状况与多层砌体房屋相类似，但破坏的程度比房屋的底层轻得多。

## 二、抗震设计的一般规定

### （一）房屋的层数和总高度限值

震害表明，在一般场地下，砌体房屋层数越高，其震害程度和破坏率就越大。我国《建筑抗震设计规范》规定，一般情况下，房屋的层数和总高度不应超过表3－26的规定。

**表3－26　房屋的层数和总高度限值(m)**

| 房屋类别 | | 最小抗震墙厚度(mm) | 烈度和设计基本地震加速度 | | | | | | | | | | | |
|---|---|---|---|---|---|---|---|---|---|---|---|---|---|---|
| | | | 6 | | 7 | | | | 8 | | | | 9 | |
| | | | 0.05 g | | 0.10 g | | 0.15 g | | 0.20 g | | 0.30 g | | 0.40 g | |
| | | | 高度 | 层数 | 高度 | 层数 | 高度 | 层数 | 高度 | 层数 | 高度 | 层数 | 高度 | 层数 |
| 多层砌体房屋 | 普通砖 | 240 | 21 | 7 | 21 | 7 | 21 | 7 | 18 | 6 | 15 | 5 | 12 | 4 |
| | 多孔砖 | 240 | 21 | 7 | 21 | 7 | 18 | 6 | 18 | 6 | 15 | 5 | 9 | 3 |
| | 多孔砖 | 190 | 21 | 7 | 18 | 6 | 15 | 5 | 15 | 5 | 12 | 4 | — | — |
| | 小砌块 | 190 | 21 | 7 | 21 | 7 | 18 | 6 | 18 | 6 | 15 | 5 | 9 | 3 |
| 底部框架—抗震墙砌体房屋 | 普通砖<br>多孔砖 | 240 | 22 | 7 | 22 | 7 | 19 | 6 | 16 | 5 | — | — | — | — |
| | 多孔砖 | 190 | 22 | 7 | 19 | 6 | 16 | 5 | 13 | 4 | — | — | — | — |
| | 小砌块 | 190 | 22 | 7 | 22 | 7 | 19 | 6 | 16 | 5 | — | — | — | — |

注：1. 房屋的总高度指室外地面到主要屋面板板顶或檐口的高度，半地下室从地下室室内地面算起，全地下室和嵌固条件好的半地下室应允许从室外地面算起；对带阁楼的坡屋面应算到山尖墙的1/2高度处；

2. 室内外高差大于0.6 m时，房屋总高度应允许比表中的数据适当增加，但增加量应少于1.0 m；

3. 乙类的多层砌体房屋仍按本地区设防烈度查表，其层数应减少一层且总高度应降低3 m；不应采用底部框架-抗震墙砌体房屋；

4. 本表小砌块砌体房屋不包括配筋混凝土小型空心砌块砌体房屋。

横墙较少(同一楼层内开间大于 4.2 m 的房间占该层总面积的 40%以上)的多层砌体房屋,总高度应比表 3 - 26 的规定降低 3 m,层数相应减少一层;各层横墙很少(开间不大于 4.2 m 的房间占该层总面积不到 20%且开间大于 4.8 m 的房间占该层总面积的 50%以上)的多层砌体房屋,还应再减少一层。

6、7 度时,横墙较少的丙类多层砌体房屋,当按规定采取加强措施并满足抗震承载力要求时,其高度和层数应允许仍按表 3 - 26 的规定采用。

采用蒸压灰砂砖和蒸压粉煤灰砖的砌体房屋,当砌体的抗剪强度仅达到普通黏土砖砌体的 70%时,房屋的层数应比普通砖房减少一层,总高度应减少 3 m;当砌体的抗剪强度达到普通黏土砖砌体的取值时,房屋层数和总高度的要求同普通砖房屋。

《建筑抗震设计规范》还规定,多层砌体承重房屋的层高,不应超过 3.6 m;底部框架-抗震墙砌体房屋的底部,层高不应超过 4.5 m;当底层采用约束砌体抗震墙时,底层的层高不应超过 4.2 m;当使用功能确有需要时,采用约束砌体等加强措施的普通砖房屋,层高不应超过 3.9 m。

(二) 房屋高宽比限值

震害表明,多层砌体房屋的高宽比越大,在横向地震作用下,容易发生整体弯曲破坏,房屋易失稳倒塌。规范规定,多层砌体房屋总高度与总宽度的最大比值,宜符合表 3 - 27 的要求。

**表 3 - 27　房屋最大高宽比**

| 烈　度 | 6 | 7 | 8 | 9 |
|---|---|---|---|---|
| 最大高宽比 | 2.5 | 2.5 | 2.0 | 1.5 |

注:1. 单面走廊房屋的总宽度不包括走廊宽度;

2. 建筑平面接近正方形时,其高宽比宜适当减小。

(三) 抗震横墙的间距限值

多层砌体房屋的横向水平地震作用主要由横墙承受。对于横墙,除了要满足抗震承载力外,还要保证横墙间距,以达到楼盖对传递水平地震作用所需的刚度。规范规定,房屋抗震横墙的间距,不应超过表 3 - 28 的要求。

**表 3 - 28　房屋抗震横墙的间距(m)**

| 房屋类别 | | 烈度 | | | |
|---|---|---|---|---|---|
| | | 6 | 7 | 8 | 9 |
| 多层砌体房屋 | 现浇或装配整体式钢筋混凝土楼、屋盖 | 15 | 15 | 11 | 7 |
| | 装配式钢筋混凝土楼、屋盖 | 11 | 11 | 9 | 4 |
| | 木屋盖 | 9 | 9 | 4 | — |
| 底部框架-抗震墙砌体房屋 | 上部各层 | 同多层砌体房屋 | | | — |
| | 底层或底部两层 | 18 | 15 | 11 | — |

注:1. 多层砌体房屋的顶层,除木屋盖外的最大横墙间距应允许适当放宽,但应采取相应加强措施;

2. 多孔砖抗震横墙厚度为 190 mm 时,最大横墙间距应比表中数值减少 3 m。

（四）房屋局部尺寸的限值

在强烈地震作用下，砌体房屋首先从薄弱部位破坏，如窗间墙、尽端墙段、突出屋顶的女儿墙等。规范规定，多层砌体房屋中砌体墙段的局部尺寸限值，宜符合表 3-29 的要求。

**表 3-29 房屋的局部尺寸限值(m)**

| 部　位 | 6度 | 7度 | 8度 | 9度 |
|---|---|---|---|---|
| 承重窗间墙最小宽度 | 1.0 | 1.0 | 1.2 | 1.5 |
| 承重外墙尽端至门窗洞边的最小距离 | 1.0 | 1.0 | 1.2 | 1.5 |
| 非承重外墙尽端至门窗洞边的最小距离 | 1.0 | 1.0 | 1.0 | 1.0 |
| 内墙阳角至门窗洞边的最小距离 | 1.0 | 1.0 | 1.5 | 2.0 |
| 无锚固女儿墙(非出入口处)的最大高度 | 0.5 | 0.5 | 0.5 | 0.0 |

注：1. 局部尺寸不足时，应采取局部加强措施弥补，且最小宽度不宜小于 1/4 层高和表列数据的 80%；

2. 出入口处的女儿墙应有锚固。

（五）多层砌体房屋的结构体系

多层砌体房屋的建筑布置和结构体系，应符合下列要求：

(1) 应优先采用横墙承重或纵横墙共同承重的结构体系。不应采用砌体墙和混凝土墙混合承重的结构体系；

(2) 纵横向砌体抗震墙的布置应符合下列要求：

① 宜均匀对称，沿平面内宜对齐，沿竖向应上下连续；且纵横向墙体的数量不宜相差过大；

② 平面轮廓凹凸尺寸，不应超过典型尺寸的 50%；当超过典型尺寸的 25%时，房屋转角处应采取加强措施；

③ 楼板局部大洞口的尺寸不宜超过楼板宽度的 30%，且不应在墙体两侧同时开洞；

④ 房屋错层的楼板高差超过 500 mm 时，应按两层计算；错层部位的墙体应采取加强措施；

⑤ 同一轴线上的窗间墙宽度宜均匀；墙面洞口的面积，6、7 度时不宜大于墙面总面积的 55%，8、9 度时不宜大于 50%；

⑥ 在房屋宽度方向的中部应设置内纵墙，其累计长度不宜小于房屋总长度的 60%(高宽比大于 4 的墙段不计入)。

(3) 房屋有下列情况之一时宜设置防震缝，缝两侧均应设置墙体，缝宽应根据烈度和房屋高度确定，可采用 70 mm～100 mm：

① 房屋立面高差在 6 m 以上；

② 房屋有错层，且楼板高差大于层高的 1/4；

③ 各部分结构刚度、质量截然不同。

(4) 楼梯间不宜设置在房屋的尽端或转角处；

(5) 不应在房屋转角处设置转角窗；

(6) 横墙较少、跨度较大的房屋，宜采用现浇钢筋混凝土楼、屋盖。

(六) 底部框架-抗震墙砌体房屋的结构体系

底部框架-抗震墙砌体房屋的结构布置,应符合下列要求:

(1) 上部的砌体墙体与底部的框架梁或抗震墙,除楼梯间附近的个别墙段外均应对齐;

(2) 房屋的底部,应沿纵横两方向设置一定数量的抗震墙,并应均匀对称布置。6 度且总层数不超过四层的底层框架-抗震墙砌体房屋,应允许采用嵌砌于框架之间的约束普通砖砌体或小砌块砌体的砌体抗震墙,但应计入砌体墙对框架的附加轴力和附加剪力并进行底层的抗震验算,且同一方向不应同时采用钢筋混凝土抗震墙和约束砌体抗震墙;其余情况,8 度时应采用钢筋混凝土抗震墙,6、7 度时应采用钢筋混凝土抗震墙或配筋小砌块砌体抗震墙;

(3) 底层框架-抗震墙砌体房屋的纵横两个方向,第二层计入构造柱影响的侧向刚度与底层侧向刚度的比值,6、7 度时不应大于 2.5,8 度时不应大于 2.0,且均不应小于 1.0;

(4) 底部两层框架,抗震墙砌体房屋纵横两个方向,底层与底部第二层侧向刚度应接近,第三层计入构造柱影响的侧向刚度与底部第二层侧向刚度的比值,6、7 度时不应大于 2.0,8 度时不应大于 1.5,且均不应小于 1.0;

(5) 底部框架-抗震墙砌体房屋的抗震墙应设置条形基础、筏形基础等整体性好的基础。

## 三、抗震构造措施

### (一) 多层砖砌体房屋抗震构造措施

#### 1. 钢筋混凝土构造柱

在多层砖砌体房屋中的适当部位设置构造柱,虽然对提高砌体的受剪承载力是有限的,但可以对砌体变形起到约束作用,增加房屋的延性,从而提高房屋的抗震能力,如图 3-62 所示。

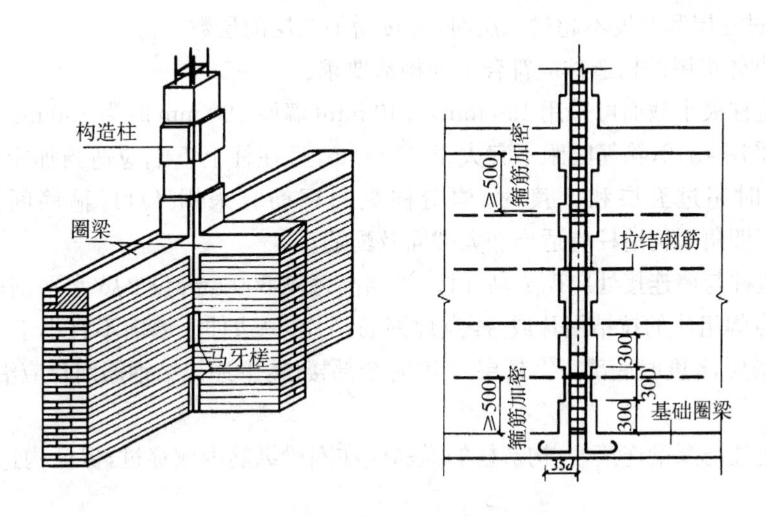


**图 3-62　构造柱示意图**

(1) 构造柱设置部位,一般情况下应符合表 3-30 的要求;

**表 3-30　多层砖砌体房屋构造柱设置要求**

<table>
<tr><th colspan="4">房屋层数</th><th colspan="2" rowspan="2">设置部位</th></tr>
<tr><th>6度</th><th>7度</th><th>8度</th><th>9度</th></tr>
<tr><td>四、五</td><td>三、四</td><td>二、三</td><td></td><td rowspan="3">楼、电梯间四角，楼梯斜梯段上下端对应的墙体处；<br>外墙四角和对应转角；<br>错层部位横墙与外纵墙交接处；<br>大房间内外墙交接处；<br>较大洞口两侧</td><td>隔 12 m 或单元横墙与外纵墙交接处；<br>楼梯间对应的另一侧内横墙与外纵墙交接处</td></tr>
<tr><td>六</td><td>五</td><td>四</td><td>二</td><td>隔开间横墙（轴线）与外墙交接处；<br>山墙与内纵横交接处</td></tr>
<tr><td>七</td><td>≥六</td><td>≥五</td><td>≥三</td><td>内墙（轴线）与外墙交接处；<br>内墙的局部较小墙垛处；<br>内纵墙与横墙（轴线）交接处</td></tr>
</table>

注：较大洞口，内墙指不小于 2.1 m 的洞口；外墙在内外墙交接处已设置构造柱时应允许适当放宽，但洞侧墙体应加强。

（2）外廊式和单面走廊式的多层房屋，应根据房屋增加一层的层数，按表 3-30 的要求设置构造柱，且单面走廊两侧的纵墙均应按外墙处理；

（3）横墙较少的房屋，应根据房屋增加一层的层数，按表 3-30 的要求设置构造柱。当横墙较少的房屋为外廊式或单面走廊式时，应按（2）款要求设置构造柱；但 6 度不超过四层、7 度不超过三层和 8 度不超过二层时，应按增加二层的层数对待；

（4）各层横墙很少的房屋，应按增加二层的层数设置构造柱；

（5）采用蒸压灰砂砖和蒸压粉煤灰砖的砌体房屋，当砌体的抗剪强度仅达到普通黏土砖砌体的 70%时，应根据增加一层的层数按（1）～（4）款要求设置构造柱；但 6 度不超过四层、7 度不超过三层和 8 度不超过二层时，应按增加二层的层数对待。

多层砖砌体房屋的构造柱应符合下列构造要求：

（1）构造柱最小截面可采用 180 mm×240 mm（墙厚 190 mm 时为 180 mm×190 mm），纵向钢筋宜采用 4$\phi$12，箍筋间距不宜大于 250 mm，且在柱上下端应适当加密；6、7 度时超过六层、8 度时超过五层和 9 度时，构造柱纵向钢筋宜采用 4$\phi$14，箍筋间距不应大于 200 mm；房屋四角的构造柱应适当加大截面及配筋；

（2）构造柱与墙连接处应砌成马牙槎，沿墙高每隔 500 mm 设 2$\phi$6 水平钢筋和 $\phi$4 分布短筋平面内点焊组成的拉结网片或 $\phi$4 点焊钢筋网片，每边伸入墙内不宜小于 1 m。6、7 度时底部 1/3 楼层，8 度时底部 1/2 楼层，9 度时全部楼层，上述拉结钢筋网片应沿墙体水平通长设置；

（3）构造柱与圈梁连接处，构造柱的纵筋应在圈梁纵筋内侧穿过，保证构造柱纵筋上下贯通；

（4）构造柱可不单独设置基础，但应伸入室外地面下 500 mm，或与埋深小于 500 mm 的基础圈梁相连；

（5）房屋高度和层数接近表 3-26 的限值时，纵、横墙内构造柱间距尚应符合下列要求：墙内的构造柱间距不宜大于层高的二倍；下部 1/3 楼层的构造柱间距适当减小；当外纵墙开间大于 3.9 m 时，应另设加强措施。内纵墙的构造柱间距不宜大于 4.2 m。

2. 钢筋混凝土圈梁

设置钢筋混凝土圈梁是提高砌体房屋抗震能力的有效措施。圈梁可以增强房屋的整体性、提高楼(屋)盖的水平刚度、限制墙体斜裂缝的延伸和开展、减轻地震时地基不均匀沉降对房屋的影响。

多层砖砌体房屋的现浇钢筋混凝土圈梁设置应符合下列要求：

(1) 装配式钢筋混凝土楼、屋盖或木屋盖的砖房，应按表 3－31 的要求设置圈梁；纵墙承重时，抗震横墙上的圈梁间距应比表内要求适当加密；

**表 3－31　多层砖砌体房屋现浇钢筋混凝土圈梁设置要求**

| 墙　类 | 烈　度 | | |
| --- | --- | --- | --- |
| | 6、7 | 8 | 9 |
| 外墙和内纵墙 | 屋盖处及每层楼盖处 | 屋盖处及每屋楼盖处 | 屋盖处及每层楼盖处 |
| 内横墙 | 同上；<br>屋盖处间距不应大于 4.5 m；<br>楼盖处间距不应大于 7.2 m；<br>构造柱对应部位 | 同上；<br>各层所有横墙，且间距不应大于 4.5 m；<br>构造柱对应部位 | 同上；<br>各层所有横墙 |

(2) 现浇或装配整体式钢筋混凝土楼、屋盖与墙体有可靠连接的房屋，应允许不另设圈梁，但楼板沿抗震墙体周边均应加强配筋并应与相应的构造柱钢筋可靠连接。

多层砖砌体房屋现浇混凝土圈梁的构造应符合下列要求：

(1) 圈梁应闭合，遇有洞口圈梁应上下搭接。圈梁宜与预制板设在同一标高处或紧靠板底；

(2) 圈梁在本项目表 3－31 要求的间距内无横墙时，应利用梁或板缝中配筋替代圈梁；

(3) 圈梁的截面高度不应小于 120 mm，配筋应符合表 3－32 的要求；按要求增设的基础圈梁，截面高度不应小于 180 mm，配筋不应少于 4$\phi$12。

**表 3－32　多层砖砌体房屋圈梁配筋要求**

| 配　筋 | 烈　度 | | |
| --- | --- | --- | --- |
| | 6、7 | 8 | 9 |
| 最小纵筋 | 4$\phi$10 | 4$\phi$12 | 4$\phi$14 |
| 箍筋最大间距(mm) | 250 | 200 | 150 |

(4) 纵横墙交接处的圈梁应有可靠的连接，如图 3－63 所示。

3. 楼(屋)盖与墙体之间的连接

多层砖砌体房屋的楼、屋盖应符合下列要求：

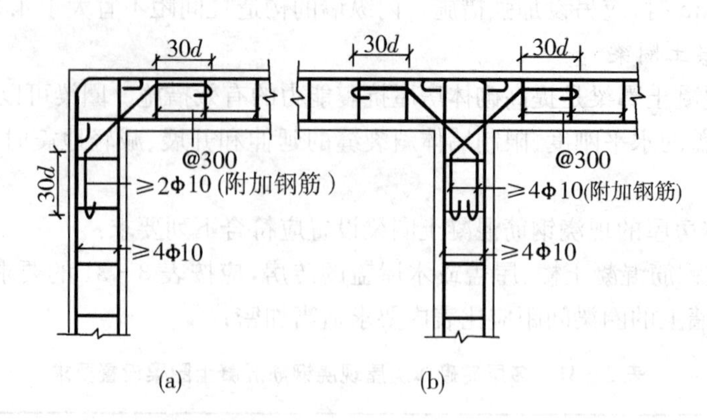


**图 3-63　圈梁在房屋转角及丁字交叉处的连接构造**

(a)房屋转角处;(b)丁字交叉处

(1) 现浇钢筋混凝土楼板或屋面板伸进纵、横墙内的长度,均不应小于 120 mm;

(2) 装配式钢筋混凝土楼板或屋面板,当圈梁未设在板的同一标高时,板端伸进外墙的长度不应小于 120 mm,伸进内墙的长度不应小于 100 mm 或采用硬架支模连接,在梁上不应小于 80 mm 或采用硬架支模连接;

(3) 当板的跨度大于 4.8 m 并与外墙平行时,靠外墙的预制板侧边应与墙或圈梁拉结;

(4) 房屋端部大房间的楼盖,6 度时房屋的屋盖和 7～9 度时房屋的楼、屋盖,当圈梁设在板底时,钢筋混凝土预制板应相互拉结,并应与梁、墙或圈梁拉结;

(5) 楼、屋盖的钢筋混凝土梁或屋架应与墙、柱(包括构造柱)或圈梁可靠连接;不得采用独立砖柱。跨度不小于 6 m 大梁的支承构件应采用组合砌体等加强措施,并满足承载力要求;

(6) 6、7 度时长度大于 7.2 m 的大房间,以及 8、9 度时外墙转角及内外墙交接处,应沿墙高每隔 500 mm 配置 2$\phi$6 的通长钢筋和 $\phi$4 分布短筋平面内点焊组成的拉结网片或 $\phi$4 点焊网片。

4. 楼梯间抗震构造

为加强楼梯间的整体性,楼梯间还应符合下列要求:

(1) 顶层楼梯间墙体应沿墙高每隔 500 mm 设 2$\phi$6 通长钢筋和 $\phi$4 分布短钢筋平面内点焊组成的拉结网片或 $\phi$4 点焊网片;7～9 度时其他各层楼梯间墙体应在休息平台或楼层半高处设置 60 mm 厚、纵向钢筋不应少于 2$\phi$10 的钢筋混凝土带或配筋砖带,配筋砖带不少于 3 皮,每皮的配筋不少于 2$\phi$6,砂浆强度等级不应低于 M7.5 且不低于同层墙体的砂浆强度等级;

(2) 楼梯间及门厅内墙阳角处的大梁支承长度不应小于 500 mm,并应与圈梁连接;

(3) 装配式楼梯段应与平台板的梁可靠连接,8、9 度时不应采用装配式楼梯段;不应采用墙中悬挑式踏步或踏步竖肋插入墙体的楼梯,不应采用无筋砖砌栏板;

(4) 突出屋顶的楼、电梯间,构造柱应伸到顶部,并与顶部圈梁连接,所有墙体应沿墙高每隔 500 mm 设 2$\phi$6 通长钢筋和 $\phi$4 分布短筋平面内点焊组成的拉结网片或 $\phi$4 点焊网片。

5. 基础

同一结构单元的基础(或桩承台),宜采用同一类型的基础,底面宜埋置在同一标高上,否则应增设基础圈梁并应按 1∶2 的台阶逐步放坡。

6. 圈梁与构造柱的加强措施

丙类的多层砖砌体房屋，当横墙较少且总高度和层数接近或达到本表 3－26 规定限值时，应采取下列加强措施：

(1) 房屋的最大开间尺寸不宜大于 6.6 m；

(2) 同一结构单元内横墙错位数量不宜超过横墙总数的 1/3，且连续错位不宜多于两道；错位的墙体交接处均应增设构造柱，且楼、屋面板应采用现浇钢筋混凝土板；

(3) 横墙和内纵墙上洞口的宽度不宜大于 1.5 m；外纵墙上洞口的宽度不宜大于 2.1 m 或开间尺寸的一半；且内外墙上洞口位置不应影响内外纵墙与横墙的整体连接；

(4) 所有纵横墙均应在楼、屋盖标高处设置加强的现浇钢筋混凝土圈梁：圈梁的截面高度不宜小于 150 mm，上下纵筋各不应少于 $3\phi10$，箍筋不小于 $\phi6$，间距不大于 300 mm；

(5) 所有纵横墙交接处及横墙的中部，均应增设满足下列要求的构造柱：在纵、横墙内的柱距不宜大于 3.0 m，最小截面尺寸不宜小于 240 mm×240 mm（墙厚 190 mm 时为 240 mm×190 mm），配筋宜符合表 3－33 的要求；

**表 3－33　增设构造柱的纵筋和箍筋设置要求**

<table>
<tr><th rowspan="2">位　置</th><th colspan="3">纵　向　钢　筋</th><th colspan="3">箍　　筋</th></tr>
<tr><th>最大配筋率(%)</th><th>最小配筋率(%)</th><th>最小直径(mm)</th><th>加密区范围(mm)</th><th>加密区间距(mm)</th><th>最小直径(mm)</th></tr>
<tr><td>角柱</td><td rowspan="2">1.8</td><td rowspan="2">0.8</td><td>14</td><td>全高</td><td rowspan="3">100</td><td rowspan="3">6</td></tr>
<tr><td>边柱</td><td>14</td><td rowspan="2">上端 700<br>下端 500</td></tr>
<tr><td>中柱</td><td>1.4</td><td>0.6</td><td>12</td></tr>
</table>

(6) 同一结构单元的楼、屋面板应设置在同一标高处；

(7) 房屋底层和顶层的窗台标高处，宜设置沿纵横墙通长的水平现浇钢筋混凝土带；其截面高度不小于 60 mm，宽度不小于墙厚，纵向钢筋不少于 $2\phi10$，横向分布筋的直径不小于 $\phi6$ 且其间距不大于 200 mm。

(二) 多层砌块房屋抗震构造措施

多层小砌块房屋应按表 3－34 的要求设置钢筋混凝土芯柱。

**表 3－34　多层小砌块房屋芯柱设置要求**

<table>
<tr><th colspan="4">房屋层数</th><th rowspan="2">设　置　部　位</th><th rowspan="2">设　置　数　量</th></tr>
<tr><th>6度</th><th>7度</th><th>8度</th><th>9度</th></tr>
<tr><td>四、五</td><td>三、四</td><td>二、三</td><td></td><td>外墙转角，楼、电梯间四角，楼梯斜梯段上下端对应的墙体处；<br>大房间内外墙交接处；<br>错层部位横墙与外纵墙交接处；<br>隔 12 m 或单元横墙与外纵墙交接处</td><td rowspan="2">外墙转角，灌实 3 个孔；<br>内外墙交接处，灌实 4 个孔；<br>楼梯斜段上下端对应的墙体处，灌实 2 个孔</td></tr>
<tr><td>六</td><td>五</td><td>四</td><td></td><td>同上；<br>隔开间横墙（轴线）与外纵墙交接处</td></tr>
</table>

续 表

| 房屋层数 | | | | 设置部位 | 设置数量 |
|---|---|---|---|---|---|
| 6度 | 7度 | 8度 | 9度 | | |
| 七 | 六 | 五 | 二 | 同上；<br>各内墙（轴线）与外纵横交接处；<br>内纵墙与横墙（轴线）交接处和洞口两侧 | 外墙转角，灌实5个孔；<br>内外墙交接处，灌实4个孔；<br>内墙交接处，灌实4～5个孔；<br>洞口两侧各灌实1个孔 |
| | 七 | ≥六 | ≥三 | 同上；<br>横墙内芯柱间距不大于2 m | 外墙转角，灌实7个孔；<br>内外墙交接处，灌实5个孔；<br>内墙交接处，灌实4～5个孔；<br>洞口两侧各灌实1个孔 |

注：外墙转角、内外墙交接处、楼电梯间四角等部位，应允许采用钢筋混凝土构造柱替代部分芯柱。

多层小砌块房屋的芯柱，应符合下列构造要求：小砌块房屋芯柱截面不宜小于120 mm×120 mm；芯柱混凝土强度等级，不应低于Cb20；芯柱的竖向插筋应贯通墙身且与圈梁连接；插筋不应小于1Φ12，6、7度时超过五层、8度时超过四层和9度时，插筋不应小于1Φ14；芯柱应伸入室外地面下500 mm或与埋深小于500 mm的基础圈梁相连；为提高墙体抗震受剪承载力而设置的芯柱，宜在墙体内均匀布置，最大净距不宜大于2.0 m；多层小砌块房屋墙体交接处或芯柱与墙体连接处应设置拉结钢筋网片，网片可采用直径4 mm的钢筋点焊而成，沿墙高间距不大于600 mm，并应沿墙体水平通长设置。6、7度时底部1/3楼层，8度时底部1/2楼层，9度时全部楼层，上述拉结钢筋网片沿墙高间距不大于400 mm。

小砌块房屋中替代芯柱的钢筋混凝土构造柱，应符合下列构造要求：构造柱截面不宜小于190 mm×190 mm，纵向钢筋宜采用4Φ12，箍筋间距不宜大于250 mm，且在柱上下端应适当加密；6、7度时超过五层、8度时超过四层和9度时，构造柱纵向钢筋宜采用4Φ14，箍筋间距不应大于200 mm；外墙转角的构造柱可适当加大截面及配筋；构造柱与砌块墙连接处应砌成马牙槎，与构造柱相邻的砌块孔洞，6度时宜填实，7度时应填实，8、9度时应填实并插筋。构造柱与砌块墙之间沿墙高每隔600 mm设置$\phi$4点焊拉结钢筋网片，并应沿墙体水平通长设置。6、7度时底部1/3楼层，8度时底部1/2楼层，9度全部楼层，上述拉结钢筋网片沿墙高间距不大于400 mm；构造柱与圈梁连接处，构造柱的纵筋应在圈梁纵筋内侧穿过，保证构造柱纵筋上下贯通；构造柱可不单独设置基础，但应伸入室外地面下500 mm，或与埋深小于500 mm的基础圈梁相连。

多层小砌块房屋的现浇钢筋混凝土圈梁的设置位置应按多层砖砌体房屋抗震构造措施中圈梁的要求执行，圈梁宽度不应小于190 mm，配筋不应少于4Φ12，箍筋间距不应大于200 mm。

（三）底部框架—抗震墙砌体房屋抗震构造措施

底部框架-抗震墙砌体房屋的上部墙体应设置钢筋混凝土构造柱或芯柱，并应符合下列要求：

（1）钢筋混凝土构造柱、芯柱的设置部位，应根据房屋的总层数分别按多层砖砌体房屋和多层砌块房屋构造柱、芯柱设置规定进行设置；

（2）构造柱、芯柱的构造，除应符合多层砖砌体房屋和多层砌块房屋构造柱、芯柱要求外，还应符合：砖砌体墙中构造柱截面不宜小于 240 mm×240 mm（墙厚 190 mm 时为 240 mm×190 mm）；构造柱的纵向钢筋不宜少于 4Φ14，箍筋间距不宜大于 200 mm；芯柱每孔插筋不应小于 1Φ14，芯柱之间沿墙高应每隔 400 mm 设Φ4 焊接钢筋网片；构造柱、芯柱应与每层圈梁连接，或与现浇楼板可靠拉接。

底部框架—抗震墙砌体房屋的底部采用钢筋混凝土墙时，其截面和构造应符合下列要求：

（1）墙体周边应设置梁（或暗梁）和边框柱（或框架柱）组成的边框；边框梁的截面宽度不宜小于墙板厚度的 1.5 倍，截面高度不宜小于墙板厚度的 2.5 倍；边框柱的截面高度不宜小于墙板厚度的 2 倍；

（2）墙板的厚度不宜小于 160 mm，且不应小于墙板净高的 1/20；墙体宜开设洞口形成若干墙段，各墙段的高宽比不宜小于 2；

（3）墙体的竖向和横向分布钢筋配筋率均不应小于 0.30%，并应采用双排布置；双排分布钢筋间拉筋的间距不应大于 600 mm，直径不应小于 6 mm。

当 6 度设防的底层框架-抗震墙砖房的底层采用约束砖砌体墙时，其构造应符合下列要求：

（1）砖墙厚不应小于 240 mm，砌筑砂浆强度等级不应低于 M10，应先砌墙后浇框架；

（2）沿框架柱每隔 300 mm 配置 2Φ8 水平钢筋和Φ4 分布短筋平面内点焊组成的拉结网片，并沿砖墙水平通长设置；在墙体半高处尚应设置与框架柱相连的钢筋混凝土水平系梁；

（3）墙长大于 4 m 时和洞口两侧，应在墙内增设钢筋混凝土构造柱。

底部框架-抗震墙砌体房屋的材料强度等级，应符合下列要求：

（1）框架柱、混凝土墙和托墙梁的混凝土强度等级，不应低于 C30；

（2）过渡层砌体块材的强度等级不应低于 MU10，砖砌体砌筑砂浆强度的等级不应低于 M10，砌块砌体砌筑砂浆强度的等级不应低于 Mb10；

## ■ 实训练习

### 任务一　描述砌体房屋地震震害

（1）目的：通过砌体房屋地震震害的描述，以便更好理解砌体房屋抗震设计规定。

（2）能力目标：正确了解砌体房屋地震破坏部位。

### 任务二　多层砖砌体房屋构造柱抗震设计

（1）目的：通过给定了相应条件的多层砖砌体房屋构造柱的抗震设计，掌握多层砖砌体房屋抗震构造措施。

（2）能力目标：学会构造柱的抗震设计。

（3）提示：

① 构造柱设置部位；

② 构造柱截面尺寸及配筋要求；

③ 与其他构件间的连接处理。

## 复习思考题

1. 砌体的种类有哪些？常用的砌体材料有哪些？
2. 砌体结构中块体与砂浆的作用是什么？对砌体所用块体与砂浆的基本要求有哪些？
3. 什么是配筋砌体？配筋砌体有何优点及用途？
4. 为什么砌体抗压强度远小于块体的抗压强度？
5. 影响砌体抗压强度的因素有哪些？砌体施工质量控制等级分为哪几级？
6. 轴心受拉、弯曲受拉及剪切破坏的砌体构件有哪些破坏形态？
7. 矩形截面砖柱受压承载力计算时应注意哪几点？
8. 轴心受压与偏心受压砌体的承载力能否用一个计算公式表达？为什么？
9. 无筋砌体受压构件偏心距为何要加以限制？限值是多少？不满足要求如何处理？
10. 砌体局部受压承载力为什么能得到提高？
11. 钢筋混凝土预制刚性垫块的构造要求有哪些？
12. 一般在哪些情况下考虑采用组合砌体？
13. 混合结构房屋的结构布置方案可分为哪几种？各自有什么特点？
14. 混合结构房屋的静力计算有哪几种方案？如何确定房屋的静力计算方案？
15. 什么是高厚比？砌体房屋限制高厚比的目的是什么？
16. 绘出在竖向荷载作用下单层及多层刚性方案房屋的计算简图。
17. 简述弹性方案及刚弹性方案房屋的计算要点。
18. 简述圈梁的作用及构造要求。
19. 过梁上的荷载应如何进行计算？
20. 墙梁有哪几种破坏形态？其特点如何？
21. 挑梁有哪几种破坏可能？
22. 防止混合结构房屋墙体开裂的主要措施有哪些？
23. 多层砌体房屋有哪些抗震构造要求？
24. 多层砖砌体房屋构造柱一般设置在哪些部位？

## 训　练　题

1. 截面尺寸为 $b\times h=490\ \mathrm{mm}\times 620\ \mathrm{mm}$ 的砖柱，计算高度 $H_0=5.4\ \mathrm{m}$，采用 MU10 烧结普通砖及 M5 混合砂浆砌筑，柱底承受轴向压力设计值 $N=340\ \mathrm{kN}$，试验算该柱的承载力。

2. 试验算如图 3-64 所示窗间墙的承载力。墙体计算高度 $H_0=4.8\ \mathrm{m}$，采用 MU10 烧结普通砖及 M7.5 混合砂浆砌筑，承受轴向压力设计值 $N=380\ \mathrm{kN}$，弯矩设计值 $M=39\ \mathrm{kN\cdot m}$（墙体壁柱一侧受拉）。

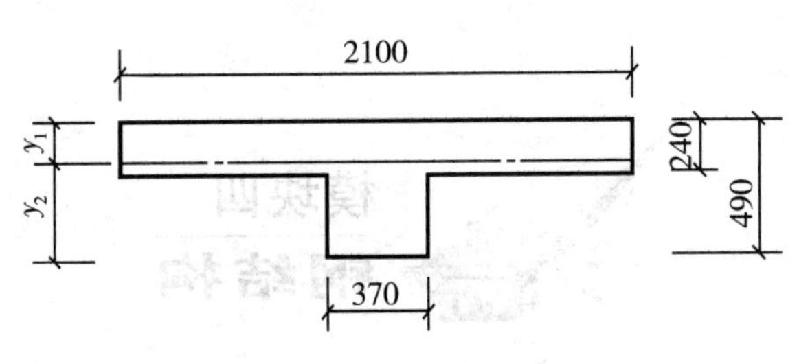


图 3-64　训练题 2 附图

3. 如图 3-65 所示的窗间墙，采用 MU10 烧结普通砖及 M5 混合砂浆砌筑。梁截面尺寸 $b\times h=200\ \text{mm}\times 500\ \text{mm}$，支承长度 $a=240\ \text{mm}$。荷载设计值产生的支座反力 $N_l=135\ \text{kN}$，墙体上部荷载 $N_u=197\ \text{kN}$，试验算该墙体的梁端局部受压承载力。如不满足要求，试设计一预制刚性垫块。

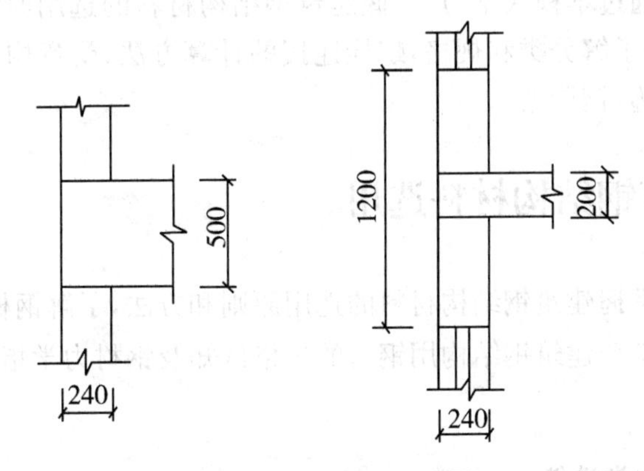


图 3-65　训练题 3 附图

4. 某无吊车的单层厂房，采用Ⅰ类屋盖体系，如图 3-66 所示，墙体采用 MU10 烧结普通砖，M7.5 混合砂浆砌筑，层高 5.6 m，试验算外纵墙和山墙的高厚比。

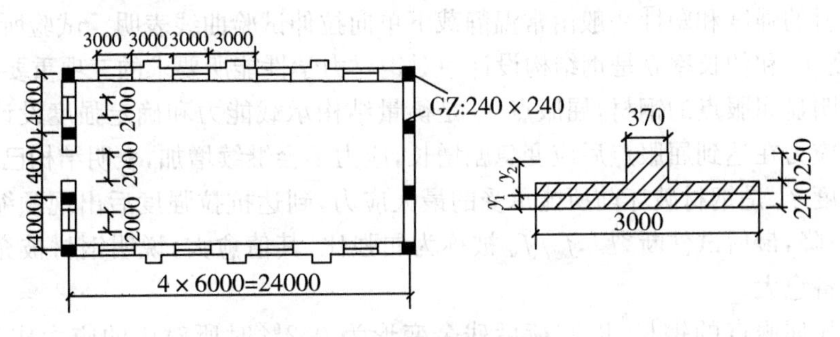


图 3-66　训练题 4 附图

5. 已知过梁净跨 $l_n=3.6\ \text{m}$，墙厚 240 mm，双面粉刷，过梁上墙体高度 1.2 m，承受梁板荷载 12 kN/m(其中活荷载 5 kN/m)。墙体采用 MU10 烧结普通砖，M5 混合砂浆，试设计一钢筋混凝土过梁。

# 模块四 钢结构

■ **模块概述** 叙述了建筑钢材的力学性能，分类及规格；焊接的计算方法及构造；螺栓连接的计算方法及构造；轴心受力构件的强度、刚度和稳定性计算；受弯构件及偏心受力构件的强度、刚度、稳定性计算及相应的构造措施；钢屋架。

■ **学习目标** 通过本模块学习，掌握建筑钢结构材料的选用原则，焊接的计算方法，轴心受力构件的计算；了解分类和规格，螺栓连接的计算方法，受弯构件及偏心受力构件的计算及相应的构造措施，钢屋架。

## 项目1 建筑钢结构材料选用

■ **学习目标** 掌握建筑钢结构材料的选用原则和方法，了解钢材的分类、规格。

■ **能力目标** 学会建筑钢结构用钢材的规格认知及钢材力学指标的查用。

■ **知识点**

### 一、建筑钢材的力学性能

（一）钢材的力学性能

1. 强度

建筑钢材的强度和塑性一般由常温静载下单向拉伸试验曲线表明。试验所得的屈服点 $f_y$、抗拉强度 $f_u$ 和伸长率 $\delta$ 是钢结构设计中对钢材力学性能所要求的三项重要指标。

对于有明显屈服点的钢材，屈服点 $f_y$ 是衡量结构承载能力和确定强度设计值的指标。因为钢材的应力在达到屈服点后应变急剧增长，应力不会继续增加，表明结构已不能继续使用。抗拉强度 $f_u$ 是钢材破坏前所能承受的最大应力，到达抗拉强度后出现颈缩，此时变形剧增，应力下降，最后试件断裂。$f_y/f_u$ 被称为屈强比，其值愈大，说明钢材被充分利用；愈小则安全储备愈大。

没有明显屈服点的钢材，以卸荷后残余变形为 0.2%时所对应的应力作为名义屈服点 $f_{0.2}$。

2. 塑性

钢材的塑性是指应力超过屈服点后，能产生显著的塑性变形，而不立即断裂的性质，可用静力拉伸试验得到的伸长率 $\delta$ 来衡量。

伸长率 $\delta$ 为图 4-1 所示。试件拉断后，原标距的伸长值与原标距比值的百分数，即

$$\delta = \frac{l_1 - l_0}{l_0} \times 100\% \tag{4-1}$$

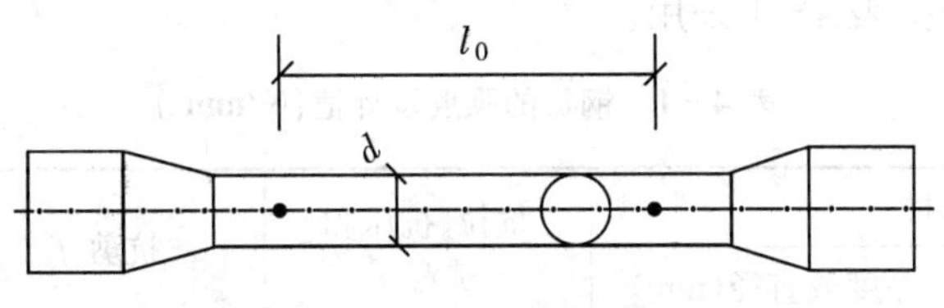


**图 4－1　静力拉伸标准试件**

$\delta$ 随试件的标距长度增大而减小。标准试件一般取 5 $d$ 或 10 $d$ 为标定长度，即伸长率用 $\delta_5$ 或 $\delta_{10}$ 表示。

3. 冷弯性能

冷弯性能是指钢材在常温下冷加工时，对产生裂缝的抵抗能力。冷弯性能由冷弯试验来确定，如图 4－2 所示。试验时，按规定的弯心直径在材料试验机上，将厚度为 $a$、宽度为 $b$ 的板材，通过冷弯冲头加压弯曲 180°，以弯曲处无裂纹、不分层为合格。冷弯试验同时可检查钢材的内部缺陷，如颗粒组织、结晶情况、杂质分布等，因此冷弯性能是衡量钢材质量的综合性指标。

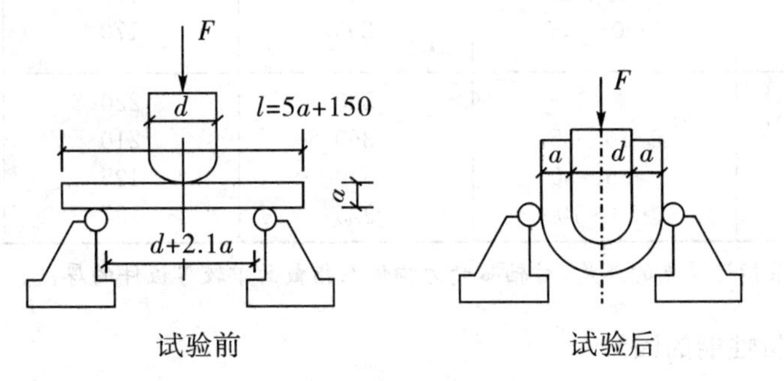


**图 4－2　冷弯试验示意图**

4. 冲击韧性

钢材的韧性是钢材在断裂时吸收能量的能力，也是钢材在动力荷载作用下，抵抗脆性破坏的能力。

国家标准规定采用国际上通用的夏比试验法测量冲击韧性，如图 4－3 所示。在冲击试验时，采用中间开有小槽的长方形试件，放在摆锤式冲击试验机上冲断，可从试验机刻度盘上读出冲击功（单位 J）。

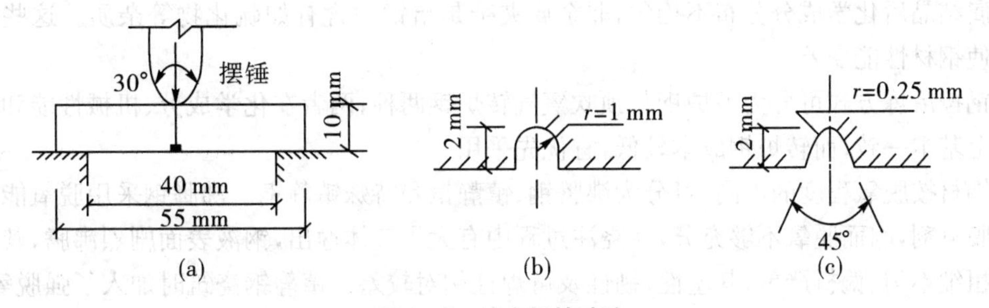


**图 4－3　冲击韧性试验**

（二）建筑钢材的强度设计值

钢材的强度设计值为钢材的屈服强度除以钢材的抗力分项系数 $\gamma_R$。钢筋强度设计值根据钢材厚度或直径按表 4－1 采用。

**表 4－1　钢材的强度设计值(N/mm²)**

| 钢材 | | 抗拉、抗压和抗弯 $f$ | 抗剪 $f_v$ | 端面承压(刨平顶紧) $f_{ce}$ |
|---|---|---|---|---|
| 牌　号 | 厚度或直径(mm) | | | |
| Q235 钢 | ≤16 | 215 | 125 | 325 |
| | >16～40 | 205 | 120 | |
| | >40～60 | 200 | 115 | |
| | >60～100 | 190 | 110 | |
| Q345 钢 | ≤16 | 310 | 180 | 400 |
| | >16～35 | 295 | 170 | |
| | >35～50 | 265 | 155 | |
| | >50～100 | 250 | 145 | |
| Q390 钢 | ≤16 | 350 | 205 | 415 |
| | >16～35 | 335 | 190 | |
| | >35～50 | 315 | 180 | |
| | >50～100 | 295 | 170 | |
| Q420 钢 | ≤16 | 380 | 220 | 440 |
| | >16～35 | 360 | 210 | |
| | >35～50 | 340 | 195 | |
| | >50～100 | 325 | 185 | |

注：表中厚度系指计算点的厚度，对轴心受力构件系指截面中较厚板件的厚度。

## 二、影响钢材性能的因素

### (一) 化学成分

钢结构主要采用碳素结构钢和低合金结构钢。碳素结构钢中铁(Fe)含量约占 99%，其余是碳(C)、锰(Mn)、硅(Si)以及冶炼中不易除净的有害元素硫(S)、磷(P)、氧(O)、氮(N)等。低合金结构钢，在冶炼时适当增加锰、硅含量，可改善钢材的机械性能；若增加少量的钒、钛、铌、铜等元素，则对某些性能的改善更显著。

### (二) 冶炼和轧制过程

钢材在冶炼、轧制过程中常见的冶金缺陷有偏析、非金属夹杂、气孔和裂纹等。偏析是指金属结晶后化学成分分布不均匀；非金属夹杂是指钢中含有如硫化物等杂质。这些缺陷都会使钢材性能变差。

钢按冶炼方式可分为平炉钢与顶吹氧气转炉钢两种，两者在化学成分、机械性能和工艺性能上基本一致，而转炉钢成本较低，宜优先采用。

钢材按脱氧程度的不同，可分为沸腾钢、镇静钢和特殊镇静钢。沸腾钢采用脱氧能力较弱的脱氧剂，因而脱氧不够充分，在浇注过程中有大量气体逸出，钢液表面剧烈沸腾，其结晶构造粗细不匀、偏析严重，其塑性、韧性及可焊性相对较差。镇静钢浇筑时加入了强脱氧剂，因而脱氧充分，同时脱氧过程中产生了很多热量，使钢液冷却缓慢，气体容易逸出，浇铸时没有沸腾现象，氧气杂质少且晶粒较细，偏析等缺陷不严重，钢材性能比沸腾钢好。

钢材的轧制能使钢材的结晶晶粒变得更加细密均匀，也能使气泡、裂纹等焊合，因而改善了钢材的力学性能。

（三）钢材的硬化

钢材随时间的增长，其机械性能会发生变化，强度提高而塑性、韧性下降，这种现象称作时效硬化。

人工时效是使钢材先发生10%左右的塑性变形，再加热至250℃保持1 h，然后在空气中冷却，则时效可在几小时内完成。

钢材在超过弹性阶段卸荷后再重新加荷，其屈服点将提高，弹性工作范围加大，而塑性和韧性却降低，这种现象叫做冷作硬化。

（四）应力集中的影响

由于截面几何形状的突变，造成应力线曲折、密集，从而在孔洞边缘、缺口尖端处出现局部高峰应力，其余部位应力降低，这种现象称为应力集中。

由图4-4可以看到，应力集中的程度取决于构件形状的变化，变化剧烈，高峰应力则大。

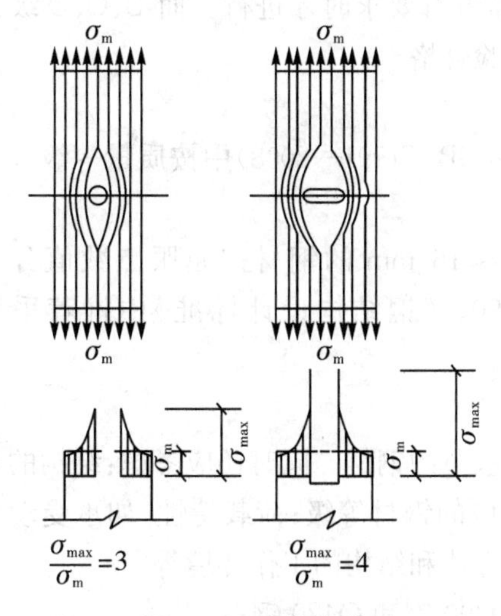


**图4-4　应力集中**

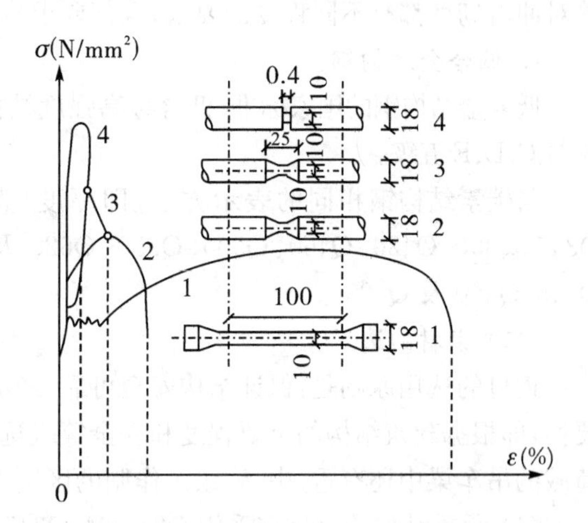


**图4-5　应力集中对钢材性能的影响**

图4-5为不同槽口试件拉伸时的应力—应变图，试验结果表明形状变化愈剧烈的试件，应力集中愈严重，抗拉强度愈高，而脆性破坏的危险也愈大。因此，设计时应当避免截面形状的突然变化，要采用圆滑的形状和逐渐改变截面的方法。

（五）温度影响

随温度的升高，钢材的机械性能总的趋势是强度降低，变形增大。但在200℃以内钢材性能变化不大，430～540℃之间则强度（$f_y$，$f_u$）急剧下降，到600℃时强度很低不能继续承载。

此外，钢材在250℃左右时，抗拉强度有所提高而塑性、韧性下降，因表面氧化膜呈蓝色，这种现象称为蓝脆。在蓝脆温度范围内进行热加工，可能引起裂纹。

当温度从常温下降时，钢材的强度略有提高，但塑性和韧性则降低而变脆。当温度下降到某一特定值时，冲击韧性急剧下降，破坏特征明显地转变为脆性破坏，这种现象称作低温冷脆现象。

（六）重复荷载作用的影响（疲劳）

钢材在重复荷载作用下，虽然应力低于抗拉强度也会发生破坏，这种现象称为钢材的疲劳。疲劳破坏前，钢材并无明显的塑性变形和局部收缩，是一种突然性的脆性断裂。

疲劳是因为钢材质地不均匀以及应力分布不均匀而引起的。

## 三、钢结构用钢材的种类、规格与选用

### (一) 建筑钢材的种类

建筑结构用钢基本上是碳素结构钢和低合金钢两种。

#### 1. 碳素结构钢

在碳素结构钢中，建筑钢材只使用低碳钢(含碳量不大于 0.25%)。

碳素结构钢钢材牌号表示方法由字母 Q、屈服点数值($N/mm^2$)、质量等级代号(A、B、C、D，A 级最差、D 级最优)及脱氧方法代号(F、Z、TZ——分别为“沸”、“镇”、“特镇”)四个部分组成。国家标准《碳素结构钢》(GB 700—2006)将碳素结构钢按屈服点数值分为 4 个牌号：Q195、Q215、Q235 和 Q275。《钢结构设计标准》中推荐采用 Q235 钢。

A 级钢，对冲击韧性不作要求，冷弯试验也只在需方有要求时才进行。而 B、C、D 级钢筋对冲击韧性都有不同程度的要求，且都要求冷弯试验合格。

#### 2. 低合金结构钢

低合金结构钢的国家标准《低合金高强度结构钢》(GB/T1591—2008)中按质量等级分为 A、B、C、D、E 五级。

与碳素结构钢相同的表示方法，即厚度(直径)≤16 mm 的钢材按屈服点数值分为 Q345、Q390、Q420、Q460、Q500、Q550、Q620 及 Q690。《钢结构设计标准》中推荐采用 Q345、Q390 及 Q420。

### (二) 钢材的选用

钢材的选用原则是：保证结构安全可靠、经济合理、节约钢材。同时还应考虑：结构的重要性，即根据建筑结构的重要程度和安全等级选择相应的钢材等级；荷载特性，如承受动力荷载的吊车梁中还有重、中、轻级工作制的区别；连接方法和结构的工作环境等。

(1) 承重结构的钢材宜采用 Q235 钢、Q345 钢、Q390 钢和 Q420 钢；

(2) 承重结构采用的钢材应具有抗拉强度、伸长率、屈服强度和硫、磷含量的合格保证，对焊接结构尚应具有碳含量的合格保证；

(3) 对于需要验算疲劳的焊接结构的钢材，应具有常温冲击韧性的合格保证；

(4) 对于需要验算疲劳的非焊接结构的钢材亦应具有常温冲击韧性的合格保证；

(5) 吊车起重量不小于 50 t 的中级工作制吊车梁，对钢材冲击韧性的要求应与需要验算疲劳的构件相同。

### (三) 钢材规格

钢结构所用钢材主要有热轧钢板、型钢、冷弯薄壁型钢和压型钢板。

#### 1. 热轧钢板

热轧钢板分薄钢板、厚钢板和扁钢，其规格用符号“—”加“宽度×厚度×长度”的毫米数表示。如：—600×12×3000 表示宽度为 600 mm、厚度为 12 mm、长度为 3000 mm 的钢板。

薄钢板：厚 0.35～4 mm，宽 500～1 500 mm，长 0.5～4 m；

厚钢板：厚 4.5～60 mm，宽 600～3000 mm，长 4～12 m；

扁钢：厚 4～60 mm，宽 12～200 mm，长 3～9 m。

2. 热轧型钢

钢结构常用的热轧型钢有角钢、工字钢、槽钢、H 型钢、部分 T 型钢和钢管，如图 4－6 所示。

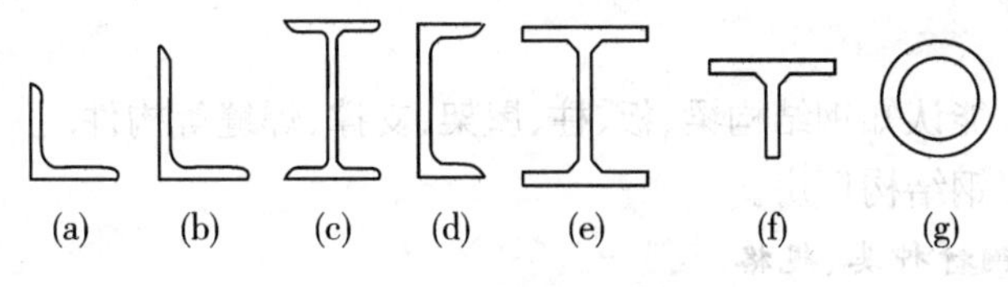


**图 4－6　热轧型钢截面**

角钢有等边和不等边两种。等边角钢用符号“∟”加“肢宽×厚度”的毫米数表示。如：∟ 100×10 表示肢宽为 100 mm、厚度为 10 mm 的等边角钢。不等边角钢用符号“∟”加“长肢宽×短肢宽×厚度”的毫米数表示。如：∟ 100×80×8 长肢宽为 100 mm、短肢宽为 80 mm、厚度为 8 mm 的不等边角钢。

工字钢分为普通工字钢和轻型工字钢两种，分别用符号“I”和“QI”，后面加上截面高度(cm)表示，如：I18。20 号以上的工字钢，其腹板厚度分 a、b 及 c 三种。

槽钢分为普通槽钢和轻型槽钢两种，分别用符号“[”和“Q[”，后面加上截面高度(cm)表示，如：Q[25。

H 型钢分宽翼缘 H 型钢(HW)、中翼缘 H 型钢(HM)和窄翼缘 H 型钢(HN)三类，以符号后加“高度×宽度×腹板厚度×翼缘厚度”的毫米数表示，如：HM340×250×9×14。

部分 T 型钢由对应的 H 型钢沿腹板中部对等剖分而成，用符号 TW、TM、TN 表示。

钢管分为无缝钢管和焊接钢管两种，用符号“$\phi$”后面加“外径×厚度”的毫米数表示，如 $\phi$400×6。

3. 冷弯薄壁型钢和压型钢板

冷弯薄壁型钢是用薄钢板经模压或冷弯成形，其截面形式如图 4－7 所示。

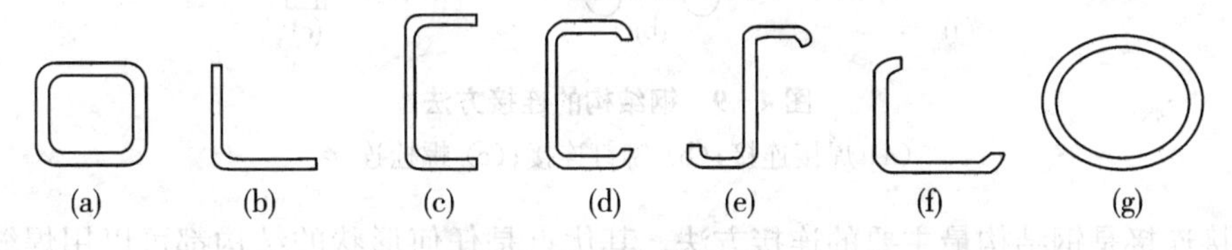


**图 4－7　冷弯薄壁型钢**

压型钢板是用 0.4～2 mm 厚的钢板、镀锌钢板、彩色涂层钢板经冷轧而成的波形板，如图 4－8 为其中几种。

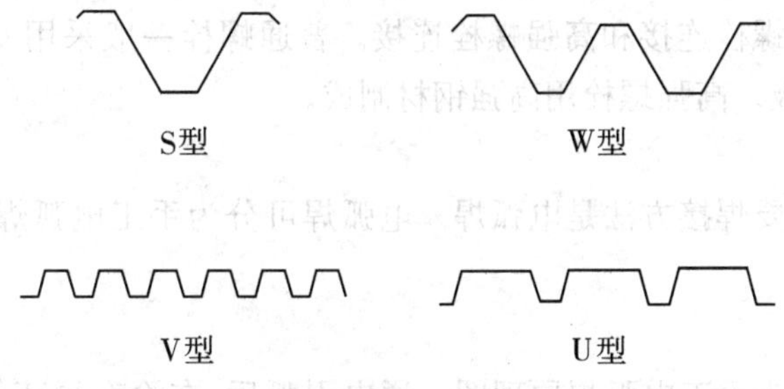


**图 4－8　压型钢板**

■ **实训练习**

**任务一　参观钢结构厂房**

(1) 目的：通过大型钢结构厂房的参观，掌握钢结构房屋的各组成构件及其在整个结构中的作用。

(2) 能力目标：能认知钢结构梁、板、柱、屋架、支撑、焊缝等构件。

(3) 活动条件：钢结构厂房。

**任务二　认知钢材种类、规格**

(1) 目的：认知钢材的种类、规格。

(2) 能力目标：能认知实物钢材种类、规格。

(3) 实物：热轧钢板、型钢、冷弯薄壁型钢和压型钢板。

## 项目 2　焊接

■ **学习目标**　掌握对接焊缝和角焊缝的计算方法，了解焊缝的工作原理、减少焊接应力及焊接变形的措施。

■ **能力目标**　学会简单焊缝的计算。

■ **知识点**

### 一、焊接的方法、形式及焊缝质量等级

钢结构的连接方法有焊接、铆钉连接和螺栓连接三种，如图 4-9 所示。

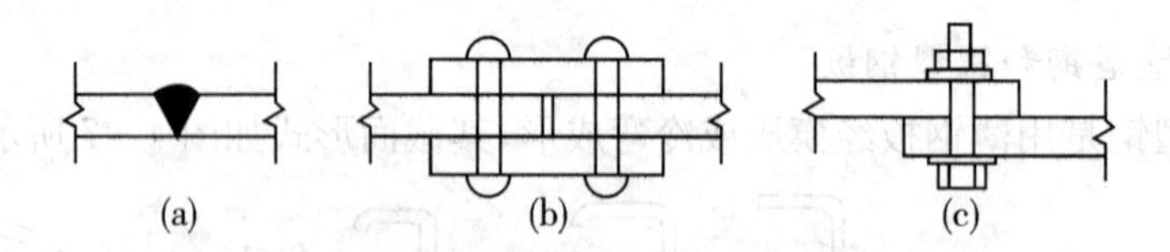


**图 4-9　钢结构的连接方法**

(a) 焊接连接；(b) 铆钉连接；(c) 螺栓连接

焊接连接是钢结构最主要的连接方法。其优点是任何形状的结构都可以用焊缝连接，构造简单，省工省料，且易于采用自动化操作，生产效率高。

铆钉连接是将一端带有预制钉头的铆钉，插入被连接件的钉孔中，用铆钉枪或压铆机将另一端压成封闭钉头而成。

螺栓连接分普通螺栓连接和高强螺栓连接。普通螺栓一般采用 Q235 钢制成，按加工精度分为 A、B、C 三级。高强螺栓用高强钢材制成。

(一) 焊接方法

钢结构采用的主要焊接方法是电弧焊。电弧焊可分为手工电弧焊、自动或半自动埋弧焊和气体保护焊等。

1. 手工电弧焊

如图 4-10 所示为手工电弧焊原理图。通电引弧后，在涂有焊药的焊条端和焊件间的间隙中产生电弧，使焊条和焊件迅速熔化，熔化的焊条金属与焊件金属结合为焊缝金属。

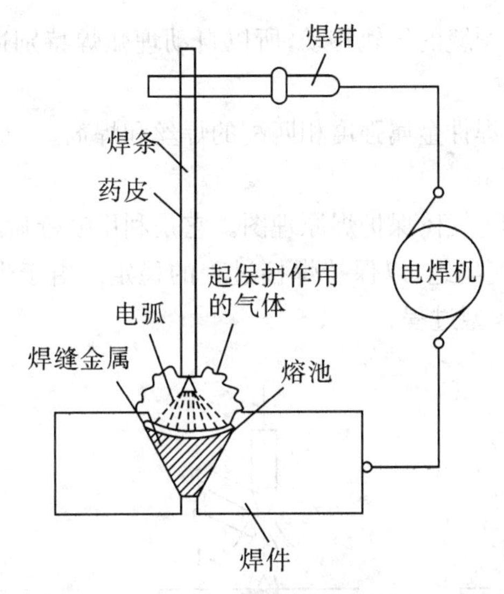


**图 4－10　手工电弧焊原理**

手工电弧焊其电焊设备简单、使用方便、适用性强，特别适用于工地安装焊缝、短焊缝和曲折焊缝。但其生产效率低、劳动强度大、弧光炫目。焊缝质量波动较大，在一定程度上取决于焊工的水平。

手工电弧焊常用的焊条牌号有 E43 型、E50 型和 E55 型等。其中 E 表示焊条，其后数字表示焊条熔敷金属抗拉强度的最小值。焊条的选用应与主体金属相匹配，如 Q235 钢采用 E43 型焊条。

2. 自动或半自动埋弧焊

如图 4－11 所示为自动或半自动埋弧焊原理图。通电引弧后，埋在焊剂层下的焊丝、焊件和焊剂熔化，焊剂熔化后形成熔渣浮在熔化的焊缝金属上面，使其与空气隔绝，并供给焊缝金属必要的合金元素以改善焊缝质量。随着焊机的自动移动，焊丝自动边熔化边下降，颗粒状的焊剂亦不断由漏斗漏下埋住炫目电弧，此焊接过程自动进行，称为自动埋弧焊。如果焊机的移动由人工操作，则称为半自动埋弧焊。

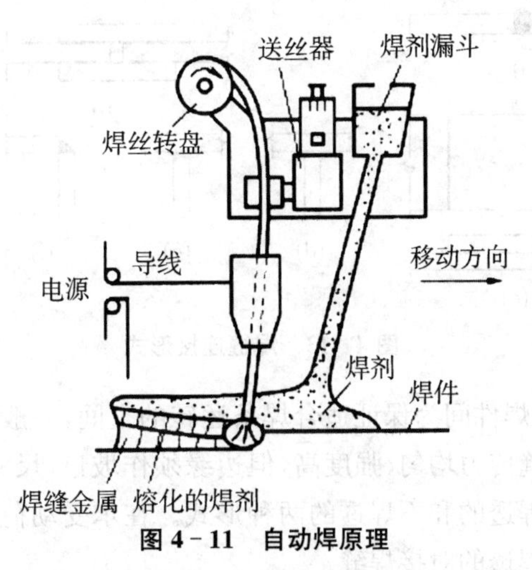


**图 4－11　自动焊原理**

自动埋弧焊的焊接速度快、生产效率高、成本低、焊缝质量稳定、焊缝内部缺陷少、塑性和韧性好。因焊机须沿着顺缝的导轨移动，所以自动埋弧焊特别适用于梁、柱、板等大批量拼装制造的焊缝。

自动埋弧焊应采用与焊件金属强度相匹配的焊丝和焊剂。

3. $CO_2$气体保护焊

如图 4 - 12 所示为$CO_2$气体保护焊原理图。它是利用喷枪喷出$CO_2$气体作为电弧的保护介质，使熔化金属与空气隔绝，以保持焊接过程的稳定。由于焊接时没有焊剂产生的熔渣，所以便于观察焊缝的成型过程。

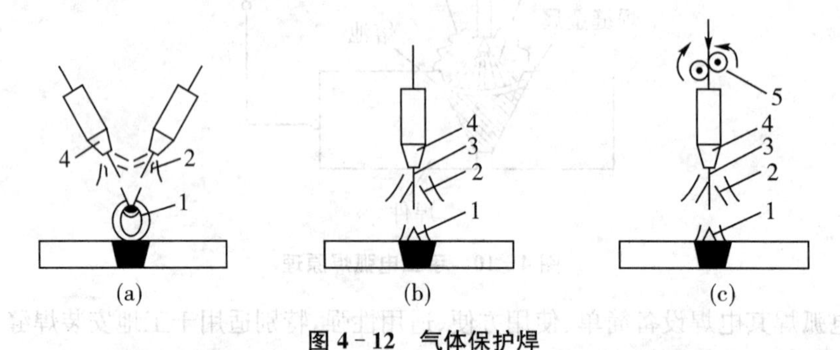


**图 4 - 12　气体保护焊**

(a) 不熔化极间接电弧焊；(b) 不熔化极直接电弧焊；(c) 熔化极直接电弧焊

1—电弧；2—保护气体；3—电极；4—喷嘴；5—焊丝滚轮

气体保护焊电弧加热集中、焊接速度快，故焊缝强度比手工电弧焊高，且塑性和抗腐蚀性好，适用于厚钢板或特厚钢板的焊接，但不适用于野外或有风的地方施焊。

（二）焊缝与焊缝连接形式

焊缝连接按被连接构件间的相对位置分为平接、搭接、T 形连接和角接等形式。焊缝按构造可分为对接焊缝和角焊缝两种，如图 4 - 13 所示。

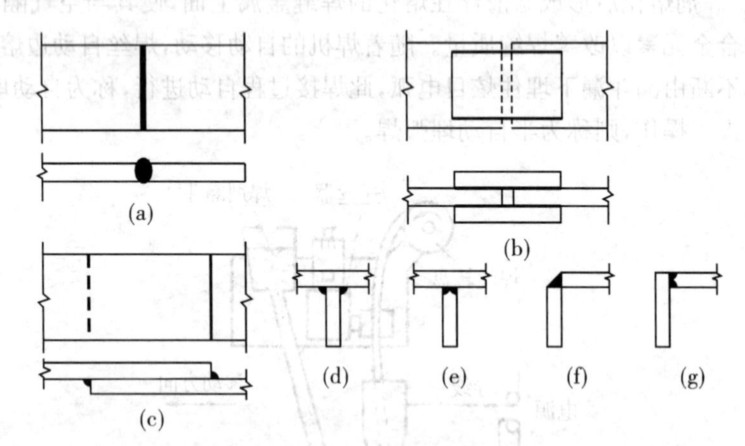


**图 4 - 13　焊缝连接形式**

对接焊缝在施焊时，焊件间为保证适合焊条运转的空间，一般将焊件边缘开成坡口，故又称坡口焊缝。对接焊缝传力均匀、强度高，但边缘须作坡口，尺寸要求严且制造费工。对接焊缝按是否焊透分为焊透的和不焊透的两种形式。在承受动荷载的结构中，垂直于受力方向的焊缝不宜采用不焊透的对接焊缝。

角焊缝位于板件边缘，分为直角角焊缝和斜角角焊缝，如图 4 - 14 所示。直角角焊缝受力性能较好，在建筑钢结构中应用广泛。角焊缝受力不均匀容易引起应力集中，但其不需开坡口，制造方便，使用灵活。

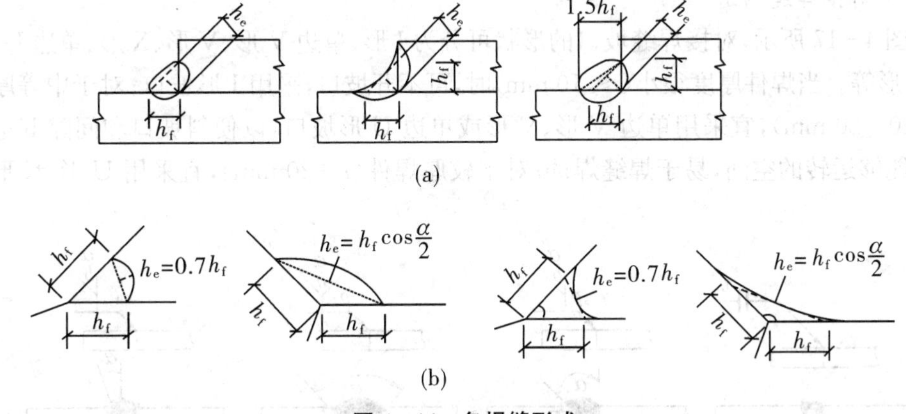


**图 4－14　角焊缝形式**

(a) 直角角焊缝；(b) 斜角角焊缝

焊缝按施焊位置可分为俯焊、立焊、横焊和仰焊，如图 4－15 所示。俯焊施焊最方便，质量最易保证；仰焊施焊条件最差，质量不易保证，设计时应尽量避免。

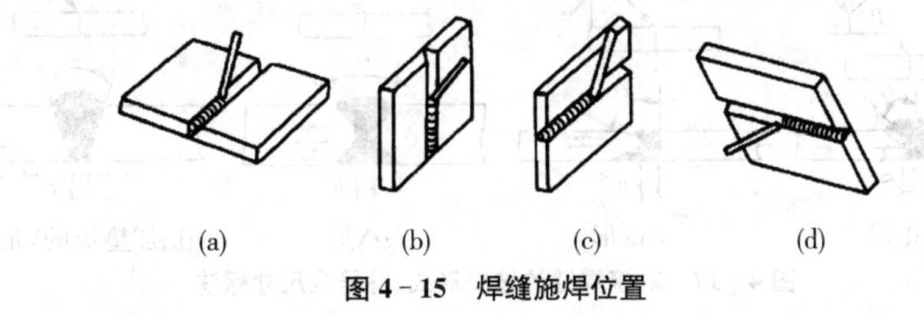


**图 4－15　焊缝施焊位置**

(a) 俯焊；(b) 立焊；(c) 横焊；(d) 仰焊

（三）焊缝质量等级

焊缝中可能存在气孔、夹渣、烧穿和未焊透等缺陷，如图 4－16 所示。这些缺陷会使焊缝的受力面积削弱，同时在缺陷处会引起应力集中，易于形成裂纹。因此，应对焊缝质量严格检查。《钢结构工程施工质量验收规范》规定，焊缝质量检查标准分为一级、二级和三级。三级焊缝只要求对全部焊缝作外观检查，即检查焊缝实际尺寸是否符合设计要求和有无看得见的裂纹、咬边等缺陷；一级、二级焊缝则除外观检查外，还要求相应数量的超声波检验。

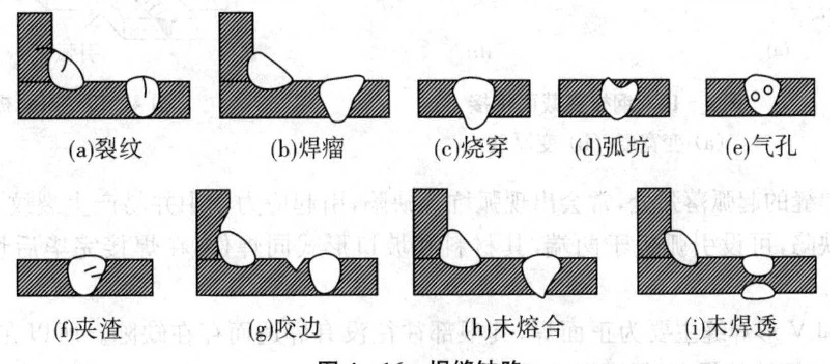


**图 4－16　焊缝缺陷**

## 二、对接焊缝

(一) 对接焊缝构造

如图 4－17 所示，对接焊缝坡口的形状可分为 I 形、单边 V 形、V 形、X 形、单边 U 形、U 形和 K 形等。当焊件厚度很小($t \leqslant 10$ mm)时，可不开坡口，采用 I 形坡口；对于中等厚度焊件($t=10 \sim 20$ mm)，宜采用单边 V 形、V 形或单边 U 形坡口，以便斜坡口和间隙 b 组成一个焊条能够运转的空间，易于焊缝焊透；对于较厚焊件($t \geqslant 20$ mm)，宜采用 U 形、K 形或 X 形坡口。

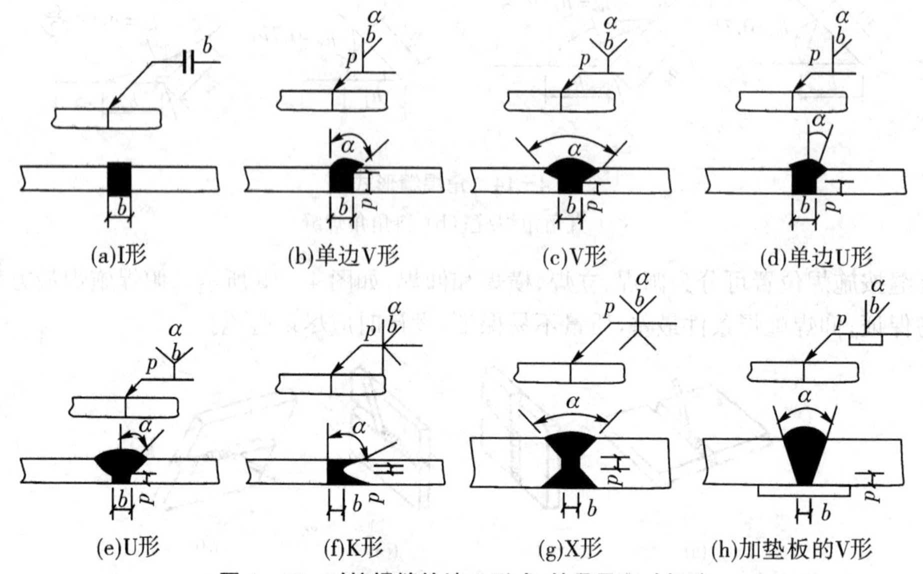


**图 4－17　对接焊缝的坡口形式、符号及尺寸标注**

在钢板拼接处，当焊件宽度不同或厚度在一侧相差超过 4 mm 时，应分别在宽度或厚度方向从一侧或双侧做成坡度不大于 1∶2.5 的斜角(如图 4－18)所示，形成平缓过渡，减少应力集中。焊缝的计算厚度取较薄板的厚度。

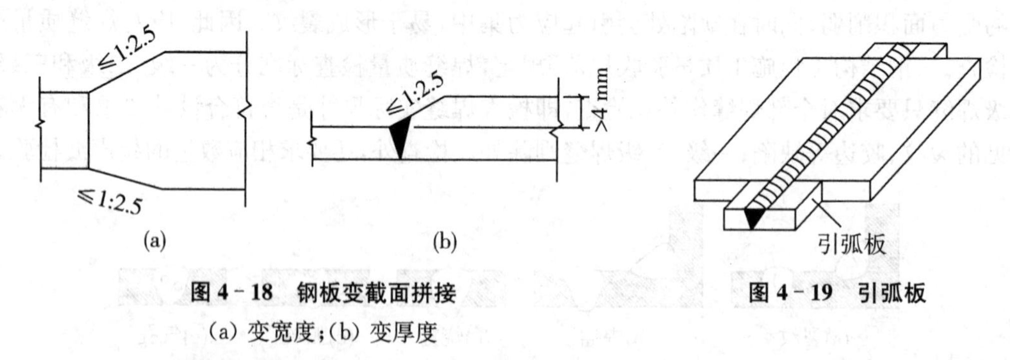


**图 4－18　钢板变截面拼接**

(a) 变宽度；(b) 变厚度

**图 4－19　引弧板**

对接焊缝的起弧落弧处，常会出现弧坑等缺陷，引起应力集中并易产生裂纹。因此，为消除焊口缺陷，可设引弧板于两端，其材料和坡口形式同焊件，在焊接完毕后切除，如图 4－19所示。

U 形和 V 形焊缝主要为正面焊，其根部往往没有焊透而存在缺陷。所以在一面焊完后，应反过来清渣补焊，以保证焊缝质量。

（二）对接焊缝计算

1. 轴心力作用时的对接焊缝计算

对接焊缝受垂直于焊缝的轴心拉力或轴心压力作用时（如图 4-20 所示），其强度应按下式计算：

$$\sigma = \frac{N}{l_w t} \leqslant f_t^w \text{ 或 } f_c^w \quad (4-2)$$

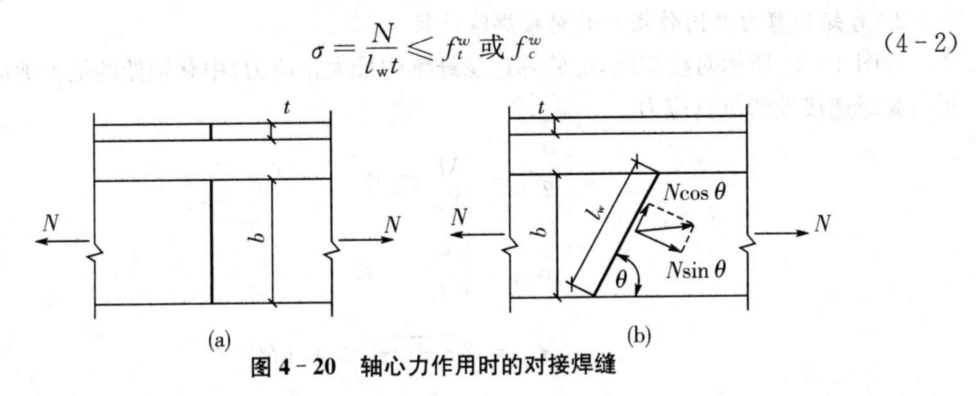


**图 4-20　轴心力作用时的对接焊缝**

式中：$N$——轴心拉力或压力，kN；

$l_w$——焊缝的计算长度。当采用引弧板施焊时，取焊缝实际长度；当未采用引弧板施焊时，取实际长度减去 $2t$，mm；

$t$——在对接接头中取连接件的较小厚度；在 $T$ 形接头中取腹板厚度，mm；

$f_t^w$、$f_c^w$——对接焊缝的抗拉、抗压强度设计值，见表 4-2，N/mm²。

**表 4-2　焊缝的强度设计值**

| 焊接方法和焊条型号 | 构件钢材 | | 对接焊缝 | | | | 角焊缝 |
|---|---|---|---|---|---|---|---|
| | 牌　号 | 厚度或直径(mm) | 抗压 $f_c^w$ (N/mm²) | 焊缝质量为下列级别时，抗拉和抗弯 $f_t^w$ (N/mm²) | | 抗剪 $f_v^w$ (N/mm²) | 抗拉、抗压和抗剪 $f_f^w$ (N/mm²) |
| | | | | 一级、二级 | 三级 | | |
| 自动焊半自动焊和 E43 型焊条的手工焊 | Q235 钢 | ≤16 | 215 | 215 | 185 | 125 | 160 |
| | | >16～40 | 205 | 205 | 175 | 120 | 160 |
| | | >40～60 | 200 | 200 | 170 | 115 | 160 |
| | | >60～100 | 190 | 190 | 160 | 110 | 160 |
| 自动焊、半自动焊和 E50 型焊条的手工焊 | Q345 钢 | ≤16 | 310 | 310 | 265 | 180 | 200 |
| | | >16～35 | 295 | 295 | 250 | 170 | 200 |
| | | >35～50 | 265 | 265 | 225 | 155 | 200 |
| | | >50～100 | 250 | 250 | 210 | 145 | 200 |
| 自动焊、半自动焊和 E55 型焊条的手工焊 | Q390 钢 | ≤16 | 350 | 350 | 300 | 205 | 220 |
| | | >16～35 | 335 | 335 | 285 | 190 | 220 |
| | | >35～50 | 315 | 315 | 270 | 180 | 220 |
| | | >50～100 | 295 | 295 | 250 | 170 | 220 |
| 自动焊、半自动焊和 E55 型焊条的手工焊 | Q420 钢 | ≤16 | 380 | 380 | 320 | 220 | 220 |
| | | >16～35 | 360 | 360 | 305 | 210 | 220 |
| | | >35～50 | 340 | 340 | 290 | 195 | 220 |
| | | >50～100 | 325 | 325 | 275 | 185 | 220 |

注：自动焊和半自动焊所采用的焊丝和焊剂，应保证其熔敷金属的抗拉强度不低于相应手工焊焊条的数值。

对质量等级为一、二级的焊缝，其截面的抗拉、抗压和抗剪的强度设计值同于母材，不必进行焊缝计算；当采用三级质量时，焊缝内部存在较多的缺陷，焊缝强度低于母材强度，故按公式(4-2)进行抗拉强度验算。当采用直缝不能满足要求，可采用斜焊缝。当满足 $\tan\theta \leqslant 1.5$ 时，斜焊缝的强度不低于母材强度，可不必验算。

2. 弯矩和剪力共同作用时的对接焊缝计算

如图 4-21 所示对接焊缝，应验算边缘纤维的最大正应力、中和轴处的最大剪应力和腹板与翼缘连接处的折算应力。

$$\sigma_{\max} = \frac{M}{W_w} \leqslant f_t^w \tag{4-3}$$

$$\tau_{\max} = \frac{VS_w}{I_w t_w} \leqslant f_v^w \tag{4-4}$$

$$\sigma_{eq} = \sqrt{\sigma_1^2 + 3\tau_1^2} \leqslant 1.1 f_t^w \tag{4-5}$$

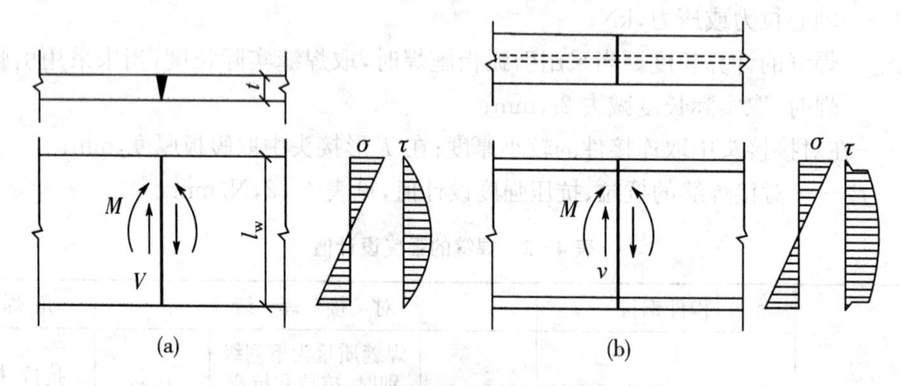


**图 4-21　弯矩和剪力共同作用时对接焊缝**

(a) 矩形截面；(b) 工字形截面

式中　$W_w$ ——焊缝截面抵抗矩，对矩形截面 $W_w = \dfrac{l_w^2 t}{6}$，$mm^3$；

$I_w$ ——焊缝截面对其中和轴的惯性矩，$mm^4$；

$S_w$ ——焊缝截面计算剪应力处以上(或以下)部分对中和轴的面积矩，$mm^4$；

$t_w$ ——计算剪应力处焊缝计算截面的宽度，mm；

$f_v^w$ ——对接焊缝的抗剪强度设计值，见表 4-2，$N/mm^2$。

**例 4-1**　验算如图 4-20 所示的钢板对接焊缝，钢板截面 500 mm×22 mm，轴向拉力 $N = 2500$ kN，钢材为 Q235，焊条 E43 型，焊缝为三级质量，施工中采用引弧板。

**解**：查表得焊缝抗拉强度设计值 $f_t^w = 175\ N/mm^2$。

采用直缝

$$\sigma = \frac{N}{l_w t} = \frac{2500 \times 10^3}{500 \times 22} = 227.3(N/mm^2) > 175\ N/mm^2$$

直缝不能满足，改为对接斜缝，取 $\tan\theta = 1.5(\theta = 56°)$，

焊缝计算长度 $l_w = \dfrac{500}{\sin 56°} = 603.1(mm)$

此时焊缝正应力为

$$\sigma=\frac{N\sin\theta}{l_{w}t}=\frac{2500\times10^{3}\times\sin\ 56^{0}}{603.1\times22}=156.2(\text{N/mm}^{2})\leqslant f_{t}^{w}=175\ \text{N/mm}^{2}$$

满足要求。

## 三、角焊缝

### （一）角焊缝构造

角焊缝按外力作用方向分为平行于力作用方向的侧面角焊缝、垂直于力作用方向的正面角焊缝以及与力作用方向斜交的斜向角焊缝，如图 4－22 所示。

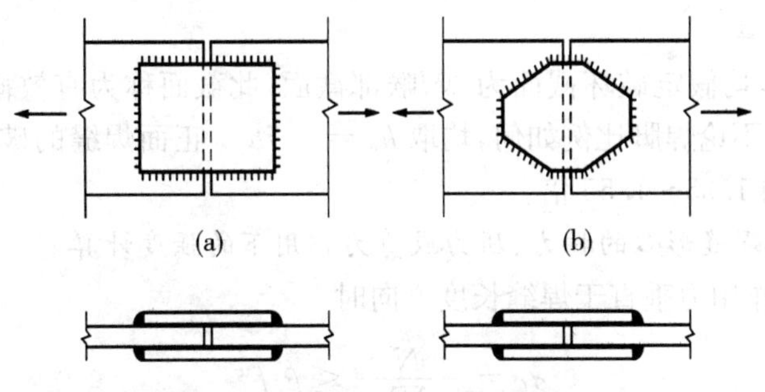


**图 4－22　侧面、正面与斜向角焊缝**

角焊缝两边夹角为直角的称为直角角焊缝，如图 4－23 所示；夹角为锐角或钝角的称为斜角角焊缝，如图 4－24 所示。直角角焊缝（简称角焊缝）截面又分普通型、平坡式和凹式三种，一般多采用普通式。

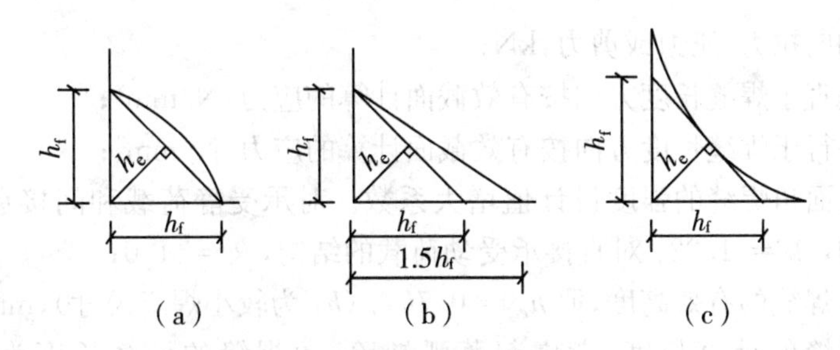


**图 4－23　直角角焊缝截面形式**

(a) 普通型；(b) 平坡式；(c) 凹式

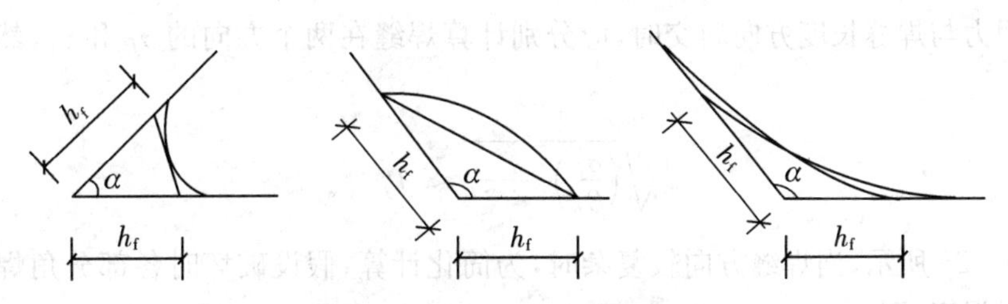


**图 4－24　斜角角焊缝截面形式**

角焊缝的两个直角长度 $h_f$ 称为焊脚尺寸。焊脚尺寸 $h_f$ 不得小于 $1.5\sqrt{t}$，其中 $t$ 为较厚焊件的板厚。角焊缝的焊脚尺寸 $h_f$ 也不能过大，否则易发生损伤构件的过烧现象和咬边现象，且易产生较大的焊接残余应力和焊接变形。角焊缝的最大焊脚尺寸应满足 $h_{f,\max} \leqslant 1.2t$，其中 $t$ 为较薄焊件的板厚。如贴着板边缘施焊，当焊件边缘厚度 $t \leqslant 6$ mm 时，取 $h_{f,\max} = t$；当焊件边缘厚度 $t > 6$ mm 时，取 $h_{f,\max} = t-(1 \sim 2)$ mm。

侧面角焊缝和正面角焊缝的计算长度不得小于 $8h_f$ 和 40 mm。侧面角焊缝的计算长度不宜大于 $60h_f$ 或 $40h_f$；当大于上述数值时，其超过部分在计算中不予考虑。当板件端部仅有两侧角焊缝连接时，每条侧焊缝长度不宜小于两侧面角焊缝之间的距离；同时两侧面角焊缝之间的距离不宜大于 $16t$ 或 190 mm，$t$ 为较薄焊件的厚度。当角焊缝的端部在构件转角处作长度为 $2h_f$ 的绕角焊时，转角处须连续施焊，以避免在应力集中较大处因起、落弧而出现缺陷。在搭接连接中，搭接长度不得小于焊件较小厚度的 5 倍，并不得小于 25 mm。

（二）角焊缝计算

在设计计算中，均假定破坏截面为 45°喉部截面，此截面称为有效截面，其截面高度为 $h_e$。对直角角焊缝，不论焊脚比例如何，均取 $h_e = 0.7h_f$。正面焊缝的破坏强度较侧面焊缝高，约为侧面焊缝的 1.35～1.55 倍。

1. 焊缝在通过焊缝形心的拉力、压力或剪力作用下的强度计算

正面角焊缝或作用力垂直于焊缝长度方向时

$$\sigma_f = \frac{N}{h_e \sum l_w} \leqslant \beta_f f_f^w \tag{4-6}$$

侧面角焊缝或作用力平行于焊缝长度方向时

$$\tau_f = \frac{N}{h_e \sum l_w} \leqslant f_f^w \tag{4-7}$$

式中 $N$——轴向拉力、压力或剪力，kN；

$\sigma_f$——垂直于焊缝长度方向按有效截面计算的应力，N/mm²；

$\tau_f$——平行于焊缝长度方向按有效截面计算的应力，N/mm²；

$\beta_f$——正面角焊缝的强度设计值增大系数。对承受静荷载和间接承受动荷载的结构，$\beta_f = 1.22$；对直接承受动荷载的结构，$\beta_f = 1.0$；

$h_e$——角焊缝的有效高度，取 $h_e = 0.7h_f$，（$h_f$ 为较小焊脚尺寸），mm；

$l_w$——焊缝的计算长度，考虑起落弧缺陷，角焊缝的计算长度为其实际长度减去 $2h_f$；

$f_f^w$——角焊缝的强度设计值，见表 4-2，N/mm²。

当作用力与焊缝长度方向斜交时，应分别计算焊缝在两个方向的 $\sigma_f$ 和 $\tau_f$，然后按下式计算：

$$\sqrt{\left(\frac{\sigma_f}{\beta_f}\right)^2 + \tau_f^2} \leqslant f_f^w \tag{4-8}$$

如图 4-25 所示，当焊缝方向较复杂时，为简化计算，假设破坏时各部分角焊缝都达到各自的极限强度，则：

$$\frac{N}{h_e \sum l_w} \leqslant f_f^w \tag{4-9}$$

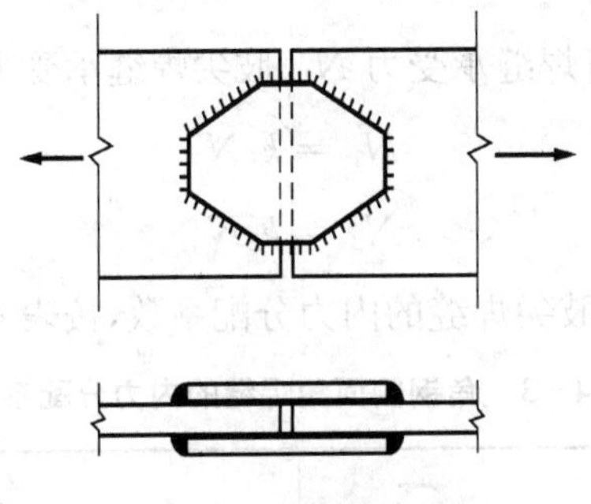

图 4-25　菱形盖板连接

2. 在弯矩、剪力和轴心力共同作用下角焊缝强度的计算

如图 4-26 所示，角焊缝在弯矩、剪力和轴心力共同作用下，焊缝的 $A$ 点为最危险点。其强度应满足

$$\sqrt{\left(\frac{\sigma_f^N+\sigma_f^M}{\beta_f}\right)^2+\tau_f^{v\,2}}\leqslant f_f^w \tag{4-10}$$

式中　$\sigma_f^N$ ——由轴心力 $N$ 产生的垂直于焊缝长度方向的应力，N/mm²；

$\sigma_f^M$ ——由弯矩 $M$ 引起的垂直于焊缝长度方向的应力，N/mm²；

$\tau_f^V$ ——由剪力 $V$ 产生的平行于焊缝长度方向的应力，N/mm²。

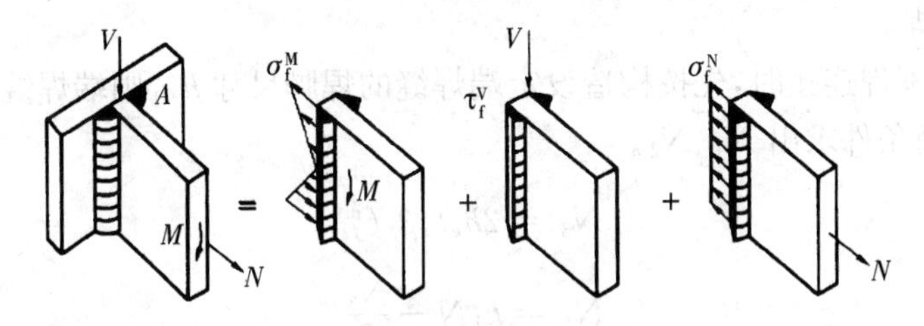


图 4-26　弯矩、剪力和轴心压力共同作用时 T 形接头角焊缝

3. 角钢与节点板连接焊缝的计算

角钢与连接板连接用角焊缝，一般多采用两面侧焊、三面围焊和 L 形围焊，如图 4-27 所示。

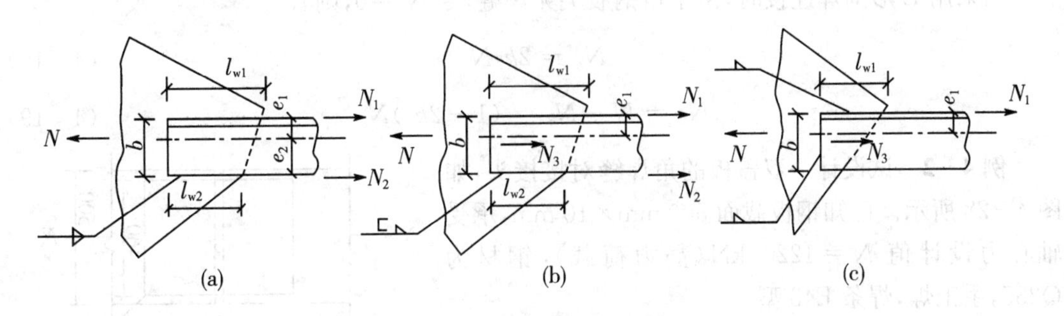


图 4-27　角钢与节点板的角焊缝连接

(a) 两面侧焊；(b) 三面围焊；(c) L 形围焊

(1) 两面侧焊。

由平衡条件可得角钢肢背焊缝承受力 $N_1$、肢尖焊缝承受力 $N_2$ 分别为：

$$N_1 = k_1 N \tag{4-11}$$

$$N_2 = k_2 N \tag{4-12}$$

式中　$k_1$、$k_2$ ——角钢肢背与肢尖焊缝的内力分配系数，按表 4-3 采用。

**表 4-3　角钢侧面角焊缝的内力分配系数**

| 角钢类型 | 连接情况 | 分配系数 | |
|---|---|---|---|
| | | 角钢肢背 $k_1$ | 角钢肢尖 $k_2$ |
| 等肢角钢 | | 0.70 | 0.30 |
| 不等肢角钢 | 短肢相连 | 0.75 | 0.25 |
| | 长肢相连 | 0.65 | 0.35 |

角钢肢背和肢尖焊缝长度分别为：

$$\sum l_{w1} = \frac{N_1}{0.7h_{f1} f_f^w} \tag{4-13}$$

$$\sum l_{w2} = \frac{N_2}{0.7h_{f2} f_f^w} \tag{4-14}$$

(2) 三面围焊。

当采用三面围焊连接时，先按构造设定端焊缝的焊脚尺寸 $h_f$，则端焊缝承担的力 $N_3$ 可以求出，再由平衡条件求出 $N_1$、$N_2$。

$$N_3 = 2h_e l_w \beta_f f_f^w \tag{4-15}$$

$$N_1 = k_1 N - \frac{N_3}{2} \tag{4-16}$$

$$N_2 = k_2 N - \frac{N_3}{2} \tag{4-17}$$

(3) L 形围焊。

当采用 L 形围焊连接时，由于角钢肢尖无焊缝，令 $N_2 = 0$，则有

$$N_3 = 2k_2 N \tag{4-18}$$

$$N_1 = N - N_3 = (1 - 2k_2)N \tag{4-19}$$

**例 4-2**　试设计一双盖板的角焊缝对接接头，如图 4-28 所示。已知钢板截面 500 mm×10 mm，承受轴心力设计值 $N = 1220$ kN(静力荷载)，钢材为 Q235，手工焊，焊条 E43 型。

**解：** 采用 2—460×6 的矩形盖板，三面围焊连接，则盖板面积为

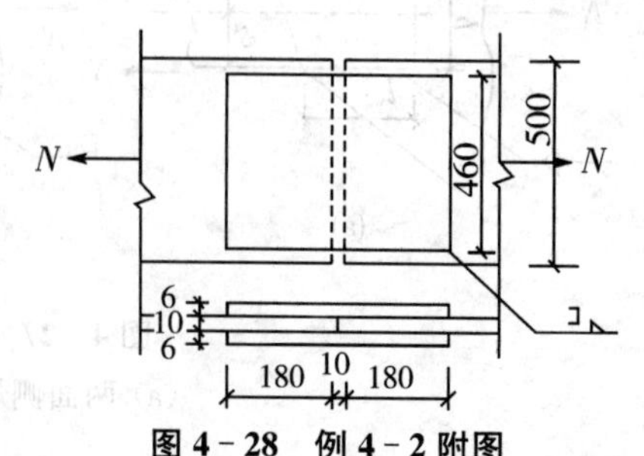


**图 4-28　例 4-2 附图**

$$A = 2 \times 460 \times 6 = 5520(\text{mm}^2)$$

按构造要求取 $h_f = 6$ mm，正面角焊缝能承受的内力为

$$N' = 2 \times 0.7 h_f l'_w \beta_f f_f^w = 2 \times 0.7 \times 6 \times 460 \times 1.22 \times 160 = 754253(\text{N})$$

$$= 754.3 \text{ kN}$$

则连接一侧的一条侧焊缝的长度为

$$l'_w = \frac{N - N'}{4 \times 0.7 h_f f_f^w} = \frac{(1220 - 754.3) \times 10^3}{4 \times 0.7 \times 6 \times 160} = 173.3(\text{mm})$$

取为 180 mm，则盖板长度 $l = 2 \times 180 + 10 = 370(\text{mm})$。

## 四、焊接残余应力与焊接变形

钢结构在焊接过程中，焊件局部受到剧烈的温度作用，高度不均匀的温度场造成焊件内部收缩与膨胀的不均匀性，致使焊接件产生变形，这种变形称为焊接变形（如图 4－29 所示）。而焊缝和焊缝附近钢材不能自由地变形，是因受到周围钢材的约束而产生焊接残余应力。

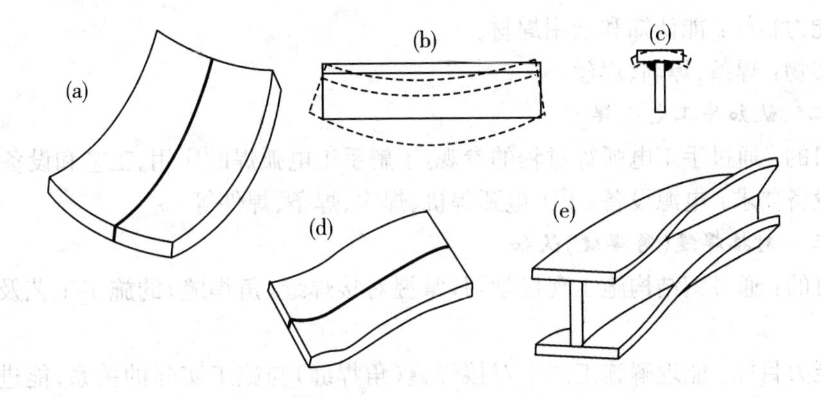


**图 4－29　焊接变形**

(a) 纵向收缩和横向收缩；(b) 弯曲变形；(c) 角变形；(d) 波浪变形；(e) 扭曲变形

为了减少和限制焊接残余应力和焊接变形，应从设计、制作等方面采取相应措施。

设计方面，应选择适宜的焊脚尺寸，不得任意加大焊缝，避免焊缝立体交叉和在一处集中大量焊缝，焊缝布置应尽可能对称于构件重心；对接焊缝的拼接处，应做成平缓过渡。

制作方面，应采用合理的焊接顺序，如图 4－30 所示；施焊前使构件有一个和焊接变形相反的预变形，如图 4－31 所示；对于小尺寸的焊件可焊前预热或焊后进行退火处理，退火是将构件加热至 600℃后，使其缓慢冷却，可消除焊接应力，也可以在焊后锤击，以减小焊接应力和焊接变形；利用机械校正法和局部加热法矫正焊接变形，如弯曲变形可用机械顶压冷矫正，也可以在凸面局部加热，利用热后的冷缩进行热矫正。

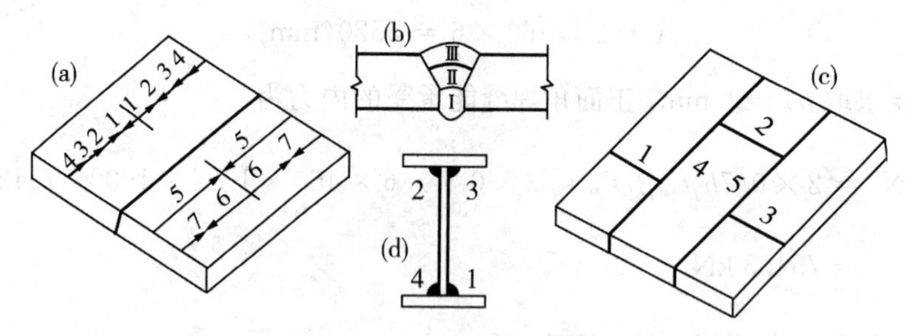


**图 4-30 合理的焊接顺序**

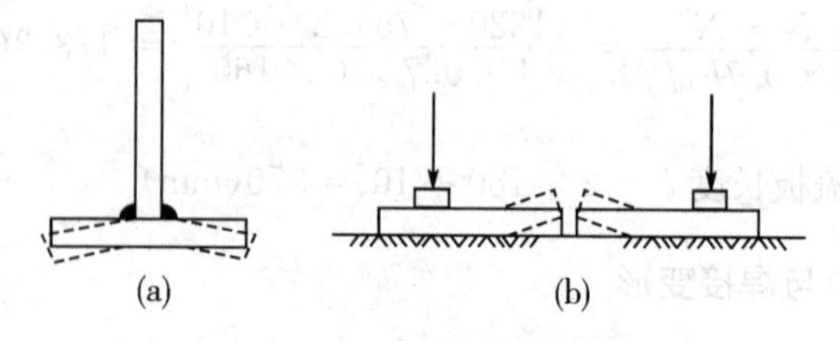


**图 4-31 减小焊接变形的措施**

■ **实训练习**

**任务一 认知焊材**

(1) 目的：通过识别焊材，掌握焊材的选用。

(2) 能力目标：能认知和选用焊材。

(3) 实物：焊条、焊剂、焊丝。

**任务二 认知手工电弧焊**

(1) 目的：通过手工电弧焊过程的参观，了解手工电弧焊的应用、工艺和设备。

(2) 设备要求：电源设备、手工电弧焊机、焊钳、焊条、焊件等。

**任务三 对接焊缝(角焊缝)认知**

(1) 目的：通过钢结构施工现场学习，掌握对接焊缝(角焊缝)的施工工艺及焊缝检测要求。

(2) 能力目标：能理解施工图中对接焊缝(角焊缝)与施工实际的关系，能进行对接焊缝(角焊缝)的外观检验。

## 项目3 螺栓连接

■ **学习目标** 掌握普通螺栓连接的构造及计算，了解高强度螺栓连接的构造和计算要点。

■ **能力目标** 学会普通螺栓连接的计算。

■ **知识点**

### 一、普通螺栓连接

#### (一) 普通螺栓连接构造

螺栓有不同的性能等级，如“4.6级”、“8.8级”、“10.9级”等。小数点前的数字表示螺栓材料的最低抗拉强度，如“4”表示 400 N/mm$^2$；小数点及后面的数字(0.6、0.8 等)则表示螺栓材料的屈强比。

钢结构采用的普通螺栓形式为六角头型，其代号用字母 M 与公称直径的毫米数表示，如常用的螺栓有 M16、M20 和 M24。螺栓长度的选用，在考虑连接件叠合厚度的同时，还应考虑两头垫圈、螺母的厚度并外露 2～3 扣丝扣。

螺栓的排列分并列和错列两种，如图 4-32 所示。并列布置简单，但栓孔对截面削弱较大；错列布置紧凑，可减少截面削弱，但排列复杂。

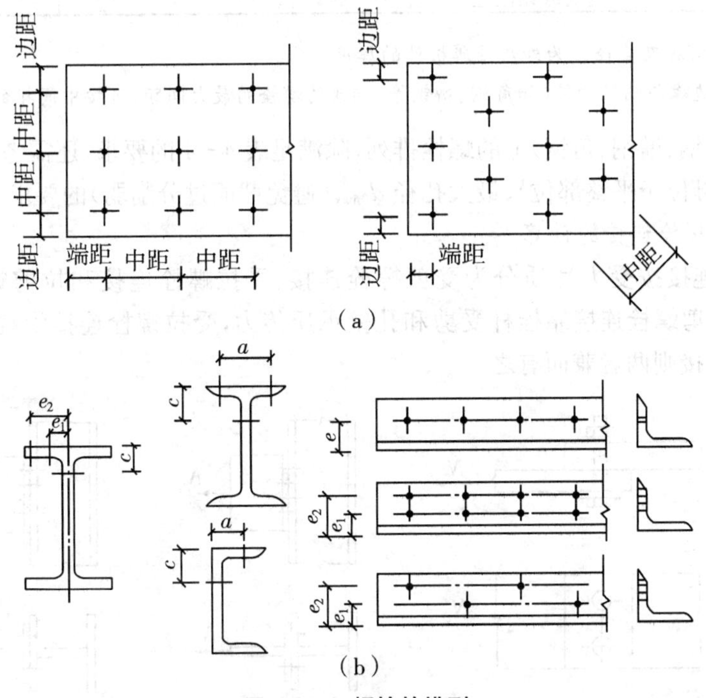


**图 4-32　螺栓的排列**

每一杆件在节点上以及拼接接头的一端，永久性的螺栓(或铆钉)数不宜少于两个。对组合构件的缀条，其端部连接可采用一个螺栓(铆钉)。

螺栓排列时，其中距、边距和端距应满足受力、构造及施工要求。为此，《钢结构设计标准》制定了螺栓的最大、最小容许距离，见表 4-4 所示。螺栓排列时，宜按最小容许间距选用，且应取 5 mm 的倍数。

**表 4-4　螺栓的最大、最小容许距离**

<table>
<tr><th>名称</th><th colspan="3">位置和方向</th><th>最大容许距离<br>(取二者的较小值)</th><th>最小容许距离</th></tr>
<tr><td rowspan="5">中心间距</td><td colspan="3">外排(垂直内力方向或顺内力方向)</td><td>$8d_0$ 或 $12t$</td><td rowspan="5">$3d_0$</td></tr>
<tr><td rowspan="3">中间排</td><td colspan="2">垂直内力方向</td><td>$16d_0$ 或 $24t$</td></tr>
<tr><td rowspan="2">顺内力方向</td><td>构件受压力</td><td>$12d_0$ 或 $18t$</td></tr>
<tr><td>构件受拉力</td><td>$16d_0$ 或 $24t$</td></tr>
<tr><td colspan="3">沿对角线方向</td><td>—</td></tr>
</table>

续表

| 名称 | 位置和方向 | | | 最大容许距离（取二者的较小值） | 最小容许距离 |
|---|---|---|---|---|---|
| 中心至构件边缘距离 | 顺内力方向 | | | $4d_0$ 或 $8t$ | $2d_0$ |
| | 垂直内力方向 | 剪切边或手工气割边 | | | $1.5d_0$ |
| | | 轧制边、自动精密气割或锯割边 | 高强度螺栓 | | $1.2d_0$ |
| | | | 其他螺栓 | | |

注：1. $d_0$ 为螺栓孔直径，$t$ 为外层较薄板件的厚度。

2. 钢板边缘与刚性构件（如角钢、槽钢等）相连的螺栓的最大间距，可按中间排的数值采用。

型钢（工字钢、槽钢、角钢）上的螺栓排列，除满足表 4－4 的要求，还需考虑线距（为使螺栓的垫圈和螺母位于平整部位）、最大孔径 $d_{0max}$（避免截面过分削弱）的要求。

（二）普通螺栓连接的计算

普通螺栓连接按受力性质分为受剪螺栓连接、受拉螺栓连接和拉剪螺栓连接，如图 4－33所示。受剪螺栓连接靠栓杆受剪和孔壁承压传力，受拉螺栓连接沿栓杆轴线方向受拉，拉剪螺栓连接则两者兼而有之。

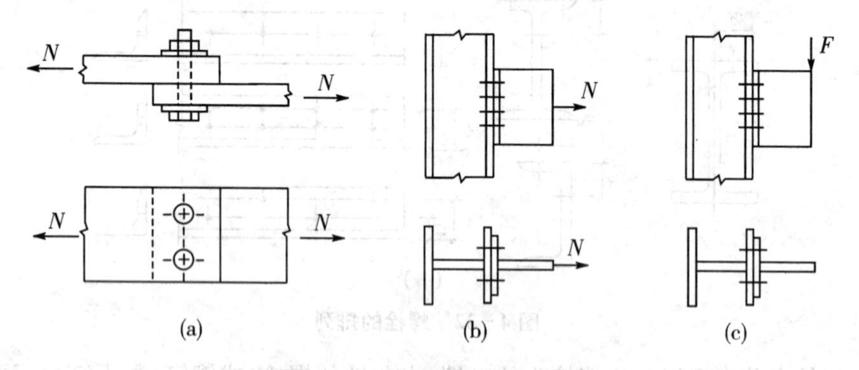


**图 4－33 普通螺栓连接分类**

（a）受剪螺栓连接；（b）受拉螺栓连接；（c）拉剪螺栓连接

1. 受剪螺栓连接

受剪螺栓连接（包括铆接和承压型高强螺栓连接）可能有五种破坏形式，如图 4－34 所示。

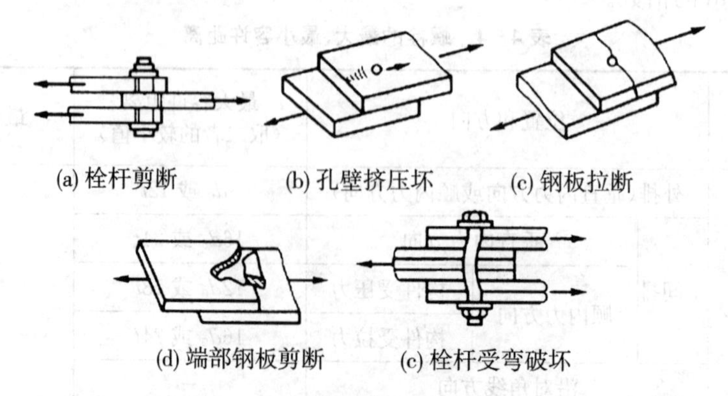


**图 4－34 受剪螺栓连接的破坏形式**

① 当螺栓杆较细、板件相对较厚时，螺栓杆被剪断(图 4－34(a))；

② 当螺栓直径较大、板件相对较薄时，孔壁挤压破坏(图 4－34(b))；

③ 当螺孔对板削弱过多时，板件被拉断(图 4－34(c))；

④ 当端距太小时，板端可能因冲剪而破坏(图 4－34(d))；

⑤ 当栓杆细长时，栓杆可能因弯曲而破坏(图 4－34(e))。

上述破坏形式中，对于 $d$、$e$ 类型的破坏，是通过保证螺栓间距及边距不小于规定值来控制的；而对于 $a$、$b$ 类型的破坏，是通过计算单个螺栓承载力控制；对于 $c$ 类型的破坏，则是通过验算构件净截面强度控制。

一个螺栓的受剪承载力设计值按下式计算

$$N_v^b = n_v \frac{\pi d^2}{4} f_v^b \tag{4-20}$$

一个螺栓的承压承载力设计值按下式计算

$$N_c^b = d \sum t f_c^b \tag{4-21}$$

式中　$n_v$——螺栓受剪面数。单剪 $n_v = 1$、双剪 $n_v = 2$、四剪 $n_v = 4$，如图 4－35 所示；

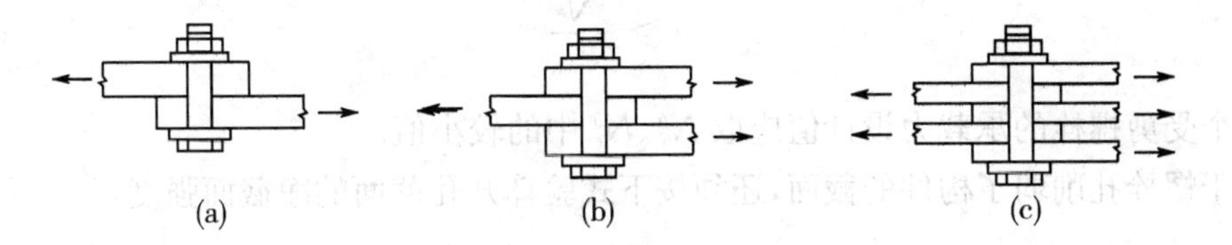


**图 4－35　螺栓受剪面数**

(a) 单剪；(b) 双剪；(c) 四剪

$\sum t$——在同一受力方向承压构件总厚度较小值，mm；

$d$——螺栓杆直径，mm；

$f_v^b$——螺栓的抗剪强度设计值，见表 4－5，N/mm²；

$f_c^b$——螺栓的(孔壁)承压强度设计值，见表 4－5，N/mm²。

**表 4－5　螺栓连接的强度设计值(N/mm²)**

| 螺栓的钢材牌号(或性能等级)和构件的钢材牌号 | | 普通螺栓 | | | | | | 锚栓 | 承压型连接高强度螺栓 | | |
|---|---|---|---|---|---|---|---|---|---|---|---|
| | | C级螺栓 | | | A级、B级螺栓 | | | | | | |
| | | 抗拉 $f_t^b$ | 抗剪 $f_v^b$ | 承压 $f_c^b$ | 抗拉 $f_t^b$ | 抗剪 $f_v^b$ | 承压 $f_c^b$ | 抗拉 $f_t^a$ | 抗拉 $f_t^b$ | 抗剪 $f_v^b$ | 承压 $f_c^b$ |
| 普通螺栓 | 4.6级、4.8级 | 170 | 140 | — | — | — | — | — | — | — | — |
| | 5.6级 | — | — | — | 210 | 190 | — | — | — | — | — |
| | 8.8级 | — | — | — | 400 | 320 | — | — | — | — | — |
| 锚　栓 | Q235钢 | — | — | — | — | — | — | 140 | — | — | — |
| | Q345钢 | — | — | — | — | — | — | 180 | — | — | — |

续表

| 螺栓的钢材牌号（或性能等级）和构件的钢材牌号 | | 普通螺栓 | | | | | | 锚栓 | 承压型连接高强度螺栓 | | |
|---|---|---|---|---|---|---|---|---|---|---|---|
| | | C级螺栓 | | | A级、B级螺栓 | | | | | | |
| | | 抗拉 $f_t^b$ | 抗剪 $f_v^b$ | 承压 $f_c^b$ | 抗拉 $f_t^b$ | 抗剪 $f_v^b$ | 承压 $f_c^b$ | 抗拉 $f_t^a$ | 抗拉 $f_t^b$ | 抗剪 $f_v^b$ | 承压 $f_c^b$ |
| 承压型高强度螺栓 | 8.8级 | — | — | — | — | — | — | — | 400 | 250 | — |
| | 10.9级 | — | — | — | — | — | — | — | 500 | 310 | — |
| 构件 | Q235钢 | — | — | 305 | — | — | 405 | — | — | — | 470 |
| | Q345钢 | — | — | 385 | — | — | 510 | — | — | — | 590 |
| | Q390钢 | — | — | 400 | — | — | 530 | — | — | — | 615 |
| | Q420钢 | — | — | 425 | — | — | 560 | — | — | — | 655 |

注：1. A级螺栓用于 $d\leqslant 24$ mm 和 $l\leqslant 10d$ 或 $l\leqslant 150$ mm（按较小值）的螺栓；

2. B级螺栓用于 $d>24$ mm 和 $l>10d$ 或 $l>150$ mm（按较小值）的螺栓。$d$ 为公称直径，$l$ 为螺杆公称长度。

当外力通过螺栓群中心时，可以认为每个螺栓均匀受力，则受剪螺栓连接中，接头一侧所需螺栓数为：

$$n\geqslant\frac{N}{N_{\min}^b} \tag{4-22}$$

单个受剪螺栓的承载力设计值应取 $N_v^b$、$N_c^b$ 中的较小值。

由于螺栓孔削弱了构件的截面，还须按下式验算开孔截面的净截面强度：

$$\sigma=\frac{N}{A_n}\leqslant f \tag{4-23}$$

在构件的节点处或拼接接头一侧，当螺栓沿受力方向的连接长度 $l_1$ 过大时，各螺栓的受力将很不均匀，两端螺栓受力较大常先破坏，后依次破坏 。因此，《钢结构设计标准》规定（包括高强度螺栓），当 $l_1>15d_0$ 时，螺栓的承载力设计值应乘以下列折减系数 $\beta$ 予以降低：

当 $l_1\geqslant 15d_0$ 时，$\beta=1.1-\dfrac{l_1}{150d_0}$；当 $l_1\geqslant 60d_0$ 时，$\beta=0.7$。

**例 4-3** 如图 4-36 所示，两截面为 $-340\times 12$ 的钢板，采用双盖板和C级普通螺栓拼接，螺栓 M20，钢材 Q235，承受轴心拉力设计值 $N=590$ kN，试设计此连接。

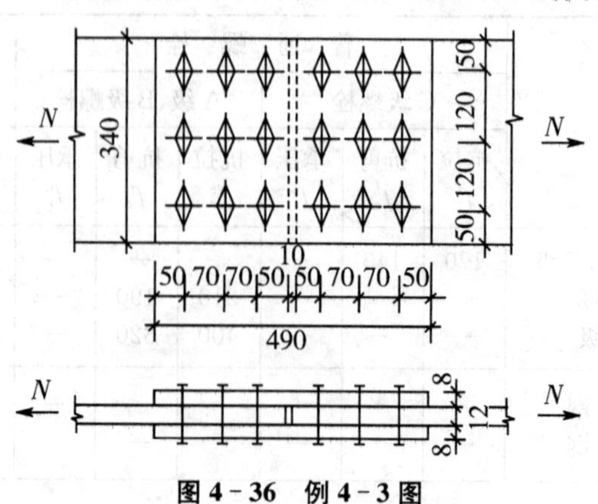


**图 4-36 例 4-3 图**

**解**:查表得，$f_v^b = 140\ \text{N/mm}^2$，$f_c^b = 305\ \text{N/mm}^2$，$f = 215\ \text{N/mm}^2$

采用双盖板连接，截面尺寸选 340×8 mm，钢材采用 Q235。

单个螺栓的受剪承载力设计值

$$N_v^b = n_v \frac{\pi d^2}{4} f_v^b = 2 \times \frac{\pi \times 20^2}{4} \times 140 = 87964(\text{N})$$

单个螺栓的承压承载力设计值

$$N_c^b = d \sum t f_c^b = 20 \times 12 \times 305 = 73200(\text{N})$$

则连接一侧所需螺栓数目为

$$n = \frac{N}{N_{\min}^b} = \frac{590 \times 10^3}{73200} = 8.1,\text{取}\ n = 9$$

采用图 4-36 所示的并列布置。

验算连接板件的净截面强度，取螺栓孔径 $d_0 = 22$ mm。

$$A_n = (b - n_1 d_0)t = (340 - 3 \times 22) \times 12 = 3288(\text{mm}^2)$$

$$\sigma = \frac{N}{A_n} = \frac{590 \times 10^3}{3288} = 179.4(\text{N/mm}^2) < f = 215\ \text{N/mm}^2$$

连接板件的净截面强度满足要求。

2. 受拉螺栓连接

如图 4-37 所示为螺栓连接的 T 形接头，在外力 $N$ 的作用下，栓杆将沿杆轴方向受拉。单个受拉螺栓抗拉承载力设计值为

$$N_t^b = A_e f_t^b = \frac{1}{4} \pi d_e^2 f_t^b \tag{4-24}$$

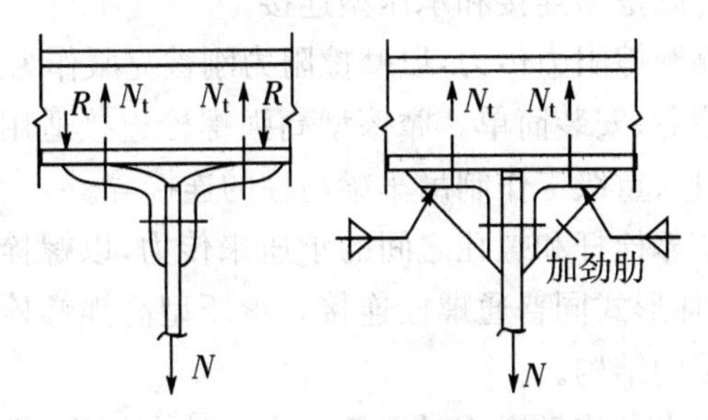


**图 4-37 受拉螺栓连接**

式中 $d_e$、$A_e$——分别为螺栓螺纹处的有效直径和有效面积，见表 4-6；

$f_t^b$——螺栓抗拉强度设计值，N/mm²。

**表 4-6 螺栓的有效面积**

| 螺栓直径 $d$(mm) | 螺距 $P$(mm) | 螺栓有效直径 $d_e$(mm) | 螺栓有效面积 $A_e$(mm²) | 螺栓直径 $d$(mm) | 螺距 $P$(mm) | 螺栓有效直径 $d_e$(mm) | 螺栓有效面积 $A_e$(mm²) |
|---|---|---|---|---|---|---|---|
| 16 | 2.0 | 14.1236 | 156.7 | 30 | 3.5 | 26.7163 | 560.6 |
| 18 | 2.5 | 15.6545 | 192.5 | 33 | 3.5 | 29.7163 | 693.6 |
| 20 | 2.5 | 17.6546 | 244.8 | 36 | 4.0 | 32.2472 | 816.7 |
| 22 | 2.5 | 19.6545 | 303.4 | 36 | 4.0 | 35.2472 | 975.8 |
| 24 | 3.0 | 21.1854 | 352.5 | 42 | 4.5 | 37.7781 | 1121 |
| 27 | 3.0 | 24.1854 | 459.4 | 45 | 4.5 | 40.7781 | 1306 |

当螺栓群受轴心力作用时，所需螺栓数为

$$n = \frac{N}{N_t^b} \tag{4-25}$$

3. 拉剪螺栓连接

如图 4-38 所示，当螺栓同时承受剪力和拉力时，连接中最危险螺栓所承受的剪力和拉力应满足下式要求：

$$\sqrt{\left(\frac{N_v}{N_v^b}\right)^2 + \left(\frac{N_t}{N_t^b}\right)^2} \leqslant 1 \tag{4-26}$$

式中 $N_v$、$N_t$——单个螺栓所承受的剪力和拉力，kN；

$N_v^b$、$N_t^b$——单个螺栓的抗剪和抗拉承载力设计值，N/mm²。

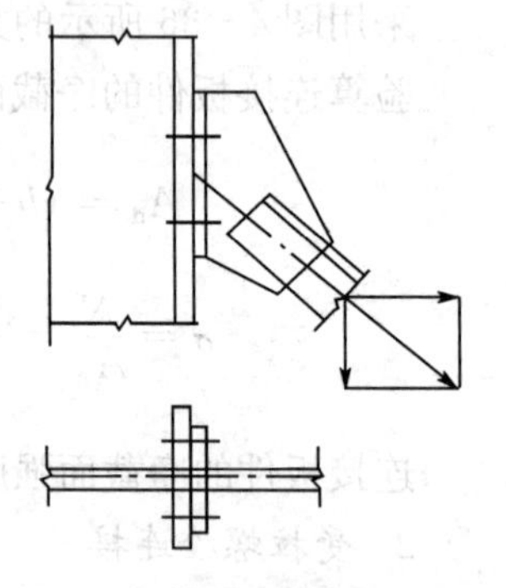

**图 4-38 同时承受剪力和拉力的螺栓连接**

**二、高强度螺栓连接**

(一) 高强度螺栓连接的工作性能及构造

高强度螺栓连接分为摩擦型连接和承压型连接。

摩擦型高强螺栓依靠摩擦阻力传力，以摩擦阻力刚被克服作为连接承载力的极限状态，其连接紧密、变形小、耐疲劳、安装简单。摩擦型高强螺栓连接适用于直接承受动力荷载的结构，如吊车梁的工地拼接、重级工作制吊车梁与柱的连接等。

承压型高强螺栓是依靠栓杆和螺孔之间的承压来传力，以螺栓受剪或钢板承压破坏为承载能力极限状态，其破坏形式同普通螺栓连接。承压型高强螺栓连接只适用于承受静力荷载或间接承受动力荷载的结构。

摩擦型高强螺栓的受力是依靠螺栓对板叠强大的法向压力，即紧固预拉力。承压型高强螺栓也是部分利用这一特性。因此，控制螺栓的紧固程度，即控制预拉力，是保证高强度螺栓连接质量的重要因素。高强度螺栓的预拉力是通过拧紧螺帽实现的，一般采用扭矩法、转角法和扭断螺栓尾部法来控制预拉力。每个高强度螺栓的预拉力设计值见表 4-7。

**表 4-7　每个高强度螺栓的预拉力 $P$(kN)**

| 螺栓的性能等级 | 螺栓公称直径(mm) | | | | | |
|---|---|---|---|---|---|---|
| | M16 | M20 | M22 | M24 | M27 | M30 |
| 8.8 级 | 80 | 125 | 150 | 175 | 230 | 280 |
| 10.9 级 | 100 | 155 | 190 | 225 | 290 | 355 |

（二）摩擦型高强度螺栓连接的计算

1. 受剪摩擦型高强度螺栓连接的计算

单个摩擦型高强度螺栓的抗剪承载力设计值为：

$$N_v^b = 0.9 n_f \mu P \tag{4-27}$$

式中　$n_f$——单个螺栓的传力摩擦面数目；

$\mu$——摩擦面的抗滑移系数，按表 4-8 采用；

$P$——高强度螺栓预拉力，kN。

**表 4-8　摩擦面的抗滑移系数 $\mu$**

| 在连接处构件接触面的处理方法 | 构件的钢号 | | |
|---|---|---|---|
| | Q235 钢 | Q345 钢或 Q390 钢 | Q420 钢 |
| 喷砂(丸) | 0.45 | 0.50 | 0.50 |
| 喷砂(丸)后涂无机富锌漆 | 0.35 | 0.40 | 0.40 |
| 喷砂(丸)后生赤锈 | 0.45 | 0.50 | 0.50 |
| 钢丝刷清除浮锈或未经处理干净轧制表面 | 0.30 | 0.35 | 0.4 |

注：当连接构件采用不同钢号时，$\mu$ 值应按相应的较低值取用。

高强度螺栓连接一侧所需螺栓数 $n$ 为：

$$n = \frac{N}{N_v^b} \tag{4-28}$$

净截面验算：

$$\sigma = \frac{N'}{A_n} = \left(1 - 0.5\frac{n_1}{n}\right)\frac{N}{A_n} \leqslant f \tag{4-29}$$

式中　$n$——连接一侧的螺栓数；

$n_1$——计算截面上的螺栓数。

毛截面验算：

$$\sigma = \frac{N}{A} \leqslant f \tag{4-30}$$

2. 同时受剪、受拉摩擦型高强度螺栓连接的计算

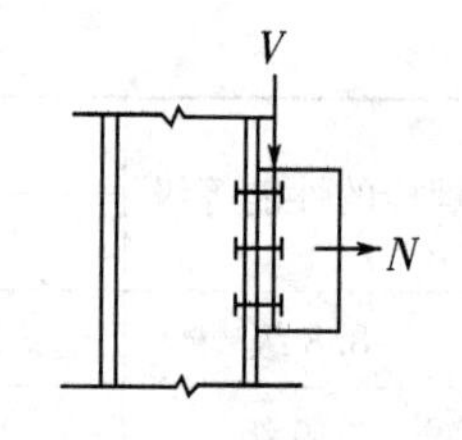

图 4-39　高强度螺栓的受拉受剪工作

如图 4-39 所示，图中螺栓受拉、受剪或同时受剪受拉。高强度螺栓在外力作用前，已经有很高的预拉力 $P$。为了避免拉力大于螺栓预拉力时，卸荷后松弛现象产生，应使板件接触面间始终被挤压很紧。《钢结构设计标准》规定，每个摩擦型高强度螺栓的抗拉设计承载力不得大于 $0.8P$，即单个抗拉高强度螺栓的承载力设计值为：

$$N_t^b = 0.8P \tag{4-31}$$

摩擦型高强度螺栓连接同时受剪受拉时，单个螺栓的抗剪承载力设计值为：

$$N_v^b = 0.9n_f\mu(P - 1.25N_t) \tag{4-32}$$

（三）承压型高强度螺栓连接的计算

承压型高强度螺栓的预拉力 $P$ 和连接处构件接触面的处理方式与摩擦型高强螺栓相同。在抗剪连接中，每个承压型高强度螺栓的承载力设计值的计算方法与普通螺栓相同，但当剪切面在螺纹处时，其受剪承载力应按螺纹处的有效面积进行计算。在杆轴方向受拉的连接中，每个承压型高强度螺栓的承载力设计值为 $N_t^b = 0.8P$。

同时承受剪力和杆轴方向拉力的承压型高强度螺栓，应符合下列公式要求：

$$\sqrt{\left(\frac{N_v}{N_v^b}\right)^2 + \left(\frac{N_t}{N_t^b}\right)^2} \leqslant 1 \tag{4-33}$$

$$N_v \leqslant \frac{N_c^b}{1.2} \tag{4-34}$$

式中　$N_v$、$N_t$——每个承压型高强度螺栓所承受的剪力和拉力，kN；

$N_v^b$、$N_t^b$、$N_c^b$——每个承压型高强度螺栓的受剪、受拉和承压承载力设计值，kN/mm²。

在抗剪连接以及同时承受剪力和杆轴方向拉力的连接中，承压型高强度螺栓的受剪承载力设计值不得大于按摩擦连接计算的 1.3 倍。一般结构的平均荷载分项系数约为 1.3，这主要是为了保证在荷载标准值作用下，即正常使用状态连接不致产生滑移。

**例 4-4**　将例 4-3 改用高强度螺栓连接，采用 10.9 级的 M22 高强度螺栓，连接处构件接触面用钢丝刷清理浮锈。

**解：**采用摩擦型高强度螺栓时，单个螺栓的抗剪承载力设计值为：

$$N_v^b = 0.9n_f\mu P = 0.9 \times 2 \times 0.3 \times 190 = 102.6(\text{kN})$$

连接一侧所需螺栓数为：

$$n = \frac{N}{N_v^b} = \frac{590}{102.6} = 5.75$$

选用 6 个螺栓,排列如图 4-40 所示。

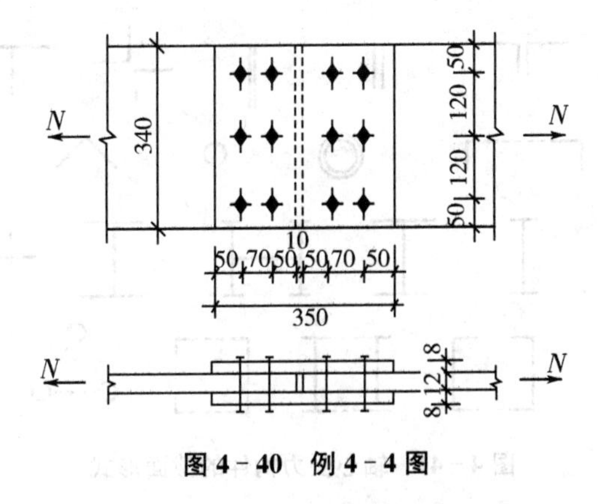


图 4-40　例 4-4 图

构件净截面强度验算:钢板第一列螺栓孔处的截面最危险。

$$\sigma=\frac{N'}{A_n}=\left(1-0.5\frac{n_1}{n}\right)\frac{N}{A_n}=\left(1-0.5\times\frac{3}{6}\right)\times\frac{590\times10^3}{340\times12-3\times23.5\times12}$$

$$=136.8(\text{N/mm}^2)<f=215\ \text{N/mm}^2$$

满足要求。

■ **实训练习**

**任务一　认知普通受剪(受拉)螺栓连接**

(1) 目的:通过钢结构施工现场学习,掌握受剪(受拉)螺栓连接的施工工艺。

(2) 能力目标:能理解施工图中受剪(受拉)螺栓连接与施工实际的关系。

**任务二　认知受剪(受拉)摩擦型高强度螺栓连接**

(1) 目的:通过钢结构施工现场学习,掌握受剪(受拉)摩擦型高强度螺栓连接的施工工艺。

(2) 能力目标:能理解施工图中受剪(受拉)摩擦型高强度螺栓连接与施工实际的关系。

# 项目 4　钢结构基本构件

■ **学习目标**　掌握轴心受力构件的强度、刚度和稳定性计算;了解受弯构件及偏心受力构件的强度、刚度、稳定性计算及相应的构造措施。

■ **能力目标**　学会钢结构基本构件强度、刚度和稳定性计算的公式运用。

■ **知识点**

## 一、轴心受力构件

### (一) 轴心受力构件截面形式

轴心受力构件只承受通过其截面形心的轴向力,分为轴心受拉与轴心受压两种情况。钢结构中的桁架、网架等杆系结构,一般均假设荷载都作用于节点上,则所有的杆件均为轴心受力构件，其截面形式可分为型钢截面和组合截面，如图 4－41(a)所示。

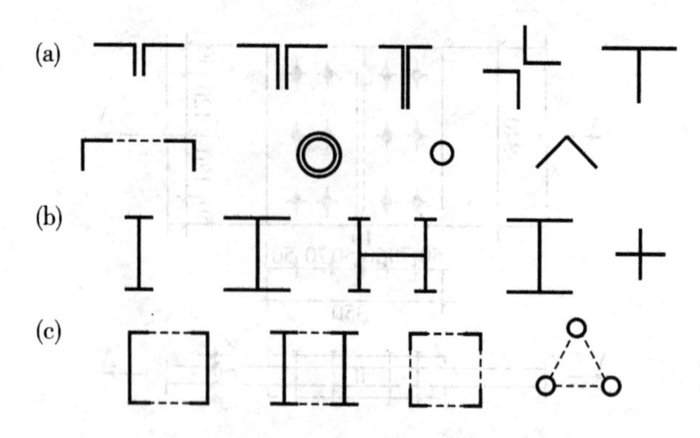

**图 4－41　轴心受力构件的截面形式**

在工业建筑中，钢结构的工作平台、栈桥及管道支架的柱等，一般视为轴心受压柱。柱由柱头(与梁连接部位)、柱身、柱脚(与基础相连接的部位)三个部分组成。组合截面柱按柱身构造形式可分为实腹式和格构式两种，其截面形式可见图 4－41(b)和图 4－41(c)。

（二）轴心受力构件的计算

1. 强度计算

《钢结构设计标准》规定，轴心受力构件的强度按下式计算：

$$\sigma=\frac{N}{A_n}\leqslant f \tag{4-35}$$

2. 刚度验算

《钢结构设计标准》规定，轴心受力构件的刚度以容许长细比加以控制，即：

$$\lambda=\frac{l_0}{i}\leqslant[\lambda] \tag{4-36}$$

式中　$\lambda$——构件最不利方向的长细比；

$l_0$——相应方向的构件计算长度，m；

$i$——相应方向的截面回转半径，mm；

$[\lambda]$——构件的容许长细比，见表 4－9、表 4－10。

**表 4－9　受拉构件的容许长细比**

| 项次 | 构件名称 | 承受静力荷载或间接承受动力荷载的结构 | | 直接承受动力荷载的结构 |
|---|---|---|---|---|
| | | 一般建筑结构 | 有重级工作制吊车的厂房 | |
| 1 | 桁架的杆件 | 350 | 250 | 250 |
| 2 | 吊车梁或吊车桁架以下的柱间支撑 | 300 | 200 | — |
| 3 | 其他拉杆、支撑、系杆等(张紧的圆钢除外) | 400 | 350 | — |

注：1. 承受静力荷载的结构中，可仅计算受拉构件在竖向平面内的长细比。

2. 在直接或间接承受动力荷载的结构中，计算单角钢受拉构件的长细比时，应采用角钢的最小回转半径。但在计算交叉点相互连接的交叉杆件平面外的长细比时，应采用与角钢肢边平行轴的回转半径。

3. 中、重级工作制吊车桁架下弦杆的长细比不宜超过200。

4. 在设有夹钳吊车或刚性料耙吊车的厂房中，支撑（表中第2项除外）的长细比不宜超过300。

5. 受拉构件在永久荷载与风荷载组合作用下受压时，其长细比不宜超过250。

6. 跨度等于或大于60 m的桁架，其受拉弦杆和腹杆的长细比不宜超过300（承受静力荷载或间接承受动力荷载）或250（承受动力荷载）。

**表4-10 受压构件的容许长细比**

| 项 次 | 构 件 名 称 | 容许长细比 |
|---|---|---|
| 1 | 柱、桁架和天窗架构件 | 150 |
| | 柱的缀条、吊车梁或吊车桁架以下的柱间支撑 | |
| 2 | 支撑（吊车梁或吊车桁架以下的柱间支撑除外） | 200 |
| | 用以减小受压构件长细比的杆件 | |

注：1. 桁架（包括空间桁架）的受压腹杆，当其内力等于或小于承载能力的50%时，容许长细比值可取200。

2. 计算单角钢受压构件的长细比时，应采取角钢的最小回转半径；但在计算交叉点相互连接的交叉杆件平面外的长细比时，应采用与角钢肢边平行轴的回转半径。

3. 跨度等于或大于60 m的桁架，其受压弦杆和端压杆的容许长细比值宜取为100，其他受压腹杆可取为150（承受静力荷载或间接承受动力荷载）或120（承受动力荷载）。

3. 轴心受压构件的稳定性验算

（1）轴心受压构件的整体稳定。

轴心受压构件往往当荷载还没有达到按强度计算的极限状态，即平均应力还低于屈服强度时，就会发生屈曲破坏，即“失稳”。

轴心受压构件的整体稳定性按下式验算：

$$\sigma=\frac{N}{\varphi A}\leqslant f \tag{4-37}$$

式中 $\varphi$——轴心受压构件的整体稳定系数。

（2）轴心受压构件的局部稳定。

构件受压时，组成构件的板件达到失去维持稳定平衡的状态，出现翘曲或鼓曲的现象叫做局部失稳，如图4-42和图4-43所示。

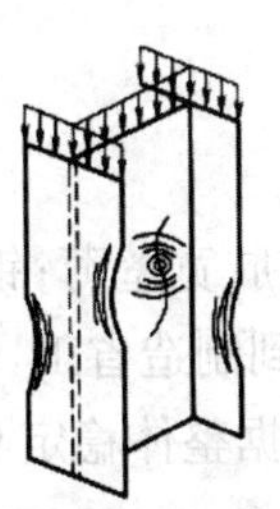

图4-42 实腹式轴心受压构件局部屈曲

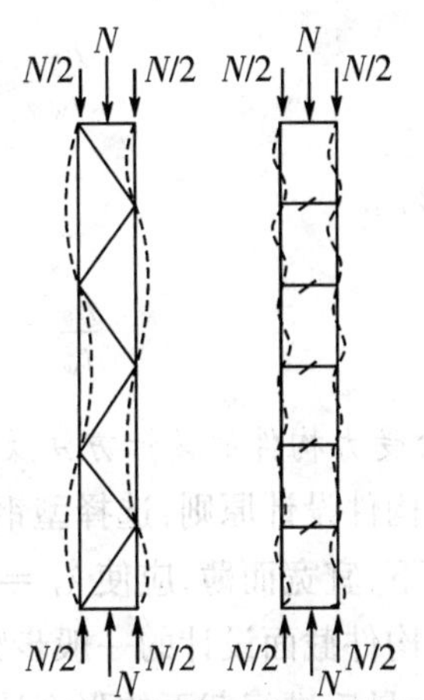


图4-43 格构式轴心受压构件局部屈曲

《钢结构设计标准》规定，受压构件中板件的局部稳定以板件屈曲不先于构件的整体屈曲为条件，并以限制板件的宽厚比来加以控制。如图 4-44 所示中的工字形截面、箱形截面、$T$ 形截面的宽厚比(高厚比)的限值为：

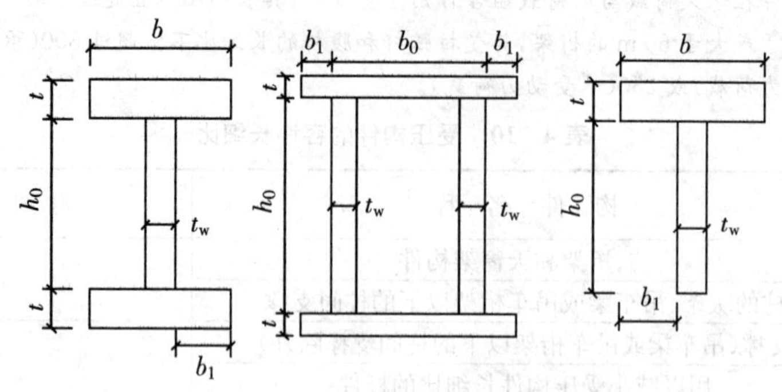


**图 4-44　工字形、箱形及 T 形截面尺寸**

工字形：

$$\frac{b_1}{t} \leqslant (10 + 0.1\lambda)\sqrt{\frac{235}{f_y}} \tag{4-38}$$

$$\frac{h_0}{t_w} \leqslant (25 + 0.5\lambda)\sqrt{\frac{235}{f_y}} \tag{4-39}$$

箱形：

$$\frac{h_0}{t_w} \leqslant 40\sqrt{\frac{235}{f_y}} \tag{4-40}$$

$$\frac{b_0}{t} \leqslant 40\sqrt{\frac{235}{f_y}} \tag{4-41}$$

T 形：

热轧部分 T 形钢

$$\frac{h_0}{t_w} \leqslant (15 + 0.2\lambda)\sqrt{\frac{235}{f_y}} \tag{4-42}$$

焊接 T 形钢

$$\frac{h_0}{t_w} \leqslant (13 + 0.17\lambda)\sqrt{\frac{235}{f_y}} \tag{4-43}$$

(三) 轴心受力构件的设计方法及构造

轴心受力构件设计原则：选择型钢在面积相同情况下，宜肢宽壁薄；钢板在满足局部稳定要求的前提下，宜宽而薄；应使 $\lambda_x = \lambda_y$，做到等稳定；考虑到制造省工，尽量使用型钢。

轴心受力构件截面设计的一般步骤：选择截面形式，再根据整体稳定和局部稳定等要求选择截面尺寸，最后进行截面的强度计算和稳定性验算。

(四) 轴心受力构件的构造

1. 实腹式轴心受压柱

实腹柱腹板高厚比 $h_0/t_w > 80\sqrt{235/f_y}$ 时,应采用横向加劲肋加强抗扭刚度,如图 4-45 所示。横向加劲肋的间距不小于 $3h_0$,外伸宽度 $b_s$ 不小于 $\frac{h_0}{30}+40$ mm,厚度 $t_s$ 应不小于 $b_s/15$。

对大型实腹柱,在受有较大水平力处的运送单元的端部应设横隔(加宽的横向加劲肋)。横隔的间距不得大于柱截面较大外廓尺寸的 9 倍或 8 m。

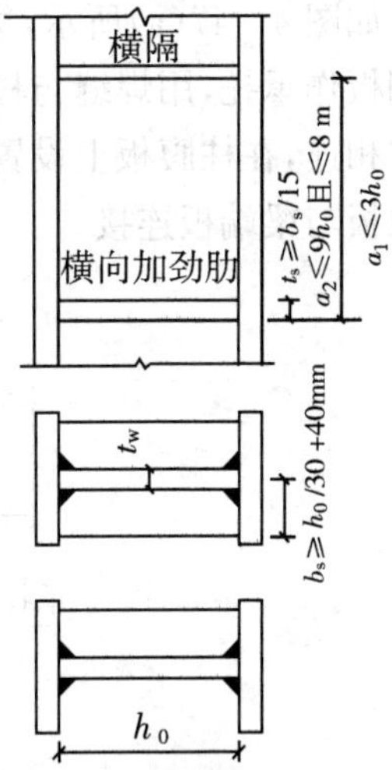

图 4-45　实腹式柱的构造要求

($a_1$适用于加劲肋,$a_2$适用于横隔)

2. 格构式轴心受压柱

为了增强构件的整体刚度,格构式柱应在受较大水平力处和运送单元端部设置横隔,横隔的间距不得大于截面较大宽度的 9 倍或 8 m。横隔可用钢板或交叉角钢制成。

3. 轴心受压构件的柱头

在轴心受压柱中,梁与柱连接处的柱子顶部叫柱头。梁与柱的连接有两类:一类是梁支承于柱顶,一类是梁连接在柱的两侧。节点有铰接和刚接两种。

(1) 梁支承于柱顶的构造。

柱顶焊有大于柱轮廓 3 cm 左右的顶板,厚度为 16~20 mm,如果顶板较薄,可在顶板与梁的支承加劲肋间加焊一块垫板,以提高顶板的刚度。

图 4-46(a)为梁的支承加劲肋对准柱的翼缘,支座反力的传递为:支承加劲肋→支承加劲肋与下翼缘的焊缝(或刨平顶紧)→顶板→顶板与翼缘的焊缝→柱。

图 4-46(b)为在梁端设置突缘加劲肋,在梁的轴线附近与柱顶板顶紧。为提高柱顶板的抗弯刚度,同时在柱顶板下腹板两侧设支承加劲肋。为了适应梁制造时允许存在的误差,两梁之间的空隙可采用适当厚度的填板调整。

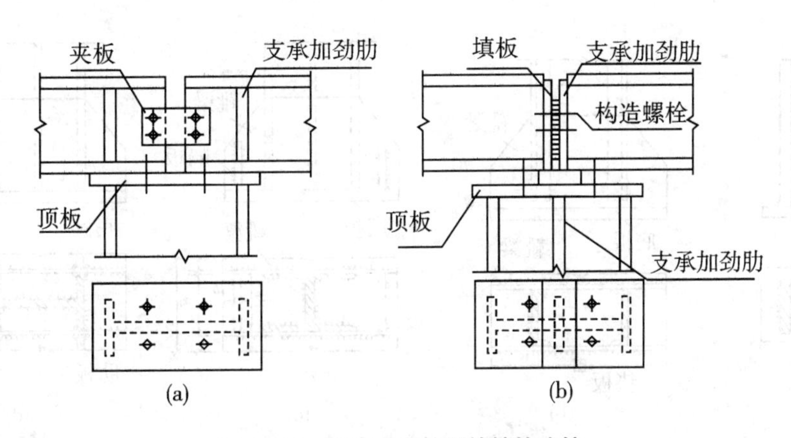


图 4-46　梁支承于柱顶的铰接连接

(2) 梁支承于柱两侧构造。

如图 4-47(a)所示，梁搁置在柱侧的承托上，用普通螺栓连接。当梁的反力较大时，用厚钢板作承托，用焊缝与柱相连，如图 4-47(b)所示。图 4-47(c)为梁沿柱翼缘平面方向与柱相连，在柱腹板上设置支托，梁端板支承在承托上，梁吊装就位后，用填板和构造螺栓将柱腹板与梁端板连接。

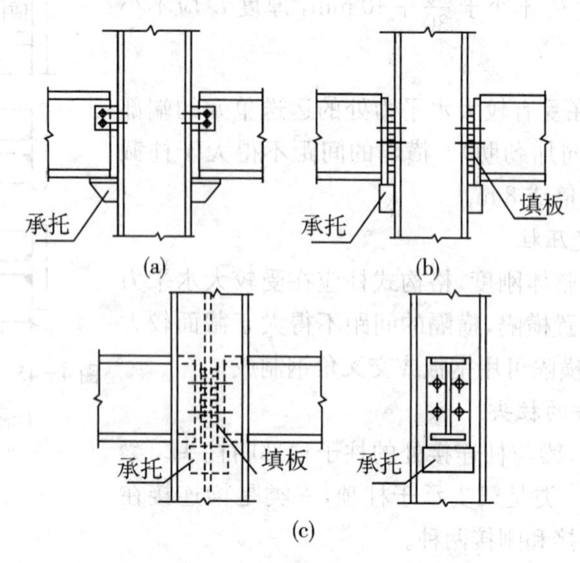


**图 4-47　梁支承于柱侧的铰接连接**

*4. 轴心受压构件的柱脚*

柱下端与基础连接的部分为柱脚，其作用是将柱身的压力均匀地传给基础。

当柱轴力较小时，可把柱身直接焊在底板上，并用锚栓固定于混凝土基础上，如图 4-48(a)所示。

当柱轴力较大时，除底板外，在柱身与底板之间增设靴梁、隔板和肋板，此时柱所承受的轴心力通过柱与靴梁的连接焊缝传给靴梁，再通过靴梁与底板的焊缝传给底板，底板再给基础，如图 4-48(b)、(c)、(d)所示。

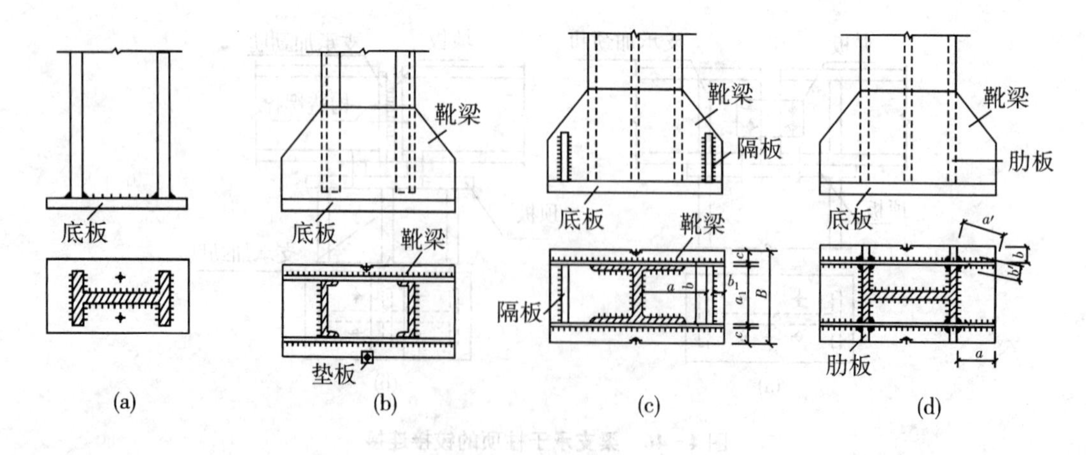


**图 4-48　铰接柱脚**

## 二、受弯构件

如图 4－49 所示，梁按截面形式可分为型钢梁和组合梁两种。型钢梁多采用槽钢、工字钢、薄壁型钢以及 H 型钢。

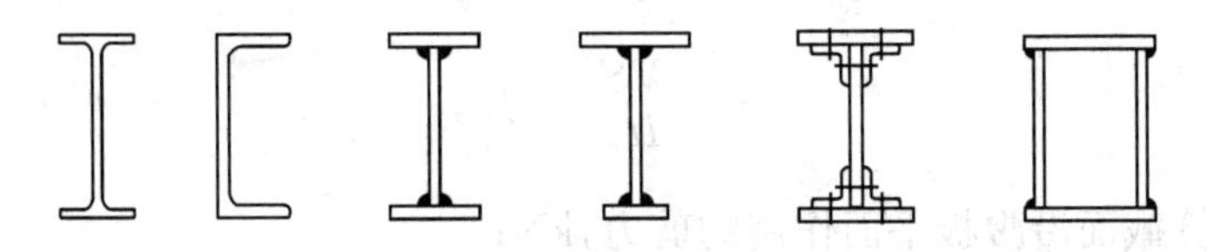

**图 4－49　梁的截面形式**

钢梁按荷载作用情况的不同，可以分为仅在一个主平面内受弯的单向弯曲梁和在两个主平面内受弯的双向弯曲梁(墙梁、檩条)。与轴心受压构件相对照，梁的设计计算也包括强度、刚度、整体稳定和局部稳定四个方面。

(一) 受弯构件的计算

1. 梁的强度计算

(1) 抗弯强度计算

梁在弯矩作用下，随弯矩的逐渐增大，梁截面上弯曲应力的分布，可分为三个阶段，即弹性工作阶段、弹塑性工作阶段和塑性工作阶段，如图 4－50 所示。

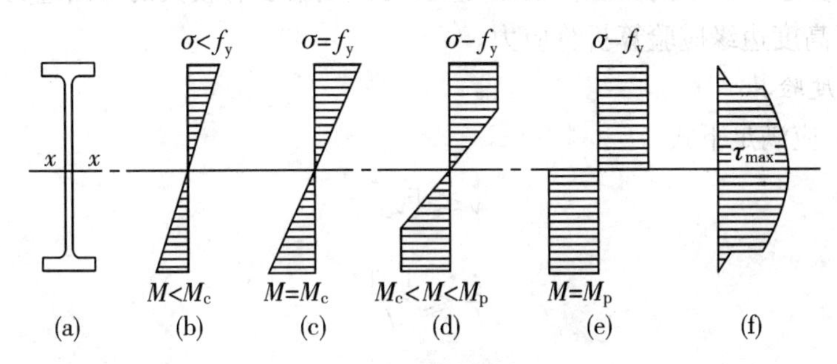


**图 4－50　梁截面的应力分布**

(a)梁的截面；(b)、(c)弹性工作阶段；(d)弹塑性工作阶段；(e)、(f)塑性工作阶段

把梁的边缘纤维达到屈服点视为梁承载能力的极限状态，作为设计时的依据，叫做弹性设计；在一定条件下，考虑塑性变形的发展，称为塑性设计。《钢结构设计标准》考虑到梁在塑性阶段变形过大，受压翼缘可能过早丧失局部稳定，取梁内塑性发展到弹塑性阶段作为梁抗弯设计的依据。

在主平面内受弯的实腹梁，其抗弯强度按下式计算：

$$\frac{M_x}{\gamma_x W_{nx}}+\frac{M_y}{\gamma_y W_{ny}}\leqslant f \tag{4-44}$$

式中　$M_x$、$M_y$——同一截面处绕 $x$ 轴和 $y$ 轴的弯矩(对工字形截面：$x$ 轴为强轴，$y$ 轴为弱轴)，kN·m；

$W_{nx}$、$W_{ny}$——对 $x$ 轴和 $y$ 轴的净截面模量，$mm^4$；

$\gamma_x$、$\gamma_y$——截面塑性发展系数；对工字形截面，$\gamma_x=1.05$，$\gamma_y=1.20$；对箱形截面，$\gamma_x=\gamma_y=1.05$；其他截面，参见相关规范；

$f$——钢材的抗弯强度设计值，见表 4-1，$N/mm^2$。

(2) 抗剪强度计算。

在主平面内受弯的实腹梁，其抗剪强度按下式计算：

$$\tau=\frac{VS}{It_w}\leqslant f_v \tag{4-45}$$

式中 $V$——计算截面沿腹板平面作用的剪力，kN；

$S$——计算剪应力处以上毛截面对中和轴的面积矩，$mm^3$；

$I$——毛截面惯性矩，$mm^4$；

$t_w$——腹板厚度，mm；

$f_v$——钢板的抗剪强度设计值，见表 4-1，$N/mm^2$。

(3) 局部承压强度计算。

当梁的上翼缘受有沿腹板平面作用的固定集中荷载而未设支承加劲肋，或受有移动集中荷载作用时，应验算腹板计算高度边缘的局部承压强度。

(4) 折算应力的计算。

在组合梁的腹板计算高度边缘处，可能同时受有较大的弯曲应力、剪应力和局部压应力；在连续梁的支座处或梁的翼缘截面改变处，可能同时受有较大的弯曲应力与剪应力。此时，对腹板计算高度边缘应验算折算应力。

2. 梁的刚度验算

梁的挠度 $\nu$ 应满足下式：

$$\nu\leqslant[\nu] \tag{4-46}$$

$$\frac{\nu}{l}\leqslant\frac{[\nu]}{l} \tag{4-47}$$

式中 $[\nu]$——梁的容许挠度，见表 4-11；

$l$——受弯构件的跨度。

**表 4-11 受弯构件的容许挠度**

| 项 次 | 构 件 类 别 | 挠度容许值 | |
|---|---|---|---|
| | | $[v_T]$ | $[v_Q]$ |
| 1 | 吊车梁和吊车桁架(按自重和起重量最大的一台吊车计算挠度)：<br>(1) 手动吊车和单梁吊车(含悬挂吊车)<br>(2) 轻级工作制桥式吊车<br>(3) 中级工作制桥式吊车<br>(4) 重级工作制桥式吊车 | <br><br>$l/500$<br>$l/800$<br>$l/1000$<br>$l/1200$ | — |
| 2 | 手动或电动葫芦的轨道梁 | $l/400$ | — |

续表

| 项　次 | 构　件　类　别 | 挠度容许值 | |
|---|---|---|---|
| | | $[v_T]$ | $[v_Q]$ |
| 3 | 有重轨(重量≥38 kg/m)轨道的工作平台梁<br>有轻轨(重量≤24 kg/m)轨道的工作平台梁 | $l/600$<br>$l/400$ | — |
| 4 | 楼(屋)盖梁或桁架,工作平台梁(第3项除外)和平台板:<br>(1) 主梁或桁架(包括设有悬挂起重设备的梁和桁架)<br>(2) 抹灰顶棚的次梁<br>(3) 除(1)、(2)款外的其他梁<br>(4) 屋盖檩条:<br>支承无积灰的瓦楞铁和石棉瓦屋面者<br>支承压型金属板、有积灰的瓦楞铁和石棉瓦等屋面者<br>支承其他屋面材料者<br>(5) 平台板 | <br><br>$l/400$<br>$l/250$<br>$l/250$<br><br>$l/150$<br>$l/200$<br>$l/200$<br>$l/150$ | <br><br>$l/500$<br>$l/350$<br>$l/300$ |
| 5 | 墙梁构件(风荷载不考虑阵风系数)<br>(1) 支柱<br>(2) 抗风桁架(作为连续支柱的支承时)<br>(3) 砌体墙的横梁(水平方向)<br>(4) 支承压型金属板、瓦楞铁和石棉瓦墙面的横梁(水平方向)<br>(5) 带有玻璃窗的横梁(竖向和水平方向) | <br><br><br><br><br><br>$l/200$ | <br>$l/400$<br>$l/1000$<br>$l/300$<br>$l/200$<br><br>$l/200$ |

注:1. $l$ 为受弯构件的跨度(对悬臂梁和伸臂梁为悬伸长度的2倍);

2. $[v_T]$为全部荷载标准值产生的挠度(如有起拱应减去拱度)的容许值;$[v_Q]$为可变荷载标准值产生的挠度的容许值。

3. 梁的整体稳定

在梁的最大刚度平面内,受有垂直荷载的梁上部受压、下部受拉,若在梁的侧面没有支承点或支承点很少时,荷载增加到一定值后,梁的弯矩最大处会出现很大的侧向弯曲和扭转,而失去了继续承担荷载的能力,只要外荷载再稍有增加,梁的变形便急剧地增大而导致破坏,这种情况称梁丧失了整体稳定,如图4-51所示。

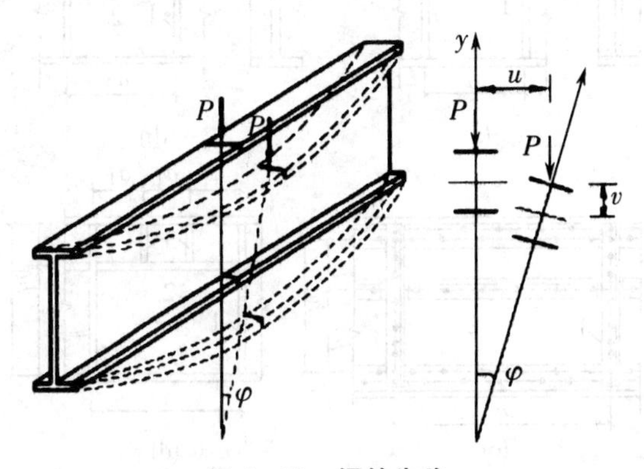


图4-51　梁的失稳

整体稳定以临界应力为极限状态。整体稳定的计算就是要保证梁在荷载作用下产生的最大弯曲压应力不超过临界应力。

$$\sigma = \frac{M_x}{W_x} \leqslant \varphi_b f \tag{4-48}$$

式中 $M_x$——绕强轴作用的最大弯矩，kN·m；

$W_x$——按受压翼缘确定的梁毛截面模量，$mm^4$；

$\varphi_b$——梁的整体稳定系数。

为了提高梁的稳定承载能力，任何钢梁在其端部支承处都应采取构造措施，以防止其端部截面的扭转。如：当有铺板密铺在梁的受压翼缘上并与其牢固相连，能阻止梁的受压翼缘的侧向位移时，梁就不会丧失整体稳定，因此也不必计算梁的整体稳定性。

4. 梁的局部稳定

对型钢梁的局部稳定在设计时可不考虑。但组合截面梁的腹板通常采用高而薄、翼缘板宽而薄。如设计不好，在荷载作用下，翼缘或腹板在尚未达到强度极限或在梁丧失整体稳定之前会产生波形屈曲，即局部失稳，如图 4-52 所示。

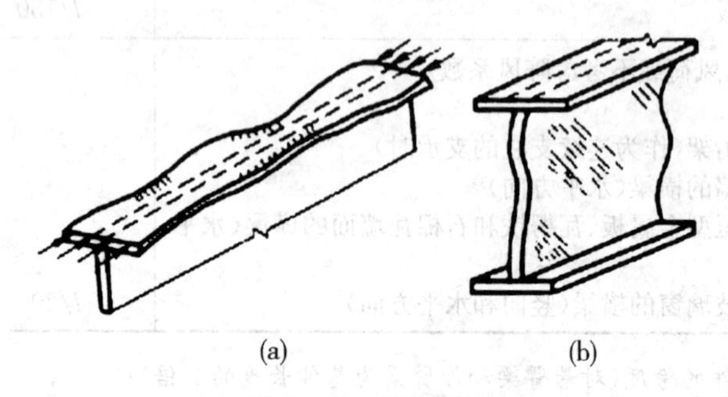


**图 4-52 局部失稳**

《钢结构设计标准》采用相应的构造措施来保证局部稳定性。如组合梁的受压翼缘自由外伸宽度 $b_1$ 与其厚度 $t$ 之比应满足 $\frac{b_1}{t} \leqslant 15\sqrt{\frac{235}{f_y}}$ 的要求；组合梁的腹板应设置加劲肋，如图 4-53 所示；在梁支座处及固定集中荷载作用处，应设置支承加劲肋，如图 4-54 所示。

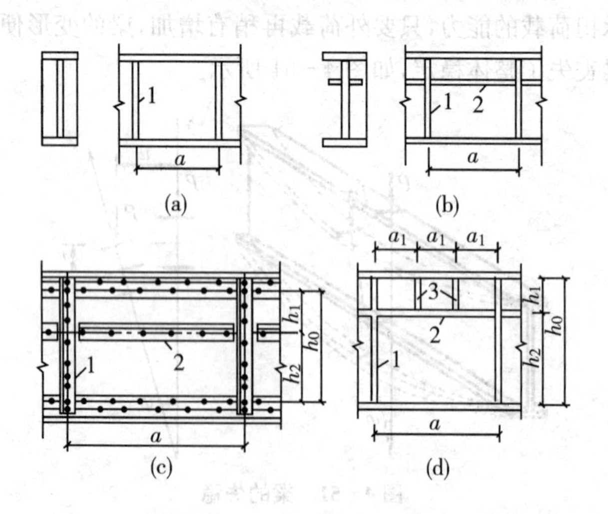


**图 4-53 加劲肋的形式**

1—横向加劲肋；2—纵向加劲肋；3—短加劲肋

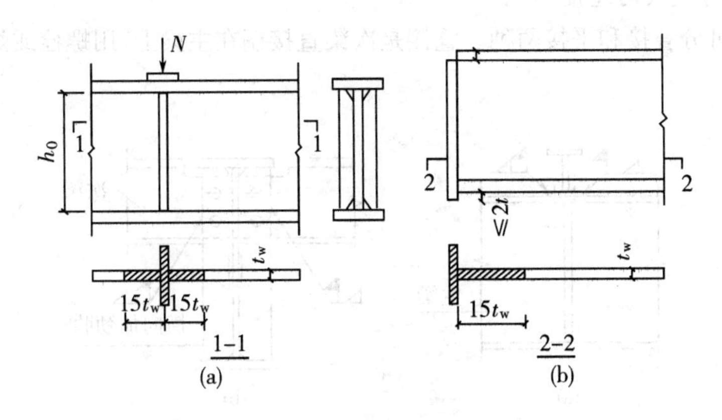


图 4－54　支承加劲肋

（二）梁的拼接

由于钢材规格的限制，当梁的设计长度和高度大于钢材尺寸时，应对梁进行拼接。梁的拼接分为工厂拼接和工地拼接两种。

工厂拼接的位置常由钢板尺寸决定，但应使翼缘与腹板的拼接位置错开，并避免与次梁和加劲肋焊缝重叠交叉，错开距离不小于 $10t_w$，如图 4－55 所示。焊缝宜用对接焊缝。

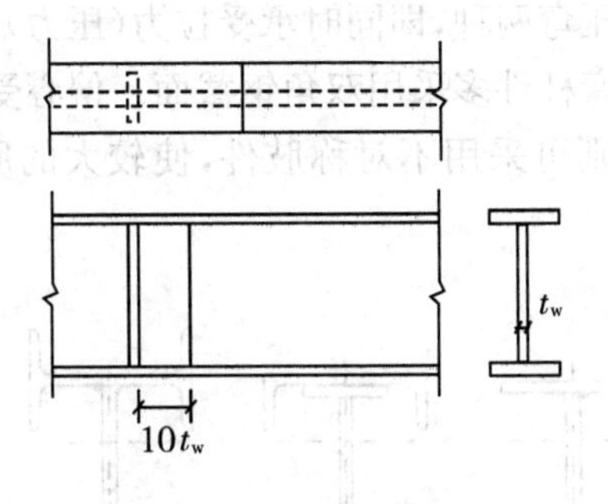


图 4－55　工厂拼接

工地位置由运输安装条件决定，一般宜设在受力较小部位，如图 4－56 所示。焊缝常采用对接焊缝。

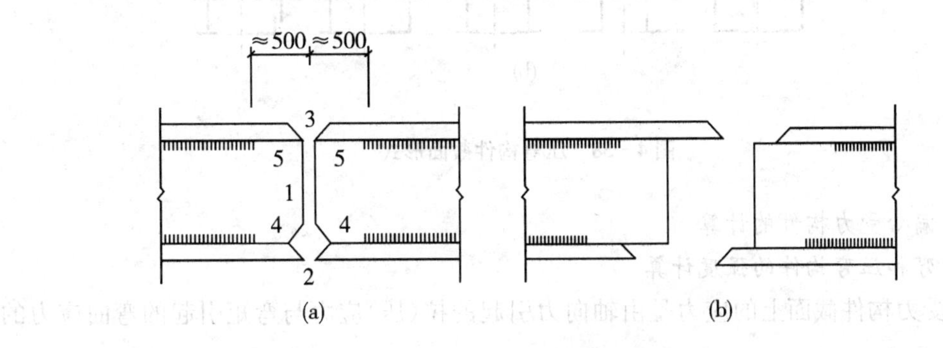


图 4－56　工地拼接焊缝

（三）主梁与次梁的连接

铰接连接可分叠接和平接两种。叠接是次梁直接搁在主梁上，用螺栓或焊缝固定，如图4－57(a)所示。

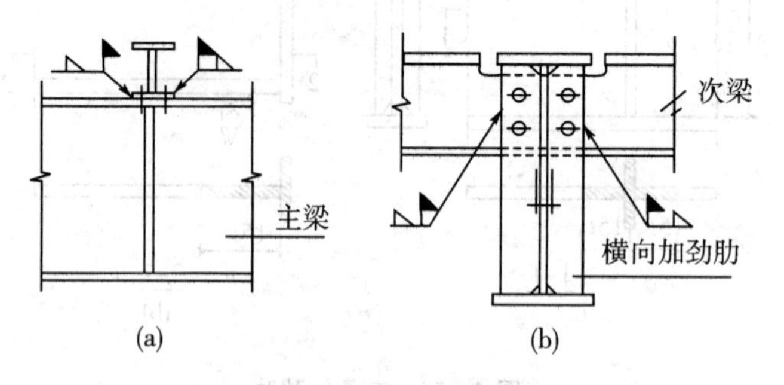


**图4－57 主、次梁的铰接连接**

平接是将次梁的上翼缘切去一段，通过角钢用螺栓与主梁腹板相连，或与支承加劲肋相连，见图4－57(b)所示。当次梁支座反力较大时，应设置支托。

## 三、偏心受力构件

（一）偏心受力构件的截面形式

偏心受力构件分拉弯与压弯两种，即同时承受拉力(压力)和弯矩的构件。

普通钢屋架的拉弯与压弯杆件多采用双角钢截面。偏心受压柱同轴压柱一样也分实腹式与格构式两类。格构式柱则可采用不对称肢件，使较大的肢件位于受压侧，如图4－58所示。

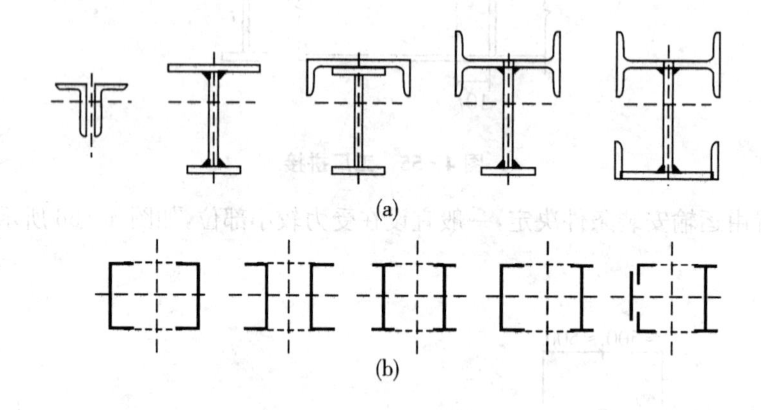


**图4－58 压弯构件截面形式**

（二）偏心受力构件的计算

1. 拉弯和压弯构件的强度计算

偏心受力构件截面上的应力是由轴向力引起的拉(压)应力与弯矩引起的弯曲应力的叠加。

实腹式单向拉弯和压弯构件在轴心拉力或压力和绕一个主轴的弯矩作用下，其强度按下列公式计算：

$$\frac{N}{A_n} \pm \frac{M_x}{\gamma_x W_{nx}} \leqslant f \tag{4-49}$$

式中　$A_n$——净截面面积，$mm^2$；

$W_{nx}$——对 $x$ 轴的净截面模量，$mm^4$；

$\gamma_x$——截面塑性发展系数。

2. 拉弯和压弯构件的刚度验算

对于拉弯与压弯构件其刚度计算仍以构件的长细比来控制。

3. 实腹式压弯构件的整体稳定性验算

实腹式压弯构件的整体稳定性验算包括弯矩作用平面内的稳定性验算和弯矩作用平面外的稳定性验算。

4. 实腹式压弯构件的局部稳定

实腹式压弯构件，当翼缘和腹板由较宽较薄的板件组成时，可能会丧失局部稳定。《钢结构设计标准》采用限制腹板高厚比和翼缘宽厚比来保证实腹式压弯构件的局部稳定。

■ **实训练习**

**任务一　认知轴心受压构件**

(1) 目的：通过钢结构施工现场学习，了解轴心受压构件的施工工艺。

(2) 能力目标：能理解施工图中轴心受压构件与施工实际的关系。

**任务二　认知受弯型钢梁(组合梁)**

(1) 目的：通过钢结构施工现场学习，了解受弯型钢梁(组合梁)的施工工艺。

(2) 能力目标：能理解施工图中受弯型钢梁(组合梁)与施工实际的关系。

**任务三　认知梁的拼接(连接)**

(1) 目的：通过钢结构施工现场学习，了解梁的拼接(连接)的施工工艺。

(2) 能力目标：能理解施工图中梁的拼接(连接)与施工实际的关系。

**任务三　压弯构件柱头与柱脚的连接构造模型参观**

(1) 目的：通过柱头与柱脚连接构造模型的参观，增强感性认识。

(2) 能力目标：能认识压弯构件柱头与柱脚连接构造。

(3) 实物：压弯构件柱头与柱脚构造模型。

## 项目 5　轻型屋面钢屋架和门式刚架轻型房屋钢结构

■ **学习目标**　了解钢结构典型节点形式。

■ **能力目标**　学会钢结构典型节点形式的认知。

■ **知识点**

### 一、轻型屋面钢屋架

轻型屋面钢屋架包括用圆钢、小角钢组成的屋架和薄壁型钢屋架。其主要形式如图 4-59所示。

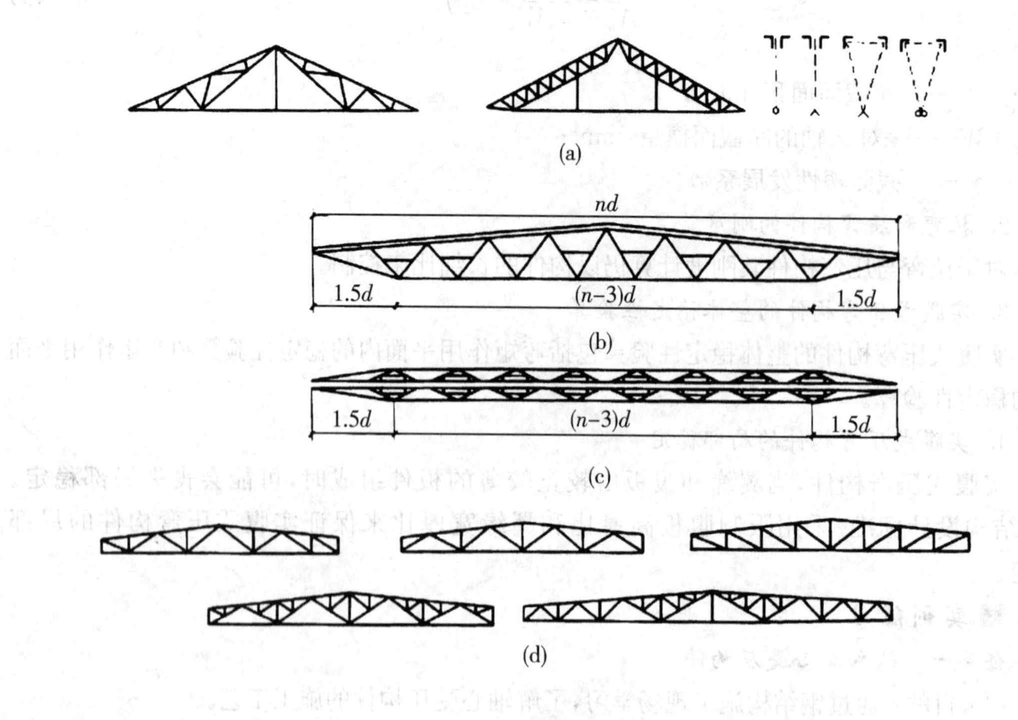


**图 4-59　轻型钢屋架**

(a)三角形屋架;(b)三铰拱屋架;(c)梭形屋架;(d)梯形钢屋架

三角形屋架和三铰拱屋架的屋面坡度较大,通常取 1/3～1/2。

轻型钢屋架适用于跨度≤18 m,设置有起重量≤5 t 的中、轻级工作制桥式吊车的工业建筑和跨度≤18 m 的民用房屋的屋盖结构。

轻型钢屋架各杆件之间可以直接连接,也可以通过节点板连接。当采用节点板连接时,节点板厚度通常为 6～8 m。支座节点底板厚度为 12～14 mm。

如图 4-60 所示,为三角形屋架节点安装图(部分)。

## 二、门式刚架轻型房屋钢结构

门式刚架轻型房屋钢结构,是指主要承重结构为单跨或多跨实腹式门式刚架,具有轻型屋盖和轻型外墙,如图 4-61 所示。

门式刚架可分为单跨、双跨、多跨及带挑檐、带毗屋等形式,如图 4-62 所示。

门式刚架横梁与柱为刚接、柱脚与基础为铰接。如图 4-63 所示,为门式刚架轻型房屋钢结构柱脚节点(部分);如图 4-64 所示,为门式刚架轻型房屋钢结构支撑节点(部分);如图 4-65 所示,为门式刚架轻型房屋钢结构端板及隅撑节点(部分);如图 4-66 所示,为门式刚架轻型房屋钢结构部分三维节点示意图。

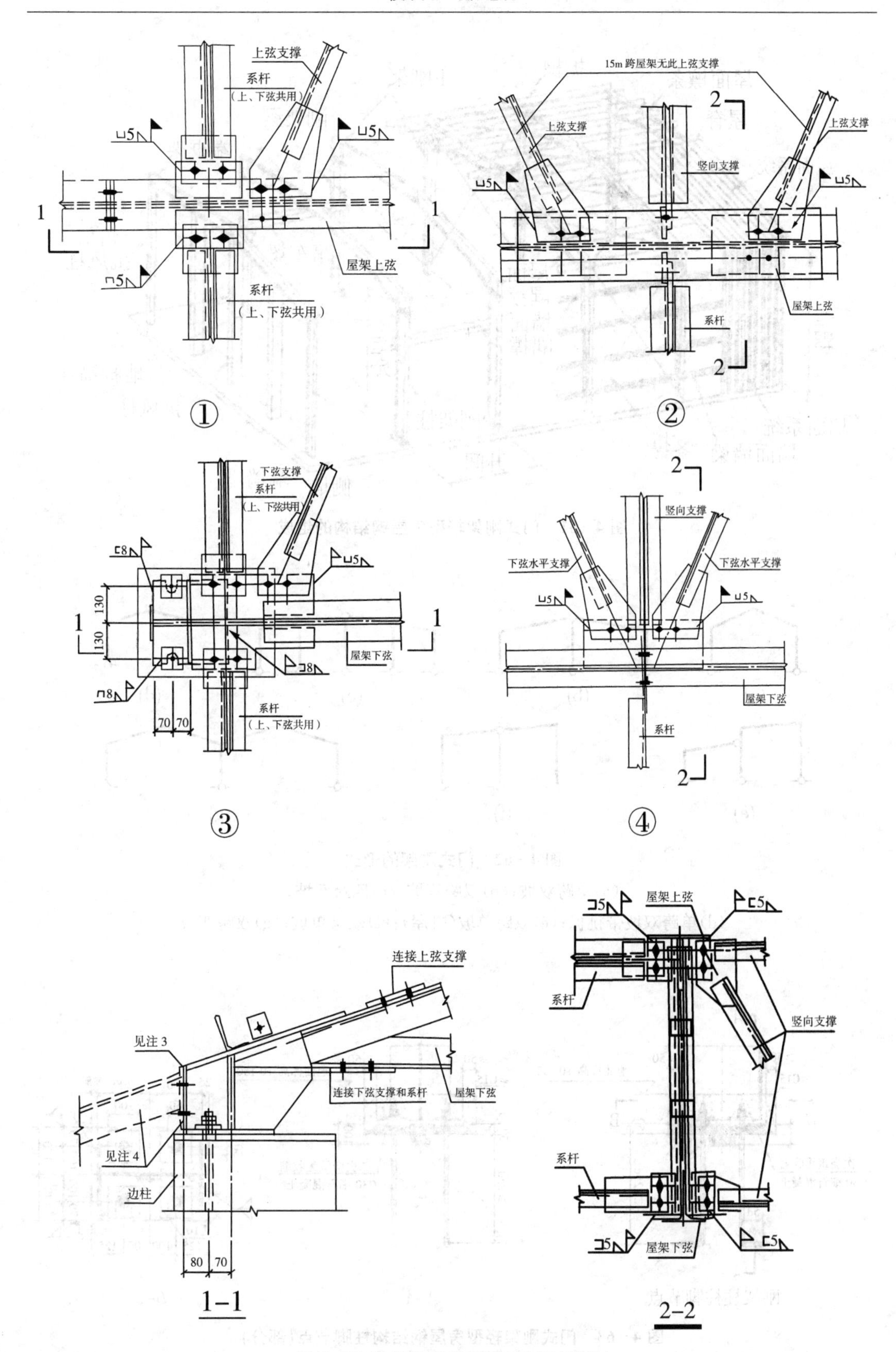


图4－60 三角形屋架安装节点图(部分)

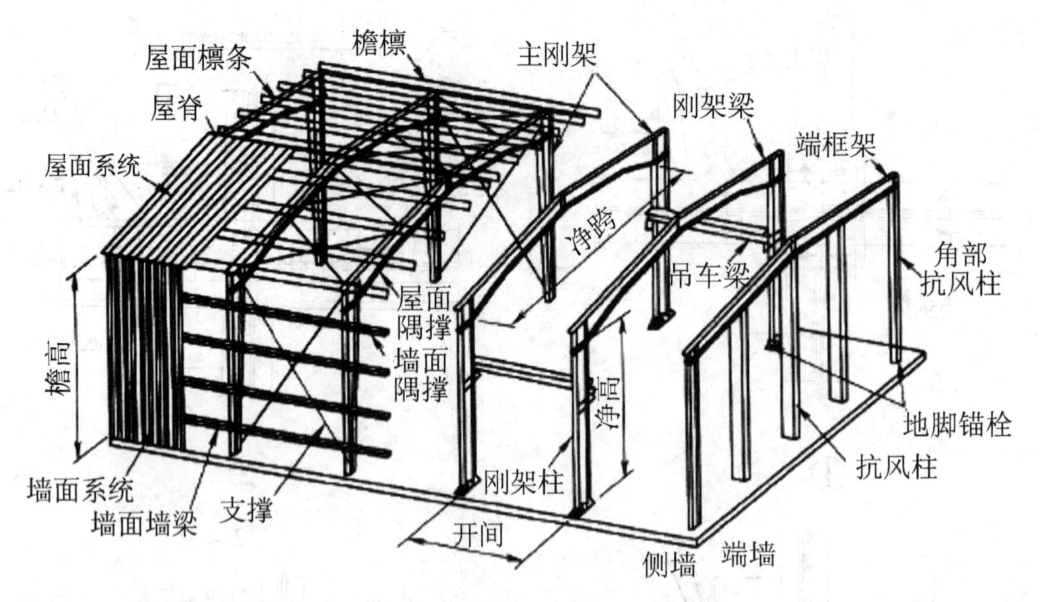


图 4-61 门式刚架轻型房屋钢结构的组成

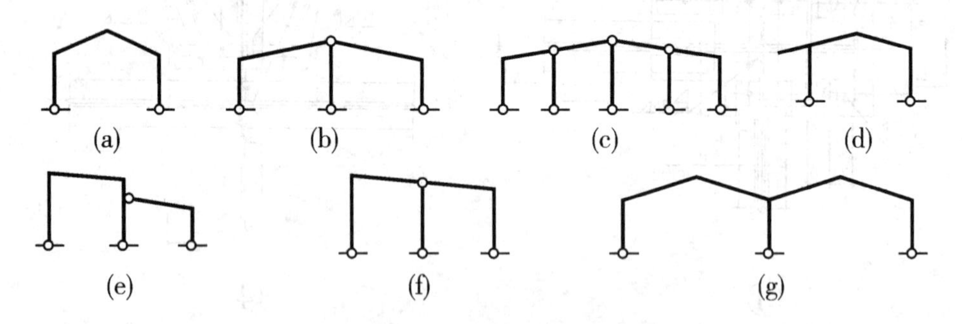


图 4-62 门式刚架的形式

(a)单跨双坡；(b)双跨双坡；(c)四跨双坡；

(d)单跨双坡带挑檐；(e)双跨单坡(毗屋)；(f)双跨单坡；(g)双跨四坡

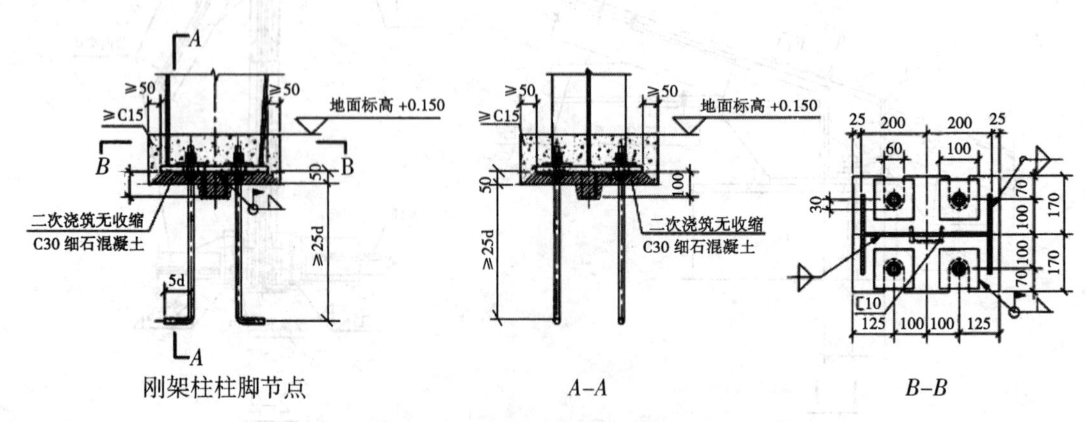


图 4-63 门式刚架轻型房屋钢结构柱脚节点(部分)

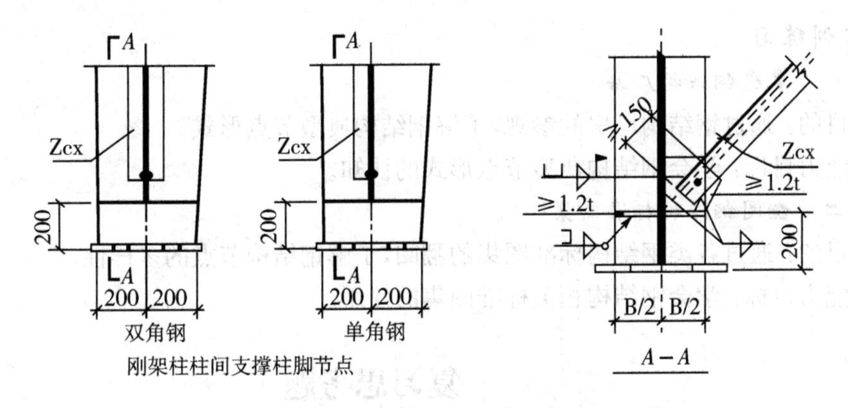


图 4－64　门式刚架轻型房屋钢结构支撑节点(部分)

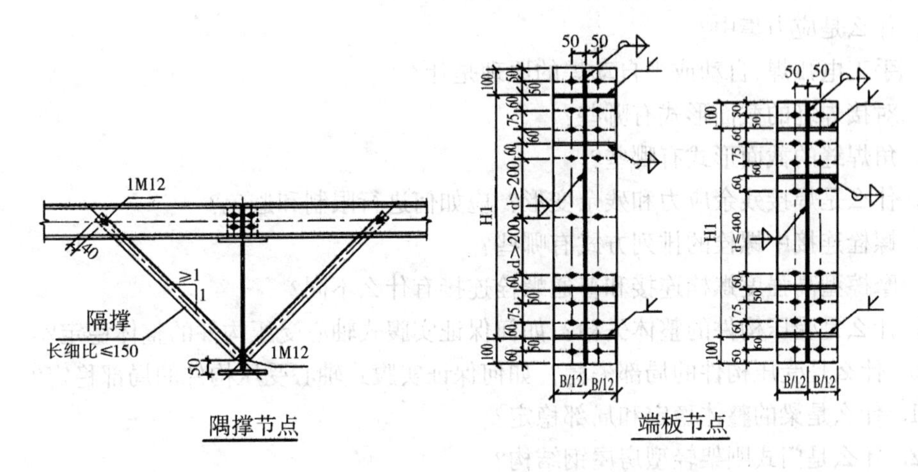


图 4－65　门式刚架轻型房屋钢结构端板及隅撑节点(部分)

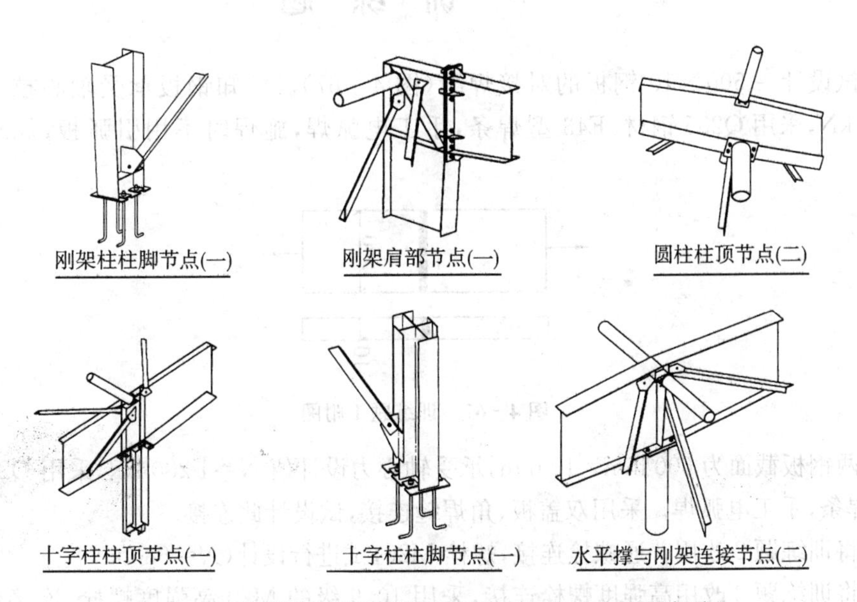


图 4－66　门式刚架轻型房屋钢结构三维节点示意图(部分)

■ **实训练习**

**任务一　参观钢结构厂房**

(1) 目的：通过钢结构厂房的参观，了解钢结构典型节点形式。

(2) 能力目标：学会钢结构典型节点形式的认知。

**任务二　翻阅钢结构标准图集**

(1) 目的：通过各类钢结构标准图集的翻阅，了解钢结构节点的多样性。

(2) 能力目标：学会钢结构相关标准图集的使用。

## 复习思考题

1. 钢结构所用的钢材有哪些种类？如何选用？
2. 什么是应力集中？
3. 手工电弧焊、自动或半自动焊的原理是什么？
4. 对接焊缝的截面形式有哪些？
5. 角焊缝的截面形式有哪些？
6. 什么是焊接残余应力和残余变形？应如何进行限制和避免？
7. 螺栓连接中螺栓的排列方式有哪些？
8. 摩擦型高强度螺栓连接和普通螺栓连接有什么不同？
9. 什么是受压构件的整体失稳？如何保证实腹式轴心受压构件的整体稳定？
10. 什么是受压构件的局部失稳？如何保证实腹式轴心受压构件的局部稳定？
11. 什么是梁的整体稳定和局部稳定？
12. 什么是门式刚架轻型房屋钢结构？

## 训　练　题

1. 试设计一 500×10 钢板的对接焊缝（图 4 - 67）。已知钢板承受轴心拉力设计值 $N$=976 kN，采用 Q235 钢材，E43 型焊条，手工电弧焊，施焊时不用引弧板，焊缝质量为三级。

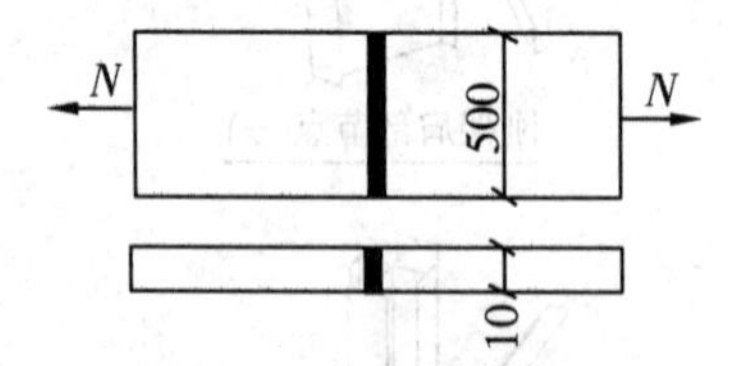


**图 4 - 67　训练题 1 附图**

2. 两钢板截面为 600 mm×10 mm，承受轴心力设计值 $N$=1 280 kN，采用 Q235 钢材，E43 型焊条，手工电弧焊。采用双盖板、角焊缝连接，试设计此连接。

3. 将训练题 2 改用普通螺栓连接，螺栓 M20，试进行设计（$N$=680 kN）。

4. 将训练题 2 改用高强度螺栓连接，采用 10.9 级的 M20 高强度螺栓，连接处构件接触面用钢丝刷清理浮锈，试进行设计。

# 模块五
# 结构施工图识读

■ **模块概述** 叙述了结构施工图的内容、图示特点及识读方法；混凝土结构施工图平面整体表示方法；钢结构施工图。

■ **学习目标** 通过本模块学习，掌握结构施工图的内容及识读方法，具有识读混凝土结构平法施工图的能力，初步具备识读钢屋架施工图的能力。

## 项目1 结构施工图概述

■ **学习目标** 掌握结构施工图的基本内容、图示方法及识读方法。

■ **能力目标** 学会结构施工图识读的一般方法。

■ **知识点**

### 一、结构施工图的基本内容

结构施工图是表示建筑物各承重构件(如基础、承重墙、柱、梁、板等)的布置、形状、大小、材料、构造及其相互关系的图样。结构施工图一般包括结构设计说明、结构布置图和结构详图等三部分。

结构施工图是房屋建筑施工时的主要技术依据。

(一) 结构设计说明

结构设计说明是结构施工图的纲领性文件，一般以文字说明为主，表述以下内容：

(1) 工程概况　如建设地点、抗震设防烈度、结构抗震等级、荷载选用、结构形式等。

(2) 设计依据　如设计所依据的标准、规范、规程、图集等。

(3) 地基基础说明　地基承载力特征值、地下水位和持力层土质情况的概述及对地基土质情况提出注意事项和有关要求；地基的处理措施及注意事项和质量要求等。

(4) 材料选用及要求　梁、板、柱、墙等构件的材料强度等级和有关构造的说明、混凝土保护层厚度、钢筋的锚固等。

(5) 其他必要的说明。

(二) 基础图

基础图是表示建筑物相对标高±0.000以下基础部分的平面布置和详细构造的图样，是施工放线、开挖基坑(槽)和砌筑基础的依据。

基础图一般包括基础平面图和基础详图。桩基础还包括桩位平面图。

图5－1为常见的条形基础和独立基础的基础图。

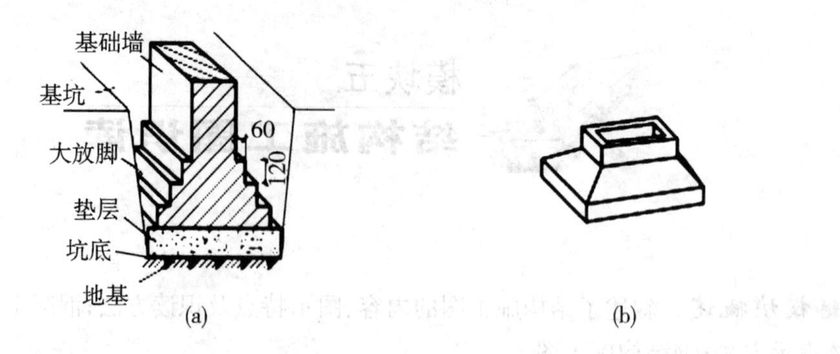


**图5－1　常见的基础形式**

(a)条形基础；(b)独立基础

（三）结构平面布置图

楼(屋)盖结构平面布置图是用来表示每层的梁、板、柱、墙等承重构件的平面关系，以及各构件之间的构造关系。平屋顶的结构平面布置图与楼层结构平面布置图基本相同，差异在于：平屋顶常有出屋面的楼梯间、检查孔、水箱间、烟囱、通风道留孔等。

结构平面布置图包括：

①楼层结构平面布置图，工业建筑还包括柱网、吊车梁、柱间支撑、连系梁布置图等。

②屋面结构平面布置图，工业建筑还包括屋面板、天沟板、屋架、天窗架及屋面支撑系统布置图等。

（四）结构详图

结构详图包括：梁、板、柱结构详图；楼梯结构详图；屋架结构详图等。

## 二、结构施工图的图示方法

结构施工图的图线应符合《建筑结构制图标准》(GB/T 50105—2010)中的相关规定，见表5－1所示。

**表5－1　图线**

| 名称 | | 线型 | 线宽 | 一般用途 |
|---|---|---|---|---|
| 实线 | 粗 | ━━━ | $b$ | 螺栓、主钢筋线、结构平面图中的单线结构构件线、钢木支撑及系杆线，图名下横线、剖切线 |
| | 中 | ── | $0.5b$ | 结构平面图及详图中剖到或可见的墙身轮廓线、基础轮廓线、钢、木结构轮廓线、箍筋线、板钢筋线 |
| | 细 | ─ | $0.25b$ | 可见的钢筋混凝土构件的轮廓线、尺寸线、标注引出线，标高符号，索引符号 |

续 表

| 名　称 | | 线　型 | 线　宽 | 一般用途 |
|---|---|---|---|---|
| 虚线 | 粗 | | $b$ | 不可见的钢筋、螺栓线,结构平面图中的不可见的单线结构构件线及钢、木支撑线 |
| | 中 | | $0.5b$ | 结构平面图中的不可见构件、墙身轮廓线及钢、木构件轮廓线 |
| | 细 | | $0.25b$ | 基础平面图中的管沟轮廓线、不可见的钢筋混凝土构件轮廓线 |
| 单点长画线 | 粗 | | $b$ | 柱间支撑、垂直支撑、设备基础轴线图中的中心线 |
| | 细 | | $0.25b$ | 定位轴线、对称线、中心线 |
| 双长画线 | 粗 | | $b$ | 预应力钢筋线 |
| | 细 | | $0.25b$ | 原有结构轮廓线 |
| 折断线 | | | $0.25b$ | 断开界线 |
| 波浪线 | | | $0.25b$ | 断开界线 |

楼层上各种梁、板构件都应采用国家标准规定的代号标记,见表 5－2 所示。

**表 5－2　常用构件代号**

| 序号 | 名　称 | 代号 | 序号 | 名　称 | 代号 | 序号 | 名　称 | 代号 |
|---|---|---|---|---|---|---|---|---|
| 1 | 板 | B | 19 | 圈梁 | QL | 37 | 承台 | CT |
| 2 | 屋面板 | WB | 20 | 过梁 | GL | 38 | 设备基础 | SJ |
| 3 | 空心板 | KB | 21 | 连系梁 | LL | 39 | 桩 | ZH |
| 4 | 槽形板 | CB | 22 | 基础梁 | JL | 40 | 挡土墙 | DQ |
| 5 | 折板 | ZB | 23 | 楼梯梁 | TL | 41 | 地沟 | DG |
| 6 | 密肋板 | MB | 24 | 框架梁 | KL | 42 | 柱间支撑 | ZC |
| 7 | 楼梯板 | TB | 25 | 框支梁 | KZL | 43 | 垂直支撑 | CC |
| 8 | 盖板或沟盖板 | GB | 26 | 屋面框架梁 | WKL | 44 | 水平支撑 | SC |
| 9 | 挡雨板或檐口板 | YB | 27 | 檩条 | LT | 45 | 梯 | T |
| 10 | 吊车安全走道板 | DB | 28 | 屋架 | WJ | 46 | 雨篷 | YP |
| 11 | 墙板 | QB | 29 | 托架 | TJ | 47 | 阳台 | YT |
| 12 | 天沟板 | TGB | 30 | 天窗架 | CJ | 48 | 梁垫 | LD |
| 13 | 梁 | L | 31 | 框架 | KJ | 49 | 预埋件 | M— |
| 14 | 屋面梁 | WL | 32 | 刚架 | GJ | 50 | 天窗端壁 | TD |
| 15 | 吊车梁 | DL | 33 | 支架 | ZJ | 51 | 钢筋网 | W |
| 16 | 单轨吊车梁 | DDL | 34 | 柱 | Z | 52 | 钢筋骨架 | G |
| 17 | 轨道连接 | DGL | 35 | 框架柱 | KZ | 53 | 基础 | J |
| 18 | 车挡 | CD | 36 | 构造柱 | GZ | 54 | 暗柱 | AZ |

注:1. 预制混凝土构件、现浇混凝土构件、钢构件和木构件,一般可以采用本表中的构件代号。在绘图中,除混凝土构件可以不注明材料代号外,其他材料的构件可在构件代号前加注材料代号,并在图纸中加以说明。

2. 预应力混凝土构件的代号,应在构件代号前加注“Y”,如 Y－DL 表示预应力混凝土吊车梁。

图中钢筋的一般表示方法见表 5-3、表 5-4 和表 5-5 所示。

**表 5-3　普通钢筋表示图例**

| 序号 | 名称 | 图例 | 说明 |
|---|---|---|---|
| 1 | 钢筋横断面 | · | — |
| 2 | 无弯钩的钢筋端部 | | 下图表示长、短钢筋投影重叠时，短钢筋的端部用 45°斜划线表示 |
| 3 | 带半圆形弯钩的钢筋端部 | | — |
| 4 | 带直钩的钢筋端部 | | — |
| 5 | 带丝扣的钢筋端部 | | — |
| 6 | 无弯钩的钢筋搭接 | | — |
| 7 | 带半圆弯钩的钢筋搭接 | | — |
| 8 | 带直钩的钢筋搭接 | | — |
| 9 | 花篮螺丝钢筋接头 | | — |
| 10 | 机械连接的钢筋接头 | | 用文字说明机械连接的方式（如冷挤压或直螺纹等） |

**表 5-4　预应力钢筋表示图例**

| 序号 | 名称 | 图例 |
|---|---|---|
| 1 | 预应力钢筋或钢绞线 | |
| 2 | 后张法预应力钢筋断面无粘结预应力钢筋断面 | |
| 3 | 预应力钢筋断面 | + |
| 4 | 张拉端锚具 | |
| 5 | 固定端锚具 | |
| 6 | 锚具的端视图 | |
| 7 | 可动连接件 | |
| 8 | 固定连接件 | |

**表 5-5　钢筋画法**

| 序　号 | 说　　明 | 图　　例 |
|---|---|---|
| 1 | 在结构楼板中配置双层钢筋时，底层钢筋的弯钩应向上或向左，顶层钢筋的弯钩则向下或向右 | (底层)　(顶层) |
| 2 | 钢筋混凝土墙体配双层钢筋时，在配筋立面图中，远面钢筋的弯钩应向上或左而近面钢筋的弯钩向下或右(JM 近面，YM 远面) | JM YM JM YM　JM YM JM YM |
| 3 | 若在断面图中不能表达清楚的钢筋布置，应在断面图外增加钢筋大样图(如：钢筋混凝土墙，楼梯等) | |
| 4 | 图中所表示的箍筋，环筋等若布置复杂时，可加画钢筋大样及说明 | |
| 5 | 每组相同的钢筋、箍筋或环筋，可用一根粗实线表示，同时用一两端带斜短划线的横穿细线，表示其钢筋及起止范围 | |

## 三、结构施工图识读的一般方法

结构施工图识读的正确方法是：先看结构设计说明；再读基础图；然后读结构平面布置图；最后读构件详图、钢筋详图及标准图集。各种图样之间不是孤立的，应互相联系进行阅读，同时建施、结施、设施应对照阅读。

识读施工图时，应熟练运用投影关系、图例符号、尺寸标注及比例，以达到读懂整套结构施工图。

(一) 结构设计说明阅读

了解工程概况、设计依据、材料选用、构造要求等。

(二) 基础图阅读

基础平面图表明基础的平面布置，而基础各部分的形状、大小、材料、构造及基础的埋置深度等需由基础详图来表达。基础详图一般采用基础的横断面表示。

基础平面图和基础详图的主要内容及识图时应查看的内容有：

(1) 图名、比例　了解是哪个工程的基础，绘图的比例大小；

(2) 纵横定位轴线编号　了解有多少道基础、基础间的定位轴线尺寸各是多少，并与房屋平面图进行对照，看是否一致；

(3) 基础的平面布置　了解基础形状、大小及其与轴线的关系；

(4) 断面图的剖切位置线及其编号　了解基础断面图的种类、数量及其分布位置,以便与断面图进行对照阅读;

(5) 轴线尺寸、基础大小尺寸和定位尺寸　了解基础各尺寸间关系;

(6) 基础断面形状、大小、尺寸、材料及配筋;

(7) 施工说明　了解施工时对基础材料及其强度等的要求。

(三) 结构平面布置图阅读

根据建筑图的布局,结构平面布置图分为地下室结构平面、一层结构平面、标准层结构平面和屋顶结构平面。当每层的构件都相同时,可归类为标准层结构平面图。

在结构平面布置图中,一般标注墙、柱、梁等构件的位置、编号、定位尺寸等。结构平面布置图的主要内容及识图时应查看的内容有:

(1) 看图名、比例:了解平面位置与标高,其比例大小为多少,并与建筑图结合阅读;楼层的标高为结构标高,即建筑标高扣去装饰面层后的标高。

(2) 看梁(柱)的布置及其编号:了解本工程的结构形式。

(3) 结合剖面图、标准图等对构件进行分类,了解主要构件的细部要求。

(4) 配合构件详图阅读。

(四) 结构详图阅读

(1) 了解各构件的位置、尺寸、标高,与结构平面图结合阅读,核对是否存在矛盾;

(2) 了解各构件的钢筋配置情况。

(五) 标准图集阅读

(1) 查找施工图中注明的标准图集;

(2) 阅读标准图集的使用范围、施工要求及注意事项等;

(3) 在图集中查找所需详图进行阅读。

■ **实训练习**

**任务一　阅读附图中的结构设计说明**

(1) 目的:通过施工图的识读,掌握结构设计说明中表述的内容。

(2) 能力目标:读懂结构设计说明。

(3) 实物:附图结构施工图。

**任务二　阅读附图中的基础图**

(1) 目的:通过施工图的识读,掌握基础图表述的内容。

(2) 能力目标:读懂基础施工图。

(3) 实物:附图结构施工图。

## 项目2　梁平法施工图识读

■ **学习目标**　掌握《混凝土结构施工图平面整体表示方法制图规则和构造详图》(16G101－1)中梁的平法施工图制图规则。

■ **能力目标**　学会梁平法施工图识读。

## ■知识点

### 一、混凝土结构施工图平面整体表示方法的特点

建筑结构施工图平面整体表示法(平法),是将结构构件的尺寸和配筋等,整体直接地表达在各类构件的结构平面布置图上,并与标准构造详图相配合,形成一套表达顺序与施工一致且利于施工质量检查的结构设计施工图纸。

按平法设计绘制的施工图,一般由各类结构构件的平法施工图和标准构造详图两大部分构成。

在平面布置图上表示各构件尺寸和配筋的方式有平面注写方式、列表注写方式和截面注写方式三种。

按平法设计绘制的施工图中的构件,一般都进行了编号,且编号中含有类型代号和序号等。类型代号主要是指明所选用的标准构造详图。施工图中同时用表格或其他方式注明了包括地下和地上各层的结构层楼(地)面标高、结构层高及相应的结构层号。应该注意的是:结构层楼面标高是指将建筑图中的各层地面和楼面标高值扣除建筑面层及垫层做法厚度后的标高,结构层号应与建筑楼层号对应一致。

我国关于混凝土结构平法施工图的国家建筑标准设计图集为《混凝土结构施工图平面整体表示方法制图规则和构造详图》(G101 系列图集),其中包括:16G101—1(现浇混凝土框架、剪力墙、梁、板)、16G101—2(现浇混凝土板式楼梯)、16G101—3(独立基础、条形基础、筏形基础及桩基础)。平法图集既是设计者完成柱、墙、梁等构件平法施工图的依据,也是施工、监理人员准确理解和实施平法施工图的依据。

### 二、梁平法施工图制图规则

梁平法施工图在梁平面布置图上采用平面注写方式或截面注写方式表达。

(一) 平面注写方式

平面注写方式,是指在梁的平面布置图上分别在不同编号的梁中各选一根梁,在其上注写截面尺寸和配筋的具体数值。

平面注写包括集中标注与原位标注,如图 5-2 所示。集中标注表达梁的通用数值,原位标注表达梁的特殊数值。施工时,原位标注取值优先。图中梁的编号由梁类型代号、序号、跨数及有无悬挑代号等组成,见表 5-6。

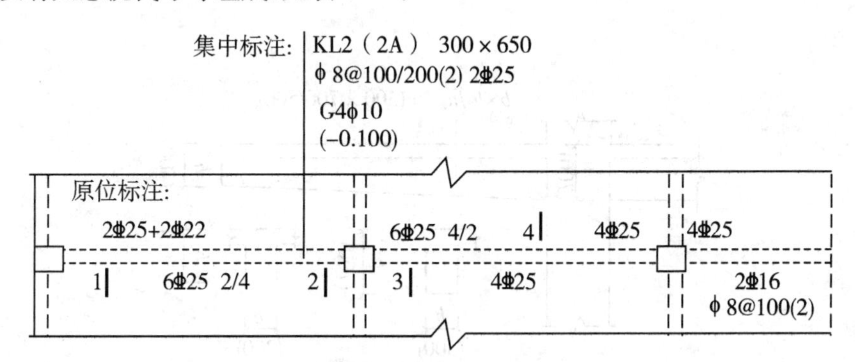


**图 5-2　平面注写方式示例**

### 表 5-6　梁编号

| 梁 类 型 | 代 号 | 序 号 | 跨数及是否带有悬挑 |
|---|---|---|---|
| 楼层框架梁 | KL | XX | (XX)、(XXA)或(XXB) |
| 屋面框架梁 | WKL | XX | (XX)、(XXA)或(XXB) |
| 框 支 梁 | KZL | XX | (XX)、(XXA)或(XXB) |
| 非框架梁 | L | XX | (XX)、(XXA)或(XXB) |
| 悬 挑 梁 | XL | XX | |
| 井 字 梁 | JZL | XX | (XX)、(XXA)或(XXB) |

注：(XXA)为一端有悬挑，(XXB)为两端有悬挑，悬挑不计入跨数。

例　KL7(5A)表示第 7 号框架梁，5 跨，一端有悬挑；

L9(7B)表示第 9 号非框架梁，7 跨，两端有悬挑。

1. 梁集中标注的内容有五项必注值及一项选注值：

(1) 梁编号。如图 5-2 中“KL2(2A)”表示第 2 号框架梁，2 跨，一端有悬挑。

(2) 梁截面尺寸。等截面梁，用 $b\times h$ 表示，如图 5-2 所示“300×650”表示宽为 300，高为 650；竖向加腋梁用 $b\times h\ \mathrm{Y}_{C_1\times C_2}$ 表示($C1$：腋长，$C2$：腋高)，如图 5-3 所示；水平加腋梁，一侧加腋时用 $b\times h\ \mathrm{PY}_{C_1\times C_2}$ 表示；悬挑梁且根部和端部的高度不同时，用斜线分隔根部与端部的高度值，即用 $b\times h_1/h_2$ 表示，如图 5-4 所示。

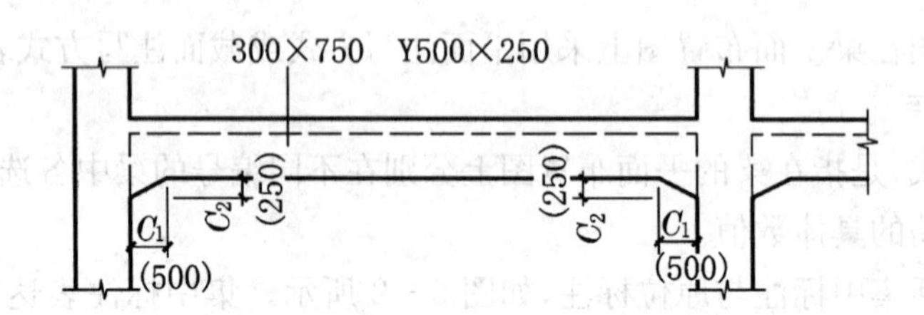


图 5-3　竖向加腋梁截面尺寸注写示意

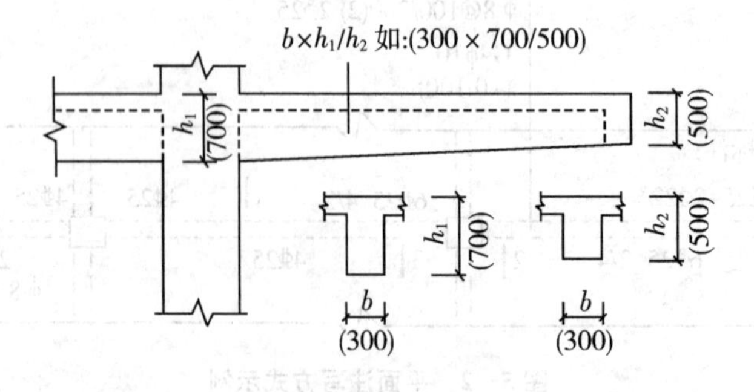


图 5-4　悬挑梁不等高截面尺寸注写示意

(3) 梁箍筋。包括钢筋级别、直径、加密区与非加密区间距及肢数，加密区与非加密区的不同间距及肢数用斜线“/”分隔。如图 5-2 中“ϕ8@100/200(2)”表示箍筋为 HPB300 级钢筋，直径 8，加密区间距为 100，非加密区间距为 200，均为双肢箍。

(4) 梁上部通长筋或架立筋。如图 5-2 中“2Φ25”用于双肢箍；但当同排纵筋中既有通长筋又有架立筋时，应用加号“＋”将通长筋和架立筋相连，且角部纵筋写在加号前面，架立筋写在后面的括号内，如“2Φ22＋(4ϕ12)”用于六肢箍，其中 2Φ22 为通长筋，4ϕ12为架立筋；当梁的上部纵筋和下部纵筋为全跨相同时，可用“;”分隔上部与下部纵筋，如“3Φ22;3Φ20”表示梁的上部配置 3Φ22 的通长筋，梁的下部配置 3Φ20 的通长筋。

(5) 梁侧面纵向构造钢筋或受扭钢筋

① 如图 5-2 中“G4ϕ10”表示梁的两个侧面共配置 4ϕ10 的纵向构造钢筋，每侧各配置 2ϕ10；

② 梁侧面配置的受扭钢筋，用 N 开头，如“N6Φ20”表示梁的两个侧面共配置 6Φ20 的受扭纵向钢筋，每侧各配置 3Φ20。

(6) 梁顶面标高高差，此项为选注值。如图 5-2 中“(－0.100)”表示该梁顶面标高低于其结构层的楼面标高 0.1 m。

2. 梁原位标注的内容如下：

(1) 梁支座上部纵筋

① 如上部纵筋多于一排时，用“/”将各排纵筋自上而下分开，如图 5-2 中“6Φ25 4/2”表示上一排纵筋为 4Φ25，下一排纵筋为 2Φ25；

② 如同排纵筋有两种直径时，用“＋”将两种直径纵筋相连，且角部纵筋写在前面，如图 5-2 中“2Φ25＋2Φ22”表示梁支座上部有四根纵筋，2Φ25 放在角部，2Φ22 放在中部；

③ 如梁中间支座两边的上部纵筋相同时，可仅标注一边；但当不同时，应在支座两边分别标注。

(2) 梁下部纵筋

① 下部纵筋多于一排时，同样用“/”将各排纵筋自上而下分开；

② 同排纵筋有两种直径时，同样用“＋”将两种直径纵筋相连，且角筋写在前面；

③ 当梁的下部纵筋不全部伸入支座时，应将梁支座下部纵筋减少的数量写在括号内，如“6Φ20 2(－2)/4”，表示上排纵筋为 2Φ20，且不伸入支座，下一排纵筋为 4Φ20，全部伸入支座。

(3) 附加箍筋或吊筋，直接在平面图中的主梁上标注。

(二) 截面注写方式

截面注写方式，是指在分标准层绘制的梁平面布置图上，分别在不同编号的梁中各选择一根梁用剖面号引出配筋图，并在其上注写截面尺寸和配筋的具体数值，如图 5-5 所示。

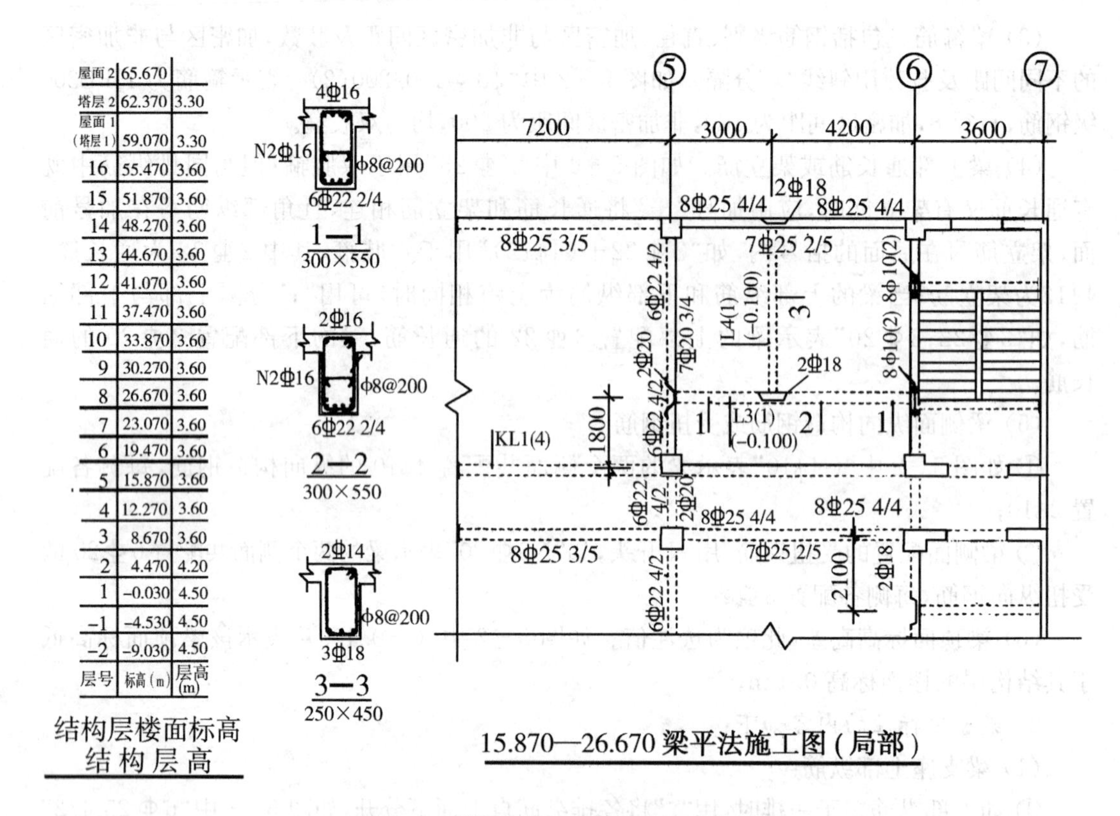


**图5-5 梁平法施工图截面注写方式示例**

（三）相关规定

框架梁的所有支座和非框架梁的中间支座上部纵筋的延伸长度 $a_0$ 值统一取值为：第一排非通长筋及跨中直径不同的通长筋从柱(梁)边起延伸至 $l_n/3$ 位置；第二排非通长筋延伸到 $l_n/4$ 位置。$l_n$ 的取值规定为：对于端支座，$l_n$ 为本跨的净跨值；对于中间支座，$l_n$ 为支座两边较大一跨的净跨值。

当梁下部纵筋不全部伸入支座时，不伸入支座的梁下部纵筋截断点距支座边的距离统一取为 $0.1l_{ni}$($l_{ni}$为本跨的净跨值)。

非框架梁的下部纵向钢筋在中间支座和端支座的锚固长度：对于带肋钢筋为 $12d$；对于光面钢筋为 $15d$($d$ 为纵向钢筋直径)。

## ■ 实训练习

### 任务一　阅读附图中结构平面布置图中梁的标注

(1) 目的：通过施工图的阅读，掌握梁平法施工图识读。

(2) 能力目标：读懂结构平面布置图上梁标注的含义。

(3) 实物：附图结构施工图。

### 任务二　绘制断面图

(1) 目的：通过任选一根梁(平法标注)，绘制出断面图，进一步掌握梁平法施工图识读。

(2) 能力目标：进一步读懂结构平面布置图上梁标注的含义。

# 项目 3　柱平法施工图识读

■ **学习目标**　掌握《混凝土结构施工图平面整体表示方法制图规则和构造详图》(16G101－1)中柱的平法施工图制图规则。

■ **能力目标**　学会柱平法施工图识读。

■ **知识点**

## 一、柱平法施工图制图规则

柱平法施工图在柱平面布置图上采用列表注写方式或截面注写方式表达。

(一) 列表注写方式

列表注写方式，是指在柱的平面布置图上分别在同一编号的柱中选择一个(或几个)截面标注几何参数代号，然后在柱表中注写柱编号、柱段起止标高、几何尺寸与配筋的具体数值，且配以各种柱截面形状及其箍筋类型图，如图 5－6 所示。

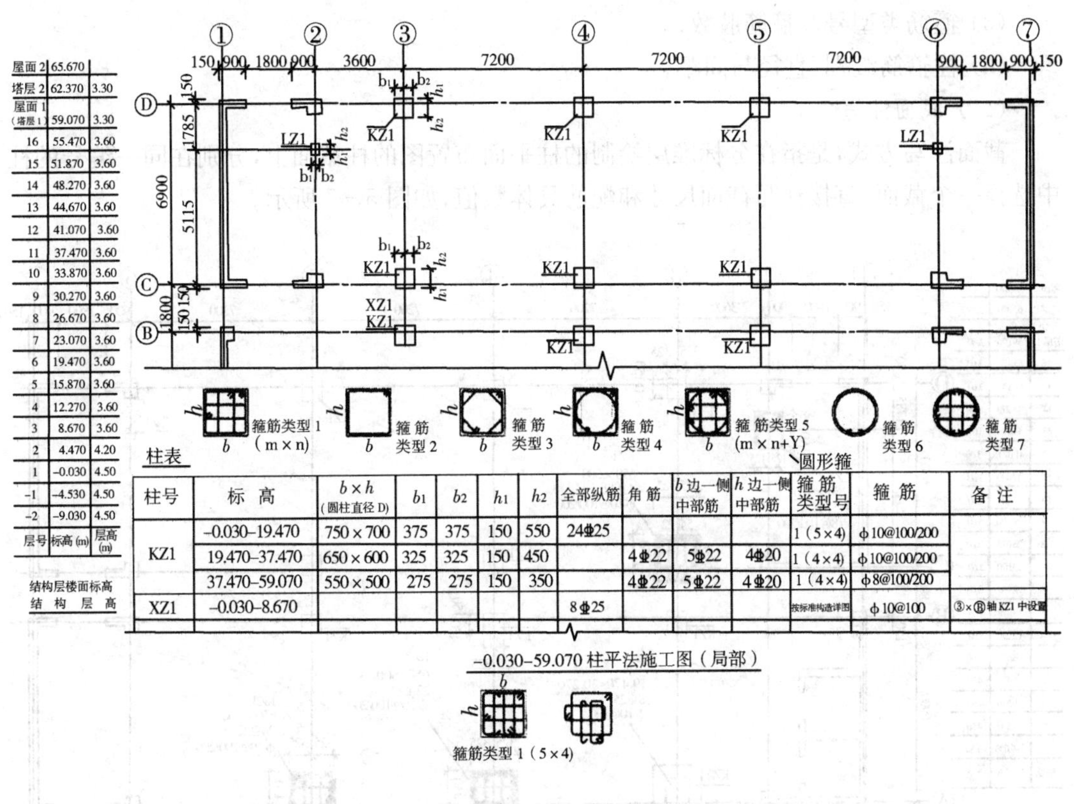


| 柱号 | 标高 | b×h (圆柱直径 D) | $b_1$ | $b_2$ | $h_1$ | $h_2$ | 全部纵筋 | 角筋 | b 边一侧中部筋 | h 边一侧中部筋 | 箍筋类型号 | 箍筋 | 备注 |
|---|---|---|---|---|---|---|---|---|---|---|---|---|---|
| KZ1 | -0.030-19.470 | 750×700 | 375 | 375 | 150 | 550 | 24⌀25 | | | | 1（5×4） | φ10@100/200 | |
| | 19.470-37.470 | 650×600 | 325 | 325 | 150 | 450 | | 4⌀22 | 5⌀22 | 4⌀20 | 1（4×4） | φ10@100/200 | |
| | 37.470-59.070 | 550×500 | 275 | 275 | 150 | 350 | | 4⌀22 | 5⌀22 | 4⌀20 | 1（4×4） | φ8@100/200 | |
| XZ1 | -0.030-8.670 | | | | | | 8⌀25 | | | | 按标准构造详图 | φ10@100 | ③×Ⓑ轴 KZ1 中设置 |

**图 5－6　柱平法施工图列表注写方式示例**

列表注写以下内容：

(1) 柱编号。柱编号由类型代号和序号组成，如表 5－7 所示；

**表 5－7　柱编号**

| 柱类型 | 代号 | 序号 |
|---|---|---|
| 框架柱 | KZ | XX |
| 转换柱 | ZHZ | XX |
| 芯　柱 | XZ | XX |
| 梁上柱 | LZ | XX |
| 剪力墙上柱 | QZ | XX |

注：编号时，当柱的总高、分段截面尺寸和配筋均对应相同，仅截面与轴线的关系不同时，仍可将其编为同一柱号，但应在图中注明截面与轴线的关系。

(2) 各段柱的起止标高；

(3) 柱截面尺寸 $b\times h$ 及与轴线关系的几何参数数值；

(4) 柱纵筋。柱纵筋直径相同，各边根数也相同时，则在“全部纵筋”栏中注写；除此之外，则分别注写；

(5) 箍筋类型号及箍筋肢数；

(6) 柱箍筋级别、直径与间距。

(二) 截面注写方式

截面注写方式，是指在分标准层绘制的柱平面布置图的柱截面上，分别在同一编号的柱中选择一个截面，直接注写截面尺寸和配筋具体数值，如图 5－7 所示。

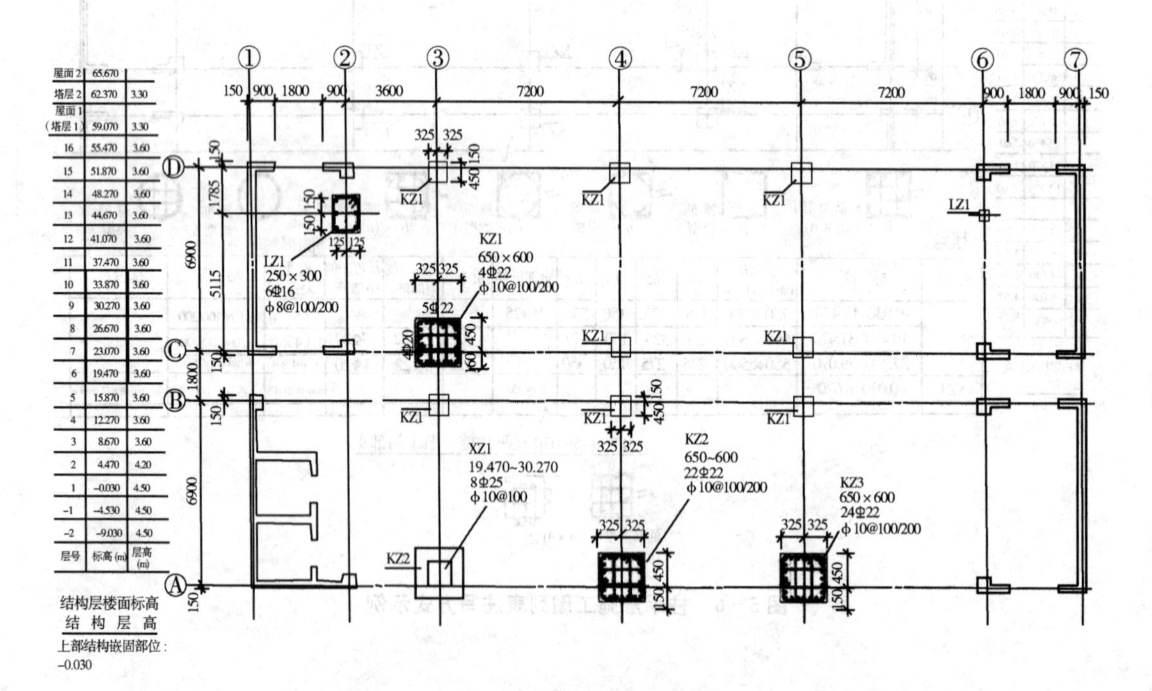


19.470～37.470 柱平法施工图

**图 5－7　柱平法施工图截面注写方式示例**

## ■ 实训练习

**任务一　阅读附图中结构平面布置图中柱的标注**

(1) 目的：通过施工图的阅读，掌握柱平法施工图识读。

(2) 能力目标：读懂结构平面布置图上柱标注的含义。

(3) 实物：附图结构施工图。

**任务二　绘制断面图**

(1) 目的：通过任选一根柱(平法标注)，绘制出断面图，进一步掌握柱平法施工图识读。

(2) 能力目标：进一步读懂结构平面布置图上柱标注的含义。

# 项目 4　剪力墙平法施工图识读

**■ 学习目标**　掌握《混凝土结构施工图平面整体表示方法制图规则和构造详图》(16G101－1)中剪力墙的平法施工图制图规则。

**■ 能力目标**　学会剪力墙平法施工图识读。

**■ 知识点**

## 一、剪力墙平法施工图制图规则

剪力墙平法施工图在剪力墙平面布置图上采用列表注写方式或截面注写方式表达。

### (一) 列表注写方式

列表注写方式，是指分别在剪力墙柱表、剪力墙身表和剪力墙梁表中对应于剪力墙平面布置图上的编号，在截面配筋图上注写几何尺寸和配筋的具体数值，如图 5－8 所示。

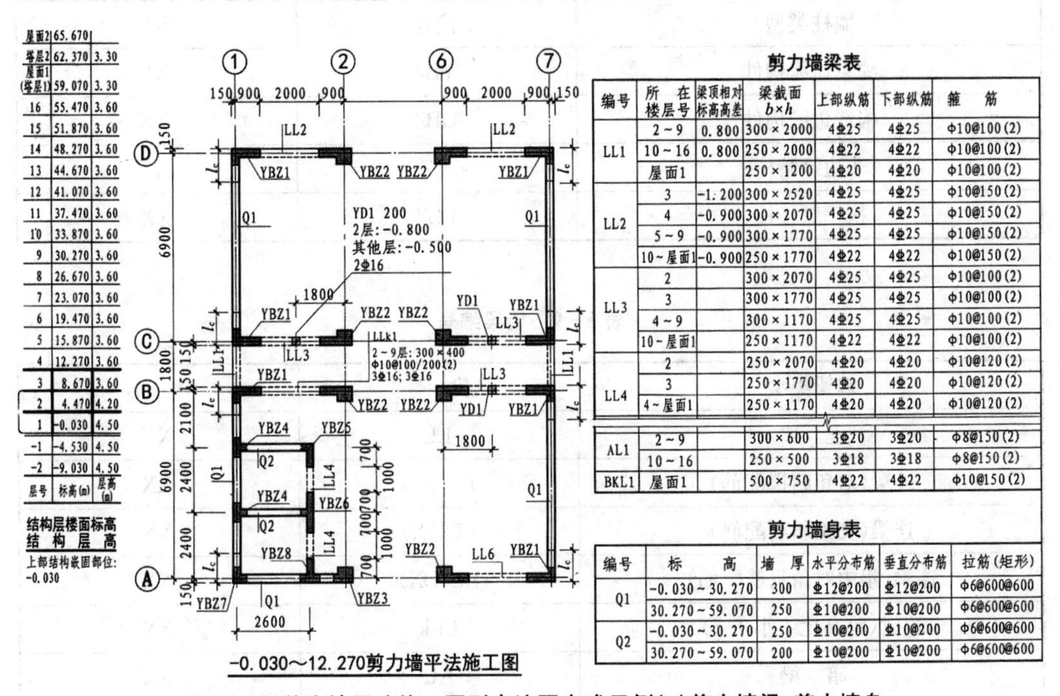


| 层号 | 标高(m) | 层高(m) |
|---|---|---|
| 屋面2 | 65.670 | |
| 塔层2 | 62.370 | 3.30 |
| 屋面1(塔层1) | 59.070 | 3.30 |
| 16 | 55.470 | 3.60 |
| 15 | 51.870 | 3.60 |
| 14 | 48.270 | 3.60 |
| 13 | 44.670 | 3.60 |
| 12 | 41.070 | 3.60 |
| 11 | 37.470 | 3.60 |
| 10 | 33.870 | 3.60 |
| 9 | 30.270 | 3.60 |
| 8 | 26.670 | 3.60 |
| 7 | 23.070 | 3.60 |
| 6 | 19.470 | 3.60 |
| 5 | 15.870 | 3.60 |
| 4 | 12.270 | 3.60 |
| 3 | 8.670 | 3.60 |
| 2 | 4.470 | 4.20 |
| 1 | -0.030 | 4.50 |
| -1 | -4.530 | 4.50 |
| -2 | -9.030 | 4.50 |

结构层楼面标高
结构层高
上部结构嵌固部位：
-0.030

剪力墙梁表

| 编号 | 所在楼层号 | 梁顶相对标高高差 | 梁截面 $b\times h$ | 上部纵筋 | 下部纵筋 | 箍筋 |
|---|---|---|---|---|---|---|
| LL1 | 2～9 | 0.800 | 300×2000 | 4⌀25 | 4⌀25 | Φ10@100(2) |
| | 10～16 | 0.800 | 250×2000 | 4⌀22 | 4⌀22 | Φ10@100(2) |
| | 屋面1 | | 250×1200 | 4⌀20 | 4⌀20 | Φ10@100(2) |
| LL2 | 3 | -1.200 | 300×2520 | 4⌀25 | 4⌀25 | Φ10@150(2) |
| | 4 | -0.900 | 300×2070 | 4⌀25 | 4⌀25 | Φ10@150(2) |
| | 5～9 | -0.900 | 300×1770 | 4⌀25 | 4⌀25 | Φ10@150(2) |
| | 10～屋面1 | -0.900 | 250×1770 | 4⌀22 | 4⌀22 | Φ10@150(2) |
| LL3 | 2 | | 300×2070 | 4⌀25 | 4⌀25 | Φ10@100(2) |
| | 3 | | 300×1770 | 4⌀25 | 4⌀25 | Φ10@100(2) |
| | 4～9 | | 300×1170 | 4⌀25 | 4⌀25 | Φ10@100(2) |
| | 10～屋面1 | | 250×1170 | 4⌀22 | 4⌀22 | Φ10@100(2) |
| LL4 | 2 | | 250×2070 | 4⌀20 | 4⌀20 | Φ10@120(2) |
| | 3 | | 250×1770 | 4⌀20 | 4⌀20 | Φ10@120(2) |
| | 4～屋面1 | | 250×1170 | 4⌀20 | 4⌀20 | Φ10@120(2) |
| AL1 | 2～9 | | 300×600 | 3⌀20 | 3⌀20 | Φ8@150(2) |
| | 10～16 | | 250×500 | 3⌀18 | 3⌀18 | Φ8@150(2) |
| BKL1 | 屋面1 | | 500×750 | 4⌀22 | 4⌀22 | Φ10@150(2) |

剪力墙身表

| 编号 | 标高 | 墙厚 | 水平分布筋 | 垂直分布筋 | 拉筋(矩形) |
|---|---|---|---|---|---|
| Q1 | -0.030～30.270 | 300 | ⌀12@200 | ⌀12@200 | Φ6@600@600 |
| | 30.270～59.070 | 250 | ⌀10@200 | ⌀10@200 | Φ6@600@600 |
| Q2 | -0.030～30.270 | 250 | ⌀10@200 | ⌀10@200 | Φ6@600@600 |
| | 30.270～59.070 | 200 | ⌀10@200 | ⌀10@200 | Φ6@600@600 |

**图 5－8　剪力墙平法施工图列表注写方式示例(a)剪力墙梁、剪力墙身**

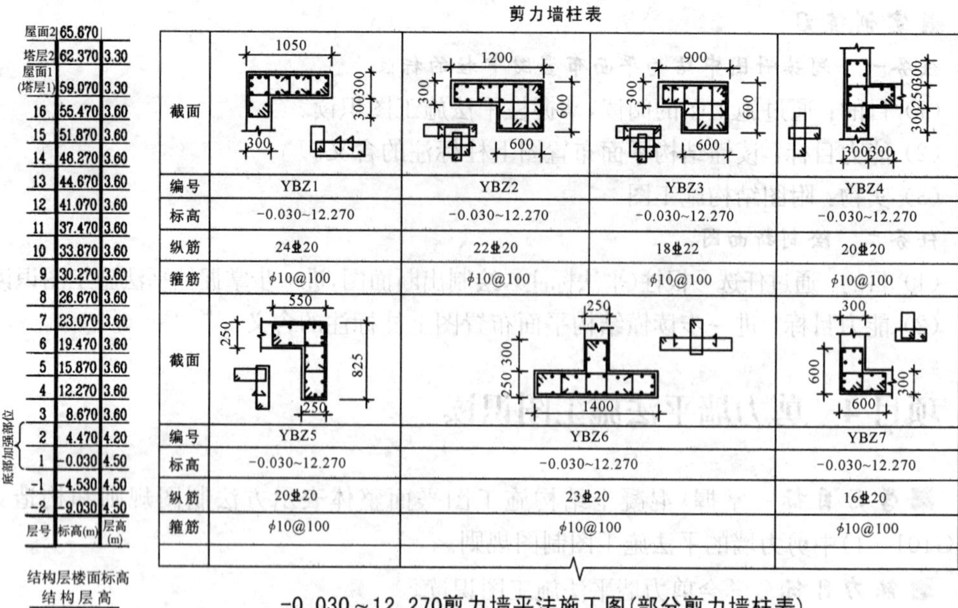

剪力墙柱表
截面
编号 YBZ1 YBZ2 YBZ3 YBZ4
标高 -0.030~12.270 -0.030~12.270 -0.030~12.270 -0.030~12.270
纵筋 24⌀20 22⌀20 18⌀22 20⌀20
箍筋 ϕ10@100 ϕ10@100 ϕ10@100 ϕ10@100
编号 YBZ5 YBZ6 YBZ7
标高 -0.030~12.270 -0.030~12.270 -0.030~12.270
纵筋 20⌀20 23⌀20 16⌀20
箍筋 ϕ10@100 ϕ10@100 ϕ10@100
屋面2 65.670
塔层2 62.370 3.30
屋面1(塔层1) 59.070 3.30
16 55.470 3.60
15 51.870 3.60
14 48.270 3.60
13 44.670 3.60
12 41.070 3.60
11 37.470 3.60
10 33.870 3.60
9 30.270 3.60
8 26.670 3.60
7 23.070 3.60
6 19.470 3.60
5 15.870 3.60
4 12.270 3.60
3 8.670 3.60
2 4.470 4.20
1 -0.030 4.50
-1 -4.530 4.50
-2 -9.030 4.50
层号 标高(m) 层高(m)
底部加强部位
结构层楼面标高
结构层高
上部结构嵌固部位:
-0.030
-0.030~12.270剪力墙平法施工图(部分剪力墙柱表)


**图 5-8　剪力墙平法施工图列表注写方式示例(b)剪力墙柱**

剪力墙按剪力墙柱、剪力墙身、剪力墙梁分别进行编号,编号由类型代号和序号组成,见表 5-8、表 5-9 所示;墙身编号由墙身代号、序号及墙身所配置的水平与竖向分布钢筋的排数组成,且排数注写在括号内,如 QXX(X 排)。

**表 5-8　墙柱编号**

| 墙柱类型 | 代号 | 序号 |
|---|---|---|
| 约束边缘构件 | YBZ | XX |
| 构造边缘构件 | GBZ | XX |
| 非边缘暗柱 | AZ | XX |
| 扶　壁　柱 | FBZ | XX |

**表 5-9　墙梁编号**

| 墙梁类型 | 代　号 | 序　号 |
|---|---|---|
| 连　梁 | LL | XX |
| 连梁(对角暗撑配筋) | LL(JC) | XX |
| 连梁(交叉斜筋配筋) | LL(JX) | XX |
| 连梁(集中对角斜筋配筋) | LL(DX) | XX |
| 连梁(跨高比不小于 5) | LLk | XX |
| 暗　梁 | AL | XX |
| 边框梁 | BKL | XX |

（二）截面注写方式

截面注写方式，是指在分标准层绘制的剪力墙平面布置图上直接在墙柱、墙身、墙梁上注写截面尺寸和配筋的具体数值，如图 5－9 所示。

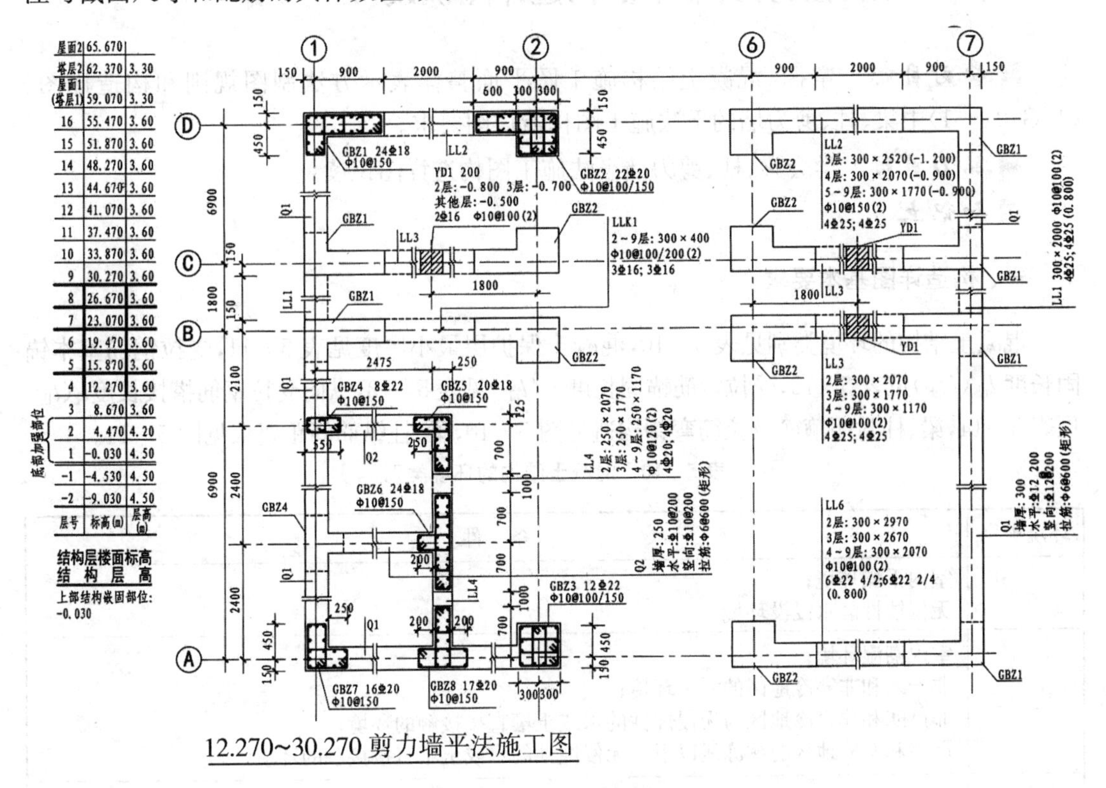


| 层号 | 标高(m) | 层高(m) |
| --- | --- | --- |
| 屋面2 | 65.670 | |
| 塔层2 | 62.370 | 3.30 |
| 屋面1(塔层1) | 59.070 | 3.30 |
| 16 | 55.470 | 3.60 |
| 15 | 51.870 | 3.60 |
| 14 | 48.270 | 3.60 |
| 13 | 44.670 | 3.60 |
| 12 | 41.070 | 3.60 |
| 11 | 37.470 | 3.60 |
| 10 | 33.870 | 3.60 |
| 9 | 30.270 | 3.60 |
| 8 | 26.670 | 3.60 |
| 7 | 23.070 | 3.60 |
| 6 | 19.470 | 3.60 |
| 5 | 15.870 | 3.60 |
| 4 | 12.270 | 3.60 |
| 3 | 8.670 | 3.60 |
| 2 | 4.470 | 4.20 |
| 1 | -0.030 | 4.50 |
| -1 | -4.530 | 4.50 |
| -2 | -9.030 | 4.50 |

12.270~30.270 剪力墙平法施工图

**图 5－9　剪力墙平法施工图截面注写方式示例**

（三）剪力墙洞口的表示方法

剪力墙上洞口均在剪力墙平面布置图上原位表达，如图 5－8、图 5－9 所示。

在洞口的中心位置引注以下内容：

（1）洞口编号　矩形洞口为 JD××（××为序号），圆形洞口为 YD××（××为序号）；

（2）洞口几何尺寸　矩形洞口为洞宽×洞高（$b \times h$），圆形洞口为洞口直径 D；

（3）洞口中心相对标高　指相对于结构层楼（地）面标高的洞口中心高度；

（3）洞口每边补强钢筋　当矩形洞口的洞宽、洞高均不大于 800 时，注写洞口每边补强钢筋的数值；当洞宽、洞高方向补强钢筋不一致时，分别注写洞宽方向、洞高方向补强钢筋，以“/”分隔。当矩形或圆形洞口的洞宽或直径大于 800 时，在洞口的上、下需设置补强暗梁。

## ■ 实训练习

**任务一　阅读结构平面布置图中剪力墙的标注**

（1）目的：通过施工图的阅读，掌握剪力墙平法施工图识读。

（2）能力目标：读懂结构平面布置图上剪力墙各部分标注的含义。

（3）实物：相应施工图或 16G101－1。

**任务二　绘制断面图**

（1）目的：通过任选一剪力墙（平法标注）绘制出断面图，进一步掌握剪力墙平法施工图识读。

(2) 能力目标：进一步读懂结构平面布置图上剪力墙标注的含义。

## 项目5　梁、柱、剪力墙平法构造详图识读

■ **学习目标**　掌握《混凝土结构施工图平面整体表示方法制图规则和构造详图》(16G101－1)中梁、柱、剪力墙的平法施工图构造详图要求。

■ **能力目标**　学会梁、柱、剪力墙平法施工图构造详图识读。

■ **知识点**

### 一、构造详图基本要求

混凝土结构的环境类别见表5-10,混凝土保护层最小厚度见表5-11,受拉钢筋基本锚固长度 $l_{ab}(l_{abE})$ 见表5-12,受拉钢筋锚固长度 $l_a(l_{aE})$ 见表5-13,纵向受拉钢筋搭接长度 $l_l(l_{lE})$ 见表5-14,梁、柱封闭箍筋及拉筋弯钩构造见图5-10,梁、柱纵筋间距要求见图5-11。

**表5-10　混凝土结构的环境类别**

| 环境类别 | 条　件 |
| --- | --- |
| 一 | 室内干燥环境；<br>无侵蚀性静水浸没环境 |
| 二a | 室内潮湿环境；<br>非严寒和非寒冷地区的露天环境；<br>非严寒和非寒冷地区与无侵蚀性的水或土壤直接接触的环境；<br>严寒和寒冷地区的冰冻线以下与无侵蚀性的水或土壤直接接触的环境 |
| 二b | 干湿交替环境；<br>水位频繁变动环境；<br>严寒和寒冷地区的露天环境；<br>严寒和寒冷地区冰冻线以上与无侵蚀性的水或土壤直接接触的环境 |
| 三a | 严寒和寒冷地区冬季水位变动区环境；<br>受除冰盐影响环境；<br>海风环境 |
| 三b | 盐渍土环境；<br>受除冰盐作用环境；<br>海岸环境 |
| 四 | 海水环境 |
| 五 | 受人为或自然的侵蚀性物质影响的环境 |

**表5-11　混凝土保护层的最小厚度**

| 环境类别 | 板、墙 | 梁、柱 |
| --- | --- | --- |
| 一 | 15 | 20 |
| 二a | 20 | 25 |
| 二b | 25 | 35 |

（续表）

| 环境类别 | 板、墙 | 梁、柱 |
|---|---|---|
| 三 a | 30 | 40 |
| 三 b | 40 | 50 |

注：1. 表中混凝土保护层厚度指最外层钢筋外边缘至混凝土表面的距离，适用于设计使用年限为 50 年的混凝土结构。

2. 构件中受力钢筋的保护层厚度不应小于钢筋的公称直径。

3. 一类环境中，设计使用年限为 100 年的结构最外层钢筋的保护层厚度不应小于表中数值的 1.4 倍；二、三类环境中，设计使用年限为 100 年的结构应采取专门的有效措施。

4. 混凝土强度等级不大于 C25 时，表中保护层厚度数值应增加 5。

5. 基础底面钢筋的保护层厚度，有混凝土垫层时应从垫层顶面算起，且不应小于 40。

**表 5－12　受接钢筋基本锚固长度 $l_{ab}$（$l_{abE}$）**

| 受拉钢筋基本锚固长度 $l_{ab}$ | | | | | | | | | | |
|---|---|---|---|---|---|---|---|---|---|---|
| 钢筋种类 | | 混凝土强度等级 | | | | | | | | |
| | | C20 | C25 | C30 | C35 | C40 | C45 | C50 | C55 | ≥C60 |
| HPB300 | 39$d$ | 34$d$ | 30$d$ | 28$d$ | 25$d$ | 24$d$ | 23$d$ | 22$d$ | 21$d$ | |
| HRB335、HRBF335 | 38$d$ | 33$d$ | 29$d$ | 27$d$ | 25$d$ | 23$d$ | 22$d$ | 21$d$ | 21$d$ | |
| HRB400、HRBF400、RRB400 | — | 40$d$ | 35$d$ | 32$d$ | 29$d$ | 28$d$ | 27$d$ | 26$d$ | 25$d$ | |
| HRB500、HRBF500 | — | 48$d$ | 43$d$ | 39$d$ | 36$d$ | 34$d$ | 32$d$ | 31$d$ | 30$d$ | |
| 抗震设计时受拉钢筋基本锚固长度 $l_{abE}$ | | | | | | | | | | |
| 钢筋种类 | | 混凝土强度等级 | | | | | | | | |
| | | C20 | C25 | C30 | C35 | C40 | C45 | C50 | C55 | ≥C60 |
| HPB300 | 一、二级 | 45$d$ | 39$d$ | 35$d$ | 32$d$ | 29$d$ | 28$d$ | 26$d$ | 25$d$ | 24$d$ |
| | 三级 | 41$d$ | 36$d$ | 32$d$ | 29$d$ | 26$d$ | 25$d$ | 24$d$ | 23$d$ | 22$d$ |
| HRB335 HRBF335 | 一、二级 | 44$d$ | 38$d$ | 33$d$ | 31$d$ | 29$d$ | 26$d$ | 25$d$ | 24$d$ | 24$d$ |
| | 三级 | 40$d$ | 35$d$ | 31$d$ | 28$d$ | 26$d$ | 24$d$ | 23$d$ | 22$d$ | 22$d$ |
| HRB400 HRBF400 | 一、二级 | — | 46$d$ | 40$d$ | 37$d$ | 33$d$ | 32$d$ | 31$d$ | 30$d$ | 29$d$ |
| | 三级 | — | 42$d$ | 37$d$ | 34$d$ | 30$d$ | 29$d$ | 28$d$ | 27$d$ | 26$d$ |
| HRB500 HRBF500 | 一、二级 | — | 55$d$ | 49$d$ | 45$d$ | 41$d$ | 39$d$ | 37$d$ | 36$d$ | 35$d$ |
| | 三级 | — | 50$d$ | 45$d$ | 41$d$ | 38$d$ | 36$d$ | 34$d$ | 33$d$ | 32$d$ |

注：1. 四级抗震时，$l_{abE}=l_{ab}$。

2. 当锚固钢筋的保护层厚度不大于 5$d$ 时，锚固钢筋长度范围内应设置横向构造钢筋，其直径不应小于 $d/4$（$d$ 为锚固钢筋的最大直径）；对梁柱等构件间距不应大于 5$d$，对板、墙等构件间距不应大于 10$d$，且均不应大于 100（$d$ 为锚固钢筋的最小直径）。

**表 5-13　受拉钢筋锚固长度 $l_a$、$l_{aE}$**

| 钢筋种类 | 混凝土强度等级 | | | | | | | | | | | | | | | | |
|---|---|---|---|---|---|---|---|---|---|---|---|---|---|---|---|---|---|
| | C20 | C25 | | C30 | | C35 | | C40 | | C45 | | C50 | | C55 | | ≥C60 | |
| | $d\leqslant25$ | $d\leqslant25$ | $d>25$ | $d\leqslant25$ | $d>25$ | $d\leqslant25$ | $d>25$ | $d\leqslant25$ | $d>25$ | $d\leqslant25$ | $d>25$ | $d\leqslant25$ | $d>25$ | $d\leqslant25$ | $d>25$ | $d\leqslant25$ | $d>25$ |
| HPB300 | 39$d$ | 34$d$ | — | 30$d$ | — | 28$d$ | — | 25$d$ | — | 24$d$ | — | 23$d$ | — | 22$d$ | — | 21$d$ | — |
| HRB335、HRBF335 | 38$d$ | 33$d$ | — | 29$d$ | — | 27$d$ | — | 25$d$ | — | 23$d$ | — | 22$d$ | | 21$d$ | — | 21$d$ | — |
| HRB400、HRBF400、RRB400 | — | 40$d$ | 44$d$ | 35$d$ | 39$d$ | 32$d$ | 35$d$ | 29$d$ | 32$d$ | 28$d$ | 31$d$ | 27$d$ | 30$d$ | 26$d$ | 29$d$ | 25$d$ | 28$d$ |
| HRB500、HRBF500 | — | 48$d$ | 53$d$ | 43$d$ | 47$d$ | 39$d$ | 43$d$ | 36$d$ | 40$d$ | 34$d$ | 37$d$ | 32$d$ | 35$d$ | 31$d$ | 34$d$ | 30$d$ | 33$d$ |

受拉钢筋抗震锚固长度 $l_{aE}$

| 钢筋种类及抗震等级 | | 混凝土强度等级 | | | | | | | | | | | | | | | | |
|---|---|---|---|---|---|---|---|---|---|---|---|---|---|---|---|---|---|---|
| | | C20 | C25 | | C30 | | C35 | | C40 | | C45 | | C50 | | C55 | | ≥C60 | |
| | | $d\leqslant25$ | $d\leqslant25$ | $d>25$ | $d\leqslant25$ | $d>25$ | $d\leqslant25$ | $d>25$ | $d\leqslant25$ | $d>25$ | $d\leqslant25$ | $d>25$ | $d\leqslant25$ | $d>25$ | $d\leqslant25$ | $d>25$ | $d\leqslant25$ | $d>25$ |
| HPB300 | 一、二级 | 45$d$ | 39$d$ | — | 35$d$ | — | 32$d$ | — | 29$d$ | — | 28$d$ | — | 26$d$ | — | 25$d$ | — | 24$d$ | — |
| | 三级 | 41$d$ | 36$d$ | — | 32$d$ | — | 29$d$ | — | 26$d$ | — | 25$d$ | — | 24$d$ | — | 23$d$ | — | 22$d$ | — |
| HRB335 HRBF335 | 一、二级 | 44$d$ | 38$d$ | — | 33$d$ | — | 31$d$ | — | 29$d$ | — | 26$d$ | — | 25$d$ | — | 24$d$ | — | 24$d$ | — |
| | 三级 | 40$d$ | 35$d$ | — | 30$d$ | — | 28$d$ | — | 26$d$ | — | 24$d$ | — | 23$d$ | — | 22$d$ | — | 22$d$ | — |
| HRB400 HRBF400 | 一、二级 | — | 46$d$ | 51$d$ | 40$d$ | 45$d$ | 37$d$ | 40$d$ | 33$d$ | 37$d$ | 32$d$ | 36$d$ | 31$d$ | 35$d$ | 30$d$ | 33$d$ | 29$d$ | 32$d$ |
| | 三级 | — | 42$d$ | 46$d$ | 37$d$ | 41$d$ | 34$d$ | 37$d$ | 30$d$ | 34$d$ | 29$d$ | 33$d$ | 28$d$ | 32$d$ | 27$d$ | 30$d$ | 26$d$ | 29$d$ |
| HRB500 HRBF500 | 一、二级 | — | 55$d$ | 61$d$ | 49$d$ | 54$d$ | 45$d$ | 49$d$ | 41$d$ | 46$d$ | 39$d$ | 43$d$ | 37$d$ | 40$d$ | 36$d$ | 39$d$ | 35$d$ | 38$d$ |
| | 三级 | — | 50$d$ | 56$d$ | 45$d$ | 49$d$ | 41$d$ | 45$d$ | 38$d$ | 42$d$ | 36$d$ | 39$d$ | 34$d$ | 37$d$ | 33$d$ | 36$d$ | 32$d$ | 35$d$ |

注：1. 当为环氧树脂涂层带肋钢筋时，表中数据尚应乘以 1.25。

2. 当纵向受拉钢筋在施工过程中易受扰动时，表中数据尚应乘以 1.1。

3. 当锚固长度范围内纵向受力钢筋周边保护层厚度为 $3d$、$5d$($d$ 为锚固钢筋的直径)时，表中数据可分别乘以 0.8、0.7；中间时按内插值。

4. 当纵向受拉普通钢筋锚固长度修正系数(注 1～注 3)多于一项时，可按连乘计算。

5. 受接钢筋的锚固长度 $l_a$、$l_{aE}$ 计算值不应小于 200。

6. 四级抗震时，$l_{aE}=l_a$

7. 当锚固钢筋的保护层厚度不大于 $5d$ 时，锚固钢筋长度范围内应设置横向构造钢筋，其直径不应小于 $d/4$，($d$ 为锚固钢筋的最大直径)；对梁、柱等构件间距不应大于 $5d$，对板、墙等构件间距不应大于 $10d$，且均不应大于 100($d$ 为锚固钢筋的最小直径)。

**表 5-14　纵向受拉钢筋搭接长度 $l_l$、$l_{lE}$**

| 钢筋种类及同一区段内搭接钢筋面积百分率 | | | 混凝土强度等级 | | | | | | | | | | | | | | | | |
|---|---|---|---|---|---|---|---|---|---|---|---|---|---|---|---|---|---|---|---|
| | | | C20 | C25 | | C30 | | C35 | | C40 | | C45 | | C50 | | C55 | | ≥C60 | |
| | | | $d$≤25 | $d$≤25 | $d$>25 | $d$≤25 | $d$>25 | $d$≤25 | $d$>25 | $d$≤25 | $d$>25 | $d$≤25 | $d$>25 | $d$≤25 | $d$>25 | $d$≤25 | $d$>25 | $d$≤25 | $d$>25 |
| | HPB300 | ≤25% | 47$d$ | 41$d$ | — | 36$d$ | — | 34$d$ | — | 30$d$ | — | 29$d$ | — | 28$d$ | — | 26$d$ | — | 25$d$ | — |
| | | 50% | 55$d$ | 48$d$ | — | 42$d$ | — | 39$d$ | — | 35$d$ | — | 34$d$ | — | 32$d$ | — | 31$d$ | — | 29$d$ | — |
| | | 100% | 62$d$ | 54$d$ | — | 48$d$ | — | 45$d$ | — | 40$d$ | — | 38$d$ | — | 37$d$ | — | 35$d$ | — | 34$d$ | — |
| | HRB335<br>HRBF335 | ≤25% | 46$d$ | 40$d$ | — | 35$d$ | — | 32$d$ | — | 30$d$ | — | 28$d$ | — | 26$d$ | — | 25$d$ | — | 25$d$ | — |
| | | 50% | 53$d$ | 46$d$ | — | 41$d$ | — | 38$d$ | — | 35$d$ | — | 32$d$ | — | 31$d$ | — | 29$d$ | — | 29$d$ | — |
| | | 100% | 61$d$ | 53$d$ | — | 46$d$ | — | 43$d$ | — | 40$d$ | — | 37$d$ | — | 35$d$ | — | 34$d$ | — | 34$d$ | — |
| | HRB400<br>HRBF400<br>RRB400 | ≤25% | — | 48$d$ | 53$d$ | 42$d$ | 47$d$ | 38$d$ | 42$d$ | 35$d$ | 38$d$ | 34$d$ | 37$d$ | 32$d$ | 36$d$ | 31$d$ | 35$d$ | 30$d$ | 34$d$ |
| | | 50% | — | 56$d$ | 62$d$ | 49$d$ | 55$d$ | 45$d$ | 49$d$ | 41$d$ | 45$d$ | 39$d$ | 43$d$ | 38$d$ | 42$d$ | 36$d$ | 41$d$ | 35$d$ | 39$d$ |
| | | 100% | — | 64$d$ | 70$d$ | 56$d$ | 62$d$ | 51$d$ | 56$d$ | 46$d$ | 51$d$ | 45$d$ | 50$d$ | 43$d$ | 48$d$ | 42$d$ | 46$d$ | 40$d$ | 45$d$ |
| | HRB500<br>HRBF500 | ≤25% | — | 58$d$ | 64$d$ | 52$d$ | 56$d$ | 47$d$ | 52$d$ | 43$d$ | 48$d$ | 41$d$ | 44$d$ | 38$d$ | 42$d$ | 37$d$ | 41$d$ | 36$d$ | 40$d$ |
| | | 50% | — | 67$d$ | 74$d$ | 60$d$ | 66$d$ | 55$d$ | 60$d$ | 50$d$ | 56$d$ | 48$d$ | 52$d$ | 45$d$ | 49$d$ | 43$d$ | 48$d$ | 42$d$ | 46$d$ |
| | | 100% | — | 77$d$ | 85$d$ | 69$d$ | 75$d$ | 62$d$ | 69$d$ | 58$d$ | 64$d$ | 54$d$ | 59$d$ | 51$d$ | 56$d$ | 50$d$ | 54$d$ | 48$d$ | 53$d$ |
| 一、二级抗震等级 | HPB300 | ≤25% | 54$d$ | 47$d$ | — | 42$d$ | — | 38$d$ | — | 35$d$ | — | 34$d$ | — | 31$d$ | — | 30$d$ | — | 29$d$ | — |
| | | 50% | 63$d$ | 55$d$ | — | 49$d$ | — | 45$d$ | — | 41$d$ | — | 39$d$ | — | 36$d$ | — | 35$d$ | — | 34$d$ | — |
| | HRB335<br>HRBF335 | ≤25% | 53$d$ | 46$d$ | — | 40$d$ | — | 37$d$ | — | 35$d$ | — | 31$d$ | — | 30$d$ | — | 29$d$ | — | 29$d$ | — |
| | | 50% | 62$d$ | 53$d$ | — | 46$d$ | — | 43$d$ | — | 41$d$ | — | 36$d$ | — | 35$d$ | — | 34$d$ | — | 34$d$ | — |
| | HRB400<br>HRBF400 | ≤25% | — | 55$d$ | 61$d$ | 48$d$ | 54$d$ | 44$d$ | 48$d$ | 40$d$ | 44$d$ | 38$d$ | 43$d$ | 37$d$ | 42$d$ | 36$d$ | 40$d$ | 35$d$ | 38$d$ |
| | | 50% | — | 64$d$ | 71$d$ | 56$d$ | 63$d$ | 52$d$ | 56$d$ | 46$d$ | 52$d$ | 45$d$ | 50$d$ | 43$d$ | 49$d$ | 42$d$ | 46$d$ | 41$d$ | 45$d$ |
| | HRB500<br>HRBF500 | ≤25% | — | 66$d$ | 73$d$ | 59$d$ | 65$d$ | 54$d$ | 59$d$ | 49$d$ | 55$d$ | 47$d$ | 52$d$ | 44$d$ | 48$d$ | 43$d$ | 47$d$ | 42$d$ | 46$d$ |
| | | 50% | — | 77$d$ | 85$d$ | 69$d$ | 76$d$ | 63$d$ | 69$d$ | 57$d$ | 64$d$ | 55$d$ | 60$d$ | 52$d$ | 56$d$ | 50$d$ | 55$d$ | 49$d$ | 53$d$ |

（续表）

| 纳向受拉钢筋抗震搭接长度 $l_{lE}$ | | | | | | | | | | | | | | | | | | | |
|---|---|---|---|---|---|---|---|---|---|---|---|---|---|---|---|---|---|---|---|
| 钢筋种类及同一区段内搭接钢筋面积百分率 | | | 混凝土强度等级 | | | | | | | | | | | | | | | | |
| | | | C20 | C25 | | C30 | | C35 | | C40 | | C45 | | C50 | | C55 | | ≥C60 | |
| | | | $d\leqslant25$ | $d\leqslant25$ | $d>25$ | $d\leqslant25$ | $d>25$ | $d\leqslant25$ | $d>25$ | $d\leqslant25$ | $d>25$ | $d\leqslant25$ | $d>25$ | $d\leqslant25$ | $d>25$ | $d\leqslant25$ | $d>25$ | $d\leqslant25$ | $d>25$ |
| 三级抗震等级 | HPB300 | ≤25% | 49$d$ | 43$d$ | — | 38$d$ | — | 35$d$ | — | 31$d$ | — | 30$d$ | — | 29$d$ | — | 28$d$ | — | 26$d$ | — |
| | | 50% | 57$d$ | 50$d$ | — | 45$d$ | — | 41$d$ | — | 36$d$ | — | 35$d$ | — | 34$d$ | — | 32$d$ | — | 31$d$ | — |
| | HRB335<br>HRBF335 | ≤25% | 48$d$ | 42$d$ | — | 36$d$ | — | 34$d$ | — | 31$d$ | — | 29$d$ | — | 28$d$ | — | 26$d$ | — | 26$d$ | — |
| | | 50% | 56$d$ | 49$d$ | — | 42$d$ | — | 39$d$ | — | 36$d$ | — | 34$d$ | — | 32$d$ | — | 31$d$ | — | 31$d$ | — |
| | HRB400<br>HRBF400 | ≤25% | — | 50$d$ | 55$d$ | 44$d$ | 49$d$ | 41$d$ | 44$d$ | 36$d$ | 41$d$ | 35$d$ | 40$d$ | 34$d$ | 38$d$ | 32$d$ | 36$d$ | 31$d$ | 35$d$ |
| | | 50% | — | 59$d$ | 64$d$ | 52$d$ | 57$d$ | 48$d$ | 52$d$ | 42$d$ | 48$d$ | 41$d$ | 46$d$ | 39$d$ | 45$d$ | 38$d$ | 42$d$ | 36$d$ | 41$d$ |
| | HRB500<br>HRBF500 | ≤25% | — | 60$d$ | 67$d$ | 54$d$ | 59$d$ | 49$d$ | 54$d$ | 46$d$ | 50$d$ | 43$d$ | 47$d$ | 41$d$ | 44$d$ | 40$d$ | 43$d$ | 38$d$ | 42$d$ |
| | | 50% | — | 70$d$ | 78$d$ | 63$d$ | 69$d$ | 57$d$ | 63$d$ | 53$d$ | 59$d$ | 50$d$ | 55$d$ | 48$d$ | 52$d$ | 46$d$ | 50$d$ | 45$d$ | 49$d$ |

注：1. 表中数值为纵向受拉钢筋绑扎搭接接头的搭接长度。
2. 两根不同直径钢筋搭接时，表中 $d$ 取较细钢筋直径。
3. 当为环氧树脂涂层带肋钢筋时，表中数据尚应乘以 1.25。
4. 当纵向受接钢筋在施工过程中易受扰动时，表中数据尚应乘以 1.1。
5. 当搭接长度范围内纵向受力钢筋周边保护层厚度为 $3d$、$5d$（$d$ 为搭接钢筋的直径）时，表中数据尚可分别乘以 0.8、0.7；中间时按内插值。
6. 当上述修正系数（注 3～注 5）多于一项时，可按连乘计算。
7. 任何情况下，搭接长度不应小于 300。

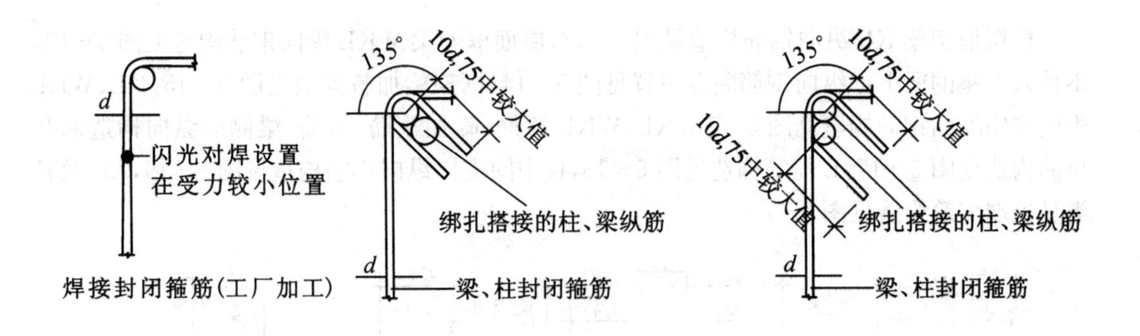


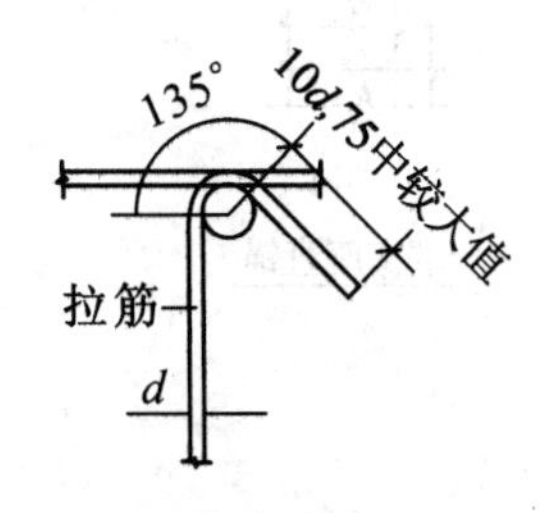


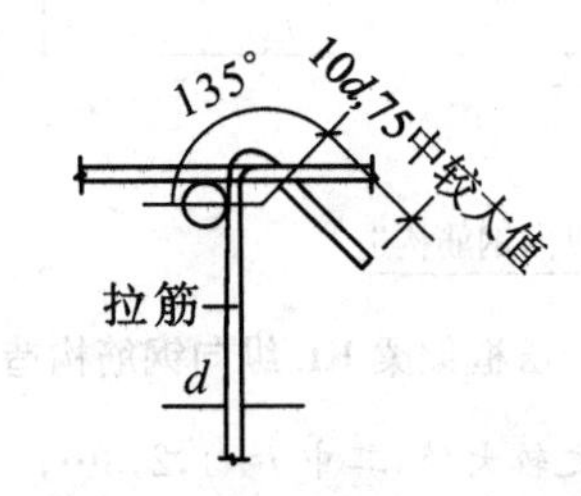


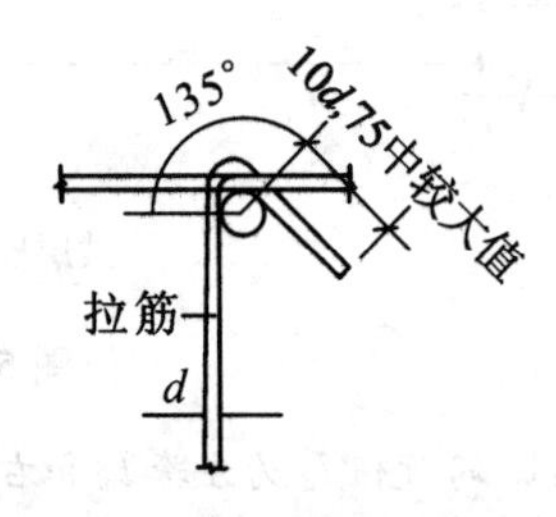


拉筋紧靠箍筋并钩住纵筋　　拉筋紧靠纵向钢筋并钩住箍筋　　拉筋同时钩住纵筋和箍筋

**图 5－10　梁、柱封闭箍筋及拉筋弯钩构造**

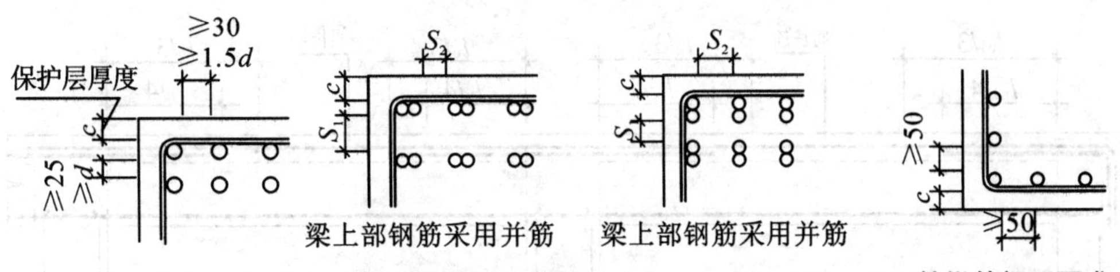


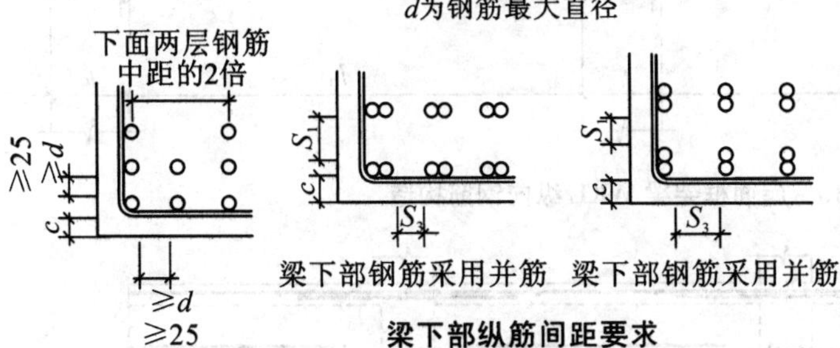


**梁并筋等效直径、最小净距表**

| 单筋直径$d$(mm) | 25 | 28 | 32 |
| --- | --- | --- | --- |
| 并筋根数 | 2 | 2 | 2 |
| 等效直径$d_{eq}$(mm) | 35 | 39 | 45 |
| 层净距$S_1$(mm) | 35 | 39 | 45 |
| 上部钢筋净距$S_2$(mm) | 53 | 59 | 68 |
| 下部钢筋净距$S_3$(mm) | 35 | 39 | 45 |

**图 5－11　梁、柱纵筋间距要求**

## 二、梁平法构造详图

楼层框架梁 KL 纵向钢筋构造见图 5－12，屋面框架梁 WKL 纵向钢筋构造见图 5－13，不伸入支座的梁下部纵向钢筋断点位置见图 5－14，框架梁加腋构造见图 5－15，KL、WKL 中间支座纵向钢筋构造见图 5－16，KL、WKL 箍筋、附加箍筋、吊筋、梁侧面纵向构造筋和拉筋构造见图 5－17，L 配筋构造见图 5－18，L 中间支座纵向钢筋构造见图 5－19，XL 及各类悬挑端配筋构造见图 5－20。

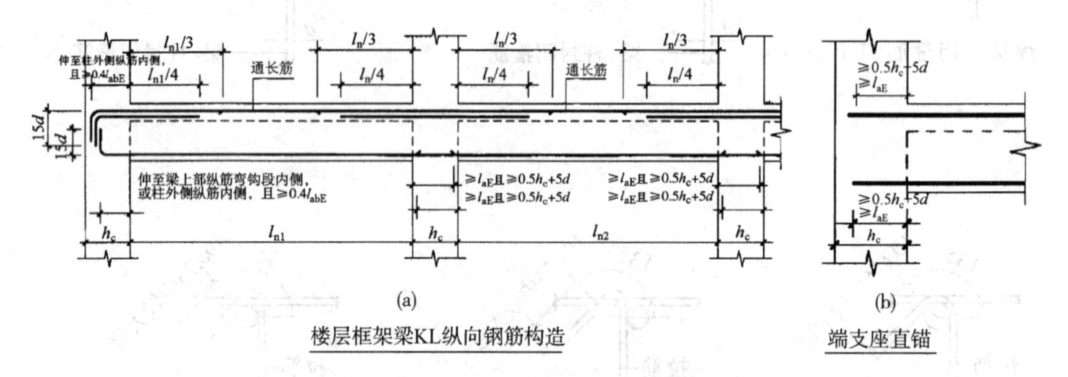


**图 5－12 楼层框架梁 KL 纵向钢筋构造**

注：1. 跨度值 $l_n$ 为左跨 $l_{ni}$ 和右跨 $l_{ni+1}$ 之较大值，其中 $i=1,2,3\cdots$；

2. $h_c$ 为柱截面沿框架方向的高度；

3. (b)图为纵筋在端支座直锚构造；

4. 当梁的上部既有通长筋又有架立筋时，其中架立筋的搭接长度为 150。

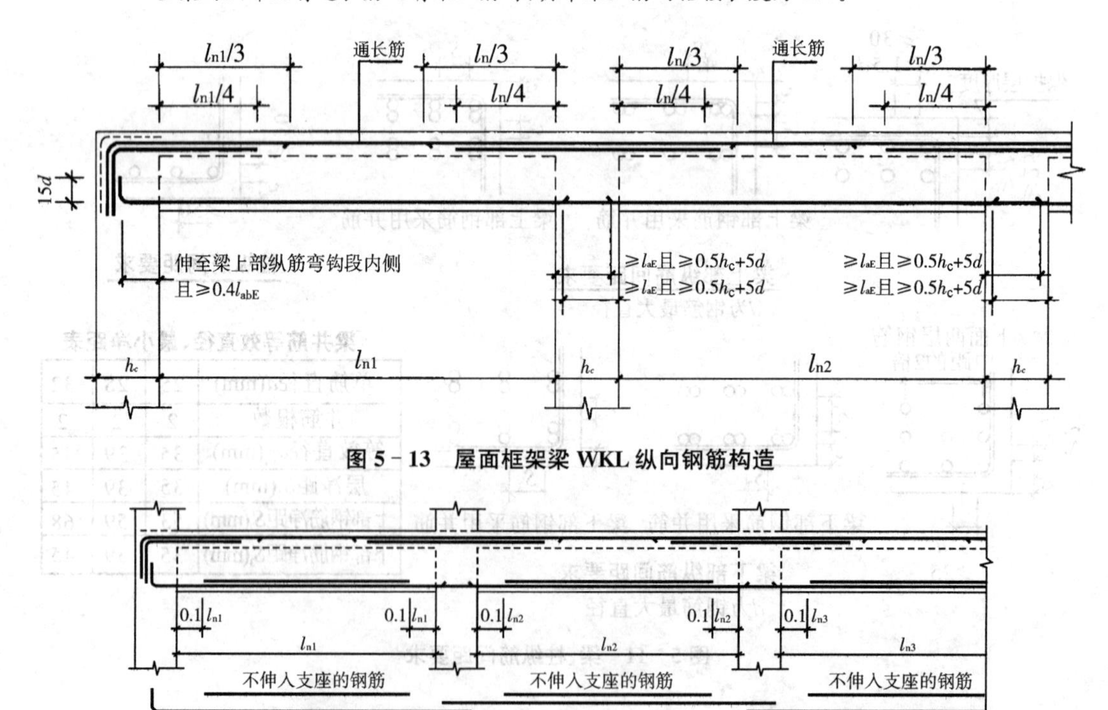


**图 5－13 屋面框架梁 WKL 纵向钢筋构造**

**图 5－14 不伸入支座的梁下部纵向钢筋断点位置**

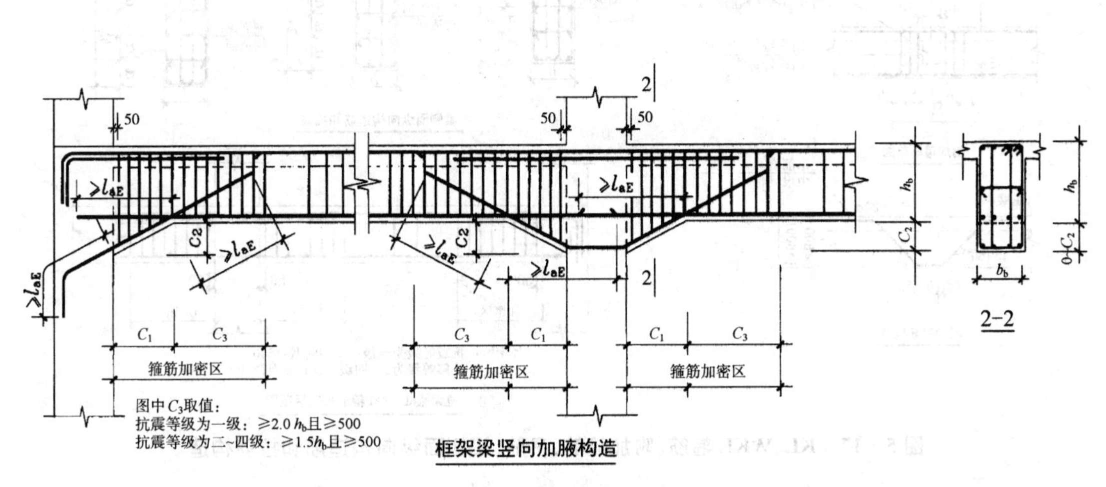


图 5－15　框架梁竖向加腋构造

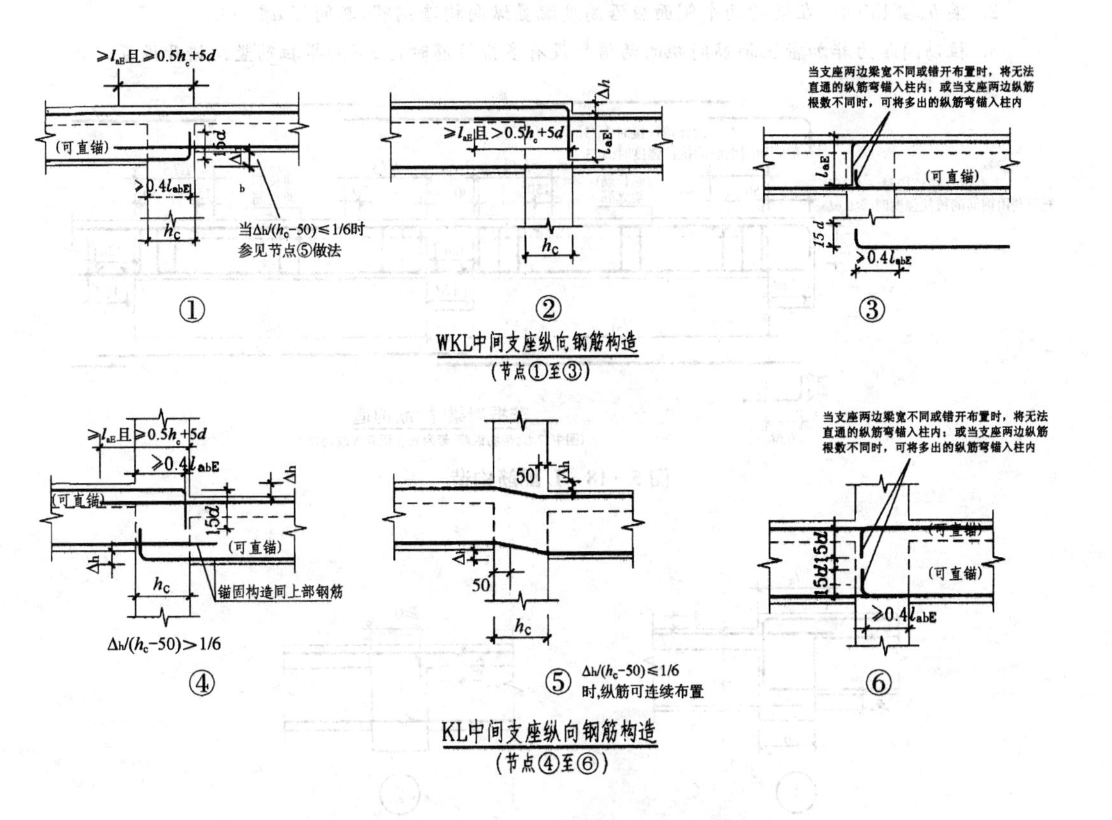


图 5－16　KL、WKL 中间支座纵向钢筋构造

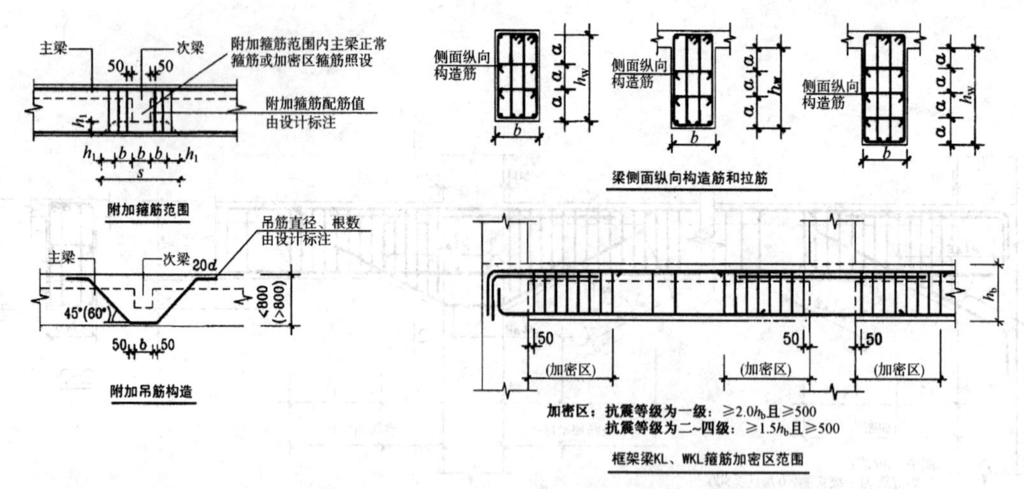


**图 5-17 KL、WKL 箍筋、附加箍筋、吊筋、梁侧面纵向构造筋和拉筋构造**

注：1. 当箍筋为多肢复合箍时，应采用大箍套小箍的形式；

2. 梁 $h_w \geqslant 450$ 时，在梁的两个侧面应沿高度配置纵向构造钢筋，其间距 $a \leqslant 200$；

3. 拉筋间距为非加密区箍筋间距的两倍。设有多排拉筋时，上下两排拉筋竖向错开设置。

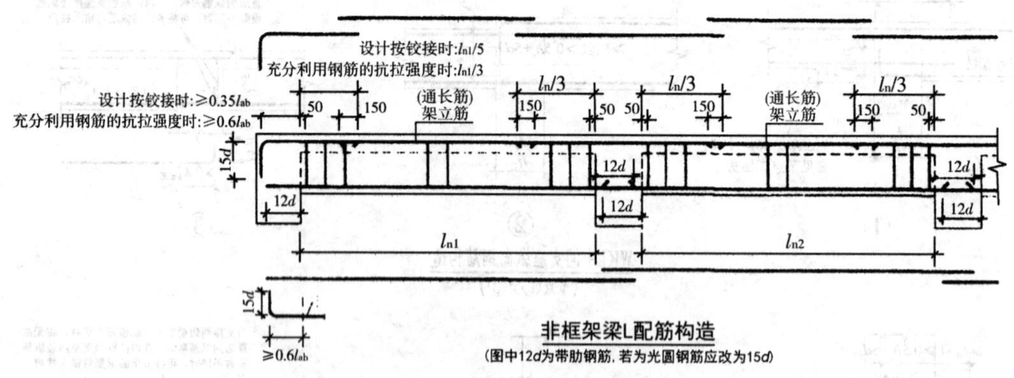


**图 5-18 L 配筋构造**

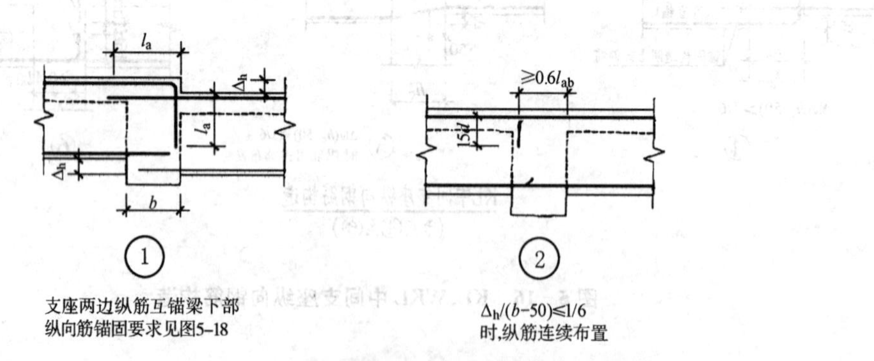


**图 5-19 L 中间支座纵向钢筋构造**

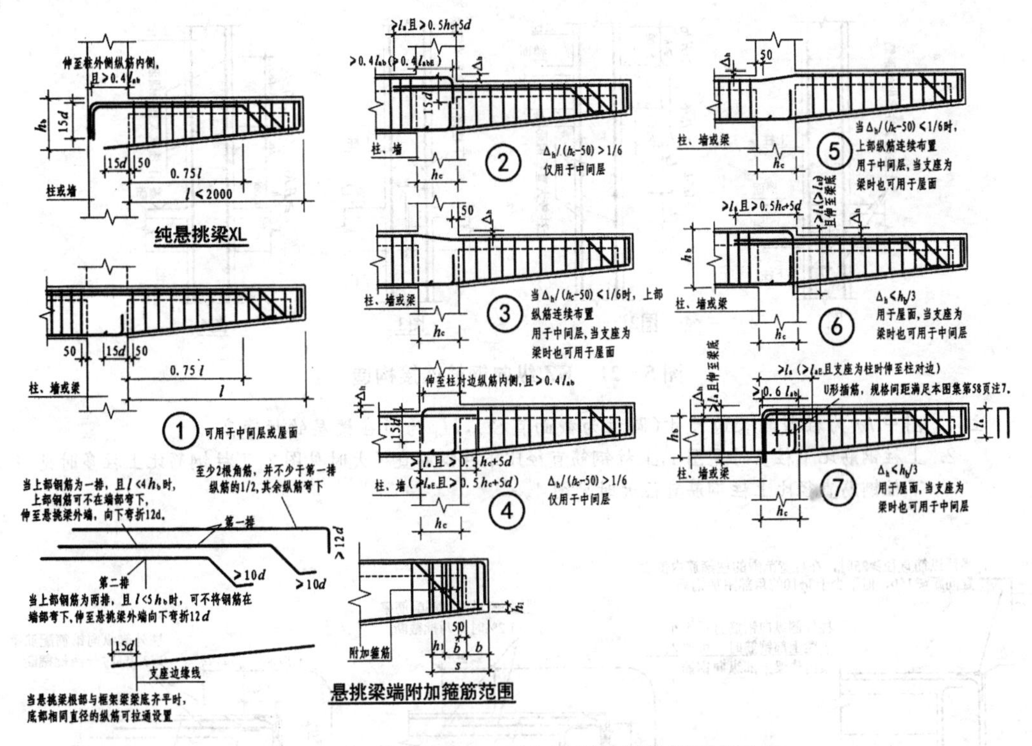


**图 5－20　纯悬挑梁 XL 及各类梁的悬挑端配筋构造**

## 三、柱平法构造详图

KZ 纵向钢筋连接构造见图 5－21，KZ 边柱和角柱柱顶纵向钢筋构造见图 5－22，KZ 中柱柱顶纵向钢筋构造见图 5－23，KZ 柱变截面位置纵向钢筋构造见图 5－24，LZ 纵向钢筋构造见图 5－25，KZ 箍筋加密区范围见图 5－26，复合箍筋复合方式见图 5－27。

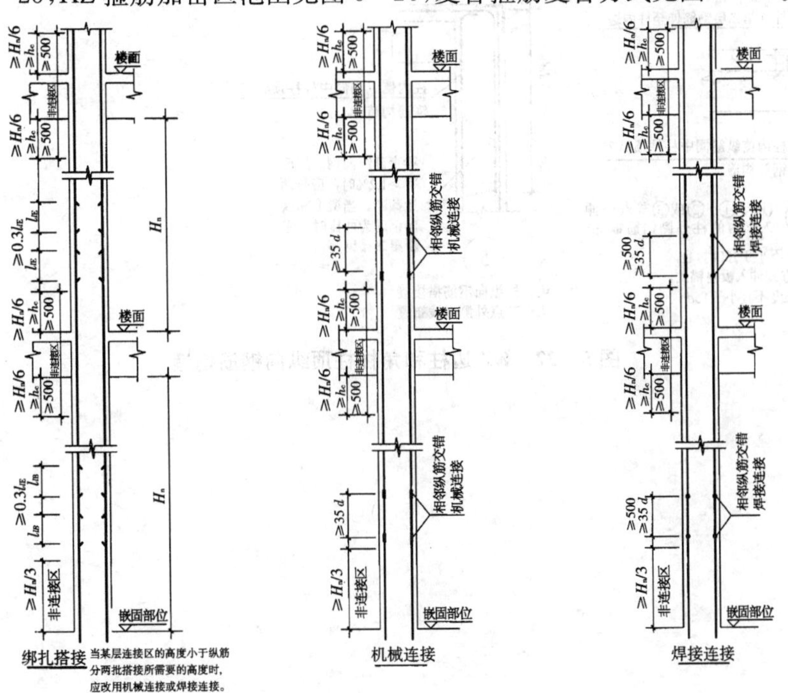

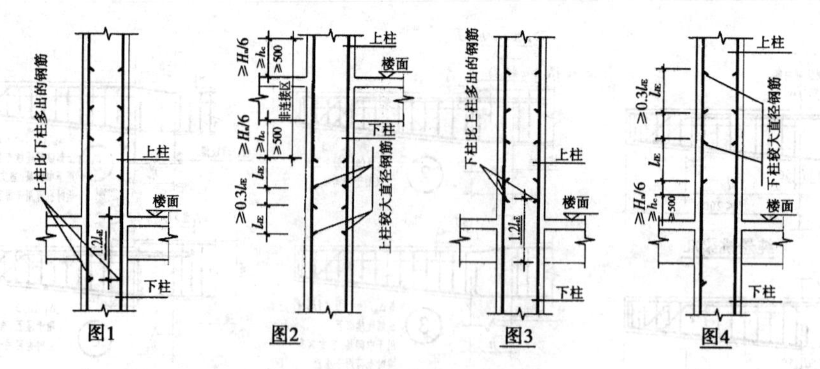


**图 5-21　KZ 纵向钢筋连接构造**

注：1. 图中 $h_c$ 为柱截面长边尺寸(圆柱为截面直径)，$H_n$ 为所在楼层的柱净高；

2. 上柱钢筋比下柱多时见图 1，上柱钢筋直径比下柱钢筋直径大时见图 2，下柱钢筋比上柱多时见图 3，下柱钢筋直径比上柱钢筋直径大时见图 4。

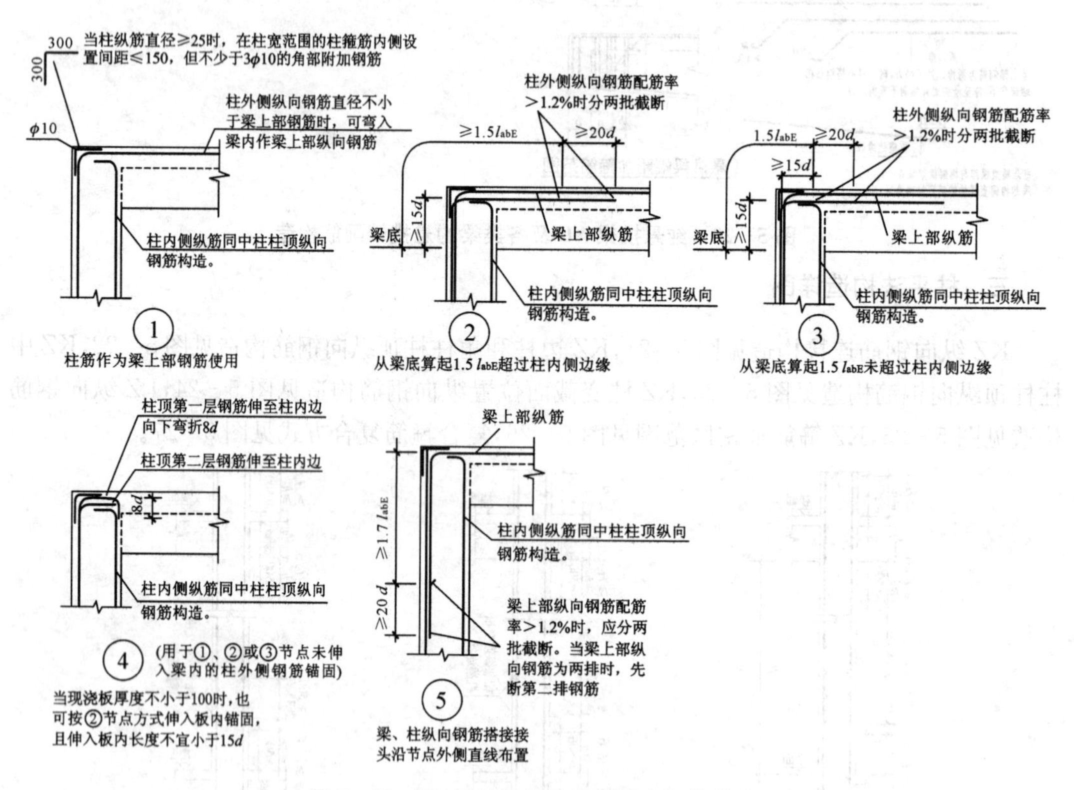


**图 5-22　KZ 边柱和角柱柱顶纵向钢筋构造**

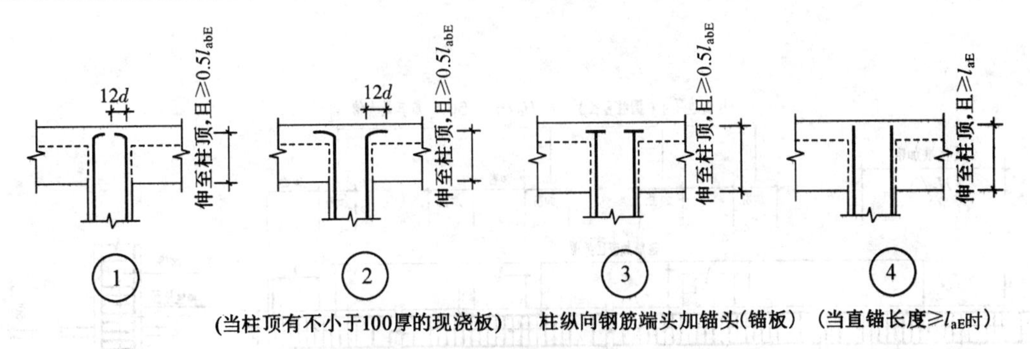


图 5－23　KZ 中柱柱顶纵向钢筋构造

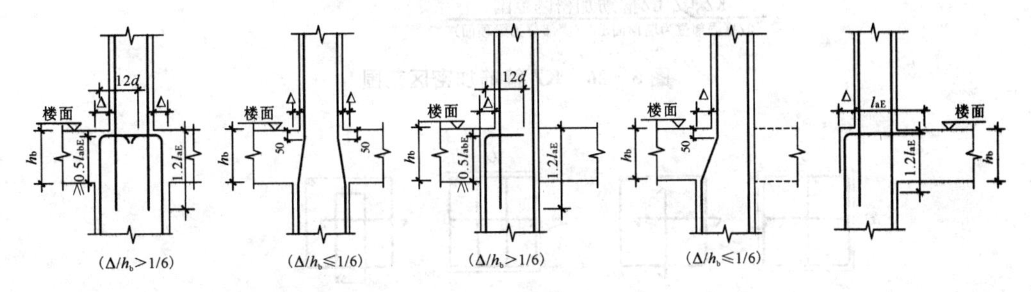


图 5－24　KZ 柱变截面位置纵向钢筋构造

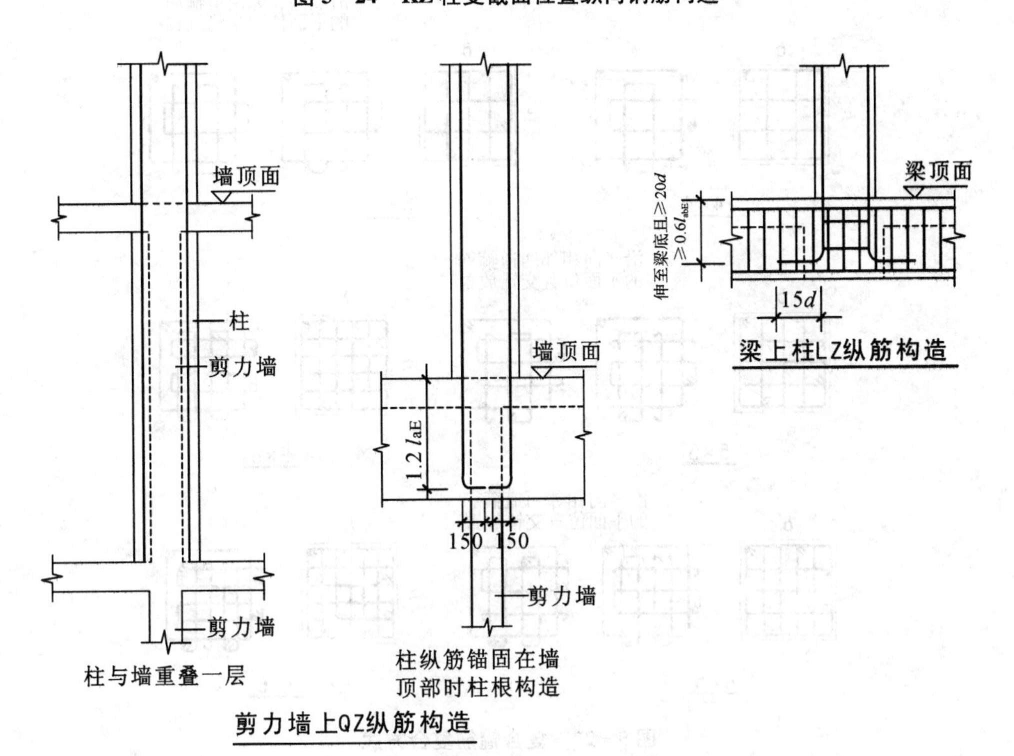


图 5－25　LZ 纵筋构造、QZ 纵筋构造

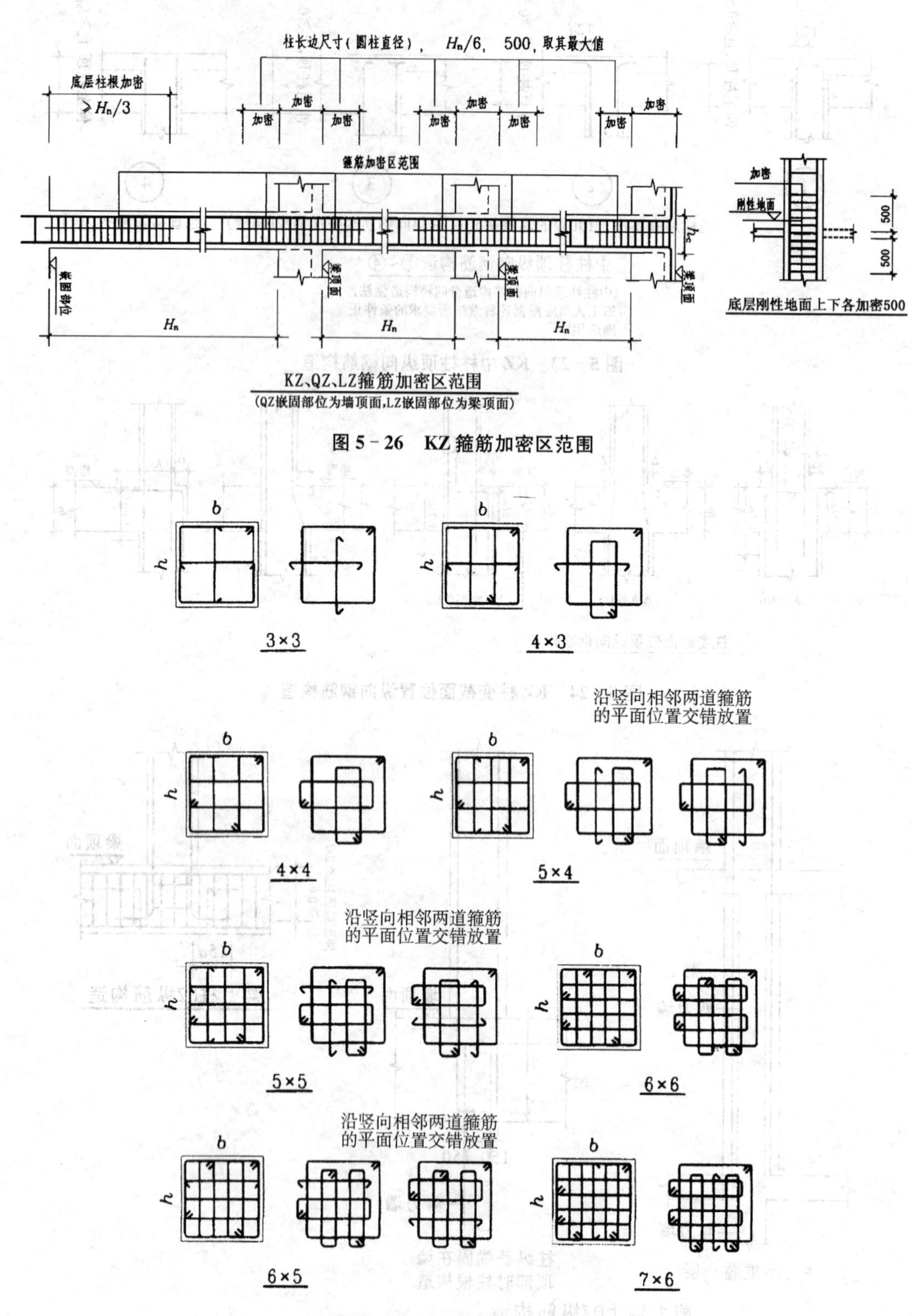


图 5-26　KZ 箍筋加密区范围



图 5-27　复合箍筋复合方式

## 四、剪力墙平法构造详图

剪力墙水平分布钢筋构造见图 5－28，剪力墙竖向钢筋构造见图 5－29，剪力墙洞口补强构造见图 5－30。

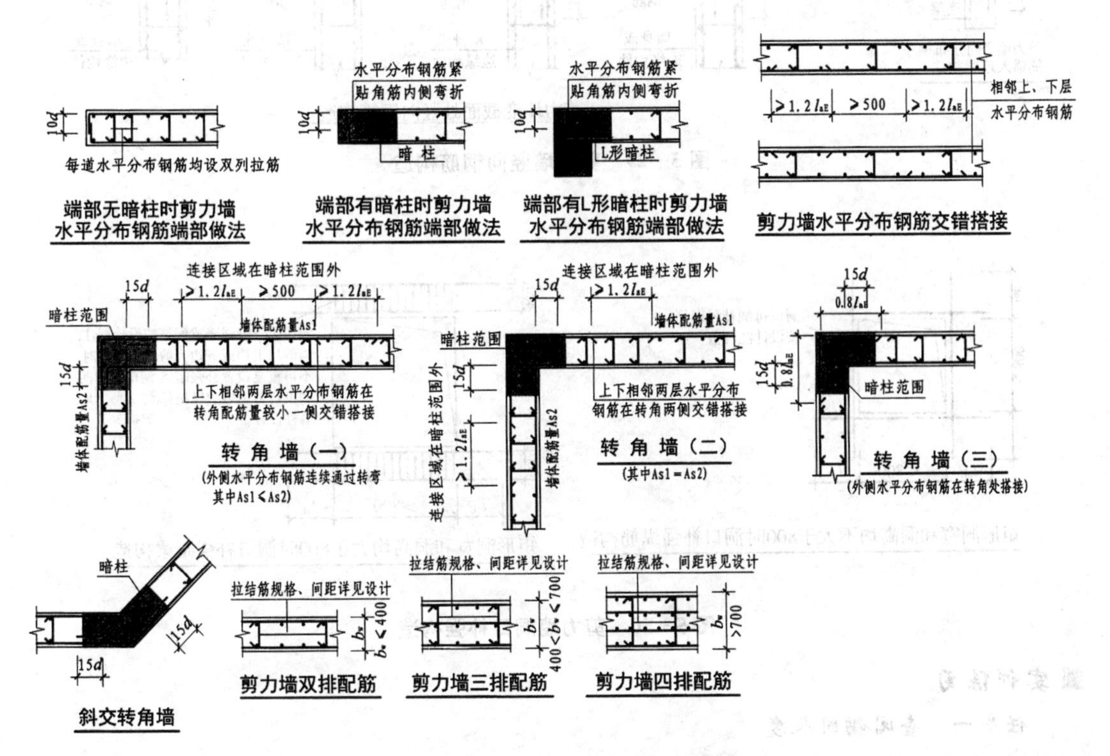


**图 5－28 剪力墙水平分布钢筋构造**

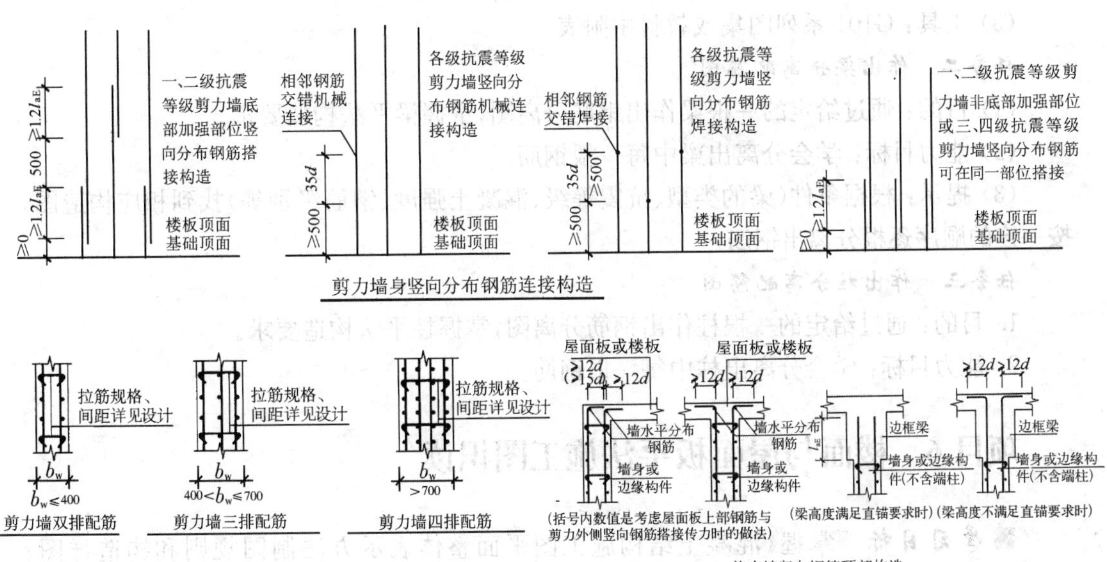

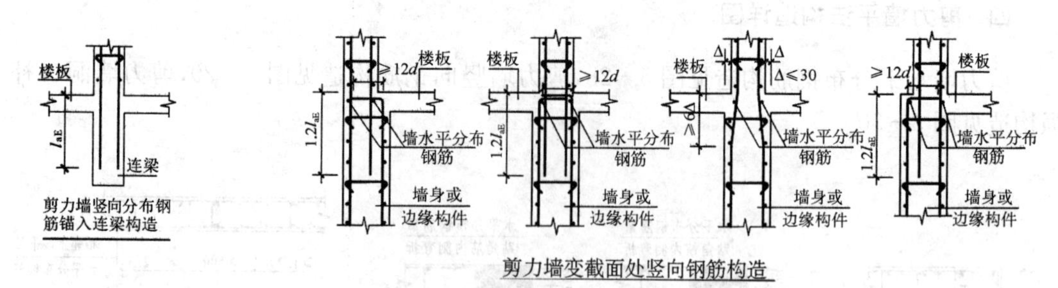


图 5－29　剪力墙竖向钢筋构造

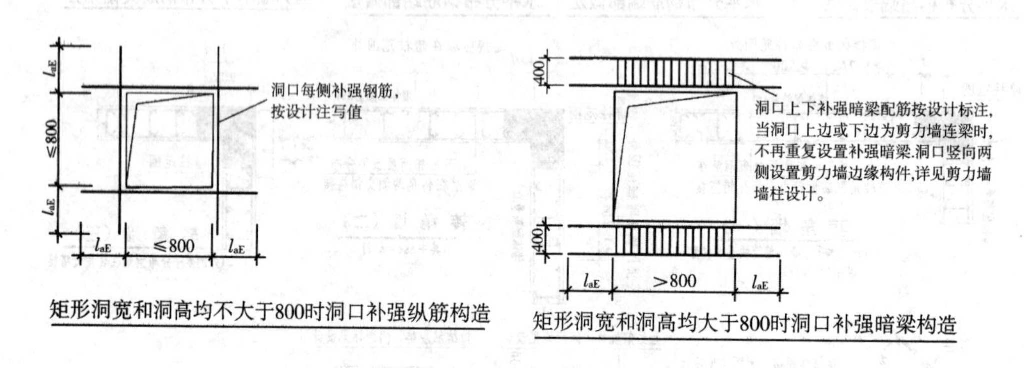


图 5－30　剪力墙洞口补强构造

## ■ 实训练习

**任务一　查阅锚固长度**

(1) 目的：通过给定的条件查阅、计算锚固长度值，掌握平法施工图中构造要求的运用。

(2) 能力目标：学会查阅图集中的构造要求。

(3) 工具：G101 系列图集或教材中附表。

**任务二　作出梁分离配筋图**

(1) 目的：通过给定的一根梁作出钢筋分离图，掌握梁平法构造要求。

(2) 能力目标：学会分离出梁中每一根钢筋。

(3) 提示：根据条件(梁的类型、抗震等级、混凝土强度、钢筋级别等)找到相应构造图，按一定的顺序逐根分离出钢筋。

**任务三　作出柱分离配筋图**

1. 目的：通过给定的一根柱作出钢筋分离图，掌握柱平法构造要求。

2. 能力目标：学会分离出柱中每一根钢筋。

# 项目 6　楼面与屋面板平法施工图识读

**■ 学习目标**　掌握《混凝土结构施工图平面整体表示方法制图规则和构造详图》(16G101－1)中楼盖的平法施工图制图规则及构造。

**■ 能力目标**　学会楼盖平法施工图识读。

## ■ 知识点

### 一、有梁楼盖板

有梁楼盖板平面注写主要包括板块集中标注和板支座原位标注。

（一）板块集中标注

板块集中标注的内容为：板块编号、板厚、贯通纵筋、当板面标高不同时的标高高差。板块编号按表 5－15 规定。

**表 5－15　板块编号**

| 板类型 | 代号 | 序号 |
|---|---|---|
| 楼面板 | LB | XX |
| 屋面板 | WB | XX |
| 悬挑板 | XB | XX |

板厚注写为 $h$＝xxx（为垂直于板面的厚度）；当悬挑板的端部改变截面厚度时，用斜线分隔根部与端部的高度值，注写为 $h$＝xxx/xxx。

贯通纵筋按板块的下部和上部分别注写，以 B 代表下部、T 代表上部；$X$ 向贯通纵筋以 X 打头，$Y$ 向贯通纵筋以 Y 打头。在某些板内配置构造钢筋时，$X$ 向以 $X_C$、$Y$ 向以 $Y_C$ 打头注写。板面标高高差，是指相对于结构层楼面标高的高差，将其注写在括号内。

（二）板支座原位标注

板支座原位标注的内容为：板支座上部非贯通纵筋和悬挑板上部受力钢筋。

如图 5－31 所示，图中一段适宜长度、垂直于板支座的中粗实线代表支座上部非贯通纵筋，线段上方注写钢筋编号、配筋值及横向连续布置的跨数（当为一跨时可不注）。板支座上部非贯通筋自支座中线向跨内的伸出长度，注写在线段的下方。若为向支座两侧对称伸出时，可仅在支座一侧线段下方标注延伸长度，如图 5－31(a)；若为向支座两侧非对称延伸时，应分别在支座两侧线段下方注写伸出长度，如图 5－31(b)；贯通全跨或伸出至全悬挑一侧的长度值不注，只注明非贯通筋另一侧的伸出长度值，如图 5－31(c)。

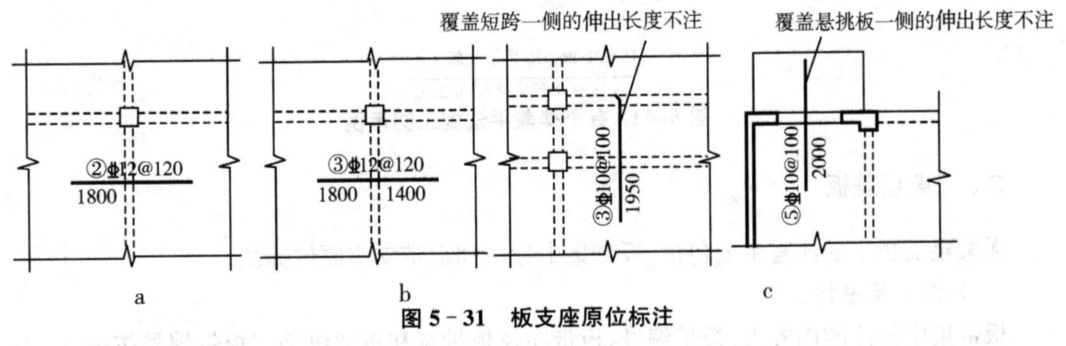


**图 5－31　板支座原位标注**

图 5－32 为有梁楼盖平法施工图示例。

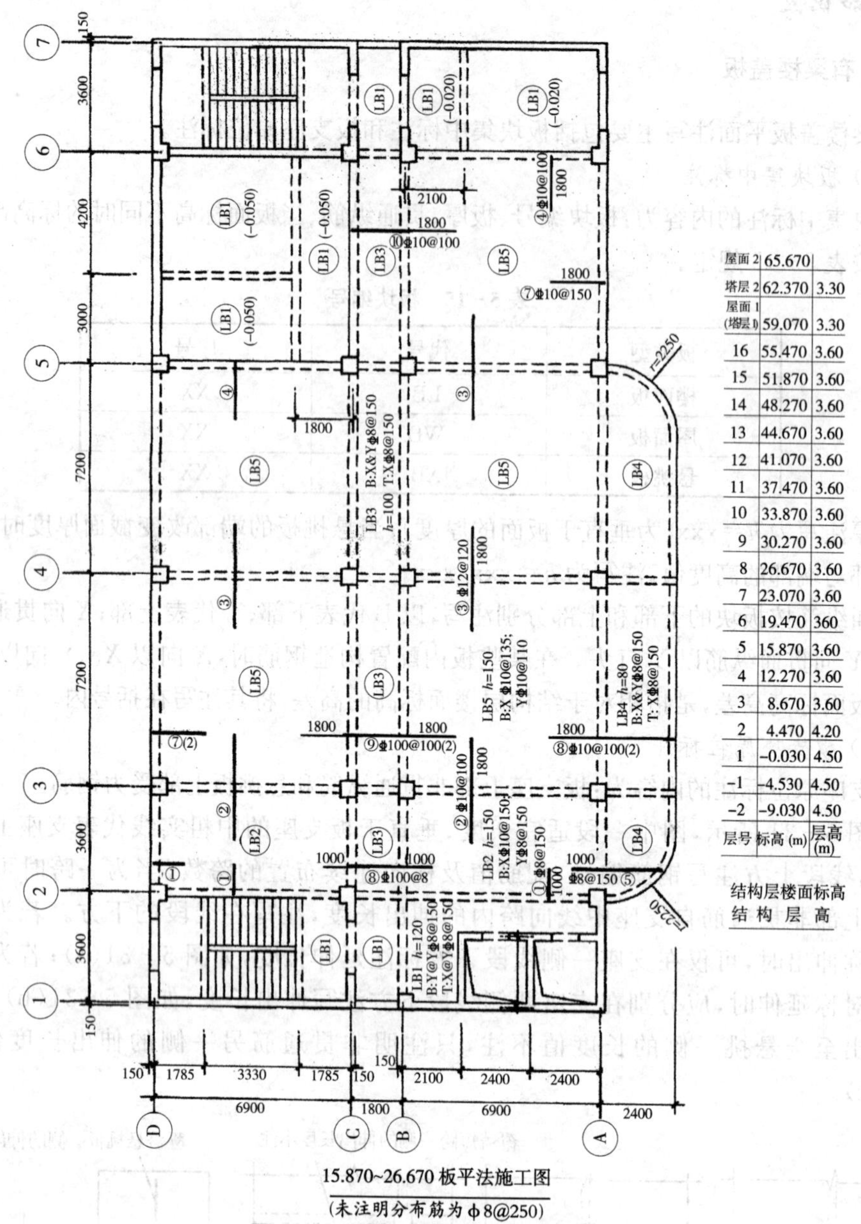


| 层号 | 标高(m) | 层高(m) |
|---|---|---|
| 屋面2 | 65.670 | |
| 塔层2 | 62.370 | 3.30 |
| 屋面1 (塔层1) | 59.070 | 3.30 |
| 16 | 55.470 | 3.60 |
| 15 | 51.870 | 3.60 |
| 14 | 48.270 | 3.60 |
| 13 | 44.670 | 3.60 |
| 12 | 41.070 | 3.60 |
| 11 | 37.470 | 3.60 |
| 10 | 33.870 | 3.60 |
| 9 | 30.270 | 3.60 |
| 8 | 26.670 | 3.60 |
| 7 | 23.070 | 3.60 |
| 6 | 19.470 | 360 |
| 5 | 15.870 | 3.60 |
| 4 | 12.270 | 3.60 |
| 3 | 8.670 | 3.60 |
| 2 | 4.470 | 4.20 |
| 1 | -0.030 | 4.50 |
| -1 | -4.530 | 4.50 |
| -2 | -9.030 | 4.50 |

结构层楼面标高
结 构 层 高

15.870~26.670 板平法施工图
(未注明分布筋为 ϕ8@250)

**图 5-41 有梁楼盖平法施工图示例**

## 二、无梁楼盖板

无梁楼盖板平面注写主要包括:板带集中标注和板带支座原位标注。

(一) 板带集中标注

板带集中标注的内容为:板带编号,板带厚及板带宽和贯通纵筋。板带编号按表 5-16 规定。板带厚注写为 h=xxx,板带宽注写为 b=xxx。

**表 5－16　板带编号**

| 板带类型 | 代号 | 序号 | 跨数及有无悬挑 |
|---|---|---|---|
| 柱上板带 | ZSB | XX | (XX)、(XXA)或(XXB) |
| 跨中板带 | KZB | XX | (XX)、(XXA)或(XXB) |

如 ZSB2(5A)h＝300　b＝3000　B⌀16@100；T⌀18@200 表示 2 号柱上板带，有 5 跨且一端悬挑；板带厚 300 mm，宽 3000 mm；板带配置贯通纵筋下部为⌀16@100，上部为⌀18@200。

（二）板带支座原位标注

板带支座原位标注的内容为板带支座上部非贯通纵筋。

图 5－33 为无梁楼盖平法施工图示例。

## 三、楼板相关构造

楼板相关构造编号按表 5－17 的规定。

**表 5－17　楼板相关构造类型与编号**

| 构造类型 | 代号 | 序号 | 说　　明 |
|---|---|---|---|
| 纵筋加强带 | JQD | XX | 以单向加强纵筋取代原位置配筋 |
| 后　浇　带 | HJD | XX | 有不同的留筋方式 |
| 柱　　　帽 | ZMx | XX | 适用于无梁楼盖 |
| 局部升降板 | SJB | XX | 板厚及配筋与所在的板相同，构造升降高度≤300 |
| 板　加　腋 | JY | XX | 腋高与腋宽可选注 |
| 板　开　洞 | BD | XX | 最大边长或直径<1 m；加强筋长度有全跨贯通和自洞边锚固两种 |
| 板　翻　边 | FB | XX | 翻边高度≤300 |
| 角部加强筋 | Crs | XX | 以上部双向非贯通加强钢筋取代原位置的非贯通配筋 |
| 悬挑板阳角放射筋 | Ces | XX | 板悬挑阳角上部放射筋 |
| 抗冲切箍筋 | Rh | XX | 通常用于无柱帽无梁楼盖的柱顶 |
| 抗冲切弯起筋 | Rb | XX | 通常用于无柱帽无梁楼盖的柱顶 |

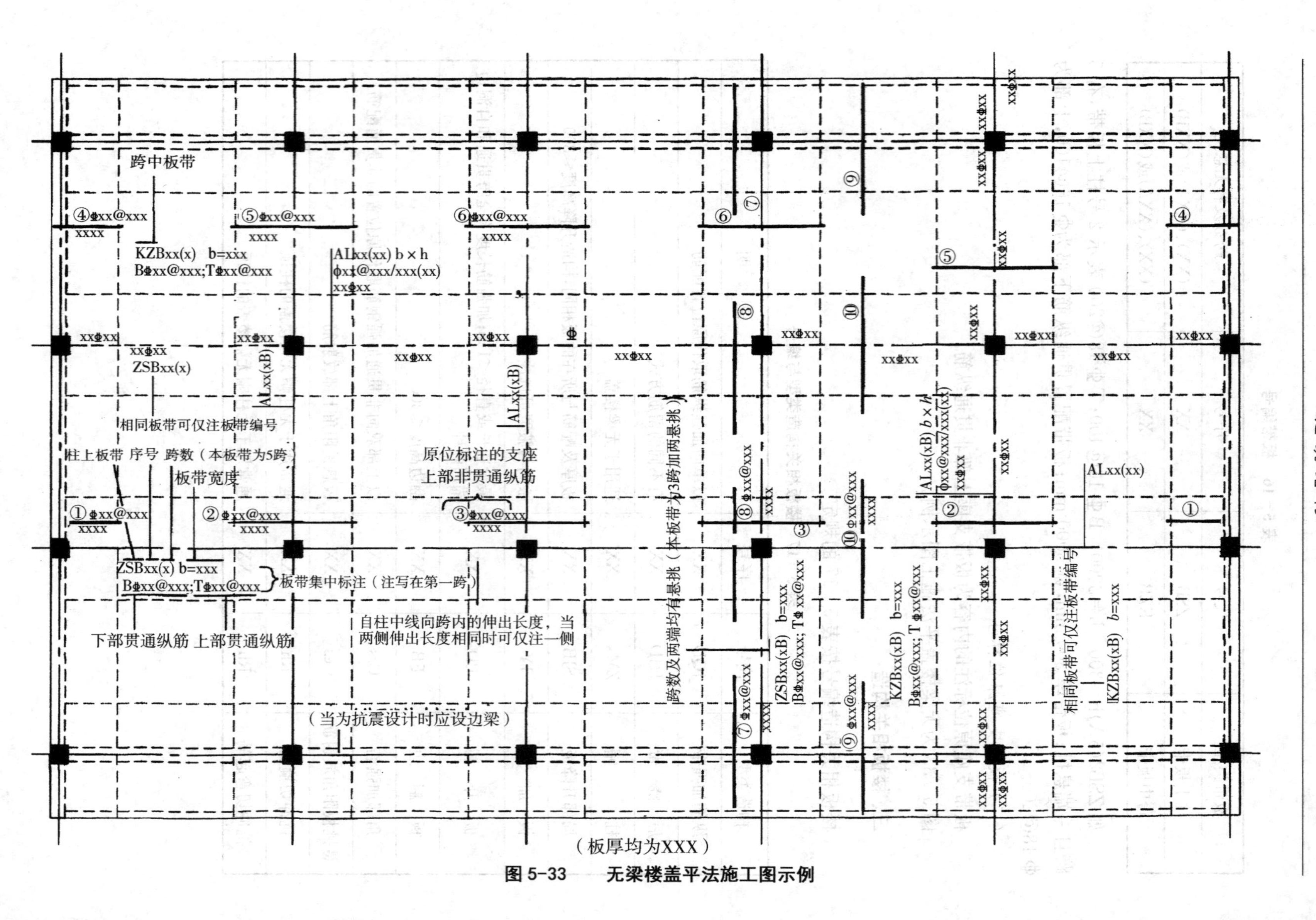


（板厚均为XXX）

图 5-33　无梁楼盖平法施工图示例

楼板相关构造在板平法施工图上采用直接引注方式表达。图 5－34 为纵筋加强带 JQD 引注图示。图 5－35 为后浇带引注图示。

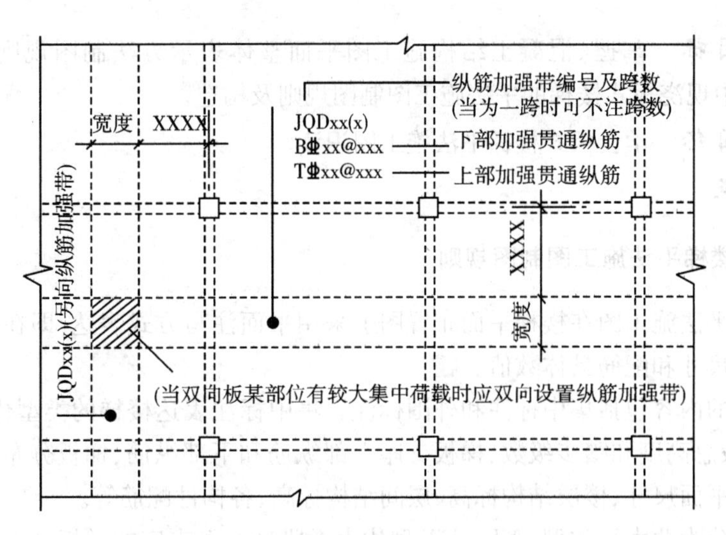


**图 5－34　纵筋加强带 JQD 引注图示**

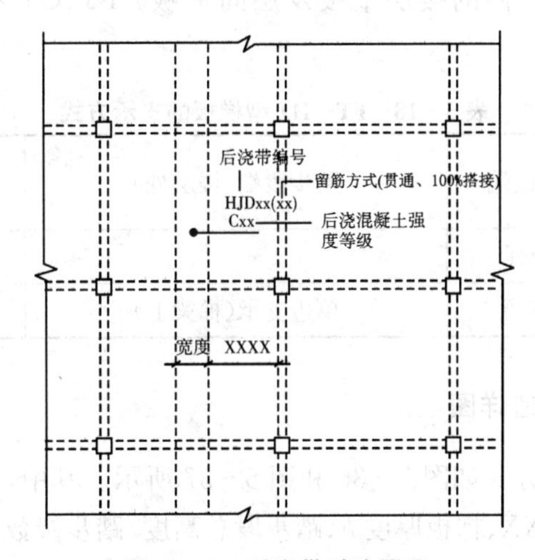


**图 5－35　后浇带引注图示**

## ■ 实训练习

**任务一　阅读楼面和屋面板施工图**

(1) 目的：通过楼面和屋面板施工图的阅读，掌握楼面和屋面板平法施工图识读。

(2) 能力目标：读懂楼面和屋面板中各标注的含义。

**任务二　作出板分离配筋图**

(1) 目的：通过给定的一块板作出钢筋分离图，掌握板平法构造要求。

(2) 能力目标：学会分离出板中每一根钢筋。

(3) 提示：根据条件(板的类型、抗震等级、混凝土强度、钢筋级别等)找到相应构造图，按一定的顺序逐根分离出钢筋。

# 项目 7　板式楼梯平法施工图识读

■ **学习目标**　掌握《混凝土结构施工图平面整体表示方法制图规则和构造详图》(16G101－2)中现浇板式楼梯的平法施工图制图规则及构造。

■ **能力目标**　学会板式楼梯平法施工图识读。

■ **知识点**

## 一、板式楼梯平法施工图制图规则

板式楼梯平法施工图在楼梯平面布置图上采用平面注写方式表达，即在楼梯平面布置图上注写截面尺寸和配筋具体数值。

平面注写的内容包括集中标注和外围标注。集中标注表达楼梯的类型代号与序号、梯板厚度、踏步段总高度和踏步级数、梯板支座上部纵筋和下部纵筋、梯板分布筋。外围标注表达楼梯间的平面尺寸、楼层结构标高、层间结构标高、各构件配筋等。

板式楼梯分为两大组类型：AT～ET 型代表一段带上下支座的梯板、FT、GT 每个代号代表两跑踏步段和连接它们的楼层平板及层间平板。FT、GT 型梯板的支承方式如表 5－18。

**表 5－18　FT～HT 型梯板的支承方式**

| 梯板类型 | 层间平板端 | 踏步段端(楼层处) | 楼层平板端 |
|---|---|---|---|
| FT | 三边支承 | — | 三边支承 |
| GT | 三边支承 | 单边支承(梯梁上) | — |

## 二、板式楼梯平法构造详图

AT 型楼梯平面注写方式如图 5－36 和图 5－37 所示。其中，集中注写的内容有 5 项：梯板类型代号与序号 ATXX、梯板厚度 $h$、踏步段总高度/踏步级数、上部纵筋及下部纵筋和梯板分布筋。

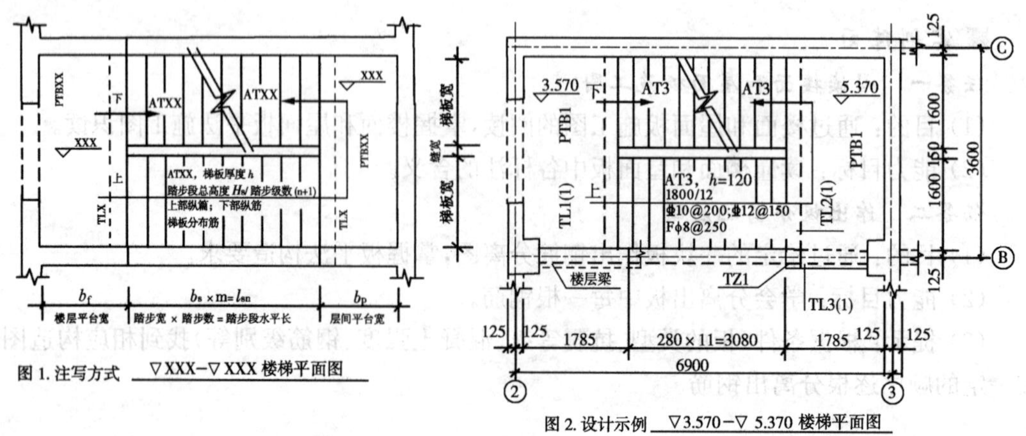


图 1. 注写方式　▽XXX－▽XXX 楼梯平面图

图 2. 设计示例　▽3.570－▽ 5.370 楼梯平面图

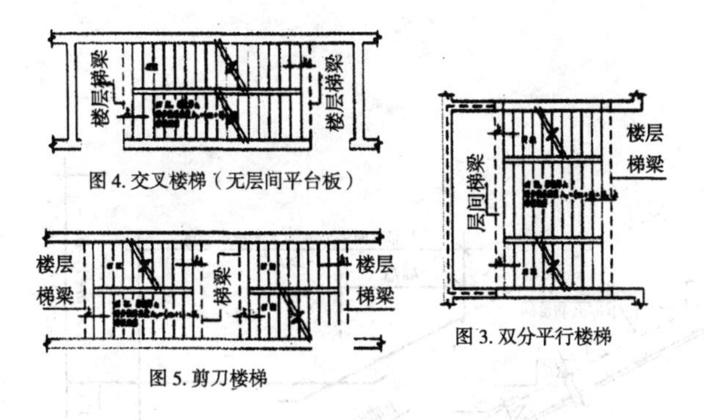


**图 5－36　AT 型楼梯平面注写方式**

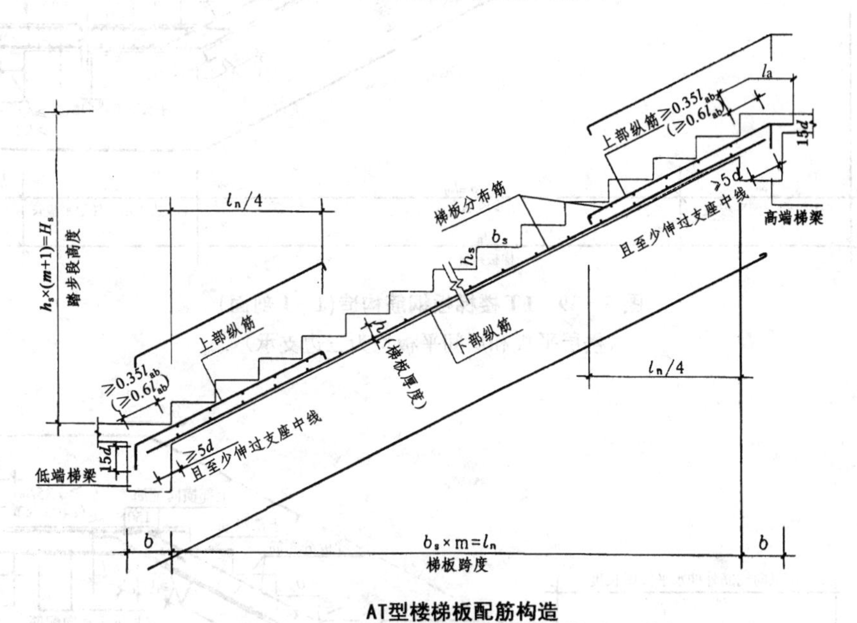


**AT型楼梯板配筋构造**

**图 5－37　AT 型楼梯板钢筋构造**

FT 型楼梯平面注写方式如图 5－38、图 5－39、图 5－40 所示。其中，集中注写的内容有 5 项：梯板类型代号与序号 FTXX、梯板厚度 $h$、踏步段总高度、梯板上下部纵向配筋和梯板分布筋。

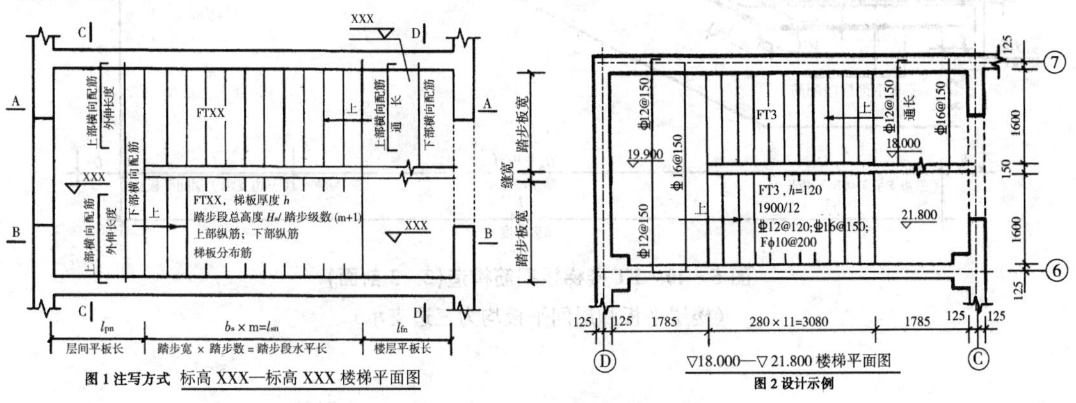


**图 5－38　FT 型楼梯平面注写方式**

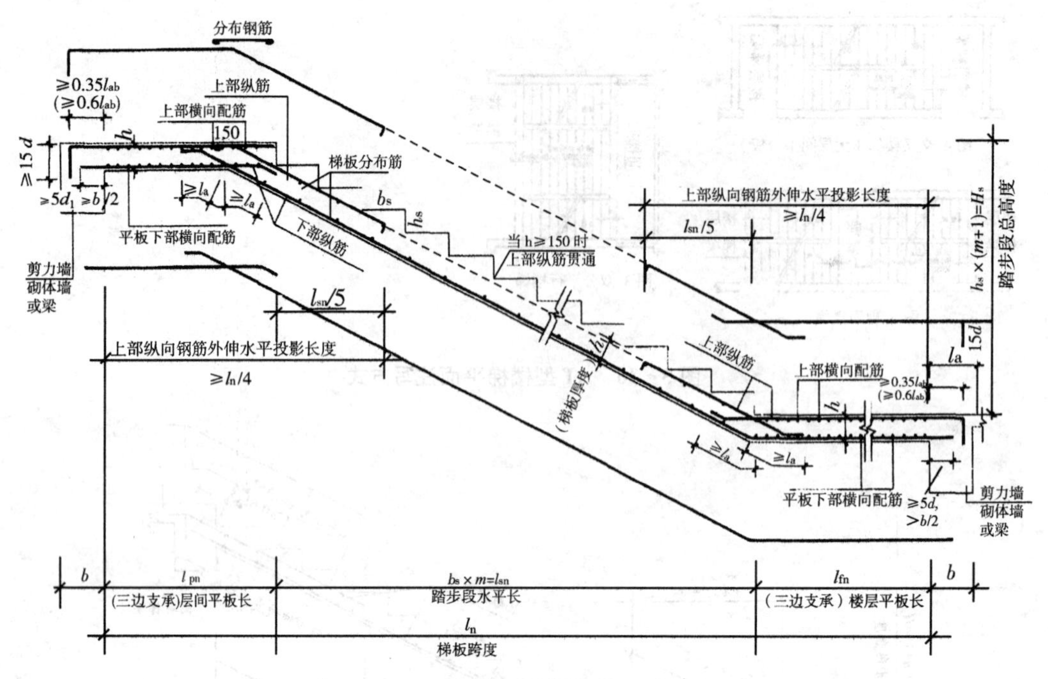


**图 5-39　FT 楼梯板钢筋构造(1-1 剖面)**

(楼层平板和层间平板均为三边支承)

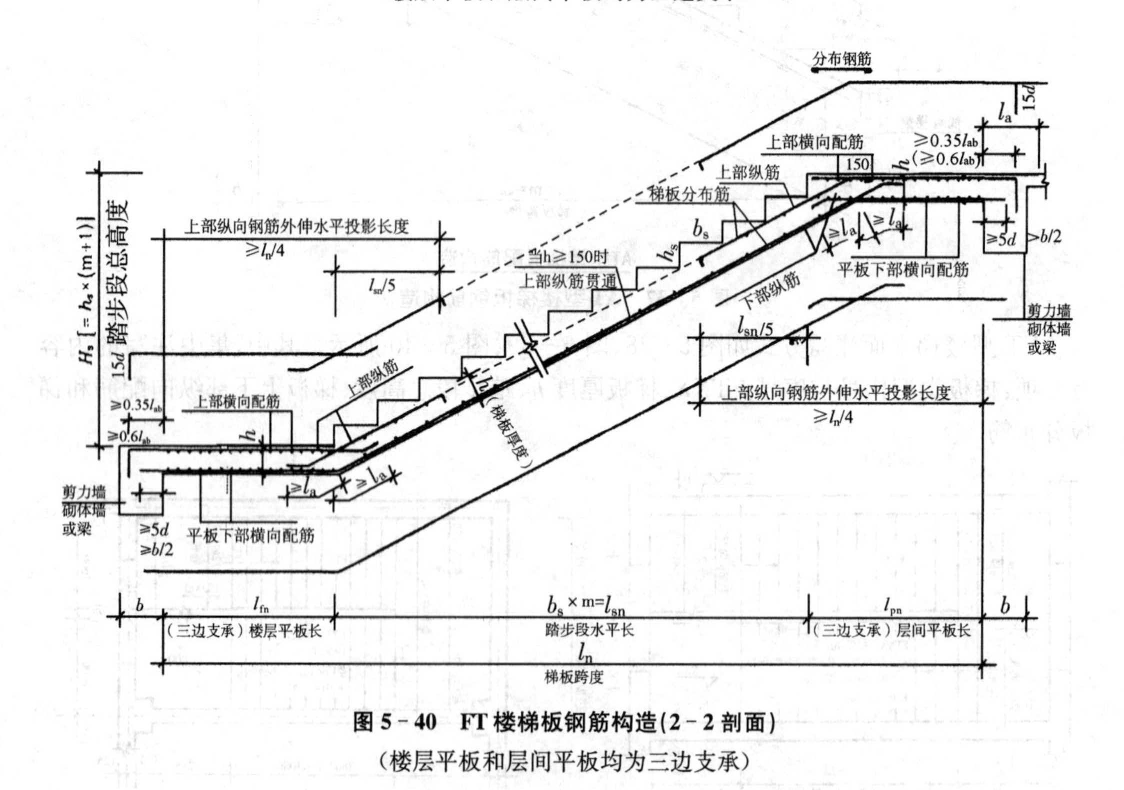


**图 5-40　FT 楼梯板钢筋构造(2-2 剖面)**

(楼层平板和层间平板均为三边支承)

■ **实训练习**

**任务一　描述板式楼梯荷载传递路线**

(1) 目的：通过描述板式楼梯荷载传递路线，掌握板式楼梯中钢筋分布要领。

(2) 能力目标：学会分析板式楼梯荷载传递。

**任务二　阅读板式楼梯施工图**

(1) 目的：通过板式楼梯施工图的阅读，掌握板式楼梯平法施工图识读。

(2) 能力目标：读懂板式楼梯施工图中各标注的含义。

# 项目8　独立基础、条形基础、筏形基础、桩基础平法施工图识读

■ **学习目标**　掌握《混凝土结构施工图平面整体表示方法制图规则和构造详图》(16G101－3)中独立基础、条形基础、筏形基础、桩基础的平法施工图制图规则及构造。

■ **能力目标**　学会独立基础、条形基础、筏形基础、桩基础平法施工图识读。

■ **知识点**

## 一、独立基础

独立基础编号按表5-19规定。独立基础平法施工图，有平面注写与截面注写两种表达方式。

**表5-19　独立基础编号**

| 类　型 | 基础底板截面形状 | 代　号 | 序　号 |
|---|---|---|---|
| 普通独立基础 | 阶形 | $DJ_J$ | xx |
| | 坡形 | $DJ_P$ | xx |
| 杯口独立基础 | 阶形 | $BJ_J$ | xx |
| | 坡形 | $BJ_P$ | xx |

### (一) 独立基础的平面注写方式

独立基础的平面注写方式，分为集中标注和原位标注两部分内容。集中标注在基础平面图上集中引注：基础编号、截面竖向尺寸、配筋三项必注内容及基础底面标高(与基础底面基准标高不同时)和必要的文字注解两项选注内容。

如图5-41所示为阶形截面普通独立基础竖向尺寸标注。例：当阶形截面普通独立基础 $DJ_J$XX 的竖向尺寸注写为300/300/400时，表示 $h_1=300$、$h_2=300$、$h_3=400$，基础底板总厚度为1000。

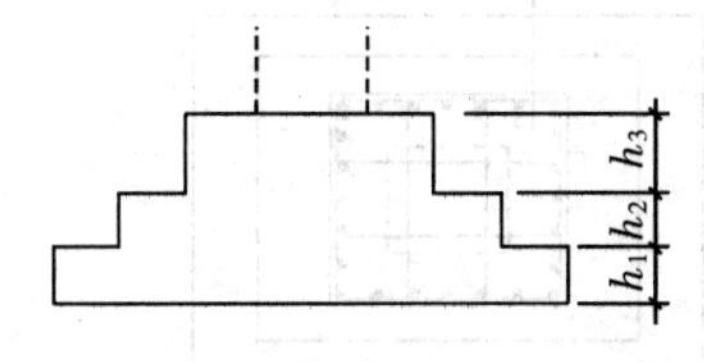


**图5-41　阶形截面普通独立基础竖向尺寸**

如图 5－42 所示为阶形截面杯口独立基础竖向尺寸标注。其竖向尺寸分两组，一组表达杯口内，另一组表达杯口外，两组尺寸以“，”号分隔，注写为 $a_0/a_1$，$h_1/h_2/$……。

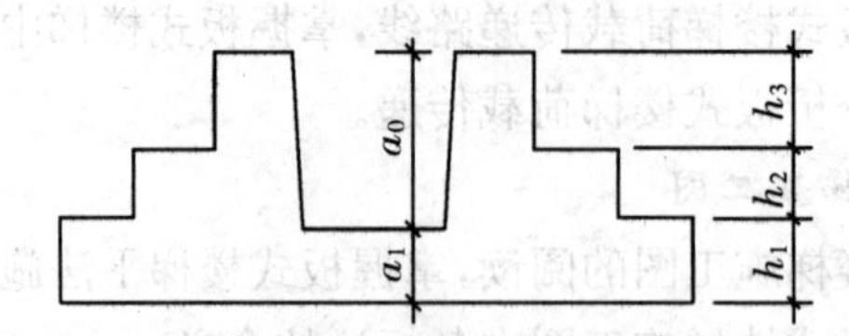


**图 5－42　阶形截面杯口独立基础竖向尺寸标注**

如图 5－43 所示为独立基础底板底部双向配筋示意。图中 B：X⏀16@150，Y⏀16@200；表示基础底板底部配置 HRB400 级钢筋，X 向直径为⏀16，间距 150 mm；Y 向直径为⏀16，间距 200 mm。

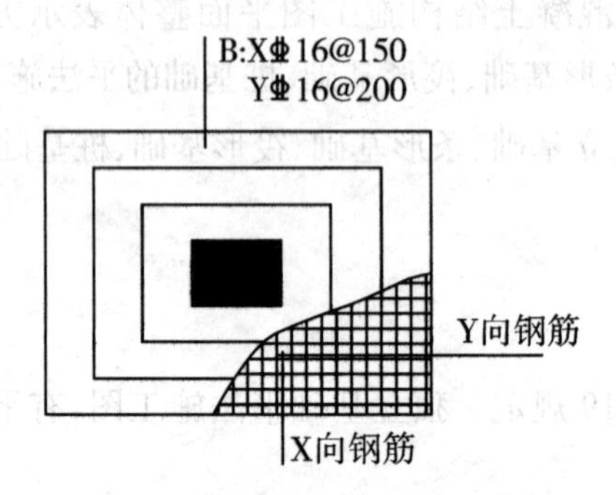


**图 5－43　独立基础底板底部双向配筋示意**

如图 5－44 所示为单杯口独立基础顶部焊接钢筋网示意。图中 Sn2⏀14，表示杯口顶部每边配置 2 根 HRB400 级直径为⏀14 的焊接钢筋网。

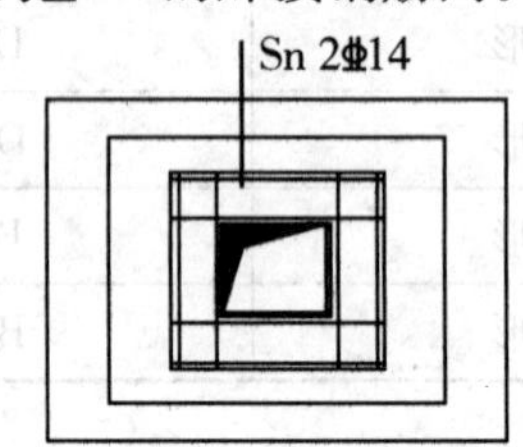


**图 5－44　单杯口独立基础顶部焊接钢筋网示意**

如图 5－45 所示为高杯口独立基础杯壁配筋示意。图中 4⏀20/⏀16@220/⏀16@200，$\phi$10@150/300，表示高杯口独立基础的短柱配置 HRB400 级竖向钢筋和 HPB300 级箍筋，其竖向钢筋为：4⏀20 角筋、⏀16@220 长边中部筋和⏀16@200 短边中部筋；其箍筋直径为$\phi$10，杯口范围间距 150 mm，短柱范围间距 300 mm。

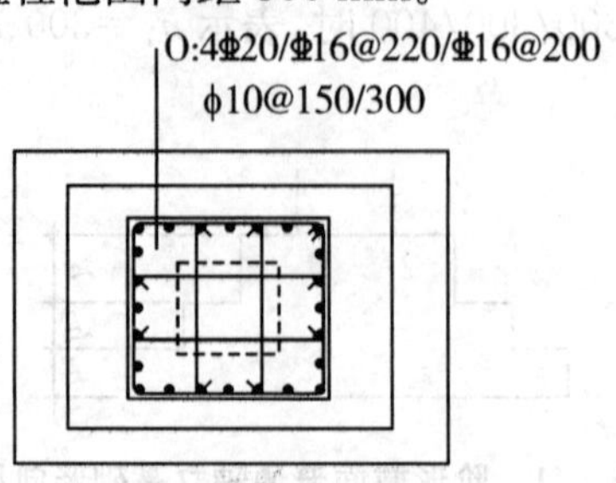


**图 5－45　高杯口独立基础短柱配筋示意**

钢筋混凝土和素混凝土独立基础的原位标注，是在基础平面布置图上标注独立基础的平面尺寸。如图 5－46 所示为阶形截面普通独立基础原位标注。其中，$x$，$y$ 为普通独立基础两向边长，$x_c$、$y_c$ 为柱截面尺寸，$x_i$、$y_i$ 为阶宽或坡形平面尺寸。图 5－47 为普通独立基础平面注写方式设计表达示意。图 5－48 为杯口独立基础平面注写方式设计表达示意。

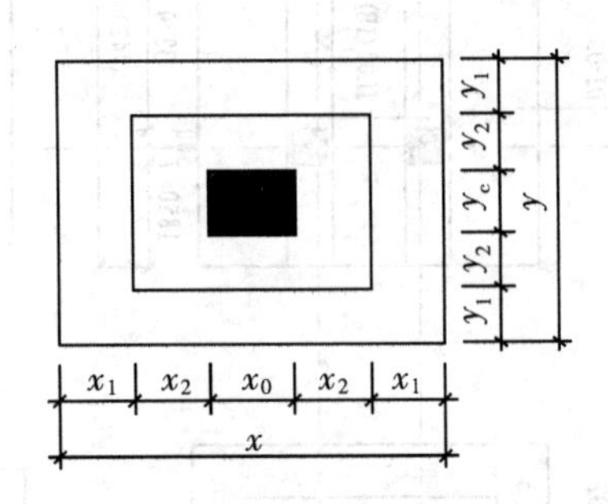


**图 5－46　阶形截面普通独立基础原位标注**

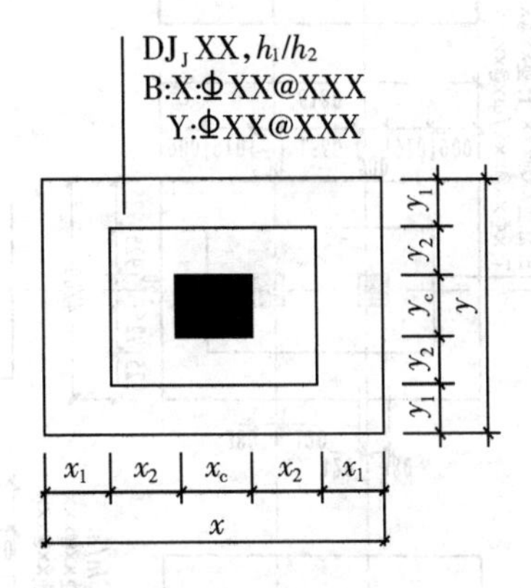


**图 5－47　普通独立基础平面注写方式设计表达示意**

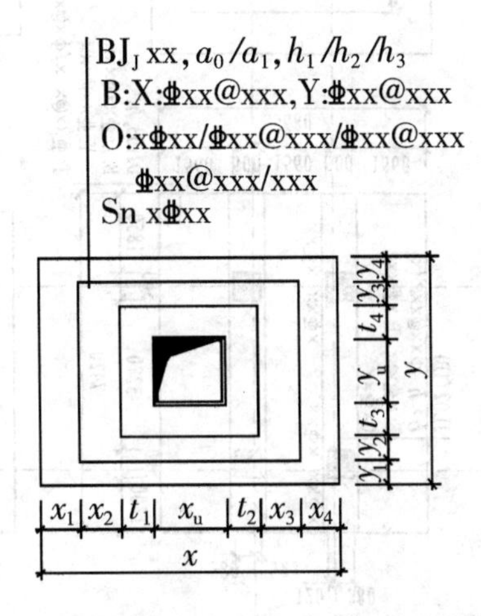


**图 5－48　杯口独立基础平面注写方式设计表达示意**

图 5-49 为采用独立基础平法施工图平面注写方式示例。

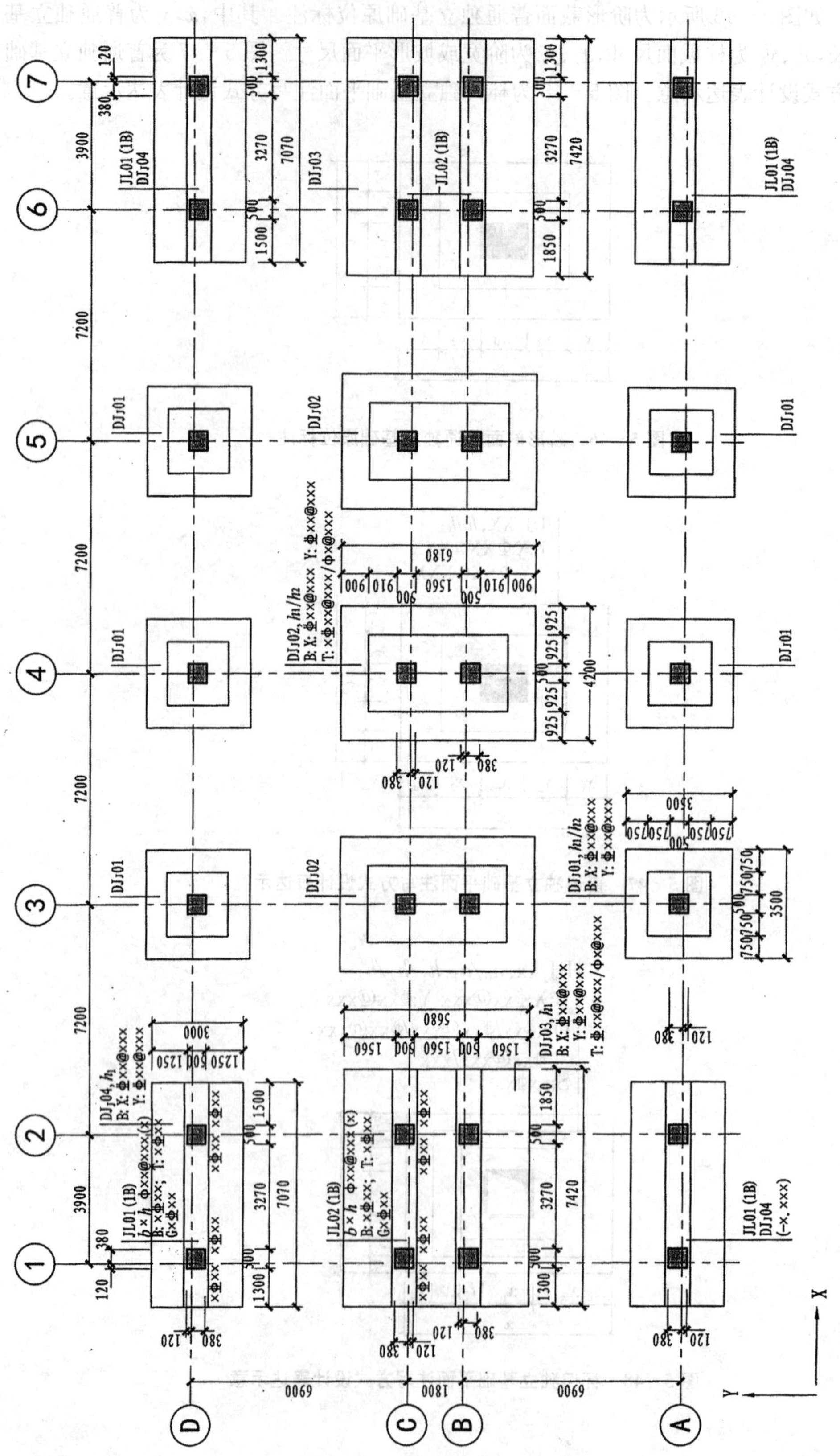


图 5-49　独立基础平法施工图平面注写方式示例

注：1. X、Y为图面方向
2. ±0.000的绝对标高（m）：xxx.xxx；
基础底面基准标高（m）：-x.xxx。

（二）独立基础的截面注写方式

独立基础的截面注写方式，可分为截面标注和列表注写（结合截面示意图）两种表达方式。

## 二、条形基础

条形基础编号分为基础梁编号和条形基础底板编号，按表 5－20 规定。

**表 5－20　条形基础梁及底板编号**

| 类　型 | | 代号 | 序号 | 跨数及有无外伸 |
|---|---|---|---|---|
| 基础梁 | | JL | XX | (XX)端部无外伸<br>(XXA)一端有外伸<br>(XXB)两端有外伸 |
| 条形基础底板 | 坡　形 | $TJB_P$ | XX | |
| | 阶　形 | $TJB_J$ | XX | |

注：条形基础通常采用坡形截面或单阶形截面。

（一）基础梁的平面注写方式

基础梁 JL 的平面注写方式，分集中标注和原位标注两部分内容。

基础梁的集中标注内容为：基础梁编号、截面尺寸、配筋三项必注内容，以及基础梁底面标高和必要的文字注解。

例：9 ⌀16@100/⌀16@200(6)，表示配置两种 HRB400 级箍筋，直径⌀16，从梁两端起向跨内按间距 100 mm 设置 9 道，梁其余部位的间距为 200 mm，均为 6 肢箍。

（二）条形基础底板的平面注写方式

条形基础底板 $TJB_P$、$TJB_J$ 的平面注写方式，分集中标注和原位标注两部分内容。

条形基础底板的集中标注内容为：条形基础底板编号、截面竖向尺寸、配筋及条形基础底板底面标高和必要的文字注解。

如图 5－50 所示，B：⌀14@150/ϕ8@250；表示条形基础底板底部配置 HRB400 级横向受力钢筋，直径为 14，间距 150；配置 HPB300 级纵向分布钢筋，直径为 8，间距 250。

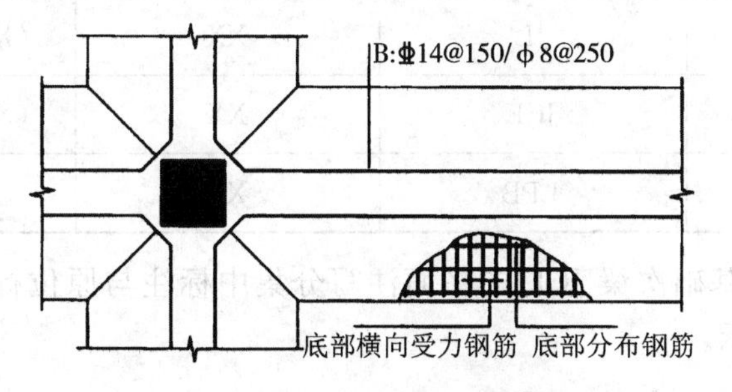


**图 5－50　条形基础底板底部配筋示意**

图 5－51 为条形基础平法施工图平面注写方式示例。

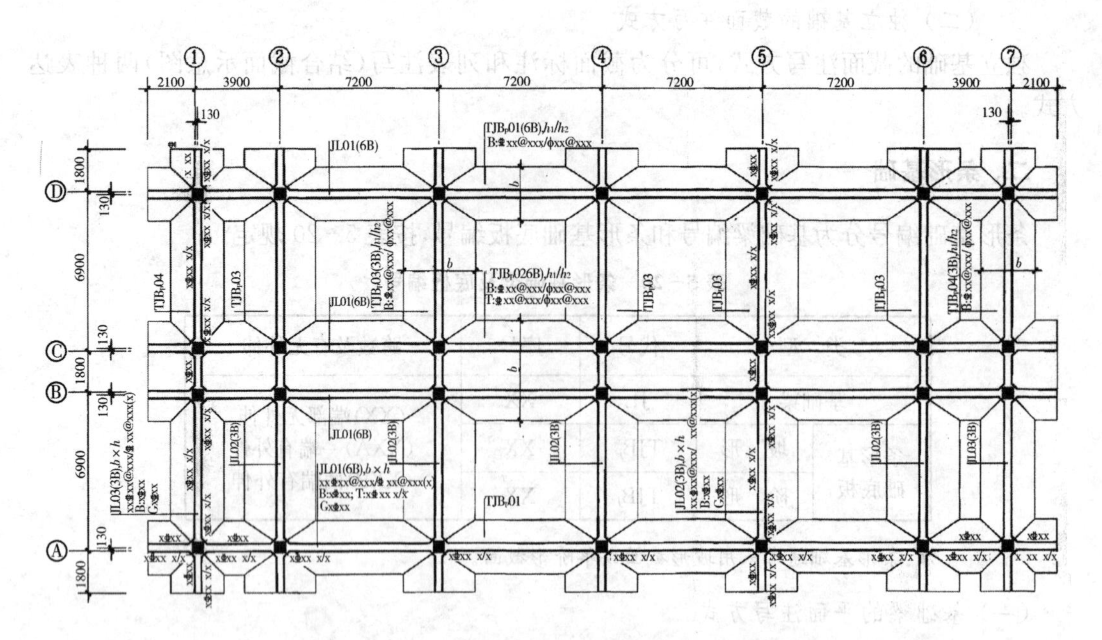


图 5-51 条形基础平法施工图平面注写方式示例

(三) 条形基础的截面注写方式

条形基础的截面注写方式,可分为截面标注和列表注写(结合截面示意图)两种表达方式。

## 三、梁板式筏形基础

梁板式筏形基础平法施工图在基础平面布置图上采用平面注写方式进行表达。

梁板式筏形基础由基础主梁、基础次梁、基础平板等构成,其构件编号按表 5-21 规定。

表 5-21 梁板式筏形基础构件编号

| 构件类型 | 代 号 | 序 号 | 跨数及有无外伸 |
|---|---|---|---|
| 基础主梁(柱下) | JL | XX | (XX)或(XXA)或(XXB) |
| 基础次梁 | JCL | XX | (XX)或(XXA)或(XXB) |
| 梁板筏基础平板 | LPB | XX | |

基础主梁 JL 与基础次梁 JCL 的平面注写分集中标注与原位标注两部分内容,如表 5-22和图 5-52 所示。

**表 5-22　基础主梁 JL 与基础次梁 JCL 标注说明**

集中标注说明:(集中标注应在第一跨引出)

| 注写形式 | 表达内容 | 附加说明 |
| --- | --- | --- |
| JLxx(xB)或<br>JCLxx(xB) | 基础主梁 JL 或基础次梁 JCL 编号,具体包括:代号、序号(跨数及外伸状况) | (xA):一端有外伸;(xB):两端均有外伸;无外伸则仅注跨数(x) |
| $b \times h$ | 截面尺寸,梁宽×梁高 | 当加腋时,用 $b \times h$ $Y_{c_1} \times c_2$ 表示,其中 $c_1$ 为腋长,$c_2$ 为腋高 |
| xxϕxx@xxx/<br>ϕxx@xxx(x) | 箍筋道数、强度等级、直径,第一种间距/第二种间距、(肢数) | ϕ—HPB300,Φ—HRB335<br>Φ—HRB400,$Φ^R$—RRB400,<br>下同 |
| BxΦ xx;TxΦ xx | 底部(*B*)贯通纵筋根数、强度等级、直径;<br>顶部(*T*)贯通纵筋根数、强度等级、直径 | 底部纵筋应有不少于 1/3 贯通全跨<br>顶部纵筋全部连通 |
| GxΦ xx | 梁侧面纵向构造钢筋根数、强度等级、直径 | 为梁两个侧面构造纵筋的总根数。 |
| (x,xxx) | 梁底面相对于筏板基础平板标高的高差 | 高者前加+号,低者前加一号,无高差不注 |

原位标注(含贯通筋)的说明:

| 注写形式 | 表达内容 | 附加说明 |
| --- | --- | --- |
| *x*Φ xx　x/x | 基础主梁柱下与基础次梁支座区域底部纵筋根数、强度等级、直径,以及用"/"分隔的各排筋根数 | 为该区域底部包括贯通筋与非贯通筋在内的全部纵筋 |
| xΦ xx@xxx | 附加箍筋总根数(两侧均分)、强度等级、直径及间距 | 在主次梁相交处的主梁上引出 |
| 其他原位标注 | 某部位与集中标注不同的内容 | 原位标注取值优先 |

注:相同的基础主梁或次梁只标注一根,其他仅注编号,有关标注的其他规定详见制图规则。
在基础梁相交处位于同一层面的纵筋相交叉时,设计应注明何梁纵筋在下,何梁纵筋在上。

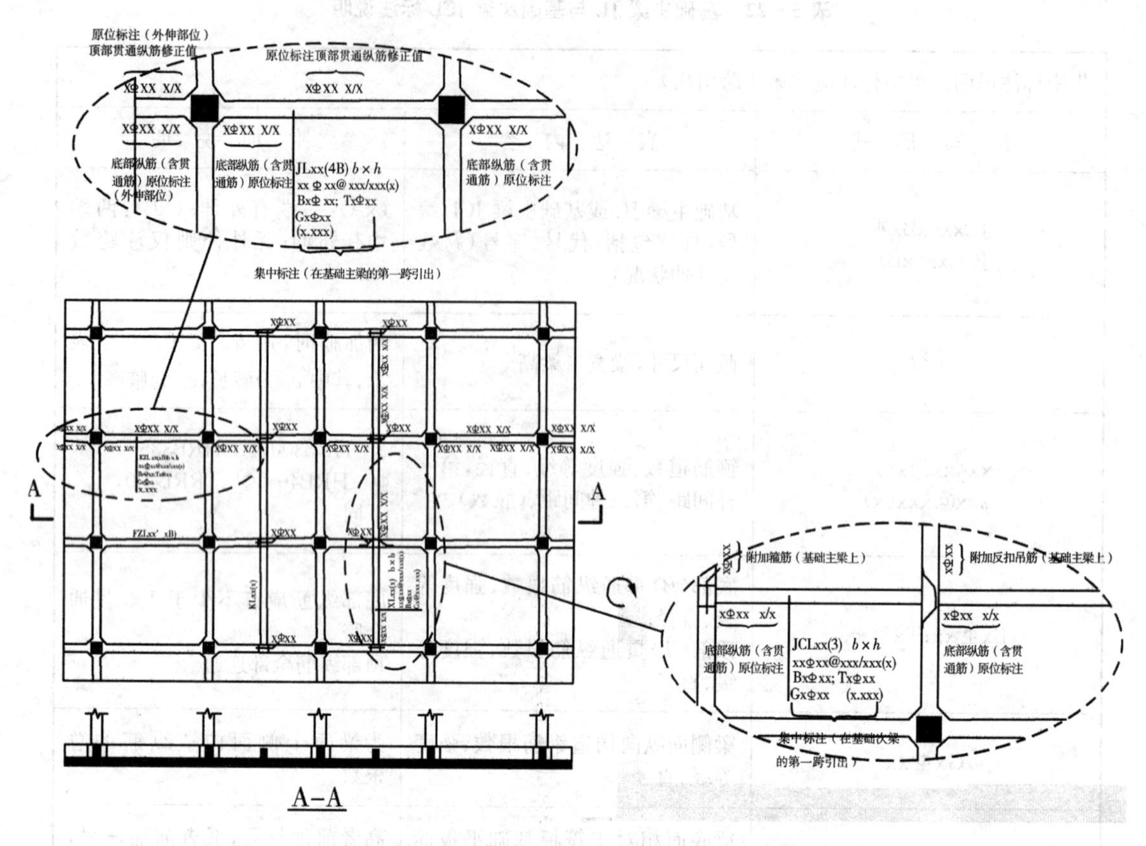


**图 5-52　基础主梁 JL 与基础次梁 JCL 标注图示**

梁板式筏形基础平板 LPB 的平面注写，分板底部与顶部贯通纵筋的集中标注与板底部附加非贯通纵筋的原位标注两部分内容，如表 5-23 和图 5-53 所示。

**表 5-23　梁板式筏形基础平板 LPB 标注说明**

| 集中标注说明：(集中标注应在双向均为第一跨引出) | | |
|---|---|---|
| 注写形式 | 表达内容 | 附加说明 |
| LPBxx | 基础平板编号，包括代号和序号 | 为梁板式基础的基础平板 |
| h=xxxx | 基础平板厚度 | |
| X:BΦ xx@xxx;<br>TΦ xx@xx;(x、xA、xB)<br>Y:BΦ xx@xxx;<br>TΦ xx@xxx;(x、xA、xB) | X 或 Y 向底部与顶部贯通纵筋强度等级、直径、间距、(跨数及外伸情况) | 底部纵筋应有不少于 1/3 贯通全跨，注意与非贯通纵筋组合设置的具体要求，详见制图规则。顶部纵筋应全跨贯通，用"B"引导底部贯通纵筋，用"T"引导顶部贯通纵筋；(XA)：一端有外伸；(XB)：两端均有外伸；无外伸则仅注跨数(x)，图面从左至右为 X 向，从下至上为 Y 向 |
| 板底部附加非贯通筋的原位标注说明：(原位标注应在基础梁下相同配筋跨的第一跨下注写) | | |

**续表**

| 注写形式 | 表达内容 | 附加说明 |
|---|---|---|
| ⊗ϕxx@xxx(x,xA,xB)<br>XXXX<br>基础梁 | 底部附加非贯通纵筋编号、强度等级、直径、间距(相同配筋横向布置的跨数及有无布置到外伸部位)；自梁中心线分别向两边跨内的延伸长度值 | 当向两侧对称延伸时，可只在一侧注延伸长度值，外伸部位一侧的延伸长度与方式按标准构造，设计不注。相同非贯通纵筋可只注写一处，其他仅在中粗虚线上注写编号，与贯通纵筋组合设置时的具体要求详见相应制图规则。 |
| 修正内容原位注写 | 某部位与集中标注不同的内容 | 原位标注的修正内容取值优先 |
| 注:有关标注的其他规定详见制图规则。 | | |

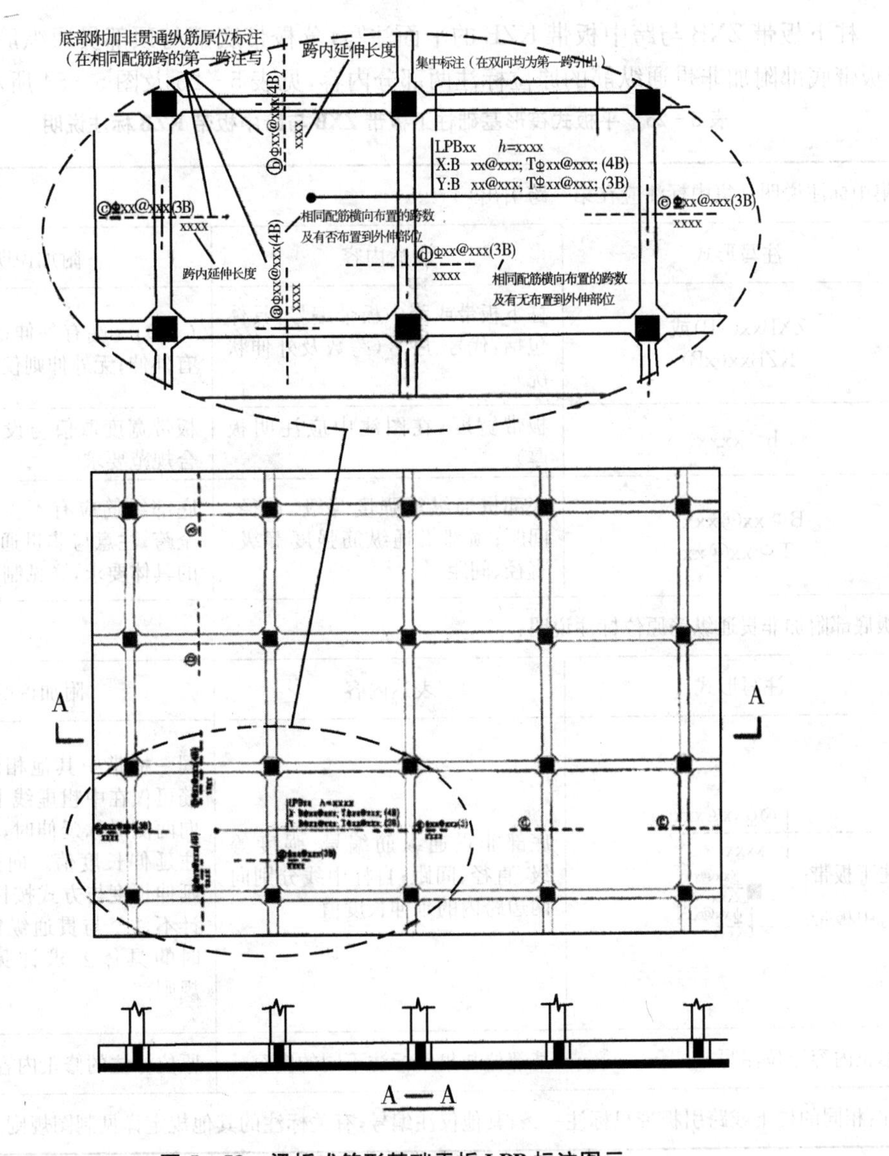


图 5-53　梁板式筏形基础平板 LPB 标注图示

## 四、平板式筏形基础

平板式筏形基础由柱下板带、跨中板带构成，在基础平面布置图上采用平面注写方式表达，其构件编号按表 5-24 规定。

**表 5-24　平板式筏形基础构件编号**

| 构件类型 | 代号 | 序号 | 跨数及有无外伸 |
|---|---|---|---|
| 柱下板带 | ZXB | XX | (XX)或(XXA)戒(XXB) |
| 跨中板带 | KZB | XX | (XX)或(XXA)戒(XXB) |
| 平板筏基础平板 | BPB | XX | |

柱下板带 ZXB 与跨中板带 KZB 的平面注写，分板带底部与顶部贯通纵筋的集中标注与板带底部附加非贯通纵筋的原位标注两部分内容，见表 5-25 及图 5-54 所示。

**表 5-25　平板式筏形基础柱下板带 ZXB 与跨中板带 KZB 标注说明**

| 集中标注说明：(集中标注应在第一跨引出) | | |
|---|---|---|
| 注写形式 | 表达内容 | 附加说明 |
| ZXBxx(xB)或<br>KZBxx(xB) | 柱下板带或跨中板带编号，具体包括：代号、序号(跨数及外伸状况) | (xA)：一端有外伸；(xB)两端均有外伸；无外伸则仅注跨数(x) |
| b=xxxx | 板带宽度(在图注中应注明板厚) | 板带宽度取值与设置部位应符合规范要求 |
| BΦ xx@xxx;<br>TΦ xx@xx | 底部贯通纵筋强度等级、直径、间距；顶部贯通纵筋强度等级、直径、间距 | 底部纵筋应有不少于 1/3 贯通全跨，注意与非贯通筋组合设置的具体要求，详见制图规则 |
| 板底部附加非贯通纵筋原位标注说明： | | |
| 注写形式 | 表达内容 | 附加说明 |
| ⊗ϕxx@xxx<br>xxxx<br>柱下板带: ϕxx@xxx<br>xxxx<br>跨中板带: ϕxx@xxx<br>xxxx | 底部非贯通纵筋编号、强度等级、直径、间距；自柱中线分别向两边跨内的延伸长度值 | 同一板带中其他相同非贯通纵筋可仅在中粗虚线上注写编号。向两侧对称延伸时，可只在一侧注延伸长度值。向外伸部位的延伸长度与方式按标准构造，设计不注。与贯通纵筋组合设置时的具体要求详见相应制图规则 |
| 修正内容原位注写 | 某部位与集中标注不同的内容 | 原位标注的修正内容取值优先 |
| 注：相同的柱下或跨引板带只标注一条，其他仅注编号，有关标注的其他规定详见制图规则。 | | |

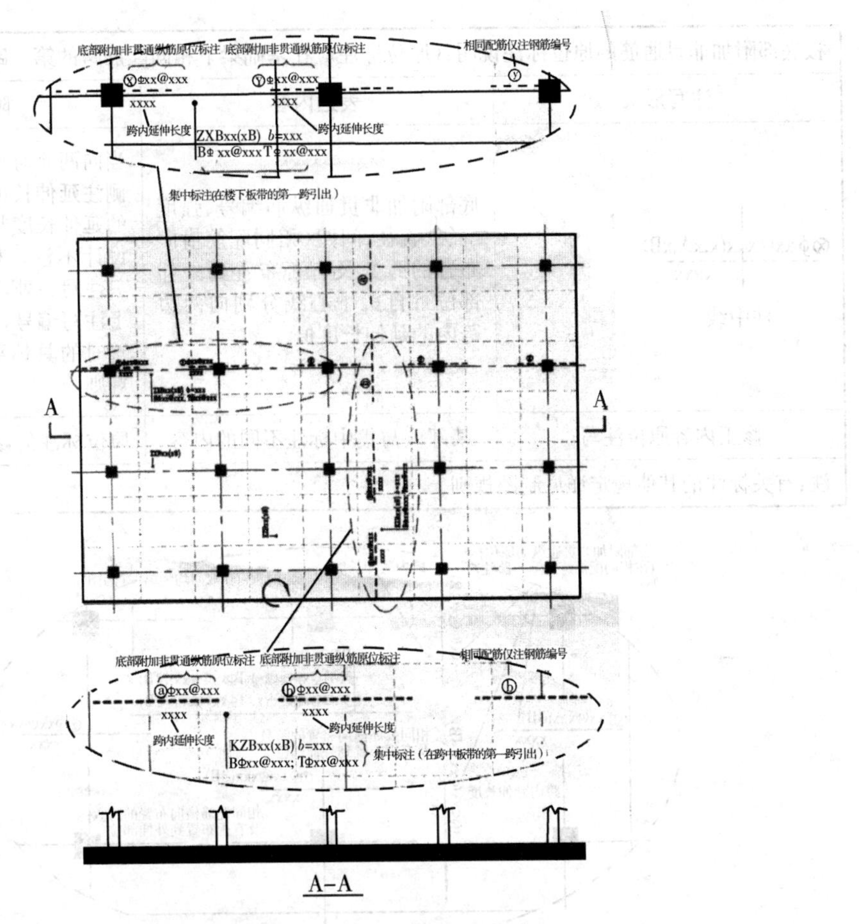


图 5-54 平板式筏形基础柱下板带 ZXB 与跨中板带 KZB 标注图示

平板式筏形基础平板 BPB 的平面注写,分板底部与顶部贯通纵筋的集中标注与板底部附加非贯通纵筋的原位标注两部分内容,见表 5-26 及图 5-55 所示。

表 5-26 平板式筏形基础平板 BPB 标注说明

| 集中标注说明:(集中标注应在双向均为第一跨引出) | | |
|---|---|---|
| 注写形式 | 表达内容 | 附加说明 |
| BPBxx | 基础平板编号,包括代号和序号 | 为平板式基础的基础平板 |
| $h$=xxxx | 基础平板厚度 | |
| X:BΦ xx@xxx;<br>TΦ xx@xxx;(x、xA、xB)<br>Y:BΦ xx@xxx;<br>TΦ xx@xxx;(x、xA、xB) | X 或 Y 向底部与顶部贯通纵筋强度等级、直径、间距(跨数及外伸情况) | 底部纵筋应有不少于 1/3 贯通全跨,注意与非贯通纵筋组合设置的具体要求,详见制图规则。顶部纵筋应全跨贯通,用"B"引导底部贯通纵筋,用"T"引导顶部贯通纵筋;(xA):一端有外伸;(xB):两端均有外伸;无外伸则仅注跨数(x),图面从左至右为 X 向,从下至上为 Y 向 |

续 表

| 板底部附加非贯通筋的原位标注说明:(原位标注应在基础梁下相同配筋跨的第一跨下注写) | | |
|---|---|---|
| 注写形式 | 表达内容 | 附加说明 |
| ⊗ϕxx@xxx(x,xA,xB)<br>xxxx<br>柱中线 | 底部附加非贯通纵筋编号、强度等级、直径、间距(相同配筋横向布置的跨数及有否布置到外伸部位);自梁中心线分别向两边跨内的延伸长度值 | 当向两侧对称延伸时,可只在一侧注延伸长度值,外伸部位一侧的延伸长度与方式按标准构造,设计不注。相同非贯通纵筋可只注写一处,其他仅在中相虚线上注写编号,与贯通纵筋组合设置时的具体要求详见相应制图规则。 |
| 修正内容原位注写 | 某部位与集中标注不同的内容 | 原位标注的修正内容取值优先 |
| 注:有关标注的其他规定详见制图规则。 | | |

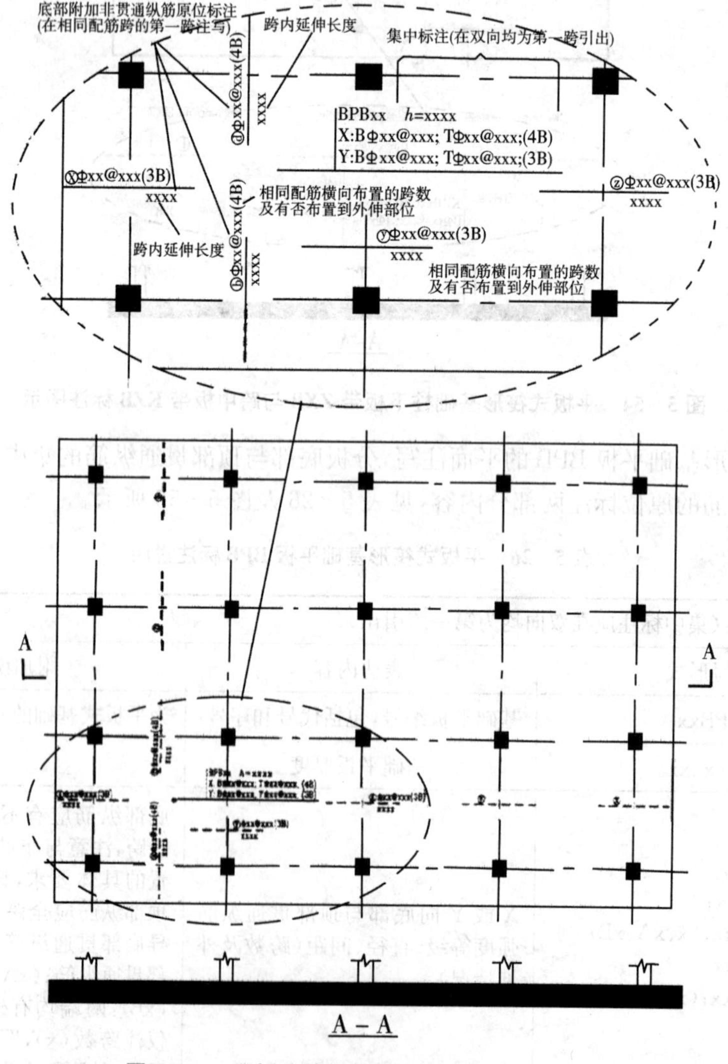


图 5－55　平板式筏形基础平板 BPB 标注图示

■ **实训练习**

**任务一　描述梁板式筏形基础和平板式筏形基础的组成构件**

(1) 目的：通过梁板式(平板式)筏形基础组成构件的描述，掌握其受力方式。

(2) 能力目标：学会分析梁板式(平板式)筏形基础受力。

**任务二　阅读梁板式筏形基础和平板式筏形基础施工图**

(1) 目的：通过筏形基础施工图的阅读，掌握筏形基础平法施工图识读。

(2) 能力目标：读懂筏形基础施工图中各标注的含义。

## 五、桩基础

### (一) 灌柱桩

灌注桩平法施工图是在灌注桩平面布置图上采用列表注写方式或平面注写方式进行表达。

列表注写方式，是在灌注桩平面布置图上，分别标注定位尺寸；在桩表中注写桩编号、桩尺寸、纵筋、螺旋箍筋、桩顶标高、单桩竖向承载力特征值。

桩编号见表 5-27，灌注桩列表注写格式见表 5-28。

**表 5-27　桩编号**

| 类　型 | 代　号 | 序　号 |
|---|---|---|
| 灌注桩 | GZH | XX |
| 扩底灌注桩 | $GZH_K$ | XX |

**表 5-28　灌注桩表**

| 桩号 | 桩径 $D$×桩长 $L$(mm×m) | 通长等截面配筋全部纵筋 | 箍筋 | 桩顶标高(m) | 单桩竖向承载力特征值(kN) |
|---|---|---|---|---|---|
| GZH1 | 800×16.700 | 10⌀18 | $L$⌀8@100/200 | −3.400 | 2 400 |

桩基承台分为独立承台和承台梁，编号按表 5-29 和表 5-30 规定。

**表 5-29　独立承台编号**

| 类　型 | 独立承台截面形状 | 代　号 | 序　号 | 说　明 |
|---|---|---|---|---|
| 独立承台 | 阶形 | $CT_J$ | XX | 单阶截面即为平板式独立承台 |
| | 坡形 | $CT_P$ | XX | |

注：杯口独立承台代号可为 $BCT_J$ 和 $BCT_P$，设计注写方式可参照杯口独立基础，施工详图应由设计者提供。

**表 5-30　承台梁编号**

| 类　型 | 代号 | 序号 | 跨数及有无外伸 |
|---|---|---|---|
| 承台梁 | CTL | XX | (XX)端部无外伸<br>(XXA)一端有外伸<br>(XXB)两端有外伸 |

（二）独立承台的平面注写方式，分为集中标注和原位标注两部分内容

独立承台的集中标注，是在承台平面上集中引注：独立承台编号、截面竖向尺寸、配筋及承台底面标高和必要的文字注解。

独立承台的原位标注，系在桩基承台平面布置图上标注独立承台的平面尺寸。

（三）承台梁的平面注写方式

承台梁 CTL 的平面注写方式，分集中标注和原位标注两部分内容。承台梁的集中标注内容为：承台梁编号、截面尺寸、配筋及承台梁底面标高和必要的文字注解。

（四）桩基承台的截面注写方式

桩基承台的截面注写方式，可分为截面标注和列表注写（结合截面示意图）两种表达方式。

## 四、基础相关构造

基础相关构造类型与编号，按表 5-31 规定。

**表 5-31 基础相关构造类型与编号**

| 构造类型 | 代号 | 序号 | 说明 |
|---|---|---|---|
| 基础联系梁 | JLL | XX | 用于独立基础、条形基础、桩基承台 |
| 后浇带 | HJD | XX | 用于梁板、平板筏基础、条形基础 |
| 上柱墩 | SZD | XX | 用于平板筏基础 |
| 下柱墩 | XZD | XX | 用于梁板、平板筏基础 |
| 基坑(沟) | JK | XX | 用于梁板、平板筏基础 |
| 窗井墙 | CJQ | XX | 用于梁板、平板筏基础 |
| 防水板 | FBPB | XX | 用于独基、条基、桩基加防水板 |

注：1. 基础联系梁序号：(XX)为端部无外伸或无悬挑，(XXA)为一端有外伸或有悬挑，(XXB)为两端有外伸或有悬挑。

2. 上柱墩在混凝土柱根部位，下柱墩在混凝土柱或钢柱柱根投影部位，均根据筏形基础受力与构造需要而设。

## ■实训练习

**任务一 阅读独立基础施工图**

(1) 目的：通过独立基础施工图的阅读，掌握独立基础平法施工图识读。

(2) 能力目标：读懂独立基础上各标注的含义。

**任务二 阅读条形基础施工图**

(1) 目的：通过条形基础施工图的阅读，掌握条形基础平法施工图识读。

(2) 能力目标：读懂条形基础上各标注的含义。

**任务三 阅读桩基承台施工图**

(1) 目的：通过桩基承台施工图的阅读，掌握桩基承台平法施工图识读。

(2) 能力目标：读懂桩基承台中各标注的含义。

# 项目 9　钢结构施工图识读

■ **学习目标**　掌握钢结构施工图中材料及连接的标注方法，了解钢结构施工图的组成与图示方法。

■ **能力目标**　学会钢结构施工图识读。

■ **知识点**

## 一、常用型钢的标注方法

常用型钢的标注方法见表 5－32。

**表 5－32　常见型钢的标注方法**

| 序号 | 名称 | 截面 | 标注 | 说　明 |
|---|---|---|---|---|
| 1 | 等边角钢 | ∟ | ∟ $b\times t$ | $b$ 为肢宽<br>$t$ 为肢厚 |
| 2 | 不等边角钢 | B ∟ | ∟ $B\times b\times t$ | $B$ 为长肢宽　$b$ 为短肢宽　$t$ 为肢厚 |
| 3 | 工字钢 | I | I N　Q I N | 轻型工字钢加注 Q 字 |
| 4 | 槽钢 | [ | [ N　Q [ N | 轻型槽钢加注 Q 字 |
| 5 | 方钢 | ▨ b | □ $b$ | |
| 6 | 扁钢 | b | $-b\times t$ | |
| 7 | 钢板 | — | $\frac{-b\times t}{l}$ | $\frac{宽\times厚}{板长}$ |
| 8 | 圆刚 | ● | $\phi d$ | |
| 9 | 钢管 | ○ | $\phi d\times t$ | $d$ 为外径<br>$t$ 为壁厚 |

续表

| 序号 | 名称 | 截面 | 标注 | 说　明 |
|---|---|---|---|---|
| 10 | 薄壁方钢管 | □ | B□ $b\times t$ | 薄壁型钢加注 B 字<br>$t$ 为壁厚 |
| 11 | 薄壁等肢角钢 | ∟ | B∟ $b\times t$ | |
| 12 | 薄壁等肢<br>卷边角钢 | ∟ $a$ | B∟ $b\times a\times t$ | |
| 13 | 薄壁槽钢 | [ $h$ | B[ $h\times b\times t$ | |
| 14 | 薄壁卷边槽钢 | [ $a$ | B[ $h\times b\times a\times t$ | |
| 15 | 薄壁卷边 Z 形钢 | $h$ Z $a$ | B Z $h\times b\times a\times t$ | |
| 16 | T 形钢 | T | TW×××<br>TM××<br>TN×× | TW 为宽翼缘 T 形钢<br>TM 为中翼缘 T 形钢<br>TN 为窄翼缘 T 形钢 |
| 17 | H 形钢 | H | HW××<br>HM××<br>HN×× | HW 为宽翼缘 H 形钢<br>HM 为中翼缘 H 形钢<br>HN 为窄翼缘 H 形钢 |
| 18 | 起重机钢轨 | | QU×× | 详细说明产品规格型号 |
| 19 | 轻轨及钢轨 | | ××kg/m钢轨 | |

## 二、常用焊缝的表示方法

在钢结构施工图上，要用焊缝代号标明焊缝形式、尺寸和辅助要求。《建筑结构制图标准》(GB/T 50105—2010)规定，焊缝代号由引出线、图形符号和辅助符号三部分组成。图形符号表示焊缝截面的基本形式。引出线由横线、斜线和单边箭头组成，当箭头指向对应焊缝所在一面时，应将图形符号和焊缝尺寸标注在水平线的上方；当剪头指向对应焊缝所在的另一面时，应将图形符号和焊缝尺寸标注在水平线的下方(见表 5－33)。辅助符号表示对焊缝的辅助要求，如相同焊缝符号(见图 5－56)及现场焊缝(见图 5－57)。

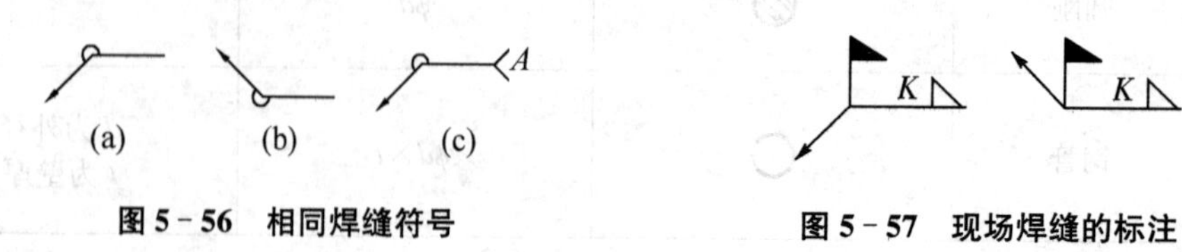


图 5－56　相同焊缝符号　　图 5－57　现场焊缝的标注

**表 5-33　焊缝符号**

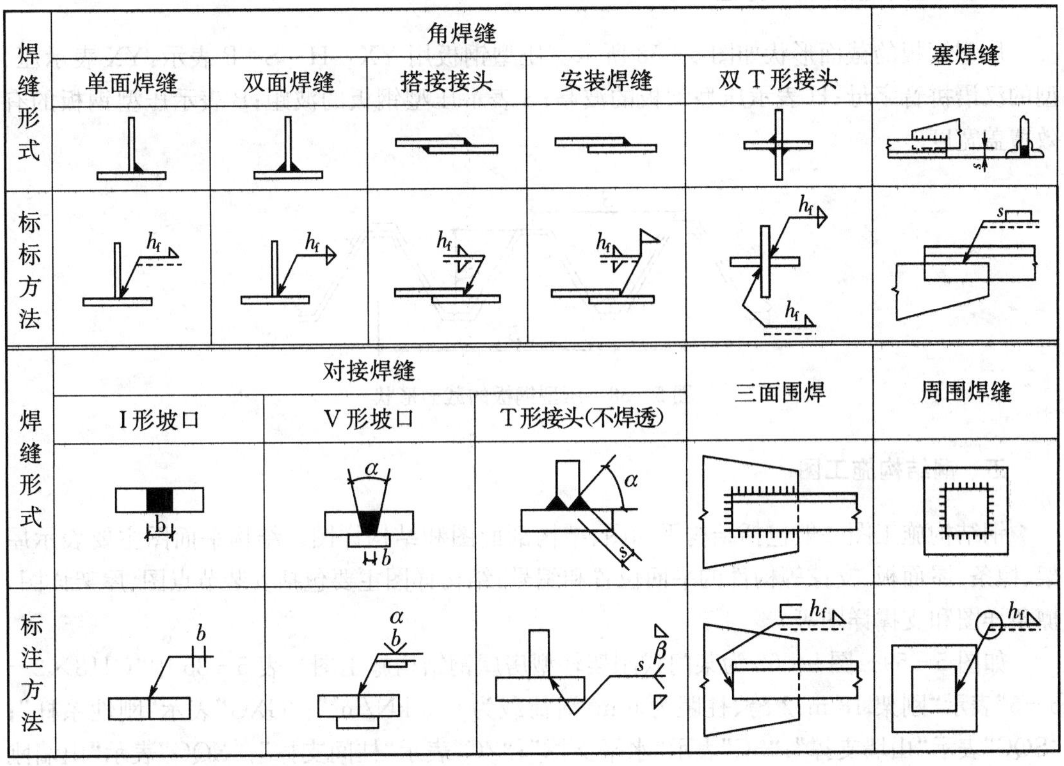

| 焊缝形式 | 角焊缝 | | | | | 塞焊缝 |
|---|---|---|---|---|---|---|
| | 单面焊缝 | 双面焊缝 | 搭接接头 | 安装焊缝 | 双 T 形接头 | |
| 焊缝形式 | | | | | | $s$ |
| 标标方法 | $h_f$ | $h_f$ | $h_f$ | $h_f$ | $h_f$　$h_f$ | $s$ |

| 焊缝形式 | 对接焊缝 | | | 三面围焊 | 周围焊缝 |
|---|---|---|---|---|---|
| | I 形坡口 | V 形坡口 | T 形接头(不焊透) | | |
| 焊缝形式 | $b$ | $\alpha$　$b$ | $\alpha$　$s$ | | |
| 标注方法 | $b$ | $\alpha$　$b$ | $s$　$\beta$ | $h_f$ | $h_f$ |

## 三、螺栓连接的表示方法

螺栓、孔、电焊铆钉的表示方法见表 5-34。

**表 5-34　螺栓、孔、电焊铆钉的表示方法**

| 序号 | 名称 | 图　例 | 说　明 |
|---|---|---|---|
| 1 | 永久螺栓 | 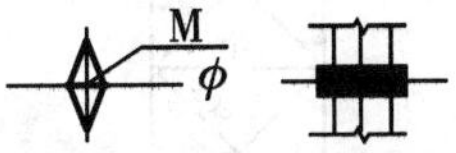 M　$\phi$ | 1. 细“+”表示定位线<br>2. M 表示螺栓型号<br>3. $\phi$ 表示螺栓孔直径<br>4. $d$ 表示膨胀螺栓、电焊铆钉直径<br>5. 采用引出线标注螺栓时，横线上标注螺栓规格，横线下标注螺栓孔直径 |
| 2 | 高强螺栓 | 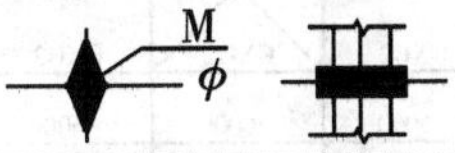 M　$\phi$ | |
| 3 | 安装螺栓 | 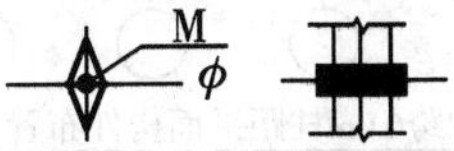 M　$\phi$ | |
| 4 | 膨胀螺栓 | 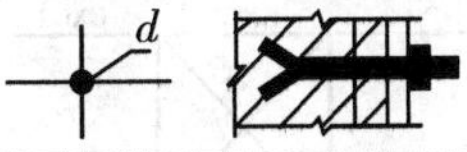 $d$ | |
| 5 | 圆形螺栓孔 | 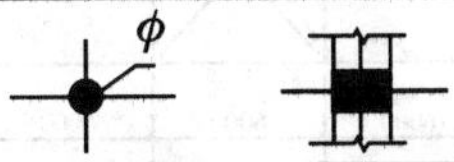 $\phi$ | |
| 6 | 长圆形螺栓孔 | 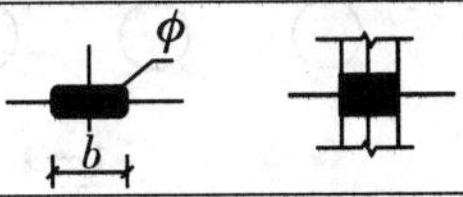 $\phi$　$b$ | |
| 7 | 电焊铆钉 | 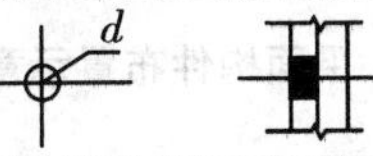 $d$ | |

## 四、压型钢板的表示方法

压型钢板的截面形状如图 5-58 所示。压型钢板用 YX　H—S—B 表示：YX 表示压、型的汉语拼音字母；H 表示压型钢板的波高；S 表示压型钢板的波距；B 表示压型钢板的有效覆盖宽度。

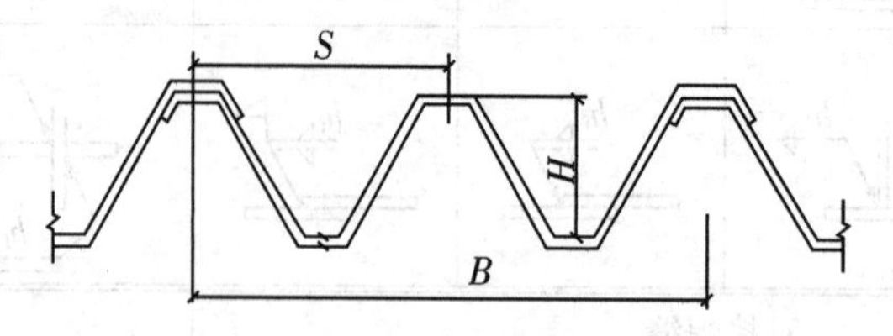


**图 5-58　压型钢板的截面形状**

## 五、钢结构施工图

钢结构施工图一般包括结构平面图、结构剖面图和结构详图。结构平面图主要表示屋架、檩条、屋面板、支撑等构件的平面位置和编号；结构详图主要包括安装节点图、屋架详图、檩条详图和支撑详图等。

如图 5-59～图 5-62 为某门式刚架轻型房屋钢结构施工图。表 5-35 中"GJ18×2—6—5"表示"刚架 18 m、2 跨、柱距为 6 m、活荷载为 0.5 kN/m²"；"GXG"表示"刚性系杆"；"SQC"表示"山墙支撑"；"SC"表示"水平支撑"；"ZC"表示"柱间支撑"；"XQG"表示"山墙刚性系杆"；"SQZ"表示"山墙柱"。

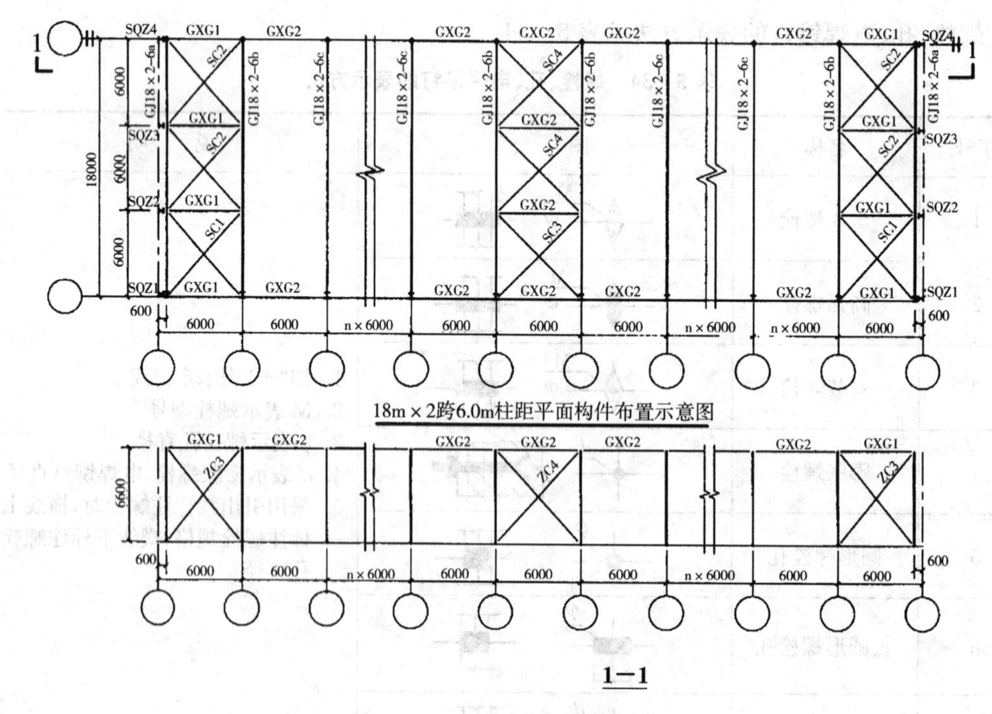


**图 5-59　平面构件布置示意图**

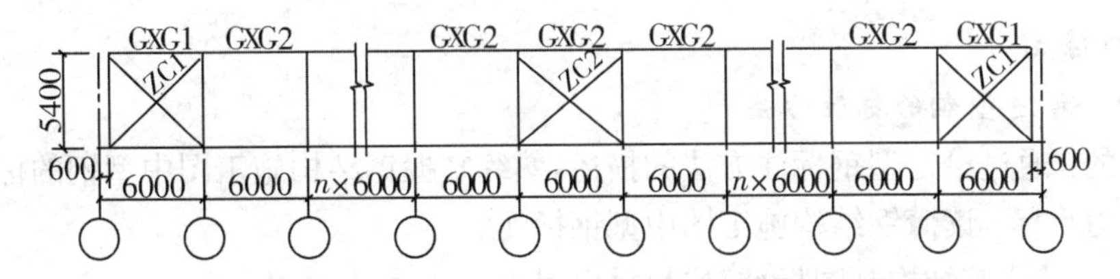


图 5－60　18 m×2 跨 6.0 m 柱距立面构件布置示意图

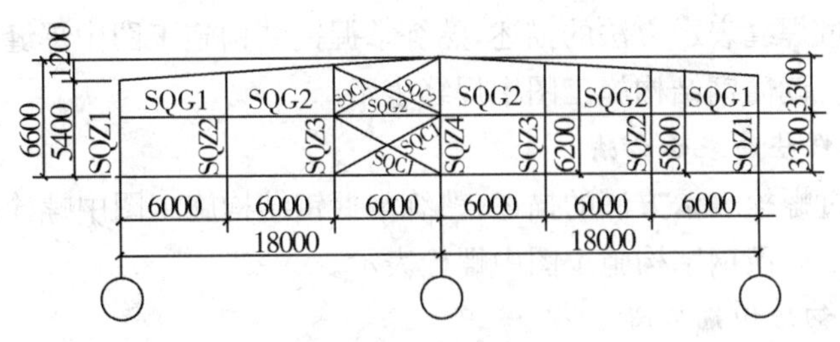


图 5－61　18 m×2 跨山墙构件布置示意图

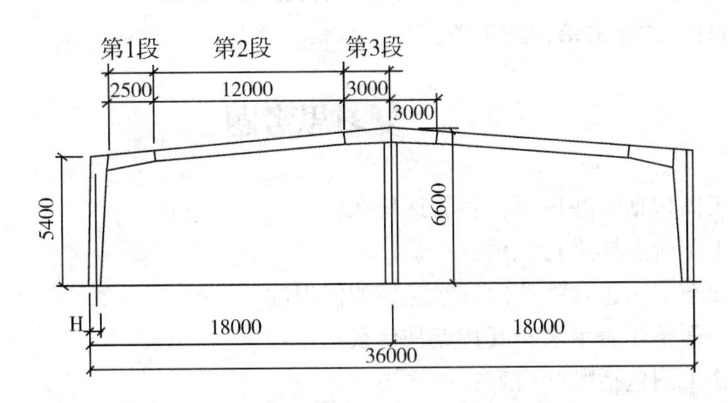


图 5－62　GJ18×2—6—5 刚架简图

表 5－35　GJ18×2—6—5 截面选用表

| 条件<br>构件尺寸 | 柱距 $H$=6.0 m | | | | | | | | | | 备注 |
|---|---|---|---|---|---|---|---|---|---|---|---|
| | 恒荷载 0.3 kN/m²，活荷载 0.5 kN/m² | | | | | | | | | | |
| | a. 基本风压　0.5 kN/m² | | | | | b. 基本风压　0.7 kN/m² | | | | | |
| | $B$ | $t_r$ | $t_w$ | $H1$ | $H2$ | $B$ | $t_r$ | $t_w$ | $H1$ | $H2$ | |
| 柱 | 200 | 8 | 6 | 400 | 500 | 200 | 8 | 6 | 400 | 500 | |
| 第 1 段 | 200 | 8 | 6 | 500 | 400 | 200 | 8 | 6 | 500 | 400 | |
| 第 2 段 | 200 | 8 | 6 | 400 | 400 | 200 | 8 | 6 | 400 | 400 | |
| 第 3 段 | 200 | 8 | 6 | 400 | 700 | 200 | 8 | 6 | 400 | 700 | |
| 摇摆柱 | ∅273×8 | | | | | ∅273×8 | | | | | |
| 梁柱端板 | —700×200×22 | | | | | —700×200×22 | | | | | |
| 梁端板 | —600×200×22 | | | | | —600×200×22 | | | | | |
| 参考重量(kg) | 2566.3 | | | | | | | | | | |

## ■ 实训练习

**任务一　描述型钢的标注方法**

(1) 目的：通过给定型钢标注方法的描述，熟练掌握钢结构施工图中型钢的标注方法。

(2) 能力目标：读懂钢结构施工图中型钢标注。

(3) 工具：《建筑结构制图标准》或教材中附表。

**任务二　描述焊缝的表示方法**

(1) 目的：通过焊缝表示方法的描述，熟练掌握钢结构施工图中焊缝的表示方法。

(2) 能力目标：读懂钢结构施工图中焊缝表示。

**任务三　描述螺栓的表示方法**

(1) 目的：通过螺栓表示方法的描述，熟练掌握钢结构施工图中螺栓的表示方法。

(2) 能力目标：读懂钢结构施工图中螺栓表示。

**任务四　阅读钢结构施工图**

(1) 目的：通过钢结构施工图阅读，掌握钢结构施工图中识读。

(2) 能力目标：读懂钢结构施工图。

# 复习思考题

1. 结构施工图包括哪些内容？各表达什么？
2. 结构施工图应怎样进行识读？
3. 结构平面布置图包含哪些内容？应该如何识读？
4. 什么是平面整体表示法？其特点是什么？
5. 钢结构施工图包括哪些内容？
6. 焊缝代号由哪几部分组成？

# 模块六 课程设计

■ **模块概述** 本模块给出了三个选项——钢筋混凝土楼盖设计、结构施工图翻样和建筑结构实体检测，可根据具体实践条件选择进行。

## 选项 1 钢筋混凝土楼盖设计

■ **学习目标** 了解单向板肋形楼盖的荷载传递关系及其计算简图的确定；熟练掌握考虑塑性内力重分布的计算方法，按弹性理论分析内力的计算方法；熟悉内力包络图和材料图的绘制；掌握现浇梁板的有关构造要求。

■ **能力目标** 学会单向板肋形楼盖设计，能正确绘制钢筋混凝土结构施工图。

### 一、实训题目

某厂房钢筋混凝土楼盖设计

### 二、设计条件

某市轻工业厂房承重体系为钢筋混凝土内框架，四周为 370 mm 砖墙承重，厂房平面尺寸见下图，设计只考虑竖向荷载，要求学生完成二层钢筋混凝土整浇楼盖的设计。二层平面尺寸见图 6－1。

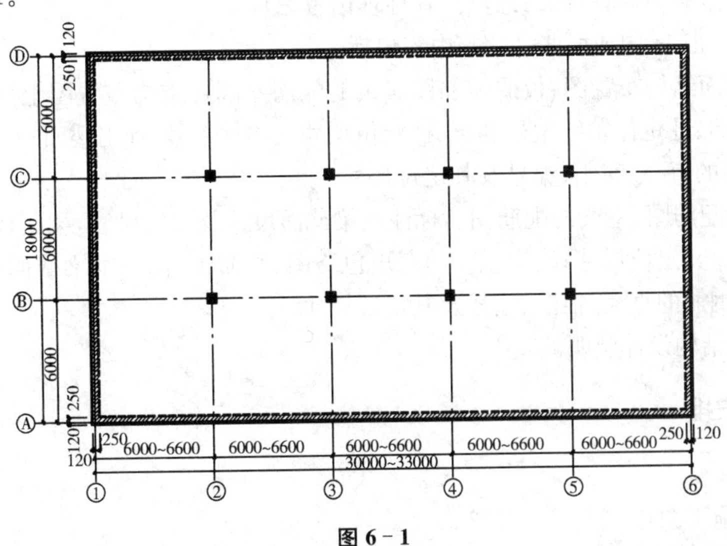


图 6－1

(1) 永久荷载：楼面面层采用 20 mm 厚水泥砂浆，重度 20 kN/m³；板底、梁侧及梁底抹灰层 15 mm 厚混合砂浆，重度 17 kN/m³；钢筋混凝土重度 25 kN/m³。

(2) 二楼楼面可变荷载见表 6-1。

**表 6-1　课程设计题号**

| 可变荷载 (kN/m²) / $L_1 \times L_2$ (m) | 5.0 | 5.5 | 6.0 | 6.5 | 7.0 | 7.5 | 8.0 |
|---|---|---|---|---|---|---|---|
| 18×30.5 | 1 | 2 | 3 | 4 | 5 | 6 | 7 |
| 18×31 | 8 | 9 | 10 | 11 | 12 | 13 | 14 |
| 18×31.5 | 15 | 16 | 17 | 18 | 19 | 20 | 21 |
| 18×32 | 22 | 23 | 24 | 25 | 26 | 27 | 28 |
| 18×32.5 | 29 | 30 | 31 | 32 | 33 | 34 | 35 |
| 18×33 | 36 | 37 | 38 | 39 | 40 | 41 | 42 |

(3) 材料：混凝土强度等级 C25(C30)；主梁、次梁主筋采用 HRB400 级钢筋；其余钢筋采用 HPB300 级钢筋。

(4) 板伸入墙内 120 mm，次梁伸入墙内 240 mm，主梁伸入墙内 370 mm。

(5) 柱断面尺寸 400 mm×400 mm。

## 三、设计内容

(1) 学生承担的具体设计题号见表 6-1。

(2) 完成设计计算书一份，内容包括：

① 二层楼面结构平面布置：柱网、主梁、次梁及板的布置；

② 现浇板、次梁的承载力计算(内力计算按塑性内力重分布考虑)；

③ 主梁的承载力计算(内力计算按弹性理论考虑)。

(3) 完成一张 1# 图或两张 2# 图，内容包括：

① 二层楼面结构布置图、板的配筋图。板的配筋图画在结构布置图上(板采用分离式配筋)，应标注墙、柱定位轴线编号和梁、柱定位尺寸及构件编号，标出楼面板结构标高；标注板厚、板中钢筋的直径、间距、编号及其定位尺寸。

② 次梁的配筋图、主梁的配筋图。标注次梁截面尺寸及几何尺寸，梁底标高，钢筋的直径、根数、编号及其定位尺寸；绘出主梁的弯矩包络图、配筋图，标注主梁截面尺寸及几何尺寸，梁底标高，钢筋的直径、根数、编号及其定位尺寸。

③ 必要的结构设计说明。

## 四、时间安排

结构计算：　　　　　　2 天
绘制结构施工图：　　　2 天
计算书整理、修改施工图：　1 天

### 五、建议

主梁内力计算时，先按附录表四计算主梁剪力，再由力学方法（依据荷载特征、剪力图特征）计算主梁弯矩值。

## 选项 2　结构施工图翻样

■ **学习目标**　掌握结构施工图识读，掌握“16G101－1”图集，能正确识读结构平法施工图表达内容，并把它转换成实际结构构件的配筋大样。

■ **能力目标**　学会查阅和使用标准图集。

### 一、资料

附图结构施工图（梁柱为平面整体表示方法）。

### 二、实训内容

识读给定的框架结构平法施工图，将平法表示的结构施工图还原成框架梁、柱等构件配筋详图和节点详图，并按传统施工图的表示方法绘制出××号轴线横向框架施工图。

### 三、实训要求

完成框架平法施工图翻样。用 2＃图纸完整表达一榀框架立面图及一根梁、一根柱断面图和一块板、楼梯、基础等构件断面图，并附必要说明。

### 四、实训提示

（1）掌握框架梁和框架柱的一般构造要求及抗震构造要求；

（2）正确识读结构平面整体表示方法表达的结构施工图；

（3）按相关信息找到相应的标准构造详图，读懂构件标准详图；

（4）掌握传统构件详图的图示内容、作用及方法；

（5）将相关梁柱等构件信息进行组合，绘制草图；

（6）按制图规则要求进行施工图绘制；

（7）框架梁立面图应包含内容：轴线间距离、柱宽度、梁高度及标高；纵向钢筋截断点位置及在节点核心区的锚固要求；梁端箍筋加密区的范围；钢筋编号、数量、规格；框架梁断面图应注明截面尺寸、钢筋编号、数量及规格等；

（8）框架柱立面图应包含内容：柱的总高与分段高度、标高，柱箍筋加密区范围；钢筋编号、数量、规格，柱端箍筋加密区及非加密区箍筋间距、直径；纵向钢筋接头形式及接头位置，在顶层节点处的锚固等；框架柱断面图应注明截面尺寸，钢筋编号、数量及规格等。

### 五、实训工具

《混凝土结构施工图平面整体表示法制图规则和构造详图》（16G101－1）或教材。

### 六、成绩评定

根据作业情况及翻样施工图质量综合评定，按优、良、中、及格和不及格五级给分，计入本课目成绩。

## 选项3　建筑结构实体检测

■ **学习目标**　通过实际操作，掌握建筑结构检测的基本知识；了解回弹法检验混凝土强度、钢筋扫描仪检验钢筋保护层厚度、楼板厚度测定仪检验楼板厚度的检验方法，具备对检测结果的评价能力。

■ **能力目标**　经过学院内现场实训，模拟实际工程，学会回弹仪、钢筋扫描仪及楼板厚度测定仪等检验方法，学会检测标准、规范、规程及验收要求等应用的一般技能。

建筑结构检测实训是学生在建筑结构课程结束后，进行的一次实践性教学环节。学生到学院实训现场，以操作为主，提高学生的动手能力，加深对结构实体检验的理解和掌握，使学生的学习直接与职业行为结合，体现产学结合，为学生毕业后从事施工现场管理工作奠定基础。

### 一、实训内容及要求

（一）回弹法

(1) 主要内容：梁、柱及剪力墙的混凝土强度。

(2) 教学要求：掌握梁、柱及剪力墙的施工图识读；掌握梁、柱及剪力墙检验数量的确定；掌握检验依据、标准及相应技术资料；掌握回弹法的检验方法；掌握回弹法检测结果的评定。

（二）钢筋扫描仪检验钢筋保护层厚度

(1) 主要内容：梁、板钢筋保护层厚度。

(2) 教学内容：掌握梁、板的施工图识读；掌握梁、板检验数量的确定；掌握检验依据、标准及相应技术资料；掌握钢筋扫描仪检验钢筋保护层厚度的检验方法；掌握钢筋扫描仪检验钢筋保护层厚度检测结果的评定。

（三）楼板厚度测定仪检验楼板厚度

(1) 主要内容：楼板厚度。

(2) 教学内容：掌握板的施工图识读；掌握板检验数量的确定；掌握检验依据、标准及相应技术资料；掌握楼板厚度测定仪检验楼板厚度的检验方法；掌握楼板厚度测定仪检验楼板厚度检测结果的评定。

（四）实训后写出实训小结。

以上实训均填入实训报告中，见表6-2、表6-3和表6-4。

**表 6-2　回弹法测强试验记录表**

姓名：　　　　　　班级：　　　　　　组号：　　　　　　共　　页第　　页

| 项目<br>编号 | 回弹值 | | | | | | | | 回弹平均值 $R_{ma}$ | 角度修正值 $R_{aa}$ | 侧面修正值 $R_{a}^{b}$ | 修正后回弹值 $R_{m}$ | 碳化深度 $d_{m}$ | 平均碳化深度 | 查表 $Af_{cu,i}^{c}$ (MPa) | 强度换算值 $f_{cu,i}^{c}$ (MPa) |
|---|---|---|---|---|---|---|---|---|---|---|---|---|---|---|---|---|
| 构件名称 | | | | | | | | | | | | | | | | |
| 测区 | $R_i$ | | | | | | | | | | | | | | | |
| 1 | | | | | | | | | | | | | | | | |
| | | | | | | | | | | | | | | | | |
| 2 | | | | | | | | | | | | | | | | |
| | | | | | | | | | | | | | | | | |
| 3 | | | | | | | | | | | | | | | | |
| | | | | | | | | | | | | | | | | |
| 4 | | | | | | | | | | | | | | | | |
| | | | | | | | | | | | | | | | | |
| 5 | | | | | | | | | | | | | | | | |
| | | | | | | | | | | | | | | | | |
| 6 | | | | | | | | | | | | | | | | |
| | | | | | | | | | | | | | | | | |
| 7 | | | | | | | | | | | | | | | | |
| | | | | | | | | | | | | | | | | |
| 8 | | | | | | | | | | | | | | | | |
| | | | | | | | | | | | | | | | | |
| 9 | | | | | | | | | | | | | | | | |
| | | | | | | | | | | | | | | | | |
| 10 | | | | | | | | | | | | | | | | |
| | | | | | | | | | | | | | | | | |

| 回弹仪 | 型号 | 编号 | 率定值 | 测面状态 | 1. 侧面、表面、底面<br>2. 风干、潮湿<br>3. 光洁、粗糙 | 混凝土输送方式 | 设计强度等级 | 检测依据 |
|---|---|---|---|---|---|---|---|---|
| | | | | 回弹角度 | 1. 水平<br>2. 向上<br>3. 向下 | | | |

| 委托单位 | | 监理单位 | | 构件成型日期 | |
|---|---|---|---|---|---|
| 强度平均值 $m_{f_{cu}^{c}}$ (MPa) | | 强度标准差 $S_{f_{cu}^{c}}$ | | 强度推定值 $f_{cu,e}$ (MPa) | |

试验：　　　　　　记录：　　　　　　计算：　　　　　　校核：

**表 6-3 混凝土钢筋保护层厚度试验记录表**

<table>
<tr><td colspan="14">（　　）构件混凝土钢筋保护层厚度试验记录表</td></tr>
<tr><td colspan="2">试验编号</td><td colspan="3">第　　号</td><td colspan="3">班　　级</td><td colspan="6"></td></tr>
<tr><td colspan="2">试验日期</td><td colspan="3">年　　月　　日</td><td colspan="3">姓　　名</td><td colspan="6"></td></tr>
<tr><td colspan="2">试验依据</td><td colspan="3">GB50204-2015</td><td colspan="3">学　　号</td><td colspan="6"></td></tr>
<tr><td colspan="2">试验环境</td><td colspan="3">符合标准要求</td><td colspan="3">组　　号</td><td colspan="6"></td></tr>
<tr><td colspan="2">试验仪器</td><td colspan="3">××钢筋扫描仪</td><td colspan="3">仪器编号</td><td colspan="6"></td></tr>
<tr><td colspan="2">试验方式</td><td colspan="12">现场抽样</td></tr>
<tr><td colspan="2">试验目的</td><td colspan="12">评定构件混凝土钢筋保护层厚度</td></tr>
<tr><td colspan="14">试　验　记　录(板)</td></tr>
<tr><td rowspan="2">序号</td><td rowspan="2">结构构件</td><td rowspan="2">设计要求</td><td colspan="11">受力钢筋保护层厚度实测值(mm)</td></tr>
<tr><td>1</td><td>2</td><td>3</td><td>4</td><td>5</td><td>6</td><td>7</td><td>8</td><td>9</td><td colspan="2">10</td></tr>
<tr><td></td><td></td><td rowspan="6"></td><td></td><td></td><td></td><td></td><td></td><td></td><td></td><td></td><td></td><td colspan="2"></td></tr>
<tr><td></td><td></td><td></td><td></td><td></td><td></td><td></td><td></td><td></td><td></td><td></td><td colspan="2"></td></tr>
<tr><td></td><td></td><td></td><td></td><td></td><td></td><td></td><td></td><td></td><td></td><td></td><td colspan="2"></td></tr>
<tr><td></td><td></td><td></td><td></td><td></td><td></td><td></td><td></td><td></td><td></td><td></td><td colspan="2"></td></tr>
<tr><td></td><td></td><td></td><td></td><td></td><td></td><td></td><td></td><td></td><td></td><td></td><td colspan="2"></td></tr>
<tr><td></td><td></td><td></td><td></td><td></td><td></td><td></td><td></td><td></td><td></td><td></td><td colspan="2"></td></tr>
<tr><td colspan="14">评定：</td></tr>
<tr><td>备注</td><td colspan="13">1. 板钢筋保护层厚度允许偏差规定为+8 mm，−5 mm；<br>2. 检验结果中不合格点的最大偏差不大于允许偏差的 1.5 倍；<br>3. 钢筋保护层厚度检验的合格点率为 90%及以上时，检验结果判为合格。</td></tr>
<tr><td colspan="14">试　验　记　录(梁)</td></tr>
<tr><td rowspan="2">序号</td><td rowspan="2">结构构件</td><td rowspan="2">设计要求</td><td colspan="11">受力钢筋保护层厚度实测值(mm)</td></tr>
<tr><td>1</td><td>2</td><td>3</td><td>4</td><td>5</td><td>6</td><td>7</td><td>8</td><td>9</td><td colspan="2">10</td></tr>
<tr><td></td><td></td><td rowspan="6"></td><td></td><td></td><td></td><td></td><td></td><td></td><td></td><td></td><td></td><td colspan="2"></td></tr>
<tr><td></td><td></td><td></td><td></td><td></td><td></td><td></td><td></td><td></td><td></td><td></td><td colspan="2"></td></tr>
<tr><td></td><td></td><td></td><td></td><td></td><td></td><td></td><td></td><td></td><td></td><td></td><td colspan="2"></td></tr>
<tr><td></td><td></td><td></td><td></td><td></td><td></td><td></td><td></td><td></td><td></td><td></td><td colspan="2"></td></tr>
<tr><td></td><td></td><td></td><td></td><td></td><td></td><td></td><td></td><td></td><td></td><td></td><td colspan="2"></td></tr>
<tr><td></td><td></td><td></td><td></td><td></td><td></td><td></td><td></td><td></td><td></td><td></td><td colspan="2"></td></tr>
<tr><td colspan="14">评定：</td></tr>
<tr><td>备注</td><td colspan="13">1. 梁钢筋保护层厚度允许偏差规定为+10 mm，−7 mm；<br>2. 检验结果中不合格点的最大偏差不大于允许偏差的 1.5 倍；<br>3. 钢筋保护层厚度检验的合格点率为 90%及以上时，检验结果判为合格。</td></tr>
</table>

试验：　　　　　　记录：　　　　　　计算：　　　　　　校核：

**表 6-4　混凝土楼板厚度试验记录表**

| 试验编号 | 第　　号 | 班　级 | |
|---|---|---|---|
| 试验日期 | 年　　月　　日 | 姓　名 | |
| 试验依据 | GB50204-2015 | 学　号 | |
| 试验环境 | 符合标准要求 | 组　号 | |
| 试验仪器 | ××楼板厚度测定仪 | 仪器编号 | |
| 试验方式 | 现场抽样 | | |
| 试验目的 | 评定构件混凝土楼板厚度 | | |

试　验　记　录

| 序号 | 结构构件 | 设计要求(mm) | 楼板厚度实测值(mm) | | | 厚度平均值(mm) | 评定 |
|---|---|---|---|---|---|---|---|
| | | | 1 | 2 | 3 | | |
| | | | | | | | |
| | | | | | | | |
| | | | | | | | |
| | | | | | | | |
| | | | | | | | |
| | | | | | | | |
| | | | | | | | |
| | | | | | | | |
| | | | | | | | |
| 备　注 | 楼板尺寸偏差《GB50204-2015》规定为＋10 mm，－5 mm。 | | | | | | |

试验：　　　　记录：　　　　计算：　　　　校核：

## 二、实训成绩评定

学生分组进行实训，每实训完一项任务，各组每位学生均填写实训手册——抽样方案、检测方法、数据评定及检测报告，经过实训老师检验审查后，按小组和个人表现、运用能力评出每位学生的实训成绩。实训成绩按合格、不合格二级评定。

## 三、实训提示(相关表格见表 6-5)

表 6-5　测区混凝土强度换算表(部分)

| 平均回弹值 $R_m$ | 测区混凝土强度换算值 $f^c_{cu,i}$(MPa) | | | | | | | | | | | | |
|---|---|---|---|---|---|---|---|---|---|---|---|---|---|
| | 平均碳化深度值 $d_m$(mm) | | | | | | | | | | | | |
| | 0 | 0.5 | 1.0 | 1.5 | 2.0 | 2.5 | 3.0 | 3.5 | 4.0 | 4.5 | 5.0 | 5.5 | ≥6.0 |
| 20.0 | 10.3 | 10.1 | — | — | — | — | — | — | — | — | — | — | — |
| 20.2 | 10.5 | 10.3 | 10.0 | — | — | — | — | — | — | — | — | — | — |
| 20.4 | 10.7 | 10.5 | 10.2 | — | — | — | — | — | — | — | — | — | — |
| 20.6 | 11.0 | 10.8 | 10.4 | 10.1 | — | — | — | — | — | — | — | — | — |
| 20.8 | 11.2 | 11.0 | 10.6 | 10.3 | — | — | — | — | — | — | — | — | — |
| 21.0 | 11.4 | 11.2 | 10.8 | 10.5 | 10.0 | — | — | — | — | — | — | — | — |
| 21.2 | 11.6 | 11.4 | 11.0 | 10.7 | 10.2 | — | — | — | — | — | — | — | — |
| 21.4 | 11.8 | 11.6 | 11.2 | 10.9 | 10.4 | 10.0 | — | — | — | — | — | — | — |
| 21.6 | 12.0 | 11.8 | 11.4 | 11.0 | 10.6 | 10.2 | — | — | — | — | — | — | — |
| 21.8 | 12.3 | 12.1 | 11.7 | 11.3 | 10.8 | 10.5 | 10.1 | — | — | — | — | — | — |
| 22.0 | 12.5 | 12.2 | 11.9 | 11.5 | 11.0 | 10.6 | 10.2 | — | — | — | — | — | — |
| 22.2 | 12.7 | 12.4 | 12.1 | 11.7 | 11.2 | 10.8 | 10.4 | 10.0 | — | — | — | — | — |
| 22.4 | 13.0 | 12.7 | 12.4 | 12.0 | 11.4 | 11.0 | 10.7 | 10.3 | 10.0 | — | — | — | — |
| 22.6 | 13.2 | 12.9 | 12.5 | 12.1 | 11.6 | 11.2 | 10.8 | 10.4 | 10.2 | — | — | — | — |
| 22.8 | 13.4 | 13.1 | 12.7 | 12.3 | 11.8 | 11.4 | 11.0 | 10.6 | 10.3 | — | — | — | — |
| 23.0 | 13.7 | 13.4 | 13.0 | 12.6 | 12.1 | 11.6 | 11.2 | 10.8 | 10.5 | 10.1 | — | — | — |
| 23.2 | 13.9 | 13.6 | 13.2 | 12.8 | 12.2 | 11.8 | 11.4 | 11.0 | 10.7 | 10.3 | 10.0 | — | — |
| 23.4 | 14.1 | 13.8 | 13.4 | 13.0 | 12.4 | 12.0 | 11.6 | 11.2 | 10.9 | 10.4 | 10.2 | — | — |
| 23.6 | 14.4 | 14.1 | 13.7 | 13.2 | 12.7 | 12.2 | 11.8 | 11.4 | 11.1 | 10.7 | 10.4 | 10.1 | — |
| 23.8 | 14.6 | 14.3 | 13.9 | 13.4 | 12.8 | 12.4 | 12.0 | 11.5 | 11.2 | 10.8 | 10.5 | 10.2 | — |
| 24.0 | 14.9 | 14.6 | 14.2 | 13.7 | 13.1 | 12.7 | 12.2 | 11.8 | 11.5 | 11.0 | 10.7 | 10.4 | 10.1 |
| 24.2 | 15.1 | 14.8 | 14.3 | 13.9 | 13.3 | 12.8 | 12.4 | 11.9 | 11.6 | 11.2 | 10.9 | 10.6 | 10.3 |
| 24.4 | 15.4 | 15.1 | 14.6 | 14.2 | 13.6 | 13.1 | 12.6 | 12.2 | 11.9 | 11.4 | 11.1 | 10.8 | 10.4 |
| 24.6 | 15.6 | 15.3 | 14.8 | 14.4 | 13.7 | 13.3 | 12.8 | 12.3 | 12.0 | 11.5 | 11.2 | 10.9 | 10.6 |

续　表

| 平均回弹值 $R_m$ | 测区混凝土强度换算值 $f^c_{cu,i}$(MPa) | | | | | | | | | | | | |
|---|---|---|---|---|---|---|---|---|---|---|---|---|---|
| | 平均碳化深度值 $d_m$(mm) | | | | | | | | | | | | |
| | 0 | 0.5 | 1.0 | 1.5 | 2.0 | 2.5 | 3.0 | 3.5 | 4.0 | 4.5 | 5.0 | 5.5 | ≥6.0 |
| 24.8 | 15.9 | 15.6 | 15.1 | 14.6 | 14.0 | 13.5 | 13.0 | 12.6 | 12.2 | 11.8 | 11.4 | 11.1 | 10.7 |
| 25.0 | 16.2 | 15.9 | 15.4 | 14.9 | 14.3 | 13.8 | 13.3 | 12.8 | 12.5 | 12.0 | 11.7 | 11.3 | 10.9 |
| 25.2 | 16.4 | 16.1 | 15.6 | 15.1 | 14.4 | 13.9 | 13.4 | 13.0 | 12.6 | 12.1 | 11.8 | 11.5 | 11.0 |
| 25.4 | 16.7 | 16.4 | 15.9 | 15.4 | 14.7 | 14.2 | 13.7 | 13.2 | 12.9 | 12.4 | 12.0 | 11.7 | 11.2 |
| 25.6 | 16.9 | 16.6 | 16.1 | 15.7 | 14.9 | 14.4 | 13.9 | 13.4 | 13.0 | 12.5 | 12.2 | 11.8 | 11.3 |
| 25.8 | 17.2 | 16.9 | 16.3 | 15.8 | 15.1 | 14.6 | 14.1 | 13.6 | 13.2 | 12.7 | 12.4 | 12.0 | 11.5 |
| 26.0 | 17.5 | 17.2 | 16.6 | 16.1 | 15.4 | 14.9 | 14.4 | 13.8 | 13.5 | 13.0 | 12.6 | 12.2 | 11.6 |
| 26.2 | 17.8 | 17.4 | 16.9 | 16.4 | 15.7 | 15.1 | 14.6 | 14.0 | 13.7 | 13.2 | 12.8 | 12.4 | 11.8 |
| 26.4 | 18.0 | 17.6 | 17.1 | 16.6 | 15.8 | 15.3 | 14.8 | 14.2 | 13.9 | 13.3 | 13.0 | 12.6 | 12.0 |
| 26.6 | 18.3 | 17.9 | 17.4 | 16.8 | 16.1 | 15.6 | 15.0 | 14.4 | 14.1 | 13.5 | 13.2 | 12.8 | 12.1 |
| 26.8 | 18.6 | 18.2 | 17.7 | 17.1 | 16.4 | 15.8 | 15.3 | 14.6 | 14.3 | 13.8 | 13.4 | 12.9 | 12.3 |
| 27.0 | 18.9 | 18.5 | 18.0 | 17.4 | 16.6 | 16.1 | 15.5 | 14.8 | 14.6 | 14.0 | 13.6 | 13.1 | 12.4 |
| 27.2 | 19.1 | 18.7 | 18.1 | 17.6 | 16.8 | 16.2 | 15.7 | 15.0 | 14.7 | 14.1 | 13.8 | 13.3 | 12.6 |
| 27.5 | 19.4 | 19.0 | 18.4 | 17.8 | 17.0 | 16.4 | 15.9 | 15.2 | 14.9 | 14.3 | 14.0 | 13.4 | 12.7 |
| 27.6 | 19.7 | 19.3 | 18.7 | 18.0 | 17.2 | 16.6 | 16.1 | 15.4 | 15.1 | 14.5 | 14.1 | 13.6 | 12.9 |
| 27.8 | 20.0 | 19.6 | 19.0 | 18.2 | 17.4 | 16.8 | 16.3 | 15.6 | 15.3 | 14.7 | 14.2 | 13.7 | 13.0 |
| 28.0 | 20.3 | 19.7 | 19.2 | 18.4 | 17.6 | 17.0 | 16.5 | 15.8 | 15.4 | 14.8 | 14.4 | 13.9 | 13.2 |
| 28.2 | 20.6 | 20.0 | 19.5 | 18.6 | 17.8 | 17.2 | 16.7 | 16.0 | 15.6 | 15.0 | 14.6 | 14.0 | 13.3 |
| 28.4 | 20.9 | 20.3 | 19.7 | 18.8 | 18.0 | 17.4 | 16.9 | 16.2 | 15.8 | 15.2 | 14.8 | 14.2 | 13.5 |
| 28.6 | 21.2 | 20.6 | 20.0 | 19.1 | 18.2 | 17.6 | 17.1 | 16.4 | 16.0 | 15.4 | 15.0 | 14.3 | 13.6 |
| 28.8 | 21.5 | 20.9 | 20.2 | 19.4 | 18.5 | 17.8 | 17.3 | 16.6 | 16.2 | 15.6 | 15.2 | 14. | 13.8 |
| 29.0 | 21.8 | 21.1 | 20.5 | 19.6 | 18.7 | 18.1 | 17.5 | 16.8 | 16.4 | 15.8 | 15.4 | 14.6 | 13.9 |

(1) 回弹值计算：从 16 个回弹值中剔除 3 个最大值和 3 个最小值，余下的 10 个回弹值的平均值即为该测区的平均回弹值，精确至 0.1。

(2) 混凝土的强度计算：

① 结构或构件第 $i$ 个测区混凝土强度换算值根据检验所得的平均回弹值及所测平均碳化深度值查相关换算表可得出；

② 结构或构件的测区混凝土强度平均值可根据各测区的混凝土强度换算值计算。当测区数为 10 个及以上时，应计算强度标准差。平均值及标准差按下列公式计算：

$$m_{f_{cu}^c}=\frac{\sum_{i=1}^{n}f_{cu,i}^c}{n}$$

$$S_{f_{cu}^c}=\sqrt{\frac{\sum_{i=1}^{n}(f_{cu,i}^c)^2-n(m_{f_{cu}^c})^2}{n-1}}$$

式中 $m_{f_{cu}^c}$ ——结构或构件测区混凝土强度换算值的平均值(MPa),精确至 0.1 MPa;

$n$ ——对于单个构件检测,取一个构件的测区数;对批量检测的构件,取被抽检构件的测区数之和;

$S_{f_{cu}^c}$ ——结构或构件测区混凝土强度换算值的标准差(MPa),精确至 0.01 MPa。

③ 结构或构件的混凝土强度推定值($f_{cu,e}$)应按下列公式确定:

a. 当该结构或构件测区数少于 10 个时,

$$f_{cu,e}=f_{cu,\min}^c$$

式中 $f_{cu,\min}^c$ ——构件中最小测区混凝土强度换算值。

b. 当该结构或构件的测区强度值中出现小于 10.0 MPa 时,

$$f_{cu,e}<10.0\text{ MPa}。$$

c. 当该结构或构件测区数不少于 10 个或按批量检测时,应按下列公式计算,

$$f_{cu,e}=m_{f_{cu}^c}-1.645S_{f_{cu}^c}。$$

④ 对按批量检测的构件,当按批构件混凝土强度标准差出现下列情况之一时,则按批构件应全部按单个构件检测。

a. 当该批构件混凝土强度平均值小于 25 MPa 时,

$$S_{f_{cu}^c}>4.5\text{ MPa};$$

b. 当该批构件混凝土强度平均值不小于 25 MPa 时,

$$S_{f_{cu}^c}>5.5\text{ MPa}。$$

非水平状态检测时的回弹值修正值(略),不同浇筑面的回弹值修正值(略),泵送混凝土测区强度换算表(略)。

# 附 录

## 附录一 钢筋混凝土矩形和T形截面受弯构件正截面承载力计算系数

| $\xi$ | $\gamma_s$ | $\alpha_s$ | $\xi$ | $\gamma_s$ | $\alpha_s$ |
|---|---|---|---|---|---|
| 0.01 | 0.995 | 0.010 | 0.33 | 0.835 | 0.275 |
| 0.02 | 0.990 | 0.020 | 0.34 | 0.830 | 0.282 |
| 0.03 | 0.985 | 0.030 | 0.35 | 0.825 | 0.289 |
| 0.04 | 0.980 | 0.039 | 0.36 | 0.820 | 0.295 |
| 0.05 | 0.975 | 0.048 | 0.37 | 0.815 | 0.301 |
| 0.06 | 0.970 | 0.058 | 0.38 | 0.810 | 0.309 |
| 0.07 | 0.965 | 0.067 | 0.39 | 0.805 | 0.314 |
| 0.08 | 0.960 | 0.077 | 0.40 | 0.800 | 0.320 |
| 0.09 | 0.955 | 0.085 | 0.41 | 0.795 | 0.326 |
| 0.10 | 0.950 | 0.095 | 0.42 | 0.790 | 0.332 |
| 0.11 | 0.945 | 0.104 | 0.43 | 0.785 | 0.337 |
| 0.12 | 0.940 | 0.113 | 0.44 | 0.780 | 0.343 |
| 0.13 | 0.935 | 0.121 | 0.45 | 0.775 | 0.349 |
| 0.14 | 0.930 | 0.130 | 0.46 | 0.770 | 0.354 |
| 0.15 | 0.925 | 0.139 | 0.47 | 0.765 | 0.359 |
| 0.16 | 0.920 | 0.147 | 0.48 | 0.760 | 0.365 |
| 0.17 | 0.915 | 0.155 | 0.49 | 0.755 | 0.370 |
| 0.18 | 0.910 | 0.164 | 0.50 | 0.750 | 0.375 |
| 0.19 | 0.905 | 0.172 | 0.51 | 0.745 | 0.380 |
| 0.20 | 0.900 | 0.180 | 0.518 | 0.741 | 0.384 |
| 0.21 | 0.895 | 0.188 | 0.52 | 0.740 | 0.385 |
| 0.22 | 0.890 | 0.196 | 0.53 | 0.735 | 0.390 |
| 0.23 | 0.885 | 0.203 | 0.54 | 0.730 | 0.394 |
| 0.24 | 0.880 | 0.211 | 0.55 | 0.725 | 0.400 |
| 0.25 | 0.875 | 0.219 | 0.56 | 0.720 | 0.403 |
| 0.26 | 0.870 | 0.226 | 0.57 | 0.715 | 0.408 |
| 0.27 | 0.865 | 0.234 | 0.576 | 0.712 | 0.410 |
| 0.28 | 0.860 | 0.241 | | | |
| 0.29 | 0.855 | 0.248 | | | |
| 0.30 | 0.850 | 0.255 | | | |
| 0.31 | 0.845 | 0.262 | | | |
| 0.32 | 0.840 | 0.269 | | | |

# 附录二　钢筋的计算截面面积及公称质量

| 直径 $d$ (mm) | 不同根数钢筋的计算截面面积(mm²) | | | | | | | | | 单根钢筋公称质量 (kg/m) |
|---|---|---|---|---|---|---|---|---|---|---|
| | 1 | 2 | 3 | 4 | 5 | 6 | 7 | 8 | 9 | |
| 2.5 | 4.9 | 9.8 | 14.7 | 19.6 | 24.5 | 29.4 | 34.3 | 39.2 | 44.1 | 0.039 |
| 3 | 7.1 | 14.1 | 21.2 | 23.3 | 35.3 | 42.4 | 49.5 | 56.5 | 63.6 | 0.055 |
| 4 | 12.6 | 25.1 | 37.7 | 50.2 | 62.8 | 75.4 | 87.9 | 100.5 | 113 | 0.099 |
| 5 | 19.6 | 39 | 59 | 79 | 98 | 118 | 138 | 157 | 177 | 0.154 |
| 6 | 28.3 | 57 | 85 | 113 | 142 | 170 | 198 | 226 | 255 | 0.222 |
| 6.5 | 33.2 | 66 | 100 | 133 | 166 | 199 | 232 | 265 | 299 | 0.260 |
| 8 | 50.3 | 101 | 151 | 201 | 252 | 302 | 352 | 402 | 453 | 0.395 |
| 8.2 | 52.8 | 106 | 158 | 211 | 264 | 317 | 370 | 423 | 475 | 0.432 |
| 10 | 78.5 | 157 | 236 | 314 | 393 | 471 | 550 | 628 | 707 | 0.617 |
| 12 | 113.1 | 226 | 339 | 452 | 565 | 678 | 791 | 904 | 1017 | 0.888 |
| 14 | 153.9 | 308 | 461 | 615 | 769 | 923 | 1077 | 1230 | 1387 | 1.21 |
| 16 | 201.1 | 402 | 603 | 804 | 1005 | 1206 | 1407 | 1608 | 1809 | 1.58 |
| 18 | 254.5 | 509 | 763 | 1017 | 1272 | 1526 | 1780 | 2036 | 2290 | 2.00 |
| 20 | 314.2 | 628 | 941 | 1256 | 1570 | 1884 | 2200 | 2513 | 2827 | 2.47 |
| 22 | 380.1 | 760 | 1140 | 1520 | 1900 | 2281 | 2661 | 3041 | 3421 | 2.98 |
| 25 | 490.9 | 982 | 1473 | 1964 | 2454 | 2945 | 3436 | 3927 | 4418 | 3.85 |
| 28 | 615.3 | 1232 | 1847 | 2463 | 3079 | 3695 | 4310 | 4926 | 5542 | 4.83 |
| 32 | 804.3 | 1609 | 2418 | 3217 | 4021 | 4826 | 5630 | 6434 | 7238 | 6.31 |
| 36 | 1017.9 | 2036 | 3054 | 4072 | 5089 | 6107 | 7125 | 8143 | 9161 | 7.99 |
| 40 | 1256.1 | 2513 | 3770 | 5027 | 6283 | 7540 | 8796 | 10053 | 11310 | 9.87 |

# 附录三 钢筋混凝土每米板宽内的钢筋面积($mm^2$)

| 钢筋间距(mm) | 钢筋直径(mm) | | | | | | | | | | | |
|---|---|---|---|---|---|---|---|---|---|---|---|---|
| | 3 | 4 | 5 | 6 | 6/8 | 8 | 8/10 | 10 | 10/12 | 12 | 12/14 | 14 |
| 70 | 101.0 | 180.0 | 280.0 | 404.0 | 561.0 | 719.0 | 920.0 | 1 121.0 | 1 369.0 | 1 616.0 | 1 907.0 | 2 199.0 |
| 75 | 94.2 | 168.0 | 262.0 | 377.0 | 524.0 | 671.0 | 859.0 | 1 047.0 | 1 277.0 | 1 508.0 | 1 780.0 | 2 052.0 |
| 80 | 88.4 | 157.0 | 245.0 | 354.0 | 491.0 | 629.0 | 805.0 | 981.0 | 1 198.0 | 1 414.0 | 1 669.0 | 1 924.0 |
| 85 | 83.2 | 148.0 | 231.0 | 333.0 | 462.0 | 592.0 | 758.0 | 924.0 | 1 127.0 | 1 331.0 | 1 571.0 | 1 811.0 |
| 90 | 78.5 | 140.0 | 218.0 | 314.0 | 437.0 | 559.0 | 716.0 | 872.0 | 1 064.0 | 1 257.0 | 1 483.0 | 1 710.0 |
| 95 | 74.5 | 132.0 | 207.0 | 298.0 | 414.0 | 529.0 | 678.0 | 826.0 | 1 008.0 | 1 190.0 | 1 405.0 | 1 620.0 |
| 100 | 70.6 | 126.0 | 196.0 | 283.0 | 393.0 | 503.0 | 644.0 | 785.0 | 958.0 | 1 131.0 | 1 335.0 | 1 539.0 |
| 110 | 64.2 | 114.0 | 178.0 | 257.0 | 357.0 | 457.0 | 585.0 | 714.0 | 871.0 | 1 028.0 | 1 214.0 | 1 399.0 |
| 120 | 58.9 | 105.0 | 163.0 | 236.0 | 327.0 | 419.0 | 537.0 | 654.0 | 798.0 | 942.0 | 1 113.0 | 1 283.0 |
| 125 | 56.5 | 101.0 | 157.0 | 226.0 | 314.0 | 402.0 | 515.0 | 628.0 | 766.0 | 905.0 | 1 068.0 | 1 231.0 |
| 130 | 54.4 | 96.6 | 151.0 | 218.0 | 302.0 | 387.0 | 495.0 | 604.0 | 737.0 | 870.0 | 1 027.0 | 1 184.0 |
| 140 | 50.5 | 89.8 | 140.0 | 202.0 | 281.0 | 359.0 | 460.0 | 561.0 | 684.0 | 808.0 | 954.0 | 1 099.0 |
| 150 | 47.1 | 83.8 | 131.0 | 189.0 | 262.0 | 335.0 | 429.0 | 523.0 | 639.0 | 754.0 | 890.0 | 1 026.0 |
| 160 | 44.1 | 78.5 | 123.0 | 177.0 | 246.0 | 314.0 | 403.0 | 491.0 | 599.0 | 707.0 | 834.0 | 962.0 |
| 170 | 41.5 | 73.9 | 115.0 | 166.0 | 231.0 | 296.0 | 379.0 | 462.0 | 564.0 | 665.0 | 785.0 | 905.0 |
| 180 | 39.2 | 69.8 | 109.0 | 157.0 | 218.0 | 279.0 | 358.0 | 436.0 | 532.0 | 628.0 | 742.0 | 855.0 |
| 190 | 37.2 | 66.1 | 103.0 | 149.0 | 207.0 | 265.0 | 339.0 | 413.0 | 504.0 | 595.0 | 703.0 | 810.0 |
| 200 | 35.3 | 62.8 | 98.0 | 141.0 | 196.0 | 251.0 | 322.0 | 393.0 | 479.0 | 565.0 | 668.0 | 770.0 |
| 220 | 32.1 | 57.1 | 89.0 | 129.0 | 179.0 | 229.0 | 293.0 | 357.0 | 436.0 | 514.0 | 607.0 | 700.0 |
| 240 | 29.4 | 52.4 | 81.0 | 118.0 | 164.0 | 210.0 | 268.0 | 327.0 | 399.0 | 471.0 | 556.0 | 641.0 |
| 250 | 28.3 | 50.3 | 78.0 | 113.0 | 157.0 | 201.0 | 258.0 | 314.0 | 383.0 | 452.0 | 534.0 | 616.0 |
| 260 | 27.2 | 48.3 | 75.0 | 109.0 | 151.0 | 193.0 | 248.0 | 302.0 | 369.0 | 435.0 | 513.0 | 592.0 |
| 280 | 25.2 | 44.9 | 70.0 | 101.0 | 140.0 | 180.0 | 230.0 | 280.0 | 342.0 | 404.0 | 477.0 | 550.0 |
| 300 | 23.6 | 41.9 | 65.2 | 94.0 | 131.0 | 168.0 | 215.0 | 262.0 | 319.0 | 377.0 | 445.0 | 513.0 |
| 320 | 22.1 | 39.3 | 61.4 | 88.0 | 123.0 | 157.0 | 201.0 | 245.0 | 299.0 | 353.0 | 417.0 | 481.0 |

# 附录四　等截面等跨连续梁在常用荷载作用下按弹性分析的内力系数

1. 在均布及三角形荷载作用下：

$$M = 表中系数 \times ql_0^2;$$

$$V = 表中系数 \times ql_0。$$

2. 在集中荷载作用下：

$$M = 表中系数 \times Fl_0;$$

$$V = 表中系数 \times F。$$

3. 内力正负号规定：

$M$—— 使截面上部受压、下部受拉为正；

$V$—— 对邻近截面所产生的力矩沿顺时针方向者为正。

**附表 4－1　两跨梁**

| 荷载图 | 跨内最大弯矩 | | 支座弯矩 | 剪力 | | |
|---|---|---|---|---|---|---|
| | $M_1$ | $M_2$ | $M_B$ | $V_A$ | $V_{Bl}$<br>$V_{Br}$ | $V_C$ |
| $q$ A B C $l_0$ $l_0$ | 0.070 | 0.070 3 | −0.125 | 0.375 | −0.625<br>0.625 | −0.375 |
| $q$ $M_1$ $M_2$ | 0.096 | — | −0.063 | 0.437 | −0.563<br>0.063 | 0.063 |
| $q$ | 0.048 | 0.048 | −0.078 | 0.172 | −0.328<br>0.328 | −0.172 |
| $q$ | 0.064 | — | −0.039 | 0.211 | −0.289<br>0.039 | 0.039 |
| F F | 0.156 | 0.156 | −0.188 | 0.312 | −0.688<br>0.688 | −0.312 |
| F | 0.203 | — | −0.094 | 0.406 | −0.594<br>0.094 | 0.094 |
| F F F F | 0.222 | 0.222 | −0.333 | 0.667 | −1.333<br>1.333 | −0.667 |
| F F | 0.278 | — | −0.167 | 0.833 | −1.167<br>0.167 | 0.167 |

## 附表 4－2　三跨梁

| 荷　载　图 | 跨内最大弯矩 | | 支座弯矩 | | 剪　　力 | | | |
|---|---|---|---|---|---|---|---|---|
| | $M_1$ | $M_2$ | $M_B$ | $M_C$ | $V_A$ | $V_{Bl}$<br>$V_{Br}$ | $V_{Cl}$<br>$V_{Cr}$ | $V_D$ |
| 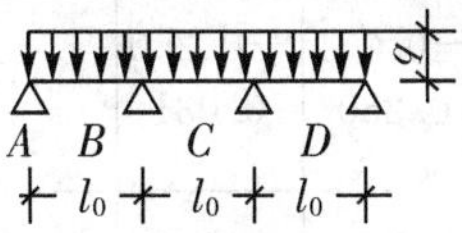 $q$<br>$A$ $B$ $C$ $D$<br>$l_0$ $l_0$ $l_0$ | 0.080 | 0.025 | －0.100 | －0.100 | 0.400 | －0.600<br>0.500 | －0.500<br>0.600 | －0.400 |
| 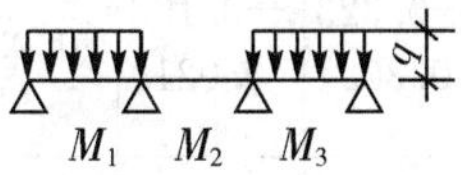 $q$<br>$M_1$ $M_2$ $M_3$ | 0.101 | — | －0.050 | －0.050 | 0.450 | －0.550<br>0 | 0<br>0.550 | －0.450 |
| 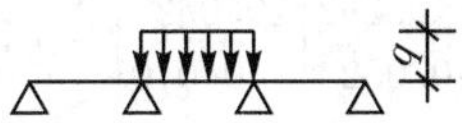 $q$ | — | 0.075 | －0.050 | －0.050 | 0.050 | －0.050<br>0.500 | －0.500<br>0.050 | 0.050 |
| 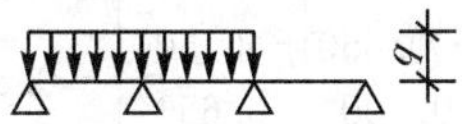 $q$ | 0.073 | 0.054 | －0.117 | －0.033 | 0.383 | －0.617<br>0.583 | －0.417<br>0.033 | 0.033 |
| 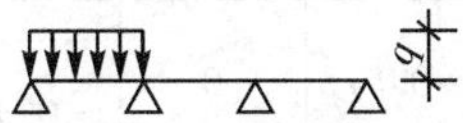 $q$ | 0.094 | — | －0.067 | 0.017 | 0.433 | －0.567<br>0.083 | 0.083<br>－0.017 | －0.017 |
| 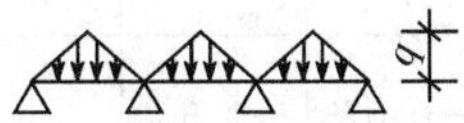 $q$ | 0.054 | 0.021 | －0.063 | －0.063 | 0.183 | －0.313<br>0.250 | －0.250<br>0.313 | －0.188 |
| 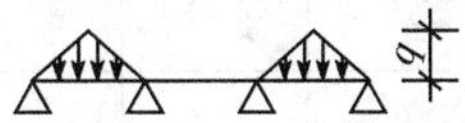 $q$ | 0.068 | — | －0.031 | －0.031 | 0.219 | －0.281<br>0 | 0<br>0.281 | －0.219 |
| 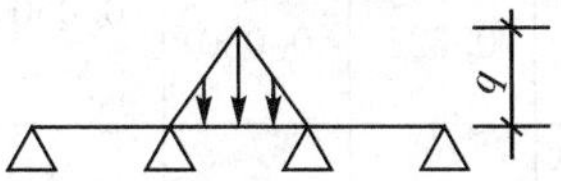 $q$ | — | 0.052 | －0.031 | －0.031 | 0.031 | －0.031<br>0.250 | －0.250<br>0.031 | 0.031 |
| 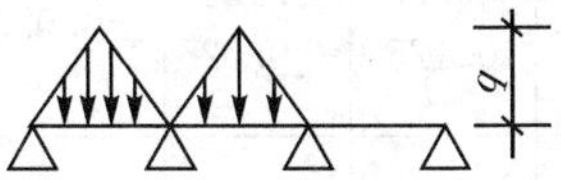 $q$ | 0.050 | 0.038 | －0.073 | －0.021 | 0.177 | －0.323<br>0.302 | －0.198<br>0.021 | 0.021 |
| 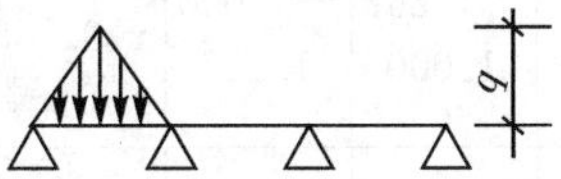 $q$ | 0.063 | — | －0.042 | 0.010 | 0.208 | －0.292<br>0.052 | 0.052<br>－0.010 | －0.010 |
| 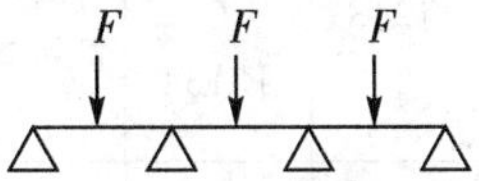 $F$ $F$ $F$ | 0.175 | 0.100 | －0.150 | －0.150 | 0.350 | －0.650<br>0.500 | －0.500<br>0.650 | －0.350 |
| 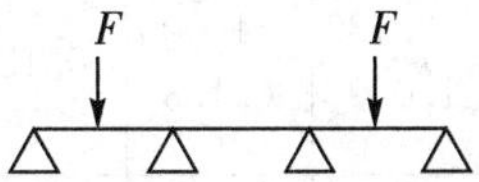 $F$ $F$ | 0.213 | — | －0.075 | －0.075 | 0.425 | －0.575<br>0 | 0<br>0.575 | －0.425 |
| 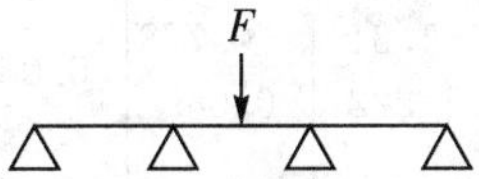 $F$ | — | 0.175 | －0.075 | －0.075 | －0.075 | －0.075<br>0.500 | －0.500<br>0.075 | 0.075 |
| 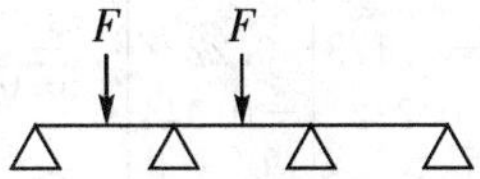 $F$ $F$ | 0.162 | 0.137 | －0.175 | －0.050 | 0.325 | －0.675<br>0.625 | －0.375<br>0.050 | 0.050 |

续表

| 荷载图 | 跨内最大弯矩 | | 支座弯矩 | | 剪力 | | | |
|---|---|---|---|---|---|---|---|---|
| | $M_1$ | $M_2$ | $M_B$ | $M_C$ | $V_A$ | $V_{Bl}$<br>$V_{Br}$ | $V_{Cl}$<br>$V_{Cr}$ | $V_D$ |
| q | — | 0.052 | −0.031 | −0.031 | 0.031 | −0.031<br>0.250 | −0.250<br>0.031 | 0.031 |
| q | 0.050 | 0.038 | −0.073 | −0.021 | 0.177 | −0.323<br>0.302 | −0.198<br>0.021 | 0.021 |
| q | 0.063 | — | −0.042 | 0.010 | 0.208 | −0.292<br>0.052 | 0.052<br>−0.010 | −0.010 |
| F F F | 0.175 | 0.100 | −0.150 | −0.150 | 0.350 | −0.650<br>0.500 | −0.500<br>0.650 | −0.350 |
| F F | 0.213 | — | −0.075 | −0.075 | 0.425 | −0.575<br>0 | 0<br>0.575 | −0.425 |
| F | — | 0.175 | −0.075 | −0.075 | −0.075 | −0.075<br>0.500 | −0.500<br>0.075 | 0.075 |
| F F | 0.162 | 0.137 | −0.175 | −0.050 | 0.325 | −0.675<br>0.625 | −0.375<br>0.050 | 0.050 |
| F | 0.200 | — | −0.100 | 0.025 | 0.400 | −0.600<br>0.125 | 0.125<br>−0.025 | −0.025 |
| F F F F F F | 0.244 | 0.067 | −0.267 | −0.267 | 0.733 | −1.267<br>1.000 | −1.000<br>1.267 | −0.733 |
| F F F F | 0.289 | — | −0.133 | −0.133 | 0.866 | −1.134<br>0 | 0<br>1.134 | −0.866 |
| F F | — | 0.200 | −0.133 | −0.133 | −0.133 | −0.133<br>1.000 | −1.000<br>0.133 | 0.133 |
| F F F F | 0.229 | 0.170 | −0.311 | −0.089 | 0.689 | −1.311<br>1.222 | −0.778<br>0.089 | 0.089 |
| F F | 0.274 | — | −0.178 | 0.044 | 0.822 | −1.178<br>0.222 | 0.222<br>−0.044 | −0.044 |

## 附表 4-3 四 跨 梁

| 荷载图 | 跨内最大弯矩 | | | | 支座弯矩 | | | 剪力 | | | | |
|---|---|---|---|---|---|---|---|---|---|---|---|---|
| | $M_1$ | $M_2$ | $M_3$ | $M_4$ | $M_B$ | $M_C$ | $M_D$ | $V_A$ | $V_{Bl}$<br>$V_{Br}$ | $V_{Cl}$<br>$V_{Cr}$ | $V_{Dl}$<br>$V_{Dr}$ | $V_E$ |
| $A$ $B$ $C$ $D$ $E$<br>$l_0$ $l_0$ $l_0$ $l_0$ | 0.077 | 0.036 | 0.036 | 0.077 | -0.107 | -0.071 | -0.107 | 0.393 | -0.607<br>0.536 | -0.464<br>0.464 | -0.536<br>0.607 | -0.393 |
| $M_1$ $M_2$ $M_3$ $M_4$ | 0.100 | — | 0.081 | — | -0.054 | -0.036 | -0.054 | 0.446 | -0.554<br>0.018 | 0.018<br>0.482 | -0.518<br>0.054 | 0.054 |
| | 0.072 | 0.061 | — | 0.098 | -0.121 | -0.018 | -0.058 | 0.380 | -0.620<br>0.603 | -0.397<br>-0.040 | -0.040<br>0.558 | -0.442 |
| | — | 0.056 | 0.056 | — | 0.036 | -0.107 | -0.036 | -0.036 | -0.036<br>0.429 | -0.571<br>0.571 | -0.429<br>0.036 | 0.036 |
| | 0.094 | — | — | — | -0.067 | 0.018 | -0.004 | 0.433 | -0.567<br>0.085 | 0.085<br>-0.022 | -0.022<br>0.004 | 0.004 |
| | — | 0.071 | — | — | -0.049 | -0.054 | 0.013 | -0.049 | -0.049<br>0.496 | -0.504<br>0.067 | 0.067<br>-0.013 | -0.013 |
| | 0.052 | 0.028 | 0.028 | 0.052 | -0.067 | -0.045 | -0.067 | 0.183 | -0.317<br>0.272 | -0.228<br>0.228 | -0.272<br>0.317 | -0.183 |
| | 0.067 | 0.055 | — | — | 0.034 | -0.022 | -0.034 | 0.217 | -0.284<br>0.011 | 0.011<br>0.239 | -0.261<br>0.034 | 0.034 |

续表

| 荷载图 | 跨内最大弯矩 | | | | 支座弯矩 | | | 剪力 | | | | |
|---|---|---|---|---|---|---|---|---|---|---|---|---|
| | $M_1$ | $M_2$ | $M_3$ | $M_4$ | $M_B$ | $M_C$ | $M_D$ | $V_A$ | $V_{Bl}$<br>$V_{Br}$ | $V_{Cl}$<br>$V_{Cr}$ | $V_{Dl}$<br>$V_{Dr}$ | $V_E$ |
| 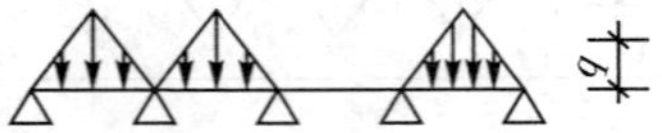 | 0.049 | 0.042 | — | 0.066 | −0.075 | −0.011 | −0.036 | 0.175 | −0.325<br>0.314 | −0.186<br>0.025 | −0.025<br>0.286 | −0.214 |
| 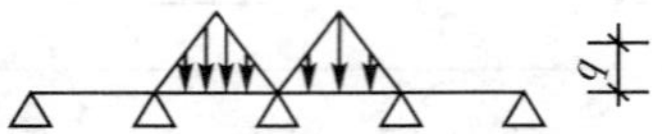 | — | 0.040 | 0.040 | — | −0.022 | −0.067 | −0.022 | −0.022 | −0.022<br>0.205 | −0.295<br>0.295 | −0.295<br>0.022 | 0.022 |
| 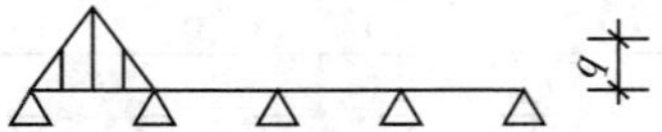 | 0.063 | — | — | — | −0.042 | 0.011 | −0.003 | 0.208 | −0.292<br>0.053 | 0.053<br>−0.014 | −0.014<br>0.003 | 0.003 |
| 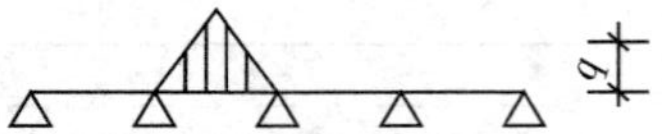 | — | 0.051 | — | — | −0.031 | −0.034 | 0.008 | −0.031 | −0.031<br>0.247 | −0.253<br>0.042 | 0.042<br>−0.008 | −0.008 |
| 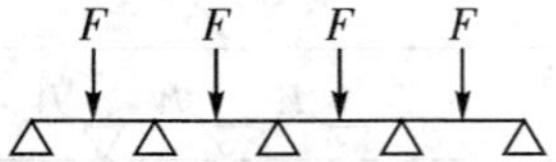 F F F F | 0.169 | 0.116 | 0.116 | 0.169 | −0.161 | −0.107 | −0.161 | 0.339 | −0.661<br>0.554 | −0.446<br>0.446 | −0.554<br>0.661 | −0.339 |
| 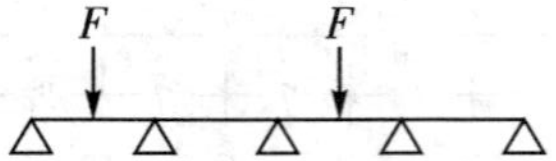 F F | 0.210 | — | 0.183 | — | −0.080 | −0.054 | −0.080 | 0.420 | −0.580<br>0.027 | 0.027<br>0.473 | −0.527<br>0.080 | 0.080 |
| 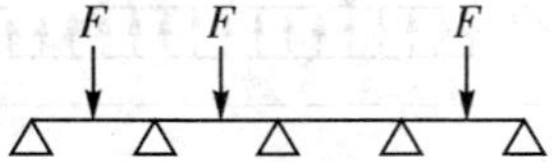 F F F | 0.159 | 0.146 | — | 0.206 | −0.181 | −0.027 | −0.087 | 0.319 | −0.681<br>0.654 | −0.346<br>−0.060 | −0.060<br>0.587 | −0.413 |
| 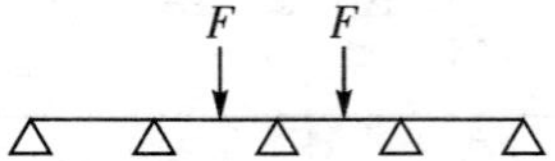 F F | — | 0.142 | 0.142 | — | −0.054 | −0.161 | −0.054 | 0.054 | −0.054<br>0.393 | −0.607<br>0.607 | −0.393<br>0.054 | 0.054 |

续 表

| 荷载图 | 跨内最大弯矩 | | | | 支座弯矩 | | | 剪力 | | | | |
|---|---|---|---|---|---|---|---|---|---|---|---|---|
| | $M_1$ | $M_2$ | $M_3$ | $M_4$ | $M_B$ | $M_C$ | $M_D$ | $V_A$ | $V_{Bl}$<br>$V_{Br}$ | $V_{Cl}$<br>$V_{Cr}$ | $V_{Dl}$<br>$V_{Dr}$ | $V_E$ |
| F | 0.200 | — | — | — | −0.100 | 0.027 | −0.007 | 0.400 | −0.600<br>0.127 | 0.127<br>−0.033 | −0.033<br>0.007 | 0.007 |
| F | — | 0.173 | — | — | −0.074 | −0.080 | 0.020 | −0.074 | −0.074<br>0.493 | −0.507<br>0.100 | 0.100<br>−0.020 | −0.020 |
| FF FF FF FF | 0.238 | 0.111 | 0.111 | 0.238 | −0.286 | −0.191 | −0.286 | 0.714 | 1.286<br>1.095 | −0.905<br>0.905 | −1.095<br>1.286 | −0.714 |
| FF FF | 0.286 | — | 0.222 | — | −0.143 | −0.095 | −0.143 | 0.857 | −0.143<br>0.048 | 0.048<br>0.952 | −1.048<br>0.143 | 0.143 |
| FF FF FF | 0.226 | 0.194 | — | 0.282 | −0.321 | −0.048 | −0.155 | 0.679 | −1.321<br>1.274 | −0.726<br>−0.107 | −0.107<br>1.155 | −0.845 |
| FF FF | — | 0.175 | 0.175 | — | −0.095 | −0.286 | −0.095 | −0.095 | −0.095<br>0.810 | −1.190<br>1.190 | −0.810<br>0.095 | 0.095 |
| FF | 0.274 | — | — | — | −0.178 | 0.048 | −0.012 | 0.822 | −1.178<br>0.226 | 0.226<br>−0.060 | −0.060<br>0.012 | 0.012 |
| FF | — | 0.198 | — | — | −0.131 | −0.143 | 0.036 | −0.131 | −0.131<br>0.988 | −0.012<br>0.178 | 0.178<br>−0.036 | −0.036 |

附表 4-4 五 跨 梁

| 荷载图 | 跨内最大弯矩 | | | 支座弯矩 | | | | 剪力 | | | | | |
|---|---|---|---|---|---|---|---|---|---|---|---|---|---|
| | $M_1$ | $M_2$ | $M_3$ | $M_B$ | $M_C$ | $M_D$ | $M_E$ | $V_A$ | $V_{Bl}$<br>$V_{Br}$ | $V_{Cl}$<br>$V_{Cr}$ | $V_{Dl}$<br>$V_{Dr}$ | $V_{El}$<br>$V_{Er}$ | $V_F$ |
| A B C D E F | 0.078 | 0.033 | 0.046 | −0.105 | −0.079 | −0.079 | −0.105 | 0.394 | −0.606<br>0.526 | −0.474<br>0.500 | −0.500<br>0.474 | −0.526<br>0.606 | −0.394 |
| l l l l l<br>$M_1$ $M_2$ $M_3$ $M_4$ $M_5$ | 0.100 | — | 0.085 | −0.053 | −0.040 | −0.040 | −0.053 | 0.447 | −0.553<br>0.013 | −0.013<br>0.500 | −0.500<br>−0.013 | −0.013<br>0.553 | −0.447 |
| | — | 0.079 | — | −0.053 | −0.040 | −0.040 | −0.053 | −0.053 | −0.053<br>0.513 | −0.487<br>0 | 0<br>0.487 | −0.513<br>0.053 | 0.053 |
| | 0.073 | ② 0.059<br>0.078 | — | −0.119 | −0.022 | −0.044 | −0.051 | 0.380 | −0.620<br>0.598 | −0.402<br>−0.023 | −0.023<br>0.493 | −0.507<br>0.052 | 0.052 |
| | ① —<br>0.098 | 0.055 | 0.064 | −0.035 | −0.111 | −0.020 | −0.057 | 0.035 | 0.035<br>0.424 | 0.576<br>0.591 | −0.409<br>−0.037 | −0.037<br>0.557 | −0.443 |
| | 0.094 | — | — | −0.067 | 0.018 | −0.005 | 0.001 | 0.433 | 0.567<br>0.085 | 0.085<br>0.023 | 0.023<br>0.006 | 0.006<br>−0.001 | 0.001 |
| | — | 0.074 | — | −0.049 | −0.054 | 0.014 | −0.004 | 0.019 | −0.049<br>0.495 | −0.505<br>0.068 | −0.068<br>−0.018 | −0.018<br>0.004 | 0.004 |

续　表

| 荷　载　图 | 跨内最大弯矩 | | | 支座弯矩 | | | | 剪　　力 | | | | | |
|---|---|---|---|---|---|---|---|---|---|---|---|---|---|
| | $M_1$ | $M_2$ | $M_3$ | $M_B$ | $M_C$ | $M_D$ | $M_E$ | $V_A$ | $V_{Bl}$<br>$V_{Br}$ | $V_{Cl}$<br>$V_{Cr}$ | $V_{Dl}$<br>$V_{Dr}$ | $V_{El}$<br>$V_{Er}$ | $V_F$ |
| 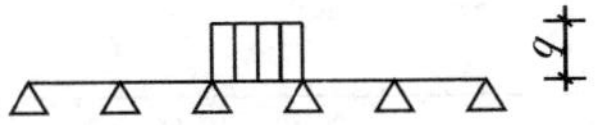 | — | — | 0.072 | 0.013 | 0.053 | 0.053 | 0.013 | 0.013 | 0.013<br>−0.066 | −0.066<br>0.500 | −0.500<br>0.066 | 0.066<br>−0.013 | 0.013 |
| 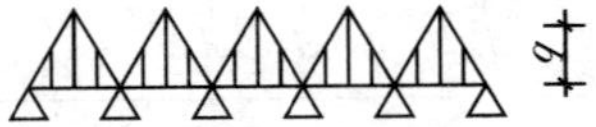 | 0.053 | 0.026 | 0.034 | −0.066 | −0.049 | −0.049 | −0.066 | 0.184 | −0.316<br>0.266 | −0.234<br>0.250 | −0.250<br>0.234 | −0.266<br>0.316 | 0.184 |
| 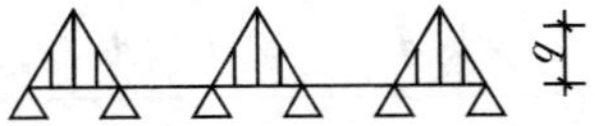 | 0.067 | — | 0.059 | −0.033 | −0.025 | −0.025 | 0.033 | 0.217 | 0.283<br>0.008 | 0.008<br>0.250 | −0.250<br>−0.008 | −0.008<br>0.283 | 0.217 |
| 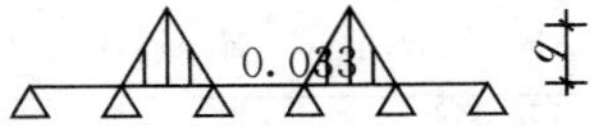 | — | 0.055 | — | −0.033 | −0.025 | −0.025 | −0.033 | 0.033 | −0.033<br>0.258 | −0.242 | 0 | 0<br>0.242 | −0.258<br>0.033 |
| 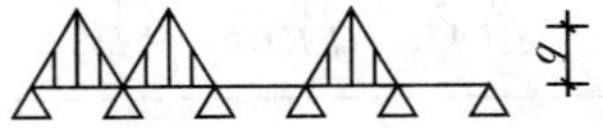 | 0.049 | ② 0.041<br>0.053 | — | −0.075 | −0.014 | −0.028 | −0.032 | 0.175 | 0.325<br>0.311 | −0.189<br>−0.014 | −0.014<br>0.246 | −0.255<br>0.032 | 0.032 |
| 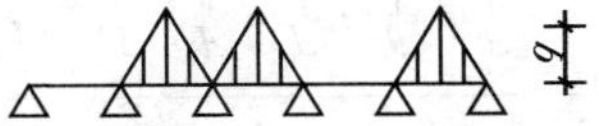 | ① —<br>0.066 | 0.039 | 0.044 | −0.022 | −0.070 | −0.013 | −0.036 | −0.022 | −0.022<br>0.202 | −0.298<br>0.307 | −0.193<br>−0.023 | −0.023<br>0.286 | −0.214 |
| 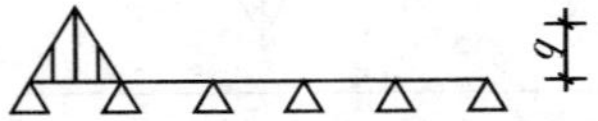 | 0.063 | — | — | −0.042 | 0.011 | −0.003 | 0.001 | 0.208 | −0.292<br>0.053 | 0.053<br>−0.014 | −0.014<br>0.004 | 0.004<br>−0.001 | −0.001 |
| 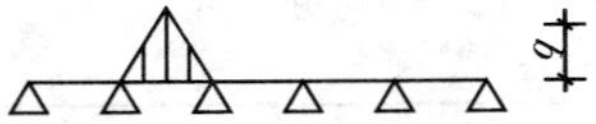 | — | 0.051 | — | −0.031 | −0.034 | 0.009 | −0.002 | −0.031 | −0.031<br>0.247 | −0.253<br>0.043 | 0.043<br>−0.011 | −0.011<br>0.002 | 0.002 |

续表

| 荷载图 | 跨内最大弯矩 | | | 支座弯矩 | | | | 剪力 | | | | | |
|---|---|---|---|---|---|---|---|---|---|---|---|---|---|
| | $M_1$ | $M_2$ | $M_3$ | $M_B$ | $M_C$ | $M_D$ | $M_E$ | $V_A$ | $V_{Bl}$<br>$V_{Br}$ | $V_{Cl}$<br>$V_{Cr}$ | $V_{Dl}$<br>$V_{Dr}$ | $V_{El}$<br>$V_{Er}$ | $V_F$ |
| q | — | — | 0.050 | 0.008 | −0.033 | −0.033 | 0.008 | 0.008 | 0.008<br>−0.041 | −0.041<br>0.250 | −0.250<br>0.041 | 0.041<br>−0.008 | −0.008 |
| F F F F F | 0.171 | 0.112 | 0.132 | −0.158 | −0.118 | −0.118 | −0.158 | 0.342 | −0.658<br>0.540 | −0.460<br>0.500 | −0.500<br>0.460 | −0.540<br>0.658 | −0.342 |
| AFB CFD EFF | 0.211 | — | 0.191 | −0.079 | −0.059 | −0.059 | −0.079 | 0.421 | −0.579<br>0.020 | 0.020<br>0.500 | −0.500<br>−0.020 | −0.020<br>0.579 | −0.421 |
| F F | — | 0.181 | — | −0.079 | −0.059 | −0.059 | −0.079 | −0.079 | −0.079<br>0.520 | −0.408<br>0 | 0<br>0.480 | −0.520<br>0.079 | 0.079 |
| F F F | 0.160 | ② 0.144<br>0.178 | — | −0.179 | −0.032 | −0.066 | −0.077 | 0.321 | −0.679<br>0.647 | −0.353<br>−0.034 | −0.034<br>0.489 | −0.511<br>0.077 | 0.077 |
| F F F | ① —<br>0.207 | 0.140 | 0.151 | −0.052 | −0.167 | −0.031 | −0.086 | −0.052 | −0.052<br>0.385 | −0.615<br>0.637 | −0.363<br>−0.056 | −0.056<br>0.586 | −0.414 |
| F | 0.200 | — | — | −0.100 | 0.027 | −0.007 | 0.002 | 0.400 | −0.600<br>0.127 | 0.127<br>−0.031 | −0.034<br>0.009 | 0.009<br>−0.002 | −0.002 |
| F | — | 0.173 | — | −0.073 | −0.081 | 0.022 | −0.005 | −0.073 | −0.073<br>0.493 | −0.507<br>0.102 | 0.102<br>−0.027 | −0.027<br>0.005 | 0.005 |

续　表

| 荷　载　图 | 跨内最大弯矩 | | | 支座弯矩 | | | | 剪　力 | | | | | |
|---|---|---|---|---|---|---|---|---|---|---|---|---|---|
| | $M_1$ | $M_2$ | $M_3$ | $M_B$ | $M_C$ | $M_D$ | $M_E$ | $V_A$ | $V_{Bl}$<br>$V_{Br}$ | $V_{Cl}$<br>$V_{Cr}$ | $V_{Dl}$<br>$V_{Dr}$ | $V_{El}$<br>$V_{Er}$ | $V_F$ |
| F | — | — | 0.171 | 0.020 | −0.079 | −0.079 | 0.020 | 0.020 | 0.020<br>−0.099 | −0.099<br>0.500 | −0.500<br>0.099 | 0.099<br>−0.020 | −0.020 |
| FF FF FF FF FF | 0.240 | 0.100 | 0.122 | −0.281 | −0.211 | −0.211 | −0.281 | 0.719 | −1.281<br>1.070 | −0.930<br>1.000 | −1.000<br>0.930 | 1.070<br>1.281 | −0.719 |
| FF FF FF | 0.287 | — | 0.228 | −0.140 | −0.105 | −0.105 | −0.140 | 0.860 | −1.140<br>0.035 | 0.035<br>1.000 | 1.000<br>−0.035 | −0.035<br>1.140 | −0.860 |
| FF FF | — | 0.216 | — | −0.140 | −0.105 | −0.105 | −0.140 | −0.140 | −0.140<br>1.035 | −0.965<br>0.000 | 0.000<br>0.965 | −1.035<br>0.140 | 0.140 |
| FF FF FF | 0.227 | ② 0.189/0.209 | — | −0.319 | −0.057 | −0.118 | −0.137 | 0.681 | −1.319<br>1.262 | −0.738<br>−0.061 | −0.061<br>0.981 | −1.019<br>0.137 | 0.137 |
| FF FF FF | ① —/0.282 | 0.172 | 0.198 | −0.093 | −0.297 | −0.054 | −0.153 | −0.093 | −0.093<br>0.796 | −1.204<br>1.243 | −0.757<br>0.099 | −0.099<br>1.153 | −0.847 |
| FF | 0.274 | — | — | −0.179 | 0.048 | −0.013 | 0.003 | 0.821 | −1.179<br>0.227 | 0.227<br>−0.061 | −0.061<br>0.016 | 0.016<br>−0.003 | −0.003 |
| FF | — | 0.918 | — | −0.131 | −0.144 | 0.038 | −0.010 | −0.131 | −0.131<br>0.987 | −1.013<br>0.182 | 0.182<br>−0.048 | −0.048<br>0.010 | 0.010 |
| FF | — | — | 0.193 | 0.035 | −0.140 | −0.140 | 0.035 | 0.035 | 0.035<br>−0.175 | −0.175<br>1.000 | −1.000<br>0.175 | 0.175<br>−0.035 | −0.035 |

表中：① 分子及分母分别为 $M_1$ 及 $M_5$ 的弯矩系数；② 分子及分母分别为 $M_2$ 及 $M_4$ 的弯矩系数。

# 附录五　双向板按弹性分析的计算系数

$B_c$——板的截面抗弯刚度，其表达式为 $B_c=\dfrac{Eh^3}{12(1-\nu^2)}$；

$E$——弹性模量；

$h$——板厚；

$\nu$——泊松比；

$k$、$k_{\max}$——分别为板中心点的挠度和最大挠度系数；

$m_x$、$m_{x,\max}$——分别为平行于 $l_x$ 方向板中心点单位板宽内的弯矩和板跨内最大弯矩系数；

$m_y$、$m_{y,\max}$——分别为平行于 $l_y$ 方向板中心点单位板宽内的弯矩和板跨内最大弯矩系数；

$m'_x$——固定边中点沿 $l_x$ 方向单位板宽内的弯矩系数；

$m'_y$——固定边中点沿 $l_y$ 方向单位板宽内的弯矩系数；

⊥⊥⊥⊥⊥——表示固定边；

-----——表示简支边。

正负号的规定：

弯矩——使板的受荷面受压时为正。

挠度——竖向位移与荷载方向相同时为正。

①

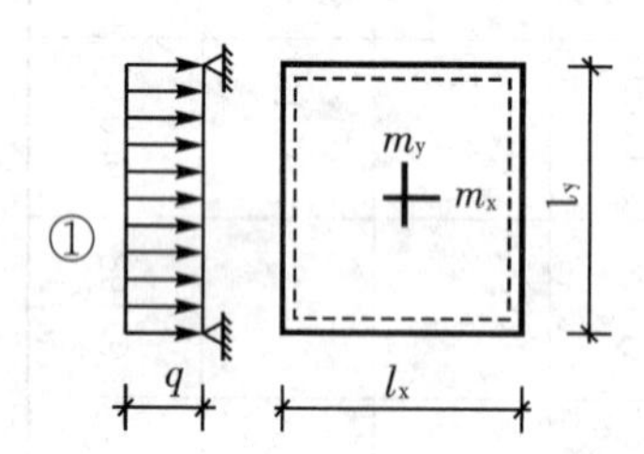


挠度 = 表中系数 × $\dfrac{ql^4}{B_c}$；

$\nu=0$，弯矩 = 表中系数 × $ql^2$；

式中 $l$ 取用 $l_x$ 和 $l_y$ 中的较小者。

**附表 5-1**

| $l_x/l_y$ | $k$ | $m_x$ | $m_y$ | $l_x/l_y$ | $k$ | $m_x$ | $m_y$ |
|---|---|---|---|---|---|---|---|
| 0.50 | 0.010 13 | 0.096 5 | 0.017 4 | 0.80 | 0.006 03 | 0.056 1 | 0.033 4 |
| 0.55 | 0.009 40 | 0.089 2 | 0.021 0 | 0.85 | 0.005 47 | 0.050 6 | 0.034 8 |
| 0.60 | 0.008 67 | 0.082 0 | 0.024 2 | 0.90 | 0.004 96 | 0.045 6 | 0.035 8 |
| 0.65 | 0.007 96 | 0.075 0 | 0.027 1 | 0.95 | 0.004 49 | 0.041 0 | 0.036 4 |
| 0.70 | 0.007 27 | 0.068 3 | 0.029 6 | 1.00 | 0.004 06 | 0.036 8 | 0.036 8 |
| 0.75 | 0.006 63 | 0.062 0 | 0.031 7 | | | | |

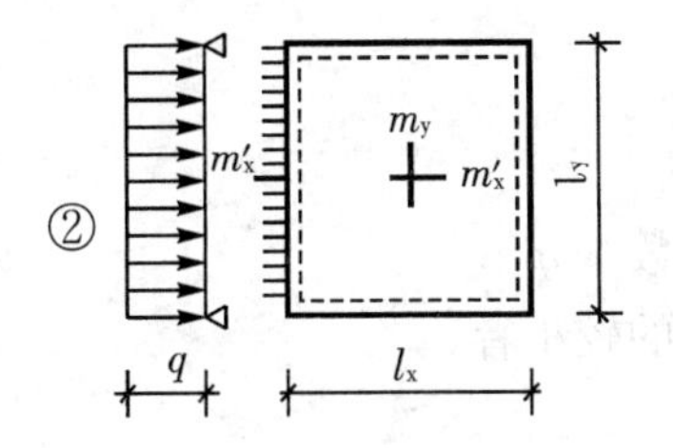


挠度 $=$ 表中系数 $\times \frac{ql^4}{B_c}$；

$\nu=0$，弯矩 $=$ 表中系数 $\times ql^2$；

式中 $l$ 取用 $l_x$ 和 $l_y$ 中的较小者。

**附表 5-2**

| $l_x/l_y$ | $l_y/l_x$ | $k$ | $k_{max}$ | $m_x$ | $m_{x,max}$ | $m_y$ | $m_{y,max}$ | $m'_x$ |
|---|---|---|---|---|---|---|---|---|
| 0.50 | | 0.004 88 | 0.005 04 | 0.058 3 | 0.064 6 | 0.006 0 | 0.006 3 | −0.121 2 |
| 0.55 | | 0.004 71 | 0.004 92 | 0.056 3 | 0.061 8 | 0.008 1 | 0.008 7 | −0.118 7 |
| 0.60 | | 0.004 53 | 0.004 72 | 0.053 9 | 0.058 9 | 0.010 4 | 0.011 1 | −0.115 8 |
| 0.65 | | 0.004 32 | 0.004 48 | 0.051 3 | 0.055 9 | 0.012 6 | 0.013 3 | −0.112 4 |
| 0.70 | | 0.004 10 | 0.004 22 | 0.048 5 | 0.052 9 | 0.014 8 | 0.015 4 | −0.108 7 |
| 0.75 | | 0.003 88 | 0.003 99 | 0.045 7 | 0.049 6 | 0.016 8 | 0.017 4 | −0.104 8 |
| 0.80 | | 0.003 65 | 0.003 76 | 0.042 8 | 0.046 3 | 0.018 7 | 0.019 3 | −0.100 7 |
| 0.85 | | 0.003 43 | 0.003 52 | 0.040 0 | 0.043 1 | 0.020 4 | 0.021 1 | −0.096 5 |
| 0.90 | | 0.003 21 | 0.003 29 | 0.037 2 | 0.040 0 | 0.021 9 | 0.022 6 | −0.092 2 |
| 0.95 | | 0.002 99 | 0.003 06 | 0.034 5 | 0.036 9 | 0.023 2 | 0.023 9 | −0.088 0 |
| 1.00 | 1.00 | 0.002 79 | 0.002 85 | 0.031 9 | 0.034 0 | 0.024 3 | 0.024 9 | −0.083 9 |
| | 0.95 | 0.003 16 | 0.003 24 | 0.032 4 | 0.034 5 | 0.028 0 | 0.028 7 | −0.088 2 |
| | 0.90 | 0.003 60 | 0.003 68 | 0.032 8 | 0.034 7 | 0.032 2 | 0.033 0 | −0.092 6 |
| | 0.85 | 0.004 09 | 0.004 17 | 0.032 9 | 0.034 7 | 0.037 0 | 0.037 8 | −0.097 0 |
| | 0.80 | 0.004 64 | 0.004 73 | 0.032 6 | 0.034 3 | 0.042 4 | 0.043 3 | −0.101 4 |
| | 0.75 | 0.005 26 | 0.005 36 | 0.031 9 | 0.033 5 | 0.048 5 | 0.049 4 | −0.105 6 |
| | 0.70 | 0.005 95 | 0.006 05 | 0.030 8 | 0.032 3 | 0.055 3 | 0.056 2 | −0.109 6 |
| | 0.65 | 0.006 70 | 0.006 80 | 0.029 1 | 0.030 6 | 0.062 7 | 0.063 7 | −0.113 3 |
| | 0.60 | 0.007 52 | 0.007 62 | 0.026 8 | 0.028 9 | 0.070 7 | 0.071 7 | −0.116 6 |
| | 0.55 | 0.008 38 | 0.008 48 | 0.023 9 | 0.027 1 | 0.079 2 | 0.080 1 | −0.119 3 |
| | 0.50 | 0.009 27 | 0.009 35 | 0.020 5 | 0.024 9 | 0.088 0 | 0.088 8 | −0.121 5 |

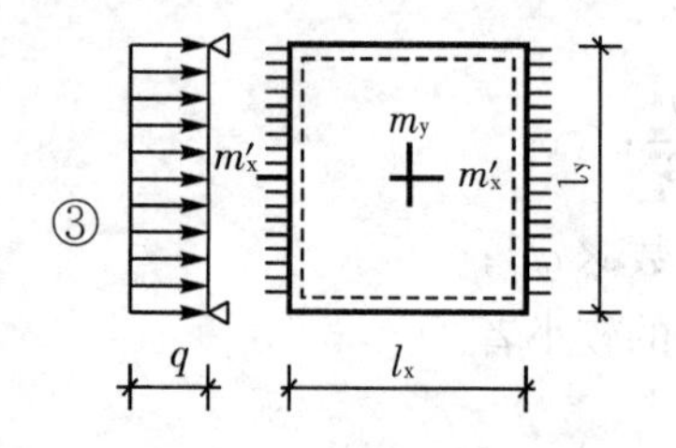


挠度 = 表中系数 × $\frac{ql^4}{B_c}$；

$\nu = 0$，弯矩 = 表中系数 × $ql^2$；

式中 $l$ 取用 $l_x$ 和 $l_y$ 中的较小者。

**附表 5-3**

| $l_x/l_y$ | $l_y/l_x$ | $k$ | $m_x$ | $m_y$ | $m'_x$ |
|---|---|---|---|---|---|
| 0.50 | | 0.002 61 | 0.041 6 | 0.001 7 | −0.084 3 |
| 0.55 | | 0.002 59 | 0.041 0 | 0.002 8 | −0.084 0 |
| 0.60 | | 0.002 55 | 0.040 2 | 0.004 2 | −0.083 4 |
| 0.65 | | 0.002 50 | 0.039 2 | 0.005 7 | −0.082 6 |
| 0.70 | | 0.002 43 | 0.037 9 | 0.007 2 | −0.081 4 |
| 0.75 | | 0.002 36 | 0.036 6 | 0.008 8 | −0.079 9 |
| 0.80 | | 0.002 28 | 0.035 1 | 0.010 3 | −0.078 2 |
| 0.85 | | 0.002 20 | 0.033 5 | 0.011 8 | −0.076 3 |
| 0.90 | | 0.002 11 | 0.031 9 | 0.013 3 | −0.074 3 |
| 0.95 | | 0.002 01 | 0.030 2 | 0.014 6 | −0.072 1 |
| 1.00 | 1.00 | 0.001 92 | 0.028 5 | 0.015 8 | −0.069 8 |
| | 0.95 | 0.002 23 | 0.029 6 | 0.018 9 | −0.074 6 |
| | 0.90 | 0.002 60 | 0.030 6 | 0.022 4 | −0.079 7 |
| | 0.85 | 0.003 03 | 0.031 4 | 0.026 6 | −0.085 0 |
| | 0.80 | 0.003 54 | 0.031 9 | 0.031 6 | −0.090 4 |
| | 0.75 | 0.004 13 | 0.032 1 | 0.037 4 | −0.095 9 |
| | 0.70 | 0.004 82 | 0.031 8 | 0.044 1 | −0.101 3 |
| | 0.65 | 0.005 60 | 0.030 8 | 0.051 8 | −0.106 6 |
| | 0.60 | 0.006 47 | 0.029 2 | 0.060 4 | −0.111 4 |
| | 0.55 | 0.007 43 | 0.026 7 | 0.069 8 | −0.115 6 |
| | 0.50 | 0.008 44 | 0.023 4 | 0.079 8 | −0.119 1 |

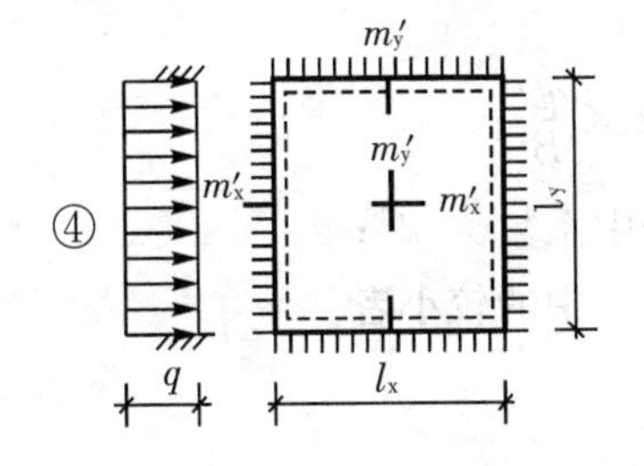


挠度 = 表中系数 × $\frac{ql^4}{B_c}$；

$\nu = 0$，弯矩 = 表中系数 × $ql^2$；

式中 $l$ 取用 $l_x$ 和 $l_y$ 中的较小者。

**附表 5－4**

| $l_x/l_y$ | $k$ | $m_x$ | $m_y$ | $m'_x$ | $m'_y$ |
|---|---|---|---|---|---|
| 0.50 | 0.002 53 | 0.040 0 | 0.003 8 | −0.082 9 | −0.057 0 |
| 0.55 | 0.002 46 | 0.038 5 | 0.005 6 | −0.081 4 | −0.057 1 |
| 0.60 | 0.002 36 | 0.036 7 | 0.007 6 | −0.079 3 | −0.057 1 |
| 0.65 | 0.002 24 | 0.034 5 | 0.009 5 | −0.076 6 | −0.057 1 |
| 0.70 | 0.002 11 | 0.032 1 | 0.011 3 | −0.073 5 | −0.056 9 |
| 0.75 | 0.001 97 | 0.029 6 | 0.013 0 | −0.070 1 | −0.056 5 |
| 0.80 | 0.001 82 | 0.027 1 | 0.014 4 | −0.066 4 | −0.055 9 |
| 0.85 | 0.001 68 | 0.024 6 | 0.015 6 | −0.062 6 | −0.055 1 |
| 0.90 | 0.001 53 | 0.022 1 | 0.016 5 | −0.058 8 | −0.054 1 |
| 0.95 | 0.001 40 | 0.019 8 | 0.017 2 | −0.055 0 | −0.052 8 |
| 1.00 | 0.001 27 | 0.017 6 | 0.017 6 | −0.051 3 | −0.051 3 |

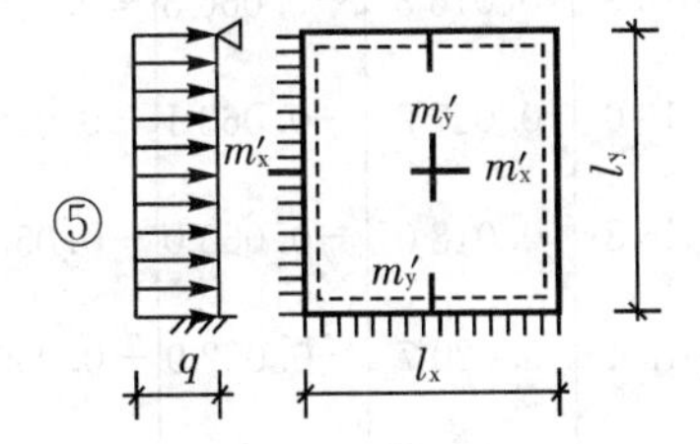


挠度 = 表中系数 × $\frac{ql^4}{B_c}$；

$\nu = 0$，弯矩 = 表中系数 × $ql^2$；

式中 $l$ 取用 $l_x$ 和 $l_y$ 中的较小者。

**附表 5－5**

| $l_x/l_y$ | $k$ | $k_{max}$ | $m_x$ | $m_{x,max}$ | $m_y$ | $m_{y,max}$ | $m'_x$ | $m'_y$ |
|---|---|---|---|---|---|---|---|---|
| 0.50 | 0.004 68 | 0.004 71 | 0.055 9 | 0.056 2 | 0.007 9 | 0.013 5 | −0.117 9 | −0.078 6 |
| 0.55 | 0.004 45 | 0.004 54 | 0.052 9 | 0.053 0 | 0.010 4 | 0.015 3 | −0.114 0 | −0.078 5 |
| 0.60 | 0.004 19 | 0.004 29 | 0.049 6 | 0.049 8 | 0.012 9 | 0.016 9 | −0.109 5 | −0.078 2 |
| 0.65 | 0.003 91 | 0.003 99 | 0.046 1 | 0.046 5 | 0.015 1 | 0.018 3 | −0.104 5 | −0.077 7 |
| 0.70 | 0.003 63 | 0.003 68 | 0.042 6 | 0.043 2 | 0.017 2 | 0.019 5 | −0.099 2 | −0.077 0 |
| 0.75 | 0.003 35 | 0.003 40 | 0.039 0 | 0.039 6 | 0.018 9 | 0.020 6 | −0.093 8 | −0.076 0 |
| 0.80 | 0.003 08 | 0.003 13 | 0.035 6 | 0.036 1 | 0.020 4 | 0.021 8 | −0.088 3 | −0.074 8 |
| 0.85 | 0.002 81 | 0.002 86 | 0.032 2 | 0.032 8 | 0.021 5 | 0.022 9 | −0.082 9 | −0.073 3 |
| 0.90 | 0.002 56 | 0.002 61 | 0.029 1 | 0.029 7 | 0.022 4 | 0.023 8 | −0.077 6 | −0.071 6 |
| 0.95 | 0.002 32 | 0.002 37 | 0.026 1 | 0.026 7 | 0.023 0 | 0.024 4 | −0.072 6 | −0.069 8 |
| 1.00 | 0.002 10 | 0.002 15 | 0.023 4 | 0.024 0 | 0.023 4 | 0.024 9 | −0.067 7 | −0.067 7 |

⑥ 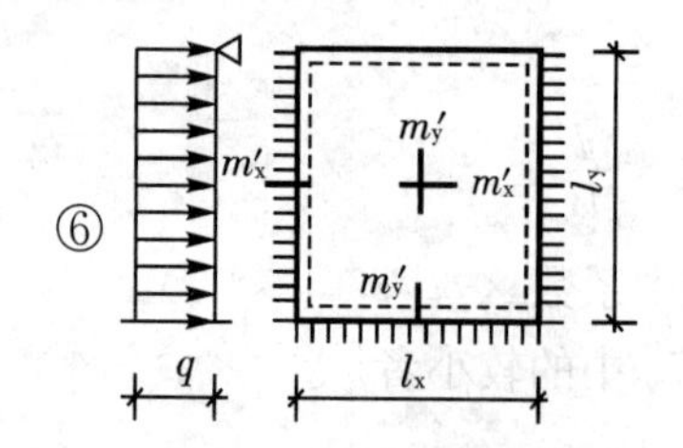


挠度 $=$ 表中系数 $\times \frac{ql^4}{B_c}$；

$\nu=0$，弯矩 $=$ 表中系数 $\times ql^2$；

式中 $l$ 取用 $l_x$ 和 $l_y$ 中的较小者。

**附表 5-6**

| $l_x/l_y$ | $l_y/l_x$ | $k$ | $k_{\max}$ | $m_x$ | $m_{x,\max}$ | $m_y$ | $m_{y,\max}$ | $m'_x$ | $m'_y$ |
|---|---|---|---|---|---|---|---|---|---|
| 0.50 | | 0.002 57 | 0.002 58 | 0.040 8 | 0.040 9 | 0.002 8 | 0.008 9 | −0.083 6 | −0.056 9 |
| 0.55 | | 0.002 52 | 0.002 55 | 0.039 8 | 0.039 9 | 0.004 2 | 0.009 3 | −0.082 7 | −0.057 0 |
| 0.60 | | 0.002 45 | 0.002 49 | 0.038 4 | 0.038 6 | 0.005 9 | 0.010 5 | −0.081 4 | −0.057 1 |
| 0.65 | | 0.002 37 | 0.002 40 | 0.036 8 | 0.037 1 | 0.007 6 | 0.011 6 | −0.079 6 | −0.057 2 |
| 0.70 | | 0.002 27 | 0.002 29 | 0.035 0 | 0.035 4 | 0.009 3 | 0.012 7 | −0.077 4 | −0.057 2 |
| 0.75 | | 0.002 16 | 0.002 19 | 0.033 1 | 0.033 5 | 0.010 9 | 0.013 7 | −0.075 0 | −0.057 2 |
| 0.80 | | 0.002 05 | 0.002 08 | 0.031 0 | 0.031 4 | 0.012 4 | 0.014 7 | −0.072 2 | −0.057 0 |
| 0.85 | | 0.001 93 | 0.001 96 | 0.028 9 | 0.029 3 | 0.013 8 | 0.015 5 | −0.069 3 | −0.056 7 |
| 0.90 | | 0.001 81 | 0.001 84 | 0.026 8 | 0.027 3 | 0.015 9 | 0.016 3 | −0.066 3 | −0.056 3 |
| 0.95 | | 0.001 69 | 0.001 72 | 0.024 7 | 0.025 2 | 0.016 0 | 0.017 2 | −0.063 1 | −0.055 8 |
| 1.00 | 1.00 | 0.001 57 | 0.001 60 | 0.022 7 | 0.023 1 | 0.016 8 | 0.018 0 | −0.060 0 | −0.055 0 |
| | 0.95 | 0.001 78 | 0.001 82 | 0.022 9 | 0.023 4 | 0.019 4 | 0.020 7 | −0.062 9 | −0.059 9 |
| | 0.90 | 0.002 01 | 0.002 06 | 0.022 8 | 0.023 4 | 0.022 3 | 0.023 8 | −0.065 6 | −0.065 3 |
| | 0.85 | 0.002 27 | 0.002 33 | 0.022 5 | 0.023 1 | 0.025 5 | 0.027 3 | −0.068 3 | −0.071 1 |
| | 0.80 | 0.002 56 | 0.002 62 | 0.021 9 | 0.022 4 | 0.029 0 | 0.031 1 | −0.070 7 | −0.077 2 |
| | 0.75 | 0.002 86 | 0.002 94 | 0.020 8 | 0.021 4 | 0.032 9 | 0.035 4 | −0.072 9 | −0.083 7 |
| | 0.70 | 0.003 19 | 0.003 27 | 0.019 4 | 0.020 0 | 0.037 0 | 0.040 0 | −0.074 8 | −0.090 3 |
| | 0.65 | 0.003 52 | 0.003 65 | 0.017 5 | 0.018 2 | 0.041 2 | 0.044 6 | −0.076 2 | −0.097 0 |
| | 0.60 | 0.003 86 | 0.004 03 | 0.015 3 | 0.016 0 | 0.045 4 | 0.049 3 | −0.077 3 | −0.103 3 |
| | 0.55 | 0.004 19 | 0.004 37 | 0.012 7 | 0.013 3 | 0.049 6 | 0.054 1 | −0.078 0 | −0.109 3 |
| | 0.50 | 0.004 49 | 0.004 63 | 0.009 9 | 0.010 3 | 0.053 4 | 0.058 8 | −0.078 4 | −0.114 6 |

# 附录六 某工程施工图

## 建筑设计说明

### 1 设计依据：

1.1 规划建筑方案审批意见和相关批文．

1.2 《民用建筑设计通则》GB50352-2005．

1.3 《建筑设计防火规范 》GB 50016-2006．

1.4 《汽车库、修车库、停车场设计防火规范》GB 50067-97．

1.5 《办公建筑设计规范》JGJ67-2006．

1.6 《公共建筑节能设计标准》GB 50189-2005

1.7 其余国家、行业、地方现行相关设计规范、规定．

### 2 工程概况：

2.1 工程名称：服务用房

2.2 工程地点：XXXXXX

2.3 建设单位：XXXXXX

2.4 总建筑面积：2241.06$m^2$，占地面积：563.64$m^2$；

2.5 功能布局：本工程为四层服务用房，一层为洒水车库、二～四层为服务用房．

2.6 防水等级：屋面防水等级Ⅱ为级．

2.7 设计耐火等级：二级．

2.8 本工程抗震设防烈度等级：6度四级．

2.9 结构体系：框架结构．

2.10 建筑高度：16.20m．

2.11 主体结构合理使用年限：50年

### 3 设计范围：

3.1 本设计包含建筑、结构、电气、给排水、等专业单体、总平面设计．室内二次装修及绿化环境工程另行委托设计．
二次装修，景观绿化不在本设计范围内．

3.2 本住宅采用管道供气，由建设单位另行委托设计．

3.3 变配电所由建设单位另行委托电业部门设计．

### 4 制图与图例：

4.1 本设计图按国家现行制图标准绘制．工程尺寸以图注为准．

4.2 本设计图标注标高楼层以建筑完成面为准、屋面以结构板面为准；标注门窗洞为结构面层尺寸．

4.3 图注尺寸除总平面图及标高以米为单位外，其余均以毫米为单位

### 5 砌体：

5.1 砌体材料：除特殊注明外，外墙体为190厚页岩多孔砖，内墙采用190厚加气混凝土砌块．砌体强度及砂浆标号，砌体拉结筋做法详结施．
外墙外保温构造参照07ZJ105，内保温参国标11J122，保温材料选用：详见节能设计说明．

5.2 墙身防潮层：在室内地坪下60处做20厚1：2.5水泥砂浆内加3%～5%防水剂墙身防潮层（在此标高为钢筋混凝土构造，或下为砌石构造时可不做），当室内地坪变化处防潮层应重叠，并在高低差埋土一侧墙身做20厚1：2.5水泥砂浆防潮层，如埋土侧为室外，还应刷1.5厚聚氨酯防水涂料（或其它防潮材料）．

5.3 所有烟囱、立管在穿越非本功能空间的室内时应用碎砖水泥砂浆包砌，最薄处30厚．

5.4 防火墙、防火隔墙均应砌至结构板底或梁底，不燃材料填塞缝隙．

### 6 墙体装饰：

6.1 外墙装修选材与色彩详立面图标注

6.2 卫生间内墙面为瓷砖墙面，做法详赣03J001-38/77．楼梯间、服务用房及其他内墙为刮瓷墙面，做法详赣03J001-17/72．
洒水车库内墙为刮瓷墙面，做1.5米高油漆墙裙（颜色由甲方现场定），做法参赣03J001-22/94．

6.3 所有内墙、柱及门窗洞口阳角粉1：2水泥砂浆每边宽50高1800护角．

6.4 本设计图未涉及的二次装修由业主另行委托．

### 7 楼地面：

7.1 一层洒水车车库地面为现浇水磨石（本色）防潮地面，做法详赣03J001-21/16；卫生间楼面为防滑地砖地面，做法参赣03J001-17/44；
其余面为地砖楼地面，做法参赣03J001-32/15、20/45．

7.2 有出水口及地漏的楼地面均做1%坡度坡向地漏或出水口，地漏位置以水施图为准．

7.3 生间周边墙体基脚均采用C20素混凝土现浇150mm高，宽度同墙厚，防水层在墙地交界处垂直向上延伸250mm高

7.4 管道穿楼板处应填塞密实防水材料嵌缝处理，楼面防水层翻上250mm高．

### 8 顶棚：

8.1 顶棚做法：刮瓷顶棚，详赣03J001-6/123．

### 9 屋面：

9.1 屋面工程防水应由经资质审查合格的防水专业队伍进行施工．

9.2 屋面防水等级：Ⅱ级，坡屋面做法参赣12ZJ214-17/22，不上人保温平屋面做法参赣12ZJ214-4/15，内天沟防水做法参赣12ZJ214-1/23．

9.3 保温材料选用：挤塑聚苯板．

9.4 屋面排水构造：一般屋面水落口做法参赣12ZJ214-3/23；泛水做法参赣12ZJ214-1、2/23．

9.5 屋面排水坡度：平屋面排水建筑找坡2%；檐沟纵向找坡1%．

9.6 凡突出屋面的构件与屋面连接处，以及屋脊等转角处，均做半圆角径为50的圆角或钝角，再做泛水，泛水做法详见赣06ZJ203-3/52．

9.7 屋面雨水排放口及雨水管设置详见平面图．

9.8 卷材防水屋面基层与突出屋面结构（女儿墙、立墙、天窗壁、变形缝、烟囱等）的交接处，以及基层的转角处（水落口、檐口、檐沟、屋脊等）的交接处，
均应做成弧形．内部排水的水落口周围应做成略低的凹坑．

9.9 屋面设施的防水处理应符合下列规定：1、设施基座与结构层相连时，防水层应包裹设施基座的上部，并在地脚螺栓周围座密封处理；2、在防水层上放置设施时，设施下部的防水层应做卷材增强层，必要时应在其上浇筑细石混凝土，其厚度不宜小于50cm；3、需经常维护的设施周围和屋面出入口至设施之间的人行道应铺设刚性保护层．

### 10 室外工程：

10.1 散水做法详赣04J701-1/12，宽800mm．

10.2 室外斜坡做法详赣04J701-1a/5．

### 11 门窗：

11.1 外窗气密性不低于《建筑外门窗气密、水密、抗风压性能分级及检测方法》GB/T 7106-2008规定的6级．

11.2 建筑外窗水密性按《建筑外门窗气密、水密、抗风压性能分级及检测方法》GB/T 7106-2008检测要求，指标应满足铝合金窗水密性能表要求．

11.3 与钢筋混凝土墙柱相接的门垛小于200的门窗边墙均用C20细石混凝土浇捣．

11.4 外墙门窗玻璃应符合《建筑玻璃选用表》，玻璃厚度和框料规格，应根据国家、行业现行规范规定进行选用、制作、安装．

11.5 临空外窗窗台距楼面高度小于900mm时，设落地安全内防护栏1050mm高．

11.6 门窗制作与安装应由具备相应资质的专业队伍承担，按照《建筑玻璃应用技术规程》及现行相关规范、规定要求设计、制作、安装．门窗型号、数量、洞口尺寸详见门窗表、门窗大样；洞口尺寸现场实测为准．

### 12 楼梯：

12.1 楼梯采用金属扶手金属栏杆做法参赣04J402-F、4/25．楼梯栏杆高度：室内楼梯栏杆扶手高900mm（踏步边缘算起）；
当水平段栏杆长度大于500mm时高度为1050mm．

12.2 楼梯踏步防滑条做法详赣04J402-10/56．

12.3 楼梯扶手在平台转角处施工应采用保证平台净宽不小于梯段净宽且不小于1200mm的构造措施．

### 13 油漆：

13.1 木门、门套、木扶手等木作油漆做法：底漆一遍，面漆两遍罩面．

13.2 外露铁件均应除锈后涂防锈底漆二度，面漆二度．

13.3 木构件防腐处理：所有入墙、落地木靠墙地处构件均刷防腐油二道．

### 14 栏杆：

14.1 临空外窗内侧当窗台高低于0.9m时均加设安全防护栏．

14.2 临空栏杆（板）高度：1.05m，室外楼梯及楼梯井大于0.11m时扶手高度为1.1m．

14.3 栏杆采用不易攀登花式，垂直杆件净距不大于0.11m．栏杆底部0.10m高度内不留空，设混凝土挡边．

### 15 其他要求：

15.1 本工程其它设备专业预埋件、预留孔洞位置及尺寸详见各专业相关图纸．施工中土建与各工种应密切配合设置预埋件及预留孔洞，不得事后凿打．

15.2 本工程所采用的建筑制品及建筑材料应有有关部门颁发的生产许可证及质量合格检验证明，材料的品种、规格、性能等应符合国家或行业相关质量标准．装修材料的材质、质感、色彩等应与设计人员协商决定．

15.3 本工程采用的建筑、装修材料必须符合《民用建筑工程室内环境污染控制规范》GB50325-2010；《建筑内部装修设计防火规范》GB50222-2001的相关规定．

15.4 施工及验收应严格执行国家现行的有关施工验收规范．

15.5 施工中因故需变更设计，必须事先通知设计院，征得原设计负责人的同意，并以设计院的设计变更通知单为准进行更改施工，否则由修改方承担设计技术责任及由此产生的法律责任．

## 图 纸 目 录

| 序号 | 图 纸 名 称 | 图 号 | 规 格 | 备 注 |
|---|---|---|---|---|
| 1 | 建筑设计说明 | 建施-01/14 | A2 | |
| 2 | 建筑节能设计说明 | 建施-02/14 | A2 | |
| 3 | 一层平面图 | 建施-03/14 | A2 | |
| 4 | 二层平面图 | 建施-04/14 | A2 | |
| 5 | 三层平面图 | 建施-05/14 | A2 | |
| 6 | 四层平面图 | 建施-06/14 | A2 | |
| 7 | 屋顶层平面图 | 建施-07/14 | A2 | |
| 8 | ①—⑬ 轴立面图 | 建施-08/14 | A2 | |
| 9 | ⑬—① 轴立面图 | 建施-09/14 | A2 | |
| 10 | Ⓓ—Ⓐ 轴立面图、1～1 剖面图 | 建施-10/14 | A2 | |
| 11 | 楼梯间2－2 剖面图 | 建施-11/14 | A2 | |
| 12 | 楼梯平面详图、卫生间平面详图、线脚大样、雨棚大样 | 建施-12/14 | A2 | |
| 13 | 装饰柱大样图、空调板大样图 | 建施-13/14 | A2 | |
| 14 | 节点大样、门窗大样、门窗表 | 建施-14/14 | A2 | |
| | | | | |

| 图纸名称 | 建筑设计说明及图纸目录 | 建施 | 01/14 |
|---|---|---|---|

# 建筑节能设计说明（公建部分）

## 一. 设计依据：

1.《民用建筑热工设计规范》 GB50176-93
2.《公共建筑节能设计标准》GB 50189-2005
3.《建筑外门窗气密、水密、抗风压性能分级及检测方法》GB/T 7106-2008
4.其他相关标准，规范

## 二. 建筑概况：

| | | | | | |
|---|---|---|---|---|---|
| 建筑方位： | 南北向 | 建筑层数： | 地上4层 | 建筑表面积： | 1455.24 $m^2$ |
| 结构类型： | 框架结构 | 建筑高度： | 16.20 m | 建筑体积： | 4555.72 $m^3$ |
| 建筑面积： | 2241.06 $m^2$ | 建筑体型： | 多层 | 体型系数： | 0.32 |

## 三. 总平面设计节能措施：

1. 总体布局： 详总图
2. 朝向： 南北向
3. 间距： 大于1：1.1h
4. 通风组织： 自然通风
5. 绿化系统： 详总图

## 四. 围护结构节能措施：

1. 屋顶：

| 简 图 | 工 程 做 法 | 传热系数规定性指标 W/(m²·K) | 传热系数计算值 W/(m²·K) |
|---|---|---|---|
| （例）屋面-1  | 1. 40厚C20细石混凝土保护层，内配φ6@200双向钢筋网<br>2. 1.5厚一道KG防水卷材<br>3. KG专用粘结剂一遍<br>4. 20厚1:2.5水泥砂浆找平层<br>5. 60厚挤塑聚苯板<br>6. 1:6水泥焦渣找坡2%，最薄处30<br>7. 现浇钢筋混凝土板<br>8. 20厚水泥砂浆 | K≤0.7 | 0.53 |

2. 外墙：

| 简 图 | 工 程 做 法 | 传热系数规定性指标 W/(m²·K) | 传热系数计算值 W/(m²·K) |
|---|---|---|---|
| （例）外墙-1 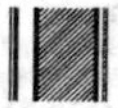 | 1、饰面层：面砖、涂料<br>2、保护层：20厚水泥砂浆<br>3、保温层：45厚半硬质矿（岩）棉板（ρ=100-180）<br>4、粉墙层：20厚水泥砂浆<br>5、结构层：200厚页岩多孔砖<br>6、粉墙层：10厚水泥砂浆<br>7、保温层：20厚玻化微珠保温砂浆（ρ=300）<br>8、保护层：5厚抗裂砂浆（网格布） | K≤1.0 | 0.64 |
| 外墙-2（略） | （略） | | |

3. 底层接触室外空气的架空或外挑楼板：

| 简 图 | 工 程 做 法 | 传热系数规定性指标 W/(m²·K) | 传热系数计算值 W/(m²·K) |
|---|---|---|---|
| （例）挑空楼板-1 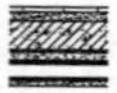 | 1. 地面砖<br>2. 20厚水泥砂浆<br>3. 现浇钢筋混凝土板<br>4. 20厚水泥砂浆<br>5. 35厚半硬质矿（岩）棉板（ρ=100-180）<br>6. 20厚水泥砂浆 | K≤1.0 | 0.98 |

4. 地面

| 简 图 | 工 程 做 法 | 规定热阻值R | 计算热阻值R |
|---|---|---|---|
|  | 1. 面层<br>2. 150厚C20细石混凝土保护层<br>3. 20厚1:2.5水泥砂浆找平层<br>4. 200厚碎石、卵石混凝土垫层<br>5. 素土夯实 | R≥1.20 | R=1.35 |

## 五、节点大样做法（参选赣07ZJ105）

| 设计部位 | 构造做法（或图集索引编号） |
|---|---|
| 檐口 | 赣07ZJ105 -/45 -/46 -/47 |
| 女儿墙 | 赣07ZJ105 -/45 -/46 -/47 |
| 外墙阴、阳角 | 赣07ZJ105 -/26 -/27 |
| 外门洞口 | 赣07ZJ105 -/30 -/31 |
| 外窗洞口 | 赣07ZJ105 -/30 -/31 |
| 凸窗洞口 | 赣07ZJ105 -/34 -/35 |
| 阳台 | 赣07ZJ105 -/36 -/37 |
| 雨蓬 | 赣07ZJ105 -/36 -/37 |
| 变形缝 | 赣07ZJ105 -/41 -/42 -/43 |
| 分格缝 | 赣07ZJ105 -/44 |
| 勒脚 | 赣07ZJ105 -/28 -/29 |
| 穿墙管 | 赣07ZJ105 4/40 |
| 门 | 赣98J741 -/17 |
| 窗 | 赣07J604 -/111 -/112 |

## 六. 外门窗（含透明幕墙）

(1). 外门窗汇总表

| 类别 | 编号 | 门窗洞口面积 ($m^2$) | 材料：框料 | 材料：玻璃 | 开启方式 | 传热系数K |
|---|---|---|---|---|---|---|
| 外窗 | C1627 | 4.32 | 断热铝合金low-E中空玻璃 | 6+12A+6 | 平开 | 2.44 |
| | C1626 | 4.16 | 断热铝合金low-E中空玻璃 | 6+12A+6 | 平开 | 2.44 |
| | C1524 | 3.60 | 断热铝合金low-E中空玻璃 | 6+12A+6 | 平开 | 2.44 |
| | C1826 | 4.68 | 断热铝合金low-E中空玻璃 | 6+12A+6 | 平开 | 2.44 |
| | C1827 | 4.86 | 断热铝合金low-E中空玻璃 | 6+12A+6 | 平开 | 2.44 |
| | C1806 | 1.08 | 断热铝合金low-E中空玻璃 | 6+12A+6 | 推拉 | 2.44 |
| | C1815 | 2.70 | 断热铝合金low-E中空玻璃 | 6+12A+6 | 推拉 | 2.44 |
| | C1818 | 3.24 | 断热铝合金low-E中空玻璃 | 6+12A+6 | 推拉 | 2.44 |
| 幕墙 | MQ1 | 9.00 | 断热铝合金low-E中空玻璃 | 6+12A+6 | 平开 | 2.44 |
| 外门 | M2430 | 7.20 | 断热铝合金low-E中空玻璃 | 6+12A+6 | 平开 | 2.44 |
| | M2730 | 8.10 | 断热铝合金low-E中空玻璃 | 6+12A+6 | 平开 | 2.44 |
| | MC2730 | 8.10 | 断热铝合金low-E中空玻璃 | 6+12A+6 | 平开 | 2.44 |

(2). 外门窗安装时，门窗框与洞口之间应采用发泡填充剂堵塞，以避免形成冷桥；
(3). 外窗的气密性等级，不应低于国家标准《建筑外门窗气密、水密、抗风压性能分级及检测方法》GB/T7106-2008中规定的6级；
(4). 以上所用各种材料，须在材料和安装工艺上把好关，并经过必要的抽样检测，方可正式制作安装；

## 七、建筑节能设计汇总表：

| 设计部位 | | 规定性指标 | | 计算数值 | 保温材料及节能措施 |
|---|---|---|---|---|---|
| 屋面 | 实体部分 | K≤0.7 | | K=0.53 | 60厚挤塑聚苯板 |
| | 透明部分 | 面积≤20% | K≤3.0 SC≤0.4 | | |
| 外墙 | | K≤1.0 | | K=0.64 | 45厚半硬质矿（岩）棉板+20厚玻化微珠保温砂浆 |
| 架空楼板 | | K≤1.0 | | 无 | |
| 外挑楼板 | | K≤1.0 | | K=0.98 | 35厚半硬质矿（岩）棉板（ρ=100-180） |
| 地下室地面 | | R≥1.2 | | R=1.35 | |
| 防潮地面 | | R≥1.2 | | 无 | |
| 地下室外墙 | | R≥1.2 | | 无 | |

| 设计部位 | 窗墙面积比 | K | SC（东、西、南向/北向） | 窗墙面积比 | | 传热系数 K | 遮阳系数 SC | 可开启面积 ≥30% | 可见光透射比 ≥0.4 |
|---|---|---|---|---|---|---|---|---|---|
| 单一朝向外窗（含阳台门透明部分） | 窗墙面积比≤0.20 | ≤4.7 | —— | | | | | | |
| | 0.20<窗墙面积比≤0.30 | ≤3.5 | ≤0.55/- | 东向 | 0.27 | 2.44 | 0.40 | 30% | 0.62 |
| | 0.30<窗墙面积比≤0.40 | ≤3.0 | ≤0.50/0.60 | 西向 | 0.22 | 2.44 | 0.40 | 30% | 0.62 |
| | 0.40<窗墙面积比≤0.50 | ≤2.8 | ≤0.45/0.55 | 南向 | 0.53 | 2.44 | 0.38 | 30% | 0.62 |
| | 0.50<窗墙面积比≤0.70 | ≤2.5 | ≤0.40/0.50 | 北向 | 0.26 | 2.44 | 0.40 | 30% | 0.62 |
| | 气密性等级 | 外窗 | ≥6级 | 6级 | 外门窗材料 | 断热铝合金6mm中透光Low-E+12mm空气+6透明 | | | |
| | | 透明幕墙 | ≥3级 | 3级 | | | | | |

| 权衡判断节能综合指标 | 能耗种类 | 设计建筑 能耗 | 设计建筑 单位面积能耗 | 参照建筑 能耗 | 参照建筑 单位面积能耗 | |
|---|---|---|---|---|---|---|
| | 空调年耗能量 | | 62.45 | | 83.29 | 节能率 65.59% |
| | 采暖年耗能量 | | 22.21 | | 39.74 | |
| | 总 计 | | 84.66 | | 123.03 | |

注：●K为传热系数[W/$m^2$·K] ●D为热惰性指标 ●SC为遮阳系数 ●能耗单位：kWh ●单位面积能耗单位：kWh/$m^2$

| 图纸名称 | 建筑节能设计说明 | 建施 | 02/14 |
|---|---|---|---|

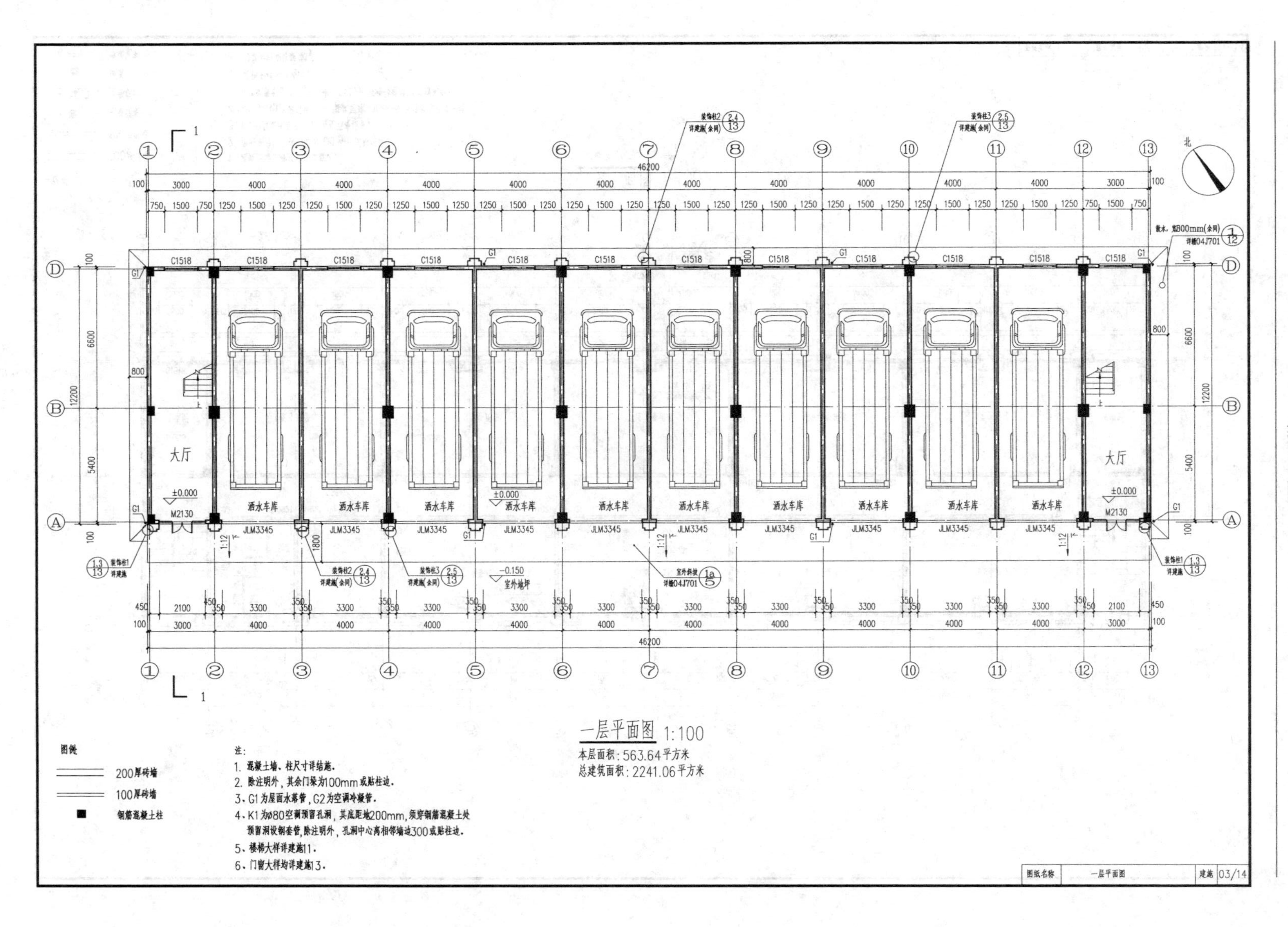
大厅
洒水车库
JLM3345
C1518
M2130
一层平面图 1:100
本层面积：563.64平方米
总建筑面积：2241.06平方米
图例
200厚砖墙
100厚砖墙
钢筋混凝土柱
注：
1. 混凝土墙、柱尺寸详结施。
2. 除注明外，其余门垛为100mm或贴柱边。
3. G1为屋面水落管，G2为空调冷凝管。
4. K1为ø80空调预留孔洞，其底距地200mm，须穿钢筋混凝土处预留洞设钢套管，除注明外，孔洞中心离相邻墙边300或贴柱边。
5. 楼梯大样详建施11。
6. 门窗大样均详建施13。
图纸名称
一层平面图
建施 03/14

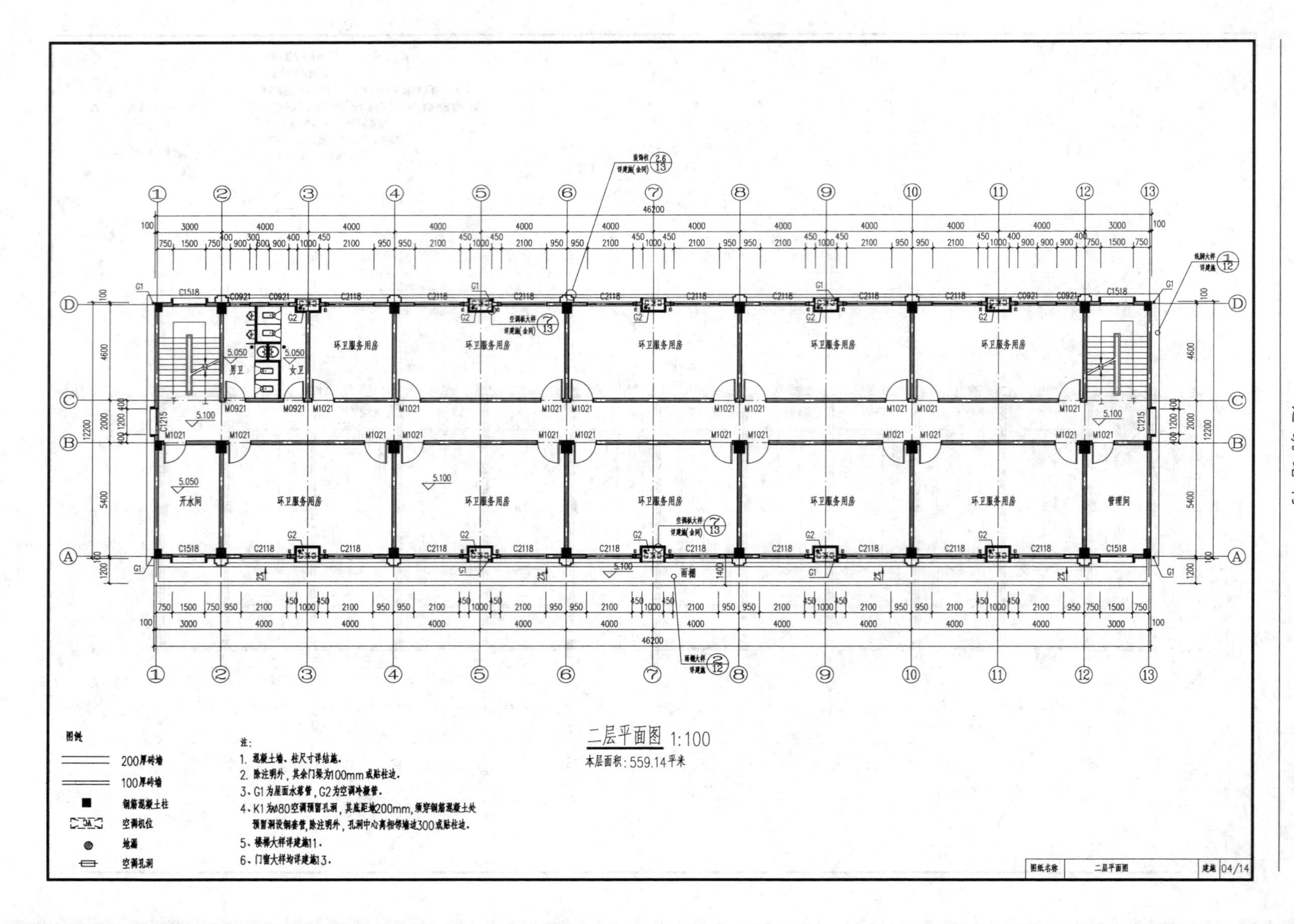

环卫服务用房
男卫
女卫
开水间
管理间
雨棚
二层平面图 1:100
本层面积：559.14平米
图例
200厚砖墙
100厚砖墙
钢筋混凝土柱
空调机位
地漏
空调孔洞
注：
1. 混凝土墙、柱尺寸详结施。
2. 除注明外，其余门垛为100mm或贴柱边。
3、G1为屋面水落管，G2为空调冷凝管。
4、K1为Ø80空调预留孔洞，其底距地200mm，须穿钢筋混凝土处预留洞设钢套管，除注明外，孔洞中心离相邻墙边300或贴柱边。
5、楼梯大样详建施11。
6、门窗大样均详建施13。
图纸名称
二层平面图
建施 04/14

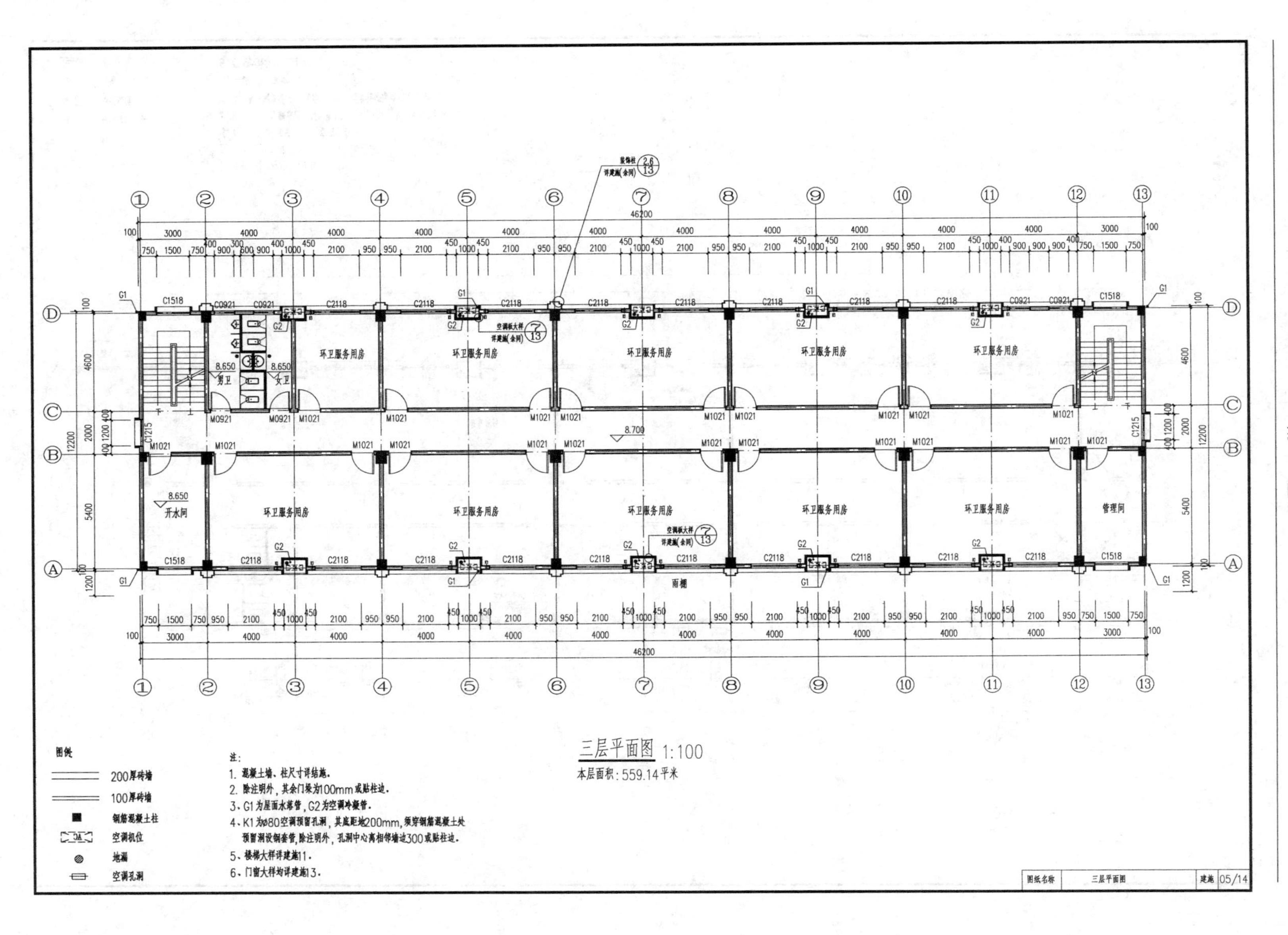

三层平面图 1:100
本层面积：559.14平米
环卫服务用房
管理间
开水间
男卫
女卫
雨棚
图例
200厚砖墙
100厚砖墙
钢筋混凝土柱
空调机位
地漏
空调孔洞
注：
1. 混凝土墙、柱尺寸详结施。
2. 除注明外，其余门垛为100mm或贴柱边。
3、G1为屋面水落管，G2为空调冷凝管。
4、K1为Φ80空调预留孔洞，其底距地200mm，须穿钢筋混凝土处预留洞设钢套管，除注明外，孔洞中心离相邻墙边300或贴柱边。
5、楼梯大样详建施11。
6、门窗大样均详建施13。
图纸名称
三层平面图
建施 05/14

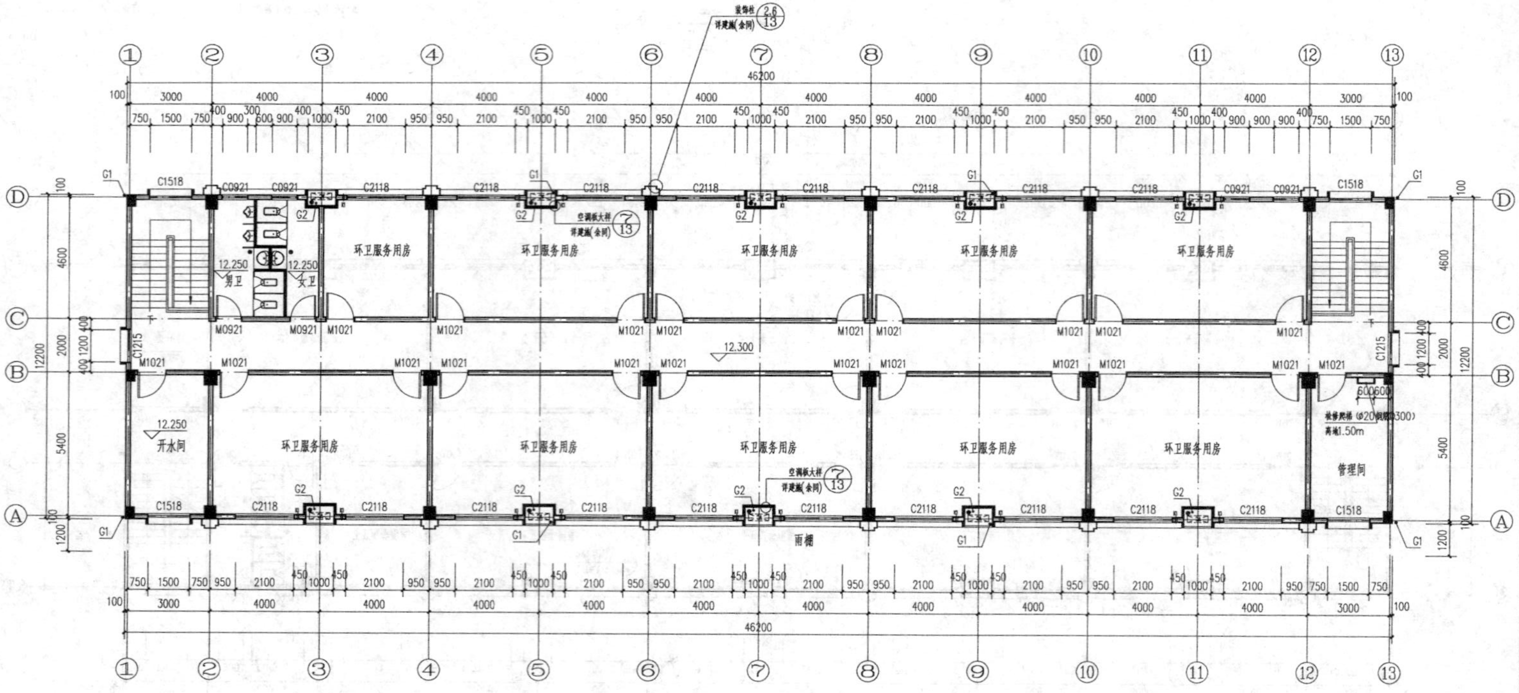


图例

- 200厚砖墙
- 100厚砖墙
- 钢筋混凝土柱
- 空调机位
- 地漏
- 空调孔洞

注：

1. 混凝土墙、柱尺寸详结施.
2. 除注明外，其余门垛为100mm或贴柱边.
3. G1为屋面水落管，G2为空调冷凝管.
4. K1为ϕ80空调预留孔洞，其底距地200mm，须穿钢筋混凝土处预留洞设钢套管，除注明外，孔洞中心离相邻墙边300或贴柱边.
5. 楼梯大样详建施11.
6. 门窗大样均详建施13.

## 四层平面图 1:100

本层面积：559.14平米

| 图纸名称 | 四层平面图 | 建施 | 06/14 |
|---|---|---|---|

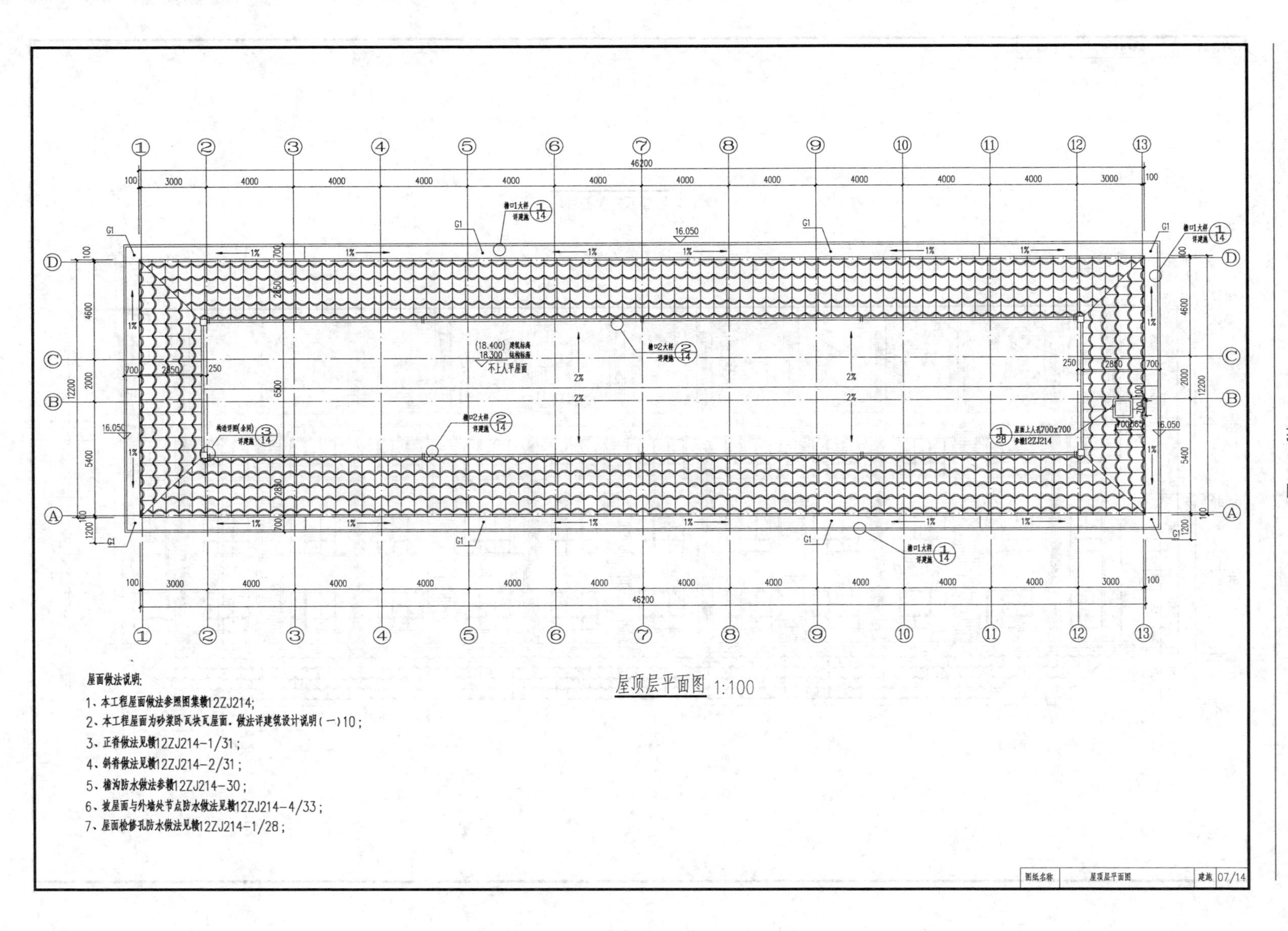
屋顶层平面图 1:100
屋面做法说明:
1、本工程屋面做法参照图集赣12ZJ214;
2、本工程屋面为砂浆卧瓦块瓦屋面。做法详建筑设计说明(一)10；
3、正脊做法见赣12ZJ214-1/31；
4、斜脊做法见赣12ZJ214-2/31；
5、檐沟防水做法参赣12ZJ214-30；
6、坡屋面与外墙处节点防水做法见赣12ZJ214-4/33；
7、屋面检修孔防水做法见赣12ZJ214-1/28；
(18.400) 建筑标高
18.300 结构标高
不上人平屋面
屋面上人孔700x700
参赣12ZJ214
檐口1大样
檐口2大样
构造详图(余同)
详建施
图纸名称
屋顶层平面图
建施 07/14

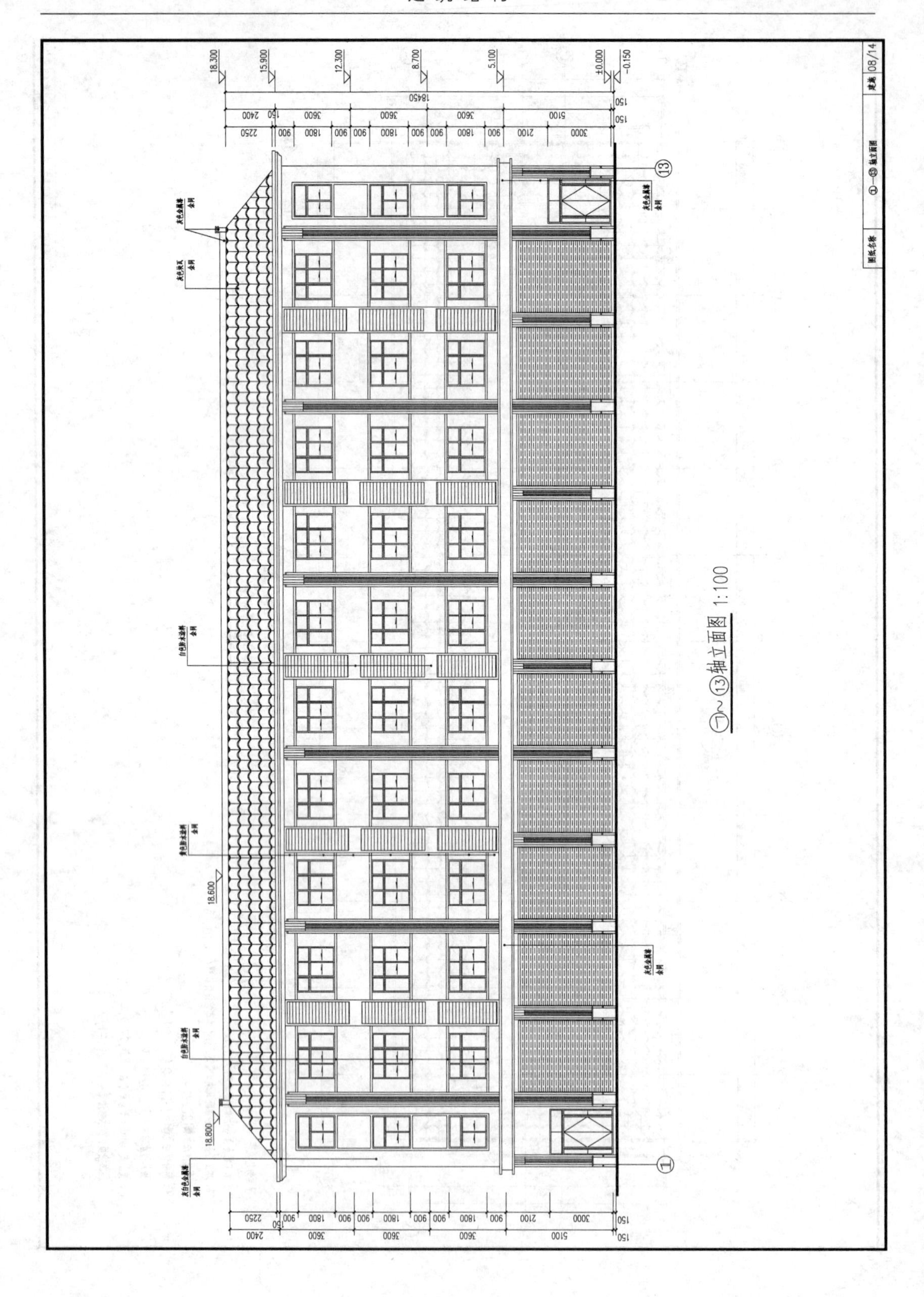

18.300
15.900
12.300
8.700
5.100
±0.000
-0.150
18450
2400
150
3600
3600
3600
5100
150
2250
900
1800
900
900
1800
900
900
1800
900
2100
3000
18.600
18.800
①
⑬
①~⑬轴立面图 1:100
建施 08/14

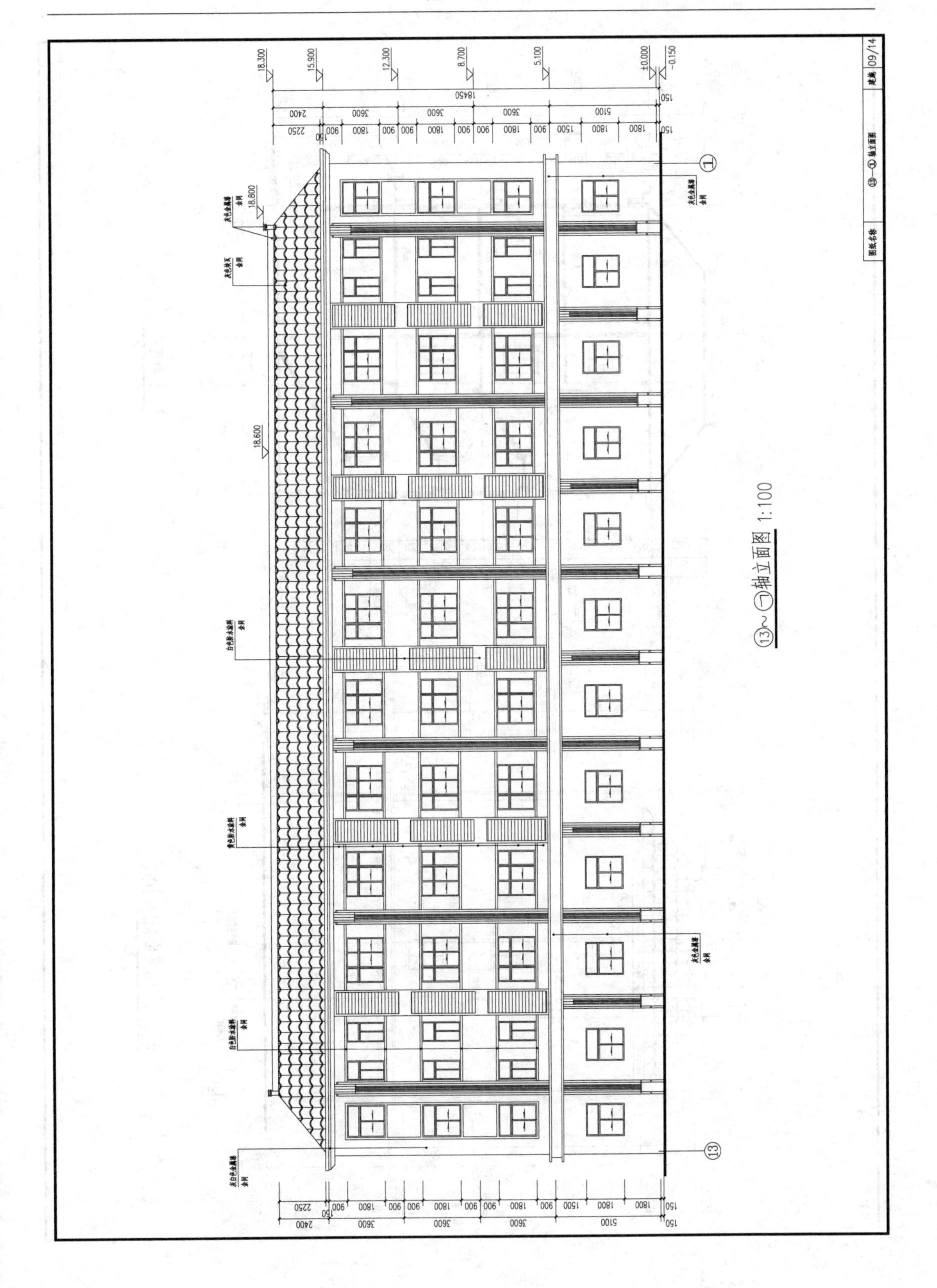
⑬～①轴立面图 1:100
18.300
15.900
12.300
8.700
5.100
±0.000
-0.150
18.800
18.600
18450
建施 09/14

Ⓓ～Ⓐ轴立面图 1:100

1—1剖面图 1:100

| 图纸名称 | Ⓓ—Ⓐ轴立面图、1～1剖面图 | 建施 | 10/14 |
| --- | --- | --- | --- |

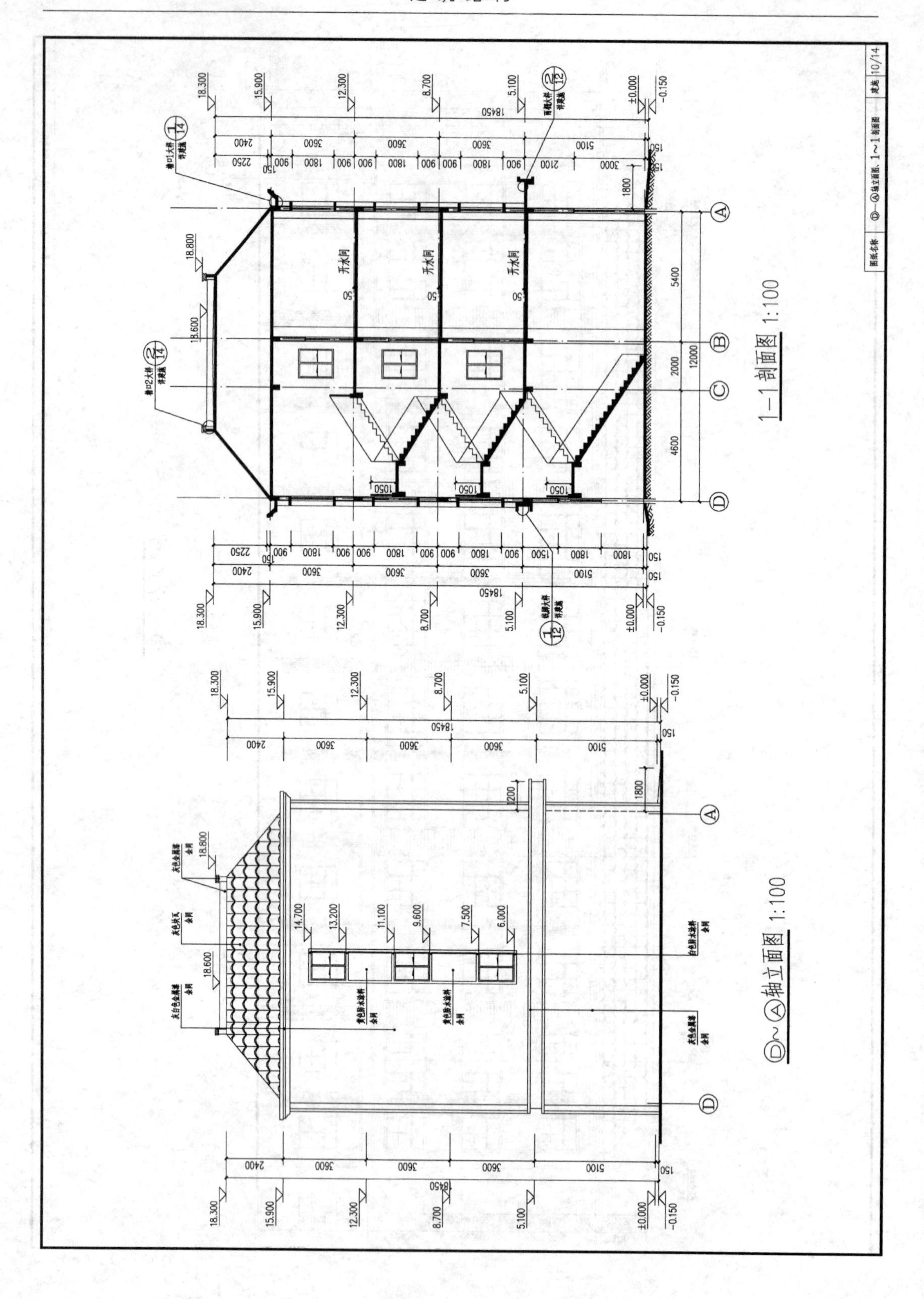

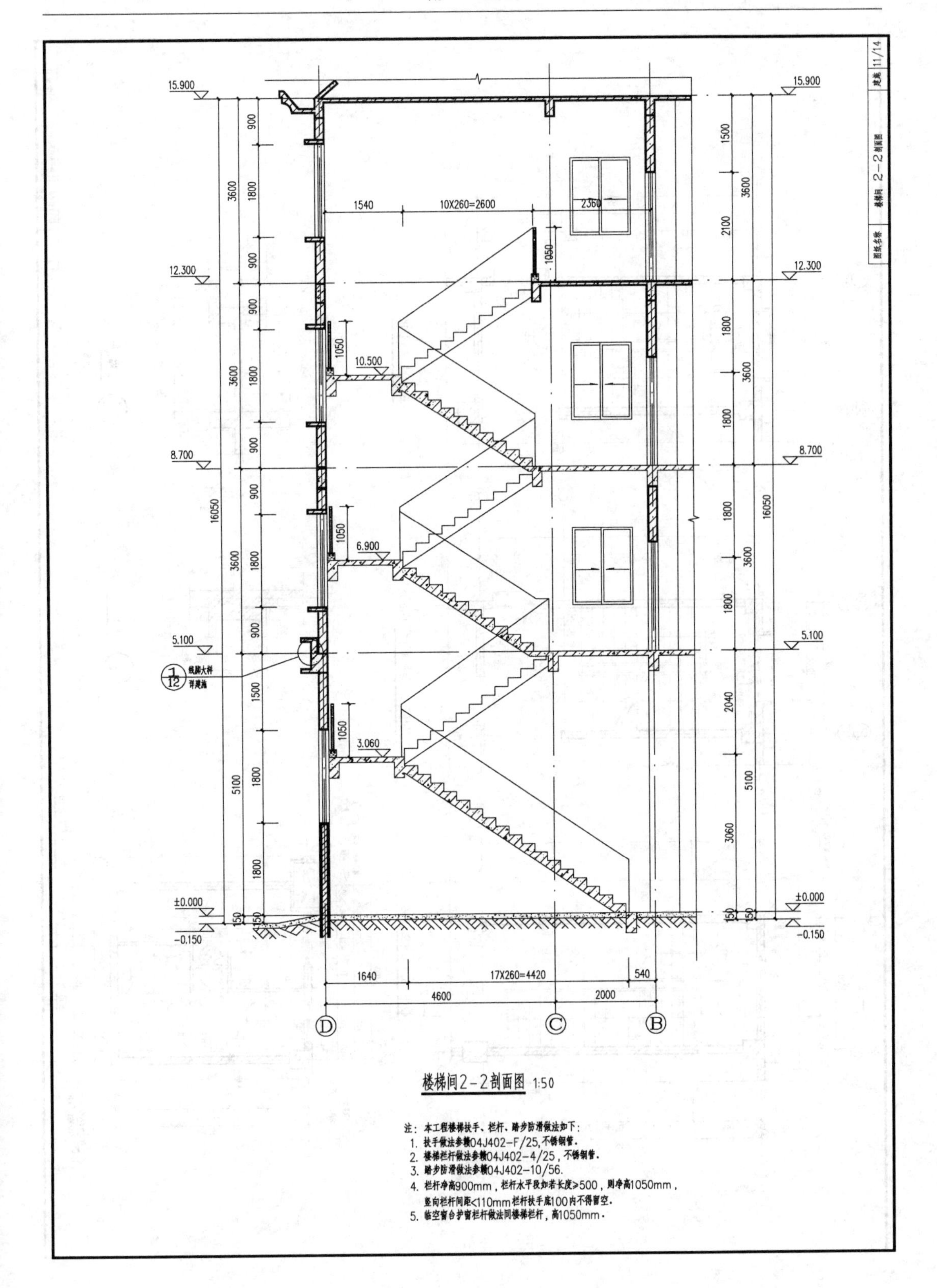
建施 11/14
图纸名称 楼梯间 2-2剖面图
15.900
12.300
8.700
5.100
±0.000
-0.150
10.500
6.900
3.060
1540
10X260=2600
2360
1640
17X260=4420
540
4600
2000
16050
线脚大样 详建施
楼梯间2-2剖面图 1:50
注：本工程楼梯扶手、栏杆、踏步防滑做法如下：
1. 扶手做法参赣04J402-F/25,不锈钢管.
2. 楼梯栏杆做法参赣04J402-4/25，不锈钢管.
3. 踏步防滑做法参赣04J402-10/56.
4. 栏杆净高900mm，栏杆水平段如若长度≥500，则净高1050mm，
竖向栏杆间距<110mm栏杆扶手底100内不得留空.
5. 临空窗台护窗栏杆做法同楼梯栏杆，高1050mm.

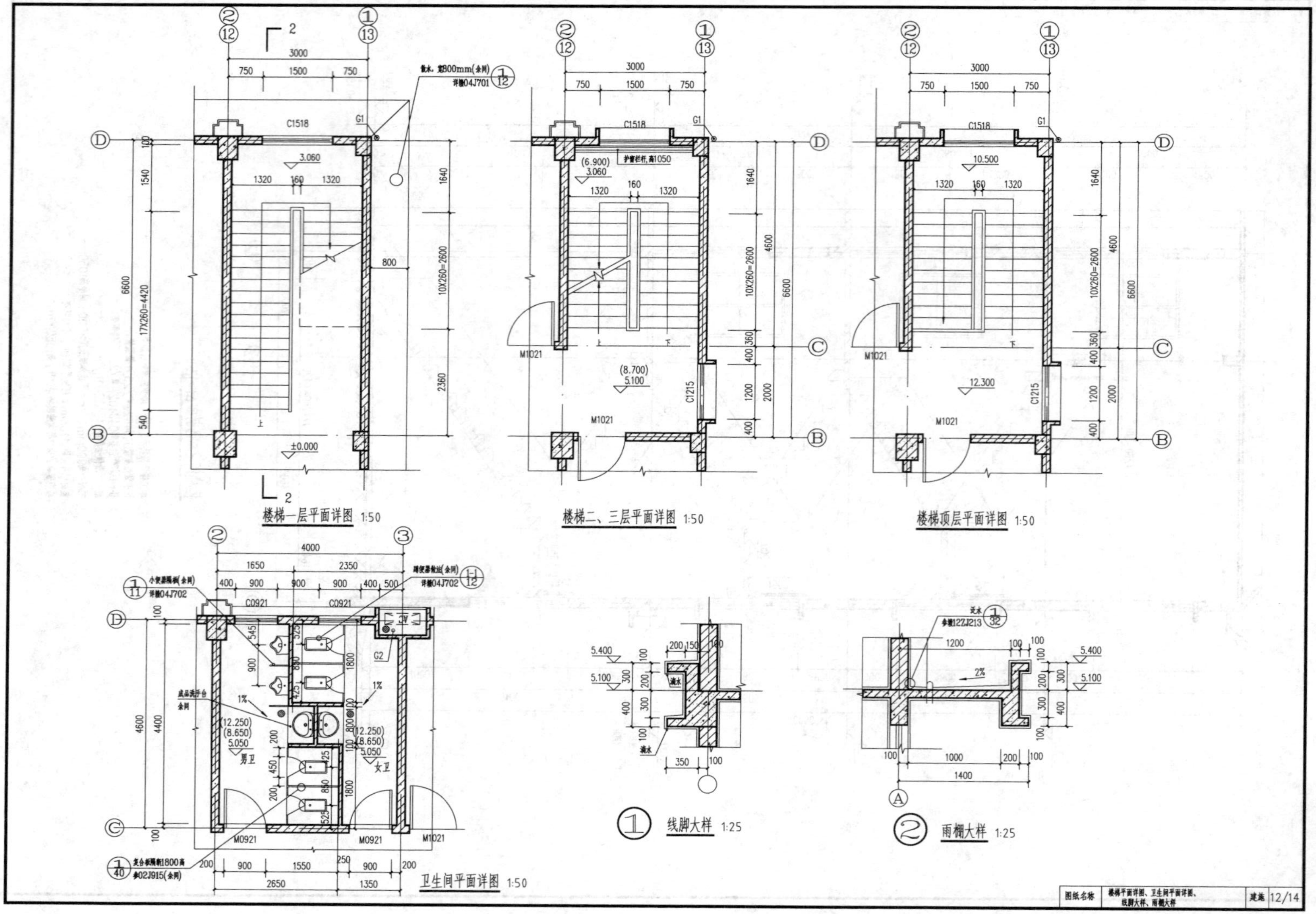
楼梯一层平面详图 1:50
楼梯二、三层平面详图 1:50
楼梯顶层平面详图 1:50
卫生间平面详图 1:50
① 线脚大样 1:25
② 雨棚大样 1:25
C1518
C1215
M1021
M0921
C0921
G1
G2
男卫
女卫
护窗栏杆,高1050
散水,宽800mm(余同)
详见04J701
小便器隔板(余同)
详见04J702
蹲便器隔断(余同)
详见04J702
成品洗手台
复合板隔断1800高
参02J915(余同)
滴水
参见12ZJ213
泛水
图纸名称
楼梯平面详图、卫生间平面详图、
线脚大样、雨棚大样
建施
12/14

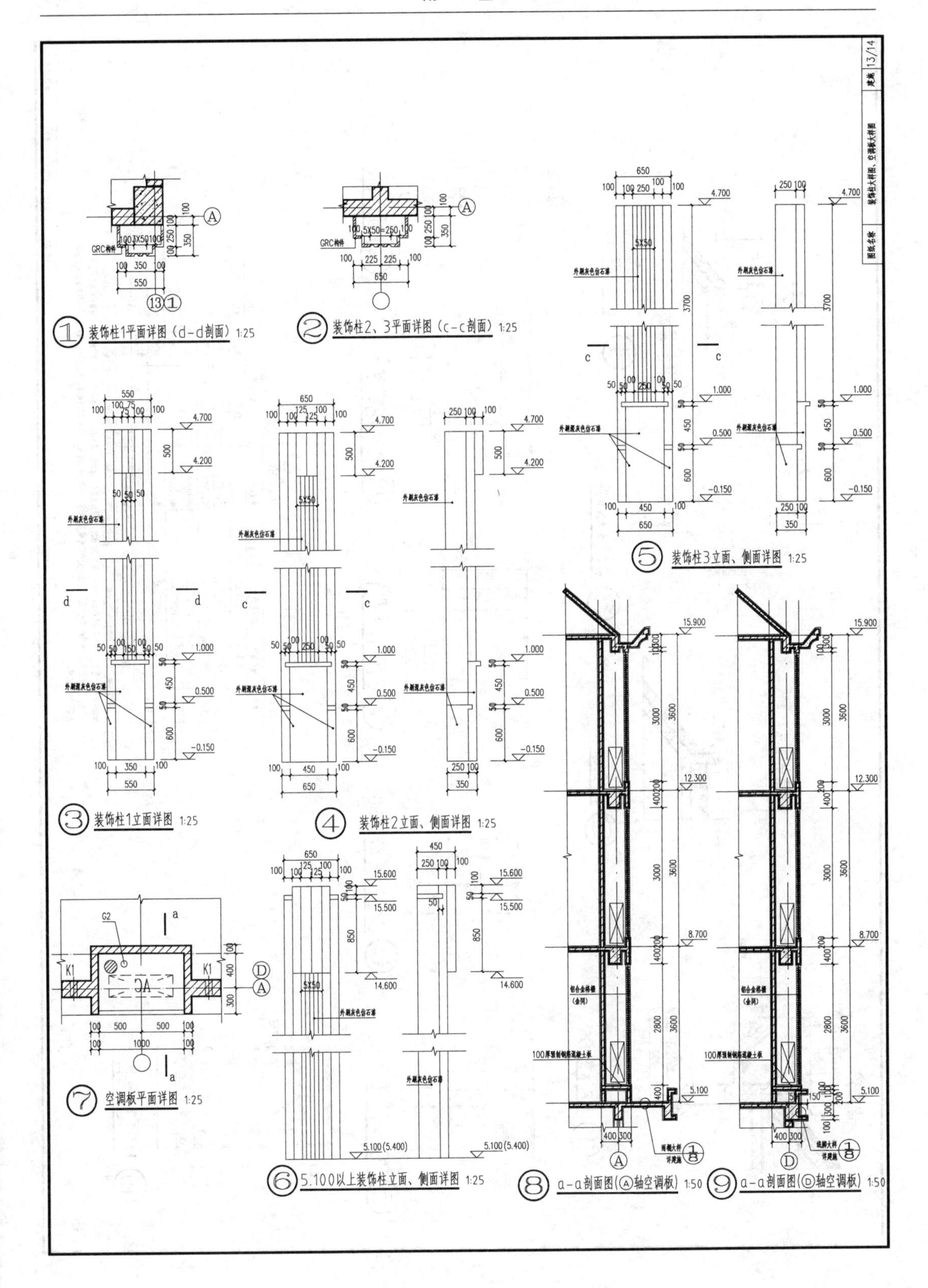

建施
13/14
装饰柱大样图、空调板大样图
图纸名称
①装饰柱1平面详图（d-d剖面）1:25
②装饰柱2、3平面详图（c-c剖面）1:25
③装饰柱1立面详图 1:25
④装饰柱2立面、侧面详图 1:25
⑤装饰柱3立面、侧面详图 1:25
⑥5.100以上装饰柱立面、侧面详图 1:25
⑦空调板平面详图 1:25
⑧a-a剖面图(Ⓐ轴空调板) 1:50
⑨a-a剖面图(Ⓓ轴空调板) 1:50
GRC构件
外刷灰色仿石漆
外刷深灰色仿石漆
铝合金格栅
(金同)
100厚预制钢筋混凝土板
4.700
4.200
1.000
0.500
-0.150
15.900
12.300
8.700
5.100
15.600
15.500
14.600
5.100(5.400)

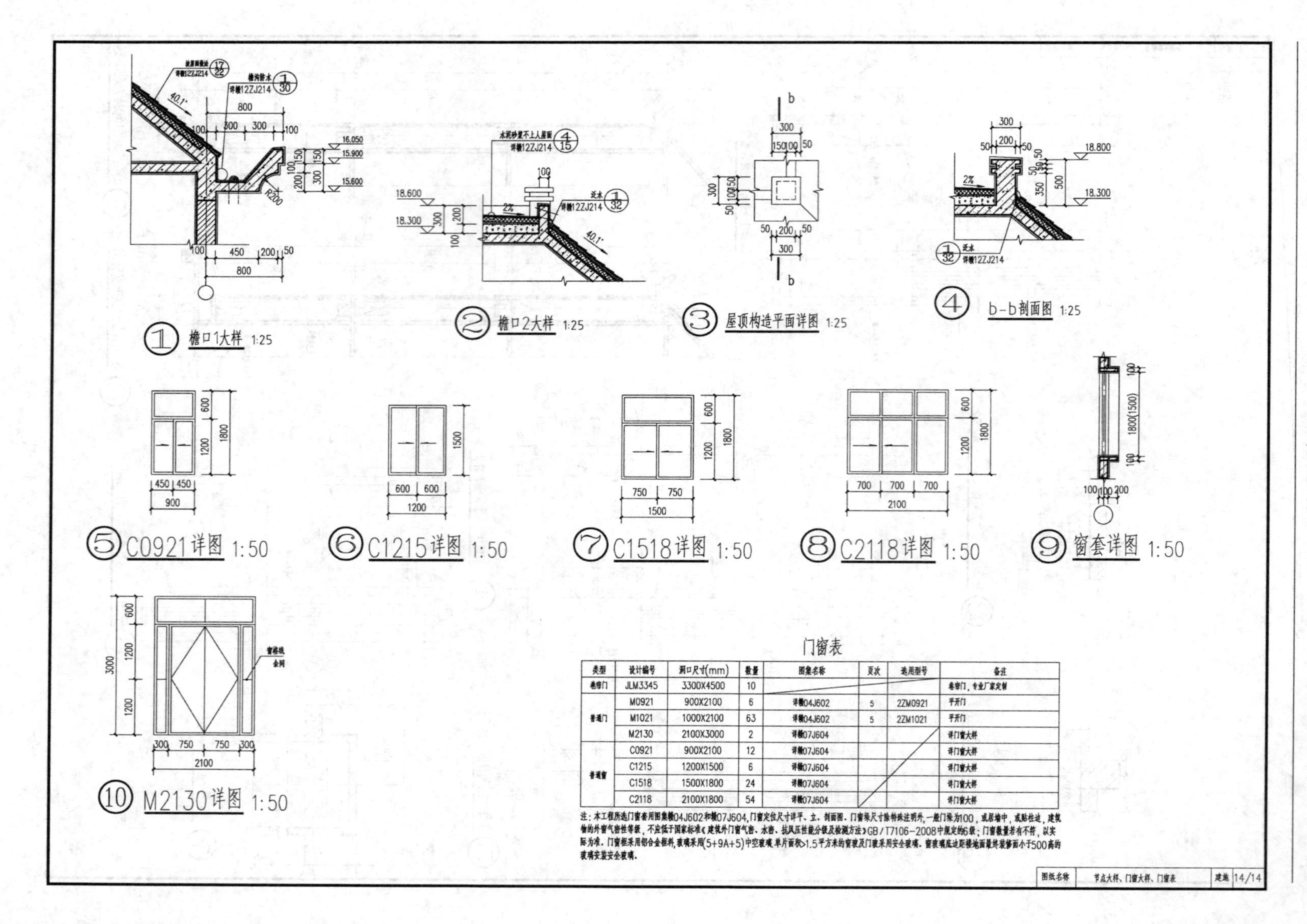


门窗表

| 类型 | 设计编号 | 洞口尺寸(mm) | 数量 | 图集名称 | 页次 | 选用型号 | 备注 |
|---|---|---|---|---|---|---|---|
| 卷帘门 | JLM3345 | 3300X4500 | 10 | | | | 卷帘门，专业厂家定制 |
| 普通门 | M0921 | 900X2100 | 6 | 详赣04J602 | 5 | 2ZM0921 | 平开门 |
| | M1021 | 1000X2100 | 63 | 详赣04J602 | 5 | 2ZM1021 | 平开门 |
| | M2130 | 2100X3000 | 2 | 详赣07J604 | | | 详门窗大样 |
| 普通窗 | C0921 | 900X2100 | 12 | 详赣07J604 | | | 详门窗大样 |
| | C1215 | 1200X1500 | 6 | 详赣07J604 | | | 详门窗大样 |
| | C1518 | 1500X1800 | 24 | 详赣07J604 | | | 详门窗大样 |
| | C2118 | 2100X1800 | 54 | 详赣07J604 | | | 详门窗大样 |

注：本工程所选门窗套用图集赣04J602和赣07J604，门窗定位尺寸详平、立、剖面图。门窗垛尺寸除特殊注明外，一般门垛为100，或居墙中，或贴柱边，建筑物的外窗气密性等级，不应低于国家标准《建筑外门窗气密、水密、抗风压性能分级及检测方法》GB/T7106－2008中规定的6级；门窗数量若有不符，以实际为准。门窗框采用铝合金框料，玻璃采用(5+9A+5)中空玻璃，单片面积>1.5平方米的窗玻及门玻采用安全玻璃。窗玻璃底边距楼地面最终装修面小于500高的玻璃安装安全玻璃。

# 结构设计总说明

一：总则

1.1 本工程按国家现行有效的设计规范、规程及标准进行设计，施工单位除应遵守本说明及各设计图纸详图外，尚应执行现行国家施工规范、规程和工程所在地区主管部门颁布的有关规程及规定，不得违规违章施工，确保各阶段施工安全.

1.2 本工程设计图通过施工图审查、并取得施工许可证后方可施工. 未经技术鉴定或设计许可，不得改变结构的用途和使用环境.

1.3 设计内容未考虑冬雨季施工，当冬雨季施工时必须采取相应的施工措施确保施工质量.

1.4 本工程部分弧线或折线构件，其图注尺寸为近似尺寸，准确大样及尺寸应以现场放样为准.

1.5 本工程所注标高均指建筑完成面标高，施工时应扣除粉刷层及其它面层的厚度.

1.6 尺寸单位除注明外，以毫米（mm）为单位，平面角以度(°)分(′)秒(″)表示，标高则以米（m）为单位.

1.7 本工程位于XXXXXX，地上4层，±0.000为室内地面标高，相当于____ 高程标高____米. 建筑沿口高度为 16.20m.

二：建筑结构安全等级及设计使用年限

2.1 本工程为____钢筋混凝土框架____结构.

2.2 本工程建筑结构的安全等级为__二__级，结构设计基准期为50年，结构设计使用年限为__50__年，建筑抗震设防类别为标准设防类，地基基础设计等级为丙级，人防工程的抗力等级为____级.

三：设计依据

3.1 设计合同和建设方提供的设计使用条件.

3.2 采用国家现行有效的设计规范、规程、统一标准、标准图集、工程建设标准强制性条文及"住房与城乡建设部有关公告"作为不能违反的法规，同时考虑工程所在地区实际情况采用地区性规范.

3.3 本工程结构设计遵循的主要标准、规范、规程：

《建筑结构可靠度设计统一标准》GB50068-2001　《建筑工程抗震设防分类标准》GB50223-2008

《建筑结构制图标准》GB/T50105-2010　《建筑抗震设计规范》GB50011-2010

《建筑结构荷载规范》GB50009-2012　《砌体结构设计规范》GB50003-2011

《混凝土结构设计规范》GB50010-2010　《多孔砖砌体结构技术规范》JGJ137-2001

《建筑地基基础设计规范》GB50007-2011　《建筑设计防火规范》GB50016-

《工程建设标准强制性条文--房屋建筑部分》（2013版）

《混凝土结构施工图平面整体表示方法制图规则和构造详图》（11G101-1、2、3）

3.4 本工程结构设计采用中国建筑科学研究院建研科技公司的 PKPM-2012-V1.3版计算程序及辅助计算软件. 结构整体计算嵌固部位为地面位置____.

3.5 本工程《岩土工程勘察报告》由XXXXXX________提供，建筑场地地震安全性评价报告（动参数）由________提供，基础施工时若发现地质实际情况与岩土工程勘察报告与设计要求不符时，须通知设计人员及岩土工程勘察单位技术人员共同研究处理.

四：结构抗震设计、荷载、防火及耐久性要求

4.1 本工程为抗震设防工程，工程所在地区的抗震设防烈度为6度，设计基本地震加速度为0.05g；设计地震分组为第一组；场地类别为Ⅱ类，设计特征周期为0.35S. 地震作用采取的抗震设防烈度为6度，抗震措施采取的设防烈度按6度；框架抗震等级为四级.

4.2 本工程采用的均布活荷及饰面吊顶恒荷载标准值：(表4.2.1)

表4.2.1

| 楼面用途 | 服务用房 | 杂物间 | 走廊 | 卫生间 | 楼梯 | 上人屋面 | 不上人屋面 | |
|---|---|---|---|---|---|---|---|---|
| 活载 KN/m² | 2.0 | 2.0 | 2.5 | 2.5 | 3.5 | 2.0 | 0.5 | |
| 饰面及吊顶 KN/m² | 1.5 | 1.2 | 1.5 | 2.0 | 1.5 | 3.5 | 3.5 | |

注：①楼梯、阳台、上人屋面等的栏杆顶部的水平活荷载标准值取1.0KN/m，竖向活荷载标准值取1.2KN/m.
②除上述已标明的荷载外，其余未注明的荷载按《建筑结构荷载规范》GB50009-2012的规定取值.

4.3 风荷载：基本风压$W_0$=0.45kN/m²（按50年重现期风压值），地面粗糙度为C类. □本工程属对风荷载比较敏感建筑，承载力设计时按基本风压的1.1倍采用. □风振舒适度计算按10年一遇风荷载考虑.

4.4 雪荷载：基本雪压$S_0$=0.45 kN/m²（基本雪压按50年重现期雪压值），雪荷载准永久值系数分区属____区.

4.5 构件防火：本工程建筑火灾危险性类别为二类，建筑耐火等级为一级，建筑物所用材料燃烧性能和耐火极限不应低于相应耐火等级的防火规范要求.

4.6 混凝土结构应正常使用及维护. 本工程构件耐久性的环境类别详表4.6.1；设计使用年限为50年的混凝土结构最外层钢筋保护层厚度需满足表4.6.2要求.

表4.6.1

| 构件部位 | 普通构件 | 天面构件 | 外露构件 | 地下室底板 | 地下室侧壁 | 地下室顶板 | 桩基础 | 基础梁 | |
|---|---|---|---|---|---|---|---|---|---|
| 环境类别 | 一类 | 二a类 | 二a类 | 二a类 | 二a类 | 二a类 | 二b类 | 二a类 | |

表4.6.2 钢筋保护层最小厚度c（mm）

| 环境类别 | 一 | 二a | 二b | 三a | 三b |
|---|---|---|---|---|---|
| 板墙壳 | 15(21) | 20(28) | 25(35) | 30(42) | 40(56) |
| 梁柱杆 | 20(28) | 25(35) | 35(49) | 40(56) | 50(70) |

注：(1) 括号内尺寸适用于设计使用年限100年的构件.
(2) 构件中受力钢筋保护层不应小于钢筋的公称直径.
(3) 砼强度等级不大于C25时，表中数值应增加5mm；预制构件，保护层厚度可比表中规定减少5mm.
(4) 钢筋机械连接接头连接件混凝土保护层厚度应满足受力钢筋保护层厚度的最小厚度要求，连接件之间的横向净距不宜小于25mm.
(5) 地下室底板纵筋混凝土保护层厚度：底板迎水面有垫层时不应小于40mm；无垫层时不应小于70mm；顶面室内按上表取值.
(6) 地下室外墙（梁）纵筋混凝土保护层厚度：外侧迎水面纵筋不应小于50mm；内侧室内按上表取值.
(7) 当梁、柱、墙中纵向受力钢筋的保护层厚度大于50mm时，应在保护层内增设镀锌钢丝网片Φ4@150x150，防保护层混凝土开裂及剥落，网片的保护层不应小于25mm.
(8) 当对地下室墙体采取可靠的防水或防护措施时，外侧钢筋保护层厚度可适当减少，但不应小于25mm.

4.7 设计使用年限为50年的混凝土材料的耐久性要求详表4.7.1. 设计使用年限为100年及环境类别为四、五类时，其耐久性应符合有关标准的要求.

表4.7.1 结构混凝土耐久性的基本要求

| 环境类别 | 最大水胶比 | 最低强度等级 | 最大氯离子含量 | 最大碱含量 |
|---|---|---|---|---|
| 一 | 0.60 | C20 | 0.30% | 不限制 |
| 二a | 0.55 | C25 | 0.20% | 3.0kg/m³ |
| 二b | 0.50(0.55) | C30(C25) | 0.15% | |
| 三a | 0.45(0.50) | C35(C30) | 0.15% | |
| 三b | 0.40 | C40 | 0.10% | |

注：(1) 预应力构件砼中的最大氯离子含量为0.06%，其最低砼强度等级应按表中规定提高两个等级；
(2) 处于严寒和寒冷地区二b、三a类环境中的砼应使用引气剂，并可采用括号中的有关参数.
(3) 当使用非碱活性骨料时，对砼中碱含量可不作限制.

五：场地、地基及基础部分

5.1 本建筑场地类别为__Ⅱ__类，地基土的液化等级__无__. □场地标准冻土深度为______.

5.2 根据地勘报告，本工程采用钢筋混凝土柱下独立基础；持力层为强风化千枚岩层，其承载力特征值取260kPa. 各岩土参数及地基承载力特征值详岩土工程勘查报告.

5.3 基槽、基坑、桩孔开挖后，应采取必要的排水措施以防止雨水、施工用水及地下水的注入，以确保正常施工及防止土方边坡塌方.

5.4 条形基础埋置深度变化时，应从最低处往上逐级放踏步，一般按图（5.4）方法处理.

5.5 墙柱竖向构件底部插筋在基础中的锚固做法见国标图集《11G101-3》，插筋伸出基础顶面要求见国标图集《11G101-1》.

5.6 基础施工完毕后，应尽快回填基坑. 回填土前须先清除基坑内的杂物，在相对的两侧或四周同时均匀进行分层夯实，压实系数不小于0.95.

5.7 底层内隔墙（高度<4m）无基础或基础梁时，采用图（5.7）方法处理.

5.8 基槽（坑）开挖后，应进行基槽检验. 基槽检验可用触探或其他方法，当发现与勘察报告和设计文件不一致，或遇到异常情况时，应结合地质条件提出处理意见.

六：结构材料选用：

6.1.1 普通钢筋强度设计值（抗拉强度设计值fy，抗压强度设计值fy'）：HPB300（Φ）级：fy=fy'=270/mm²；HRB335（Φ）级、HRBF335（$Φ^F$）级：fy=fy'=300N/mm²；
HRB400（Φ）级、HRBF400（$Φ^F$）、RRB400（$Φ^R$）：fy=fy'=360N/mm²，
冷轧带肋钢筋CRB550（$Φ^R$）级与冷轧扭钢筋CTB550（$Φ^t$）级：fy=550N/mm²，fy'=360N/mm².

6.1.2 施工中当需要进行钢筋代换时，应按照钢筋承载力设计值相等的原则换算，并应满足抗裂验算及最小配筋率、保护层厚度、钢筋间距等构造要求. 当采用进口钢筋时，应符合我国相关规定的要求.

6.1.3 抗震等级为一、二、三级的框架和斜撑构件（含梯段），其纵向受力钢筋采用普通钢筋时，钢筋的抗拉强度实测值与屈服强度实测值的比值不应小于1.25；钢筋屈服强度实测值与屈服强度标准值的比值不应大于1.3，且钢筋在最大拉力下的总伸长率实测值不应小于9%.

6.1.4 预埋件的锚固应用HPB300、HRB335级钢筋，设备检修用的吊环应采用HPB300级钢筋，严禁使用冷加工钢筋. 吊环埋入混凝土的锚固深度不应小于30d，并应焊接或绑扎在钢筋骨架上.

6.1.5 当详图中无要求时，作为承重结构预埋件的钢板及型钢采用Q235-B级钢. 附设在外墙的装饰及围截构件如需外挂时，应用预埋件及植螺栓，不得使用膨胀螺栓. 焊条及焊剂按国标《钢筋混凝土结构预埋件》04G362图集第5页第3.5条规定. 所有外露铁件均应涂刷防锈底漆及面漆，材料及颜色按建筑要求施工.

6.2 钢筋的锚固与连接：

6.2.1 本工程纵向受拉钢筋的基本锚固长度按表6.2.1-1，锚固长度、抗震锚固长度按表6.2.1-2，光面钢筋的锚固长度不包括弯钩段.

6.2.2 本工程纵向受拉钢筋搭接头的搭接长度$l_{lE}$及要求详表6.2.2，受压钢筋搭接长度不应小于受拉钢筋搭接长度的70%且不应小于200. 绑扎搭接接头连接区段的长度为1.3$l_{lE}$，同一搭接区段内受拉钢筋接头百分率：对梁、板类及墙体构件，不宜大于25%，对柱类构件，不宜大于50%，梁类构件不应大于50%.

6.2.3 本工程中各构件的受力钢筋连接方式按表6.2.3表采用（打"•"者为采用方式），受力钢筋的接头应设在受力较小处，并不宜设在节点梁端及柱端的箍筋加密区范围.

表6.2.1-1 受拉钢筋基本锚固长度及搭接长度$l_{ab}$、$l_{abE}$

| 钢筋种类 | 抗震等级 | C20 | C25 | C30 | C35 | C40 | C45 | C50 | C55 | ≥C60 |
|---|---|---|---|---|---|---|---|---|---|---|
| HPB300（Φ） | 特一、一级 | | | 35d | 32d | 29d | 28d | 26d | 25d | 24d |
| | 二级 | 45d | 39d | 35d | 32d | 29d | 28d | 26d | 25d | 24d |
| | 三级 | 41d | 36d | 32d | 29d | 26d | 25d | 24d | 23d | 22d |
| | 四级、非抗震 | 39d | 34d | 30d | 28d | 25d | 24d | 23d | 22d | 21d |
| HRB335（Φ）HRBF335（$Φ^F$） | 特一、一级 | | | 33d | 31d | 29d | 26d | 25d | 24d | 24d |
| | 二级 | 44d | 38d | 33d | 31d | 29d | 26d | 25d | 24d | 24d |
| | 三级 | 40d | 35d | 31d | 28d | 26d | 24d | 23d | 22d | 22d |
| | 四级、非抗震 | 38d | 33d | 29d | 27d | 25d | 23d | 22d | 21d | 21d |
| HRB400（Φ）RRB400（$Φ^R$）HRBF400（$Φ^F$） | 特一、一级 | | | 40d | 37d | 33d | 32d | 31d | 30d | 29d |
| | 二级 | 53d | 46d | 40d | 37d | 33d | 32d | 31d | 30d | 29d |
| | 三级 | 49d | 42d | 37d | 34d | 30d | 29d | 28d | 27d | 26d |
| | 四级、非抗震 | 46d | 40d | 35d | 32d | 29d | 28d | 27d | 26d | 25d |

表6.2.1-2 受拉钢筋锚固长度$l_a$、抗震锚固长度$l_{aE}$

| 非抗震 | 抗震 | 说明 |
|---|---|---|
| $l_a=ζ_a l_{ab}$ | $l_{aE}=ζ_a l_{abE}$<br>$l_{aE}=ζ_{aE} l_a$ | 1) $l_a$不应小于200mm.<br>2) 锚固长度修正系数$ζ_a$按右表采用，当多于一项时可按连乘计算，但不应小于0.6.<br>3) $ζ_{aE}$为抗震锚固长度修正系数，对一、二级抗震等级取1.15，对三级抗震等级取1.05，对四级抗震等级取1.00. |

表6.2.1-3 受拉钢筋锚固长度修正系数$ζ_a$

| 锚固条件 | | $ζ_a$ | |
|---|---|---|---|
| 带肋钢筋的公称直径大于25 | | 1.10 | |
| 环氧树脂涂层带肋钢筋 | | 1.25 | |
| 施工过程中易扰动的钢筋 | | 1.10 | |
| 锚固区保护层厚度 | 3d | 0.80 | 中间时按内插值；d为锚固钢筋直径. |
| | 5d | 0.70 | |

注：1) HPB300级钢筋末端应做180°弯钩，弯后平直段长度不应小于3d，但作受压钢筋时可不做弯钩.
2) 当锚固钢筋的保护层厚度不大于5d时，锚固钢筋长度范围内应设置横向构造钢筋，其直径不应小于d/4（d为锚固钢筋的最大直径）；对梁、柱等构件间距不应大于5d，对板、墙等构件间距不应大于10d，且均不应大于100（d为锚固钢筋的最小直径）.

表6.2.2 纵向受拉钢筋绑扎搭接长度$l_l$、$l_{lE}$

| 非抗震 | 抗震 | | |
|---|---|---|---|
| $l_l=ζ_l l_a$ | $l_{lE}=ζ_l l_{aE}$ | | |
| 纵向受拉钢筋搭接长度修正系数$ζ_l$ | | | |
| 纵向钢筋搭接接头面积百分率(%) | ≤25 | 50 | 100 |
| $ζ_l$ | 1.2 | 1.4 | 1.6 |

1) 当直径不同的钢筋搭接时，$l_l$、$l_{lE}$按直径较小的钢筋计算mm.
2) 任何情况下不应小于300mm.
3) 式中$ζ_l$为纵向受拉钢筋搭接长度修正系数，当纵向受拉钢筋搭接接头面积百分率为表中中间值时，可按内插取值.

表6.2.3

| 连接方式 | 柱、钢筋砼墙、板 d>22 | 柱、钢筋砼墙、板 18≤d≤22 | 柱、钢筋砼墙、板 d<18 | 框架梁面筋及底筋、梁底筋 d>22 | 框架梁面筋及底筋、梁底筋 d≤22 | 转换梁 全部 | 次梁底筋 d>22 | 次梁底筋 d≤22 |
|---|---|---|---|---|---|---|---|---|
| 机械连接 | • | | | • | | • | | |
| 焊接连接 | | • | | | • | | • | |
| 搭接连接 | | | • | | | | | • |

注：吊柱、转支柱、斜柱等轴心或小偏心受拉构件不得采用绑扎搭接. 各构件的非受力钢筋的连接及构造详相应通用说明.

6.2.4 机械连接接头：优先采用冷挤压或等强直螺纹接头，经设计人同意可采用锥螺纹接头. 接头应符合《钢筋机械连接通用技术规程》（JGJ107--2010）的要求，机械连接区段长度为35d（d为连接钢筋较小直径），同一连接区段内的受拉钢筋接头百分率不应大于50%，受压钢筋可不受限制.

6.2.5 焊接连接（钢筋焊接应符合《钢筋焊接及验收规范》JGJ18-2012）：
(1) 细晶粒热轧带肋钢筋及直径大于28mm的带肋钢筋，其焊接应经试验确定；
(2) 采用搭接或帮条电弧焊时，宜优先采用双面焊焊接长度不小于5d，当采用单面焊时，焊接长度不小于10d.
(3) 可采用闪光接触对焊，柱筋为HRB335时可采用电渣压力焊.
(4) 钢筋焊接接头连接区段长度范围为35d（d为连接钢筋的较小直径）且不小于500mm，同一连接区段内的受拉钢筋接头百分率不应大于50%，受压钢筋可不受限制.

6.3 现浇结构混凝土强度等级及抗渗等级：

表6.3

| 结构部位 | 砼强度等级 | 砼抗渗等级 | 结构部位 | 砼强度等级 | 砼抗渗等级 |
|---|---|---|---|---|---|
| 基础垫层 | C15 | | 柱（基础顶~2层，标高-0.300~5.100） | C30 | |
| 基础及基础梁 | C25 | | 柱（3层~屋面顶，标高5.100~） | C25 | |
| | | | 梁、板（1层~屋顶，含楼梯及梯板） | C25 | |
| | | | 梁、板（屋面板及外露部分板） | C25 | P6 |

1> 除结构施工图中注明外，其余混凝土构件（如构造柱、过梁、压顶等）均采用C20砼.
2> 无注明的设备基础混凝土强度等级>C20，设备基础必须待设备到货后，经校对尺寸无误后方可施工.
3> 部分构件采用其他混凝土强度等级时，另见详图或说明.
4> 构件混凝土强度等级除满足上表要求外，混凝土耐久性还应根据不同环境类别符合《混凝土结构设计规范》(GB50010-2010) 3.5.3条的规定.

| 图纸名称 | 结构设计总说明（一） | 结施 | 01/15 |
|---|---|---|---|

5> 水泥、混凝土及外加剂要求

（1）每一结构层应采用同一厂家同一品种的水泥或混凝土，不得混用。未经主管部门批准，不得使用非商品混凝土。

（2）所有砼的外加剂、超细掺合料（硅粉、粉煤灰）防水掺合料钢纤维合成纤维等要求在施工前做相容性试验及配合比试验，试验结果符合强度要求方可施工。外加剂的使用按《混凝土外加剂应用技术规范》GB50119-2003执行。

七：现浇钢筋混凝土墙柱结构

7.1 本工程设计钢筋混凝土结构施工图采用平面整体表示方法，梁、柱、剪力墙的构造详图采用国标结构专业系列图集，主要应用的平法11G101系列标准图施工。

7.2 当框架梁、柱砼强度等级相差超过5MPa时，其节点区的砼强度等级应按其中较高级者施工。做法见图7.2；当框架梁、柱砼强度等级相差不超过5MPa时，梁柱节点可用梁板的砼强度等级浇灌。

7.3 柱中箍筋均为封闭箍，当设有拉结钢筋时，拉结钢筋应同时钩住主筋和箍筋，当柱子箍筋为复合箍筋时，由大箍筋套中间箍筋组成。当柱子纵向钢筋的总配筋率超过3%时箍筋应采用焊接。

7.4 当梁与柱边平时，梁的外侧钢筋的混凝土保护层增大以便其置于柱钢筋之内。

7.5 当梁、柱中心线之间的偏心距大于柱截面在该方向宽度的1/4时，则采取梁端水平加腋措施进行处理，加腋部分与梁同高，构造做法参见11G101-1第83页。

7.6 除图中注明外，水平及竖向折梁转角处配筋构造做法参见11G101-1第88页。

7.7 除图中注明外，悬挑梁的梁上部钢筋构造做法参见11G101-1第89页。
悬挑构件及跨度大于8m的梁必须待混凝土强度达到100%设计强度后，方可拆除底模。

7.8 凡图中无特别注明者，次梁钢筋置于主梁钢筋之上。当为井字梁时，较长梁钢筋置于较短梁钢筋之上。

7.9 当水道、电力及电信专业要在钢筋混凝土梁上开洞时，洞口离梁支座边的净距应>2倍梁高，洞与洞净距应>2.5倍梁高，梁洞口补强大样见图7.9所示。

7.10 管线需要在柱墙梁板开洞或埋设构件时，应按设计图纸预留（埋），不得事后凿洞，以免影响工程质量。

7.11 钢筋混凝土的竖向构件，常温施工时柱拆模时混凝土强度不得低于1.5MPa，墙拆模时混凝土强度不得低于1.0MPa，且应有确保质量的养护措施。安装梁模时，柱的强度应不小于10.0MPa，承受楼板荷载时，墙体强度不应低于4.0MPa。

7.12 除注明外，梁跨度≥4m时，梁的跨中应按1/500起拱，悬臂梁跨度≥2m时，应按净跨L的2/500起拱。

7.13 露天及梁结构须按建筑排水要求预埋φ100（注明除外）套管泄水孔（孔底比建筑完成面低20mm）。

八：现浇钢筋混凝土楼（屋）面板结构

8.1 单向板底筋的分布筋及单向板、双向板支座负筋的分布筋，除平面图中另有注明者外应同时满足表8.1的要求和大于受力主筋的15%，且分布筋的最大间距为250。

表8.1

| 板厚度(mm) | 60~90 | 100~130 | 140~160 | 170~210 | 220~250 | 260~350 |
|---|---|---|---|---|---|---|
| HRB400(Φ)板筋 | Φ6@200 | Φ8@250 | Φ8@200 | Φ10@250 | Φ10@200 | Φ12@250 |
| CRB550(φR)板筋 | φR6@200 | φR7@250 | φR7@200 | φR8@250 | φR10@200 | φR12@250 |

8.2 双向板（异形板）底筋的放置：短向筋置于底层，长向筋置于短向筋之上。当板底与梁底平时，板底筋应置于梁内底筋之上。现浇板施工时，应采取措施保证钢筋位置。楼板混凝土强度未达到1.2MPa前，不得在其上踩踏或安装支架。

8.3 结构图中之钢筋规格代号如下表示，以此类推：K8=Φ8@200、M8=Φ8@180、G8=Φ8@150……
K10=Φ10@200、M10=Φ10@180、G10=Φ10@150……

8.4 板筋的锚固与连接：

8.4.1 板下部受力钢筋伸入支座>5d且至少伸至支座中线；楼梯板的下部受力钢筋伸入支座的锚固长度15d，且不小150。当采用冷轧带肋钢筋（CRB500）时，板下部纵向钢筋伸入支座锚固长度不小于10d并不小于100，且至少伸至支座中线。支座为砼墙的板上部钢筋锚入墙长度及转换层楼板中钢筋锚入边梁或墙体内长度均按抗震等级为四级采用。

8.4.2 所有板筋（受力或非受力筋）采用搭接接长时，其搭接长度为 不应小于300，相邻接头截面间的最小距离为1.3Ll。现浇钢筋混凝土楼板下部钢筋应在距支座1/4净跨内搭接，板上部钢筋应在跨中1/2净跨内搭接。

8.4.3 底筋相同的相邻板跨施工时其底筋可以直通，板面和板底标高差值不超过20mm时，板上部和下部钢筋可连通设置，但施工时需做成"  "和"  "形状。

8.4.4 本工程若部分采用冷轧带肋焊接钢筋网，冷轧带肋钢筋为CRB550级（φR），应由具有相应资质的焊接钢网生产厂按设计要求制作网片并经设计单位认可，并应按《冷轧带肋钢筋混凝土结构技术规程》JGJ95-2003要求验收。

8.5 配有双层钢筋的一般楼板，均应加设支撑钢筋，支撑钢筋型式可用"  "，φ8钢筋制成，每平方米设置一个。地下室底板采用Φ12钢筋制成，人防顶板用______。除另有注明外，支撑钢筋高度h=板厚-保护层-底、面层钢筋网直径。

8.6 跨度大于3.6米的板（双向板指短跨），施工时板跨中应按1/500起拱。当悬臂板跨度大于1.8米时，按悬臂长度的6/1000起拱；如有特殊要求时，详图纸另行注明。

8.7 板、墙内钢筋如遇洞口当D≤300mm时（D为洞宽），钢筋绕过洞口不需切断；D>300mm时，洞边加强钢筋均见国标图集11G101-1~3。

8.8 除平面注明外，非承重砌体墙下未设置梁时，应在墙下板底处增设加强筋如图8.8（图纸中另有要求者除外）；板跨为L<2.0m时，4Φ12@50；板跨为2.0~2.5m时，4Φ14@50；板跨为2.5~3.0m时，4Φ16@50；两端锚入梁（墙）支座内15d；当板跨>3.0m时，宜在墙下设梁。

8.9 设备管井道应每层封闭，施工时应预留φ8@200板筋（除图中另有注明外），待管道安装完成后，浇筑混凝土封闭，混凝土强度等级≥C20，板厚≥80mm。混凝土保护厚度层应≥15mm。

8.10 现浇楼板内预埋暗管时，应尽量分散并减小交叉层数，管径应<1/3板厚，且尽量埋在板截面中心三分之一部位，应绑扎牢固定位，不得离板底或板面太近，以防楼板开裂；当板内埋管多于3根（含3根）并排时，应在垂直走管方向上下各配置直径≥4.5mm，网格为100~200mm的附加钢筋网，短筋每边伸出≥300，埋管应尽量分开，并排数量不得多于8根，交叉管线不得多于二层，确保管壁至板上、下层净距不小于30mm（图8.10）。

8.11 底模及支架拆除时间按规范《GB50204-2002》表4.3.1条的要求确定。

九：非结构构件：

9.1 本工程砌体均为框架结构的填充墙，不作承重结构用；砌体工程施工质量控制要求为B级，砌体填充墙应严格按照相应砌体材料的有关施工规定进行施工。砖及砼砌块强度等级不低于MU5，轻质砌块不低于MU2.5，砂浆强度等级不小于M5.0（Mb5.0）。本设计所用的砂浆，除地面防潮层以下采用水泥砂浆外，其余为水泥石灰混合砂浆。

9.2 本工程墙体砌块及砂浆选用详见表9.2.1及9.2.2。

表9.2.1

| 本工程选用 | 砌块（砖）名称 | 容重（kg/m³） | 强度等级 | 出厂龄期 | 执行标准号 | 使用范围 | 备注 |
|---|---|---|---|---|---|---|---|
| ☑ | 烧结多孔砖 | ≤1400 | MU10.0 | ≥28d | | ☑外墙 □内墙 | 水泥石灰砂浆 |
| ☑ | 蒸压加气混凝土砌块 | ≤700 | A5.0 | ≥15d | GB11968-2006 | □外墙 ☑内墙 | |
| □ | 蒸压灰砂砖 | ≤1800 | MU10 | ≥28d | GB11945-1999 | □外墙 □内墙 | |
| ☑ | 烧结多孔砖 | ≤1400 | MU10.0 | ≥28d | | 卫生间隔墙 | 采用水泥砂浆 |
| □其它 | 普通混凝土空心砌块 | ≤1400 | MU7.5 | ≥28d | GB8239-1997 | | |

表9.2.2

| 本工程选用 | 砂浆类型 | 砂浆强度等级 | 执行标准号 | 使用范围 | 备注 |
|---|---|---|---|---|---|
| ☑ | 现场搅拌砂浆 | M5.0 | | ☑外墙 ☑内墙 | |
| □ | 预拌砂浆 | M5.0 | JGJ/T223-2010 | □外墙 □内墙 | |
| ☑ | 预拌砂浆 | Mb5.0 | JGJ/T17-2008 | □外墙 ☑内墙 | 适用于蒸压加气砼砌块 |
| □ | CAS砌筑砂浆 | M5.0 | Q/CSJC 01-2007 | □外墙 □内墙 | 环保节能型预拌砂浆 |

9.3 层数不小于12层的建筑中的非承重墙，不得使用容重大于1400kg/m³的墙体材料。

9.4 填充墙应沿钢筋混凝土墙或柱（构造柱）全高每隔500设2φ6钢筋，拉结筋预埋柱内250mm，拉筋伸入砌体墙内的长度（或至洞口边，并带直勾）：抗震设防烈度6、7度时，应≥砖墙长的1/5、且≥1.0m；8、9度时应为沿砖墙全长贯通（图9.4）。

9.5 当砌体墙的长度大于5m（蒸压加气砼砌块大于2倍层高）和需加强的丁字墙、转角墙，或非丁字墙端部没有钢筋砼墙柱时，应在砖墙中间或自由端端部加设构造柱GZ。

9.6 对于墙垛宽≤120的填充墙的门窗框二侧，当洞宽度大于1000时，设置混凝土构造柱GZ加固。

9.7 屋面女儿墙采用砌体填充墙时，女儿墙高≤1.5m时，沿墙长间距不超过3m及墙体转角处设置钢筋混凝土构造柱（GZ）；女儿墙顶设置沿墙全长贯通的钢筋混凝土水平压顶梁。构造柱与女儿墙的拉结筋做法同一般楼层。采用钢筋混凝土女儿墙做法详施工图。

9.8 构造柱须先砌墙后浇柱，砌墙时墙与构造柱连接处要砌成马牙槎（图9.8）。构造柱配筋除图中注明外，均按尺寸200*墙厚、竖筋4Φ12、箍筋φ6@200（在柱脚、柱顶500范围内箍筋间距加密为100）；砼强度等级见前面说明。若钢筋不能通长，在主体结构施工时，柱脚及柱顶在主体结构中预埋4Φ12竖筋，竖筋伸出主体结构面500。施工时需先砌墙后浇柱，墙与柱的拉结筋应在砌墙时预埋。

9.9 墙高度大于4m的190厚砌体及高度大于3m的90、120厚砌体，需在墙半高或门顶标高处设置与柱连结且沿墙全长贯通的钢筋砼水平系梁。

9.10 钢筋砼水平系梁（压顶梁）做法：梁截面尺寸为墙厚*200，纵筋4Φ12，箍筋φ6@200；纵筋锚入柱内不小于35d，系梁砼强度等级见前面说明。

9.11 填充墙砌至接近梁、板底时，应留一定间隙，待填充墙砌筑完成并至少间隔7天后，再将其补砌挤紧。不到板底或梁底的，砌体必须加设压顶梁。板底或梁底的砌体必须加设压顶梁。

9.12 楼梯间和人流通道的砌体填充墙，应采用φ4@200x200镀锌钢丝网面层加强。

9.13 混凝土墙、柱、梁、板与砌体填充墙交接部位及不同填充墙体材料交接部位采用宽300的耐碱玻纤网格布盖缝。

9.14 门窗过梁：轻质砌块隔墙砌体上门窗洞口应设置钢筋混凝土过梁，详图9.14a；当洞顶与结构梁（板）底的距离小于过梁的高度时，过梁须与结构梁（板）浇成整体（详图9.14b）。过梁构造配筋详见表9.14。

表9.14

| L | 截面形式 | h（梁高） | a（支座宽） | ① | ② | ③ | |
|---|---|---|---|---|---|---|---|
| <1000 | A | 120 | 300 | 2Φ10 | | Φ8@150 | 注：截面型式详图91.7 |
| 1000≤L<1500 | A | 120 | 300 | 3Φ10 | | Φ8@150 | |
| 1500≤L<1800 | B | 150 | 300 | 2Φ12 | 2Φ8 | Φ8@150 | |
| 1800≤L<2400 | B | 180 | 300 | 3Φ12 | 2Φ8 | Φ8@150 | |
| 2400≤L≤3000 | B | 240 | 350 | 3Φ14 | 2Φ10 | Φ8@150 | |

（注：过梁配筋仅考虑L/3高度墙体自重，当超过或梁上作用有其他荷载时，应另行计算。）

9.15 与填充墙钢筋混凝土水平系梁、过梁连接的钢筋混凝土柱、墙，应在水平系梁纵向钢筋对应位置预埋插筋，锚入柱、墙内不小于35d，伸出柱外不小于700mm，并与水平系梁、过梁钢筋搭接。

9.16 设备基础应待订货设备到达后对设计进行复核后才能施工，大型设备的吊装及在主体结构内运输应经设计复核后方可实施。

十：后浇带及施工缝

10.1 后浇带的设置

1> 本工程设置收缩后浇带，后浇带宽 800 mm，有调整沉降要求的沉降后浇带具体定位详平面图，收缩后浇带一般在42-60天封闭。当特殊情况必须快速施工时，在夏季温度较高并有可靠措施保证下，经设计确认后最短时间不得少于20天，浇筑前，被后浇带断开的梁板在本跨内的模板不得拆除，待后浇砼强度达到设计强度后方可拆除。

2> 后浇带内主筋的连接。

（1）所有梁以及地下室的底板与侧板，主筋较密时，可不断开。

（2）楼板中通过板后浇带的钢筋，做成双层钢筋并应断开搭接，搭接长度L≥1.6 la，搭接要求详本说明第6.2条。后浇带大样详图10.1.1，梁后浇带大样详图10.1.2。

（3）后浇带的交接缝可做成平直缝（或凹缝），浇灌混凝土前应将其表面浮浆及杂物清除，表面涂刷混凝土界面剂（水平缝可先铺净浆，再铺30-50mm厚的1:1水泥砂浆）并及时浇灌混凝土。

（4）后浇带混凝土施工前，后浇带部分和外贴式止水带应予以保护，严防落入杂物和损伤外贴式止水带。

（5）后浇带混凝土强度等级应提高一级（5MPa），宜采用早强、补偿收缩的微膨胀混凝土浇灌。

10.2 施工缝的设置

1> 水平施工缝：（1）肋形楼盖应沿着次梁跨度方向浇灌混凝土，施工缝留置在次梁跨中的L/3区段内；

（2）平板无梁楼盖，施工缝应平行于板的短跨。板施工缝大样详图10.2.1。

2> 垂直施工缝：除地下外墙后浇带和短期后浇带留设垂直施工缝外，剪力墙不应留设垂直施工缝。

十一：沉降观测

11.1 本工程要求建筑物在施工及使用过程进行沉降观测，并符合《建筑变形测量规范》（JGJ 8-2007）的有关规定。

11.2 沉降观测点布置（一般在建筑物四个角点及周边布置，间距约为25m）另详结施______图，图中有符号"▷"表示沉降观测点埋设的位置，埋件大样详图11.2。

11.3 施工期内观测工作由基础施工完成后即应开始，有地下室时首层完工后观测1次，续后建筑物每升高 2 层观测1次，结构封顶后___月观测1次，施工过程如暂时停工，在停工时及新开工时应各观测1次，停工期间每隔2~3个月观测1次。使用内第一年观测3-4次，第二年观测2-3次，第三年后每年1次，直至稳定为止。

十二：其它

12.1 结构施工图应与建筑、电气、给排水、通风、空调等专业的施工图密切配合，及时铺设各类管线及套管，并核对留洞及预埋件的位置是否准确，避免日后打凿主体结构，设备基础待设备到货，经校核无误后方可施工。

12.2 防雷接地：利用柱内至少两根纵向钢筋作为防雷接地引下线，做为防雷接地引下线的纵向钢筋，必须从上到下焊成通路，焊接长度不小于100mm。且其下端应与基础内底部钢筋可靠焊接，焊接长度不小于100，顶层柱的纵向钢筋与避雷带支架可靠连接。

12.3 钢筋、水泥在使用前必须经有关材料科研检测中心检验合格后方可使用。施工必须严格保证设计的混凝土强度等级，要求施工前混凝土应做好配合比试验（宜减少水泥用量和水灰比、掺入合适的外加剂），搅拌时严格控制水灰比和材料投入量，振捣密实，养护良好（宜高湿度养护）。

12.4 楼梯栏杆与混凝土梁板的连接及其埋件，做法详见有关建施图。

12.5 结构总说明的有关内容在详图中同时有作特别说明的，应以详图的要求为准。
本工程弧线形或折线形构件，其标注的尺寸为近似尺寸，准确大样及尺寸应以现场放样为准。

12.6 工程施工前，参建各方应进行设计图纸技术交底及会审；施工过程中，如发现实际情况与设计图纸不符时，应及时通知设计人员研究解决。

12.7 设计内容未考虑冬雨季施工，当冬雨季施工时，必须采取相应的措施确保施工质量。
依据有关标准及条例等文件，本建筑物在使用过程中，需要作必要的日常维护和修缮等工作。

12.8 未经技术鉴定或设计许可，不得改变本建筑的用途功能和使用环境。

12.9 未尽事宜须遵守有关施工验收规范、规程和规定。

| 图纸名称 | 结构设计总说明（二） | 结施 | 02/15 |
|---|---|---|---|

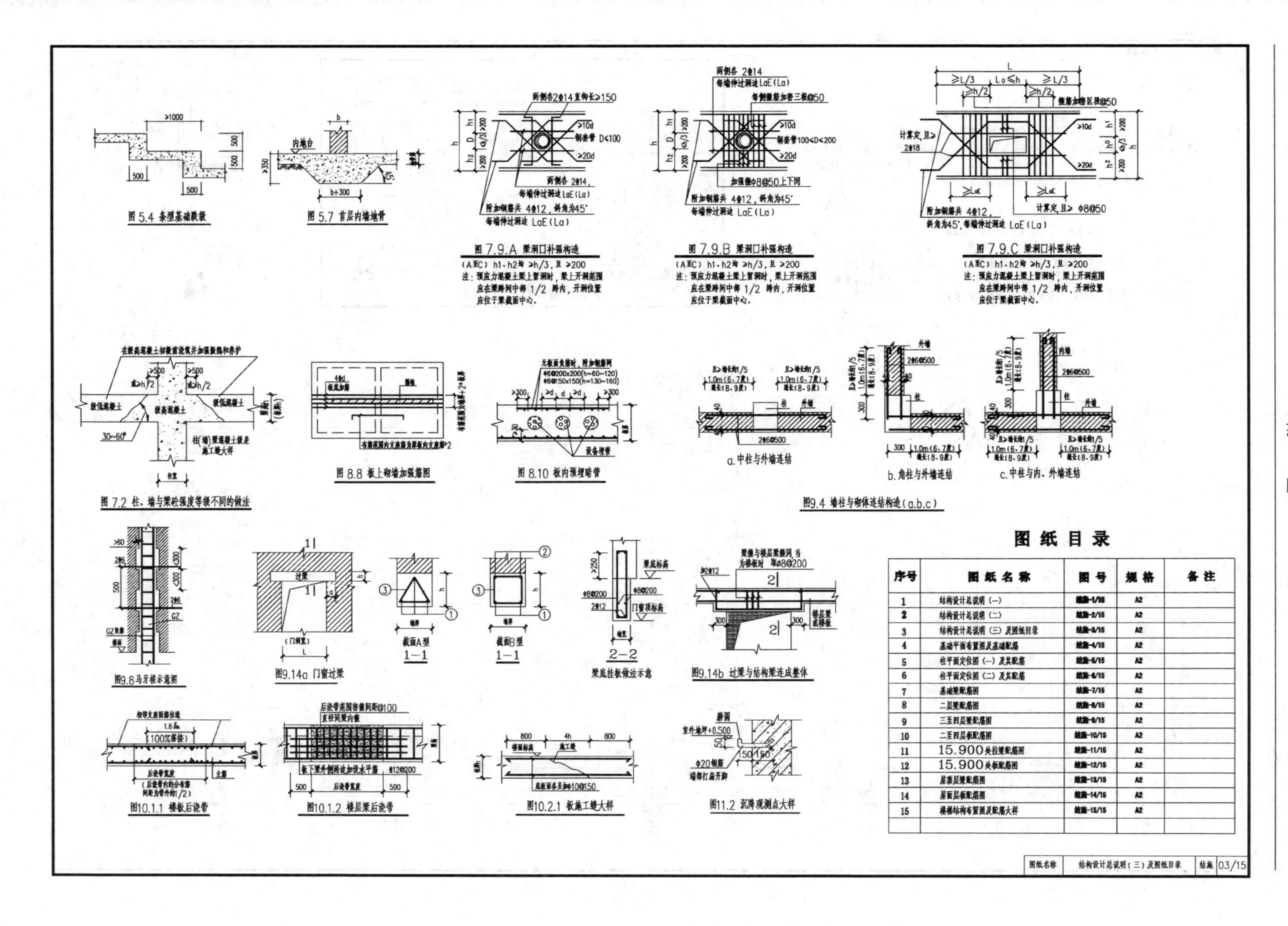


## 图纸目录

| 序号 | 图纸名称 | 图号 | 规格 | 备注 |
|---|---|---|---|---|
| 1 | 结构设计总说明（一） | 结施-1/15 | A2 | |
| 2 | 结构设计总说明（二） | 结施-2/15 | A2 | |
| 3 | 结构设计总说明（三）及图纸目录 | 结施-3/15 | A2 | |
| 4 | 基础平面布置图及基础配筋 | 结施-4/15 | A2 | |
| 5 | 柱平面定位图（一）及其配筋 | 结施-5/15 | A2 | |
| 6 | 柱平面定位图（二）及其配筋 | 结施-6/15 | A2 | |
| 7 | 基础梁配筋图 | 结施-7/15 | A2 | |
| 8 | 二层梁配筋图 | 结施-8/15 | A2 | |
| 9 | 三至四层梁配筋图 | 结施-9/15 | A2 | |
| 10 | 二至四层板配筋图 | 结施-10/15 | A2 | |
| 11 | 15.900处拉梁配筋图 | 结施-11/15 | A2 | |
| 12 | 15.900处板配筋图 | 结施-12/15 | A2 | |
| 13 | 屋顶层梁配筋图 | 结施-13/15 | A2 | |
| 14 | 屋面层板配筋图 | 结施-14/15 | A2 | |
| 15 | 楼梯结构布置图及配筋大样 | 结施-15/15 | A2 | |
| | | | | |

| 图纸名称 | 结构设计总说明（三）及图纸目录 | 结施 | 03/15 |
|---|---|---|---|

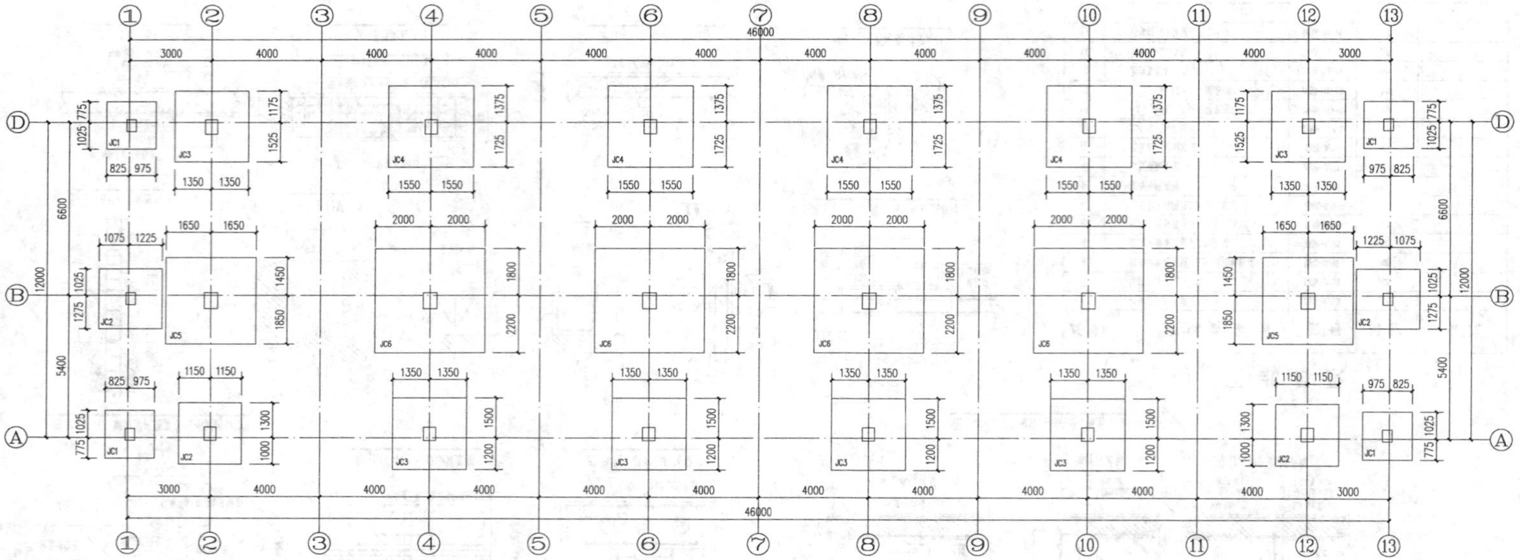


基础平面布置图

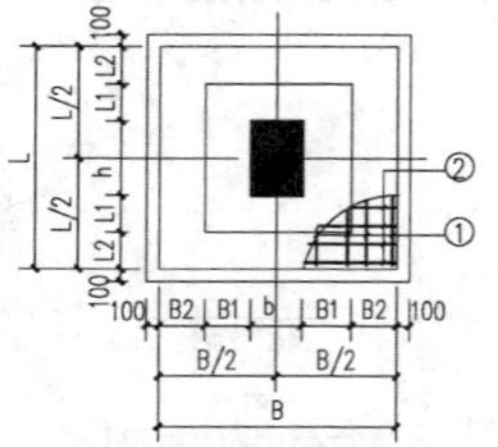


阶梯独立基础详图

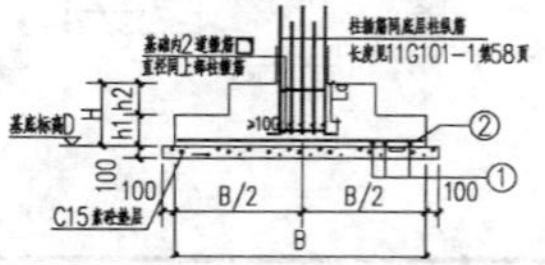


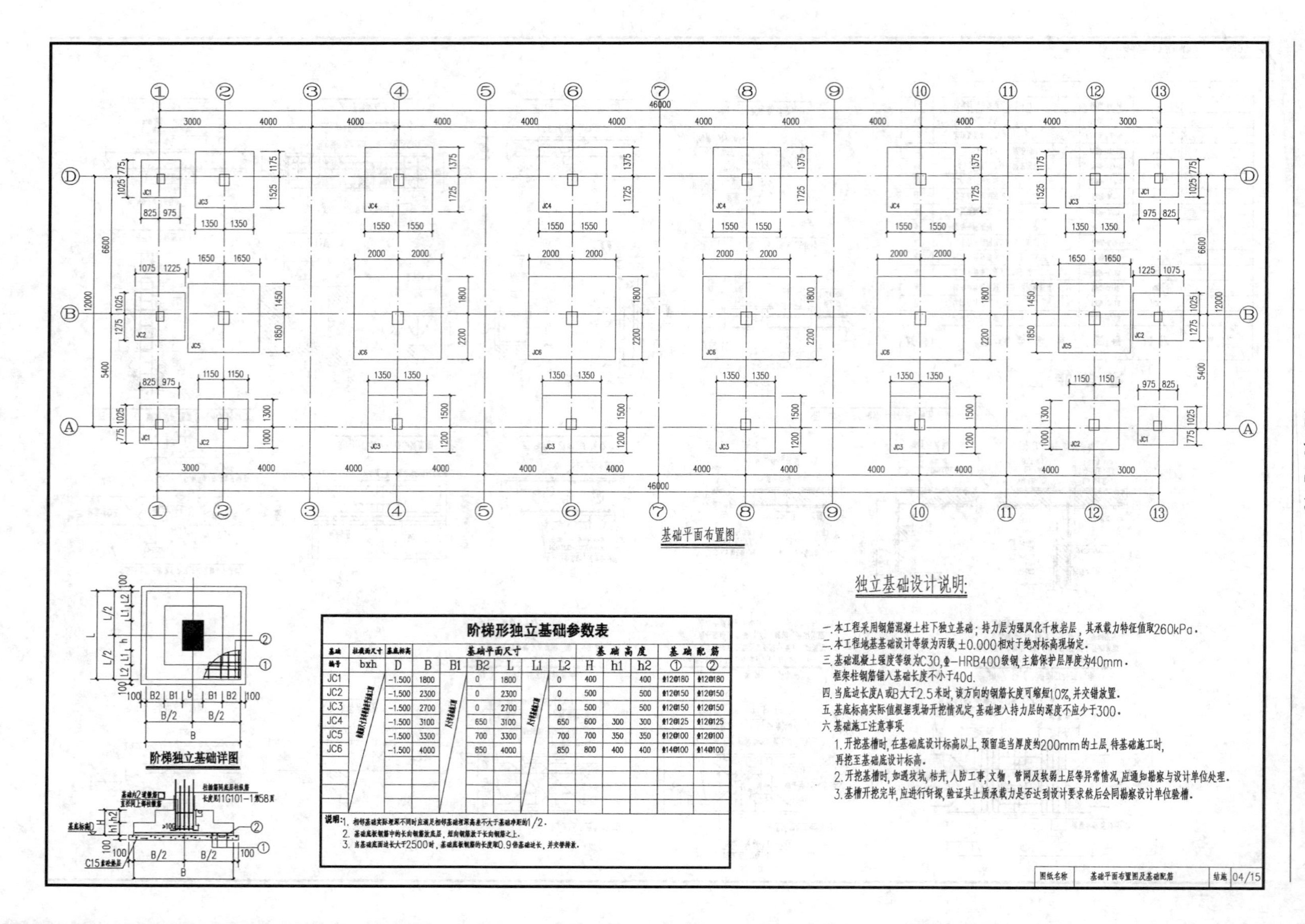

## 阶梯形独立基础参数表

| 基础编号 | 柱截面尺寸 bxh | 基底标高 D | 基础平面尺寸 B | B1 | B2 | L | L1 | L2 | 基础高度 H | h1 | h2 | 基础配筋 ① | ② |
|---|---|---|---|---|---|---|---|---|---|---|---|---|---|
| JC1 | 截面尺寸详见柱平面施工图 | -1.500 | 1800 | 尺寸详见基础施工图 | 0 | 1800 | 尺寸详见基础施工图 | 0 | 400 | | 400 | ⌀12@180 | ⌀12@180 |
| JC2 | | -1.500 | 2300 | | 0 | 2300 | | 0 | 500 | | 500 | ⌀12@150 | ⌀12@150 |
| JC3 | | -1.500 | 2700 | | 0 | 2700 | | 0 | 500 | | 500 | ⌀12@150 | ⌀12@150 |
| JC4 | | -1.500 | 3100 | | 650 | 3100 | | 650 | 600 | 300 | 300 | ⌀12@125 | ⌀12@125 |
| JC5 | | -1.500 | 3300 | | 700 | 3300 | | 700 | 700 | 350 | 350 | ⌀12@100 | ⌀12@100 |
| JC6 | | -1.500 | 4000 | | 850 | 4000 | | 850 | 800 | 400 | 400 | ⌀14@100 | ⌀14@100 |

说明：1. 相邻基础实际埋深不同时应满足相邻基础埋深高差不大于基础净距的1/2.
2. 基础底板钢筋中的长向钢筋放底层，短向钢筋放于长向钢筋之上.
3. 当基础底面边长大于2500时，基础底板钢筋的长度取0.9倍基础边长，并交替排放.

## 独立基础设计说明:

一.本工程采用钢筋混凝土柱下独立基础；持力层为强风化千枚岩层，其承载力特征值取260kPa.
二.本工程地基基础设计等级为丙级,±0.000相对于绝对标高现场定.
三.基础混凝土强度等级为C30,⌀—HRB400级钢,主筋保护层厚度为40mm.
框架柱钢筋锚入基础长度不小于40d.
四.当底边长度A或B大于2.5米时,该方向的钢筋长度可缩短10%,并交错放置.
五.基底标高实际值根据现场开挖情况定,基础埋入持力层的深度不应少于300.
六.基础施工注意事项
1.开挖基槽时,在基础底设计标高以上,预留适当厚度约200mm的土层,待基础施工时,再挖至基础底设计标高.
2.开挖基槽时,如遇坟坑,枯井,人防工事,文物，管网及软弱土层等异常情况,应通知勘察与设计单位处理.
3.基槽开挖完毕,应进行钎探,验证其土质承载力是否达到设计要求然后会同勘察设计单位验槽.

| 图纸名称 | 基础平面布置图及基础配筋 | 结施 | 04/15 |
|---|---|---|---|

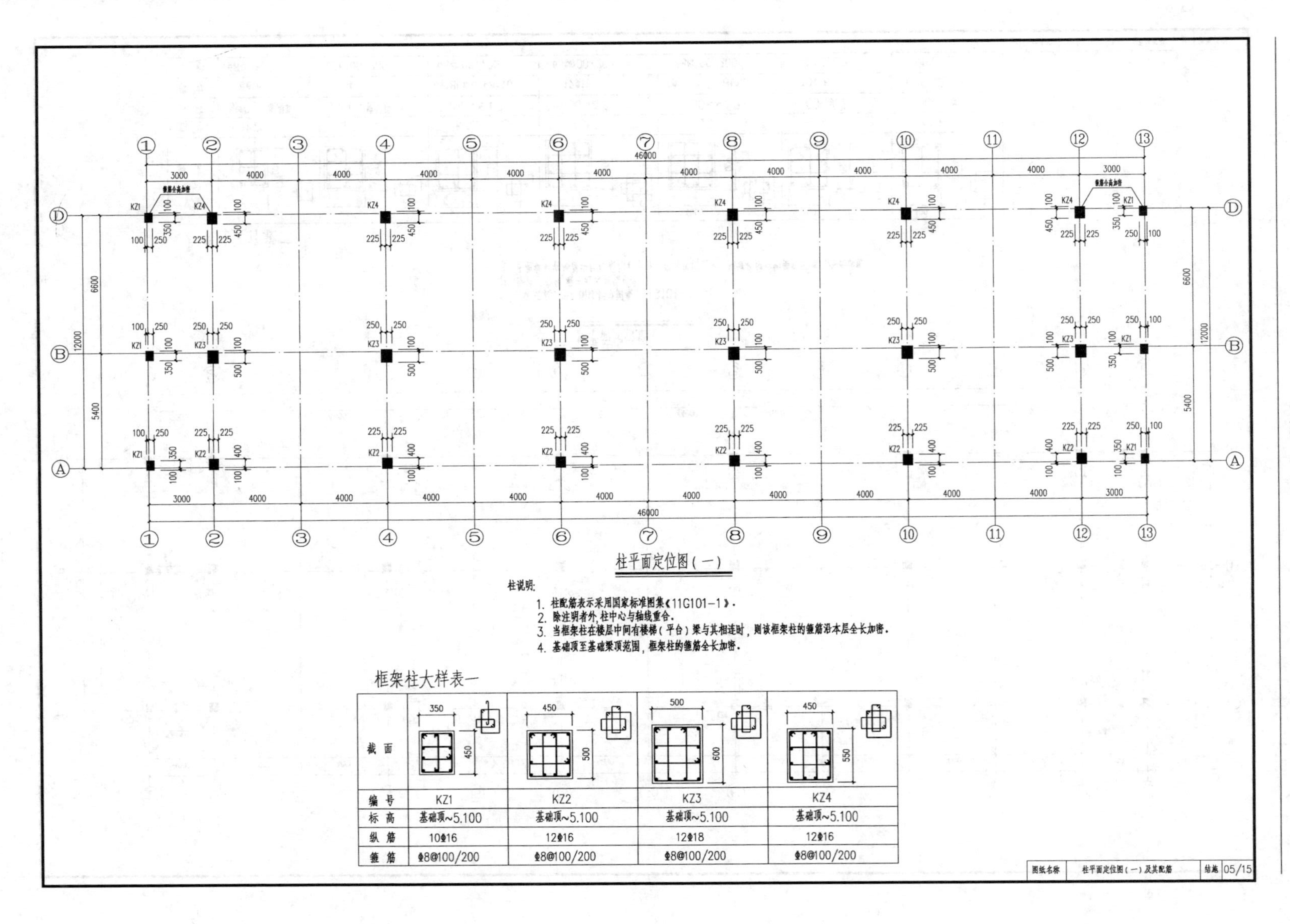


| 截面 | 350×450 | 450×500 | 500×600 | 450×550 |
|---|---|---|---|---|
| 编号 | KZ1 | KZ2 | KZ3 | KZ4 |
| 标高 | 基础顶~5.100 | 基础顶~5.100 | 基础顶~5.100 | 基础顶~5.100 |
| 纵筋 | 10Φ16 | 12Φ16 | 12Φ18 | 12Φ16 |
| 箍筋 | Φ8@100/200 | Φ8@100/200 | Φ8@100/200 | Φ8@100/200 |

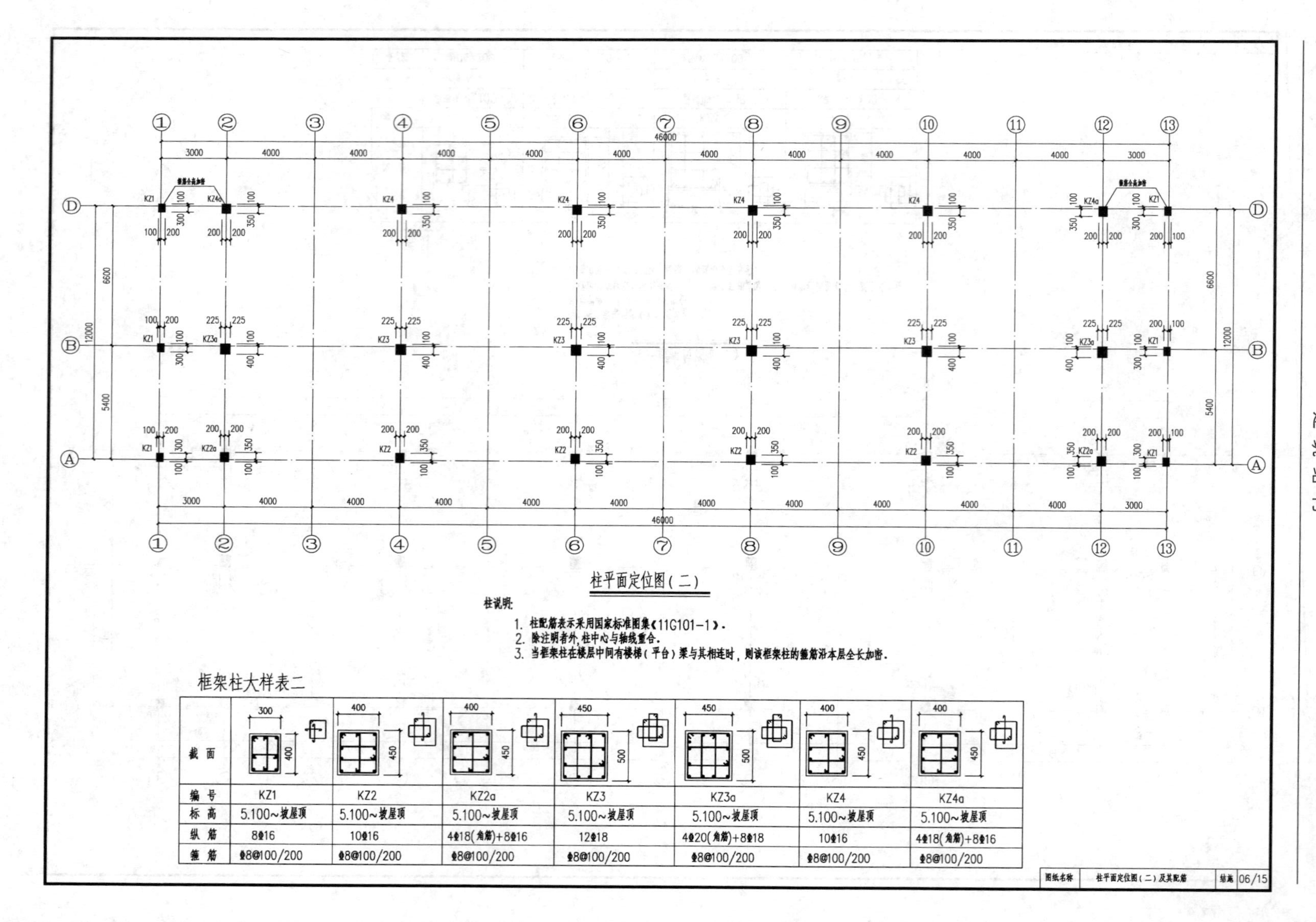

柱平面定位图(二)
柱说明：
1. 柱配筋表示采用国家标准图集《11G101-1》。
2. 除注明者外，柱中心与轴线重合。
3. 当框架柱在楼层中间有楼梯(平台)梁与其相连时，则该框架柱的箍筋沿本层全长加密。
框架柱大样表二
截面
编号 KZ1 KZ2 KZ2a KZ3 KZ3a KZ4 KZ4a
标高 5.100~坡屋顶 5.100~坡屋顶 5.100~坡屋顶 5.100~坡屋顶 5.100~坡屋顶 5.100~坡屋顶 5.100~坡屋顶
纵筋 8Φ16 10Φ16 4Φ18(角筋)+8Φ16 12Φ18 4Φ20(角筋)+8Φ18 10Φ16 4Φ18(角筋)+8Φ16
箍筋 Φ8@100/200 Φ8@100/200 Φ8@100/200 Φ8@100/200 Φ8@100/200 Φ8@100/200 Φ8@100/200
图纸名称 柱平面定位图(二)及其配筋
结施 06/15

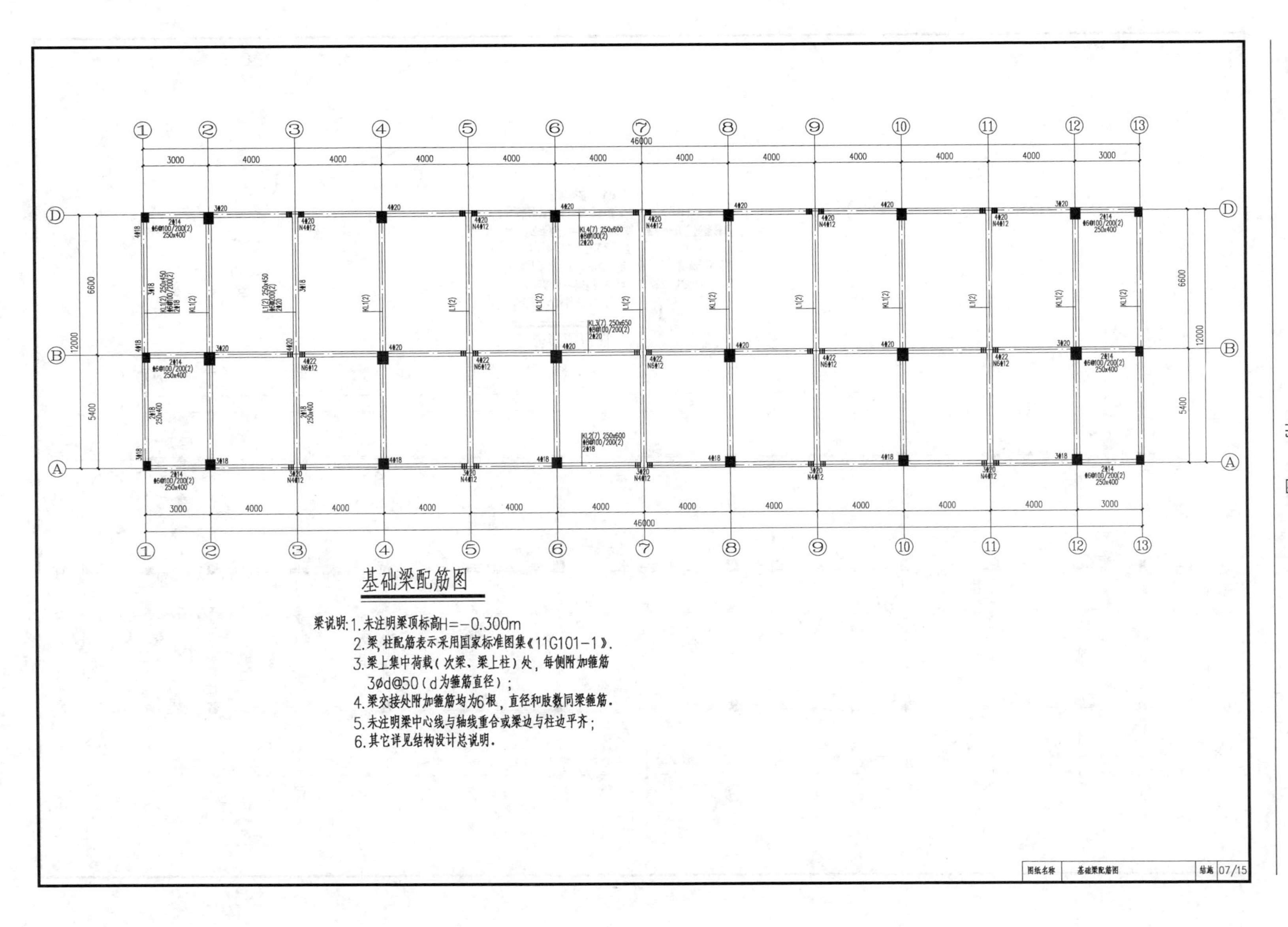

基础梁配筋图
梁说明:1.未注明梁顶标高H=-0.300m
2.梁,柱配筋表示采用国家标准图集《11G101-1》.
3.梁上集中荷载(次梁、梁上柱)处,每侧附加箍筋
3ϕd@50(d为箍筋直径);
4.梁交接处附加箍筋均为6根,直径和肢数同梁箍筋.
5.未注明梁中心线与轴线重合或梁边与柱边平齐;
6.其它详见结构设计总说明.
图纸名称
基础梁配筋图
结施
07/15
46000
12000
6600
5400
3000
4000

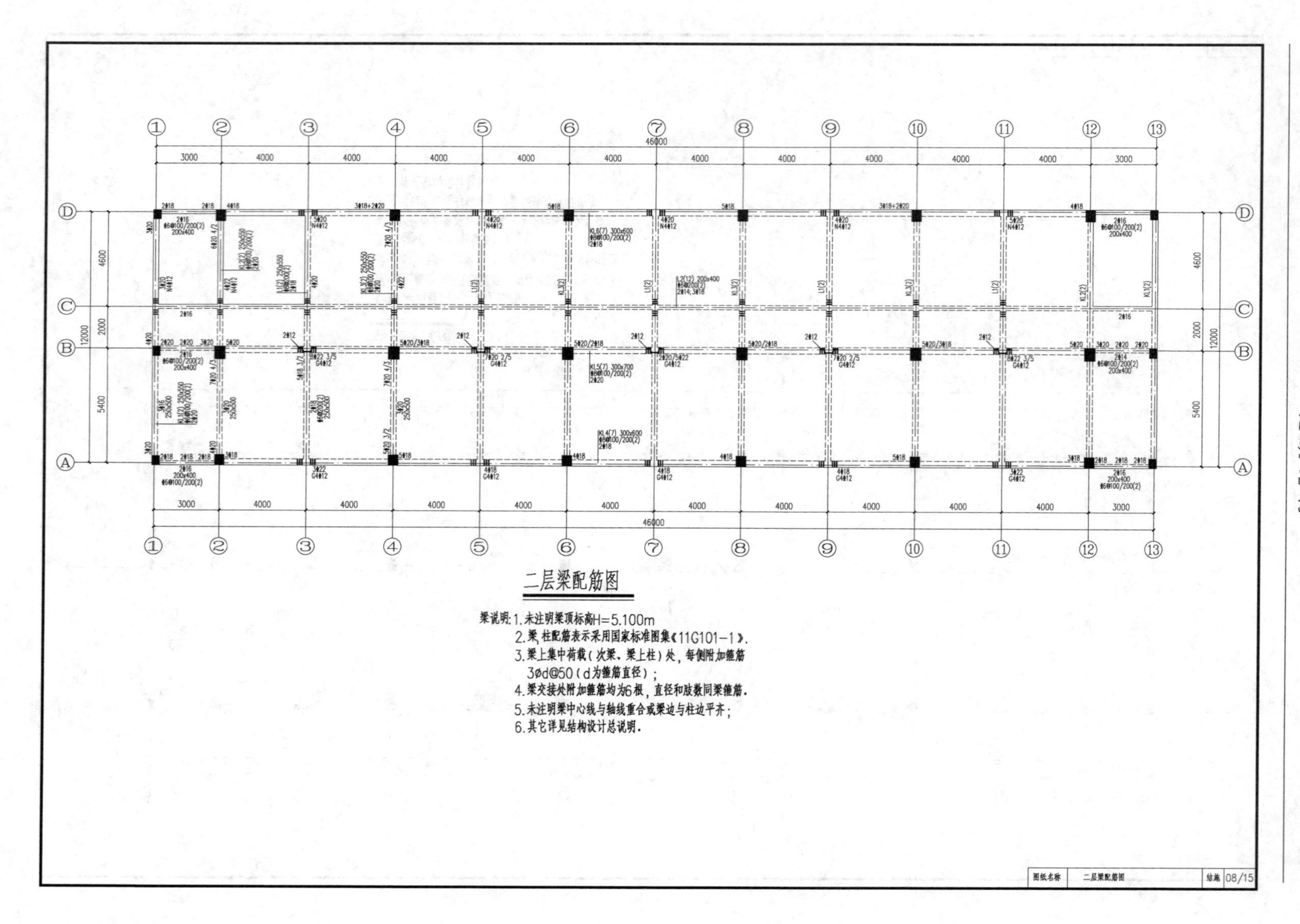
二层梁配筋图
梁说明：1.未注明梁顶标高H=5.100m
2.梁、柱配筋表示采用国家标准图集《11G101-1》.
3.梁上集中荷载（次梁、梁上柱）处，每侧附加箍筋
3Ød@50（d为箍筋直径）；
4.梁交接处附加箍筋均为6根，直径和肢数同梁箍筋.
5.未注明梁中心线与轴线重合或梁边与柱边平齐；
6.其它详见结构设计总说明.
图纸名称
二层梁配筋图
结施 08/15

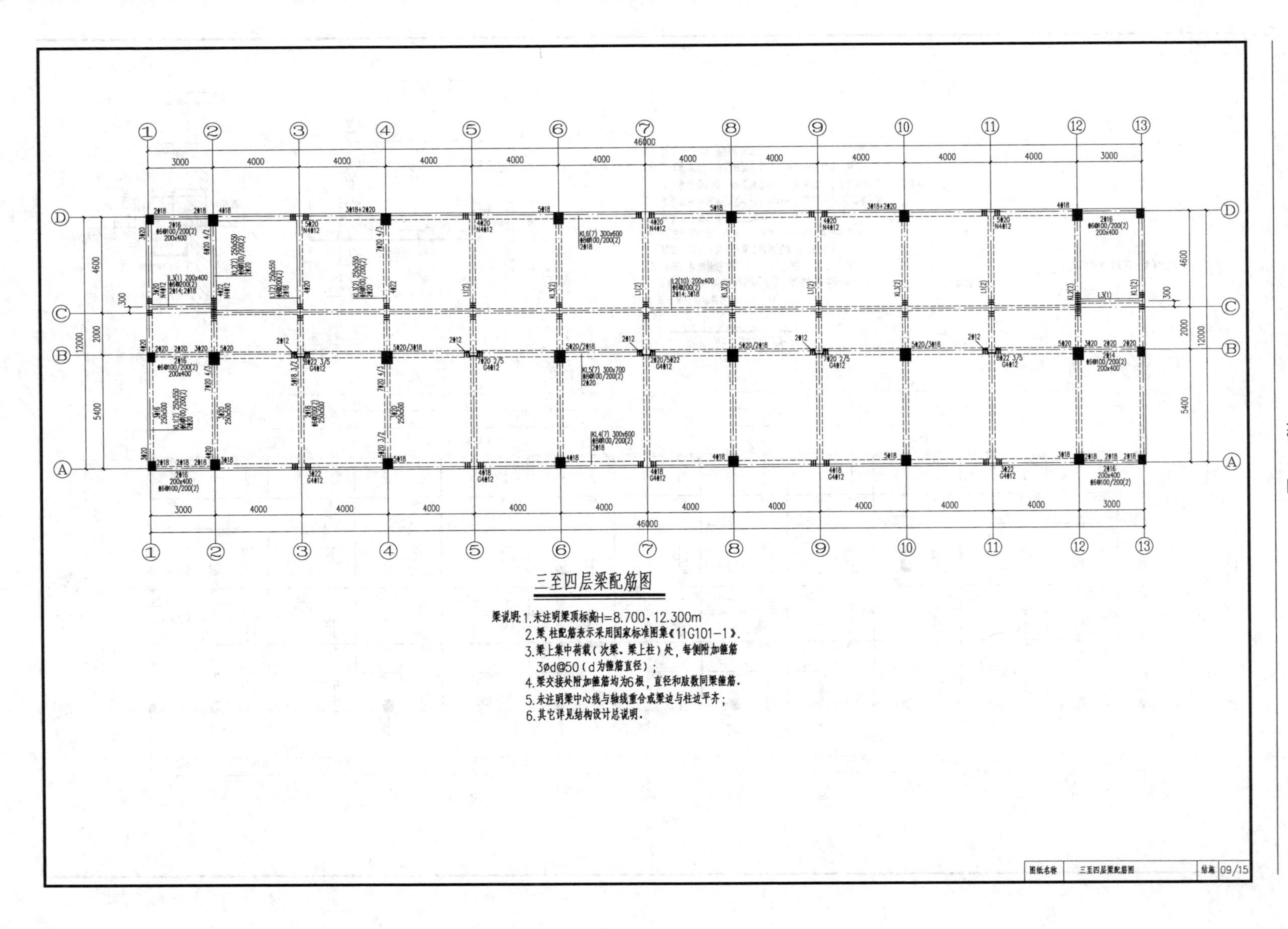
46000
3000
4000
12000
4600
2000
5400
300
三至四层梁配筋图
梁说明：1.未注明梁顶标高H=8.700、12.300m
2.梁、柱配筋表示采用国家标准图集《11G101—1》.
3.梁上集中荷载（次梁、梁上柱）处，每侧附加箍筋
3ϕd@50（d为箍筋直径）；
4.梁交接处附加箍筋均为6根，直径和肢数同梁箍筋.
5.未注明梁中心线与轴线重合或梁边与柱边平齐；
6.其它详见结构设计总说明.
图纸名称
三至四层梁配筋图
结施
09/15

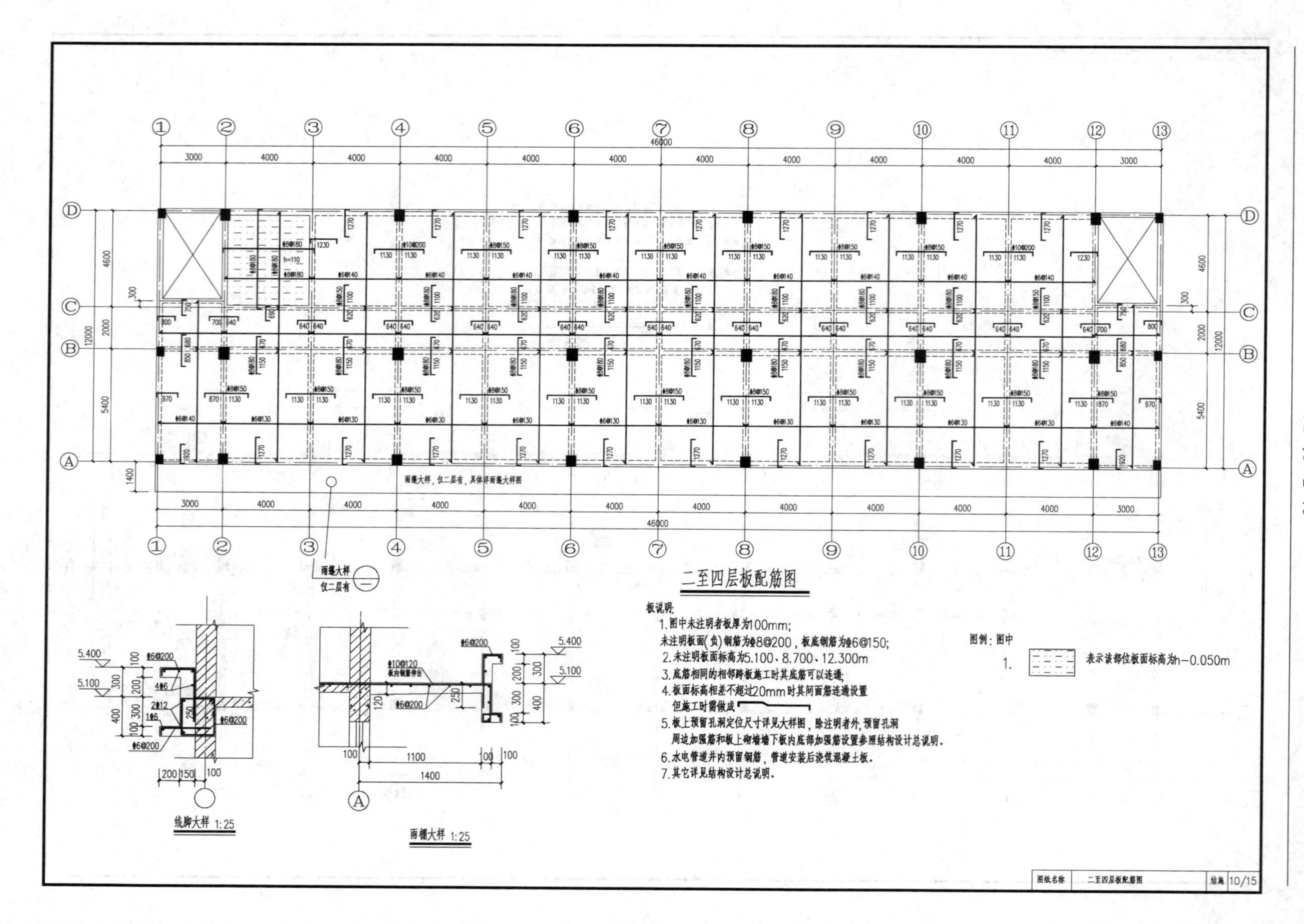
二至四层板配筋图
板说明:
1.图中未注明者板厚为100mm;
未注明板面(负)钢筋为φ8@200，板底钢筋为φ6@150;
2.未注明板面标高为5.100、8.700、12.300m
3.底筋相同的相邻跨板施工时其底筋可以连通;
4.板面标高相差不超过20mm时其间面筋连通设置
但施工时需做成
5.板上预留孔洞定位尺寸详见大样图，除注明者外，预留孔洞
周边加强筋和板上砌墙墙下板内底部加强筋设置参照结构设计总说明.
6.水电管道井内预留钢筋，管道安装后浇筑混凝土板.
7.其它详见结构设计总说明.
图例：图中
1. 表示该部位板面标高为h-0.050m
雨篷大样，仅二层有，具体详雨篷大样图
雨篷大样
仅二层有
线脚大样 1:25
雨棚大样 1:25
图纸名称
二至四层板配筋图
结施 10/15

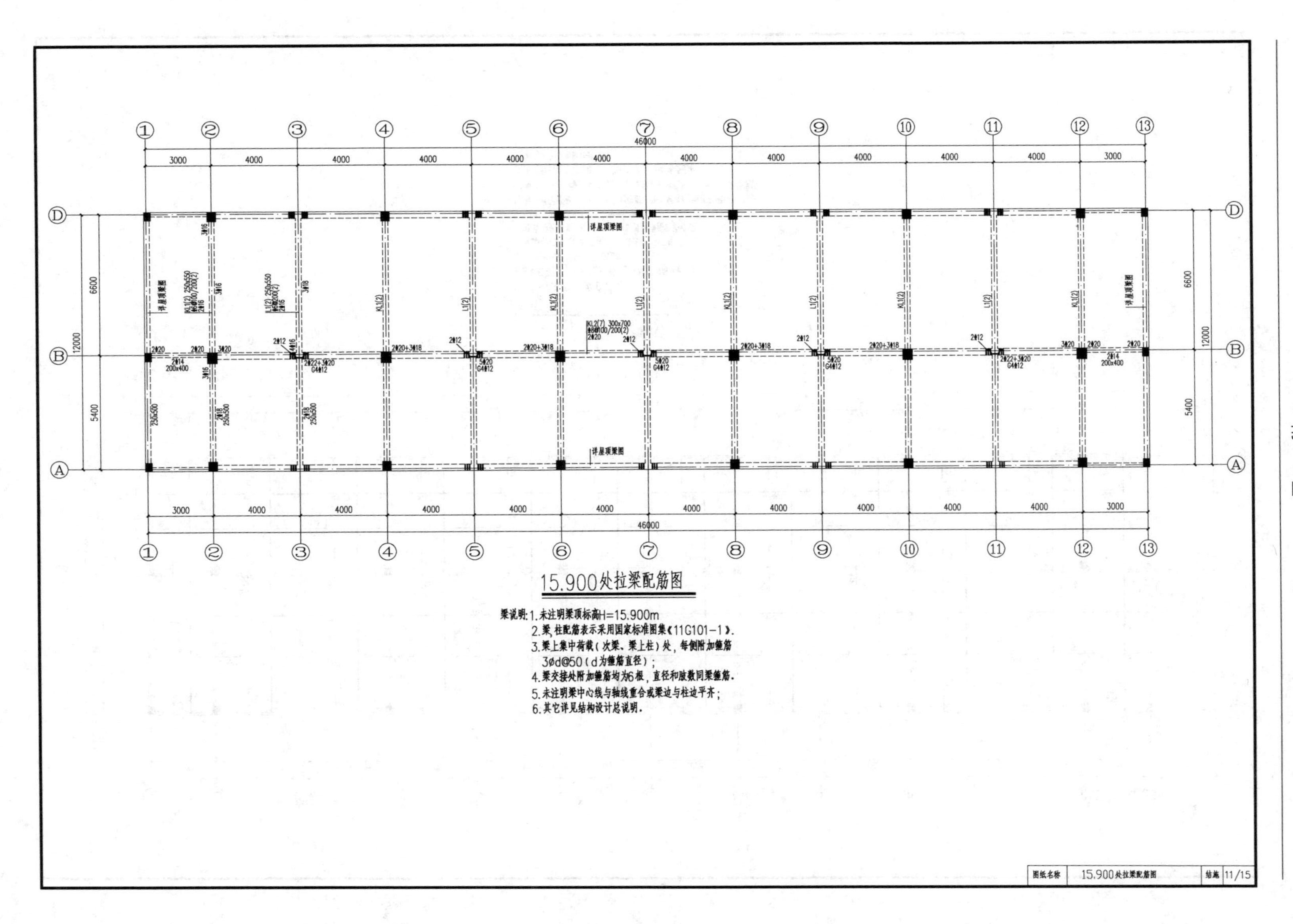
15.900处拉梁配筋图
梁说明：1.未注明梁顶标高H=15.900m
2.梁、柱配筋表示采用国家标准图集《11G101-1》.
3.梁上集中荷载（次梁、梁上柱）处，每侧附加箍筋3ød@50（d为箍筋直径）；
4.梁交接处附加箍筋均为6根，直径和肢数同梁箍筋.
5.未注明梁中心线与轴线重合或梁边与柱边平齐；
6.其它详见结构设计总说明.
图纸名称
15.900处拉梁配筋图
结施
11/15
46000
12000
6600
5400
3000
4000
KL2(7) 300x700
详屋顶梁图

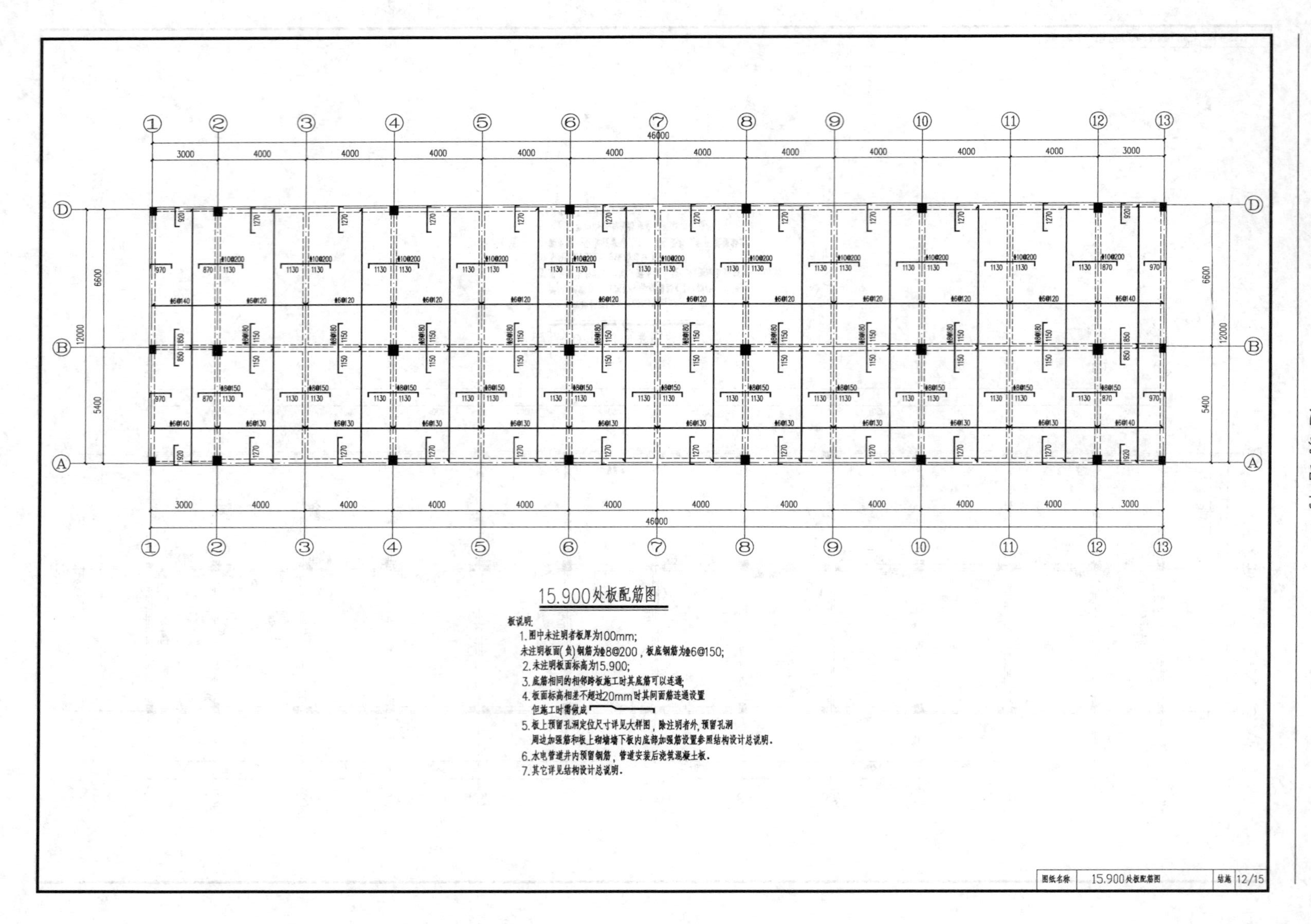
15.900处板配筋图
板说明:
1.图中未注明者板厚为100mm;
未注明板面(负)钢筋为⌀8@200，板底钢筋为⌀6@150;
2.未注明板面标高为15.900;
3.底筋相同的相邻跨板施工时其底筋可以连通;
4.板面标高相差不超过20mm时其间面筋连通设置
但施工时需做成
5.板上预留孔洞定位尺寸详见大样图，除注明者外，预留孔洞
周边加强筋和板上砌墙墙下板内底部加强筋设置参照结构设计总说明.
6.水电管道井内预留钢筋，管道安装后浇筑混凝土板.
7.其它详见结构设计总说明.
图纸名称 15.900处板配筋图
结施 12/15

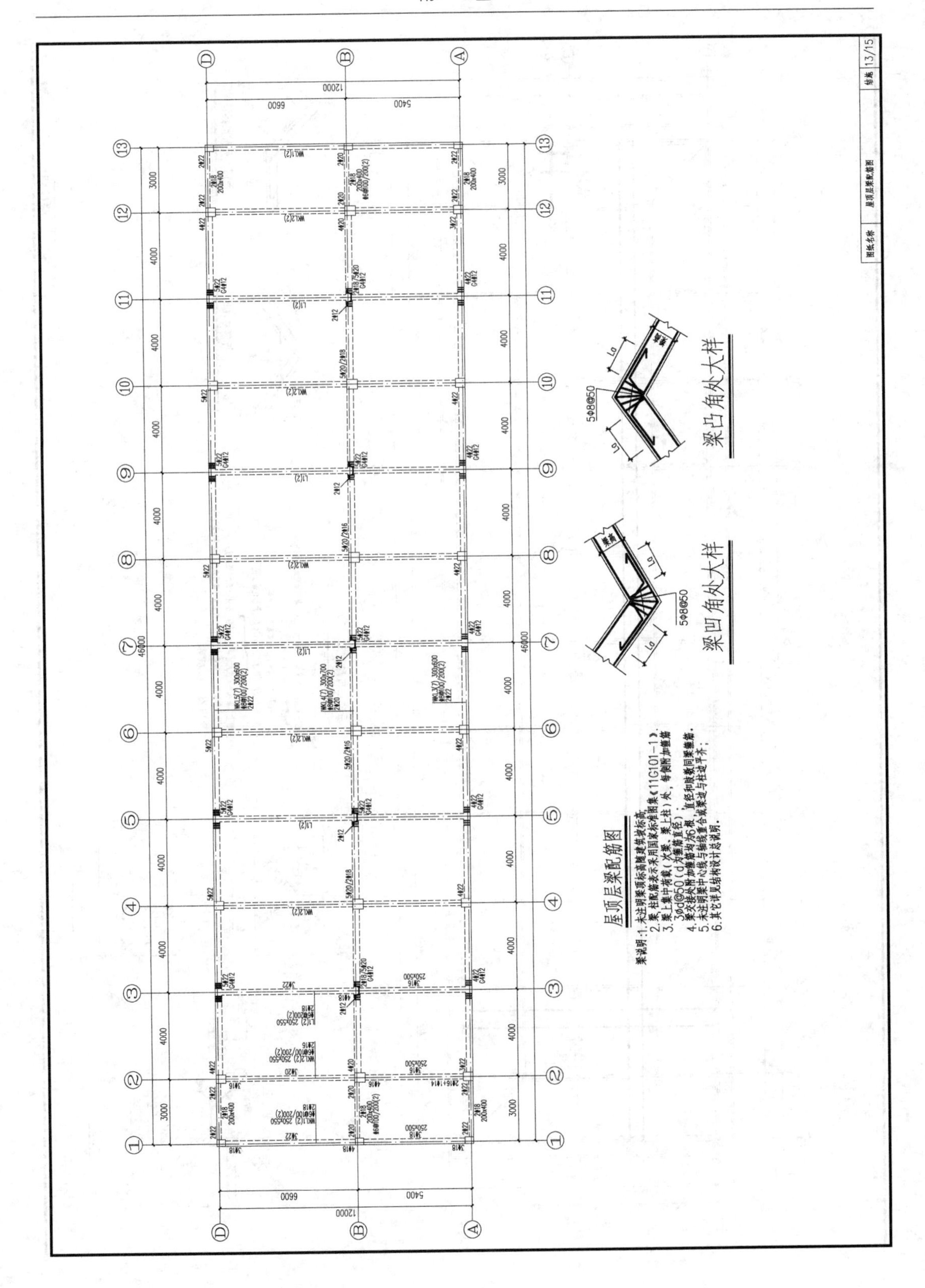
屋顶层梁配筋图
梁说明：1.未注明梁顶标高随建筑坡标高。
2.梁、柱配筋表示采用国家标准图集《11G101—1》.
3.梁上集中荷载（次梁、梁上柱）处，每侧附加箍筋3φd@50（d为箍筋直径）；
4.梁交接处附加箍筋均为6根，直径和肢数同梁箍筋。
5.未注明梁中心线与轴线重合或梁边与柱边平齐；
6.其它详见结构设计总说明。
梁凹角处大样
梁凸角处大样
5φ8@50
La
12000
6600
5400
46000
图纸名称
屋顶层梁配筋图
结施
13/15

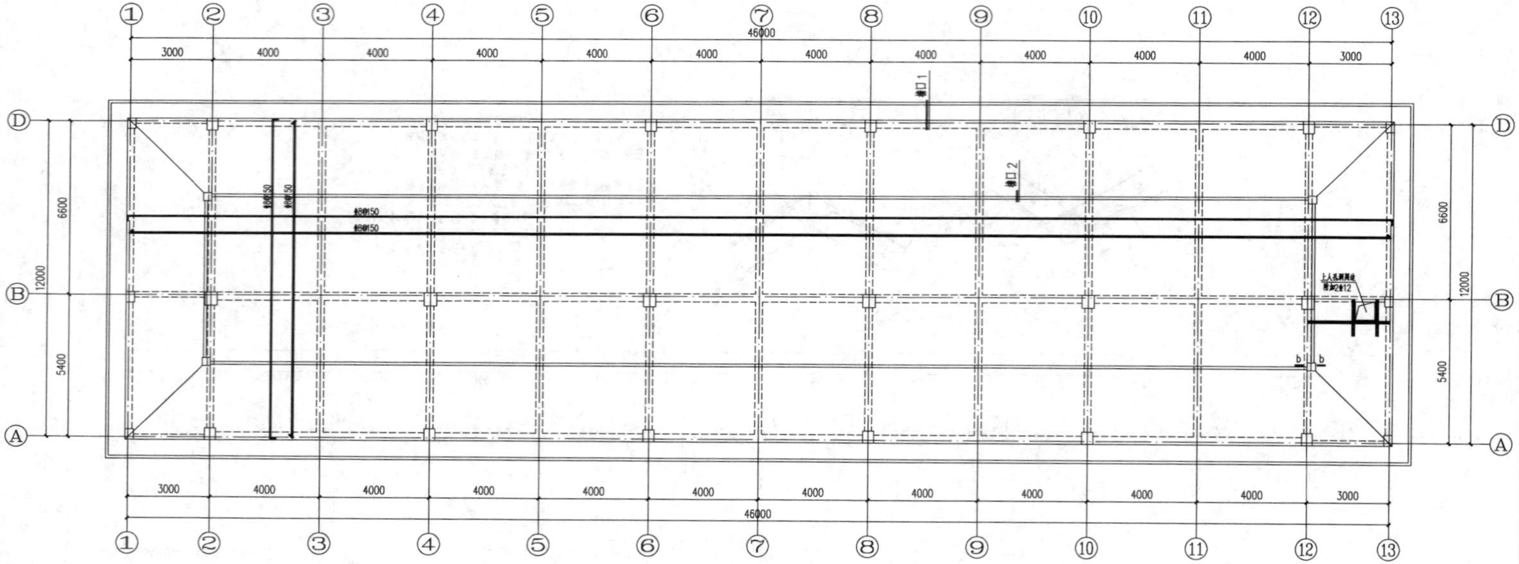


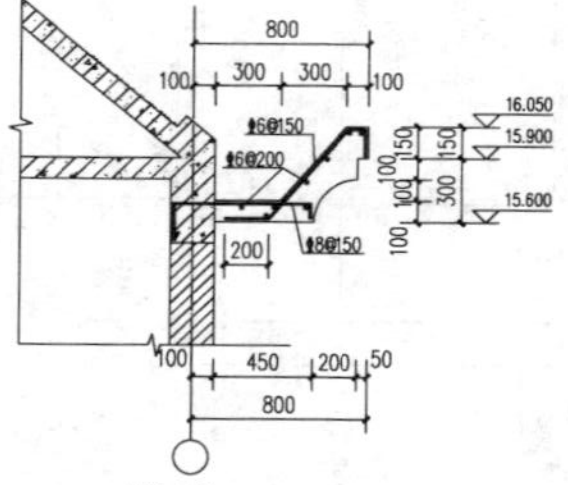

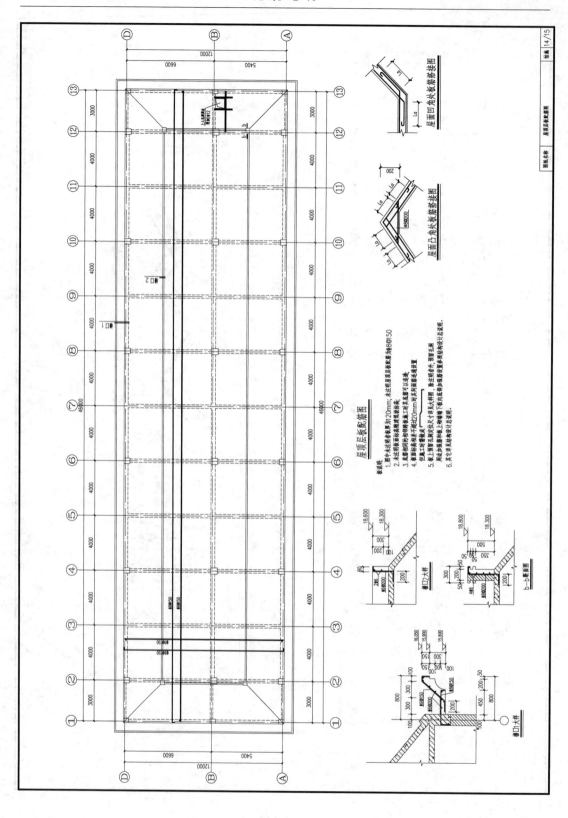

檐口1大样

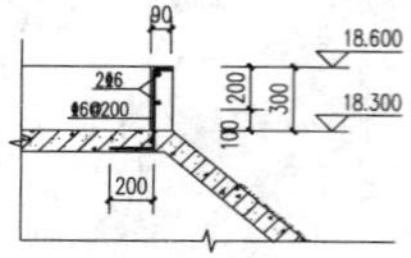

檐口2大样

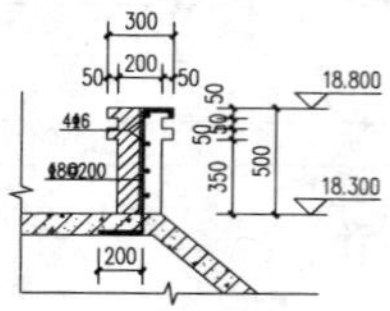

b-b断面图

## 屋顶层板配筋图

板说明:

1. 图中未注明者板厚为120mm; 未注明屋顶层板配筋为Φ8@150
2. 未注明板面标高随建筑坡标高;
3. 底筋相同的相邻跨板施工时其底筋可以连通;
4. 板面标高相差不超过20mm时其间面筋连通设置 但施工时需做成
5. 板上预留孔洞定位尺寸详见大样图，除注明者外，预留孔洞周边加强筋和板上砌墙墙下板内底部加强筋设置参照结构设计总说明.
6. 其它详见结构设计总说明.

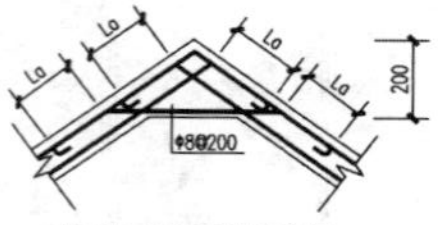

屋面凸角处板筋搭接图

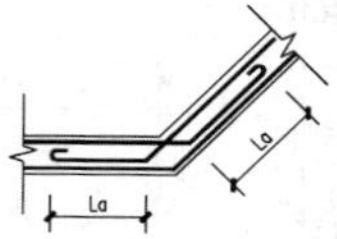

屋面凹角处板筋搭接图

| 图纸名称 | 屋顶层板配筋图 | 结施 | 14/15 |
| --- | --- | --- | --- |

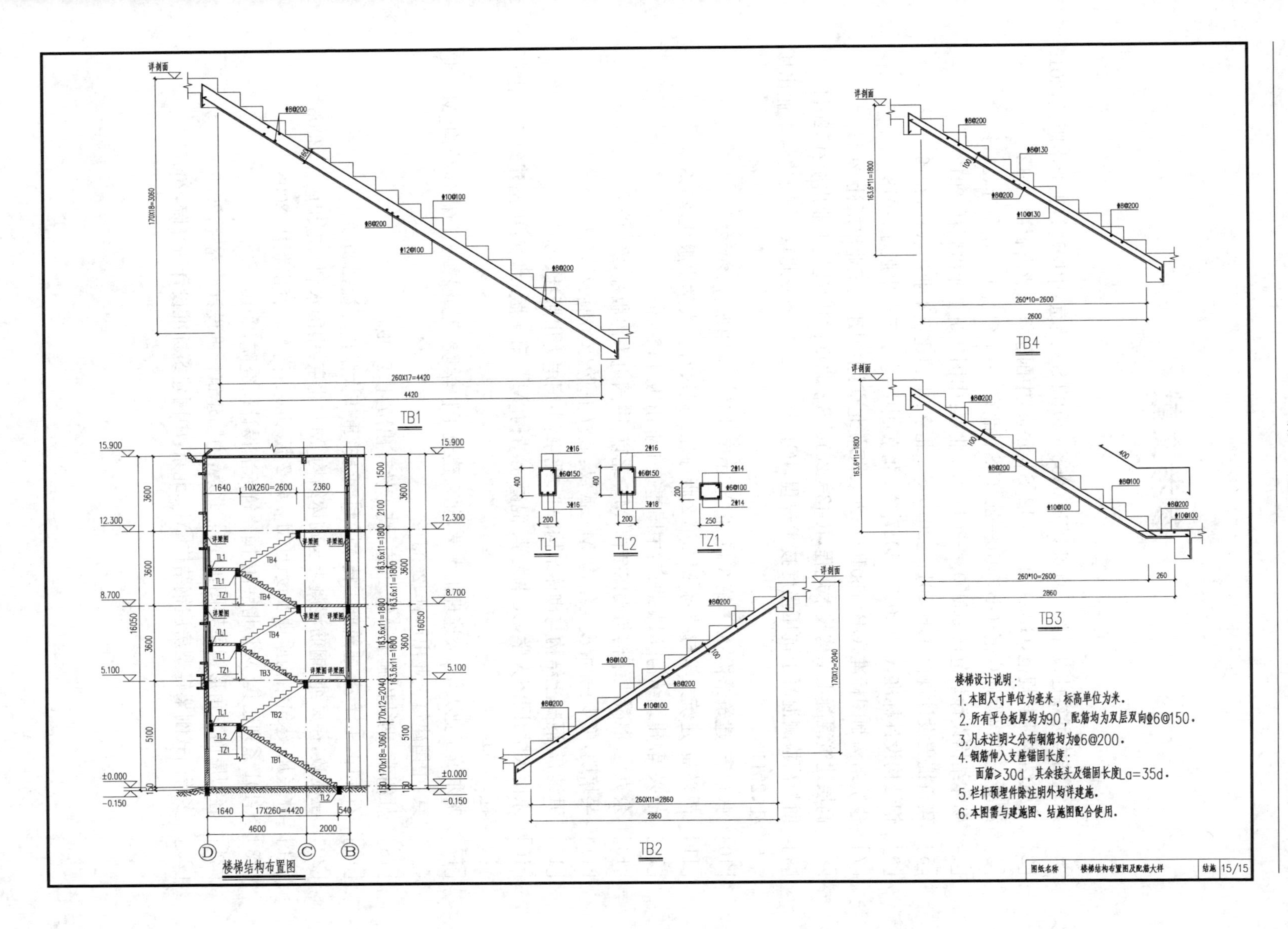
TB1
TB2
TB3
TB4
TL1
TL2
TZ1
楼梯结构布置图
楼梯设计说明：
1.本图尺寸单位为毫米，标高单位为米.
2.所有平台板厚均为90，配筋均为双层双向φ6@150.
3.凡未注明之分布钢筋均为φ6@200.
4.钢筋伸入支座锚固长度：
面筋≥30d，其余接头及锚固长度La=35d.
5.栏杆预埋件除注明外均详建施.
6.本图需与建施图、结施图配合使用.
图纸名称
楼梯结构布置图及配筋大样
结施
15/15

# 参考文献


[1] 建筑结构可靠性设计统一标准,GB50068—2018[S].北京:中国建筑工业出版社,2019

[2] 建筑结构荷载规范,GB50009—2012[S].北京:中国建筑工业出版社,2012

[3] 混凝土结构设计规范,GB50010—2010[S].北京:中国建筑工业出版社,2011

[4] 砌体结构设计规范,GB50003—2011[S].北京:中国建筑工业出版社,2012

[5] 建筑抗震设计规范,GB50011—2010[S].北京:中国建筑工业出版社,2016

[6] 钢结构设计标准,GB50017—2017[S].北京:中国建筑工业出版社,2018

[7] 建筑结构制图标准,GB/T50105—2010[S].北京:中国建筑工业出版社,2011

[8] 高层建筑混凝土结构技术规程,JGJ3—2010[S].北京:中国建筑工业出版社,2011

[9] 回弹法检测混凝土抗压强度技术规程,JGJ/T23—2011[S].北京:中国建筑工业出版社,2011

[10] 张学宏.建筑结构[M].第3版.北京:中国建筑工业出版社,2007

[11] 胡兴福.建筑力学与结构[M].第2版.武汉:武汉理工大学出版社,2008

[12] 胡兴福.建筑结构[M].北京:中国建筑工业出版社,2009

[13] 余克俭.混凝土结构与砌体结构[M].北京:中国电力出版社,2004

[14] 吴培明,彭少民.混凝土结构[M].武汉:武汉工业大学出版社,2002

[15] 尹维新.混凝土结构与砌体结构[M].北京:中国电力出版社,2004

[16] 东南大学,同济大学,天津大学.混凝土结构[M].第4版.北京:中国建筑工业出版社,2009

[17] 哈尔滨工业大学,大连理工大学,北京建筑工程学院,等.混凝土与砌体结构[M].北京:中国建筑工业出版社,2003

[18] 杜绍堂.钢结构施工[M].北京:高等教育出版社,2009

[19] 石元印,王泽云.建筑施工技术[M].重庆:重庆大学出版社,2007

[20] 王丽玫,徐凤纯.钢筋混凝土与砌体结构[M].北京:中国水利水电出版社,2008

[21] 林宗凡.建筑结构原理及设计[M].第2版.北京:高等教育出版社,2008

[23] G101系列图集[M].北京:中国建筑标准设计研究院,2016

[24] 轻型屋面三角形钢屋架图集[M].北京:中国建筑标准设计研究院,2006

[25] 多跨门式刚架轻型房屋钢结构[M].北京:中国建筑标准设计研究院,2007